德国职业教育经典教材

# THE BOOK OF CHEF CAREER TRAINING
## Thirty-fifth Edition

# 厨师职业
# 培训教程

## 第 35 版

[德] 赫尔曼·君纳　　弗兰克·布兰德斯　　康哈德·柯德尔　　　著
　　　海因侯特·梅茨　　马可·弗　　托马斯·沃尔夫冈

张玄黎　译

中国轻工业出版社

## 图书在版编目（CIP）数据

厨师职业培训教程：第35版 /（德）赫尔曼·君纳等著；张玄黎译. —北京：中国轻工业出版社，2018.11

ISBN 978-7-5184-1402-4

Ⅰ.① 厨… Ⅱ.① 赫…② 张… Ⅲ.① 厨师 – 职业培训 – 教材 Ⅳ.① TS972.36

中国版本图书馆CIP数据核字（2017）第110634号

策划编辑：史祖福　　　责任终审：唐是雯　　整体设计：锋尚设计

责任编辑：史祖福　方晓艳　责任校对：吴大鹏　责任监印：张　可

出版发行：中国轻工业出版社（北京东长安街6号，邮编：100740）

印　　刷：北京富诚彩色印刷有限公司

经　　销：各地新华书店

版　　次：2018年11月第1版第1次印刷

开　　本：787×1092　1/16　印张：45.75

字　　数：1000千字

书　　号：ISBN 978-7-5184-1402-4　定价：258.00元

邮购电话：010-65241695

发行电话：010-85119835　传真：85113293

网　　址：http://www.chlip.com.cn

Email：club@chlip.com.cn

如发现图书残缺请与我社邮购联系调换

141562J4X101ZYW

翻译这本教材，是我毕生的荣幸。非常感谢中国轻工业出版社给我的机会、耐心、理解和支持。这本书的翻译经历了相当漫长的过程，对我个人而言，是一种磨炼、一种推动。作为第一个深入接触书中内容的人，我希望给读者一些概括性的介绍，以便大家能更好地使用。

这本书的德语名字为"Der junge Koch Die junge Köchin（年轻的厨师）"。作为一本教材的名字，它真的有些奇怪。而当我一遍又一遍地阅读这本教材时，突然领悟到，这本书的题目既是对所有学习者的期望也是要求。期望所有学习者能够成为合格的厨师并为自己的职业骄傲，而对合格厨师的要求就是掌握书中丰富、细碎知识的同时结合工作实践，再进一步提高完善、突破创新。

德国人向来以严谨著称，但在我们的印象中，他并非美食的国度。基本上，欧洲传统饮食还是以法式餐饮为尊的。但是，为什么要引入这本已经修订35版的德国教材作为厨师培训教材呢？我认为原因有以下几点：

①包含多种学科，知识丰富；②以德国视角出发，兼顾欧洲；③以全面的职业教育视角出发；④循序渐进；⑤理论结合实践；⑥说明是什么、解答为什么。

教材的结构是这样的：

从侧面看，绿色书页和蓝色书页分别代表基础和进阶。基础部分包含餐饮业概览、卫生知识、营养知识、服务知识、设备介绍、饮品介绍、简单烹调知识还有财务库存管理等；进阶部分包括：认识丰富的常见西餐食材、畜禽海产的宰杀分割烹调、甜食冷餐的制作装盘、设计自助餐、特色菜、广告营销等。书中不仅包含知识性内容，还设计了项目讨论环节。

这本教材首先适用于职业学校的餐饮相关专业的学生学习、餐饮业的员工培训。这本教材，可以用于集中学习，也可以以学习加实践的模式进行。这也解答了我翻译之初的疑惑：为什么不是同类知识放在一起，而是这样零散？这本教材想要培养出基本功过硬的现代餐饮业综合人才，知烹饪、识营养、会服务、能管理。无论是成为服务人员、厨师或者管理人员，无论是在快餐厅、高档西餐厅甚至中餐厅都能根据所具备的基础知识得到进一步发展。这本教材及相应进行的职业教育是一位毕业生的起点。实际上，在全球化的背景下，很多中餐厅也进行中西结合的尝试，而这本教材的丰富内容适合餐饮企业培训、学习，也完全可以用作餐饮技术类学生的通识教材。

我个人认为，这本教材的引入为我国的职业教育拓展了新的思路，为学校和学生带来的新的机会，也对老师提出了新的挑战，为我国服务业的进一步发展起到了很好的推动作用。

在翻译过程中，我尽量依据以下翻译原则开展工作：

- 译文尽量统一；
- 所用的译文可以从中文搜索引擎查到，例如：鱼类名称；
- 使用生物名称，尽量不使用商业名称，例如：龙利鱼/龙俐鱼/舌鳎；
- 部分内容标注了原文，例如：酒类名称；
- 尽量使用标准、通用的名字，例如：里脊肉排，而非菲力牛排（菲力为里脊的音译），使用香槟起泡酒，而非香槟；
- 确定新译文，例如：番茄膏/番茄酱，番茄膏指较为浓稠的用于烹调的番茄加工产品，基本未做复杂调味，而番茄酱是经过调味、可以直接食用的；上糖浆/上糖釉，也有烹饪课程中将蛋糕上一层称为镜面，而本书中借用"釉"表达覆盖在食材上的一层汤汁。

我在翻译过程中尽量查证每个环节，希望能够呈现出原文的准确。然而在查证和翻译的过程中，我也遇到了许多问题，最突出的一点是纷繁复杂的名字，比如：牛排名字。译文种类多样、各国标准划分皆有差异。所以，在这本书的翻译中尽量明确说明肉块的位置和名字，同时对无法准确查找的食材尽量标注了原文，在人员交流的时候也就有了统一的基础。类似的情况还有海绵蛋糕/戚风蛋糕，Vanilla/香草/云呢拿，蛋奶酥/舒芙蕾等。现在的搜索引擎也能够帮助我们进行查找。

然而，我还是需要提出几点：

- 这是一本以德国职业培训为基础的教材，里面的内容基于德国国情，比如法律规定、卫生要求，和国内情况可能有所不同；
- 本人知识、能力均有限，希望各位专家能够结合实践思考；
- 想要更进一步，还需要日后不断地学习和磨炼，任重道远，道阻且长。

译者：张玄黎

在第35版中，本书内容经过专业、全面的修订，进行了大幅度的拓展，并有全新的、基于教育学理念的现代化排版。

书本

教科书可以用于以操作和教学为导向的课程，它也可以用于学生自学。在书中，学生们可以快速找到想要寻找的内容并且建立联系。以上基于书中学习内容的全面描述，根据教学法按照一定条理进行编写，这有助于*促进学习能力的培养以及学习系统的建立并可以实现持续巩固学习内容*。

此版本中的新内容

- 更大的版面

  《厨师职业培训教程》的版面更大了。因此，有更多的空间用于全新的排版。

- 全新的排版

  符合教学法的处理更现代化并更具有吸引力：在相对的两页上展示出文本和图片。主要信息位于中间最宽的主栏中，有延伸的"红线"加以分隔。左右两侧边栏包含其他图片、提示、补充和深入的文本等附加信息。

- 新作者

  工作圈有所拓展：作者团队拥有不同专业领域的背景，而这构成了《厨师职业培训教程》未来发展的基础。

- 新内容，更多页面

  在基础阶段，书中融合了系统餐饮业的主题，对所有章节都进行了专业的校对和修改，并拓展了部分内容，还增加了大量插图——有2,000多幅照片和图片对文本作出了补充。《厨师职业培训教程》一书整体增加内容超过70页。

# 目　录

# 目 录

## ⚪ 服 务

# 目　录

# 目　录

13

# ① 酒店与餐饮业发展史

## 1.1 酒店

不一定每个"旅行者"都随身携带"鼓鼓的钱包"。而且，作为陌生的外来人口，他们既没有权利要求官方对其进行保护，也不能要求其对自己进行援助。然而，希腊人、罗马人和日耳曼人将向旅行者/陌生人提供保护、住所和饭菜作为道义上应尽的义务，也将其称为提供热情款待。

这类热情款待的基本原则是互利的。向陌生人提供饭菜、饮料、床和安全环境的人，可以期待在相似的情况下从对方那里获得类似的招待。

## 1.2 旅馆餐饮业

随着12世纪日益增多的旅行和商业往来，情况发生了改变。人们对最初的设施和需求日益增长。出于这个原因，提供**住宿**和**饮食接待**逐渐发展成为一种行业。也就是我们所说的**旅馆餐饮业**。从初期只能提供有限服务的**客栈**，到现在高要求的现代化**酒店**，旅馆餐饮业的发展经历了相当长的一段过程。这个过程一方面与旅馆餐饮业有关，另一方面也和人的需求密切相关。

### 顾客至上

顾客的要求和期待决定着我们的处理方式。**我们的目标：让顾客满意。**

顾客始终是我们所做事情的中心，不仅因为顾客付款，还因为我们作为主人有这样做的义务。不是顾客在那里等着我们的服务，而是我们必须令顾客感到舒适。

## 1.3 现代餐饮企业

根据主要服务内容的不同——即**提供住宿**和**饮食接待**，企业相应发展成为酒店和餐饮企业。此外，今天还有大量经过变型的类似机构，这些都是从企业的需求中发展而来的。

餐饮企业

**餐厅**是一家提供饮食的企业，他们为顾客提供丰富的菜品和饮料，并且在一定程度上提供舒适的设施。

饮食接待业主要通过其运营方式和目标顾客（用途）进行划分，大致可分为**独立餐饮业**和**连锁餐饮业**。具体使用下表进行展示。

| 独立餐饮业 | | 连锁餐饮业 |
| --- | --- | --- |
| 基本上，人们认为这就是传统餐饮业或者称为**独立餐饮业**，它是由所有人经营的中小型餐饮企业。所有人的特点或餐厅的特殊位置等赋予了独立餐饮业的个性和特点。餐厅的运作、菜单和水单的组合以及供应商的选择都由企业的所有人独自进行掌控。因此，他可以赋予餐厅个性鲜明、不易混淆的形象。 | **连锁餐饮业和独立餐饮业之间的过渡**是相对灵活的。使用标准菜谱或者打造对外一致的形象可以使一些独立的餐厅共同按照连锁餐饮业的方式经营。也有许多传统餐饮业中的独立企业按照一致的内部标准和工作流程进行统一，并提供给客人统一的（服务）质量。 | **连锁餐饮业**的特征是，餐厅使用多样的理念。它们的特点是不与所在地或所有人相关。基本上，连锁餐厅企业中的菜品和饮料、服务方式或者员工形象是一致的。企业通过核心方针（标准）进行管理。企业所有人希望进行的发展变化是受到限制的。而采购或广告宣传等活动是由总部统一进行的。 |
| - 达吉诺（Da Ginos）<br>- 休伯特餐厅（Huberts Wirtshaus）<br>- 穆勒咖啡（Café Müller）<br>- 法兰奇汉堡（Frankies Burger）<br>- 新城比萨服务（Neustädter Pizzadienst） | - 全方位服务餐厅<br>- 车站餐厅<br>- 酒店<br>- 咖啡厅<br>- 快餐厅<br>- 送餐服务<br>- 食堂 | - 玛莱多（Maredo）<br>- 马尔凯（Marché）<br>- 星巴克<br>- 麦当劳<br>- 哈罗披萨（Hallo Pizza）<br>- 怡乐食（Eurest） |

例如：酒店、提供膳食的公寓、养老公寓、疗养院、提供膳食的旅店、客栈、汽车旅馆、伽尼酒店。

**酒店**是一个提供住宿的企业，它拥有较多床位、高要求的房间陈设以及其他空间。它主要为客人提供住宿，除了拥有一间提供给住客的餐厅， 大多数时候还会额外有一间提供对外服务的餐厅。

- **伽尼酒店**
  是酒店的一个符号，它仅仅会为住宿者提供早餐，还会根据情况提供冷凉的菜肴。
- **客栈民宿**
  主要位于农村地区，床位数较少，提供的服务只能满足基本的要求。
- **提供膳食的公寓**
  只针对住客供应饮食，客人通常在这里度过数日或数周的假期。

- **汽车旅馆**
  是主要针对驾车出行客人提供服务的企业。它们通常靠近长途公路，并提供足够的停车位（通常直接停在房间门口）。
- **连锁酒店**
  包括使用同一品牌运作的酒店企业。每家企业有义务遵守标准，例如，房间的设置或物品的统一采购。客人可以在各地认出这个"品牌"。

# ② 教育培训

现代工作环境的要求促使人们必须考虑进行职业教育来不断提升自己。

## 2.1 教育培训规定

教育培训的基础是**"关于餐饮业职业教育培训的法令"**（德国），其中对职业进行了规定并描述了其教育培训的内容（职业形象）。

专业人士的教育时长为**两年**，其他非专业人士为三年。专业人士可以在第三年选择作为酒店、餐厅或连锁餐饮企业继续接受教育，这种可能性是基于精确的教育培训大纲（培训大纲参见22餐饮业的职业教育概览）。

各个级别的教育培训内容在法令中都有所规定。此外，在企业的教育培训计划中，也非常详细地划分了各培训学期的内容。由此，企业制定出内部教育培训计划。

**职业前景**
国家（德国）认证的职业为：
- 厨师
- 餐饮业专业人士
- 餐厅专业人士
- 酒店专业人士
- 酒店经营管理专业人士
- 连锁餐饮业专业人士

## 2.2 餐饮业的职业教育概览

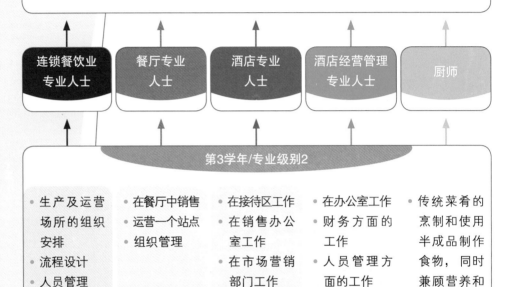

**职业培训和继续教育的机会**

包含酒店管理职业考试的酒店类学校
餐饮业专业人士、餐饮业专家的满师考试/大师资格考试
管家课程、夏季课程、调酒培训、饮食课程等

| 连锁餐饮业专业人士 | 餐厅专业人士 | 酒店专业人士 | 酒店经营管理专业人士 | 厨师 |
|---|---|---|---|---|

**第3学年/专业级别2**

- 生产及运营场所的组织安排
- 流程设计
- 人员管理
- 财务

- 在餐厅中销售
- 运营一个站点
- 组织管理

- 在接待区工作
- 在销售办公室工作
- 在市场营销部门工作
- 在经营工作中开展管理任务

- 在办公室工作
- 财务方面的工作
- 人员管理方面的工作

- 传统菜肴的烹制和使用半成品制作食物，同时兼顾营养和经济性
- 促销
- 菜单

**餐饮业专业人士**

**第2学年/专业级别1**

餐饮类行业指导委员会也为专业人士提供旅馆餐饮业的重点内容

- 在餐厅中的咨询和销售
- 市场营销（餐饮业方案）

- 经营工作（客房服务）
- 商品经济

**第2年**

- 烹饪技术和工作技能
- 蔬菜的烹调
- 餐间点心
- 汤和酱汁
- 简单的甜品

**第1学年/基础阶段**

- 在厨房中工作
- 在服务部门工作

- 在仓库工作
- 综合学习目标

- 以客人为导向的处理

# ③ 餐饮业从业人员

**独立餐饮业**

　　酒店规模决定组织形式，并由其确定与此相关的、必要的工作人员数量。在较大型的企业中，组织结构会有更进一步的划分，而在较小的企业中往往会合并数个功能。以下是一家中型企业的组织模式。

| 酒店管理 |
|---|

| 饭店经理 |
|---|

| 经理助理 |
|---|

| 财务 | 接待 | 楼层/客房服务 |
|---|---|---|
| **财务经理**<br>**人力主管**<br>**审计员**<br>**会计**<br>**培训生** | **接待经理**<br>**接待秘书**<br>**预订秘书**<br>**收银员**<br>**培训生** | **管家**<br>**管家助理**<br>**洗衣管理员**<br>**培训生** |
| • 按规定进行记账<br>• 统计和评估<br>• 管理账户<br>• 处理人事问题并发放薪资<br>• 人员雇佣和解雇<br>• 编写职位说明 | • 预订和出租房间<br>• 管理客人的通讯<br>• 执行接待登记<br>• 与客人进行结算 | • 清洁和维护客人的房间以及楼道和楼梯间<br>• 保养绿植<br>• 保养、存放和发放全部需清洗的用品以及洗浴产品 |

| 餐饮经理 |
|---|

| 仓库 | 厨房 | 服务部 |
|---|---|---|
| **仓库管理**<br>**仓库员工**<br>**培训生** | **厨师长**<br>**代理厨师长**<br>**分项厨师主管**<br>**分项厨师副手**<br>**培训生** | **餐厅经理**<br>**服务员**<br>**领班**<br>**助手**<br>**培训生** |
| • 管理物品的进库<br>• 准备并监管物品的出库<br>• 监控物品状态<br>• 执行库存检查（盘点） | • 编写菜单和水牌<br>• 采购物品<br>• 制作菜肴<br>• 制作冷、热自助餐<br>• 准备自助早餐<br>• 准备工作人员的食物<br>• 承办酒席 | • 接待客人并接受咨询<br>• 呈上菜肴和饮料<br>• 和客人结账，和收银台对账<br>• 进行早餐和楼层服务<br>• 执行宴会活动的布置<br>• 切肉分餐和上桌后完成火酒燎菜 |

连锁餐饮业

## 企业核心（总部）

## 区域经理（区域培训师）

## 餐厅经理（餐厅总经理）

- 管理餐厅，承担所有维护运营标准的责任
- 与主管一起做销售计划和盈利计划
- 本地商店营销
- 雇佣和解雇班组工作人员
- 领班和助理的培训和继续教育
- 执行成本管理措施，监控企业指标

## 餐厅助理（餐厅经理助理）

- 协助餐厅经理管理餐厅
- 根据餐厅经理的销售计划订购物品
- 根据餐厅经理的销售计划设计轮班计划
- 拟定员工的培训计划并与班组教练讨论计划的内容
- 领班的培训和继续教育
- 监督企业标准的执行
- 完成行政任务，临时代表餐厅经理工作

## 领班（轮班主管，组长）

- 在餐厅运营时协助餐厅的管理
- 根据上班计划制定的内容安排员工
- 处理顾客投诉
- 收银台结算
- 根据餐厅经理/助理的计划预先准备配料

## 班组培训师

- 根据给定的标准制作和销售产品
- 检查下属员工是否遵守标准
- 根据培训助理的规定培训员工

### 厨房员工

- 根据给定的标准准备和烹制所有产品
- 在储存产品、清洁设备时遵守标准
- 检查保质日期

### 服务员

- 销售菜品和饮料，收银
- 接受电话订购
- 根据给定的标准为顾客提出建议
- 维护销售区和用餐区的清洁，上班后和下班前的服务接待工作
- 在所有工作中遵守标准

### 送货司机

- 对外代表企业形象
- 运输订购的菜品和饮料并呈送给客户
- 到顾客家中收款

# 卫　生

卫生意味着人类健康和保健养生的准则。一般情况下，卫生理解为洁净；人们说不卫生，大多表示不干净。食品卫生包含更多，即

- 导致食物腐败的原因
- 避免腐败的措施

食品卫生用于保护消费者并维护他们的健康。

最小生物（Kleinstlebewesen）、微小生物（Mikroorganismen）或微生物（Mikroben）的意思相同。

## ① 微生物

微生物是食物腐败的主要原因。因为它们实在太小了，以至于无法用肉眼识别，然而有些时候

- **可以观察到菌落**，因为微生物拥有强大的繁殖能力，所以可以出现非常大的数量，例如：面包上的霉菌；
- **可以识别出其影响**，例如：不洁净的香肠、散发异味的肉、发酵的果汁。

### 1.1 微生物的存在

微生物**无处不在**，在**地面**上和**废水**中更为丰富。病菌[1]同样可以通过**空气**传播。在**与食物的接触**中，在营养丰富、温暖且潮湿的部位上，微生物不断繁殖。

**例如：**

- 接触各种各样物品的**双手**，
- 数个人使用过的公用手巾，使用数日的**手巾**，
- 没有及时更换的工作服，
- 使用后没有彻底清洗并晾干的**清洁工具**，诸如洗碗布、海绵布、清洁刷、钢丝球。

### 1.2 类型和增殖形式

人们应区分与食品相关的**微生物类型**：

| 真菌 | 酵母菌 | 霉菌 |
|---|---|---|

**真菌**[2]是单细胞生物。

在有益的生存环境中，真细菌可以在约20min内生长至一定的大小，并通过**细胞分裂**（图1）增殖。

1　**微生物**中最具代表性的是引起疾病的病菌。
2　**真菌**是一个总称。杆菌是真菌的品种，它们可以造成**发霉**，肉毒梭状芽孢杆菌在缺氧的环境中增殖。细菌这一概念不再作为属的名称使用。人们将能够导致疾病的类型称为**病菌**。并为某些食物确定了最高值，如：冰淇淋。在此我们放弃对真菌的区分，因为这对企业运作的实践没有任何意义。

图1：真菌分裂增殖

图2：酵母通过芽孢增殖

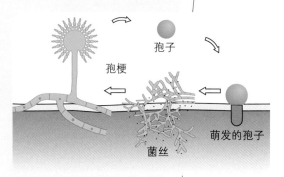

图3：霉菌形成孢子

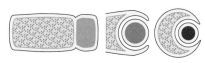

图1：杆菌形成孢子

当生存条件差的时候，真菌下属的杆菌可以形成芽孢。芽孢是一种过渡形式。细胞首先将细胞液排出，然后由剩余的细胞膜形成一个特别的覆盖物。这样，一个**芽孢**就形成了（图1），全部生命过程随之停止。此外，细胞的其余部分特别耐高温且耐消毒剂。在生存条件适宜的时候，它们会从芽孢重新变成杆菌。

**酵母**是单细胞生物，它首先从**糖类物质**中获得营养。它以出芽方式繁殖，从母细胞中萌发出一个子细胞（图2）。

**霉菌**（图3）是多细胞生物，其对生存条件要求极低，并且在相对干燥的食物上也能够生长。它们以两种方式进行增殖：在食物上通过**孢子**进行传播；在食物中通过**菌丝体（菌丝）**进行。

无毒的真菌是可以食用的，例如：奶酪中的霉菌，人们将其称为**奶酪青霉菌**。

### 1.3 微生物的生存条件

和所有生物体一样，当满足了特定的生存条件后，微生物开始生长。在生存条件受限时，生长和增殖会减缓或停止；有些微生物甚至会死亡。

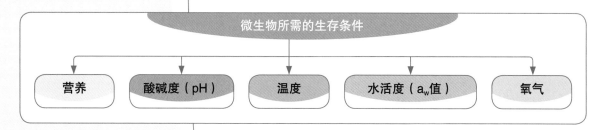

微生物所需的生存条件

| 营养 | 酸碱度（pH） | 温度 | 水活度（$a_w$值） | 氧气 |

营养物质

大多数微生物优先选择特定的营养物质，以下为粗略的划分。

| 类型 | 优先感染 | 举例 |
| --- | --- | --- |
| **分解蛋白质的微生物** | 肉类、香肠、鱼类、家禽 | 沙门菌 |
| | 牛奶、新鲜奶酪、奶油霜 | 腐败菌 |
| **分解碳水化合物的微生物** | 糖渍水果、果汁、奶油霜 | 酵母菌 |
| **分解脂肪的微生物** | 黄油、人造黄油、动物油脂 | |
| **霉菌** | 所有食物 | 霉菌 |

## 酸碱度（pH）

如同人经常有特定的口味偏好，微生物对酸性或碱性也有类似的偏好。**酸性**通过氢离子（$H^+$）表现出来，而**碱**中则存在氢氧根离子（$OH^-$）。在纯水中，氢离子和氢氧根离子的数量相同。**pH是氢离子指数**，它说明酸性或碱性的强弱。

大多数真菌优先选择中性至弱碱性的环境，加入酸性物质可以限制其活性。

$$H^+ + OH^- \longrightarrow H_2O$$
水的pH为7，中性。

举例：
- 腌渍汁中的鱼（鲱鱼卷），
- 腌渍黄瓜（酸黄瓜），
- 醋渍汁中的肉，德国酸泡菜。

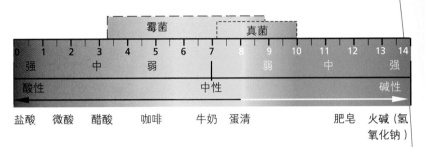

图1：pH酸碱性举例

## 温度

微生物有偏好的特定温度，人们将其划分为三种：

- 偏好低温的（嗜冷微生物）① 人们也将其称为"冰箱细菌"，最容易出现在肉和鱼上。
- 偏好中温的（中温微生物）② 肠道菌群、腐败菌、酵母属于此类。
- 偏好高温的（嗜热微生物）③ 形成芽孢的杆菌属于此类。

在6℃至60℃之间，微生物的增殖能力最强，在此温度范围内处理和加工食品很可能出现问题。因此，人们将其称为**临界范围**。

图2：微生物的生长范围

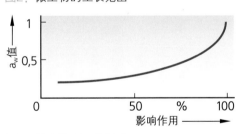

图3：微生物所需的湿度

## 水活度（$a_w$值）

微生物需要水作为营养物质的溶剂和运输工具，以便使营养物质进入细胞内部。因为微生物由70%左右的水分构成，对其而言，水也是**原生质**。

食物的全部水分中，只有一部分可供微生物使用。人们将这部分称为**自由水**或**活性水**，也称为**水活性**，百分比比值为**$a_w$值**。$a_w$**值**为百分比，纯净水的$a_w$值为1.0；绝对无水的物质中，$a_w$值为0。

当$a_w$值下降时，也就是人们去除水分时，微生物的生存条件可能恶化。

可以通过以下方法使$a_w$值下降：
- 干燥——水分蒸发，食物中不再有水分，如：干果、速食土豆泥粉、干燥香料；
- 添加盐——水和盐化合，因此不再具有活性，例如：盐渍食品、咸鲱鱼；
- 添加糖——水和糖化合，例如：水果罐头；
- 冷冻——水变成固态的冰，在这种状态下，微生物不再有活性。

## 氧气

大多数微生物依赖氧气，但是也有一些不需要氧气也能生存的种类，以及一些在有氧、无氧环境下都可以生存的类型。

| 需氧菌 | 厌氧菌 | 兼性厌氧菌 |
|---|---|---|
| • 需要氧气<br>• 在食物表面和里面生存 | • 不需要氧气就可以生存<br>• 在食物中、罐头中生存 | • 可以在有氧气或没有氧气时生存<br>• 在食物里和食物表面生存 |
| • 杆菌、腐败菌（参见第27页）<br>• 醋酸细菌、霉菌 | • 肉毒杆菌（参见第27页） | • 酵母<br>• 乳酸细菌、腐败菌 |
| 蓝纹奶酪<br>（霉菌） | 罐头盖鼓起来<br>（肉毒杆菌） | 黑麦面包<br>（酵母） |

## 1.4 微生物生存的表现

微生物以两种方式改变食物：

**1.** 将营养物质分解成合适的营养供给细胞并用于其生长，以此改变食物

**2.** 代谢产物，将其留在食物中或食物表面并产生影响

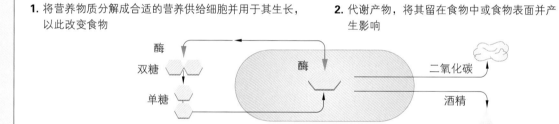

图1：微生物改变食物，以**酵母发酵**为例

微生物作用于食物的重要意义

| 进行原料的改进，应用于 | 损坏原料，出现在 | 保护环境 |
|---|---|---|
| • 生产工艺，例如：啤酒、葡萄酒、面包<br>• 加工工艺，例如：在面包和酸奶中形成有气味的物质和有味道的物质<br>• 防腐保存工艺，例如德国酸泡菜<br><br>通过控制使用特定的微生物可以实现这类**期待发生的改变**，并在**食品加工中**进行操作 | • 食物腐败，例如：形成霉菌、发酵、变腐臭<br>• 能够形成毒素的微生物，其代谢产物可导致食物中毒<br>• 由于病原体的转移造成的食物感染<br><br>**应避免这类不期望产生的、对健康有害的改变。请参见下一章节** | • 废水的生物清洁和水体的自然清洁<br>• 将垃圾和残留物分解为有机成分（堆肥），这可以成为植物的养分 |

# ❷ 食物感染——食物中毒

食用腐败的食物几乎都会导致恶心、头痛、呕吐和腹泻。人们将其划分为：

- **食物中毒**，其原因为出现在食物中并被摄入的**毒素（有毒物质）**。例如：被肉毒杆菌毒素污染的豆类或香肠罐头，食用数小时之后，症状就会显现出来。
- **食物感染**，其原因是**致病微生物**，此类微生物出现在食物中，并被人摄入。疾病出现在身体抵抗"入侵者"的战斗（防御反应）中。在摄取食物后，经过相当长的一段时间才会出现感染（潜伏期）。

由食物引发的病例中，约有75%是**沙门菌**引起的；10%是化脓菌引起，排在第二位（图1）。因为它们不会形成令人感到不适的气味或者味道，所以人们闻不到也尝不出来这两种致病菌，因此，它们是非常危险的。审视疾病的发作、寻找发病原因并思考：人们到底做错了什么？可以确定的是：主要原因是人的问题（图2）。

如果人们想要避免由食物引起疾病，就要重视以下情况。保护健康意味着：

- 避免食物接触致病菌。为此，必须了解致病菌来到食物上的方式。
- 避免病菌的增殖——冷却食物。在适宜的条件下，微生物增殖的速度，在图表中展示出来（图3）。

## 2.1 沙门菌

沙门菌**最初源于动物**，它们通过其他食物进行转移，如：鸡蛋。沙门菌是人类食物感染的原因。它们可以在动物和人的肠道中生存，不能直接造成伤害。人们将相关人员称为**长期带菌者**，在没有充分进行身体清洁（洗手）时，沙门菌会到达食物表面。

在没有专业处理的情况下，病菌可以从一种食物转移至另外一种食物上，例如：当解冻鸡肉用的容器和设备没有彻底清洗时，这被称为**交叉感染**。

图1：沙门菌最常引起食物中毒

其他
化脓菌
沙门菌

图2：人所犯的错误是主要原因

其他原因
没有充分冷却，错误冷却，储存时间过长

> 菜肴要么保持高温，要么迅速冷却。需要时，应再次加热。

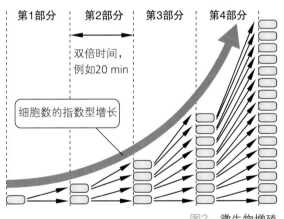

第1部分　第2部分　第3部分　第4部分

双倍时间，例如20 min

细胞数的指数型增长

图3：微生物增殖

> 动物类食品更容易被感染，如家禽、绞肉、鸡蛋以及由这些原材料制作的产品，如禽肉沙拉、奶油霜、蛋黄酱。沙门菌在80℃左右死亡，加热时毒性会被破坏。

> 胃肠系统较弱的人特别容易受到伤害。

由于加热，经过巴氏消毒和灭菌的食品不再含有沙门菌。感染疾病主要是因为食用感染细菌、不熟的分割肉、家禽和蛋类。

- 对培训指导工作人员进行规定。
- 从厨房取用冷冻家禽的包装材料，倒掉解冻用水。
- 在和蛋类、家禽接触后，应彻底清洗双手、桌子等。
- 洗手可以预防真菌转移。

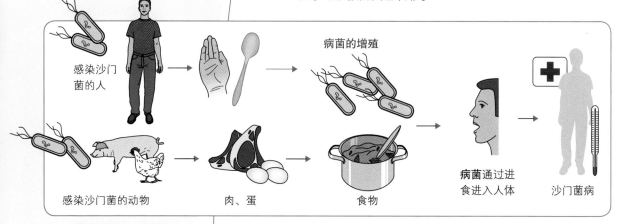

图1：食物感染——以沙门菌为例

## 2.2 化脓菌（葡萄球菌）

化脓菌首先来自**化脓的伤口**，但是在**擤鼻涕**时也会通过呼吸的空气排出。

化脓菌优先感染温暖环境中多汁且蛋白质含量丰富的食物。因此，沙拉、烹调过的火腿、奶油霜和奶油蛋糕上的奶油水果馅料等特别容易被感染。

化脓菌**排出毒素（有毒物质）**。病菌在约80℃时被破坏。然而，化脓菌的毒性**耐高温**。

- 使用防水材料完全覆盖伤口。
- 不要不加节制地打喷嚏。
- 快速冷却奶油霜。
- 将沙拉冷藏存放。

图2：食物中毒——以葡萄球菌为例

## 2.3 土壤细菌（肉毒杆菌）

肉毒杆菌来自土壤。特别容易在密封的环境下感染含蛋白质的食品，例如：**罐头、玻璃瓶**和**真空包装物品**。土壤细菌是厌氧菌并且在密封的环境下才会活动。

感染的食物会散发令人作呕的气味，在罐头中会使液体浑浊，罐头会膨胀鼓起（胀罐，图1，参见第24页）。这个明显特征容易辨认，可以避免人们误食。土壤细菌的芽孢和毒素能经受住烹调的高温而继续存活。

- 小心地清洗蔬菜。
- 冷藏保存真空包装的食品。
- 不食用胀罐的产品。

## 2.4 腐败菌

腐败菌遍布各处，特别是大量存在于土壤和废水中。它们通过**不清洁的加工方式**到达食物上，也可以通过昆虫（苍蝇）转移传播。

腐败菌偏爱温暖的环境，可以在有氧或无氧的条件下生存；偏爱在蛋白质丰富的食物上增殖，就是腐败菌造成肉类和香肠变得油腻多脂。

> ● 感染的食物非常难看，并且闻上去很恶心。因此，由腐败菌造成的食物中毒非常少见。

## 2.5 霉菌

霉菌的活动可以改良食物，如：卡芒贝尔奶酪和洛克福特羊奶蓝纹奶酪。大多数霉菌是不受欢迎的。不受欢迎的霉菌以芽孢的形式出现在空气中，并且感染**一切食物**。霉菌对生存环境的要求不高，偏爱烘焙食品（图2）、未经烟熏的香肠制品以及水果。

在食物上，霉菌以菌落的形式可见。

**霉菌的根部**，也称为**菌丝**，在食物中生存。

**霉菌形成的毒素（有毒物质）**。因为不能完全辨别出菌丝体在食物中到达的深度，所以必须谨慎地评估。霉菌毒素有损肝脏。

- 在冷凉和干燥的环境中保存食物有利于避免感染霉菌。
- 应扔掉发霉的食物或大面积切削掉发霉的位置。

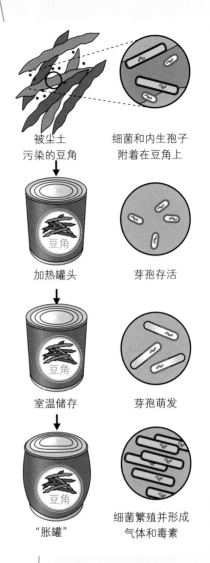

被尘土污染的豆角　　细菌和内生孢子附着在豆角上

加热罐头　　芽孢存活

室温储存　　芽孢萌发

"胀罐"　　细菌繁殖并形成气体和毒素

图1：肉毒杆菌

> ● 霉菌在食物表面和食物中生长

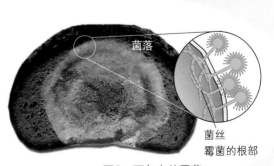

菌落

菌丝
霉菌的根部

图2：面包上的霉菌

食物害虫可以通过以下痕迹进行追踪：
- 咬食造成虫害，例如：皮蠹虫、粉螨。
- 污染，例如：在污泥粪便、死亡动物的残尸上。
- 微生物的转移，例如：通过苍蝇。

**德国小蠊**
身体最大至12mm长，两翼之间的长度最大至12mm

**毛虫**在一粒小麦粒中最大生长至6mm长

有**蛀咬**的小麦粒

**麦蛾**两翼之间的长度最大至19mm

**大家鼠**

**小家鼠**

# ③ 防治害虫

人们将破坏食物的动物称为**害虫**。

现代化的建筑方式使害虫比以前更难筑巢。尽管如此，它们还是能够很容易地找到庇护所。因为害虫非常容易受到惊吓，它们的出现只能通过早晨工作开始前辨认出的"痕迹"进行识别。持续防治害虫可以帮助您避免损失和投诉。

### 蟑螂、蛾子、螨虫、甲壳虫

昆虫偏爱温暖，生活在缝隙中、家具和设备的后面。它们通过咬蛀和污染造成破坏。
- 彻底清洁进行补救。
- 多次使用化学药剂，这样也能将稍后会孵化出来的虫卵一起消灭。

### 苍蝇

垃圾和粪便烂泥是它的温床。苍蝇通过转移致病菌和腐败菌造成破坏。
- 使用纱窗预防。
- 覆盖食物，使苍蝇远离食物。
- 密封盛装垃圾的容器并定期清洁。
- 如需要，可使用化学药剂杀虫。

苍蝇

### 蠹虫

易受惊吓的夜行性动物，隐藏于缝隙中生存，并偏爱碳水化合物。它首先通过污染进行破坏。防治方法与苍蝇的防治方法一致。

### 家鼠

啮齿类动物穿过打开的门、地下室的窗户和管道井进入工作间。

蠹虫

- 在地下室窗户上使用纱窗进行预防。
- 设置斜坡。铺设接触式杀虫剂，其会导致害虫体内出血。

**杀虫剂**
- 必须在不影响食物的前提下使用。
- 只能根据使用规定使用。
- 放在原始包装中，与食物分开存放。

# ④ 清洁和消毒

清洁是去除污渍或污染。**污渍**是指一切食品企业不希望出现在表面的物质，不光是附着在土豆上的泥土，还有其他如盘子和餐具中的残留物。

**污渍**可能成为微生物和寄生虫的繁殖场所，并且颇具威胁性。因此，在进行清洁时应进行必要的消毒，这是符合卫生要求的重要步骤。

## 4.1 食品企业中的清洁

在此，以冲洗为例说明清洁的过程。

在清洁/冲洗时，有多个方面参与（图1）。根据污垢的类型，改变这些因素，并使其与过程相互匹配。

水

在食品企业中，必须使用饮用水进行清洁。水有几个作用：

- **溶解污垢**，例如：糖、盐、凝固的蛋白；
- **泡胀污垢**，例如：残留的面团、面食、煎肉、鸡蛋制作的菜肴等；
- **铲除污垢**，部分已经松动的污垢处于浮动状态，可以直接被冲掉。

● 洁净是指最大限度地去除物品上的污垢、污染以及微生物。

干净是指物品表面没有肉眼可以识别的污垢。

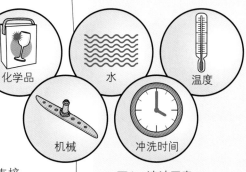

图1：清洁因素

化学品　水　温度
机械　冲洗时间

图2：水压去除污垢

**温热能够促进**清洁的效果，因为

- **更易溶解油脂**，使其可以被轻松地冲掉。
- **更快溶解和泡胀。**

适宜的冲洗温度为60℃左右，过热的水会使污垢"粘牢"，并可能导致烫伤。

清洁剂

水分子之间紧密地连接在一起，这产生一种表面张力，从一些水滴中可以很好得看出来（图3）。

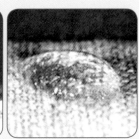

图3：水滴——表面张力

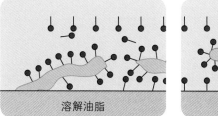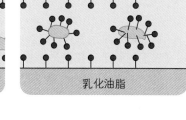

| 溶解油脂 | 乳化油脂 |

图1：油脂的溶解和乳化

通过添加清洁剂，水的表面张力会消失，并能更好地浸润。这样，水会在污垢下方轻轻推动，这样也可以**溶解油脂**。然后，去污性能好的微粒会围绕在油脂周围，**乳化**油脂并**保持悬浮状态**，这样就不会再粘牢而是被移走（图1）。

工具的作用

在清洁时，除了水、热量和清洁剂还需要机械力量的辅助。它们可能为：

图2：压力清洁设备

- **水压**，例如：家用和商用洗碗机。水通过泵获得"力量"，喷嘴将力量集中于一个相对集中的面积中，就可以将污垢冲下来了。
- **洗碗布或海绵布**，当您经常用手冲洗时需要使用。
- **清洁刷和钢丝球**，只能在坚硬的物品上使用，它们用于清洁顽固的污垢，例如：顽固的残留物。坚硬的物体会侵入较软的物体，因此需要注意，在使用工具和去污粉时，避免对清洁表面造成损伤。

使用工具比使用化学剂更好。利用高温比使用腐蚀性药剂更好。

## 4.2 食品企业的消毒

**感染**意味着传染，致病菌转移、并导致感染。通过消毒可以避免感染，这样处理食物和物品就不会再受到感染了。**消毒剂能够杀死微生物**。

有关允许用于与食物相关范围的消毒剂信息，请参见德国卫生和微生物协会的网址：www.dghm.de

因为消毒剂不能穿透污垢发挥作用，所以应当：**先清洁，后消毒**。消毒剂的作用取决于：
- 溶液的**浓度**：浓度越高，越有效；
- 使用**温度**：温度越高，越有效；
- **作用时间**：作用时间越长，越有效；作用时间越长，药剂的浓度可以越低。

根据**适用范围**，人们将其划分为：

图3：双手消毒

- **大范围消毒剂**：有广泛的适用范围，例如：用于几乎出现所有营养物质的厨房。
- **专用消毒剂**：例如，用于手部。

**劳动保护**

基本上，未稀释的消毒剂都具有腐蚀性。请小心接触和使用！消毒剂必须在专用容器中保存。

**环境保护**

清洁剂和消毒剂会给环境增添负担。因此：

- **尽量少用化学品。**
- **正确定量，**因为过高的含量不一定达到最好的效果。
- 保证**温度**尽量高，**作用时间**尽量长。

## 4.3 彻底清洁的流程

- **粗清洁**　　　去除较大的污垢、菜肴残留物
- **清洁**　　　　使用热水和清洁剂
- **冲洗**　　　　使用热水
- **干燥**　　　　使用干净的抹布或纤维布
- **消毒**　　　　使用合适的消毒剂
- **冲洗**　　　　使用流动水
- **干燥**

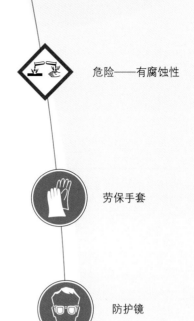

危险——有腐蚀性

劳保手套

防护镜

---

**作业**

1. 食物腐败的主要原因是微生物。请您至少说出五种微生物。
2. 请结合食物谈论菌落的形成。
3. 请您举出几个例子，说明厨房中什么地方会出现微生物的增殖。
4. 请您结合食物的保存温度说明"临界范围"。
5. 一些食物可以在酸中保存，如：德国酸泡菜和酸黄瓜。请您解释原因。
6. 微生物在食物中可能发生人们所期望的改变。请您举出三个例子。
7. 为什么要立即处理掉冷冻家禽的包装材料？
8. 大部分的食品腐败由人的过失导致。请您举出三个例子。
9. 请您说出集中在食品企业中出现的害虫。
10. 通常只能通过"痕迹"识别出害虫。怎样理解"痕迹"？害虫可以"躲藏"在哪些地方？
11. 请您说明，当没有使用洗涤剂冲洗时可能发生些什么。
12. 在使用高压清洁时需要注意些什么？

# 1 环境保护

众所周知，如果我们没有彻底改变自己的行为，那么我们的环境会在可预见的时间内被彻底破坏。我们在哪些方面使环境承受压力？

- **我们不经思考消耗过多原材料和过多能源**
  某些现有的资源将在100年内消耗殆尽，这是对能源材料石油和天然气以及原材料铜和锌进行估算的结果。
- **我们产生太多废物或垃圾**
  虽然垃圾量，尤其是过度包装所产生的垃圾量已经在减少，但是还是能够进行大量节约。按照材料进行分类，可以实现较高的重复利用率。
- **我们的行为让环境承受太多负担**
  发动机燃烧产生的烟尘以及燃气威胁着地球的大气层；
  燃烧烟尘中的硫元素引起酸雨，而酸雨使森林和水体承受负担；
  除草剂和杀虫剂进入食物和饮用水中，直接损害我们的健康。

> 只有多方面协同作用才可能保护环境。

一方面**国家**必须通过相应法律法规完善官方处理和强制处理的框架条件。

另一方面，也应当要求**个人承担责任**。根据环境负担的主要方面，可以区分为：

**节约能源**

例如，通过：
- 理性取暖：将室温降低1℃，可以节约6%的能源；
- 正确通风：不要持续通风，而是短时间且多次（间歇通风）；
- 请注意水果和蔬菜的时令：温室的能源消耗和用于长距离运输的能源支出是不必要的；
- 有规划地使用交通工具。

节约原料意味着避免产生垃圾，例如：
- 适当使用包装材料（纸张、塑料）；
- 使用可回收瓶子替代一次性瓶子或使用补充装。

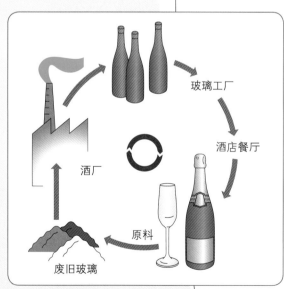

图1：回收利用（Recycling）→
re = 返回，cycle = 循环

**回收利用**

**回收利用**是价值的循环。对材料进行**分类**并尽可能**重复利用**。

- 使用**玻璃**可以生产出大量的瓶子。
- **废旧纸张**，不包含塑料部分的包装材料可以被重新加工。
- **用过的油脂**，例如：炸锅中的，可以单独存放并作为特殊垃圾被取走。
- **厨余和食物垃圾**可以作为家畜（猪）的饲料或用于生态燃气设备。

在存放废弃物时，请注意保持整洁。卫生和健康比废物利用更重要。

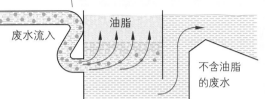

图1：油脂分离器图示

## 废水的保护

例如：

- **油脂分离器**，在冲洗时从水中分离出的油渣，在排水系统中和冷凉的管道粘结在一起（图1）。
- **淀粉分离器**可以保留土豆削皮机中分离出来的淀粉微粒，这些微粒会沉淀在管道底部并影响水流。
- **正确定量洗涤剂和消毒剂**。尽管化学品对清洁和卫生来说是必要的辅助手段，但是每次过量使用的部分都是保持"未使用"的状态，并且在环境中继续起作用，但这时是负担。

## 与环境的关系

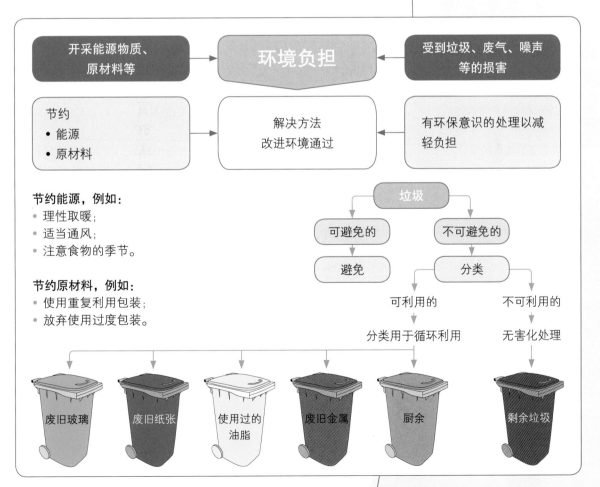

## ② 消费者保护

当人们还需要自己收获田野中的果实时，当人们还需要将家养动物作为肉食来源时，人们还清楚地知道，桌子上都摆放着什么。但是从中世纪起，农民开始住在城市以外，手工业者住在城市中。也是从这时起，开始分工劳动以获得食物和生活必需品。

今天，人们已经无从得知食物从生产者至消费者所经过的路线，这也是立法者制定**相关消费者保护法**的原因。这些规定连接了生产者、加工者和经销者。

以下举出几条立法者制定的重要规定。

### 2.1《食品和饲料法典》(LFMG)(德国)

《食品和饲料法典》(LFMG)是处理食物相关事务的法律基础。

在特殊情况中，特别是相关人员应当遵守规定：保护消费者和顾客比生产或销售中的额外负担更重要。

| 法律的目的是 | |
|---|---|
| 预防出现有损健康的事情 | 预防欺诈 |

§1(1)1……**在食物方面**……通过预防可能产生的危险或防止对人体健康造成危害，以确保对消费者的**保护**。

§1(1)2**预防在食物流通中产生的欺诈**。

**§5保护健康的禁令**

严禁：

1. 以食用后损害健康的方式生产和加工提供给其他人的食物。
2. 使用非食物的材料以及食用后会损害健康的材料。

**§11预防欺诈的规定**

严禁：

使用容易产生误导的标识、说明和包装的食品进入流通环节，或者在一般情况下/个别情况中对食物使用容易产生误导的描述，或者使用其他表述进行广告宣传。

在《食品和饲料法典》(LFMG)中规定了基本的条款，而其他规定确定了另外一些细节。

**示例**：

- 法律： 《奶品法》《肉类检验法》
- 法令： 《食品标识法令》
- 指导意见： 《肉类和肉类制品的指导意见》
- 准则： 《烘焙产品和烘焙工具的准则》

## 2.2 食品的标识

在面包房向售货员购买如小饼干一类的"散装货品"或者在餐厅中点单以及想要知道含有哪些成分时，人们可以直接询问工作人员。除非是客人自助服务。

《食品标识法令》（LMKV）中规定哪些信息应在预包装食品（成品包装）的标签上标明。

示例：

① **流通名称**，产品的名称。

② **容量**。

③ **保质期**（最少保存时间）或**食用时限**。

④ **配料表**。

⑤ **生产商或销售商**，这样消费者能了解到向谁进行投诉。

**配料**是指所有制作食物中所使用的材料。 例如：新鲜的面包使用了面粉、粗粒谷物、水、盐和酵母。

配料是按照用量递减的顺序进行说明的，也就是最大比例的部分在最前面，最少用量的在最后面。

如果现在就切割面包并包装和储存，面包可能会出现轻微的霉菌。因此，有时人们使用少量防腐剂。防腐剂是添加剂（见下方）。

当一种配料

- 出现在产品名称中，例如：粗粒黑麦面包、草莓酸奶，
- 或者是主要成分时，如：香草黄油，

必须在配料表中说明这种配料的百分比。人们将这一特点称为用量标识或**QUID准则**（配料用量说明准则）。

**食品添加剂**是所添加配料中的一个特殊种类，它能起到特殊的作用。这些期望产生的作用可能是：

- 特殊的性质，例如：酸奶中加入明胶，这样就不会产生液体。
- 实现特定的性质或作用，例如：胡萝卜素，以便让布丁/奶油霜有美丽的颜色。
- 防腐剂，延长保质期。

每种添加剂有一个编号， 当标签上没有添加剂的具体名称时，必须标明**编号**。

示例

- 含有防腐剂山梨酸或
- 含有防腐剂（E 200）

在图标签上标注：

① 粗粒黑麦面包
② 净重500g
③ 保质期20XX.11.11
④ 配料：粗粒黑麦（55%），水，粗粒小麦，盐，酵母，糖，防腐剂山梨酸
⑤ 贝克佳品有限责任公司，波恩

QUantitative = 按照用量的
Ingredient = 配料
Declaration = 说明

身体敏感的人士可能会对特定材料产生**过敏**反应。对这类人而言，配料表是一种辅助措施，帮助人们了解产品中是否存在会对其身体产生不利影响的食材，然后避免选购这类产品。

环境保护和消费者保护

这类食品添加剂按照用途进行分类。

| 分类名称 | 作用 | 示例 | 使用示例 |
|---|---|---|---|
| 乳化剂 | 将水和油脂混合在一起 | 单酸甘油酯和甘油二脂 | 完成的汤 |
| 抗氧化剂 | 阻碍食物和空气中氧气的结合，延迟腐败 | 抗坏血酸（维生素C）、生育酚（维生素E）、乳酸 | 果酱、沙拉酱、植物油 |
| 色素 | 赋予烹制菜肴诱人的颜色 | 核黄素、胡萝卜素 | 奶油霜类制品、布丁、香草利口酒 |
| 化学防腐剂 | 妨碍微生物的活动并避免腐败 | 苯甲酸、山梨酸、聚羟基丁酸酯（PHB酯） | 精致食品产品，如：肉类沙拉或鲱鱼沙拉，吐司面包 |

| 保质期 | 规定的标识 |
|---|---|
| 少于三个月 | → 保质期（月和日） |
| 最长达18个月 | → 保质期（年和月） |
| 长于18个月 | → 保质期（年） |

如果食物超过了食用时限规定的日期，则**不应再**食用。

| 萨拉米香肠（200g包装）<br>20.00€/kg | **4.00€** |

## 保质期

　　食物只能在有限的时间内保存。因此，生产商必须告知后续加工人员、经销商和终端消费者，在适宜的条件下，产品可以至少保存至什么时候。这个时间点被称为**保质期**。

　　如果已经到了标签上说明的时间，这并不意味着食物已经腐败，人们可以继续食用。尽管如此，必须仔细、谨慎地检查是否出现问题。

　　**食用时限式保质期**是针对易腐败食物的，例如：绞肉。

标识可写为：

**最好在XXXX.10.12前食（饮）用**

## 价格说明

　　这些条款的意义在于可以让消费者/客人比较价格。因此，每个提供货品或服务的人，都有义务告知详细的价格。价格必须为最终价格，不能再出现其他附加费。在餐厅中，人们说的是**统包的价格**。

- 零售商在销售食物时，除了要写清重量和价格，还应注明每千克的价格（€/kg）。
- 客栈和餐厅必须在餐厅入口旁安装包含主要菜肴和饮料的目录。这使客人在进入餐厅前获得引导。
- 饮料（除了冲泡饮料），除了写清价格还应注明分量。不应该是：一杯红酒4.00€。
- 像"鳟鱼、蓝，根据大小"这样的说明是不允许的。正确的应为：

| 鳟鱼（蓝色），根据大小<br>价格：xx.yy€/100g |
|---|

## 食品质量印章

### 德国有机（Bio）印章

"有机（Bio）"（有机农业的简称）是受到欧盟法律保护的概念。使用**"Bio"字样**标注商品的人，必须遵守有机印章的所有标准，这样才能允许在这些货品上标注有机印章（标志）。

一件产品必须有95％以上的成分来自**有机农业**，才可以授予有机印章。这意味着：

- 没有使用辐照用于防腐；
- 没有使用基因技术改变生物体用于生产（例如： 转基因种子）；
- 没有使用人工植物保护剂农药；
- 没有使用矿物质肥料；
- 没有使用味道增强剂、色素和乳化剂；
- 按照类别合理养殖动物。

德国市场和专利部门受联邦消费者保护部委托，监管有机印章的使用。

如非法使用有机印章，产品将被召回， 并处以最高达30,000€的罚金。

### 欧盟有机印章

所有在商店中的有机食品必须拥有欧盟有机印章。没有包装的食品可以自愿标识。

获得这种印章的前提条件也必须为95％以上的成分来自有机农业。由传统农业转换成有机农业的农场主必须保持两年的转换期。欧盟监控部门遵守欧盟有机农业法令进行监督和管控。

德国有机印章和欧盟有机印章可以同时使用。

### MSC印章

德国海洋管理委员会（Marine Stewardship Council）是一家公益组织，旨在反对全球海域内的过度捕鱼。组织的目标是促进**可持续性**（即：仅允许捕捞一定量，不妨碍继续生长）。

一个由科学家、渔业专家和环境保护者组成的专家委员会，检查捕鱼规定是否被遵守，之后授予MSC印章。

带有MSC印章的产品可以追溯： 借助包装上的追溯编码，最终客户可以了解鱼的产地。

MSC印章仅授予野生鱼类，不颁发给养殖鱼（水产养殖）。

食物卫生法令
EG-852/2004：参见本书CD中的内容

缩写是什么意思？

| HACCP | |
|---|---|
| H = Hazard | = 危险、风险 |
| A = Analysis | = 分析 |
| C = Critical | = 评判 |
| C = Control | = 检查控制 |
| P = Points | = 点 |
| **含义** | |
| 风险分析和评判检查控制点 | |

说明：在此，英文单词control
不能翻译为监督。在此意思为
控制、管理。

## 2.3 食品卫生（基本卫生）法令

迄今为止，每个国家都制定了针对食品的卫生环境法律规定，而其中的一些规定是类似的，并且是可以对照的。为了减轻国家之间的商品交换，欧洲共同体制定了所有成员国必须遵守的法令。主要内容是进行HACCP自检的义务。

### HACCP理念（风险分析和评判检查控制点理念）

HACCP是一个产品安全的理念。借助这一流程可以为我们的客人针对菜肴和饮料产品的危险情况进行检查。

**检控点**也可以翻译为**关键位置**。必须检查这些位置，并且在必要的情况下进行干预。这一部分内容帮助人们了解此规定。

### 7项HACCP原则（第5条）

**1. 执行危险分析**

必须分析每个产品完整的生产过程，以避免可能出现的危险环节。每个生产步骤中都可能对客人产生危险，这些步骤需要被标记（例如：在流程计划中）。

**2. 评判检控点"Critical Control Points（CCP）"：**

借助步骤1中发现的危险环节，确定生产流程中的检查和控制点。这时，可以为了排除/减少威胁而进行干预。

**3. 确定极限值和监控属性**

现在，为每个检查和控制点确定详细的属性（例如：温度、pH）以及相应适用的极限值。这样，允许哪些值就变得清楚了。

**4. 确定监控措施**

在这一步骤中确定，**如何**（使用哪些措施）确定第3点中的测量值（例如中心温度测量或pH测试）。

**5. 确定更正措施**

需要确定当不符合评估检控点时，应该做些什么：应该采用哪些措施，使数值重新变为有效值。

**6. HACCP理念的检查**

必须确定可以如何检测，是否所有员工都遵守了步骤1~5。

此外，全部HACCP理念必须一直处于最新的状态，例如：当生产过程中有所变化时，需保证随时调整以匹配变化。

**7. HACCP理念的记录**

只有连续的记录才能保证可靠的HACCP理念！因此，必须记录运行过程，所有员工在每个点上都要按照规定进行。记录应当适合企业的规模。为了能够长期检查，记录必须长期保存。

右侧图表（图1）展示出，许多和食物相关的疾病都是由人类的行为导致的：错误加热、人之间的转移、卫生问题、生产缺陷、不当存放等。所有问题都是可以避免的。

HACCP理念用于卫生措施的预防性应用。它包含的范围有：**运营卫生、个人卫生和与食物的接触（产品卫生）**。

**责任在于企业主。**

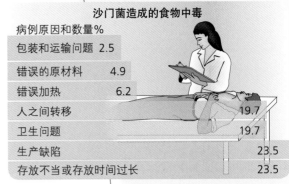

**沙门菌造成的食物中毒**

病例原因和数量%

| 包装和运输问题 | 2.5 |
| 错误的原材料 | 4.9 |
| 错误加热 | 6.2 |
| 人之间转移 | 19.7 |
| 卫生问题 | 19.7 |
| 生产缺陷 | 23.5 |
| 存放不当或存放时间过长 | 23.5 |

图1：食物中毒的原因

## 运营卫生

只有满足外部的前提条件，才能开展**卫生方面无可挑剔的工作**。为了保护消费者，法律法令将其定为**最低要求**。运营环境必须经相应部门许可。

图2：垫高的瓷砖避免污垢堆积

**前提条件**是：

- **墙壁**必须明亮且容易清洁。只有这样，才能轻松发现污垢，并且毫无问题地清除。因此，墙壁至少铺设2m高的瓷砖或至少使用浅色油性涂料粉刷。
- **地板**必须为不透水的。基本上人们都会铺设瓷砖（图2），并使用水泥勾缝。特殊的表面造型可以降低滑倒危险，例如：有突起或横挡。
- **卫生间**绝对不能直接与生产车间相连，这样可以减少病菌的传播。
- **清洁位置**必须位于工作区域的旁边，并供应流动水。必须安装分别用于餐具或原材料的清洁水池。
- **冷却室**应保持干净，因为食物残渣和污垢会为细菌提供营养物质。
- **中间时段清洁**可以优化卫生。在每个工作过程之后清洁工作位置和设备。
- 在厨房使用的**手巾应每天清洗**。
- 不允许变更**洗碗机**上的程序（时间、温度），因为条件变更可能导致细菌存活。
- 必须消灭**害虫**，因为它们可能传播病菌。

食品法中规定，设施必须在满足特定使用的同时不损害人体健康。因此，设备应不易生锈，且必须容易清洁。

污渍会根据生产设备的材料特性进行附着，此外还主要取决于设备的形状和加工方式。没有藏污纳垢的缝隙角落，就不会有污渍黏附固定。因此，在选择设备时也需要考虑这方面。

在一家企业中，主要由人员的行为决定卫生情况。

人员卫生规则：

1. 在开始工作前取下戒指和手表。
2. 在开始工作前，去卫生间之后彻底清洗双手。
3. 在咳嗽或擤鼻涕时避开食物。
4. 受伤时，如手上的小割伤，应使用创可贴包扎伤口。
5. 在处理食物时，应当佩戴头巾。
6. 在与食物接触时严禁吸烟。

传统的手巾对卫生而言是一种威胁。

纸手帕是由吸水纸制成的，为一次性使用。使用过的手帕应扔进纸篓并销毁。

擦手巾机可以发放一张干净的一次性使用的纸巾。使用过的纸巾和未使用过的纸巾应分离，这样细菌不会传播。

## 个人卫生

"当所有员工的个人卫生无可挑剔时，所有卫生措施才有成功的可能性。"这句话来自卫生手册，并强调了：

在食品企业中的员工

- 由卫生局进行第一次关于卫生的培训；
- 由企业就卫生问题进行培训；
- 必须登记传染类疾病；
- 允许不雇佣患有传染性疾病的人员。

### 双手—手巾

**双手**是非常危险的微生物载运体。因此，工作人员必须特别注意个人卫生，务必使用流动的热水清洁双手。

**肥皂**帮助溶解污垢。洗过的手不能再触碰皂液器，以避免细菌的传播。不应使用肥皂块。

**手巾**在使用时**变湿**，并由食物残渣**污染**。在室温下，几乎为微生物提供了**理想的**增殖环境。

问题特别大的是多人共用的公用手巾，除了为细菌提供增殖的机会，这样的手巾会造成人与人之间的传播。

因此，人们有其他的干手方式——**纸手帕**和**擦手巾机**。

### 职业装

使用现代洗涤剂可以实现，在较低温度下获得白色的衣物。

"白色"不是始终代表"卫生无可挑剔"，只有在**高温**条件下，才能杀死**微生物**。对于职业装而言，几乎在所有与食物相关的制服上都受到含蛋白质菜肴残渣的污染，因此推荐，**在95℃进行洗涤**。

## 产品卫生：与食物打交道

食物上可能载有病菌，并在储存和烹饪时增殖，并可能危害客人的健康。

因此，在与食物打交道时应遵守特定的卫生措施。

| 货物的验收和储存 | 处理 |
|---|---|
| • **干净的容器**避免病菌通过接触的面积传播（支架等）<br><br>• **腐败的食物**应冷却存放，这样细菌不会增殖<br><br>• **肉和肉类制品**（洁净）应与植物类食品（不洁净）分开存放并分开加工 | • 使用恰当的方式解冻**冷冻肉类和家禽**，解冻用水应倒掉，处理掉包装，清洁桌子、设备和双手<br><br>• 在继续加工**准备好的食物**前应冷藏食物<br><br>• **烹饪好的菜肴**应保持高温或迅速冷却，如有需要可以**重新加热**，因为在临界范围（6~60℃）内，细菌增殖非常迅速<br><br>• **废物**应存放在厨房以外，这样可以让细菌远离厨房 |

**符合实际情况的短期存放**

为了在工业厨房中达到最大负荷，一部分准备工作和烹调工作必须提前进行，与原本要进行的服务不相关。为了避免在间隔时间内，细菌在温暖的准备过程中增殖，在间隔时间内应迅速冷藏储存。

**时间分隔和热分隔（图1）**

如果准备菜肴之后不立即开始最终烹调，这样被称为时间分隔和热分隔。

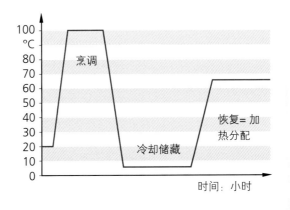

图1：时间分隔和热分隔

**符合实际情况的冷却**

食品的体积越大或者炊具的尺寸越大，从外到里的冷却持续时间越长。

**促进冷却（图2）**

• 倒入平坦浅口的餐具中，可以更快散热。

• 锅具不安装防烫底，因为这可以储存热量。

• 在冷水池中放置餐具，频繁搅动内容物。

• 使用浸泡冷却器。

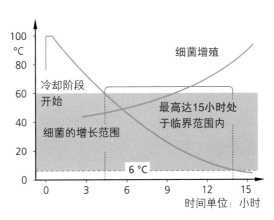

图2：盛有25升酱汁的锅在冷藏室冷却时的温度变化

菜肴要么保持高温，要么迅速冷却。需要时，应再次加热。

**执行卫生规定**

《食物卫生法令》（德国）要求企业**自检**。官方食品监督似乎是"针对监督的监控"。

## 环境保护和消费者保护

**企业必须**

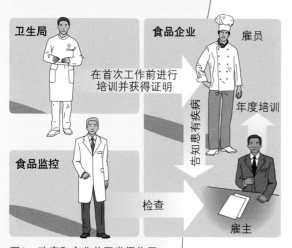

图1：政府和企业共同发挥作用

（图中文字）
卫生局
食品企业
雇员
在首次工作前进行培训并获得证明
年度培训
告知患有疾病
食品监控
检查
雇主

- **确定检查点（CP）**。其中由人掌控关键状态，在这种状态下，产品的质量和无损健康的情况不能受到威胁。例如：肉类不能在冷藏室储存。如果危害到健康，人们要谈论到**重要检查点（CCP）**。
- **确定安全措施**。例如："在接收肉类、鱼类和奶制品后应直接放入相应的冷藏室中"。
- **制订清洁和卫生计划**。
- **处于临界点时的措施**通过适合企业的检查进行监控。检查必须可以通过食品检控重复检测证明。

因此，执行的检查和书面记录结果是必要的，因为以这种方式可以证明必须具有的细心谨慎。

根据7项HACCP基本原则，用以下图示展示出早餐时段制作一份炒蛋的生产过程（参见基本原则1）。检查点和临界检查点（参见基本原则2），界限值和监控措施（基本原则3和4），如果有必要，需要准备更正措施（基本原则5）：

**带有HACCP自检的生产过程，以在系统餐饮业中制作一份炒蛋为例**

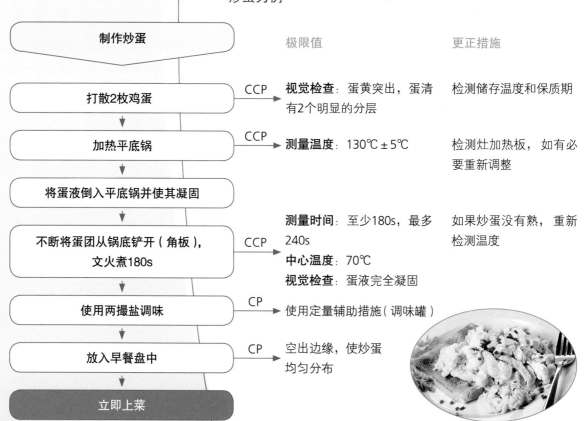

（流程图文字）

超过30份要安排复原

| | 极限值 | 更正措施 |
|---|---|---|
| **制作炒蛋** | | |
| **打散2枚鸡蛋** CCP | **视觉检查**：蛋黄突出，蛋清有2个明显的分层 | 检测储存温度和保质期 |
| **加热平底锅** CCP | **测量温度**：130℃ ± 5℃ | 检测灶加热板，如有必要重新调整 |
| **将蛋液倒入平底锅并使其凝固** | | |
| **不断将蛋团从锅底铲开（角板），文火煮180s** CCP | **测量时间**：至少180s，最多240s **中心温度**：70℃ **视觉检查**：蛋液完全凝固 | 如果炒蛋没有熟，重新检测温度 |
| **使用两撮盐调味** CP | 使用定量辅助措施（调味罐） | |
| **放入早餐盘中** CP | 空出边缘，使炒蛋均匀分布 | |
| **立即上菜** | | |

用于清洁和卫生措施的**书面计划**，优点是：

- 清楚明确的规定所需的工作。
- 出现人员更换时，也可以保证工作。
- 可以针对食品检查工作用作证明。

特别需要将检查点设计在责任转移到别人手中时。

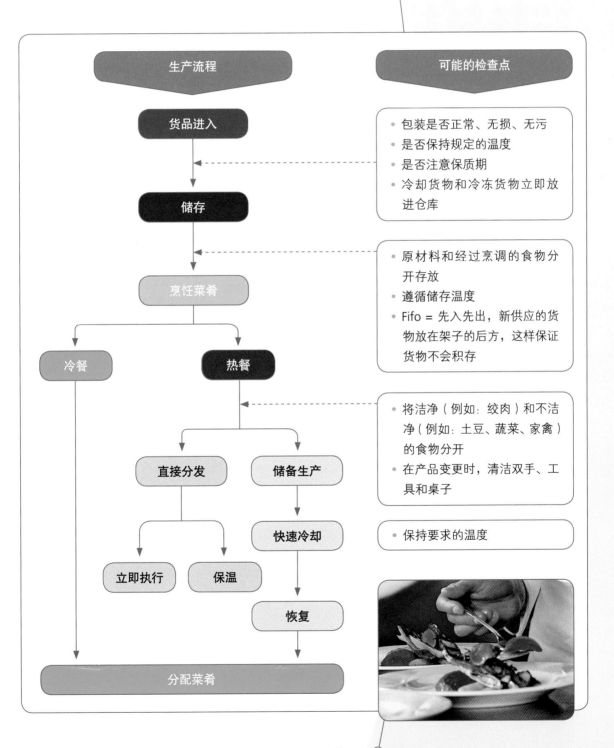

根据意外事件准则进行检查。如果出现来自消费者/客户的投诉，需要安排检查。企业所有人和工作人员根据法律规定有义务不得阻碍官方的检查，他们必须回答有关原材料和生产过程的问题。

如果提取了样品，企业所有人有权提供对照样品进行对比实验。他可以自己出资进行此实验。这样，在出现无理投诉时，这可以作为最重要的物证以免除自身责任。

## 2.4 食品监控

当规定不能进行管控时，由谁使用最严格的规定？

食品企业的管控是各个联邦州的工作。因此，政府主管部门可能有不同的名称。然而，操作过程的基础是相同的。

**检控官员**或者**食品检查员**是接受过专业培训的人员，通常，他们来自食品行业，因此非常内行。

允许他们在办公时间进行**检查：**

- 检查企业房间和设备的卫生状态。
- 检查原材料和最终产品的卫生情况，以及是否遵守食品法的规定（例如：是否使用犊牛肉制作维也纳煎肉排）。
- 采集产品的试样，并送去进行符合《食品法》（德国）的研究。

---

**专业概念**

| | |
|---|---|
| **抗菌的** | 对细菌起效的 |
| **杀菌的** | 致细菌死亡的 |
| **消毒** | 使病原体无害 |
| **潜伏期** | 在感染和首次出现病症之间的时间 |
| **感染** | 通过侵入身体的病原体传染 |

**专业概念**

| | |
|---|---|
| **病菌** | 导致患病的微生物 |
| **污染** | 弄脏、不洁净、传播病菌 |
| **表面活性剂** | 一种可以去除水表面张力的材料 |
| **杀虫/杀菌等以杀字开头的** | 导致死亡的 |
| **循环** | 重复利用 |

---

**作业**

1. 《食品法》（德国）有哪两项主要目标？

2. "当我购买了一个包装好的面包，我能够了解其中包含哪些成分吗？为什么这家面包房中新鲜烘焙的面包没有说明？"您能作出哪些回答？

3. 配料和食品添加剂之间有什么区别？

4. 出于哪些原因可以使用添加剂？请您说出三个领域，每个领域中各举出一个例子。

5. 在一个盛有酸奶的杯子上写着："保质期为（至少保存至）XX XX年3月14日"。酸奶在冰箱中存放并被遗忘。在3月20日时人们还能食用此产品吗？

6. 一包绞肉上标有一行字："最迟在XXXX年9月4日前使用"。在XXXX年9月6日还能加工这包绞肉吗？

# 工作安全

## ① 预防意外

意外统计显示出，在餐厅企业中厨房是最危险的区域（图1）。

如果人们思考发生意外的重点环节（图2），路上发生的意外排在首位。其中大部分是在走、跑和爬楼梯时产生的伤害，在餐厅的范围内主要是这类，不仅限于厨房的区域内。在厨房中，使用、接触刀具和设备时会被割伤，这是排在首位的，其次是使用机器时产生的意外。此外，错误的抬、举、背、提重物会导致受伤，还有烧伤和烫伤。

### 1.1 地板

约20%在厨房发生的意外是滑倒。通常，匆忙很容易伴随滑倒，原因通常是

- 弄脏的，因此不防滑的地板，
- 摆放在行走区域的物品，忽略了可能会导致受伤。

**滑倒可以避免**。为此，需要：

- 保持道路畅通，
- 穿着有防滑底的鞋，磨损的便鞋不适用于工作中，
- 立即将洒出的东西擦拭干净，
- 地板上有较少油脂时，撒上盐，
- 在进入冷冻室之前应将鞋底清理干净，否则，潮湿的鞋底会立即结出一层冰。

### 1.2 重物的抬、举、背、提

抬、举、背、提不仅费力，还对脊柱产生负担。脊椎由不可替换的有精致造型的椎骨构成，它们共同形成了一个摆动的S形。在每节椎骨之间有椎间盘，这种纤维状软骨组织使脊柱可以活动。

长期错误抬、举、背、提的人，不可能没有椎间盘的损伤。这可能导致身体直立时产生疼痛，或者产生坐骨神经痛甚至瘫痪。

在**抬、举、背、提**时，身体同时负重，这样可以避免在脊柱上产生压力。因此，如果可能，应尽量将重量分配到两个手臂上（图3）。

图1：意外发生区域

其他 9%
餐厅 26%
厨房 65%

走路时发生的意外

切割 21%
29%
24%
26%
机器、设备
抬、举、背、提

图2：意外发生的重点

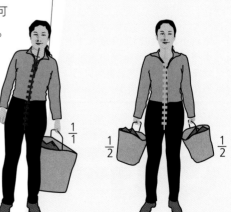

$\frac{1}{1}$　$\frac{1}{2}$　$\frac{1}{2}$

图3：错误的和正确的提拿重物

重物应蹲下拿住。这样，负重可以较少且均匀的分布在脊椎上。"工作"由腿部肌肉完成（图1）。

## 1.3 刀具、切割机器

在餐饮企业中，约有12%的意外与刀具和切割工具相关。在厨房工作中，每三起意外中就有一件与刀具有关。切割肉类时"脱手的刀具"就属于厨房中最常见的意外。

特别危险的有：
* 双手（割伤和刺伤）。
* 腹部（肠道受伤）。
* 大腿（动脉）。

在切割肉类时应提供有效的防护：
* 防刺伤挡板。
* 防刺伤手套（图2）。

## 1.4 机器

职业协会检测全新机器和设备是否符合意外预防的规定，并为此提供检测证明。从购买时就必须注意此检测证明，因为企业所有人需要对企业中所使用的机器负责，防止发生意外。

只有在符合相应的安全规定后，才能够使用机器和设备。因为餐饮企业的企业主不了解所有技术规定，所以推荐，在订购时，机器应当符合公认的安全技术规定。

有几个标志说明设备允许用于生产，从标志中人们可以了解情况。

**VDE**：VDE标志保证了经过验证的安全和质量。独立的、活跃于国际的VDE检测和认证机构受到消费者的信赖：在专业范围内，此机构的测试特别负责。

**GS**：GS标志代表已检测验证安全（德文：Geprüfte Sicherheit）。这是一个基于《设备和产品安全法》的标志，是由一家GS机构授予。此外，检测机构必须受到任命，才可以授予此标志。

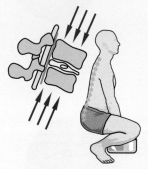

图1：错误和正确的拿起重物

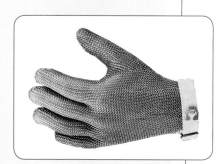

图2：防刺伤手套

绝对不能将切割工具放入冲洗水槽中！不知道情况的人可能会在水中抓取，并伤害到自己。不允许移除防护装置。

## 1.5 电器设备

当电流流经人体时，只要电压超过50V就可能致死。

商业区域中，规定设备和插座必须带有保护触点。因为电压出现故障时，地线（图1）会引走电流，而不流经人体，所以绝缘故障对外不起作用。

没有地线的延长电缆不存在防护作用。在设备上改变地线或改变防护插座的人是非常不负责的。一个小疏忽，地线就能置人于死地（图2）。

在厨房中自己维修损坏的线路是特别危险的，因为潮湿的环境中电流可以克服绝缘，并因此导致意外。

**保险丝**是防护设备。当超过特定的负荷或短路时，电路会中断。**短路**，即没有电阻的电流从一极流向另外一极，如：延长电缆上绝缘层损坏。

### 电力意外的防护措施

只有当电流流动时，电力才会起作用。因此：

- 在实施救援措施前，要切断电路（例如：扳动安全开关，救援者需绝缘，如：将硬纸箱垫在地上，站在上面）。
- 在"电击"后就医，因为电压会影响心脏工作。

### 电器工具的指示标志和检测标志

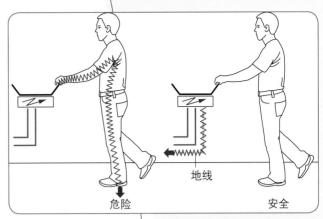

图1：地线的作用

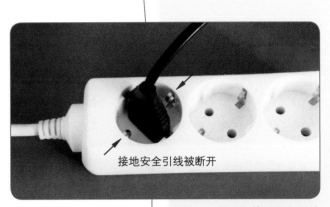

图2：断开的接地安全引线

只有电力专业人员才能够安装和变更设备。

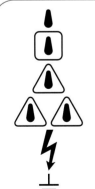

滴水保护

雨水保护

喷溅水保护

喷射水保护

设备的高压零件

工作接地的连接位置

防护级别I：带有地线的防护措施

防护级别II：防护绝缘

### 1.6 消防

图1：起火因素

当发生火灾时，以下方面共同发挥作用（图1）：

- 可燃物质。
- 氧气。
- 燃点。

如果要灭火，必须至少排除其中一种因素。

作为灭火剂，水只适用于木材、硬纸板和纸张引起的火灾。

它不适用于油类、脂类、汽油等引起的火灾，因为水只能让这些液态物质扩散，并因此使火势扩大。

基本上，应从起火位置的下部开始扑灭。这样能避免氧气进入并有利于扑灭火焰。

在采购灭火器（图2）时，需要由专业人士提供建议，因为选用的灭火器类型应当适合可能发生的火灾类型。

图2：干性灭火器

水能降低燃烧温度。
灭火器可以隔绝氧气。

### 1.7 安全标识

安全标识以图画形式提供信息。使用这些图示，应不需要其他说明，就能"说明内容"。如交通标识一样，形式和颜色就已经表达出信息的类型。

---

警告标识

**注意**=
较轻的分级

**危险**=
严重的分级

注意

注意
威胁水体

注意
含压力气体

注意
助燃物

危险
腐蚀皮肤

危险
慢性中毒

危险
易燃物

危险
爆炸物

**信号词**在符号下方给出，说明是否属于较轻的分级或严重的分级。

禁止标志

严禁用水救火 严禁烟火 严禁吸烟 非饮用水

指示标志

此为规定特定行为的安全标志。

佩戴听力保护装置 佩戴护目镜 使用防护手套 穿着防护鞋

急救和救援标志

逃跑路线 救援路线 紧急出口 急救

急救救援说明 救护担架 灭火器 消防水管

专业概念

| 危险位置 | caution: hazardous area |
|---|---|
| 极易燃 | highly inflammable |
| 腐蚀 | caustic, corrosive |
| 有毒 | poisonous |
| 有损健康 | harmful |
| 有害环境 | environmentally dangerous compound |
| 不能用水灭火 | do not extinguish with water |
| 严禁吸烟 | no smoking |
| 严禁烟火 | no naked flames |
| 非饮用水 | not drinking water |
| 佩戴听力保护装置 | wear hearing aid |

专业概念

| 使用护目镜 | wear safety goggles |
|---|---|
| 佩戴防护手套 | wear safety gloves |
| 穿着防护鞋 | wear safety boots |
| 逃跑路线 | emergency exit |
| 急救 | first aid |
| 救护担架 | stretcher |
| 灭火器 | fire extinguisher |
| 严禁标志 | prohibition sign |
| 警告标志 | cautionary sign |
| 指示和指向标志 | mandatory sign |
| 急救和救援标志 | first aid/emergency sign |

## ② 急救

急救的任务是避免伤口恶化或避免意外继续造成伤害。

让伤口自愈是错误的，将看医生看作是多余的也是错误的。较小的伤口不一定必须立即处理，在受伤后6h之内去看医生就可以。

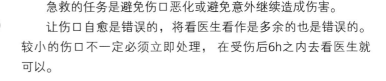
由医生提供实际的帮助。

自己不恰当地处理非常小的伤口可能导致淋巴管感染，也称为败血症，或导致破伤风，或"不受控制"地长出赘生物。

### 2.1 割伤和刺伤

在接触刀具时，特别是在开始受训时，经常造成割伤和刺伤。看上去无害的平坦割伤可能会掩盖深陷的伤口（图1）。

特别要注意：

- 不能冲洗伤口。
- 不能使用杀菌液和杀菌粉。

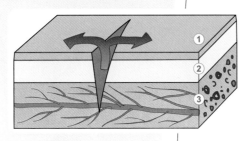

图1：切割伤口

① 表皮
② 皮下脂肪组织
③ 带有静脉的肌肉

措施：

可以首先使用医用胶布，覆盖出血少的**较小割伤**（图2）。使用橡胶手指或一次性手套可以使菜肴不受影响。

使用无菌绷带覆盖**较大的伤口**，并将受伤的肢体举高，这样出血会减少。当失血严重时，应使用压迫绷带（图3）。操作方法为：在一块无菌绷带上放置一个止血垫，并拉紧。只允许在紧急情况中进行扎结，伤者需立即送医。

伤口应在紧急处理后6h内尽快由医生进行处理。

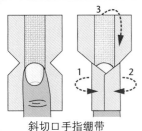
斜切口手指绷带

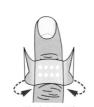
快速创可贴

图2：医用胶布

### 2.2 晕厥和失去意识

对人而言，**晕厥**是短暂的（1~2min）"不能掌控自己"。

**失去意识**持续时间更长。人们在这种状态下是很无助的，可能由于呼吸道位置发生改变而产生窒息危险。

原因可能是：缺少氧气（糟糕的空气），较强的热力影响，电流以及滥用酒精和药物（毒品）。突如其来的激动情绪和强烈的痛苦也可能造成失去意识。

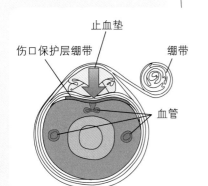
止血垫
伤口保护层绷带
绷带
血管

图3：压迫绷带

相关人员是否能够应答，由此辨别是否失去意识。晕厥和失去意识的人应当：

- 侧躺（图1）。
- 松开紧身的衣服。
- 如果可能应供应新鲜空气（打开窗户）。
- 送医。

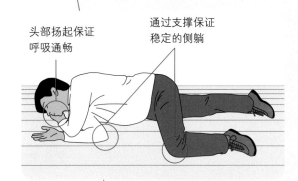

头部扬起保证呼吸通畅

通过支撑保证稳定的侧躺

图1：稳定的侧躺姿势

## 2.3 烧伤和烫伤

在厨房中，烧伤和烫伤十分普遍，且非常疼痛。

每次烧伤或烫伤都是对皮肤的一次伤害。根据严重情况，划分为：

- 1级烧伤：皮肤变红。
- 2级烧伤：产生水泡（图2）。
- 3级烧伤：皮肤及其下方组织炭化或烫熟。

**首先采取的措施**

在**烧伤**时，将手臂和腿等受伤部位浸入冷水中，直至停止疼痛。这持续约15min。不能使用冰水，因为会对伤口造成进一步的伤害。

在**烫伤**时，例如：被烹调时的滚烫液体或蒸汽烫到，应将衣服剪开并小心地移开。绝对不能从身体上撕扯，这样会毁坏起到保护作用的皮肤。

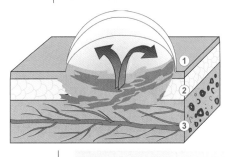

图2：烫伤水泡
① 表皮
② 皮下脂肪组织
③ 带有静脉的肌肉

**然后：**

只有在轻微烧伤时（1级烧伤：皮肤轻微发红）允许使用油脂或镇痛药膏。烫伤的水泡不能捅破！

在3级烧伤时，例如被煎炸用油烫伤，皮肤会被损坏。因此，这一位置需要使用无菌绷带进行处理。

在烧伤面积较大时（例如：衣物被火引燃）应盖住伤口。一口一口的饮用不含酒精的液体，这样，肾脏不会受到有毒物质的伤害。不要将粘黏在皮肤表面的衣物撕下来。呼叫救护车，不要自行前往医院。

必须立即送医！

## 2.4 鼻血

高血压下导致鼻子流血，过度劳累、激动都可能成为流鼻血的原因，同时外在影响也可以导致流鼻血。

流鼻血时，应微微向前低头，并在颈部放置冷敷包（图3）。

如果流血不止，咨询医生。

图3：流鼻血时应保持这样的姿势

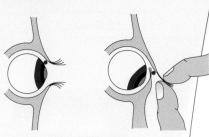

图1：上眼睑下眼中异物

## 2.5　眼中异物

上眼睑下的异物（图1）：将上眼睑拉到下眼睑上方，并向上推。下眼睑上的睫毛可以固定异物。

下眼睑内的异物：让眼中有异物的人向上看，向下拉下眼睑。使用手帕从鼻子靠近并擦除。

## 2.6　电流导致的意外

> 在电力引发的意外中，应首先切断电路。

在厨房中，人们使用230~400V的电压工作。触摸电线时的"电击强度"取决于地板的导电性。

针对电击事件：

确认开关已关闭或拔掉插头，或旋松保险丝。

如果不可能，使用**不导电的、干燥物品**（图2Ⓑ）将伤者从电路中救出来。

同时注意**底板绝缘**（图2Ⓐ），例如：硬纸箱、擦碗布。

让伤者平躺；如果为假死，则开始进行心肺复苏术；当伤者重新恢复意识时，给他喝一些水。

即使没有发现危害，也务必将受到电流影响的伤者送至医院。

通过身体的电流也可以导致心脏功能失常。

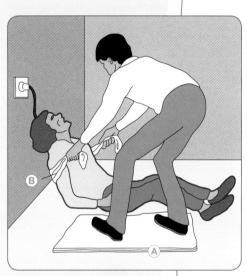

图2：电力引发意外时的救助

---

**作业**

❶ 请您说出意外跌倒的主要原因。

❷ "即使没有火焰，也可能导致火灾。"卡尔说。海纳认为："这不可能！"请阐明您的观点。

❸ 根据哪条原则，在火灾中应使用灭火器救火？为什么人们必须使用灭火器"从下方灭火"？

❹ 请您解释，压迫绷带如何发挥作用。

❺ 失去意识和晕厥之间有何区别？您如何相应进行急救？

❻ 米夏埃尔将炸制用的热油洒到了脚上。您将采取怎样的措施？

❼ 您的同事"附着在电流上"。您想要帮助他并想首先切断保险丝上的电流。但是，保险盒是锁上的。这时，您应采取怎样的措施？

职业培训的重要目标是培养独立性和专业的安全性。应重视这种能力，并在毕业考试中作为重点。

测试要求举例：

- **培训职业厨师：**

根据要求独自编制一份菜单并安排一份工作流程计划。

- **培训职业餐厅专业人员：**

为一项活动安排服务。为此：编制流程计划以及菜单推荐，其中包含相应的饮料和一张有组织预先进行的准备工作的清单。

- **培训之夜酒店专业人员：**

设计促进销售的措施……编制流程计划……拟定检测清单。

为了满足这些要求，必须具备：

- 获得信息和评估信息的能力。
- 组织工作流程的能力。
- 评估结果的能力。

这些内容在以下章节中阐明。

# ① 获得和评估信息

没有人知道所有内容，而这也并不必要。重要的是，人们必须知道哪里有信息，人们如何处理。这被称为信息的获取。

## 1.1 专业书籍

**目录**显示出一本书的划分和结构。它使人一目了然，位于书的最前面。

**术语索引**指出细节，并指出大多数在文本中被强调出来的有意义的词汇。索引做出详细的引导，位于书的最后。

如果人们寻找一个不确定的特定概念，但又不知道位于哪一节，这时，可以查找术语索引。它是根据字母表顺序排列的。

为了获得概览
- 剪下有意思的稿件或者复印
- 并进行有序地排列

这是很有意义的。

图1：专业杂志/报纸

---

书籍的网站支持：
对书和CD内容的最新内容

除了书籍以外，此教材、"专业人员和顾客""酒店和顾客""餐厅和顾客"的媒体包中包含**随书附赠的CD**，其中有软件产品和**适合的网站支持**。
有关培训的最新补充内容、附加材料和值得了解的内容尽在

www.der-junge-koch.de
www.fachkraft-und-gast.de
www. restaurant-und-gast.de
以及www. hotel-und-gast.de：
用于授课教师和学员的网站支持。

---

穆勒家婚礼的检验清单，
赫伯斯特路4号

| 数量 | 物品 | 解释 | 备注 |
|------|------|------|------|
|      | **餐具** |  |  |
| 4    | 保温餐炉 |  |  |
| 85   | 汤盘 |  |  |
| 85   | 深盘 |  | 预热 |
| 85   | 面包盘 |  |  |

## 1.2 专业杂志、报纸

专业杂志和报纸〔图1〕比专业书籍更具实时性，因为它们每月或每周出版。想要查找最新内容的人，想要关注发展的人，可以不断从专业出版机构获得信息。

但是"收集"专业杂志没有意义。如果有需求，只要人们知道："应该在XX位置"然后开始大量查找工作就可以了。

如果需要存放，请参见办公室组织管理章节。

## 1.3 互联网

互联网提供大量的信息，但是是以不同形式存在，且质量参差不齐。

- **食物和设备的供货**，人们可以通过各个公司的主页获取信息。这有一个好处，能够轻松找到主页，因为公司名称和网址是相匹配的。大多数时候可以尝试使用www.公司名称.de或www.公司名称.com进行查找。
- 在许多网址中都有**菜谱**。然而，一位"专业人士"应当思考，有些内容在家庭的小范围中可以有很好的效果，可以是一个惊喜，但是在商业领域中，限于时间和成本是不可行的。对于这些内容，需要进行客观地评判和选择。另外一条建议：在"紧急情况"中，人们只能使用已经验证过的菜谱。

## 1.4 商品传单

传单首先用于做广告。它们传播信息，例如关于陶瓷用具、餐具或纺织品。当人们想要记录或参观展会时，人们会得到传单。当人们不知道地址的时候，可以尝试在互联网上通过如www.公司名称.de的网址或阅读专业报纸的分类广告获取地址。必须客观地阅读传单，不是所有传单上所写的内容都言符其实。

## ② 计划

在计划时，收集的信息需要"有序地排列"，也就是处理信息，并根据相应的目标选择。

### 2.1 检验清单

有谁不知道？这个问题我们已经出现过一次了。那时

我们是如何做的？实际上，我们还必须知道。为什么我们没有做笔记？一张检验清单的意义是，记录某一次想到的、已经证明的内容并用于：

- 减轻工作
- 确保安全

在一份检验清单中记录的观点，通过经验进行补充，

- 使其更经济
- 提供安全性
- 更趋于完美
- 减轻每日工作的负担

**编制检验清单**

- 过程中
  1. 全部任务分成多个部分，
  2. 各部分中的步骤按照正确的时间顺序排列和记录，
  3. 设置控制和检测栏。
- 在编制/列清单时
  1. 所有部分单独列出——只有一个部分，
  2. 总结类似的内容作为分组，例如：食品、炊具、餐具等，这样可以减轻工作，
  3. 设置检查栏（用于勾选）。

如果使用**制表机**，使用制表位在"标尺"上确定单个栏的距离。

**表格功能**可以通过窗口或符号调用，并对栏的数量及其宽度进行相应设定。

## 2.2 流程/时间条

想要合理工作的人，必须按照合适的顺序完成单独的每个步骤，也就是计划时间流程。在实践中，人们也说："人们必须将事情安排地有序。"同时，在厨房中必须考虑煮制时间或凝结、凝固的时间（形成固体）。在上菜中，需要考虑饮料冷却或获得啤酒泡沫的时间。

编制一份检验清单
- 使用一把直尺（最简单的）
- 使用计算机的功能
    制表机功能
    表格功能（在文本处理中）
    专用的软件

示例菜单（简单）用于竖版流程计划

浓肉汤配粗粒小麦团子

维也纳煎肉排配
土豆沙拉

草莓奶油霜

| 菜单 | 浓肉汤配粗粒小麦团子，维也纳煎肉排配土豆沙拉，草莓奶油霜 | | | | | | | | | | |
|---|---|---|---|---|---|---|---|---|---|---|---|
| 菜肴 | 时间<br>8:00 | 30 | 9:00 | 30 | 10:00 | 30 | 11:00 | 30 | 12:00 | 30 | 13:00 | 30 | 14:00 |
| 浓肉汤 | | 将肉汤放在火上 | | | | 完成 | | | | | |
| 粗粒小麦团子 | | | | | | | | | | | |
| 维也纳煎肉排 | | | | | | 准备 | | 煎制 | | | |
| 土豆沙拉 | | | 煮土豆 | | | 切、拌制 | | | | | |
| 草莓奶油霜 | | | 制作巴伐利亚奶油霜 | | | | | | 翻搅、调味 | | |
| 工作时间 | | | | | | | | | | | |

图1：横版流程计划

在厨师毕业考试中，可以通过编制一份流程计划进行评估。其中应包含所有考试任务的工作步骤，并列出计划的工作时间。

**可能考虑到的内容**

- 浓肉汤放在灶上煮是摆在首位的，因为需要时间将肉和骨头的精华煮出来。
- 尽管草莓奶油霜在菜单上最后一位，然而明胶需要较长的时间凝固。
- 之后是土豆等，但是在示例中不是这样确定的。

工作计划可以制成不同的形式。

- **横版**

  流程从左至右说明。当数个过程同时进行时，这类说明形式比较有优点（前一页）。

- **竖版**

  流程从上至下说明。

  在此流程计划的左侧，可以添加两栏。

  ① 在这一栏中，填写一般的流程，也就是固定的时间，例如：用于烹制盐水煮土豆。这些时间可以从菜谱中获取。

  ② 在这栏中写上具体的使用时间。如：必须在19点呈上餐点时，必须在XX点进行以下事情。

  这里人们可以"倒序"推想。请您比较此页和前一页图1中不同的说明方式。

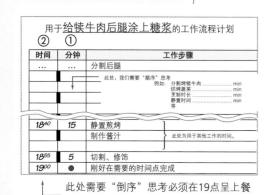

图1：竖版流程计划

## 2.3 表格

一直会反复出现这样的事情，需要大量的某种东西（如：原材料、餐具）。表格（图2）帮助人们概览性总结单件的数量，以及得出总体需求。一张表格可以整理数据材料，并可以使用表格轻松地检验。如果人们重视简化的设计原则，这完全不是问题，可以自己制作一张表格。

一张表格的组成

- 表头　　　▶ 列出主题、观点　　　- 水平为行
- 首列　　　　　　　　　　　　　　 - 竖直为列

它的优点是，当出现较大数量时（原材料、餐具）可以填写在首列，因为这比表头更全面。或者：在一张表上有多行设置作为列。虽然可以使用各种文本处理程序设计表格，但是使用制表软件（如：Excel）可以进行表格计算，因为软件中有计算程序，可以进行所需的计算。

图2：表格

## 2.4 菜谱

### 记录菜谱

菜谱是烹制材料或制作饮料的工作说明。

菜谱至少由以下部分构成：

1. 列举配料

2. 工作说明

**数量说明**为：

- 新鲜食品使用总重，因为人们在准备的时候会称重
- 冷冻食品和预加工产品依照净重

在原材料称重时，比较实用的是数量写在表格的左侧，也就是在配料名称前面。这种排列也可以在表格计算中使用。

**工作说明**应：

- 按照正确的顺序列出步骤，
- 指出临界点，如果需要，应陈述理由，例如：

　· **技术方面**

　　"一次性加入全部面粉，这样不形成结块"（制作烫面鸡蛋面糊时）

　　"缓慢加热，这样蛋白可以分解"

　· **卫生方面（临界控制点）**

　　"在解冻后，务必清洁桌子、清洗餐具和双手"

　　"倒入较浅的容器中冷却材料"

推荐，将"随点随做"菜肴的准备工作和制作时的工作步骤分开。例如：一个全新的段落：在点菜后，使用新鲜黄油短暂加热，然后……

菜单应能够**拓展**：

① **评估特征**，例如："为了保持形状，只需短暂煮制苹果切片"。

② **卫生提示**，例如：因为卫生法令的规定，或例如："如果在当天加工，不要保温超过2h"。

③ **修饰指导**，因为客人期望一直获得"那是他已经熟悉的事物"的感觉（重复识别效应）。也就是，确定最佳的修饰方式，使用图片、速写或文字进行说明。

④ **有关销售对话的说明**，因为服务人员需要提供建议并销售。厨房可以提供帮助，说明相关的描述菜肴的措辞、对常用配菜的说明、搭配的饮料。参见390页以后带有此符号的页面：

---

**覆裹香草的羊腿**

**配料：**

| | |
|---|---|
| 1个 | 羊腿（750~1,250g） |
| 3~5个 | 蒜瓣 |
| | 百里香、迷迭香、牛至叶、橄榄油 |

**用于制作酱料：**

| | |
|---|---|
| 500g | 犊牛骨头 |
| | 煮汤用蔬菜、盐、胡椒 |
| 250mL | 干雪利酒 |
| 1EL（食匙） | 重奶油 |

制作后腿：

清洗羊腿并拭干水分。蒜瓣去皮，并切成细条状。使用一把窄长的刀在羊腿上划开一道1.5cm左右深的口子，使其形成一个口袋，可以将蒜条放入……

如果配料与工作说明分开，菜谱应是概览性的。

*配方和工作说明*

| 相连式 | 分开式 | |
|---|---|---|
| 混合600g黄油和300g糖，加入3枚鸡蛋 | 600g | 黄油 |
| | 300g | 糖 |
| | 3枚 | 鸡蛋 |
| | 混合黄油、糖和鸡蛋…… | |

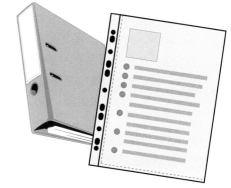

图1：菜谱书

**管理菜谱**

菜谱记录信息。如果有需求还可以使用菜谱，因此必须"管理"菜谱。

**菜谱书**是最古老的保存菜谱的方式（图1）。这很简单，但是也有缺点，那就是不能更换菜谱，书的内容受到了限制。

一个菜谱文件夹（图2）或环式文件夹在装置和设计上是可变化的。人们将菜谱放入活页带孔文件袋中，并相应进行整理。这样可以简单地添加或配图。

如果需要菜谱，可以将文件袋拿到工作地点。

**在电脑中的文件**可以任意拓展，并在不同的主题下分类管理。

为了在有需求时立即找到菜谱，推荐两种**存档系统**。

将**菜肴顺序**作为文件夹的主题点，以此辅助进行菜单设计。人们按照以下内容划分：

- 餐前菜
- 汤
- 鱼类菜肴
- 肉类菜肴
  - 犊牛肉
  - 猪肉
  - 其他
- 蔬菜
  - 材料
  - 配菜
  - 其他
- 冰淇淋
- 奶油类菜肴
- 酥饼类
- 蛋糕

图2：菜谱文件夹

根据**主要原料**分组，在以下情况中会有所帮助：

- 客人希望特殊的产品，例如：狩猎聚餐、渔夫聚会。这就不适合常规的菜单原则。人们尝试在菜肴安排中尽可能使用野味和鱼。
- 应当有目标地使用特殊产品。例如：鲤鱼、鲑鱼或草莓是特别好的。一位供应商提供一批积压的冷冻菠菜叶。

使用数据处理（图3），人们可以一次储存各种菜谱，然后从两个分类主题中调用。

| 菜谱名称 | [搭配……] |
|---|---|
| **配料** | |
| | |
| **制作** | |
| | |
| **配菜** | |
| | |

图3：数据库的菜谱页

## 2.5 工作流程图表化

DIN 66001是一份国际标准，其中规定了计划流程的图表化说明。这在许多公司都有所应用，以便明确规定重复的工作（图1）。

在厨房中，说明中的符号帮助人们快速了解内容并将工作说明转化成图标，即使是使用不同母语的人也能理解。

以下表格中说明了最重要的部分。

| 符号 | 正式名称 | 说明 |
|---|---|---|
| 开始/结束 | 终止点<br>端点 | 一个圆角框用于每个流程计划的**开始**和**结束**。开始部分的文字作为标题，结尾的文字作为可能进行的下一步处理的过渡 |
| → | 流程线 | 使用**线**连接每个部分。为了使方向清晰，允许使用**箭头**。线只能从下边框指向上边框，或从左至右，不能歪斜 |
| 操作 | 运行 | 一个带有文字的**直角框**是单个**处理步骤**。重要：文字只能包含处理步骤。当过程非常相似时，允许多个步骤结合在一起，如："使用盐和胡椒（各2g）调味" |
| 问题？ 是 否 | 分支 | 在**菱形**中，可以使用流程**分支**，例如：在产品变化时。重要：问题必须包含有关决定的提问（是/否）。在相应的引导线旁边需要有文字 |
| 文档记录 | 输入或输出 | 流程中需要的**信息**，（例如：一个菜谱的辅助措施）或由此产生的信息（例如：检验清单中的文档记录）在**平行四边形**中记录 |

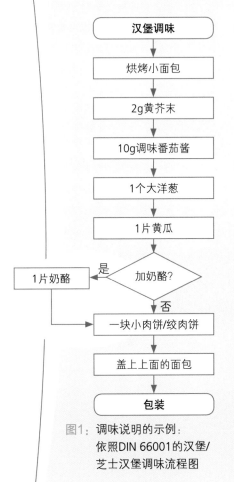

图1：调味说明的示例：依照DIN 66001的汉堡/芝士汉堡调味流程图

**作业**

① 在一本专业书籍中，人们至少可以通过两种途径获取信息。请您说出这两种，并且各举一个例子。请您思考汤和奶油夹心饼的概念。

② 为什么简单的收集专业报刊没有意义？请您建议如何"摆脱"菜谱。

③ 请您尝试通过网络获取"番茄"和"番茄汤"的信息。请您思考，只有限定搜索问题，人们才能获得合理的结果！

④ 请您在书中查找烤制小嫩鸡的"烹调顺序"。请您选择合适的配菜并为此制作一份带有时间条的烹调流程计划。

⑤ 请您使用直尺或文本处理软件的"表格"制作一份检验清单。您所处的情况为：下周您要在业余时间为八个熟人制作意大利面（细面，Spaghetti）配番茄酱汁。在您烹调的地方，没有器具也没有餐具。请您完整填写检验清单！

⑥ 如果还有时间，您为第5条中的场景编写一份带有时间条的流程计划。

⑦ 您计划在一天中将两种布丁作为饭后甜食，30人份的米布丁和25人份干果动物油脂布丁。

　a）请您在这本书中查找菜谱。

　b）请您按照给定的人数计算菜谱所需配料。

　c）请您编制一份表格，并且总结材料要求中所需的配料。

# 营 养

## 1 引言

为了构造身体和维系生命，人们需要营养。当我们吃或喝的时候，我们食用不同的食物。

人们根据成分，**在身体中的作用，** 对**食物**中含有的物质进行了分类。

根据成分划分
- 营养成分，如碳水化合物、脂肪和蛋白质。
- 有效成分，如维生素和矿物质。
- 伴生物质，如膳食纤维、气味和味道物质，植物次级成分。

根据在身体中的作用进行分类
- **能源物质，** 如碳水化合物和脂肪。它们是呼吸、心脏运作、维持体温和运动热量的提供者。
- **结构物质，** 身体需要它们用于生长和替代身体消耗的细胞。人体的结构物质是蛋白质、矿物质和水。
- **调节物质**调节身体中的流程，并且用于预防特定的疾病。**维生素和矿物质**就属于这类。

按照以下的观点讨论单独的营养成分：
- 营养的组成是怎么样的？人们将其划分为哪些种类？
- 应当重视哪些**烹调特性**？如何在食物烹调中利用？
- 各种营养成分**对人体有什么意义**？

在《食品法》中，人们食用、咀嚼或饮用的东西被称为食品。参见CD中第2类欧盟法令178/2002。

- 以下成分属于**伴生物质**：
  - **膳食纤维或纤维素。** 它们可以不能通过消化分解，但是能促进肠道运动并预防便秘。
  - **气味和味道物质促进消化液的分泌并以此增进食欲。**
  - **植物次级成分（SPS）。**

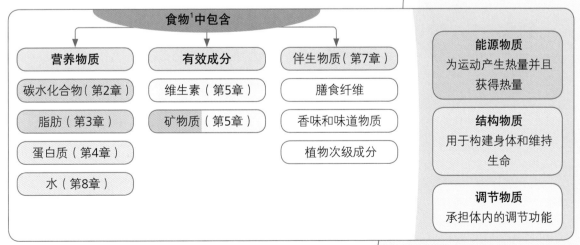

| 食物[1]中包含 | | | |
|---|---|---|---|
| **营养物质** | **有效成分** | **伴生物质**（第7章） | **能源物质**<br>为运动产生热量并且获得热量 |
| 碳水化合物（第2章） | 维生素（第5章） | 膳食纤维 | |
| 脂肪（第3章） | 矿物质（第5章） | 香味和味道物质 | **结构物质**<br>用于构建身体和维持生命 |
| 蛋白质（第4章） | | 植物次级成分 | |
| 水（第8章） | | | **调节物质**<br>承担体内的调节功能 |

1 根据德国营养协会（DGE）的信息，人们在法律中只谈论食品。不再区分食物和享用食品。

## 2 碳水化合物

### 2.1 结构——类型

| 100 | 糖 |
| 72 | 通心粉 |
| 52 | 混合面粉面包 |
| 19 | 去皮土豆 |
| 18 | 巨无霸汉堡 |
| 12 | 可乐 |
| 15 | 牛奶 |

| 60 | 干果 |
| 50 | 小扁豆 |
| 22 | 奶昔 |
| 16 | 香蕉 |
| 12 | 苹果 |
| 12 | 炸鸡柳 |
| 10 | 蔬菜 |

图1：平均碳水化合物含量，（%）

碳水化合物提供最多的能源物质。概览中显示出食物中碳水化合物的不同比例（图1）。营养值表格中提供出处。

碳水化合物在植物中产生。植物使用叶绿素（Chlorophyll）以及阳光将空气中二氧化碳（$CO_2$）和土地中的水合成**单糖**。

人们将这个过程称为**光合作用**（图2）。这个过程需要的热量由太阳提供。

在碳水化合物这一概念下，总结了一类营养物质。虽然它们由同样的原子组成，但是化学结构有所不同。

根据组成结构使用的单糖数量，人们划分为：

单糖 → 一个单糖组成

双糖 → 每个双糖由两个单糖组成

多糖 → 每个多糖由5~5000个单糖组成

**单糖**①

单糖只有一个组成部分，例如：

- 水果和蜂蜜中的**葡萄糖**
- 水果和蜂蜜中的**果糖**
- 牛奶中的**半乳糖**

　**双糖**②

- 每个双糖由两个单糖组成
- **蔗糖**或**甜菜糖**来自甘蔗和甜菜中
- **麦芽糖**存在于发芽的谷物和啤酒中
- **乳糖**存在于牛奶和奶制品中的

　**多糖**③

　许多单糖组成一个多糖

- **淀粉**由300~500个单糖分子构成，用于植物作为能源存储物质，它们在块茎（土豆）或谷粒（谷物）中储存。

图2：光合作用

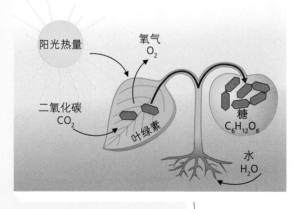

62

淀粉的组成：

*支链淀粉*④，拥有单糖支链，不溶于水；*直链淀粉*
⑤，没有分支，并溶于水。

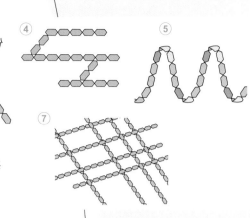

- 当加热无水淀粉时，通过
  分解产生**糊精**⑥，例如：
  油煎糊。
- **纤维素**⑦是植物的框架
  成分。纤维素的分子紧密排列，因此不能通过人类
  的消化分解成单糖。

## 2.2 烹调特性

**试验**

1. 请您在一个小平底锅中熔化200g糖并加热，直
   至其冒烟。在这段时间中，请您反复采集试样，
   并且将它们放在涂油的金属板上。请您品尝味
   道并同时比较颜色和味道。

2. 请您煸炒切成丁的洋葱，将其煸炒至金黄色，
   请您注意产生的气味，并请您在冷却后品尝。

3. 请您将一个苹果或土豆切成3cm厚的片，并且
   刮出一个小槽；在小槽中放入糖。在20min后
   检查。

4. 请您在约37℃的0.5L水中溶解一小包酵母。将

悬浮液分成两份放入两个带塞子的锥形瓶中。
a瓶中没有辅加物，b瓶中加入30g糖。1h后进
行比较。

5. 加热0.75L水，加入120g小麦淀粉与0.25L水的
   混合物，煮制。会出现哪些变化？

6. 请您比较5中的热淀粉团和变凉的淀粉团的特
   性（黏稠度）。

7. 请您在一个锅中熔化150g直径为10~12cm
   的无水脂肪，混入150g面粉，盛出一至两汤勺
   放在盘子中。剩余的煮至金黄。请您比较气味
   和味道。

**厨房用糖**

这是指蔗糖或甜菜糖，是一种双糖，购买时的名称都是"糖"。

**糖极易溶于水**。热水比冷水能溶解更多的糖。在仓库中存放
的用于制作水果沙拉和用于稀释糖浆等用途的糖溶液（提纯糖），
不能制作的过于黏稠。否则冷却后糖会析出。

**糖在高温时熔化**。同时，它会从晶体中析出清晰透明的物质。
溶化后的糖冷却时会变硬。焦糖是大多数硬糖类型的基础物质，
在继续加热时，**焦糖**会变黄，稍后变成金棕色。这可以用于焦糖
奶油霜和果仁糖。继续加热，焦糖的棕色会越来越深，味道也会
更苦。

**糖吸水，可作为吸湿剂**（hygroskopisch，hygro＝湿度；kopisch＝
吸收的），因此在潮湿的房间中，糖会结块。结块最快速的是糖
粉。糖也可以作为防腐剂，因为它可以吸走微生物所需的水分，
从而降低$a_w$值。

此原则还可应用于加深酱汁
颜色，为奶油霜、糖浆或饮料
（可乐）等增添颜色。

糖易溶于水，在加热条件下熔
化，吸水。

## 单糖

单糖，例如葡萄糖和果糖，是**特别吸水的**。在烘焙食品（例如：蜂蜜蛋糕）上，这种特性被利用，可以较长时间保持柔软。蜂蜜是有最高单糖含量的食物。

如果食物中含有较大量的糖（果酱、果子冻），它们可以锁住水分，细菌不能再产生影响，糖可以防腐，因为$a_w$值被降低了。

## 淀粉

**淀粉在冷水中不溶解**（图1）。它们比水重，并在水中沉淀。身体几乎不能对生淀粉加以利用。因此，要烹调含有淀粉的食物。面粉烘焙成面包，烹煮面食，人们也要食用煮熟的土豆。

淀粉在70℃时开始**糊化**（图2）。同时，开始发展出黏着力并固定水，它们被"结合"在一起。根据这一原则，油煎糊黏合在一起。**人们将通过淀粉黏合在一起的液体称为芡汁**（图3）。

> 单糖（葡萄糖，果糖）特别吸水。使用它们制作烘焙食品，可以保持湿润。

> 淀粉在冷水中不溶解，在热水中涨大，在大约70℃时会糊化；无水加热时会变成糊精，黏稠，且容易消化。

图1：在冷水中
不溶解

图2：在热水
中涨大

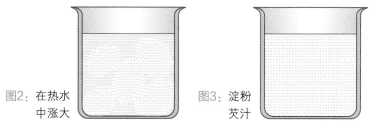

图3：淀粉
芡汁

如果搅拌冷却的淀粉芡汁，强度会减弱，因为人们会把一部分黏合力破坏。

淀粉芡汁在一段时间后失去黏合力。人们将其称为**淀粉回生**。这在食物上导致不期望发生的改变：小面包失去新鲜度，它们变的不新鲜，并且香草奶油霜"吸水"。

淀粉会妨碍蛋白质凝结，因为它们**会在蛋白质分子之间形成保护层**。

> 淀粉芡汁冷却后比热时更厚重，搅拌会使其强度减弱，可以防止营养物质蛋白质的凝结，长期保存时需要脱水。

## 糊精

蛋白质分子在无水加热时分解产生糊精。在烘焙食品的外皮上，会放上糊精，例如：增添颜色和香味。在厨房中，淀粉按照制作油煎糊（乳酪面粉糊）的方法分解成糊精。与糊精结合的液体也用于为黏性较小的汤（芦笋、菜花）制作乳酪面粉糊，尽管使用黄油面团时烹调技术会更简单一些。

> 糊精在无水加热淀粉时生成，有甜味，比淀粉的黏合力更弱。

## 膳食纤维

膳食纤维是植物细胞壁的主要成分。膳食纤维对人而言是不能消化的。当蔬菜被烹调之后，在敏感的胃中更容易被接受，因为烹调破坏了细胞壁。在生食时，将蔬菜切小可以更易被接受。膳食纤维可以促进消化。

## 2.3 对人体的意义

通过消化，淀粉、糊精和糖被分解成单糖。它们主要提供热量。

碳水化合物的消化（图1）从嘴中开始，嘴里**唾液**中的酶可以开始分解淀粉。**胰腺液**和肠液提供其他酶，它们可以将碳水化合物分解成单糖；然后单糖通过肠壁进入血液。

肝脏在向身体供应热量时起到平衡作用。当糖过量时，它们会作为**糖原**储存。如果血糖水平下降，肝糖原会重新转化为单糖，并进入血液。

持续的碳水化合物过量会转化成脂肪，并作为热量在皮下脂肪组织中储存。过多的碳水化合物最终会导致超重。

糖尿病是由于胰岛素生产减少或停止时，血糖水平调节受阻。糖尿病患者需要特殊的食谱（第9/页）。

细胞壁的膳食纤维通过热量和机械作用被松化，对人体来说不能消化，并且纤维物质促进消化。

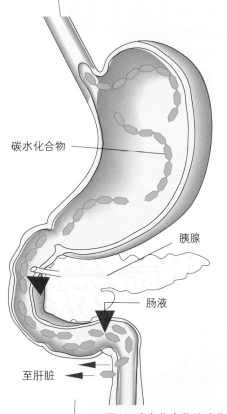

碳水化合物

胰腺

肠液

至肝脏

图1：碳水化合物的消化

作业

1 请您说明食物和营养物质的区别。

2 儿童有高热量需求的原因是什么？

3 成年人也需要结构物质。请您解释原因。

4 请您说明，植物中如何产生碳水化合物。

5 简述碳水化合物的分类。

6 在加热时，糖的颜色和味道会发生改变。请您列举烹调食物中应用了这些改变的示例。

7 哪些烹调过程中需用淀粉芡汁？此外，它还有什么作用？

8 为什么不能使用热牛奶搅拌布丁粉？

# ❸ 脂肪

以下概览展示出已知能够供应脂肪的食物的脂肪含量（图1，图2）。此外，还列举出人们不会马上想到的具有高脂肪含量的食物，因为眼睛不能识别出脂肪。

| 100 | 植物脂 |
|---|---|
| 100 | 食用油 |
| 100 | 猪油 |
| 82 | 黄油 |
| 80 | 人造黄油 |
| 80 | 肥膘，脂肪 |
| 40 | 半脂人造黄油 |

图1：脂肪来源的平均脂肪含量（%）
　　　——可见脂肪

| 73 | 夏威夷果 |
|---|---|
| 40 | 肝肠 |
| 16~28 | 硬质奶酪 |
| 21 | 猪肉，中肥 |
| 14 | 鲑鱼 |
| 10 | 蛋 |
| 1 | 鳕鱼 |

图2：所选取食品的平均脂肪含量（%）
　　　——隐含脂肪

## 3.1 结构——类型

植物通过碳、氢和氧构建脂肪。虽然和碳水化合物有同样的元素，但是不同的化学组成导致了完全不同的化学特征。

当甘油分子上有三个脂肪酸时，形成脂肪。大多数情况中，不同的脂肪酸在不同的食用油脂结构上：硬脂酸、油酸、棕榈酸和亚油酸。

固态脂肪上，硬脂酸和棕榈酸的成分很高，在油（液体脂肪）中大部分是油酸和亚油酸。

**脂肪酸确定脂肪的特性。**

脂肪酸由碳链构成，上方连接有氢原子。

在**饱和脂肪酸**上，所有碳原子都连接两个氢原子。这样使用了所有连接位置，脂肪酸就是饱和的。饱和脂肪酸很难继续发生改变，它们反应迟缓。

在**不饱和脂肪酸**上，还有连接键是空缺的，因此，人们将其命名为单不饱和、双不饱和和多不饱和脂肪酸。不饱和脂肪酸上的自由位还可以产生连接，因此其很容易发生反应。

> 脂肪的组成部分为甘油和脂肪酸。

甘油：脂肪酸／脂肪酸／脂肪酸

$$\cdots - \overset{\overset{H}{|}}{\underset{\underset{H}{|}}{C}} - \overset{\overset{H}{|}}{\underset{\underset{H}{|}}{C}} - \overset{\overset{H}{|}}{\underset{\underset{H}{|}}{C}} - \overset{\overset{H}{|}}{\underset{\underset{H}{|}}{C}} - \overset{\overset{H}{|}}{\underset{\underset{H}{|}}{C}} = \overset{\overset{H}{|}}{\underset{\underset{H}{|}}{C}} - \overset{\overset{H}{|}}{\underset{\underset{H}{|}}{C}} - \overset{\overset{H}{|}}{\underset{\underset{H}{|}}{C}} - \overset{\overset{H}{|}}{\underset{\underset{H}{|}}{C}} - \overset{\overset{H}{|}}{\underset{\underset{H}{|}}{C}} - \cdots$$

$$\cdots - \overset{\overset{H}{|}}{\underset{\underset{H}{|}}{C}} - \overset{\overset{H}{|}}{\underset{\underset{H}{|}}{C}} - \overset{\overset{H}{|}}{\underset{\underset{H}{|}}{C}} - \overset{\overset{H}{|}}{\underset{\underset{H}{|}}{C}} - \overset{\overset{H}{|}}{\underset{\underset{H}{|}}{C}} = \overset{\overset{H}{|}}{\underset{\underset{H}{|}}{C}} - \overset{\overset{H}{|}}{\underset{\underset{H}{|}}{C}} - \overset{\overset{H}{|}}{\underset{\underset{H}{|}}{C}} - \overset{\overset{H}{|}}{\underset{\underset{H}{|}}{C}} - \cdots$$

| 特性 脂肪酸 | 不饱和 | 饱和 |
|---|---|---|
| 反应性 | 高 | 低 |
| 营养值 | 高 | 低 |
| 氧气和热量造成的变化 | 强 | 弱 |
| 储存能力 | 有限 | 长期 |

含有大比例饱和脂肪酸的脂肪有经济优势：他们能够使用更长时间（例如：油炸）并且可以储存较久。

含有大比例不饱和脂肪酸的脂肪对营养供给更有价值。

## 脂肪的处理

### 天然油脂

天然脂肪除了脂肪还包含原材料的其他部分，从中可以获得油脂。它们很受欢迎，例如：天然橄榄油，但是它们也可能影响口味和外观。

### 提炼

提炼的意思是：使其更精致。或者通过取出低价值的成分来完成。在提炼油脂中（图1），影响气味或口味的成分被取出，但是同时也会去除或破坏非常有价值的营养。

图1：色拉油

### 硬化

动物脂肪，如黄油、乳脂、牛羊脂肪，较早的时候他们是主要的食用油脂。有半固体和固体的。

含油的水果（如：橄榄）和含油的种子（如：花生、椰子）提供液体油脂。为了方便，这类油脂被硬化，制成半固体或固体。

因为油酸和硬脂酸的链长达到18个碳原子。化学式显示出，它们只相差两个氢原子：硬脂酸$C_{18}H_{36}O_2$，油酸$C_{18}H_{34}O_2$。

通过化学反应，可以附加油酸中的两个氢原子。这样油酸可以形成硬脂酸，并由油变成固体油脂（第66页）。

通过相应的化合，可以制作出符合各种期望的或在技术所需的熔化范围中的油脂（图2）。

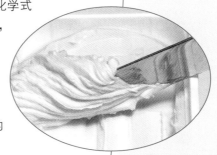

图2：硬化油脂制成的人造黄油

## 3.2 烹调特性

1. 请在一个直径约25cm的平底锅中放一半冷水。将少量油脂放在一小张纸上（约5cm x 5cm），相应标注上文字，并将油脂放入水中。缓慢加热，并使用一支温度计确定相应的熔化温度。

2. 在一个小锅中加热250g黄油或人造黄油，直至其"沸腾"。请您使用温度计（量程至200℃）确定温度。在什么温度油炸过程停止？

3. 当人们要加热更长时间时，试验2中的黄油（人造黄油）有何变化？为什么在油炸油脂中没有出现这种改变？

4. 请您大火加热小铁锅，其中放有少量无水油脂。请您观察平底锅的边缘。长时间加热后油脂的气味如何？注意！准备好合适的盖子——如果油脂开始燃烧，可以盖上盖子灭火。

5. 请您在3个试管中各准备10cm³色拉油。在a试管中不放添加物，在b试管中放入一茶匙蛋白，在c试管中放入洗涤剂。振荡每个试管约半分钟。请您观察油滴大小和形成速度。

6. 只能由教师进行！
使用一盏喷灯在一个陶瓷碗中加热无水油脂直至冒烟，并点燃。通过一根玻璃管（80~100cm长）在油脂中加入几滴水。发生了些什么？油脂起火可通过盖上盖子扑灭。

7. 请您将带有残留黄油的黄油包装纸放在窗台上。一天后烹调残留的黄油。

### 油比水轻，因此会浮上表面

　　油脂的密度比水更低。因此，汤的表面会有浮油，一些酱汁表面也有油脂。这种不同的密度使人能够轻易分离油和水。在冷却的液体中，能够很容易舀出凝固的油脂。

### 油脂可以乳化

　　持久的油水混合被称为**乳化**。为了保持乳化，需要乳化剂。乳化剂可以去除表面张力，这样油和水不再互相排斥。

　　乳化剂特殊的结构可以实现：乳化剂分子的末端与油脂连接，这是亲油脂的；而另一端与水连接，是亲水的。这样好像是在通常互相排斥的物质之间形成了夹子。

　　乳化可以持续多久，取决于油滴的大小。如果在搅拌蛋黄酱时过快加入油，就会形成少量蛋白保护壳，并且蛋黄酱会凝结成块。在牛奶中，可以通过匀质化减少形成外壳，匀质化可以将油滴变小。

　　在厨房中，人们可以将蛋黄等当作乳化剂，肥皂和洗涤剂也是乳化剂。

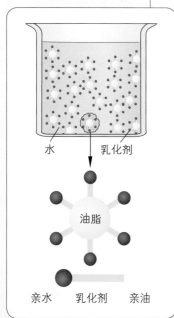

水　　乳化剂

油脂

亲水　乳化剂　亲油

## 脂肪有不同的熔化温度范围

人们将物品从固体状态变为液体状态的温度称为熔点。食用油是多种油脂的混合物。

因此，它们不会在一个完全特定的**熔点**熔化，而是在一个**熔化温度范围**内熔化。成分组合决定熔化温度范围，并显示出与脂肪结构上的脂肪酸的关系。

| 脂肪类型 | 熔化温度范围 | 脂肪酸 | |
|---|---|---|---|
| | | 饱和 | 不饱和 |
| 椰子油 | 40~50℃ | 90 | 10 |
| 黄油 | 30~35℃ | 50 | 50 |
| 猪油 | 25~35℃ | 40 | 60 |
| 花生油 | Ca.5℃ | 20 | 80 |

## 熔化温度范围确定用途

- 人们使用**液态油脂**制作沙拉、蛋黄酱。
- 人们将使用**软脂肪**，如黄油、人造黄油用作涂抹用油脂；它们也可以作为海绵蛋糕和搅打蛋白霜（蛋糕奶油层）的基础。
- **固体脂肪**特别耐高温。使用固体脂肪的菜肴应该尽可能在热的时候食用，因为熔化温度范围接近体温。脂肪可能固定在假牙托的颚板上。

## 油脂可以加热到不同的温度（图1）

所有脂肪可以加热超过100℃，因此与只用水烹煮相比油脂有其他的烹饪方法。此外，在120℃以上才能形成赋予味道的烘焙物质。

所有油脂从一个特定的温度开始冒烟，并分解。因此，人们将其称为**油烟温度范围或分解温度范围**。而高于此温度范围会产生有损健康的丙烯醛。

## 温度负荷能力取决于油脂类型

因此，**黄油和人造黄油**不能加热超过150℃。它们适用于炖、煎。

**乳脂**可以加热至更高温度。

尽管**纯植物油**可以加热到更高温度。但是温度不能超过175℃，这样可以限制在烹调的食物中产生有害的**丙烯酰胺**。

如果定期过滤并清除油中的残留物，油炸设备中的油可以用得更久。

乳化的示例
- 牛奶：3.5%油脂和水
- 奶油：30%油脂和水
- 黄油：82%油脂和水

还有蛋黄酱、荷兰奶油酱、蛋糕奶油层、肝肠等都是乳化物。

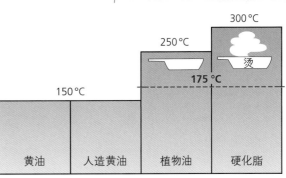

图1：油脂的可加热性

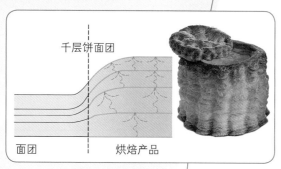

图1：烘焙中千层饼面团的膨松

## 分离油脂

　　油脂会分层，可以妨碍黏合或粘附。因此，人们使用油脂涂在烤盘和蛋糕模具上。

　　千层面团结构易碎且松散，这是因为油脂层将单个"面团层"分开。在烘焙时，产生的水蒸气可以托起面团层（图1）。

## 油脂腐败

油脂的组成部分可以分为甘油和脂肪酸。分解的原因可能为：

- 受空气中氧气的影响。这可能发生在所有的油脂中，但较易出现在不饱和脂肪酸上，因为它们容易发生反应。光和热也容易诱发变质。因此，只需要让炸锅保持准备使用的状态时，应当将其关闭。
- 受微生物的影响。这首先出现在含水的油脂上，如黄油或人造黄油。

　　因此，油脂应在冷凉、阴暗的地方保存，并尽可能包装起来。如果食物含有较大比例的油脂，应当在冷冻状态下储存，并且不要储存超过六个月。

## 3.3 对人身体的意义

　　通过人体内的消化过程，随食物一同摄入的油脂被分解为甘油和脂肪酸（图2）。

　　为了实现分解的过程，首先需要对油脂加热。然后，胆汁会乳化脂肪，并扩大脂肪的总表面积。

　　来自胰腺和小肠的消化液分解脂肪。

　　脂肪的组成部分，甘油和脂肪酸穿过肠壁，并组成适合身体的脂肪并运输至淋巴管。

　　脂肪对营养供给的意义通过以下特征表示：

- 脂肪是含有最高热量的营养物质
  1g脂肪≙37 kJ。[1]

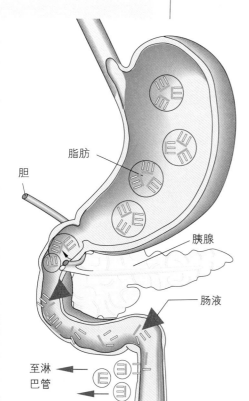

图2：脂肪的消化

1 生理学燃烧值依据脂肪类型有所不同。37 kJ/g符合营养值标识法令的数值。

- 脂肪能够提供**必须脂肪酸**，因为人体不能形成这些成分，所以必须向身体供应。所有必须脂肪酸都是**不饱和脂肪酸**。多倍不饱和脂肪酸属于ω-3和ω-6脂肪酸。在人体中，它们具有重要的调节任务。例如：ω-3脂肪酸防范罹患心血管疾病，并预防发炎。

- 脂肪是**脂溶性维生素A、维生素D和维生素E**的载体。只有在消化时同时输送油脂，这些维生素才能得以利用。在混合供给营养时就可以得到保证。只有在特殊的生素食，才需要注意特别摄入脂肪，例如：色拉油。

过量的脂肪作为**能源储备**储存在皮下脂肪中。如有需要，它们重新转变为可用的热量。

今天，营养供给的问题是过量供应脂肪。**在摄入丰富脂肪**的同时，**热量消耗较低**。我们总是运动得太少，而吃得过多。

在个人方面，可以通过以下方式限制**脂肪的消耗**。

- 限制使用**涂抹用油脂**，例如：当放在面包上的食物含有丰富的油脂时（如肝肠或奶酪），不使用涂抹用的油脂。

- 只使用必须用量的**煎炸和烹饪油脂**，如：可能在制作油脂丰富的菜肴时，如炸薯条和油煎土豆片时不使用。

- 减少食用**伴随摄入的油脂**，人们也将这类油脂称为隐形油脂，如：奶酪、茶肠、蛋黄酱和酱汁。

饱和脂肪酸对营养供给而言比较没有价值。营养报告中说，应摄入充足的不饱和脂肪酸。只有医生规定，才需要有特殊的选择，如：特殊配方人造黄油。

**作业**

① 基于碳水化合物和脂肪的构成，它们之间有哪些共同点和不同点？

② 沙拉调味汁，如：酸味沙拉酱，在长时间放置后油液会在上层。请您解释原因。

③ 人们将冰熔化的温度称为熔点，而将油的称为熔化温度范围。请您说明原因。

④ 将花生作为沙拉油和固体油脂的基础。这可能吗？如果可能，请说明原因。

⑤ 在许多菜谱中有："在上菜前，添加些黄油碎屑完成"。请您说明自己想法。

⑥ 库特吃了一块千层面的烘焙食品并喝了一些凉可乐。"奇怪"，他说，"我的假牙托颚板黏糊糊的。"请您尝试解释原因。

⑦ 一块早餐黄油重25g，脂肪含量约82%，一克脂肪提供37 kJ。轻体力劳动者的每日能量需求为10 000 kJ。早餐中的这块早餐黄油所提供的热量占每日热量需求的百分之多少？

⑧ 有饱和和不饱和脂肪酸。饱和脂肪酸的饱和指的是什么？

1 在英语中，人们现在使用Protein
表示蛋白质。Proteide这一概念
已经过时。

# ④ 蛋白质[1]

图1是蛋白质的来源。

| 25 | 硬质奶酪，全脂 | 12 | 巨无霸 |
| 25 | 小扁豆 | 11 | 小鸡肉 |
| 21 | 分割鸡肉 | 7 | 小麦和黑麦面包 |
| 18 | 猪肉，中等肥瘦 | 5 | 酸奶 |
| 18 | 去刺鲱鱼鱼片 | 4 | 脱脂牛奶 |
| 17 | 凝乳 | 2 | 去皮土豆 |
| 14 | 血肠 | 0 | 可乐 |

图1：平均的蛋白质含量，%

## 4.1 结构——类型

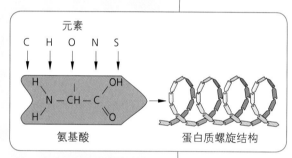

图2：蛋白质的基本结构

蛋白质的化学结构与碳水化合物和脂肪不同。它同样含有碳元素（C），氢元素（H）和氧元素（O）。此外，还含有**氮元素**（N）。在一些蛋白质类型中还包含硫元素（S）或磷元素（P）。

这些元素组成**氨基酸**，它是所有蛋白质的基本组成部分。氨基酸呈螺旋形连接在一起。

图2显示出全部蛋白质的基本结构。当不同的氨基酸按照不同的顺序互相连接时，蛋白质类型会呈现多样化。此外，还会附加其他物质（非蛋白质）。

人们根据蛋白质的成分和形状区分许多蛋白质类型。

根据成分的区分

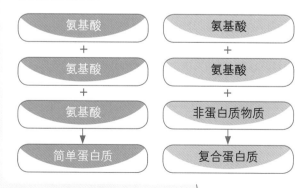

根据形状区分

螺旋构成的蛋白质可以继续构成造型。如果它们形成球形，人们将其称为**球蛋白**或**球形蛋白**。球蛋白在肉类、鱼类和豆类中含量丰富。如果蛋白质连成链状，人们将其称为**纤维蛋白**或**纤维状蛋白**。

纤维状结构提供坚固性，如结缔组织所需的坚固性一样。

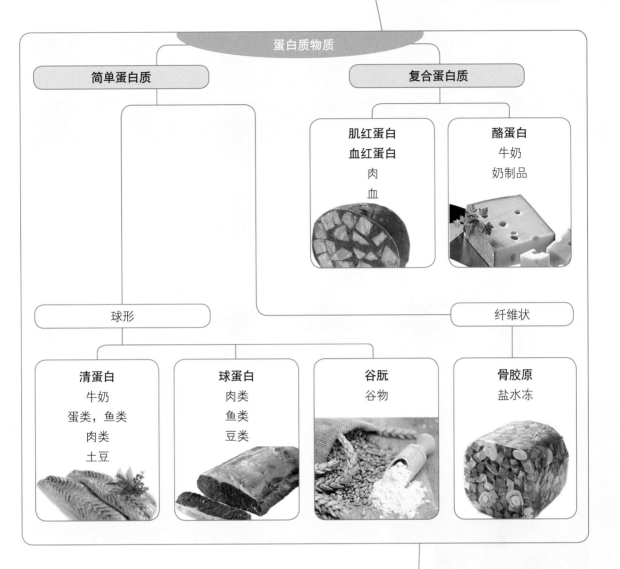

蛋白质物质

简单蛋白质

复合蛋白质

肌红蛋白
血红蛋白

肉
血

酪蛋白

牛奶
奶制品

球形

纤维状

清蛋白

牛奶
蛋类，鱼类
肉类
土豆

球蛋白

肉类
鱼类
豆类

谷朊

谷物

骨胶原

盐水冻

## 4.2 烹调特性

**试验**

1. 请您使用食品料理机加工50g较瘦的绞肉，然后将其与150g水混合。5min后过滤。

2. 请您如上加工绞肉，但是在水中添加6~8g盐。

3. 请您使用100g小麦面粉和水制作出一块中等硬度的面团，放置20min，然后在流动水下方用手揉捏面团。请您将剩余的黄色、有黏性的面团揉成球形，在一台烤炉中烘烤。

4. 请您在一个合适的锅中混合微热的牛奶和柠檬汁或醋。当产生凝乳时，加热。请您搅拌温热的牛奶和凝乳酶（药店购买），并品尝两次

试验中的凝乳和乳清。

5. 明胶来自从肉皮和骨头中获得的胶原蛋白或骨胶原。为了进行以下试验，请您将肉皮上的一部分作为基础。

请您在一个装有冷水的玻璃杯中放入一片明胶，另外一片明胶同样放入一个装有冷水的玻璃杯中，并向其中加入几滴柠檬汁或醋。

6. 请您将两片明胶在冷水中软化5min。 然后将水倒掉并缓慢加热。请您将溶化的明胶放在冷凉的地方。 ▶

▶

7. 请您准备一份肉汁块，其中包含切碎的香草，0.75L肉汤。当冷却至50℃时，请您将液体分成两份。请您将其中一部分与蛋清混合，并一边加热一遍搅拌。当汤开始冒热气时，请您用一个大汤勺盛出泡沫。请您比较两种汤的外观。

8. 请您准备一个蒸锅和三个小蛋糕模具（或杯状模具，肉汁冻模具）。根据模具大小，请您准备牛奶和鸡蛋的混合物，比例为1∶1，也就是蛋

糕装饰块。

9. 请您装入模型a和b。剩余的装入模型c。请您按比例放入一茶匙淀粉（玉米淀粉，味觉素），然后装入模具。在蒸锅中加热。当糊状物在模具中凝固时，请您从模型a中取出。模型b和c继续加热，直至出现凝块。请您使用温度计确定温度。

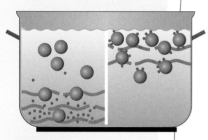

图1：撇去凝块的泡沫

## 清蛋白溶于水，并在70℃凝结

如果人们烹调肉类、去皮土豆或小扁豆，在锅的边缘会附着一层灰白色的**泡沫**。这主要是浸出和结块的清蛋白。

## 清蛋白吸附液体中的浑浊物质

在加热蛋白质时，键合力不受约束，浑浊物质被吸收，并且互相连接在一起。当有更强的热作用时，蛋白质凝结，并浮在表面，其中就含有浑浊物质。可以使用一个大汤勺将其从表面上撇去（图1）。

人们利用清蛋白的作用获得清澈、无浑浊物质的液体。

示例

- 将汤滤清
- 制作揉动
- 准备酒冻

## 清蛋白黏合液体

在加热清蛋白时，液体可以积聚。人们利用它制作焦糖奶油霜和蛋花。两种产品中，蛋和奶等比例混合。在冷凉状态下，混合物是液体，因为还未发挥键合力。

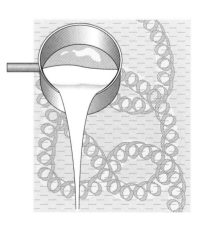

在大约70℃时，蛋白质黏合。它们产生紧凑、胶状的一团物质。

在给汤和酱汁勾芡时，人们利用同类型的黏合。因为蛋的用量较少，所以在制作时产生**黏稠的连接**。

**如果温度升高，键合力被破坏**：胶质"被破坏"并且分在结块中和未结合的液体中。在加热温度过高的糖和酱汁中结块漂浮。

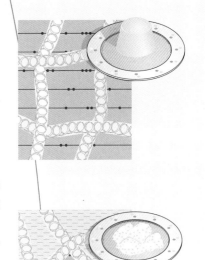

## 球蛋白和香肠制作的基础。

球蛋白几乎一直和清蛋白一起出现，例如：在肉类中、鱼类中、奶和蛋中。与清蛋白不同，球蛋白只溶于含盐的液体中。如果加热，大约在70℃左右凝结

球蛋白的特殊意义是制作**香肠填馅**。肉铺师傅将其称为**混合肉泥**。而厨师做出类似的东西，并将其称为**肉糕**。

使用斩拌机切碎，球蛋白从肉纤维中脱离。在**加入盐**后，溶解并**吸附**水，水以冰的形式添加。将完成的香肠填馅注入肠衣中。在热水浸泡（75℃）后，蛋白质凝结，并且使**香肠更好切**。

## 谷朊蛋白形成面包中的蜂窝结构

小麦面粉包含麸朊和麦谷蛋白。在制作面团时吸收水，浸水泡胀并黏合成柔韧、有弹性的面团，形成谷朊。

因为谷朊很好成形，所以人们加工小麦面团，直至面团和容器不再粘连或者至面团产生气泡。

图1：谷朊蛋白形成的蜂窝结构

在烘焙期间，在酵母或焙粉的作用下释放二氧化碳。谷朊附着这些气体，因此产生气孔，而面团因此变松。

在烘焙时，谷朊蛋白凝结并形成烘焙物上有弹性的蜂窝状结构（图1）。

人们希望脆饼面团有松脆、易折断的状态。因此，会尽量避免形成谷朊。人们不揉捏脆饼面团，而是短暂的混合配料。

谷朊的特性：
- 吸水性，它占据面团液体中较大部分；
- 有弹性，人们可以擀制面团，面团也会重新缩小，如果不静置面团醒制，面团会很"紧"；
- 延伸性，在它黏附松弛的二氧化碳时，烘焙物会形成孔洞。

## 结缔组织在加热时缩短

在加热时，每条肉质纤维被结缔组织环绕，并因此被结合在一起。在热力影响下，结缔组织会缩短，因此，结缔组织虽小，但是在煎制肥膘时很容易发现。同时纤维中的肉汁会流出，肉会变干。

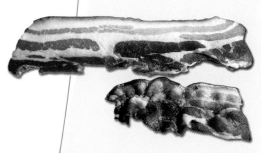

图1：切割带肉肋骨

图2：鱼肉冻中的白芦笋

图3：将凝结的牛奶加工成奶酪

（蛋白质）凝结意为絮凝、形成蛋白质结块。

（蛋白质）变性，字面意思为原始自然状态的转变。

通过对肉类进行相应的处理会产生反作用：

- **敲打**——结缔组织纤维松动，
- **切割**——肥膘或结缔组织边缘会被切断〔图1〕，
- **绞碎**——制作绞肉时将结缔组织切碎，这样肌肉纤维就不能再收缩到一起。

### 骨胶原形成冻胶

　　肉皮、软骨和骨头中包含大量骨胶原或胶原蛋白。通过烹调，它们会溶解并进入液体。而纯净且干燥的骨胶原或胶原蛋白为**明胶**。

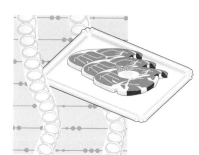

　　明胶可以软化并在热液体中溶解，与此同时，不显示出任何黏合力。而在冷却时形成冻胶，例如：在**鱼肉冻**〔图2〕或**盐水冻**中。重新加热时，冻胶又重新变成液体。

　　在冷凉的厨房，明胶慕斯和冻糕会凝结并处于这种状态。

　　甜点师使用明胶防止打发的奶油变为液体，并用于酒冻和胶冻水果。

### 酸和凝乳酶使酪蛋白凝结（图3）

　　牛奶包含蛋白质酪蛋白。有酪蛋白时，蛋白质部分和矿物质钙紧密相连。因此牛奶在加热时不结块。但是，使用**乳酸**分离钙时，蛋白质凝结，例如：酸牛奶和酸奶。

　　如果加热凝结的牛奶，其会分成固体（凝乳）和液体（乳清）。

　　加入凝乳酶时，也可以产生类似的反应，凝乳酶是一种从牛胃中提取的酶。

### 结块——凝结——（蛋白质）变性

　　当蛋白质结块时，这个过程不能再返回，这个过程是不反向发生、不可逆的。大多数是由于供应热量/加热发生的，但是添加乳酸或酶（凝乳酶）也可以导致结块。专业术语中为蛋白质凝结使用了一个特殊概念。

**蛋白质易迅速腐败。**

含有蛋白质的食品特别容易腐败，因为许多微生物优先选择蛋白质。感染了微生物的食物，其气味和味道都令人感到不适。在肉类和肉肠上，微生物会导致它们呈现出一种油腻不洁的表面状态。

## 4.3 对人体的意义

如其他营养物质一样，蛋白质通过消化（图1）变为基本成分。蛋白质会分解为**氨基酸**。这需要穿过肠壁进入血液循环。

蛋白质的分解始于**胃**。胃中的**盐酸**首先使蛋白质**凝结**。**酶进行分解**，然后蛋白质分子断裂。接着，胰腺中的酶（胰蛋白酶）和肠液将氨基酸分解。

蛋白质在人体中首先用作**原生质**。儿童和青少年需要蛋白质**构建身体的部分**。而成年人需要蛋白质**替换**消耗的或用尽的身体成分。

如果向身体输送多于构建身体结构和恢复更新所需的蛋白质，它将成为身体获得的热量。

### 不可缺少的/必需氨基酸——生物价值

氨基酸在身体中组成适合身体吸收的蛋白质。每个蛋白质类型（皮肤、结缔组织、头发）的形成都是特定的、符合提前确定的样本的。一些氨基酸可以在人体内合成，但其他的一些就必须要从外部输送。人们将这些需要从外部输送的氨基酸称为**必需氨基酸**，它们是**维持生命、生活必需的、不可缺少的**。

带有许多必需氨基酸的蛋白质类型对身体特别有价值。

从饮食中摄入的蛋白质，其中的单个氨基酸不能一直符合机体蛋白质的成分。饮食中蛋白质的可利用性由**必需氨基酸**确定，而它们只占最少的一部分。因此，人们将存在的最少部分的必需氨基酸称为**限制氨基酸**。它们也确定生物价值。

一个蛋白质类型的**生物价值**说明，100g饮食中含有的蛋白质可以提供多少克机体蛋白质。生物价值是一个百分比，"每百克"≙%。

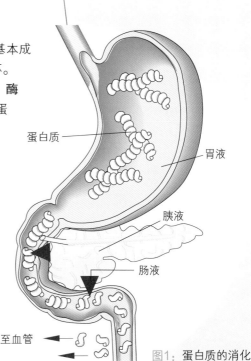

含蛋白质的食物腐败后会有害健康，它会导致恶心、腹泻和呕吐。

蛋白质

胃液

胰液

肠液

至血管

图1：蛋白质的消化

当缺少某一组成部分时，身体就不能"继续构成"蛋白质。即使其他组成部分充足时，组合的可能性也会受到限制。

计算示例

100g去骨鱼肉，蛋白质比重17%，生物价值80%。

> 100g去骨鱼肉包含17%= 17g蛋白质。
> 其中人体可以利用80%，也就是≈ 13.6g。

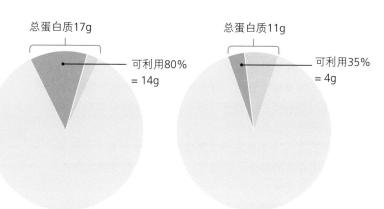

总蛋白质17g  可利用80% = 14g    总蛋白质11g  可利用35% = 4g

100g去骨鱼肉                100g小麦面粉

与100g小麦面粉（图1）进行比较，蛋白质含量为11%，生物价值为35%。

> 在100g小麦面粉中含有11%=11g蛋白质。
> 身体可以利用其中的35%，约为4g。

较植物蛋白而言，动物蛋白包含更多必需氨基酸。不同的蛋白质类型可以互相补充，并共同达到更高的生物价值。

素食主义者需要注意饮食的组成，特别需要注意限制氨基酸。如果合理搭配，可以完全覆盖蛋白质的需求。

图1：小麦面粉

作业

1 "必须有蛋白质。"请您使用必需氨基酸这一概念对这句话作出解释。
2 请您说出能够区分蛋白质类型的特点。
3 通过哪些烹调技术操作可以使蛋白质凝结？
4 根据年龄不同，每千克体重对蛋白质的需求也不同。请说明理由。
5 牛奶含有高生物价值。因此，凝乳是高品质蛋白质供应源。您可以为这句话陈述理由吗？
6 "肉是一块生命力"，一则广告中这样说。人们可能对此有不同的观点。请您收集论据。

# ⑤ 维生素

## 5.1 对人体的意义

作为有效成分，**维生素**和**矿物质**（第6章）对健康的营养供给是绝对必要的。由于其在身体中的作用，这个营养组成部分也称为**调节和保护物质**。人体机能需要定期的供应，因为这些物质不能自己形成，并且只能储存很少。

之前，维生素按照发现的顺序使用字母标注。今天，维生素的名称既与其功能无关，也与其化学特性无关。在下一页的表格中，列出了新、旧名称。

在错误的营养供给中可以导致**供应缺乏**：

* *错误的营养供给*
  例如：只有"可乐和薯条"
  薯片和巧克力
  速成节食（闪电节食），贪食症
* *错误的处理食物*
  （参见后两页上的表格）
* *提高的需求*
  拓展训练导致通过汗液流失
  大量吸烟减少摄入
  药物可以导致流失

维生素供应不足或**维生素缺乏症**时最容易出现虚弱和不适的感觉。长期缺乏维生素会导致大量严重的疾病。人们将这类疾病称为**营养不良**（参见下一页表格）。

可以不使用处方购买特定的**维生素制剂**。广告保证购买这类药剂可以实现真正的奇迹。对此，人们应当了解：

* 如果没有医嘱，不能长期使用维生素制剂。
* 如果摄入过多水溶性维生素，身体会通过肝脏和肾脏排出。
* 如果摄入过多脂溶性维生素，它们会储存在身体中。这可能导致健康问题，人们将其称为**维生素过量症**，它的意思是过多的维生素导致疾病。

通过多样混合的食物正确供应营养时，身体在大多数情况下可以获得充足的维生素（营养报告）。

当医生发现缺乏症状时，它可以使用相应的药剂进行补充。

## 5.2 作用和含有此成分的食物

**维生素的选择**，定期向身体供应是很重要的。

| 维生素 | 缺乏症 | 含有此成分的食物 | 敏感性 | | | |
|---|---|---|---|---|---|---|
| | | | 光 | 空气 | 水 | 热量 |
| **脂溶性** | | | | | | |
| **A**<br>**视黄醇**<br>初级为**胡萝卜素** | 皮肤和黏膜感染，夜盲症，对感染的抵抗力下降 | 黄油，猪肝，蛋黄，牛奶，胡萝卜中的胡萝卜素，胡萝卜，杏 | ++ | ++ | − | − |
| **D**<br>**钙化醇** | 生长障碍，骨软化，佝偻病 | 黄油，人造黄油，牛奶，酵母 | + | ++ | − | − |
| **水溶性** | | | | | | |
| **B₁**<br>**硫胺** | 消化障碍，肌肉萎缩，迅速疲劳，烦躁不安，脚气病 | 酵母，全麦产品，全脂牛奶，凝乳，蛋，肉，鱼，土豆 | − | + | + | + |
| **B₂**<br>**核黄素** | 失眠，烦躁不安 | 猪肝，肾脏，全脂奶制品 | − | − | + | + |
| **C**<br>**抗坏血酸** | 疲劳，"春季疲劳"，牙龈疾病，坏血病 | 热带水果，水果，野蔷薇果，黑醋栗，土豆，所有绿色植物 | ++ | ++ | ++ | ++ |
| **叶酸** | 疲劳，劳动能力减弱，伤口愈合差 | 蔬菜，小麦胚芽，啤酒酵母 | + | − | − | ++ |

**受到影响：空气** ①
维生素C的含量

## 5.3 准备和烹调中的含量

在运输和储存水果和蔬菜时，在空气、热量和光的影响下，蔬菜水果中一部分维生素已经受到破坏（① - ③）。

**准备的方式**也能对损失的程度造成很大影响（参见④和⑤）。

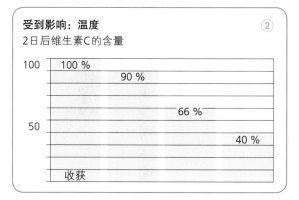

受到影响：温度
2日后维生素C的含量

100%
90%
66%
40%
收获

受到影响：光
3小时候维生素C的含量

100%
73%
31%
收获　　阴影中　　太阳下

水量
在静止和流动水中保存时维生素C的含量

15分钟　　　60分钟
98%
95%
93%
静水　流动水　静水　流动水
　　水　　　　　水　91%

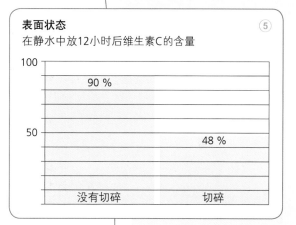

表面状态
在静水中放12小时后维生素C的含量

90%
48%
没有切碎　　　　切碎

为了避免维生素的流失，必须注意：

- 在阴凉的地方保存蔬菜，最好在冷藏室中。
- 短暂清洗且不切碎清洗。
- 尽可能短暂地、且用尽可能少的水保存去皮土豆。
- 不要将已经清洗的蔬菜放在水中，而是使用保鲜膜包裹。

**作业**

① 维生素被分为两类。请您说出这两类，并请您从食品制作的角度说明划分的理由。

② 奥普蒂说："今天食物中的维生素比之前更多。""相反"，博西认为，"所有保存的食物都不再新鲜了。"请您按照旁边的模板编制一个表格，并请您填入可能的论据。

| 今天与之前相比，食物中包含 | |
| --- | --- |
| 更多维生素，因为…… | 更少维生素，因为…… |

③ 春季疲劳可能和维生素缺乏有关。请您解释说明。

④ 运输、储存和加工中有哪些处理方式可以导致较大的维生素流失？

⑤ "充足的维生素从来不会带来损害。"这个说法对吗？

⑥ 请您列出带有大量维生素C和维生素D的食物。

⑦ 请您寻找天然的维生素来源。哪些维生素主要出现在：
a）水果和蔬菜，b）胡萝卜和 c）全麦面包？

⑧ 维生素可以以三种方式命名，例如：维生素C，抗坏血酸或抗坏血病维生素。请您尝试解释说明。

## 6 矿物质

### 6.1 对人体的意义

必须向人体供应充足的矿物质。

矿物质是食物不可燃烧的无机组成部分。虽然身体中不消耗矿物质，但是通过代谢，一直会有一部分被排出，因此必须不断通过摄入食物稳定供应矿物质。尤其是在负荷提高时。

矿物质分为：

| 功能 | 身体中的分量 |
|---|---|
| • 构建骨头、牙齿和身体细胞的**原生质**，例如：钙、磷、镁， | • **大量元素**，每日需求按照克重计算，例如：盐、钙、磷， |
| • 影响体液特征的**调节物质**，例如：钠、钾、氯。 | • **微量元素**，每日只需要非常少的克重，如：铁、碘、氟。 |

### 6.2 作用和含有此成分的食物

| 矿物质 | | 在以下食物中含量丰富 |
|---|---|---|
| 钙 | 构建骨头和牙齿，凝血 | 牛奶和奶制品、蔬菜、矿泉水 |
| 镁 | 肌肉收缩，酶功能 | 蔬菜、土豆、小扁豆 |
| 钾 | 激发肌肉和神经 | |
| 铁 | 造血，氧气输送 | 肝脏、绿色蔬菜、全麦面包 |
| 磷 | 神经和骨头的构建 | 肝脏、肉类、鱼类、奶和奶制品、全麦面包、坚果 |
| 碘 | 甲状腺功能 | 海鱼、海洋生物、碘盐（每千克含5μg碘） |
| 盐 | 充分的机体组织的渗透压 | 几乎存在于所有的食物中 |

### 6.3 准备和制作中的保存

• 短时间清洗蔬菜且尽量不切碎蔬菜，
• 已经清洗的蔬菜不长时间放在水中存放，
• 可以继续使用浸泡用水和烹调用水。

矿物质是水溶性的。因此在清洗、在水中保存蔬菜和焯菜时会导致矿物质大量流失。

孕妇、哺乳期妇女及婴儿和老年人**对有效成分的需求有所提高**。在负荷较大时（工作、运动）也可能出现增多的需求。

在这些情况中，可以通过合理的选择食物（参见上表）进行补充。只有咨询医生后才能够长时间使用维生素和矿物质制剂。

# 7 伴生物质

在之前，**植物纤维或纤维物质**被认为是多余的。人们将这些不易消化的纤维素认为是不能利用的纤维。今天，人们知道，这些物质有非常重要的作用，因为它们可以预防所谓的"富贵病"。

植物纤维

- 可以在消化道中被泡胀，以此提高食物量并预防便秘，
- 延迟营养物质进入血管——饭菜可以保持更久，
- 有利于肠道中生存的微生物（肠道菌群）。

今天，许多人摄入的植物纤维过少，因为人们食用更多的肉类、奶制品和糖含量丰富的食物，但是吃面包和土豆比以前更少。

**植物次级成分（SPS）或生物活性植物成分**在植物中含量较少，并作为害虫的抗体等。在人体内，它们有助于健康，因为在自由基发挥有害作用前，它们可以提供防护，并降低特定癌症的患病风险。从很久之前起，洋葱和大蒜等植物的效用就已经被人所熟知。

充足的植物纤维供应：不仅是食用白面包。在饮食计划中也需要加入充足的蔬菜和水果。

生物活性植物成分
- 增强免疫系统，
- 有抗菌作用，
- 保持代谢的稳定，
- 预防心脏疾病和癌症。

如果人们想要利用生物活性植物成分的优点，最简单的原则是：大量食用不同种类的蔬菜和水果。而并不需要特别注意摄入某一种类。

## 维生素、矿物质和有效成分的供应（概览）

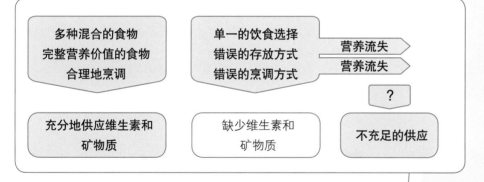

| 多种混合的食物 完整营养价值的食物 合理地烹调 | 单一的饮食选择 错误的存放方式 错误的烹调方式 | 营养流失 营养流失 |
| --- | --- | --- |
| 充分地供应维生素和矿物质 | 缺少维生素和矿物质 | ？ 不充足的供应 |

作业

**1** 请您说出四条在厨房中必须注意的、尽可能保留维生素和矿物质的准则。

**2** 哪些商业厨房中的"错误"可能导致有效成分流失较多？是否有理由更正这些操作？

**3** 人们说，植物纤维含量越高，患肠癌的风险就越低。请您说明其中的关系。

**4** 请您说出三类对维生素和矿物质需求增大的人群，并请您为增大的需求列出理由。

# 8 水

化学中纯净的水（$H_2O$）由两个氢原子和一个氧原子组成。在自然界的水循环中，雨水穿过不同的地层，一方面水被过滤了，另一方面水溶解了不同地层中的矿物质。

## 8.1 水硬度

水中所溶解矿物质的量确定了**水硬度**。测量水的硬度时，使用国际单位毫摩（毫摩尔/升，mmol/L）。根据矿物质的含量，人们将水评定为硬水或软水。硬水在加热时会形成水垢沉积并附着在容器、锅炉和管道中。

根据《食品法》，饮用水必须清澈、无色、无味、无臭，不能含有任何危害健康的物质。

## 8.2 烹调特性

### 水浸滤

由于水分子特殊的化学结构，每个水分子就像磁铁一样：它们有正极和负极。这样，它们可以**很容易塞入其他物质中**，并抵消掉吸力。然后，这类物质会溶于水中。热水比冷水"更有活力"，因此能够溶解得更快。

水的溶解作用

- 在冲泡饮品（如：茶或咖啡）时，或者在制作浓汤时**是受欢迎的，**
- 当应避免由于浸泡造成的流失时，是**不受欢迎的**。因此，人们要尽可能减少食物和蔬菜与水的接触，
  例如：清洗蔬菜时要尽可能快速完成并且不要切碎。

### 水使食物泡胀

除去一些食物（小扁豆、黄豆、蘑菇、果干）中的水分，可以方便长久保存。如果人们将这些食物重新放入水中，水会浸泡食物，而这些食物会重新吸满水。

### 水用作烹调介质

在烹调过程中，煮、焖、蒸和炖需要通过水和蒸汽将热量传递至食物上。

图1：水萃取
① 热水（溶剂）
② 新鲜的咖啡粉
③ 咖啡（萃取的溶液）

**较高的温度意味着较短的烹调时间**

在温度较高时，烹调过程能更迅速地完成，以此可以缩短烹调时长（图1）。在正常的大气压力下，在约100℃时煮沸，**在较高的压力下沸点升高**。

在**蒸汽压力锅**中可以产生这种期望的超压，人们将其称为"快速"烹调锅。

商业上，通过增加压力实现的温度升高被用于罐头食品的加热。

如果人们减少压力，那么水在较低温度就能"沸腾"。

当空气被泵出（抽空），会产生低压、甚至真空的状态，人们有目的地创造这种状态，以避免产生烹煮的味道，例如在将炼乳煮浓稠时。

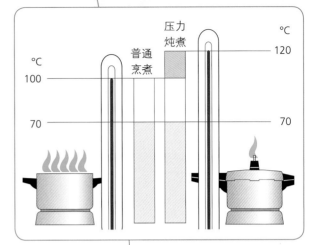

图1：提高的温度缩短炖煮时间

## 8.3 对人体的意义

水在人体中为**原生质**，因为人体由60%左右的水构成。

作为**溶剂**，水辅助溶解营养物质中的成分，以及菜肴中的维生素和矿物质，这样，它们可以穿透肠壁并进入血液，然后运输至所需的身体细胞。

作为**运输物质**，水可以吸收血液和淋巴中溶解的物质，并将其运送至有所消耗的位置。并从消耗位置运送至排泄器官（肝、肾）。

通过皮肤上的毛孔，身体可以排出水分，并以此**进行热量调节**。水会蒸发，然后冷却身体。

身体每日需要的**水量**为2～2.5L。这个量也包含了含水食物中的水分，然而较大一部分的水还是需要通过1.5L左右的饮品进行补充。

● 人体对水的需求在以下情况中有所提高
- 干燥、炎热的天气中流汗增多
- 身体疲劳时流汗增多
- 食用过咸或辣味菜肴时，流汗也会增多

**作业**

1 哪些缺点与使用硬水相关？

2 人体每日需要至少2L水。然而，几乎没有人喝这么多水。那么，如何满足对这些量液体的需求？

3 水可以浸滤。哪些过程是期望发生的，而哪些过程不是。请您各举出三个例子。

4 为什么在蒸汽压力锅中可以更快煮熟食物？

5 您是否使用过蒸汽压力锅烹调？它有缺点吗？

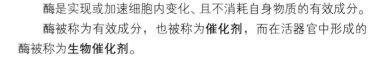

**9** 酶

酶是实现或加速细胞内变化、且不消耗自身物质的有效成分。

酶被称为有效成分，也被称为**催化剂**，而在活器官中形成的酶被称为**生物催化剂**。

## 9.1 作用方式

除了来自希腊语的单词酶（Enzym），人们也使用拉丁语概念酵素（Ferment）。两个概念都代表同一种物质。

酶在不同的过程中发挥作用：

- **它们在植物中构建营养物质**——由单糖变为双糖和多糖。
- **它们改变食物**——分割肉类熟化、切开的苹果变成棕色。
- **它们分解营养物质**——例如：在消化时。
- **它们构建特殊种类的机体上的部分**——例如：头发、皮肤、皮下组织中的脂肪。

酶由**蛋白质**构成，是一个有活性的成分组。这个有活性的成分组是针对特定作用对象的。因此，酶只能对特定的营养物质进行特殊的改变，可以有目的地区别化使用。

酶的特性：

- **功能特定**，它们只能发挥特定的作用，如：分解脂肪，
- **物质特定**（成分特定），即：一种特定的酶只能改变一种物质，如：改变碳水化合物的酶不能改变脂肪或蛋白质（图1）。

下方淀粉分解的示例（图2）展示出，每个级别需要不同的酶。例如：淀粉酶只能将淀粉中的多糖分解为双糖。这个碳水化合物范围内的示例可以转移至其他物质。

可以改变

不可以改变

图1：酶只针对某一种物质

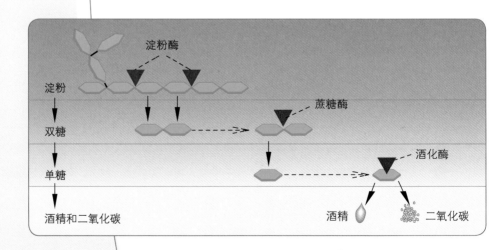

图2：通过酶分解淀粉

## 9.2 酶活性的条件及其控制

试验

1. 请您将100cm³水和5g淀粉制成糊。请您将其分在玻璃杯1~4中。

2. 在玻璃杯2、3和4中各添加一茶匙唾液并搅拌。请您将玻璃杯2放入冰箱，玻璃杯3放入37℃的蒸锅中；玻璃杯4必须煮开，然后放在蒸锅中。

3. 请您按碎一小块去骨鱼肉，请您将其与一茶匙唾液混合，并将其放入玻璃杯5中，然后将其放入蒸锅中。

4. 在大约20min后，请您比较玻璃杯1、2、4和5，其中没有显示出任何改变。在玻璃杯3中有淀粉糊变为液体。请您使用水溶性碘溶液进行检查！

酶的**功效**取决于

- **温度**。——功效提高，直至40℃；更高的温度会使蛋白质会受到破坏，酶会改变，酶的功效也会减弱。
- **水活度（$a_W$值）**。——在发生改变时必须有水参与，这样分子可以"运动"。人们将酶可以使用的水称为活性水。
- **酸碱值（pH）**。——酶更喜欢中性至弱酸性的环境。通过pH的改变，酶活性会受到影响。

在**制作食物**时，人们影响酶的功效：

- **促进酶活性**，例如：在发酵茶叶和咖啡时。
- **妨碍酶活性**，例如：冷冻储藏蔬菜前焯烫蔬菜，或者通过加入酸（醋酸，苯甲酸）防腐。

在**食物消化**时，体内适合的酶参与反应，并将营养物质分解成基础成分。

例如，以下物质可以分解：

- 淀粉——淀粉酶分解淀粉
- 麦芽糖——麦芽糖酶分解麦芽糖
- 脂肪——脂肪酶分解脂肪
- 蛋白质——蛋白酶分解蛋白

### 补充知识

国际上统一规定，酶的科学名称根据其作用的物质命名。所有酶的最后一个字都为酶。

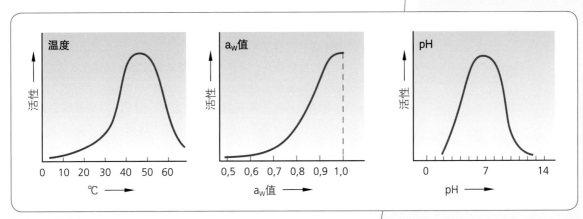

图1：酶的作用

# ⑩ 消化和代谢

我们通过食物摄入营养物质，身体需要这些营养物质构建机体组成部分（肌肉、骨头）和获取热量（力量、热量）。在单个营养物质的处理中已经说明了这些内容。在此，进行总结说明。

**由食物变成营养物质的基本组成部分**

| | 口腔 | 胃 | 胆 | 胰腺 | 血液/淋巴 |
|---|---|---|---|---|---|
| 碳水化合物 | 口腔中唾液的酶开始分解淀粉 | | | **胰腺**酶继续分解糖类物质。**肠液**中的酶将剩余的双糖分解成单糖 | **单糖**被**血液**吸收 |
| 蛋白质 | | 盐酸和蛋白酶开始在**胃**中分解蛋白质 | | **胰腺**中的酶和**肠液**将蛋白质分解成氨基酸 | **氨基酸**被**血液**吸收 |
| 脂肪 | | | **胆汁**将脂肪乳化成最小的油滴 | **胰腺**中的脂肪酶将脂肪分解为甘油和脂肪酸 | **甘油**和**脂肪酸**被淋巴管吸收 |

图1：消化和代谢

食物 → 消化 → 营养物质 → 吸收 → 细胞中的营养物质 → 代谢 → 热量 / 机体成分

立法者将**食物**规定为所有食用、咀嚼或饮用的东西。

通过消化（图1），食物会被弄碎（牙齿、胃）并**分解**成基本组成部分。**消化是将食物中的营养分解成基本组成部分的过程**。这在胃肠道中进行，并主要集中在小肠。而**酶**主要是将营养物质分解成基本组成部分的工具。

营养物质的基本组成部分（单糖、氨基酸、甘油和脂肪酸）是非常小的分子，穿过肠壁进入血管或淋巴管。这个在人体中穿过消化道的过程被称为**吸收**。

通过血液循环，营养物质的基本组成部分被送至身体细胞中。在这里可以发生自身的改变：

单糖会和氧元素变成热量（力量、体温），氨基酸会构建为适合机体的蛋白质等。这个过程被称为**代谢**。

## 消化概览

口腔中

唾液包含**淀粉酶**。它开始分解淀粉。同时，通过咀嚼唾液赋予粉碎的食物流动性。

## 胃中

胃液包含**盐酸**和分解蛋白质的酶。酸会杀死大多数随食物一起摄入的微生物，并且使蛋白质凝结。在酸化的食糜中，蛋白酶开始分解。

## 十二指肠中

如果需要**胆汁**进入食糜，会从肝产生胆汁，并储存在胆囊中。胆汁将脂肪乳化为最小的脂肪分子，使其非常容易被分解。**脂肪酶**（分解脂肪的酶）、**蛋白酶**（分解蛋白的酶）和**分解碳水化合物的酶**会从胰腺流入食糜中。

## 小肠中

如果需要其他消化酶，营养物质可以分解为以下的基本组成部分：

- 碳水化合物变成单糖，
- 脂肪变成甘油和脂肪酸，
- 蛋白质变成氨基酸。

通过小肠肠壁，这些基本组成部分作为可以利用的部分进入身体。单糖和脂肪被运输至血液中，脂肪被淋巴吸收。

## 大肠中

食糜会被脱去水分，以此浓缩食糜。这些保留的不能消化的食物组成部分会作为粪便排出体外，液体经过肾脏作为尿液排出。

## 食物不耐受/食物过敏

**食物过敏**是身体免疫系统对外来物质的非常强烈的反应。同时，身体将特定的物质（大多数为蛋白质）看作是"外来的"，为了防御而形成**抗体**。其在过敏消退后可能一直留在体内。

**食物不耐受**/假性过敏同时被食物的组成部分触发，但是它不会形成抗体。

针对这两类问题**推荐**的处理办法：

- 避免过敏原，也就是特定的食物，
- 食物的组合富于变化并富含营养，
- 尽可能自己烹调新鲜食物，
- 在采购中注意配料表。

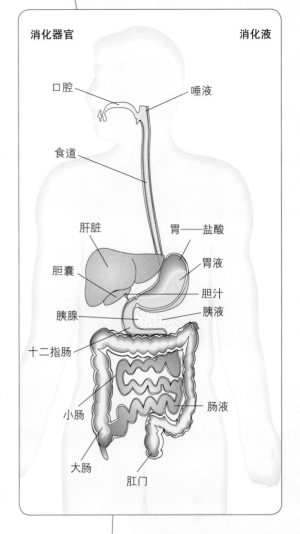

消化器官　　　　　　　消化液

口腔 —— 唾液

食道

肝脏

胆囊　　　　　　　胃 —— 盐酸

胰腺　　　　　　　胃液

十二指肠　　　　　胆汁

　　　　　　　　　胰液

小肠　　　　　　　肠液

大肠

肛门

为了能够互相比较单个食物对身体热量供应的贡献，食物热量的含量被标出。对此，人们可以使用单位名称kJ（千焦耳），简称千焦，或kcal（千卡路里），简称千卡。

它们提供

| | |
|---|---|
| 1g碳水化合物 | 17 kJ/4.2 kcal |
| 1g蛋白质 | 17 kJ/4.2 kcal |
| 1g脂肪[1] | 37 kJ[1]/9.3 kcal |

1 依据《食品营养价值法令》的数值

89

## ⑪ 有价值的营养供给

有价值的营养供给应当能促进人的工作能力，并避免与营养摄入有关的疾病。

有价值的营养供给的基本原则

- **正确的食物量：**

热量供应应根据身体的需要合理调整。长期热量供应不能匹配身体需求的人，就会有体重问题（参见下方）。

- **正确的搭配：**

不仅需要数量合适，还需要正确搭配食用。这意味着，需要注意有价值的营养供给，所有必要的营养物质都要供应充足的量。

- **正确的食物分配：**

人体在一天中会产生依生物条件而定的起伏波动。注意不同时间身体需求的人，才能活得更好。

### 11.1 能量需求（图1）

在休息和睡眠时，身体也需要合理的热量维持生命过程的行为，如呼吸、血液循环、消化等。人们将其称为基础代谢。

图1：能量需求

**基础代谢**取决于

- 年龄——年龄增长，基础代谢降低，
- 性别——女性低于男性，
- 身材——越"重"，基础代谢越高。

基本原则：
每千克体重需要100 kJ

| 基础代谢（平均值） | | | | |
|---|---|---|---|---|
| 年龄 | 男性 | | 女性 | |
| | kJ | kcal | kJ | kcal |
| 25 | 7,300 | 1,750 | 6,000 | 1,440 |
| 45 | 6,800 | 1,630 | 5,600 | 1,340 |
| 65 | 6,200 | 1,490 | 5,200 | 1,250 |

| 运动代谢 | | |
|---|---|---|
| 工作类型 | 每日运动代谢/kJ | |
| | 男性（70kg） | 女性（60kg） |
| 轻 | 2,100-2,500 | 1,700-2,100 |
| 中等 | 2,500-4,200 | 2,100-3,400 |
| 重 | 4,200-6,700 | 超过3,400 |

**运动代谢**是我们运动时需要的热量。重体力劳动和大量运动时，运动代谢提高。

一个70kg的男士，在轻体力至中度体力工作时，他每日需要消耗约11,000 kJ/2,640 kcal。

| 每日1kg体重所需： | | 70kg |
| --- | --- | --- |
| 蛋白质 | 0.5~1g | 60g |
| 脂肪 | 0.7~0.8g | 50g |
| 碳水化合物 | 6~7g | 450g |
| 水 | 30~40g | 2-3L |
| 矿物质微量元素和维生素 | | |

想要减重的人，最快速方法的是通过减少热量供应来实现。更进一步则可以通过增强活动量减轻体重，例如：运动。此外，运动可以促进健康。

## 11.2 食物选择

重要：按照所需的量摄入所有需要的营养物质，营养供给才有意义。

为此，最好的是富于变化的、混合的饮食。德国营养协会（DGE）发布营养金字塔（图1），它辅助检验食品的选择。

**营养金字塔的解读**

饮品占每日营养摄入的最大一部分，因此成为金字塔底部最宽的一条。

由于碳水化合物含量高，豆类（成熟的豆类、豌豆和小扁豆）不属于蔬菜，而是划归土豆、谷物组。

因为海鱼提供微量元素碘，它列为单独的分组。

淡水鱼划入肉类和蛋类其他蛋白质供应源中。

**文本中颜色的含义：**

- 　绿色充足食用
- 　谨慎食用
- 　红色少量食用

基础代谢
+ 运动代谢
= 总代谢

在说明营养值时，经常说D–A–CH参考值。D–A–CH是德国（D）、奥地利（A）、瑞士（CH）的合成词。这些国家使用统一数值。

"吃正确的东西"

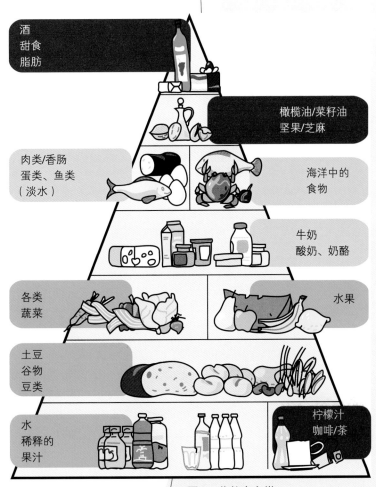

酒
甜食
脂肪

橄榄油/菜籽油
坚果/芝麻

肉类/香肠
蛋类、鱼类
（淡水）

海洋中的
食物

牛奶
酸奶、奶酪

各类
蔬菜

水果

土豆
谷物
豆类

水
稀释的
果汁

柠檬汁
咖啡/茶

图1：营养金字塔

想要正确获得营养供给的人，不仅需要食用更少的食物，还应该正确选择食物。

生活条件和饮食习惯的改变促使人们从原则上思考有效成分的供应。

与之前相比，**身体负荷更低**：体力劳动由机器替代。而人们在精神上更加紧绷。然而，今天的营养供给中反而**热量更多**。

人们吃得"越来越好"，这意味着更多（隐藏）脂肪，更多糖，更少植物纤维。因此，食物中含有更多热量，同时有效成分更少，这被称为"空热量"。

### 营养物质

在缺乏运动并且上年纪时，身体的热量消耗更少。然而，对维生素和矿物质的需求保持不变。因此，在正确的营养供给中，人们应当注意选择热量少但有效成分丰富的食物（图1）。在这种情况下，可根据食物的营养物质密度选择食物。

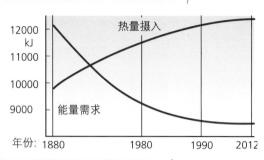

图1：热量摄入和能量需求

**只要重视以下由德国营养协会确定的10条原则，饮食营养全面很简单。**

#### 1. 吃得多种多样
如果您享受食物的多样化，请您将食物组合在一起。没有"好的"或"严禁"的食物。

#### 2. 谷物产品和土豆
优先选择全麦的面包、面条和米，土豆几乎不含有脂肪，却含有许多有效成分。

#### 3. 蔬菜和水果——每日食用"5"种
五种蔬菜或水果能够向身体很好地供应有效成分。这可以是未经烹调的苹果、短暂焯水的蔬菜等，也可以做成汁。

#### 4. 每日饮用牛奶和食用奶制品，每周食用一至两次鱼肉；肉、香肠以及鸡蛋适量
请注意肉制品和奶制品的脂肪含量。

#### 5. 少量油脂和油脂含量丰富的食物
脂肪也是味道的载体。因此，大多数油脂丰富的菜肴味道不错。因为脂肪提供大量热量，所以脂肪容易让人变胖。因此，需要注意肉制品、甜食、奶制品和烘焙制品中隐藏的脂肪。

#### 6. 适量的糖和盐
请您有节制地享受含糖丰富的食物和饮料。

#### 7. 充足的水分
水在人体中有许多作用。请您每日饮用1.5L水。

#### 8. 烹调美味也要谨慎烹调
请您在较低温度烹调，且烹调时间尽量短。这样味道和营养物质都能得以保留。

#### 9. 请您花时间享受食物
有意识地使用辅助措施促进食欲，享受美食。眼睛也可以参与到进食过程中。

#### 10. 请您注意理想体重并保持运动
正确的体重能让您感到舒适，大量运动让您保持活力。请您做些运动以保持健康和舒畅，并保持身材。

**营养密度是一个测量值**，它说明重要的/必需的营养组成部分，如维生素或矿物质与热量含量的比值（图1）。

$$营养密度 = \frac{营养物质含量（mg）}{热量含量（kJ）}$$

举例：

- **糖**几乎是纯净的不含有维生素C的碳水化合物。因此，维生素C的营养物质密度等于零。
- **生菜**几乎不提供热量，但有很大比例的维生素C的含量。因此，维生素C的营养密度是很高的数值。

当人们摄入同样的营养量（如：维生素C）而热量较低时，营养密度高。

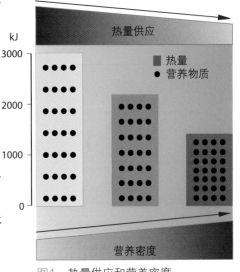

图1：热量供应和营养密度

## "正确的"体重

今天，营养学家认为个人"感觉良好"的体重是最好的。但这是有限制的：需要在合理的框架下。

合理体重的范围可以通过不同的方式确定。

根据布洛卡公式的**标准体重**：
身高（cm）– 100 = 体重（kg）
如果超过这个数值的10%就认为是超重。

现在，算出的BMI与年龄结合进行评估。数值可以从表格中读取，这是一个年轻男性，身高170cm，体重60kg。他的BMI值是怎样的？

| BMI值的评估 | | | |
|---|---|---|---|
| | **体重过轻** | **正常体重** | **体重过重** |
| **年龄** | | BMI值 | |
| | 低于 | 介于 | 高于 |
| 19～24岁 | 19 | 19-24 | 24 |
| 25～34岁 | 20 | 20-25 | 25 |
| 35～44岁 | 21 | 21-26 | 26 |
| 45～54岁 | 22 | 22-27 | 27 |
| 55～64岁 | 23 | 23-28 | 28 |
| 超过65岁 | 24 | 24-29 | 29 |

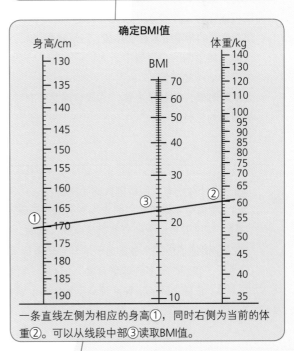

| 错误 | | 结果 | |
|---|---|---|---|
| **我们吃得** | ➤ 过多 | ➤ 过多热量 | ➤ 过多重量 |
| | ➤ 过甜 | | |
| | ➤ 过于油腻 | | |

BMI是体重测量值，可以进行更针对个体的评估
BMI = 体重（kg）/身高（m）$^2$

**确定BMI值**

一条直线左侧为相应的身高①，同时右侧为当前的体重②。可以从线段中部③读取BMI值。

研究显示，确定脂肪处于什么位置对评估理想体重非常重要。当适量脂肪处于大腿和内脏上时，脂肪对身体更多地起到保护作用，而较高的腹部脂肪含量是健康风险，可能与心肌梗死有关。对这种认知的结果是引入了**腰身指数**（字面意思是：腰围和身高的比值）。

对于小于40岁的人而言，数值超过0.5时需要好好重视。40岁~50岁的范围是0.5~0.6，超过50岁为0.6。

> 腰身指数
> 腰围（单位：cm）/身高（单位：cm）

### 11.3 每日营养摄入的分配

身体有一个内部的"生物钟"，它不仅能影响我们的表现，还会发出信号提醒我们摄入营养。

每日摄入的一部分营养需要覆盖每日的运动代谢，这样，身体可以重新获得"力量"。因此，营养摄入应当匹配工作投入并进行调整。图中显示出工作投入和营养摄入的关系。

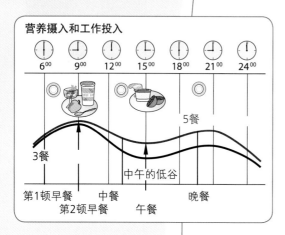

营养摄入和工作投入

3餐　5餐

中午的低谷

第1顿早餐　中餐　晚餐
第2顿早餐　午餐

### 营养摄入分配的规定

- **五次少量进餐好于三次大量进餐**，因为能源供应可以适合工作投入并避免嘴馋。
- **营养全面的早餐带来启动热量**，这是睡眠过后，人体机能所需的。早餐中，人们应当摄入一天中四分之一的热量。
- **大多数时候，午餐是主餐**，它应当满足每日热量需求的三分之一。

- **晚餐不能增加负担**。在家的晚餐提供了一个时机，可以平衡在外就餐（食堂）缺少的营养，并保证维生素和矿物质的供应。
- **两餐之间饮食的安排，应当促进工作投入，**也就是在9点和10点之间，当表现曲线下降，以及15点的中午的低谷后。

**作业**

1. 为什么所有人的基础代谢不一样？
2. 营养金字塔将我们的食物划分成组。哪些食品组应当优先选择呢？请您陈述理由。
3. 德国营养协会的营养供给原则：调味，但不咸。请您解释区别。
4. 请您说出三个最常出现的导致超重的营养供给错误。
5. "我们吃许多纯能量食物"，这是一句经常听到的指责。请您表明态度。
6. 正餐之间的加餐能提高工作能力。请您解释。

# ⑫ 可选的营养形式

不同的理由促使人们有选择地获取营养。此处，有选择地获取意味着：合理的选择另外一条道路。纯净、未加工的原材料、新鲜食物，没有或只有很少的肉类、全麦产品，这是有关有选择的营养形式的关键词。

|  | 植物 | 牛奶，奶酪 | 蛋类 |
|---|---|---|---|
|  | 拉丁语 *vegetabilia*植物 | 拉丁语 *laktis*牛奶 | 拉丁语 *ovum*蛋类 |
| 蛋奶素食主义者 | √ | √ | √ |
| 奶素食主义者 | √ | √ | × |
| 素食主义者 | √ | × | × |

## 12.1 素食食物——植物性食物

素食主义者希望合理地优先选择植物产品组成的食物，他们不吃由屠宰动物制成的食品。此外，大多数时候，素食主义者拒绝享乐品，如：酒精或尼古丁。

素食主义者也有区分：

- **蛋奶素食主义者**除了吃植物，也吃动物的产品，如：鸡蛋、牛奶和奶制品。
- **奶素食主义者**在蛋奶素食主义者的基础上，额外去除了食用蛋类，因为受精的蛋中隐藏着生命。
- **素食主义者**只依靠植物性产品生活。他们拒绝一切来自动物的产品，甚至是蜂蜜。

## 12.2 全面营养食品和全面的营养供给

全面营养食品的定义（节选）

全面营养食品（图1）主要是奶素食营养形式，在食品中优先选择尽量少加工的。

……约一半的食物是不加热的新鲜食物（生食）。并避免食品添加剂。

全面营养食品和全面的营养供给应作区分。

图1：全面营养食物的组成

25%新鲜谷物、生牛奶坚果

25%新鲜蔬菜水果

MILCH

50%加热的食物

## 比较

**全面的营养供给**

- 德国营养协会将全面的营养供给确定为遵守以下几点的营养供给：
- **正确的食物量**符合相应的基础代谢和运动代谢。
- **正确的食物搭配**（健康的混合饮食），这样可以向身体供应需要的营养物质。
- **正确的加工**，参见德国营养协会的10条原则（第92页）。

**全面营养食品**

- 全面营养食品被作为整体的营养供给概念，以此为出发点有几个目标。
- **新鲜食物占大比例（50%）**，蔬菜、水果和谷物较少加工。
- **尽可能小心地烹调**来自有机农业的新鲜食品。
- **爱护环境**，食用来自本地区的季节性产品，节约包装。

## ⑬ 饮食形式

饮食类型的示例:
- 选择的食物

  糖尿病患者的食物中应包含较少的单糖含量、易消化饮食中容易消化的食物
- 选择的烹调方式

  煮、蒸、炖，不要煎或烤，这样可以不形成烧烤物质。

在希腊语中**规定饮食**（Diät, Diet）意味**健康的生活方式**。今天，人们将这一词语解读为用于减重的营养搭配，如：禁食、土豆特种饮食等。

从医疗角度，**规定饮食**是针对特定病情的严格规定的营养供给要求。

人们将**饮食形式**称为营养供给方式，它与"普通的"自由选择的饮食有所区别。示例参见左侧。

**规定饮食由医生确定。**

医生根据确定的**规定饮食**给出说明，哪些食品应食用多少量，以及如何制作。营养补充药物严格限制了规定饮食形式的多样性。

### 13.1 全部食物

按正确比例食用全部食物就能包含所有营养物质，并覆盖相应所需的热量时，"正常"的食物被称为全部食物。

除了全部饮食，现在人们还了解了
- 易消化的全部食物
- 低钠饮食/节食
- 低蛋白质饮食/节食
- 糖尿病饮食
- 减重饮食/节食

### 13.2 易消化的全部食物

当饮食搭配中去除了所有不易消化的食物后，人们将其称为易消化的全部食物，不易消化的食物如：豆类、甘蓝类蔬菜。之前，易消化全部食物被称为保护性饮食，并规定，它们应当减轻消化器官的负担。

**基本原则:**
- 减轻大量菜肴对消化器官产生的负担，
- 减轻难消化菜肴对消化器官产生的负担，例如：油腻的食物，制作时使用大量油脂的食物、有很多烘烤物质的菜肴，
- 减轻容易引起肠胃胀气的食物对消化器官产生的负担，例如：甘蓝类、豆类、生水果，
- 减轻刺激黏膜的菜肴和配料对消化器官产生的负担，例如：刺激性的调料、烟熏和腌渍食品、肉汤、带有酒精或碳酸的饮料。

**应用:**
- 按照确定的形式少量准备菜肴，
- 使用容易消化的食物，
- 限制烧烤物质的形成并限制油脂的使用——优先选择煮、炖、蒸或在铝箔纸中烹调，
- 使用刺激性较小的调味料。

## 13.3 低钠饮食

钠元素首先从盐（NaCl）中摄入。它和体液相结合。这样，血压会升高，并会对机体循环产生负荷。通过除去盐可以让身体机能正常化。

基本原则：
- 限制盐的使用量，
- 避免高盐含量的食物（耐贮腊肠、 鱼罐头）。

应用：
- 限制菜肴中的盐量，
- 考虑通过相应的烹调方式，如快速炒制、烧烤、烤至焦黄和正确调味产生味道和香味物质。

## 13.4 低蛋白质饮食

健康的身体首先将蛋白质当做基础物质。如果摄入的蛋白质多于需求，蛋白质会成为热量供应源。

如果肝脏或肾脏功能受损，在蛋白质分解时，会对人体造成损害。因此需要有目标地注意蛋白质供应，避免每次蛋白质的过量。因此，必须依据不可或缺（必需）氨基酸选择食物。

基本原则和应用：
- 不允许未经医生同意就更换规定的蛋白质载体（含蛋白质的食物），这样可以摄入所需的氨基酸，
- 应严格遵守配方用量，这样既能向身体供应充足的蛋白质，又能够避免过多摄入，
- 只能非常限制地用盐。

## 13.5 糖尿病饮食

糖尿病属于最常见的代谢类疾病。大约六百万德国人患有此病。在健康的身体中，胰岛素负责将正确的糖类物质量送到细胞中，而储存的热量在细胞中释放。患有糖尿病时，随食物一起摄入的碳水化合物不能完全被身体利用，胰岛素就会过少。出于这个原因，糖类物质不会到达细胞中，而是在血液中累积。由此，血糖水平升高。

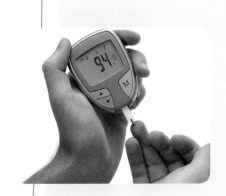

糖尿病分为两种类型。人们将其称为I型和II型。

- **I型糖尿病**的大多数患者为青少年，他们绝对缺少胰岛素。因此，必须向他们输入激素。这些人会注射胰岛素。
- 而90%的患者患有**II型糖尿病**。这类人的身体虽然能够产生**胰岛素**，但是**不够用**。因此糖类物质代谢受阻。患者经常为超重的、上年纪的人。

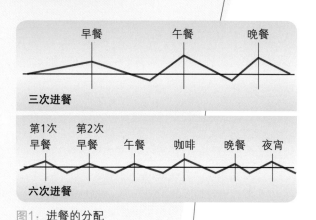

早餐　　午餐　　晚餐

三次进餐

第1次　第2次
早餐　　早餐　　午餐　　咖啡　　晚餐　　夜宵

六次进餐

图1：进餐的分配

II型糖尿病患者可以通过相应的行为进行适合身体缺陷的调节。

1. 降低超重的体重，因为减重后身体仍旧产生的胰岛素量可以实现调节。
2. 避免使用容易消化/快速吸收的糖类。
3. 将食物量分配到多次进食中，以这种方式避免"突发式"血糖水平升高（图1）。
4. 活动/运动。

糖尿病饮食适用于以下基本原则和应用：

- 饮食中的热量必须符合实际的需求（由医生规定），
- 热量需求必须至少分配在五次，最好为七次进食中，
- 可以使用代糖或甜味物质获得甜味，

- 严格限制吃糖（例如：果酱、糖果），
- 应限制糖尿病患者脂肪的摄入，因为身体可以从脂肪中获得热量，就像从碳水化合物中获取一样。

较早惯用的概念面包单位，不再用于标记食物。

## 13.6 低热量饮食

超重时需要低热量饮食。当长期摄入多于身体需求的热量时，就会产生超重。进步的技术和与高生活水平相关的生活方式，以及精细化、少植物纤维的饮食经常导致热量摄入和热量消耗之间不成比例。

超重容易导致高血压、动脉硬化、心肌梗死和血栓。

由此对超重得出以下基本原则：

- 排除高热量供应的源头（例如：偏爱肥腻的香肠、高脂肪的奶酪、甜食、果酱、含有酒精的饮料），
- 优先选择低热量食物。

对低热量的节食，适用以下原则：

- 优先选择蔬菜和全麦产品，因为它们提供生活必需的有效成分，但供应的能量/热量更低，
- 应选择低脂牛奶产品（例如：凝乳）或者低脂鱼类作为蛋白质的来源，
- 使用低脂的烹调方式，如：煮、蒸、炖和烤。

## 13.7 概念解释

- **食欲**是想要吃到某种食物的愿望。当人们看到或想象到特定的菜肴时会被触发。
- **饥饿感**是迫切吃东西的欲望，是一种针对任何可食用物质的愿望。饥饿不是对某一种特定菜肴的需要。对饥饿感的产生有不同的理论。然而，触发饥饿的是热量缺乏或营养缺乏。
- **饱腹感**是一种停止进食的感觉，因为饥饿感和食欲已经得到满足。饱腹感和菜肴在胃中的滞留时间也有关系。容易消化的食物快速离开胃中，稍后又会出现饥饿感。
- **营养密度**说明，特定营养物质的量（如：维生素C）与热量（kJ）的比例。
- **热量密度**是可以和热量含量进行比较的；单位为kJ或kcal，是一个测量值。大多数情况下，有大热量密度的食物（糖、油）营养密度偏低。
- **悠悠球效应**说的是一个事实，快速减重的人，体重会重新快速增加。悠悠代表向上和向下。这个过程（对大多数人而言是不期望的）以现实为依据，即生物应当尽可能有节制地摄入热量。当长期向身体供应超出需求的热量时，不需要的量就会储备为脂肪用于"困难时期"，并且人会因此增重。
- 现在开始一次减重的过程就相当于是困难时期。这意味着，尽可能地利用摄入的营养。尽管如此，尽管有许多限制，但是体重仍然是缓慢减少的。当度过一段特定的时间后，又重新"正常"地吃，然后又尽可能保持减重计划。这意味着：人们的体重立即重新增加。这样的增重、减重、增重永远不能结束，除非持续使热量供应匹配实际的热量需求。
- **SPS–植物次级成分**构成植物，可以用来保护植物或散发芳香物质吸引昆虫传粉。

今天，人们了解到，这类物质在人体内有非常重大的意义：它们可以对消化产生积极的影响，预防癌症和心血管疾病，并增强健康状况。

**营养密度的示例**

- 糖包含大量热量，但是没有维生素C。因此，糖的维生素C营养密度等于零。
- 相反，生菜含有很少的热量，但是却含有大量维生素C。因此，生菜的维生素C的营养密度为140。这意味着：与热量摄入相比，人们获得更多维生素C。
- 营养密度越高，食物供应的相应营养就越多。（参见第93页的插图）。

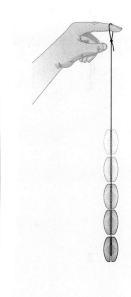

**作业**

1. "我们应当有选择地摄取营养"，朋友们对您这样说。人们怎样理解这句话？
2. "我是蛋奶素食主义者。您可以为我推荐一道热菜吗？"您的建议是？
3. 请您说出至少三种易消化的全部食物的基本原则，并说明原则的理由。
4. 当医生为患者规定减重饮食时，请在推荐菜肴时遵守特定的原则。请您列出这些原则。
5. I型糖尿病和II型糖尿病的区别是什么？
6. 请您解释悠悠球效应的概念。

营养供给的计算

计算营养供给涉及

**营养含量**
- 蛋白质
- 脂肪
- 碳水化合物

使用**克重（g）**测量

这有关摄入食物的*搭配*。

**能量含量**
- 食物中能量的含量

使用**千焦（kJ）**或**千卡（kcal）**作为单位测量

这有关摄入热量的量。如果需要控制营养的摄入和热量，必须计算数值。对此计算的基础是营养值表格。

**使用营养值表格**

　　食物按照分组划分。 如果在菜谱中写着500g分成小朵的菜花，这就是要准备的材料，并且必须反算出采购的重量。同时，**废料**列中的数值可以辅助计算。

　　不是所有采购的材料都可以食用。 表格中列出一些采购重量相关的数值。例如：100g采购的土豆中可以食用的部分只有80g去皮土豆。

| 食物 | 废料 | 100g采购材料包含的可食用部分： | | | | |
|---|---|---|---|---|---|---|
| | % | 蛋白质/g | 脂肪/g | 碳水化合物/g | 热量/kJ | 热量/kcal |
| **蔬菜** | | | | | | |
| 茄子 | 17 | 1 | + | 2.2 | 60 | 14 |
| 牛油果 | 25 | 1 | 18 | 0.3 | 715 | 171 |
| 菜花 | 38 | 2 | 0.2 | 1.6 | 55 | 14 |
| 豆角，绿色（扁豆） | 6 | 0.2 | 0.2 | 5.0 | 135 | 32 |
| 西蓝花（绿菜花） | 39 | 2 | 2 | 1.7 | 65 | 16 |
| 菊苣 | 11 | 1 | 0.2 | 2.1 | 60 | 14 |
| **鱼类** | | | | | | |
| 黑鳕鱼（去骨鱼肉） | 0 | 18 | 1 | * | 345 | 81 |
| 鳎鱼（又称鲽鱼，去骨鱼肉） | 29 | 8 | 1 | * | 350 | 81 |
| 淡水鲑鱼，虹鳟鱼 | 48 | 10 | 1 | * | 220 | 53 |
| 梭鱼 | 45 | 10 | 0.6 | * | 190 | 45 |
| 鲤鱼 | 48 | 9 | 3 | * | 250 | 60 |
| 鳗鱼，熏制 | 24 | 14 | 22 | * | 1045 | 250 |
| 煎制鲱鱼 | 8 | 15 | 14 | * | 770 | 184 |

符号说明：+ = 只含有微量营养物质，* 暂无详细的分析。营养值表格可能存在些许偏差，因为原材料不完全一样，例如：每次试验的土豆或肉排不是同一份。变化的原料会产生不同的数据。

## 14.1 菜肴中营养物质含量的计算

需要计算得出菜肴中含有多少营养物质和有效成分。由此可以确定，食物的搭配是否合理。

**❶ 示例**

一份180g肉为中等肥瘦，用于制作煎肉排，其中各种营养物质有多少克重？

**营养值表格中**

| 食物 | 100g采购的货物中含有 | | | |
|---|---|---|---|---|
| | 蛋白质/g | 脂肪/g | 碳水化合物/g | 热量/kJ |
| 中等肥瘦的猪肉 | 19 ❶ | 12 | + | 770 |

**解题说明**

❶ 从表格中搜索需要的数值。

❷ 表格中的数值是用于100g的。需要按照菜谱的用量进行计算，例如：180g=1.8x100g，或者部分，例如：70g=0.7x100g，将表格中的量进行转换。

**答案：**

❷

12g x 1.8 = 21.6g脂肪

19g x 1.8 = 34.2g蛋白质

**回答：** 肉排含有21.6g脂肪和34.2g蛋白质。

**作业**

❶ 一份加盐、加醋水煮的黑鳕鱼按照180g去骨鱼肉计算。从一份菜中，人们可以摄入多少克蛋白质和脂肪？

❷ 用于蓝煮鳟鱼（Forelle blau）的虹鳟鱼重300g。请您根据表格数值计算营养含量。*在考试中，计算中所需要的数值可以包含在题目中，这样不需要表格就可以解决。*

❸ 营养值表格中每100g牛肉肉排的营养为：22g蛋白质，2g脂肪。一块里脊肉排重180g。一块肉排含有多少克蛋白质和脂肪？

❹ 梅花鲈去骨鱼肉按照一份的用量进行冷冻。营养值表格中有以下的信息：蛋白质18%，脂肪4%。请您计算蛋白质和脂肪的克重。

❺ 在一罐凝乳的标签上写着，蛋白质含量为18%。在一份规定饮食中，每日需要食用90g蛋白质。吃多少凝乳可以达到这个目的？

❻ 在采购时，干燥的小扁豆含有23%蛋白质，48%碳水化合物和2%脂肪。在煮制时它们吸收了160%的水分。煮熟的小扁豆中含有的蛋白质含量占总重的百分之多少（%）？

❼ 一罐果汁上写着：8%可利用的碳水化合物。一罐0.2L的果汁中含有多少碳水化合物？

❽ 芝士汉堡（120g）的营养值为1,255 kJ，11%脂肪，13%蛋白质。人们在食用时摄入多少脂肪和蛋白质？

❾ 青格尔伯格柴郡干酪配制品（20g）含有55%干物质，其中含有45%的脂肪。当其他所有成分的总脂肪含量达到17g时，一个芝士汉堡的脂肪有多少克重？

❿ 一个成年人每日对钙的需求为0.9g。一小杯香草奶昔（0.25L）含有290mg钙质。一大杯香草奶昔（0.5L）可以满足每日钙需求的百分之多少？

## 14.2 菜肴中能量物质含量的计算

需要计算出从食物中摄入的热量。为此，人们从营养值中获得数值并按照菜谱用量进行换算。

❶ 示例

4人份的塑形土豆泥菜谱为：800g土豆，250g牛奶，50g黄油，盐，香料。每份含有多少千焦？

**营养值表格中：**

| 食物 | 100g含有 | | | |
|---|---|---|---|---|
| | 蛋白质/g | 脂肪/g | 碳水化合物/g | 热量/kJ |
| 黄油 | 1 | 83 | - | 3090 ❶ |
| 牛奶 | 3.5 | 3.5 | 5 | 270 |
| 土豆 | 2 | - | 15 | 240 |

**答案：**

| | ❷ | |
|---|---|---|
| 800g土豆 | 240 kJ x 8 | = 1920 kJ |
| 250g牛奶 | 270 kJ x 2.5 = | 675 kJ |
| 50g黄油 | 3090 kJ x 0.5 = | 1545 kJ |

| 4人份包含 | ❸ 4140 kJ |
|---|---|
| **1人份包含** | ❹ 1035 kJ |

**解题说明**

❶ 首先必须从表格中摘录搜索到的所需的数值。

❷ 人们计算每个成分的热量含量，其中需要将表格中的数值（用于每100g）根据实际用量进行转换。

❸ 计算出总热量含量，即将每种成分的数值加在一起。

❹ 将总和除以人数，可以获得一份的含量。

**作业**

❶ 100g瘦猪肉包含19g蛋白质和7g脂肪。
1克蛋白质 = 17 kJ
1克脂肪 = 37 kJ
一块180g的煎肉排包含多少千焦？

❷ 在一个果汁饮料的标签上写着："8%可利用的碳水化合物"。
提示：每克碳水化合物提供17kJ热量，果汁重为每升1000g。 一杯0.2L的果汁能提供多少千焦的热量？

❸ 一升牛肉清汤包含4g脂肪，6g蛋白质和1g碳水化合物，总热量为275 kJ，1g脂肪提供37 kJ。
牛肉清汤的脂肪含量占总热量的百分之多少（%）？

❹ 土豆也可以非常不同：
10人份的盐水煮土豆，需要2kg土豆；10人份的炸薯条，需要2kg土豆和150g炸制用油。100g土豆提供240 kJ，100g酥油提供3,700 kJ。

a）计算每份含有的热量，

b） 炸薯条比盐水煮土豆多出百分之多少的能量？

❺ 根据德国营养学会的推荐，每日应摄入30g植物纤维。某人吃了150g全麦面包，其中7%为植物纤维，30g含麸皮面包片，含有15%植物纤维。它们可以覆盖百分之多少（%）的每日推荐需求？

❻ 每100g野味平均含有17g蛋白质和3g脂肪。1g蛋白质提供17 kJ热量，1g脂肪提供37 kJ。食用180g重的鹿背肉能使人摄入多少千焦的热量？

# ⑮ 食品的质量

质量这一概念总结了**大量的特性**，根据关注点不同，它们也有所不同。在评估质量时，人们加以区分

- **健康值**或生物质量。这是有关营养价值的数值，例如：必需氨基酸的比例，多种不饱和脂肪酸、维生素和矿物质。
- **味道值**或感官质量。气味、味道、特性（浓稠度），还有食物的颜色和形状。
- **适合值**或使用价值，它表示食物是否适合储存或用于特定的使用目的，或者意思为防腐。

## 质量标准

很久以前，当品质出现问题，人们知道可以直接去找生产者，也就是购买产品的农户或肉铺师傅。今天，大多数交易中，人们不知道谁是生产者。因为不知道谁是生产者，如果品质不能令人满意，他们可以找到供应商。因此，质量标准对贸易负有责任。

### 质量标准

- 根据品质区分货品，
- 给消费者提供概览，
- 适用于全部贸易。

货品或货品的质量有区别地标记。

### 示例

- **肉类**使用字母E、U、R、O、P（EUROP）标记质量，E为优秀的，最后一个字母P是最低的。
- 对于**水果**和**蔬菜**，货品分级为：特级、I级、II级、III级。

根据质量等级的分类考虑到外部的价值，如外观、大小、形状，将它们作为判定的特征；内部的值，如味道或维生素含量，不作考虑。

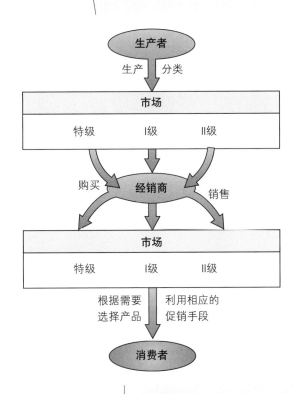

特级
精选的产品，
例如：作为优质水果

I级
高品质产品，
没有瑕疵

II级
良好的产品，
有小瑕疵，
价格便宜

III级
加工用产品，
例如：苹果汁

## ⑯ 食品长期保存方法

大多数食品在收获后或生产后最有营养（图1）。人们优先选择这样的食品，如：刚采摘的新鲜草莓、刚刚捕到的鳟鱼、刚刚出炉的法式长棍面包。

其他食物需要熟化的时间（图2）。例如：风干的肉或陈酿白兰地酒。因此，客户有特定的价值观，什么食品在何时味道最好，应如何获得食物。

食物一直处于变化中。除了期望的、质量要求的改变，还有不期望的、导致腐败的改变。

根据食品的种类，这个过程的发展速度不同。

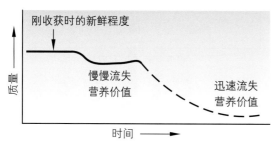

图1：食品储存时的质量变化

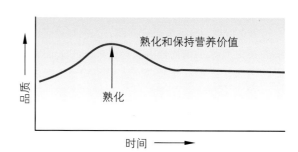

图2：熟化食品的质量变化

**因此，人们区分**

- **极易腐败的食物，**大多数为有高含水量或蛋白质含量的食物。因此，可以导致食物腐败的微生物优先选择他们。例如：牛奶、鱼类、绞肉等。这些食物有规定的保存温度。在保质期结束后不能再食用。
- **易腐败的食物，**正确处理可以长久保存的食物。示例：苹果、洋葱、土豆、植物性脂肪。
- **可长久保存的食物，**大多数是含水极少的食物，正确储藏会缓慢腐败，甚至根本不会腐败。例如：糖、米、小扁豆。

保存食物的营养价值是尽可能让食物保持人们期望的状态。

**人们说**

- **保存，**在相对**短时间内**能够保存的特性，例如：从采购至几天后加工；
- **储存，**当食物需要用于**较长时间**食用时。例如：人们储存土豆、胡萝卜、苹果；
- **防腐，**将食物保存一段很长的时间。

## 16.1 食物腐败

**腐败的原因**

食物腐败，大多数时候是数个过程同时作用。它们可以是：

- **物理改变**

在霜冻时，水果和蔬菜的细胞壁会爆裂；干燥、水分蒸发导致香气流失。

- **生化改变**

自身酶的作用，切割面变成棕色，例如：生土豆、苹果。

- **通过微生物发生改变**

肉类变得油腻，果酱发酵，面包发霉等。

**食物腐败的最常出现的原因**是会导致化学变化的**酶以及微生物**。

因此，不同的防腐操作都有一个目标，排除或至少能够限制微生物的作用。

根据生存条件得出以下**防腐的可能性**（图1）：

○ 物理改变（如冻伤或干燥）可以通过正确储存和包装进一步避免。特别是单个食品。

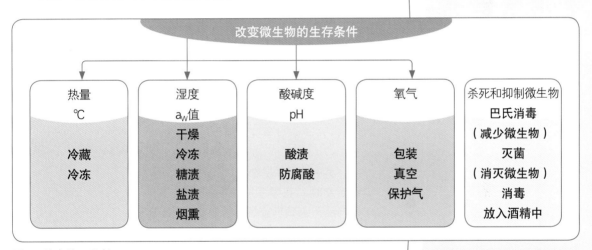

图1：防腐的可能性

## 16.2 营养价值的保存

**冷藏**

冷藏用于短时保存，是最常用的方法；冰箱和冷藏室就是用于冷藏（图2）。

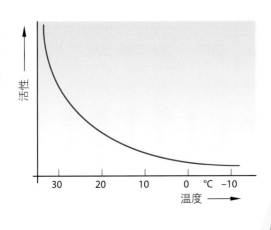

● 人们冷藏食物的温度越低，腐败的速度越慢。这个基本原则适用于 + 6℃左右。

图2：微生物活性

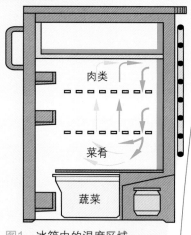

图1：冰箱中的温度区域

因为植物的部分（如黄瓜或球生菜）在收获后还会"继续存活"，在低温冷藏时，细胞中的代谢过程会被抑制。因此会出现，尽管冷藏了，仍然会腐败的情况。**莴苣类蔬菜**特别敏感。

因此在**冰箱**中有不同的温度（图1）

**肉类和肉制品：**　　　　2～4℃

**蔬菜、水果：**　　　　6～8℃

**在冰柜中**，在汽化器下方是最冷的，在果蔬容器中是最暖和的。**食物应被盖住**或包装起来，这样可以防止串味和干燥。

**冷藏室**必须定期清洁，因为在墙壁上和装备上会有微生物附着。嗜冷类型的微生物即使是在冷藏室的温度下也可以发挥作用的。

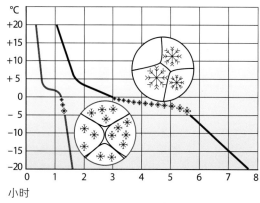

小时

图2：急冻和冷冻

如果食物冷冻速度过慢，会形成不规则的大型冰霜，在解冻时，会导致质量的损失。

---

对商业企业有规定，在"肉类冷藏室"中不允许储存其他食物，因为存在微生物和有害物质转移至肉类上的危险。

---

**冷冻储藏**

冷冻适用于较长期的储存。这是最经济的长期储存食物的方法。但是冷冻的食物**不是无限保存的**，因为降低温度只是减缓了微生物和酶的作用。让其完全停止是不可能的。

在植物性食物和动物性食物的细胞中有细胞液，其中溶解了矿物质。通过矿物质含量，可以改变冰点，在冷藏食物时，在零下几度才会形成冰霜。如果想要获得高品质冷冻产品，必须快速越过这个"最大冰霜形成"范围。这发生在–35℃时；因此，人们将其称为**急冻**（图2）。

---

提示

- 只能冷冻新鲜、无可挑剔的货品，因为这样不会改善品质，而是维持品质。
- 在冷冻前短暂焯煮蔬菜，然后立即冷却。这样可以损坏酶，蔬菜可以保存更长时间。
- 冷冻货品密封包装，否则细胞液体会蒸发（肉类的冻斑）。
- 在餐饮行业中，绞肉和由此制作的生配制品通

常不允许冷冻。规定的冷冻速度只能通过急冻完成。
- 清楚标注，因为即使冷冻产品是在透明的塑料袋中也很难分辨。
- 为了冷冻，尽可能让产品弹开放置，因为这样可以让冷气更快进入。
- 储存温度必须至少为–18℃。

## 长期冷冻保存食物的缺陷

当储存温度强烈波动时，例如：当重新变热又冷却时，外层冷冻的食物会熔化，水分会从外层蒸发。

- 可以看到，这种水在包装中松散的货品上会形成**"霜"**（图1）。货品会干燥，并且质量会更低。
- 当包装损坏在单件货品上会呈现**冻斑**（图2）。在包装损坏的位置上，细胞中的水转移到环境的空气中。产品会变干，并且吃上去类似"干草"。

图1：成块的食品上形成霜

## 正确的解冻

- 只解冻小块，如成份的鱼类或肉类。热量迅速进入核心部分，解冻的汁水不会流出。
- 大件食物，如：牛腿，缓慢地，最好在冷藏室中解冻，因为这样会产生最小的损失。
- 成块的货品，如：做成泥的菠菜，在容器中放些水，然后加热。

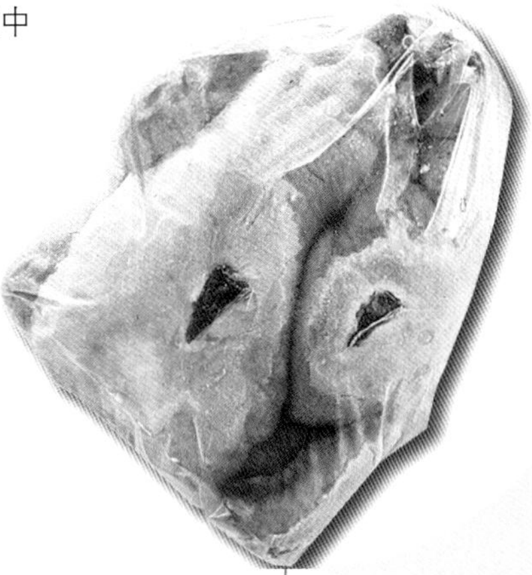

## 其他食品长期保存方法概览

今天，只有在食品工业和贸易中接受食物长期保存。那里还会使用其他防腐保存方法。

在这里对恰当储存以及正确处理产品进行概览。

## 消毒

引起腐败的细菌和致病菌在较高温度下被杀死，然后，食品可以长期保存。但是含有蛋白质的食物可能会受到能形成芽孢的微生物的感染（参见第22页）。**芽孢**，细菌的存活形式，在煮制的温度下不会被破坏。因此，人们要在压力下加热至120℃。

*拓展应用*：取消本来的煮制过程，因为通过灭菌，食物已经煮熟。此外，它们必须加热至上菜时的温度或者完成制作。

图2：由冻斑在鸡肉上形成的斑点

*耐贮性*：数年。

*储存能力*：即使在较凉的保存时也有所限制。

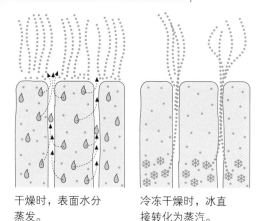

干燥时，表面水分蒸发。　　冷冻干燥时，冰直接转化为蒸汽。

*耐贮性*：依据使用的方法各有不同。例如：煮熟的火腿需要在冰箱中保存，而生火腿可以在室温中储存。

*耐贮性*：数个月。

*耐贮性*：至少一年。

*耐贮性*：有限制的，多种多样且需要额外灭菌，如：德国腌酸菜、酸黄瓜。

### 巴氏消毒

许多食物不能长期储存，或者在以不期望的方式强烈加热时会发生改变。因此，短暂加热又迅速冷却。虽然食物不能保存这么久，但是可以避免可能出现的煮制后产生异味。

### 干燥

通过去除水分，妨碍微生物和酶发挥作用。人们首先对米、面食、豆类、香料、烹调香草和干果使用干燥这种方式。

储存能力：数年。必须是在干燥的空气中。包装起来保存，以避免串味。

在**冷冻干燥**中，食物首先被冷冻。然后，冰直接变为水蒸气。同时食品的特性被很好地保存下来。质量比常规的干燥要好。

### 盐渍，腌渍

盐能够起到吸出水分的作用，并降低$a_w$值，可用水的含量减少。

腌渍是特殊的盐渍过程，在饱和盐水中加入腌渍盐（亚硝酸盐）。在稍后的分解中，由亚硝酸盐产生氧化氮，它起到防腐的作用。这样，延迟了油脂变质等时间。此外，这赋予肉类令人愉悦的红色。大量亚硝酸盐是有毒的，因此使用盐、亚硝酸盐的混合物。

### 烟熏

由木屑、锯末或木材燃烧产生的烟会沿着鱼肉或肉类飘散，以此让食物保存更久，并改变味道。在**热烟熏**时，温度超过75℃。在这里，水分流失也对耐贮性有所贡献。而**温烟熏**时，熏制温度在40℃左右。**冷烟熏**（20℃左右）经常持续数日或数周。

### 糖渍

糖可以结合水，以此妨碍微生物的作用。在制作果酱和果子冻时，水果和糖的混合物通过高温额外保证没有细菌。

### 酸渍

通过加入酸（醋）或者在食物中形成酸（德国腌酸菜中的乳酸）妨碍微生物。

# 16 食品长期保存方法

## 酒精防腐

如果将食物放入高度数的酒精，可以长期保存食物。此外，酒精可以去除食物中的水分。同时还需要思考，颜色、味道和黏稠度会发生改变。此外，食品也不再适合所有客人（例如：儿童、病人）。

耐贮性：最多至两年。

## 化学防腐剂

这些物质直接针对微生物发挥作用，破坏它们或者明显妨碍它们。经过检查，防腐剂对健康的影响不足为虑，但是特定的食物中只允许添加规定的最高剂量的防腐剂。

● 必须说明化学防腐剂的含量。

## 真空化

食品的真空化（也称为真空包装）是将食品密封在塑料膜中，通过孔洞将空气从塑料膜中抽出来。使用这个方法，虽然可以杀死微生物，但是厌氧细菌和霉菌的生长以及有毒物质的产生只是受到了限制。经常在真空包装中使用保护性气体，如二氧化碳或氮气，它们无臭无味并且排斥细菌。

耐贮性：如果额外冷却真空包装的产品，耐贮性可以最多达到六周。

## 跨栏效应

所有食品长期保存方法只是以某种形式改变食物。通过结果不同的方法，人们让食物更耐贮存，而同时使变化较少。这样，代替大型的阻碍，微生物好像被一系列的栏架挡住（图1）。

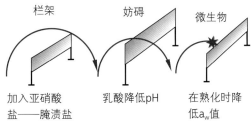

图1：以生香肠为例的跨栏效应

作业

**1** 请您列出食品质量评估的划分。

**2** 哪些是特定食物迅速腐败的原因？

**3** 如何改进易腐败食物的储存时间？

**4** 没卖掉的宰杀的鳟鱼没有包装直接放在冷冻室中，温度 –18℃。您认为它的质量会怎么样？

**5** 您开启了一包冷冻薯条，发现上面有很大的冰晶，这称为"霜"。请您解释。

**6** 新蛋黄素是不清澈的，为什么肉类冷藏室和蔬菜冷藏室显示的温度不同。请您解释。

**7** "在肉类冷藏室中还有位置，我们可以在那里放一个球生菜。"可以这样做吗？请您为决定陈述理由。

**8** "将甜点放入低温冷冻机中，这样可以快速冷却。"这个工作有什么缺点。

# 工作划分

## ① 厨房组织

厨房是一个有多种任务的生产车间，只有当生产过程符合实际且时间明确的划分时，才能够保证它的运作。简单地说：每个人必须知道，谁什么时候必须做什么。

### 1.1 单独餐饮业

**岗位制厨房（明确分工的厨房）**

恰当分配单独的工作，划分单独的**岗位**（工作区域）。对此有以下粗略的划分：

> 此任务分类被称为**工作流程的组织安排**

| 热餐烹调 | | 冷餐烹调 | 甜品制作 |
|---|---|---|---|
| 酱汁厨师 | 蔬菜厨师 | 冷餐厨师 | 甜品师 |
| • 制作肉类、鱼类、野味、家禽<br>• 制作酱汁 | • 制作蔬菜、土豆、米、面食<br>• 制作汤和蛋类菜肴 | • 制作肉类、鱼类、野味、家禽<br>• 制作餐前菜、冷盘、冷酱汁 | • 制作蛋糕、糕饼点心、酥皮包肉糕、布丁、舒芙蕾、冰淇淋 |

在较大的厨房中，工作继续细分，任务区域更加紧密且更加专业化。一道菜单独的成分（肉类、蔬菜和土豆）由不同的人制作，然后合并到一起。这类厨房的核心通常是灶台区域。

## 厨师中心

在厨师中心，一位厨师单独完成一道菜肴并为此负责。设备大多数为U形，好像是"围绕厨师"布置的。预生产可以提前进行，预加工食品可以以简单的方式加入到流程中。

以下示例比较了*上腰牛排配炒土豆和沙拉*在岗位制厨房和厨师中心的工作过程。

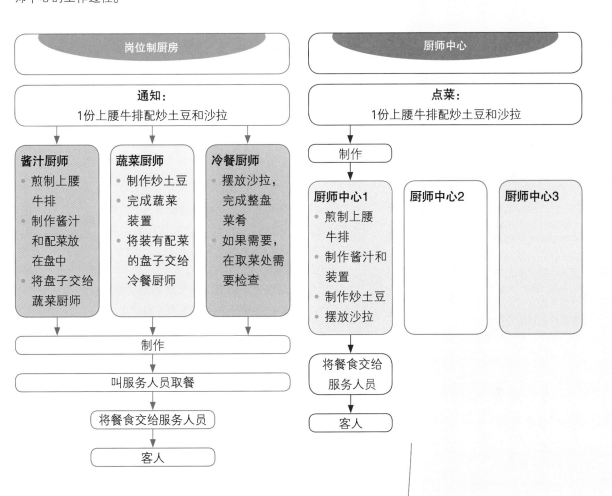

## 1.2 规模化餐饮业

### 快餐餐厅中的站点式厨房

在**规模化餐饮业的快餐餐厅**中，工作流程是针对最短时间内为大量客人制作无可挑剔、质量统一的点餐菜肴。

提供的菜肴范围大多是可以一目了然的。因此，可以为等待的客人**提前（在客人点餐前）**制作合理的量。企业确定，产品最多在生产检查时可以保温多久（基本上是10min）。

一些连锁餐厅不会提前制作菜肴，而是在**点餐时制作（"为你而做"**理念）。为了保证快速的上菜时间，在点餐时，收银系统已经直接将信息传递至各个站点的屏幕上。

在站点（下页图1）上制作产品（例如：鸡肉汉堡）。生的配料（例如：生菜）已经预先切碎。将要制作的产品（例如：鸡排）符合期待的客人数量，已经制作食物在保温柜中保存一段时间（例如：20min）。这样，在点餐时只需要将产品组合到一起。

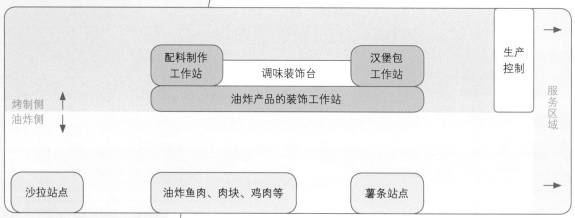

图1：典型的快餐站点

每个生产过程都由许多单个步骤构成。虽然为了获得成果需要所有人努力，但是它们在时间上不需要强制地连接在一起完成。例如：从土豆去皮，放入水中，到烹调；提前烹制面食和米，如有需要重新加热至使用的温度。工作流程的划分中也没有什么是全新的内容。

## 1.3 预加工的产品（半成品）

人们将预先加工的产品称为方便食品（Convenience Food）。这个概念来自英语，意思为："方便的食品，方便地使用。"这种由餐厅经理或厨师采购预先制作产品的"方便性"，在不同的货品之间有所区别。

在传统的厨房中，所有工作步骤都是从原材料加工到呈送顾客的完整菜肴的。这被称为**内部生产（自产）**。

今天，许多产品理所应当地以准备好的形式出现。例如：豌豆有罐装的，还有从豆荚中剥出来冷冻的；冷冻的炸薯条是通过清洗，切割土豆，分成份，焯过水的。人们将其称为**外部生产**。

对比：内部生产——外部生产

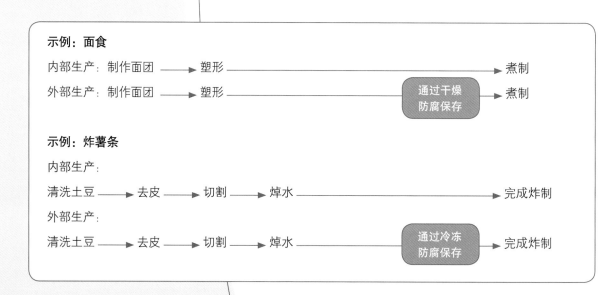

示例：一份供应商目录中可以提供以下范围内的半成品：

| 家禽 | 鱼类 | 蔬菜 |
|---|---|---|

生火鸡胸肉
可直接使用

鲽鱼去骨鱼肉
可直接使用

西蓝花，已处理干净
可直接使用

火鸡胸肉肉排，裹屑
只需要煎制

欧鲽鱼去骨鱼肉，裹屑
只需要煎制

蔬菜，已切割
用于普罗旺斯烩蔬菜

图中示例展示出不同的制作阶段。

位置越靠下，预先加工的程度越深，方便度越高。

小嫩鸡鸡胸肉配酱汁
只需加热

腌去骨鱼肉
可以立即上菜

混合蔬菜饼
只需要加热

上菜

## 使用预加工产品工作

**预加工产品是基础**。它们应当可以单独烹调、装饰和品尝。

**遵守菜谱**。需要尝试给定的菜谱，例如：添加液体的用量，并互相匹配。不要目测，而是称重和测量！

为了避免出现问题，**应遵守工作说明书**。例如：干燥的土豆泥产品，应当将其加入液体中后继续搅拌，使用这种操作处理其他原材料可能会变老。

**注意烹煮时间**。大多数情况下，预加工的食物是预先煮熟的。如果在厨房中受到长时间的热力影响，品质会有显著的改变。

比较

| | 内部完成 | 外部完成 |
|---|---|---|
| **优点** | • 对品质、味道和外观有强大的影响<br>• 不依赖于供应商<br>• 利用现有的材料 | • 机械化加工的成本比手工操作更低<br>• 可以轻松应对客流高峰 |
| **缺点** | • 更多人员、设备和机器<br>• 需要更大的仓库 | • 企业之间没有水平上的差距<br>• 依赖供应商 |

### 企业经济学方面的思考

单纯从商人的角度出发，更希望使用方便食品。因此，预加工的食品使用很广。

* 制作时**节约时间**，也可以**节约人力资源。这只需要较少的人员。**
* 较少的切割、去皮和储存损失允许制定**具体的采购计划并减少储存支出**。可以简化订购数量计算（不需要考虑去皮的损失）。
* 大多数食品有季节性价格波动。方便产品能够全年保持价格稳定。**因此，计算可以简化。**所有菜品可以全年保持同样的价格，这样冬季或夏季不会由于采购价格不同导致盈利有所改变。

方便产品的简单制作导致简单的思考，**即使人员没有接受过餐饮业教育培训**也能雇佣。虽然较低的工资可以节约成本，但是对企业而言也有负面的结果（参见上方表格右侧）。

对使用预加工产品进行的制作，时长需要额外的设备（例如：特制蒸锅或用于再制作的设备）。

内部生产——外部生产的成本分布

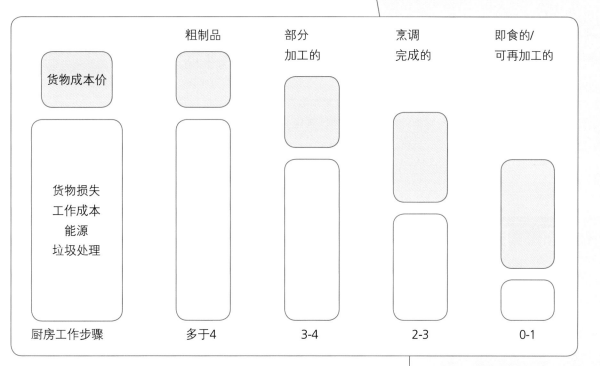

| 厨房工作步骤 | 粗制品 | 部分加工的 | 烹调完成的 | 即食的/可再加工的 |
|---|---|---|---|---|
| | 多于4 | 3-4 | 2-3 | 0-1 |

货物成本价

货物损失
工作成本
能源
垃圾处理

## 针对市场营销和品牌形象的思考

### 单独餐饮业：新鲜针对可用性

　　食用方便食品可以全年提供种类丰富的菜式。有的客人非常重视这一点。如果餐厅对此进行广告宣传，食用新鲜的、季节性的配料，则只能有限食用方便产品，或根本不能用（图1）。

　　尽管方便产品有一些优点，但是在公众眼中有严重**不良的形象**。几乎没有旅店老板愿意加入使用预加工的产品。他们在一定程度上使用预加工产品，如何个性化地美化，是他们个人在经济性和形象之间的妥协。

### 规模化餐饮业：快捷性和重新识别性

　　由于接受点餐和上菜之间的时间较短，所以人们选择快餐餐厅。如果**不使用预加工产品几乎不能快速完成餐点的制作**。

　　对传统餐饮业而言，不期望研发"**统一的味道**"。在规模化餐饮业中与此相反，它们**追求**提供重新识别度。

　　在规模化餐饮业中，客人知道餐厅使用预加工产品。因此，对市场营销而言，所使用食品的新鲜度（图2）是非常重要的。

图1：填馅的兔肉腿

**eat fresh.**
**吃得新鲜~**

图2：一家连锁餐厅的广告语

作业

① 请您说出至少五种在交付客户前只需要加热和调味的产品示例。

② 您听到，厨房主管说："使用预加工产品，我将工作高峰期分解。"他说的这句话是什么意思？
请您比较五月和十月的新鲜菠菜每千克的价格和冷冻产品的价格。请您做出报告。

③ 将新鲜产品和预加工的货品做出价格比较时，必须考虑到制作中的损失。在将新鲜鲑鱼去骨时，

④ 损失大约为35%。

　a）为了获得1kg去骨鲑鱼鱼肉，必须采购多少新鲜鲑鱼？

　b）新鲜鲑鱼的价格为5.90€/kg。请您计算1kg去骨鲑鱼鱼肉的价格。

## 项 目

### 预加工产品

　　您的公司计划，拓展土豆配菜。未来除了炸薯条和土豆棒外还要为客人提供炒土豆以供选择。

### 计划

　　还没有确定引入哪种完成程度的全新配菜。在产品研发的框架中可以自由确定。首先是获得信息，例如：

- 预加工土豆的供应形式和供应商（去皮的，去皮且切片等）。
- 请您根据菜谱寻找独特制作的煎炒土豆。
- 请您设法获得相应的预加工的产品和新鲜的土豆。
- 请您为每种生产方法编制一份流程计划，参照第54页。请您在同一时间进行所有制作，以便进行比较。
- 请您阅读第161页和第162页，了解如何评估菜肴。
- 请您准备评估清单。在第162页上有一份模板，您可以将它用于您的工作。

### 执行

- 请您严格按照说明准备土豆和方便产品。
- 请您中立进行试验，这意味着，检测者不知道面前放的是哪些产品。最简单的是为所有制作的菜肴使用同样的餐具并分配编号。
- 请您确定结果，可以按照以下方式进行
  - 按照第162页上的打分形式，
  - 或以描述的形式。从第159页开始，您会获得相关帮助。
- 请您记录使用的工作时间。

### 评估

- 当您给出分数后，将数值相加。"胜利者"是总分最高的产品。
- 当您选择使用语言评估，结果会更广泛，大多数时候会很难产生排名。

# ② 工作用具

厨房中最重要的工具是刀具。根据不同的使用领域，有各种刀具，它们主要是在尺寸、形状和刀刃的特性上有所不同。所有类型应满足：

- **刀具能很好地握在手中。** 手柄至刀刃的比例非常重要。然后就是重量，当刀具很轻时，就能很好地握在手中了。
- **刀刃必须灵活，同时有硬度。** 能负重，同时能够长久使用。长久使用或耐用度意味着，刀刃可以保持锋利多久。
- **正确的刀具手柄可以预防发生意外。** 粗糙的表面保证牢固地抓握。手指保护特别重要，因为它避免了手滑到刀刃处。

> 由刀具引发的意外位列厨房意外第一位。

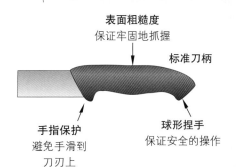

## 2.1 基本装备

**厨师刀，中等大小**
切割土豆、蔬菜、水果、肉类和鱼类。

**蔬菜刀/办公刀**
切割和修整蔬菜、蘑菇和生菜。

**磨刀钢棒**
将刀具磨快。

**厨房叉**
插取肉类。翻转大型烤肉。

**修饰刀**
使用平刀刃对土豆、蔬菜或水果的部分均匀塑形。

**花式刀**
使用有凹槽的平面将红菜头、芹菜、胡萝卜、黄瓜或南瓜切片。

## 2.2 拓展

**主要用于蔬菜**

### 蔬菜和土豆擦菜板（擦菜器）
切割蔬菜和土豆。薄厚可调节。刀刃有不同的造型，可以切出平坦的表面或有凹槽的表面（薯格）。

## 工作划分

### 削皮刀
均匀、薄薄地刮掉蔬菜/水果的皮。

### 挖球器
从土豆、蔬菜和水果中挖出球形或橄榄形，挖出果心，挖空蔬菜和水果。

## 优先用于肉类

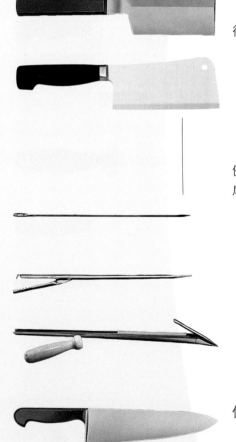

### 剔骨刀
取下皮肤。拆解肉类，剔除骨头。

### 肉锤
锤制生肉，这样可以扯断结缔组织；在加热时，肉类不会缩得过紧，并且更加多汁。

### 砍刀
分割肉块。砍断骨头和肋条，将骨头剁小，使用时应佩戴护目镜。

### 骨锯
锯断组装的骨头，例如：大腿骨、脊骨和尾骨。

### 封口针/整平针/束口针
将开口绑在一起以便塑形（束口）。

### 穿刺针
将较薄的肥膘条穿入野味和分割肉中。

### 穿刺管/肥膘灌注针
插入大块炖肉的厚肥膘层中。

## 优先用于冷餐中

### 切削刀
分割较大的家禽，卸下背部部分。敲打已经烹调好的螯虾和龙虾，剁碎某种材料。应佩戴护目镜。

### 锯刀/特种刀
将柔软的食物分成份，例如：冻肉卷、冻糕、酥皮馅儿饼。

118

**切肉刀**
切割烤肉、肉制品和香肠。

**鲑鱼刀**
将烟熏鲑鱼和腌制鲑鱼切成薄片。

**去骨刀**
带有灵活刀刃的刀具用于为扁平形鱼类去骨。

**奶酪刀**
切割适合的奶酪类型。

**鱼鳍剪刀/鱼类剪刀**
剪下鱼鳍以及小型扁平形鱼类的头。

**刮皮刀（细条刮刀）**
将柑橘类水果刮成细条。

优先用于甜品

**蛋糕刀**
将蛋糕分成份并摆好每一块。

**甜品刀**
切割所有类型的饼干糕点。水平切割蛋糕底，用于填馅。

**面团钳**
通过夹、拧装饰没有烘烤的面团表面，例如：带有馅料的酥皮馅儿饼。

**面团切刀/滚刀**
切割（用小轮滚动切出）薄薄的碾平的面团。

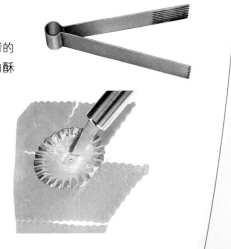

### 苹果去核器

将苹果的中心抽出（花、果心、叶柄）。

### 挤花器

使用袋子和平口（圆形口）或锯齿状
（星形嘴）的裱花嘴对可以挤出的
面团、面糊和奶油霜进行塑
形。制作装饰物。

### 压模

将生面团和烘烤过的面糊、杏仁泥或水果（菠萝、甜瓜）压
出形状。

### 刮铲

刮掉和清洁烘焙托
盘、烤盘和工作面。

### 平铲

涂抹和抹平填馅。取下和摆放糕饼。

### 角型平铲

稍长的用于在烤盘上将饼干面糊均匀地、薄薄地抹开；在短
宽的模型中翻转菜肴的用法类似刮铲。

### 冷冻物品锯刀

分割冷冻的食物。刀刃和刀片的造型特别，使其可以像锯子
一样工作。普通的刀具不适用于切割冷冻的食物。切割时，摩擦
的热量使切割物切口上化成水。这样，普通的刀具可以固定在要
切割的物品上。

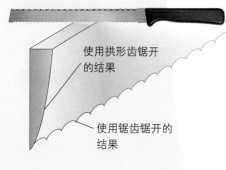

使用拱形齿锯开
的结果

使用锯齿锯开的
结果

## 优先用于规模化餐饮业

### 番茄切割器

将番茄切成同样厚度的切片，例如：用于汉堡包或三明治的
制作。根据番茄的大小不同，可以同时切成8~12片。

**番茄去蒂器**

使用番茄去蒂器（也称为装饰刀）在切割番茄前去掉剩余的蒂。

**果蔬切割器**

将水果和蔬菜准确分成六瓣。用于准备花式餐点或冷餐（图1）。

**酱料喷枪和芥末喷枪**

带有涡形装置或储存容器，可以装入标准量的酱汁/芥末。为了更好地区分，应购买不同颜色的喷枪。

图1：果蔬切割器

## 2.3 刀具的维护

连续使用的刀具应在钢棒上打磨，以保持刀刃的锋利。磨刀时应保证刀刃与钢棒有正确的角度。

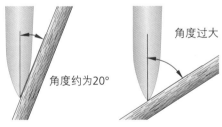

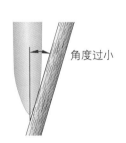

图2：保持磨刀角度　　图3：刀具会迅速磨钝　　图4：没有效果的磨刀

在切割角度为20°时，磨刀的效果最好（图2）。

如果磨刀时，角度过大，不久之后刀具就会磨钝（图3）。

如果钢棒和刀刃的角度过小，则磨刀毫无效果，刀具不会变得锋利（图4）。

在开始磨刀时，刀具的刀片位于钢棒的尖端（下一页的图1）。

> 重要：使用钢棒**轮流**（左一次、右一次）打磨刀具的两侧。如果多次打磨同一侧，毛刺会留在刀刃上的。

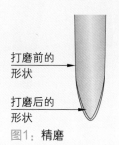

打磨前的形状

打磨后的形状

图1：精磨

然后，人们**稍微用力压动**，使刀尖在靠近钢棒把手处停住。

当使用钢棒已经不能将刀磨到期望的锋利程度时，就需要**打磨刀具**了。

磨刀石必须饱满、没有油脂且粗糙。它必须在水中使用，过程中通过润湿设备保持湿润。干燥的打磨只会使摩擦产生的热量破坏刀片的硬度。

**打磨得过凸**
锋利程度只能保持很短的一段时间。切割时需要很大的力气。

**打磨得过凹**
型材被过度打磨，刀片会很快地被消耗掉。切下来的东西不容易从刀片上掉下来。

**正确的打磨**
刀片的截面有个"小肚子"，因此可以将切下的东西从刀片上压下去。

## 2.4 意外事故的防范

> "使用钝的刀具需要力气，这经常会出现意外。"

- 工作时，刀具放置在远离身体的地方或拿在身体一侧，
- 保持干燥的手柄和干燥的手以避免滑落，
- 刀具掉落时不要去接，
- 将不需要的刀具收起来，
- 绝对不要将刀具放入水槽中。

# 3 炊具

## 3.1 炊具的材料

### 不锈钢

不锈钢是一种添加了其他金属的钢，这些金属使钢材不生锈且耐酸性腐蚀。通过特殊的表面处理，去除了所有不平整的地方，这样不会粘附菜肴，并且便于清洁。有良好的导热性。

不锈钢炊具有平衡底。它的结构有利于平衡热量对锅底造成的改变（补偿）。在冷的状态下，锅底会稍微向内拱起。**保养很简单**，可以使用各种清洁剂。近似白色的哑光沉淀物为钙质的沉积，使用酸（醋）或者液体清洁剂就可以清除。近似蓝色的霉菌是由于洗涤剂残留物导致的，通过彻底的洗涤可以避免。

### 搪瓷（上釉钢）

餐具是上了一层釉的钢材。这样可以**防止锈蚀**，并且没有味道。然而，像玻璃一样硬的釉面对冲击十分敏感，**在温度迅速变化时会裂开**。可以使用所有清洁剂进行清洁，但是不能使用硬质的物品刮擦。

### 铸铁

铸铁炊具导热性极佳，且十分结实耐用。铸铁炊具**不适用于保存**菜肴，因为一段时间后，菜肴会沾上铸铁炊具的味道。

### 钢

钢材制作的炊具与铸铁炊具有同样的特性，但是打磨的表面拥有细致的结构。

### 合成材料

合成材料这一概念下包含了许多种材料。因为大多数物品不是刚性的，而是具有弹性的，因此人们也将其称为塑料。在厨房中，人们必须通过耐高温性区分合成材料。

**热塑性塑料**具有较柔软的特性，大多数可以耐高温至80℃，短时间可以加热至更高温度。用于储存的容器以及放置生菜和冷餐的盆就是使用这种材料的。

在厨房中使用的炊具和容器必须
- 从《食品法》角度评估无可挑剔，对菜肴不能产生负面的影响，
  - 能够承受住厨房日常的工作负荷，
    - 毫无问题地清洁。

不锈钢炊具可以用于所有用途。结实耐用、用途多样、外观干净、成本较高。不锈钢炊具绝对是物有所值的。

绝对不能将过度加热的搪瓷锅放入冷水中急冷，否则涂层会断裂。更好的方法是缓慢地冷却。

人们要保护这类炊具不生锈，在清洁后应当涂一些油脂。

钢制平底锅特别适用于煎炒。没有烧煳的菜肴残留物时只需要擦净。

与金属制作的物品相比，塑料的物品有较柔软的表面。因此不能使用钢丝球或百洁粉（带有研磨料的清洁粉）处理。

### 3.2 炊具类型

图1：煮锅

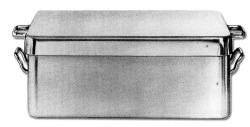

图6：炖锅

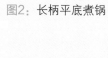

图2：长柄平底煮锅

图7：烤盘，烤肉器

图3：长柄平底
　　煮锅，浅，
　　搅拌用

图4：翻动平底锅，
　　翻动用

图8：带屉鱼蒸锅，鱼锅

图5：长柄平底煎
　　锅，长柄平
　　底锅

搅动和翻动的区别

搅动　　　　　　　　　　翻动

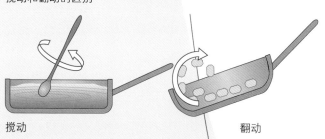
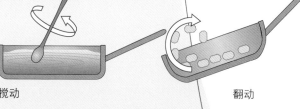

图9：盛水容器，带盖容器

## 配件

图1：酱汁筛，圆底酱汁筛

图2：尖底筛

图3：滤水盆，滤水器

● 涂层表面对刮蹭摩擦非常敏感。

### 不粘涂层

不粘涂层炊具的内侧涂有一层合成材料涂层。它们特别用于煎锅和烘焙模具上。涂层避免了在只有少量油脂或没有油脂煎炒的情况下菜肴黏着在锅上。这类炊具优先用于蛋类菜肴和低脂蛋糕。带有不粘涂层的平底锅必须防止过度加热。它们不能长时间空置在灶炉的加热板上。

### 餐饮业标准

餐饮业标准系统划分了储存、加工和发酵容器的不同尺寸。

放入组合推车、炉灶和冰箱中的容器以及隔水炖锅与传菜窗口的基本面积相互匹配。

从基本尺寸53cm×32.5cm起，有适合使用的不同深度。相应的盖子使制式完善。这样，加工的食物可以放在餐饮业标准餐具中，并且拿去冷藏。如有需要，可以在这些炊具中烹调，然后交付整个炊具。

制式的优点：

- 各个部分互相匹配并匹配所有设备，
- 节约工作时间，因为不再需要从一个炊具转移至另外一个炊具中。

图4：餐饮业标准的陶瓷盆

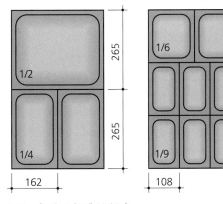

图5：餐饮业标准的制式

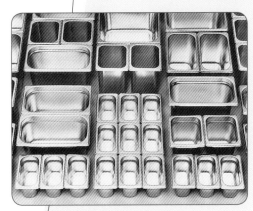

图6：制式炊具

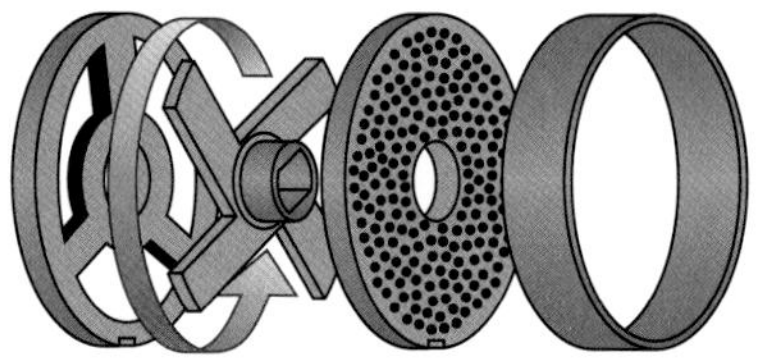

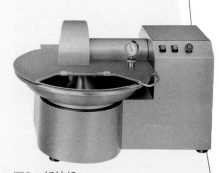

图1：带有一个刀片的刀具组

# ④ 机器和设备

## 4.1 绞肉机

绞肉机，是一种切碎设备。使用它们可以将肉类、鱼类和蔬菜按照需要的切碎形状进行加工。

绞肉机按照剪切的原理工作。就像一把**剪刀将切割物**在两个磨光的金属件（刀具和孔板）之间剪碎（图1）。螺旋零件将肉类运输至刀具处。绞碎度根据孔板上孔洞大小确定。

### 使用说明

必须正确安装锁紧环。

- 安装过紧时，刀片和孔板互相摩擦，金属磨损会进入肉中。
- 安装过松时，结缔组织会缠绕在刀片上，因为它们不能再被切断。

必须正确地填馅。肉类应从孔板中挤出结构松散的绞肉条。

- 如果在加料口中将肉压得过紧，则刀具不能再对材料进行正确的加工。肉会变热并流出油。
- 如果绞肉机空转，刀具和孔板互相摩擦并变热。同时刀具会不再锋利。

如果绞肉机未设置好或者刀具不再锋利，这会导致产生压碎的、灰色的油、脂混合在一起的材料。这是一种质量降低的表现。

> 根据卫生法令的规定，绞肉的储存温度不能高于+7℃。

### 意外防范

绞肉机必须保证，手不能触到螺旋零件，因为吸入空气的作用，会带动手一起动。因此，对较小设备上的加料口的直径和高度进行了规定；较大的设备上，加料口处设计有不能移除的保护装置。

## 4.2 斩拌机

德语中斩拌机（图2）的单词源于英语单词cut，意为切割。斩拌机是一台切碎设备，根据**刀具切割**的原理工作。切割的物品放在一个底座上（旋转的盆），刀具通过切割的物品绷紧。斩拌机可以生产出均匀的一团符合肉糕要求的加工食材。一个至少覆盖了半个盆的壳罩，能够减少材料外溅或外溢。

图2：斩拌机

**使用说明**

　　必须正确选择刀片和盆之间的距离。当距离过远，肉类不能完全被切割。轴每分钟旋转3000圈，因此刀具的支撑螺栓必须拧紧（图1）。在旋转的刀具上会摩擦生热，这可能导致蛋白质凝结。因此只能加工冷却的材料。

**意外防范**

　　斩拌机的盖子必须覆盖刀具轴。旋转的刀具，就像飞机运转的螺旋桨一样，不能被识别出来。因此，必须通过保护性开关保证，在刀具停止时，盖子才能打开。

　　食品料理机和斩拌机类似，只是稍小一些。斩拌机的切割轴是平放的，而料理机的轴是竖直的。

图1：斩拌机的工作方式

## 4.3 炸锅

　　在炸锅（图2）中，烹调需要热油产生的热量。液体传导热量比空气等介质更快。因此，基本上在油液中的烹调时间会更短。

　　在一个**油锅**（图3）中，根据需要在灶台中间和边缘来回推动，底部温度可以升高至250℃。加热的油脂升温并且悬浮的分子跟随运动。这在烹调的食物上形成深色的点。

　　油炸时，加热旋管位于底部，其上方有特定的距离。在加热旋管下方的区域（冷区域）不参与油脂的运动（图4）。

图2：炸锅

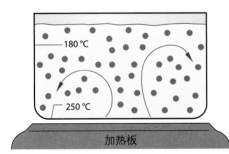

图3：油锅

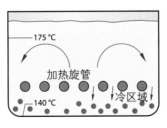

图4：油炸过程图

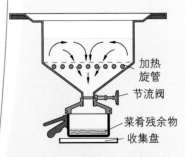

图5：带有净化装置的油槽

　　如果悬浮分子在加热旋管之间向下，这样，它们会保持在底部并固定，不会重新向上运输。因为在冷区域沉积的分子不会燃烧，这样油脂的负荷更少，因此可以使用更久。

工作划分

**只使用适合的油脂。**
油脂温度应不超过175℃。过度加热的油脂会形成有害物质丙烯酰胺。在工作间歇时应当关闭设备，并且将温度降低至100℃左右。这样可以延长油脂的保存期限。

使用的油脂必须完全更换。

使用说明

　　**固体的油脂**必须在油炸前，先在一个煮锅中化成液体。在没有完全被油脂包围的加热旋管上，会产生高温，这会损坏加热元件和油脂。如果加入冷却的油脂，人们需要先将调温器调节至70℃左右。

　　只有当油脂变成液体，才能形成循环，也才能调节至烹调的温度。

　　较新设备的设计为：烹调残留物落入一个可取出的锅中（前一页图5）。以这种方式独立进行清洁。

　　在烹调过程中，通过化学变化，油脂会"被消耗"。使用过的油脂是棕色的、有少许泡沫，在较低的温度时就能冒烟，气味和味道都很刺激。

　　可以使用不同的测试过程检测油脂。插图中展示的是试纸，它可以显示出有利于腐败的脂肪酸。

　　**根据《食品法》，使用过的油脂被看作是腐败的**，其烹调过的菜肴也是腐败的。

　　**烘焙残留物会形成沉积。** 应当尽可能每天清除掉这些沉积物。人们可以从泄放旋塞中放出冷却的油脂，并使用一个筛子接在排放口下方，然后取出加热旋管并去除沉淀物。

　　然后，使用热水和一种洗涤剂彻底清洁油炸设备和加热旋管。无论如何不能残留洗涤剂，洗涤剂会破坏油脂。因此，需要使用清水反复冲洗多次，然后将炸锅晾干。

意外防范

　　在炸锅中和平底锅中，过度加热时油脂会自燃（图1）。

- 无论如何不能尝试使用水灭火。水会立即产生蒸汽，蒸汽会携带油脂扩散并扩大燃烧面积。
- 使用合适的盖子覆盖燃烧的油脂。
- 较大型火灾中应使用灭火器。

环境保护

　　使用过的油脂装入容器中，然后转交给油脂处理和利用的机构。如果在过程中倾倒，会有沉积物残留在管壁上，然后造成堵塞。

图1：油脂造成的火灾

## 4.4 压力炸锅

　　在煎炸过程中，压力炸锅的盖子是密封的。因为产生压力，所以仅需使用少量油脂，这样维生素和矿物质可以更好地保留下来。

　　因为与传统的炸锅相比，几乎没有热量散发到空气中，所以热量有目标的传递。这不仅节约时间和能量，还可以延长油炸用油的使用期限。

● 压力炸锅主要用于烹调肉类（例如：鸡翅，肉排），也可以不密封盖子，这样就是开放的炸锅（例如：用于炸薯条）。

压力炸锅如何工作？

1. 温度可控的加热元件Ⓐ包围油炸筐。

2. 将新鲜的或冷冻的菜肴放入预热的油中。盖上压力盖Ⓑ，并且使用螺杆Ⓒ拧紧。

3. 油炸产品中较低的湿度，能够产生足够的压力Ⓓ。这种压力避免从产品中泄露过多的水分，并避免吸收油脂Ⓔ。

4. 这个过程还额外需要方形的油炸筐Ⓕ。

5. 冷区域Ⓖ在加热元件的下方，避免了掉落的产品进行残余燃烧。

6. 集成的过滤系统Ⓗ，使设备可以在每次油炸过程后轻松、快速地清洁。

## 4.5 汉堡坯烘烤机

　　在规模化餐饮业内制作汉堡的快餐厅中，汉堡坯烘烤机是一种最重要的烹调设备。它用于烘烤面包坯的内侧（汉堡坯）。烘烤中的焦化过程使面包坯被加热的同时，表面还被封住，这样，酱汁（如：调味番茄酱）不会渗入面包。

　　市场上共有两种类型的面包坯烘烤机在流通，它们的操作方法基本不同。

　　**垂直式面包坯烘烤机**（图1）的工作原理类似连续式加热炉。切半的面包坯从烘烤机上方放入，并通过连续加热炉烘烤。以这种方式，每小时可以连续烘烤超过1000个面包坯。

　　这类烘烤机可以在为你而做的理念中使用（参见第111页）。

图1：垂直式面包坯烘烤机

图1：水平式面包坯烘烤机

可以在**水平式面包坯烘烤机**（图1）中放入12个面包坯，然后烘烤40～50s。用把手盖上盖子，并开始烘烤过程。因为这里总是可以烘烤较多的面包坯（或者烘烤机锁定为50s），这类烘烤机更适用于储备汉堡的生产。

### 4.6 翻转煎锅

翻转煎锅（图2）有一个通过燃气或电流直接加热的金属底部。因此，可以进行所有需要较多热量的烹调。

有需要时，其也可以用于烹煮，例如：团子，或用于蒸制。

平底锅可以翻转，因为其放置在两个柱子上。流出口可以方便简单、轻松地清空平底锅（图3）。

图2：翻转煎锅

使用说明

必须预热到较高的温度后，再在油里微微煎烤，这样在放入食物时油液温度不会强烈降低，也就不会抽走油炸物中的水分。

如果要将装满液体的翻转煎锅清空，在开始时需要非常小心地操作转盘翻转，否则内容物会越过前面的边缘溢出，并可能导致烫伤。

**清空的平底锅**必须立即使用热水"注满"。水避免残留物烧干结。

如果人们使用冷水，由于温差，平底锅底部会产生强力收缩，这会产生裂纹。

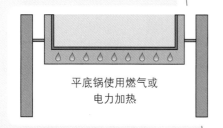

平底锅使用燃气或
电力加热

图3：翻转煎锅界面

## 4.7 烹调锅炉

所有的锅炉都有双层内壁（图1）。蒸汽可以在它们之间流过，其热量可以通过内壁传递至烹调的食物上。冷却过程会使液化的蒸汽向下流。这种加热方式是通过循环的水蒸气均匀围绕锅炉进行的。不同的是产生蒸汽的方法。锅炉可以通过燃气、油或电力加热，可以将锅炉下方回流的水重新加热成水蒸气。在大型厨房中，需要的蒸汽来自中央加热设备。

因为在烹调锅炉中也可以通过侧壁将热量传递至烹调的食物上，所以锅炉中的食物能更快地煮熟。因此，人们将锅炉称为**速煮器**。它们的容量在60～100L之间。

翻转锅炉使工作简化。（可翻转的锅炉）

**压力锅炉中**盖子可以拧紧。通过烹调物产生的蒸汽通过安全阀保持特定的压力。在提高的压力下，水高于普通的沸点，也就是温度高于100℃。较高的温度缩短烹调时间。

图1：锅炉

● 无论如何，不能改变压力锅炉上使用的过压阀或增加其负荷。

### 使用说明

锅炉的使用和放在灶上的锅子不一样。锅子的底部可以直接获取灶炉加热板的热量，因此非常热（图2）。出于这个原因，人们可以在锅中煎烤和煎炸。

锅炉的底部和内壁只能加热到约130℃。在锅炉中，人们只能煮制。酱汁乳酪面粉糊必须在锅炉以外，例如：在翻转煎锅中，煎至金黄，炖肉用时，肉必须已经经过煎制。

在**煮制面食**时，必须在锅炉中放入足够的水；在出水口需要放一个筛子，以便排放煮制用水。

在**制作盐水煮土豆**时，人们使用内置的筛子，这样，不会让压力将底层的土豆压碎。

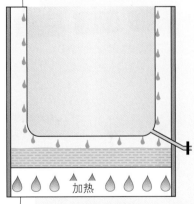

图2：锅炉的截面

● 在锅炉上，只需要热量稍微煮制。因此，在煮开之后减少加热。

## 4.8 烤炉

烤炉是通过干燥的热量烹调食物的。它们可以同时使用辐射热，如烤鸡中使用的（参见第132页），或者使用热传导。直接的热作用导致短暂的加热时间，并且保持产品多汁。在实践中，将烤制分为多种类型。

图1：旋转烤炉

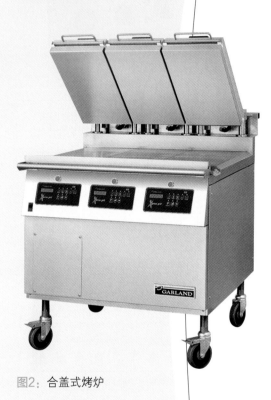

图2：合盖式烤炉

图3：微波炉

### 旋转烤炉

在旋转烤炉（图1）中，肉穿在金属杆上在烤炉的中心转动，这样辐射的热量可以使所有面均匀受热。烤炉金属杆可以水平（烤鸡/烤牛肉时）安装，也可以垂直（土耳其烤肉）安装。而烧烤的热量必须一直与烧烤的食物保持合适的距离，因此需要不断调整。

### 合盖式烤炉

合盖式烤炉（图2）用于进行接触烧烤。在将肉饼放在烧烤加热板上后，盖上烧烤炉的上盖。这样，可以同时在两面制作烧烤的食物。根据程序设定的时间（约2min），上盖会重新弹起。可以为加热的两面设定不同的温度。现代设备拥有产品识别功能，并且可以独立调节挤压力、烹调时间和烹调温度。

**平板烤炉**是合盖式烤炉的一种变形。它没有可以关闭的上盖，因此必须手动将烹调的食物翻面。还必须注意均匀地烹调。

### 通道式烤炉

通道式烤炉可以在肉饼穿过通道时对其进行烘烤。可以放入单个冷冻肉饼，一些型号可以同时放入多个肉饼。在这里（燃气）火焰会加热肉类，在短时间后（约2min）烧烤的食物会离开烤炉，然后保温或继续加工。

### 4.9 微波炉

微波炉（图3）的主要部分是磁控管，这是一种可以在其中产生电磁波的特殊管材。这种电磁波会传播至烹调室中。而在这里，电磁波会侵入食物中，并使其包含的水分子（偶极子）震动。通过运动，分子互相摩擦，然后产生热量。这就和我们摩擦手掌生热是同一种产热方式。

因此，微波同时在菜肴的每个位置产生热量。这是和所有其他烹调方法的主要区别，在菜肴中，热量不断从外部向内部推进。

**金属餐具**不适合在微波炉中使用，因为可以反射微波。

**玻璃、陶瓷**（图1）、**塑料容器**等可以让微波穿过，但自身不会加热。

微波侵入**食物**（图2）中，并产生热量。同时，菜肴中所有分子同时加热时烹调时间极短。

在不同的情况中还取决于：

- 设备的功率和与此相关的，
- 辐射的侵入深度，
- 菜肴的密度，
- 菜肴的水含量，水越多加热越快。

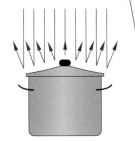

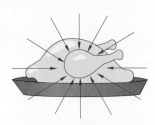

图1：微波穿过陶瓷

图2：微波侵入食物

使用说明

在**重新加热**（再加热）已经制作好的菜肴时，应遵守生产商的时间说明。

在**解冻和融化**时，请使用解冻设备或一台小功率微波炉。如果热量过快地传导至冷冻食品上，可能会造成热量分布不均匀。这会产生**局部过热/热点**，并可能导致起火。

微波炉**不适合**用来煎烤，因为不能产生烤至焦香的效果。

设备的**维护**十分简单。因为没有菜肴微粒煮熘或燃烧，所以使用热水和抹布清洁就足够了。

● **预防意外**
当开启微波炉的门时，电流中断，这时磁控管停止运行。在运行准备就绪时抓住磁控管，在皮肤神经细胞报告痛感之前，手中血液会减少。

## 4.10 热风循环设备

热风循环设备（图3）可以不断将加热的空气吹过烹调的食物。因此，可以煎、烤和蒸，也适合解冻冷冻产品。

通风扇使空气强制流动，因此可以同时在多个层中烹调。烤箱中发热管的热辐射不能做到这一点。大多数此类设备还可以用来蒸制菜肴。所有的烹调设备工作时也带有空气循环。

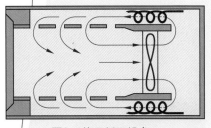

图3：热风循环设备

使用说明

热风循环的烹调温度比烤箱中的热辐射要低。

在烤制食品没有充分上色时，需要注意涂抹足够的油脂；开始煎烤时的潮湿空气可以通过排气阀排出。

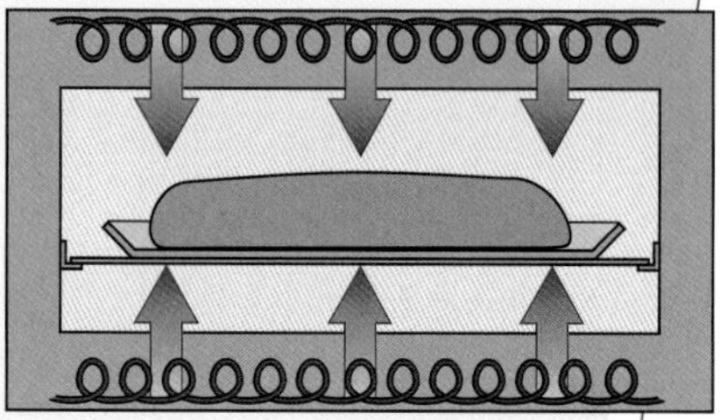

图1：烤炉

与传统烤炉相比，连续加热炉的优点是较大的容量。在第一个烘烤过程还没完成时，就可以放入其他产品。

流过底部的
螺旋电流
磁场　　　　　　升高的温度

图3：磁场产生热量

图4：只在平底锅的金属上产生热量

## 4.11 带有烤炉的灶台

通过直接接触，厨房炉灶将热量直接传递至炊具，这不取决于使用哪种能量。

这个系统可以控制除烤制之外所有烹调方式的热量供应。

在烤炉（图1）中，热量通过辐射传递至烹调的食物上。热辐射可以用来烘烤和煎烤，例如：烤牛肉、鹿背肉。

## 4.12 连续式加热炉

图2：连续式加热炉

快餐厅和送餐服务使用这类连续加热炉（图2）烘烤比萨。比萨被放置在一种传送带上，并沿着电力产生的热辐射移动。

连续加热炉工作时的温度最高可达400℃，每小时可以在多层中烤制500个比萨。

## 4.13 电磁炉

电磁炉通过一种特殊的方式将热量传递给烹调的食物。电力在电磁脉冲中首先形成一个磁场。这个磁场在炊具的底部产生烹调所需的热量（图3）。

因此，被加热的板材根本不产生热辐射，这种热负荷对人更低，而且能量消耗也更低。

电磁技术只能用于铁或浇铸的炊具（图4）。铜、铝、陶瓷或玻璃的餐具都不能在电磁炉上使用。

## 4.14 压力烹调设备

在正常的气压下（1bar）水在100℃时沸腾。压力升高，沸点也随之升高（图1）。这个物理关系被用于压力烹调设备。

图2：压力锅

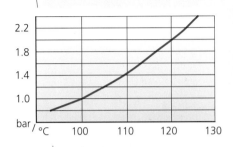

图1：沸点与压力有关

> 对烹调而言，以下关系非常重要：压力越高，温度越高。温度越高，烹调时间越短。

因此，压力锅又叫**快速烹调锅**或**快速烹调设备**。较高温度烹调时，会导致成品有所改变，例如：纤维化的肉。

餐厅有两种技术解决方案：

**蒸汽压力锅**在密封的锅中产生蒸汽（图2）。

在**蒸汽快速烹调设备（Steamer）**中，蒸汽在烹调室以外的一个特殊蒸汽制备器中产生，然后引入烹调室到食物上（图3）。

使用说明

需要较长烹调时间的特殊食物适合在压力下烹调。无论如何都要遵守生产商的操作要求，否则有发生意外的危险！

烹调时间在较小的范围内变化。当超过一些时间时，食物会被过度烹调，维生素会大量流失。

人们不能在"烹调中检查"。因此，必须从一开始就按照菜谱加工。

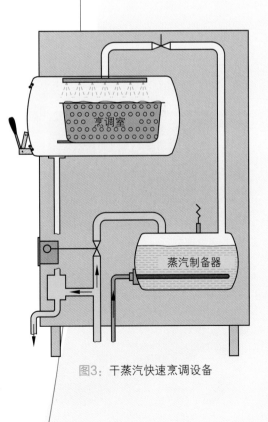

图3：干蒸汽快速烹调设备

图1：热风蒸笼

## 4.15 热空气蒸柜/组合式蒸柜

在传统的厨房有许多烹调方法与以下设备相关

- **特定的烹调设备**，例如：电炉、烤箱，
- **特定的炊具**，例如：煎烤平底锅、煎烤用具（烤肉器）、焖炖用具（炖锅）。

综合烹调设备可以在同一个烹调室中达到**不同的烹调条件**，并在不同的方法之间**按照时间变换**，例如：

- 湿润或干燥的烹调方式，
- 辐射或热风循环传递热量（图1），
- 稍微煮制时烹调室内温度非常高，继续烹调时温度稍微降低或使用余热，
- 使用余热烹调。

这些不同的条件被设备生产商称为**操作模式**。

使用越来越精密的传感器可以实现对**烹调文件**（图2）进行预编程。这些都是理想的流程，例如：用于烹调特定部分的肉，就像烧猪肉或鸡腿。

烹调文件包含和规定了单个烹调要素，这样可以通过反复进行的流程一直制作出同样的成果。

- 温度
- 上色
- 中心温度
- 湿度

图2：用于煎烤的烹调文件

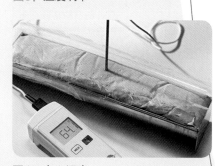

图3：温度调节

图4：中心温度

当一位厨师想要合理使用全新的方式时，他必须对传统的烹调方式进行相应的分类。

在第156页上，有"编制烹调程序"的示例展示说明需要提前做的事情。

如有需要，人们选择相应的程序，它可以单独控制烹调过程，预先设定的内容会显示出来。图3显示出在220℃烹调时，中心温度（图4）达到74℃之后，设备自动关闭。

在厨房中，有许多过程需要特定的温度。为了更快地达到特定的温度，温度调节可以反复改变。

下一页上有一份附加内容显示出关系。

**附加内容：温度调节器或恒温器**

　　尽管热量会流失（例如：放入冷凉的菜肴烹调），但仍然需要维持一个确定的值时，人们将其称为调节（例如：炸锅中的温度）。

　　请您注意温度调节，以烘烤设备为例（图1）。

　　油锅的温度应保持一致，例如：160℃。人们将这个温度称为**额定值**。油脂持续冷却，人们将其称为热量损失。一个温度计，也称为传感器，可以确定实际温度为多少。人们将其称为**实际值**。

　　如果现在实际值低于额定值，那么开关会获得一条命令，开启电流加热。通过供应热量，实际值接近额定值，油的温度就如同人们期望的那样。然后，电流会再次中断。

　　冷却的过程与加热的过程类似，只是在过程中需要调节排出热量。

　　了解温度调节关系的人也知道"**预先转动**"恒温器的选择开关是误用的。这样，油不会更快地变热。开关只能指向"开启"——不会有更多的热量供应。

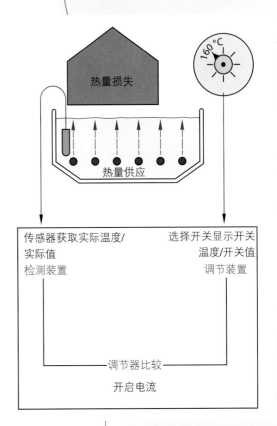

图1：温度调节

**作业**

❶ 清洁绞肉机时有哪些规定？

❷ 在炸锅中烹调时，一直会有少量烹调食物的渣子掉在油中。请您说明传统油锅和炸锅在这方面的基本区别。

❸ 为什么必须在确定的时间范围内完全换掉炸锅中的油？

❹ 当油在炸锅或平底锅中燃烧时，人们应当怎样处理？

❺ 您刚刚把煎过牛肉的滚烫的翻转煎锅清空。之后会怎么样？请您说明理由。

❻ 为什么与煮锅相比，锅炉中的液体能够更快加热？

❼ "鸡蛋在微波中爆炸！"报纸上这样说。这是怎么发生的？

❽ 一个人说："在微波炉中，菜肴是从内向外加热的。"另一个人认为："不是这样的，每一个位置都是同时加热的。"谁说的有道理？请您说明理由。

❾ "不要让你们的技术打扰我。我仍然在学习埃斯科菲耶（Escoffier，法国名厨、餐馆老板和美食作家，生于1846年10月28日，卒于1935年2月12日）怎么烹调。他知道怎么进行。"请您陈述现代烹调设备的优点和缺点。

❿ 现代设备自主调节温度。人们使用与额定值和实际值有关的概念。请您解释这个过程。

# 基本烹调技术

## 1 准备工作

### 1.1 引言

大多数食品是在享用前加工/制作的。除了家庭，食品企业和餐饮业也承担了这个任务。

工作繁杂，貌似不能纵观全貌。但是一份详细的观察可以展示出许多共同点。

### 1.2 清洗

植物原材料是来自自然并带有污物的。最清楚的就是在土豆和根茎类植物上看到的泥土。不仅是可以看见的污物，在食物上始终存在微生物。此外，植物自身的保护剂也附着在表面。通过适当的清洗，可以去除污物、细菌和残留物。

尽可能完整地清洗食物，因为这样可以将所包含物质的损失降至最低。在切削的食物上有许多细胞受损，所包含的物质会被浸出。需要额外使用一把刷子处理顽固的污物。

洗菜机使用相应的水压工作，水压产生运动。因为清洗污物和细菌时分散在水中，必须使用流动水再次冲洗干净。清洗过程结束时，食品必须洁净、卫生情况无可挑剔。

### 1.3 浸泡

尽管浸泡食物总是导致营养物质流失，但是有些情况不能避免。

- 准备工作包含：清洗、浸泡、软化、修整、去皮。
- 加工（下一章）包含：切割、擦碎、研磨、焯水等。
- 通过烹煮过程，许多食物已经可以食用。烹煮过程在单独一节中陈述。

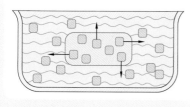

图1：水浸出

图2：水防止食物接触空气中的氧气

图3：保鲜膜防止食物接触空气中的氧气

**食品的组成部分**可以影响味道，例如：菊苣叶的苦味、肾脏（腰子）强烈独特的味道。

残留的血液可能有干扰的作用，例如：在脑和牛胰脏中。水可以浸出这些不想要的物质（上页图1）。

在短暂储存时，必须让空气中的**氧气**远离，这样不会发生酶产生的棕化过程，例如：去皮的生土豆、芹菜、苹果（上页图2）。

在许多情况中，使用保鲜膜或潮湿的布盖上食物就足以在变成棕色前保持鲜艳的颜色了（上页图3）。

## 1.4 去皮

许多蔬菜和水果种类需要去除不能享用或很难消化的外皮，对此，人们使用以下工具：

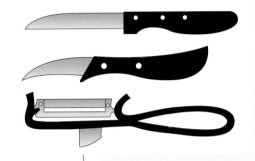

* 直刀片或拱形刀片的**厨师刀**，
* 带有拱形刀片的**花式刀**，
* 不同规格的**削皮器**。

### 生的食物

**圆形的食物**，例如：苹果、芹菜，人们螺旋形地削皮，这样可以无停顿地加工。①

**长形的食物**，例如：土豆、梨、黄瓜、胡萝卜，人们纵向削皮。②

**芦笋**应放在前臂上、使用削皮器去皮。③

**焯水煨炖的食品**，例如：煮熟的土豆，焯水的番茄、黄桃等，人们将皮剥掉。通过预先焯水使其与生的状态相比更好去皮。

将刀具倾斜放置，在刀具和拇指之间固定剥开的皮并向下拉动。④

**根茎类蔬菜**，例如：胡萝卜、珍珠萝卜，可以刮掉皮。刀具应与蔬菜表面保持直角。

在刮皮时，仅去除薄薄的一层，这样只有少量所含有的物质和味道物质损失，而这些物质常集中在表皮层中。⑤

# ② 加工食物

### 2.1 切割

食物必须在进一步加工前大致分割或精致地切割。因此，切割属于重要的基本熟练技能（参见第170、171页的"切割形状"）。

**切割的目标**可以是：

- 直接咀嚼的块，例如：分成份的肉类；
- 缩短烹调时间，例如：掰成小朵的菜花，小块的土豆；
- 增大表面积，例如：烤蔬菜、洋葱丁；
- 高要求的外观，例如：将土豆切割成特定的形状（装饰用），切成条状或片状的蔬菜。

在**切割过程**中，与刀共同发挥作用的是：

- **切割压力**，刀锋集中在一个很小的面积上产生的。刀子越锋利，越容易切入物体中（图1，图2）。
- **切割运动**，又称为推动。如果工作时没有切割运动，刀具只能压入，而不能正确地切割。从刀片横截面的放大图中很容易观察到：通过切割运动才能产生锯开的作用。

**因此：**

切割运动幅度越大，所需要的切割压力越小。这在电动刀具上尤其明显。

在使用厨师刀切割时，切割压力和切割运动通过摆动的运动相互连接在一起。因此，人们也称之为**摆动切割**（图3）。

正确切割时，握刀的手作为导向（图4）。刀片沿着弯曲手指的骨节滑动，然后手指向后退缩的距离是下一步要切割的厚度。

展示的手部支撑（扣握状）能够实现均匀地切割并防止出现伤害，因为指尖离刀片还有一定的距离。

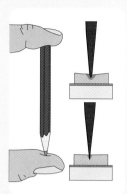

图1：切割压力

图2：放大的截面

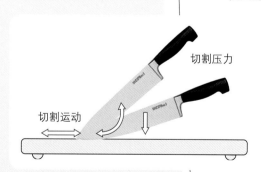

切割压力

切割运动

图3：摆动切割

> 小块不好拿住，因而受伤的危险更大。

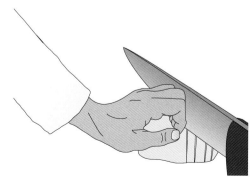

图4：正确的手指和手部支撑

在以下几个示例中使用切割过程的原则。

在斩拌机（图1）上，切割运动由旋转的刀片完成，并由滑动座架施加切割压力。

使用蔬菜擦板（图2）时，将刀片倾斜放置，来回拉动被切割的蔬菜。

预防意外

- 干燥的刀柄和干燥的手避免脱手，
- 不要试图接住或握住掉落的刀具，
- 收好不需要的刀具，
- 刀具的摆放应注意，手柄和刀片不能从桌子的边缘突出来，
- 不能将刀具放入水槽中，
- 使用防滑且足够大的砧板。

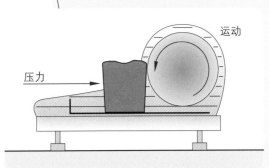

图1：斩拌机

## 2.2 切割形状

不同的切割形状与实践相关，并在蔬菜和土豆的切割中（第170~202页和第195~202页）有所说明。

## 2.3 焯水

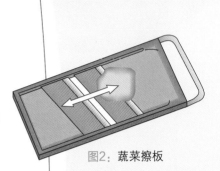

图2：蔬菜擦板

德语中的焯水（Blanchieren）源于法语blanchir，最原始的意思为：变白、漂白。当人们将切小的苹果或芹菜丁焯水，这个词还包含着这个含义。但是，使用范围拓宽了。

如果食物不能立即继续加工，刚焯过水的食物应当立即放入冷水（冰水）中。这样，降低微生物增殖的风险，并避免二次烹调，否则颜色和味道会有所改变。

现在的方法：
焯水或水沸腾一下是使用沸腾的水或在蒸锅中短暂处理原材料。

### 焯水的优点

- 可以锁定结构，例如：用于甘蓝菜叶包肉卷中的甘蓝菜叶（卷心菜叶）。
- 可以避免因酶受损导致的褐色。
- 改进卫生情况，因为热量可以破坏微生物。

### 焯水的缺点

- 水溶性物质会流失，例如：维生素、矿物质。
- 会破坏对热敏感的维生素，例如：维生素C。

**焯水属于准备工作，不属于烹调方式。**

词语易被误解的使用示例：

- 菠菜焯水，薄薄的叶子已经通过短暂加热煮熟。"焯水"在此不是准备，而已经是一种烹调。
- 土豆焯水，例如：在自己生产薯条时，涉及两个阶段：预加工（也称为焯水）和需要时完成。

# 烹调菜肴

通过烹调，食物可以变成能食用的状态。热量在食物中发挥作用：

- **松化**，营养物质会进入消化液，
- **蛋白质凝结，**
- **淀粉糊化**，这使营养物质更容易被人体利用，
- **味道改变，味道改良**，特别是煎烤时。
- **破坏微生物。**

## ① 基础

烹调所需的热量传递到食物上的方式可以分为三种。这和热量产生的方式无关。

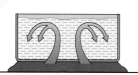

**热对流**：

在液体中（水，油）和空气中较热的分子向上运动，冷却的分子向下。这样产生循环。

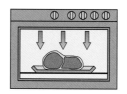

**热辐射**：

每一种热源都会产生辐射。而辐射到食物上，食物就被加热。例如：烤箱、红外线辐射器。

**热接触**或**热传导**

有直接接触的材料（加热板→平底锅→牛排），热量直接传导。这种方式是最快的热传递方式。

如果使用水烹调，烹调温度限定在100℃，而在压力锅中约为120℃。

当空气和油传导热量时，或热量通过直接和食物接触传导时，可以出现较高的温度。因为烹调时在食物内部发生的改变，非常依赖于能够达到的温度，所以人们将烹调方式分为：

**湿式烹调方式**：
在烹调中出现水分参与的烹调过程，例如：煮、蒸、炖。

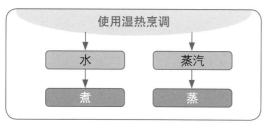

**干式烹调方式**：
在烹调中没有水分参与的烹调过程，例如：煎、烤、炸或烘焙。

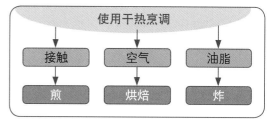

# ② 使用湿热法烹调

使用湿热法烹调时，根据**烹调温度的高低**区分为：

- 低于100℃→煮熟/水煮
- 约100℃　→煮沸
- 超过100℃→压力烹调

## 2.1 煮

将准备好的原材料放在液体中，液体应完全覆盖烹调的食物。食物内的温度不断升高，最终接近100℃。

当烹煮的液体沸腾的时候，应停止加热，因为水不能"过多煮沸=慢慢消耗"。因此，当人们尝试继续加热沸腾的液体时，会导致蒸发，也就是导致液体流失（参见煮浓收汁）。

将原材料加入正在沸腾的或冷凉的液体中。在烹调的过程中出现以下改变：

- **淀粉**吸水，并糊化，例如：米饭和面食，
- **肉类纤维的蛋白质**凝结，结构变的松散并且容易咀嚼，
- **结缔组织**存水，变得更松散并容易咀嚼，
- **溶解水溶性成分**，例如：矿物质、维生素和呈味物质进入液体中。

> 煮是在水状的液体中烹调食物的过程，温度约为100℃。

> 请您比较两种煮制方法煮出来的汤和煮熟的肉。

---

### 带皮煮土豆

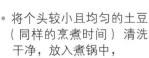

**配料**

| | |
|---|---|
| 1kg | 土豆 |
| 5g | 香芹 |

- 将个头较小且均匀的土豆（同样的烹煮时间）清洗干净，放入煮锅中，
- 倒入水，直至没过土豆，
- 放入香芹，
- 把水煮开，然后继续煮30min，
- 控出水分，给土豆削皮。

> 请您保留两种土豆制作方法中煮土豆的水，然后比较它们的外观和味道。

---

### 盐水煮土豆

**配料**

| | |
|---|---|
| 1.2kg | 土豆 |
| 15g/L | 盐 |

- 清洗土豆并削皮，
- 根据大小，将土豆切成四瓣、对半切开或进行修饰，
  - 在锅中倒入冷水并加盐
    - 煮20min，
      - 将水和土豆倒出来并控水。

---

### 肉汤——
### 煮熟的牛肉

**配料**
**各种材料准备两份**

| | |
|---|---|
| 250g | 牛肉（例如：牛胸肉、肋排肉）|
| 1.5L | 水 |
| | 根茎类蔬菜，盐 |

- 将一块肉放入冷凉、加盐的水中，适当加热直至煮沸，
- 将另一块肉小心地放入煮开、加盐的水中，
- 烹煮1h后，放入根茎类蔬菜（胡萝卜、大葱、香芹），
- 使两种煮法保持处于沸点，但是不要让汤沸腾，快速、汹涌地翻滚。

## 2.2 水煮

水煮用于有较松散结构的食物，例如：易消化的肉馅，整条鱼。因为水保持在沸点以下，因此不会沸腾，也避免了将外层过熟。

水煮或加盐、加醋水煮是在水状液体中烹调的方法，其温度在75～98℃之间。

• 将放有醋的水煮开（醋有利于蛋白质收紧），
• 将鸡蛋打入碟子中，
• 将鸡蛋滑入不再沸腾的水中，
• 4min后，使用漏勺盛出，
• 将边缘切齐平，放在吐司面包上上菜。

| 配料 | |
| --- | --- |
| 4个 | 新鲜的鸡蛋 |
| 2EL | 醋 |
| 1.5L | 水 |

如果将鸡蛋放入沸腾翻涌的沸水中会发生怎样的改变？请您说明改变。

蒸制是在100℃下使用水蒸气隔水进行烹调。

## 2.3 蒸

在蒸（图1）制时，食品被放于一个蒸屉中。

蒸笼的底部被水覆盖。在加热时，水变成蒸汽，蒸汽的热量会传递到食物上。蒸制器在烹调室以外产生蒸汽，并输送至食物上。

这样，浸出的损失很低，因为食物不会直接接触水分。菜肴的味道、外观和煮熟后的相似。

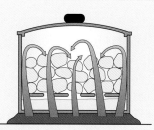

图1：蒸

| 蒸制的土豆 | |
| --- | --- |

• 清洗土豆并削皮，
• 根据大小，将土豆切成四瓣、对半切开或进行修饰，
• 将土豆块放入蒸屉中，并撒上盐，
• 将水倒入蒸锅中，直至达到刻度线（约低于蒸屉1cm），
• 放入蒸屉，开始煮水并盖上盖子，
• 从开始冒气时计时，蒸制25min。

| 配料 | |
| --- | --- |
| 1.2kg | 土豆 |
| 8g/L | 盐 |

炖（图2）是在少量液体中烹调的方法，其温度约为100℃，大多数时候添加一些油脂。大多数需要加入少量液体，或从食物自身流出液体。

## 2.4 炖

将准备好的原材料、少量水和一些油脂放入锅中并盖上盖子。含水量高的原材料中，会由于热作用出汤。人们将其称为在自有汤汁中炖煮。

在烹调中必须注意，液体量是正确的。

过少液体 → 炖变成煎炒，可能会煮煳。

过多液体 → 炖变成煮。

图2：炖

| 炖胡萝卜 | • 刮净细长棍状的胡萝卜或使用削皮器削皮，并冲洗干净， |
|---|---|
| **配料** | • 均匀地将胡萝卜切成4根长条， |
| 1.2kg　胡萝卜 | • 将胡萝卜条放入锅中，并加入黄油、糖和盐， |
| 30g　黄油 | • 倒入水，开火煮并盖上锅盖， |
| 0.25L　水 | • 适当供应热量炖10min。 |
| 15g　糖 | |
| 3g　盐 | |

## 上糖浆/上糖釉

含糖的蔬菜，如胡萝卜、栗子、小洋葱等，在炖制时会产生糖类物质。通过炖煮，在烹调接近结束时，会煮出糖浆状的物质。这个过程可以通过加一些糖和黄油实现。通过翻动蔬菜，蔬菜会均匀包裹上一层像釉面一样的"涂层"，并获得引起人胃口的发亮的外观。

> 上糖浆是一种特殊的炖制的方式。

> 示例：
> 上糖浆的胡萝卜，
> 上糖浆的小萝卜，
> 上糖浆的珍珠洋葱，
> 上糖浆的栗子。

> 压力烹调是在120℃左右煮或蒸。

## 2.5 压力烹调

压力烹调时，盖子会紧密地盖在锅上，水蒸气会被盖子保留在锅中。安装的阀门用于调节压力强度。在正常的气压下，水在100℃沸腾（沸点）。如果继续加热，水会蒸发并挥发。压力烹调设备可以保留水蒸气，这样可以形成过压。

**随着压力的升高，烹调温度也随之升高。较高的烹调温度有更强化的效果，因此缩短烹调时间**（图1）。

人们将这类设备称为"快煮锅"。压力烹调的温度比常规煮制的温度高出约20℃，但是，必须考虑，针对烹调中的主要改变，如淀粉糊化或蛋白质凝结，在70℃左右就开始了，然后在增高的温度中越来越快地进行，最后，会导致负面的改变。

## 2.6 烤成焦黄或稍加烘烤

湿式的烹调过程可以获得菜肴本身的味道。如果人们希望改变味道和外观，可以将已经煮熟的食品额外稍加烘烤。同时通过烤箱上火的影响，会产生金黄至棕色的发硬的外皮，其中含有额外的味道物质。

烹调的食物可以

• 被磨碎的奶酪和黄油碎或奶油蛋黄酱覆盖，

• 只使用烤箱上火，例如在烤箱中。

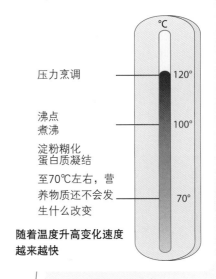

℃

压力烹调 —— 120°

沸点
煮沸 —— 100°

淀粉糊化
蛋白质凝结

至70℃左右，营
养物质还不会发 —— 70°
生什么改变

**随着温度升高变化速度越来越快**

图1：热量改变食物

> 烤至焦黄是一种针对已煮熟菜肴的特殊完成类型，这不是独立的烹调过程。

> 示例：
> 稍加烘烤菜花，稍加烘烤芦笋。

## ③ 干燥加热烹调

可以这样理解使用干热烹调：**不加水烹调。**
热量可以通过以下方式传递至烹调的食物上：

- 直接接触　→ 平底锅，烤盘
- 高温油脂　→ 油炸
- 热空气　　→ 烘箱，热风循环设备
- 热辐射　　→ 烘箱，烤炉

这个过程中，热油至热空气的温度相应在150～260℃。通过强大的热作用，形成发硬的外皮。同时产生的烘烤物质带来典型的煎烤香味。

### 3.1 煎

> 煎是一种借助干式热量的烹调方式。人们将其划分为：
> - 在平底锅中煎烤：热量通过直接接触和/或通过较少的油脂传递。
> - 在烤箱中煎烤：热量通过直接接触、热辐射或热空气传递。

**在平底锅中煎**

使用无水油脂在平底锅中煎或**短时煎烤（嫩煎）**（图1），因为含水的油脂会导致迸溅，并且不能充分加热。通过强大的热作用，蛋白质在表层凝结，这可以形成赋予味道的烘烤物质。热量会不断侵入内部。

短时煎肉必须翻面，因为热量只集中在锅底，只对一面有影响。

**翻动**

翻动是短时煎肉的一种特殊形式。切小的烹调食物，例如：调制肉片，在特殊的平底锅中（炒锅）通过强大的热力煎炒熟。

在平底锅中放入食物时，食物可以在锅底平放一层，这样热量可以快速进入。颠动平底锅可以翻转食物（图2）。

---

**犊牛肉排，煎制**

**配料**

| | |
|---|---|
| 4块 | 牛排，每块150g |
| 30g | 煎制用油 |
| | 盐、胡椒、面粉 |
| 20g | 黄油 |

- 用肉锤敲肉排，并重新按成牛排的形状，
- 将盐、胡椒和面粉搅拌在一起，
- 加热油脂，放入肉，并煎制两面，
- 减少热量供应（关小火），继续煎制，同时翻面并加入煎制用油，
- 将牛排放在漏油网上，
- 清空平底锅中的油脂，将黄油放入平底锅并变为浅棕色，
- 为使味道更佳，将牛排放入锅中再次煎烤并摆盘，
- 通过一个小漏网将煎制的黄油浇在牛排上。

图1：短时煎肉　　　　　　图2：颠锅

### 炖牛里脊

**配料**

| | |
|---|---|
| 600g | 牛里脊 |
| 40g | 洋葱丁 |
| 60g | 熔化的黄油 |
| 0.1L | 白葡萄酒 |
| 0.3L | 勾芡的棕色酱汁 |
| | 盐，胡椒或柿子椒 |

- 将肉切成大小均匀的方丁，
- 黄油涮锅，并加热，
- 将调味的肉丁放入，在锅中摊开，
- 大火加热，将肉迅速煎成棕色，
- 通过颠锅使肉丁翻面，然后放入一个已经加热的餐具中，
- 在已经使用过的煎锅中放入洋葱丁翻炒，并倒入白葡萄酒，
- 放入酱汁，收汁时味道更浓郁，
- 抖动倒入煎过的肉丁，不需要再烹煮，放入一个小锅中上菜。

> 熔化的黄油：就是使其熔化，然后倒出来，因为，大火力加热时蛋白质和乳糖会烧煳。

## 在烤箱中煎烤

在烤箱中煎烤或长时间煎烤分为两个阶段：

- 较高温度煎烤，
- 约140℃继续煎烤直至期望的烹调状态。

热量的传递为：

- 烤箱中发热管的热辐射（图1），
- 热对流烤炉中的热对流（图2）。

### 烤制猪排骨

**配料**

| | |
|---|---|
| 1kg | 准备好的猪排骨、肋骨等，剁小 |
| 150g | 烤蔬菜 |
| 40g | 煎制用油 |
| 10g/L | 淀粉 |
| | 盐，胡椒 |

- 将油脂放在煎烤炊具中，并放在烤盘上加热，
- 给猪排骨调味，放入加热的煎制用油中，然后将骨头一侧朝下放置，
- 放入预加热的烤箱中（220~250℃）并煎烤20min，
- 加入骨头，烤蔬菜，降低温度并继续煎烤40~50min，
- 频繁地将煎制用油滴在肉上，
- 将烤制的肉放在带有滤油网的铁盘上，
- 小心地从煎烤炊具中倒出油脂，这样可以保留肉汁，
- 将液体倒入锅中，开始煮制煎烤剩余的汤汁，用其做酱汁，
- 使用水淀粉稍微勾芡。

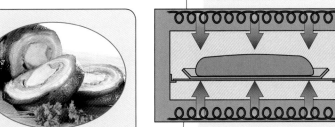

图1：烤箱电热管的热辐射

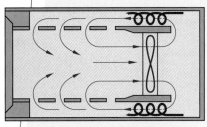

图2：热对流烤箱中的热对流

## 3.2 烧烤

烧烤是使用热辐射或热传导的热量进行烹调（图1）。

干式热量的作用可以快速形成一层赋予食物风味的硬皮。类似的有，短时煎烤时，人们为相应的肉类选择不同的烹调级别（图2）。

不能将腌制产品放在烤架上！这会产生亚硝胺。

这样做，外层不会变干，因为烹调的食物包裹着油脂。然而，腌制盐的亚硝酸盐和肉类的氨基酸可以在强力的热作用下在烤架上形成**亚硝酸胺**，这是能够致癌的物质。

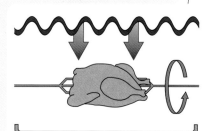

图1：烧烤中的热辐射

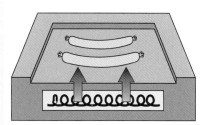

图2：烤盘的热传导

| 烤制上腰肉排 | |
|---|---|
| **配料** | |
| 4块 | 上腰肉排，每块180g |
| 4片 | 香草黄油<br>盐、胡椒、油 |

- 给上腰肉排调味，并且滴上油。
- 在高温的烤炉上涂上油，这样肉不会粘上。
- 将肉片一片挨着一片放置，集中热力烧烤。
- 重复在上腰肉排上涂油，以避免变得特别干，并且使用烧烤钳子翻面。
- 在第二次和第三次给肉翻面时，将肉垂直插在烧烤棍上（烧烤网格）形成烧烤图案。
- 烧烤6min后，变成玫瑰红色，将上腰肉排装盘并放上香草黄油。

## 3.3 油炸

热油通常完全包围烹调的食物，因此，热量可以迅速传递。应短时间烹调（图3）。

油炸的温度在150～170℃，是一种在油中浮动翻滚的烹调。

油炸需要使用耐高温的特殊油。在温度超过175℃时，会产生有害健康的丙烯酰胺。

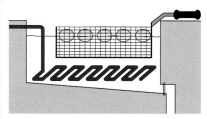

图3：油炸设备的截面图

| 炸虾 | |
|---|---|
| **配料** | |
| 16只 | 虾 |
| 1枚 | 鸡蛋，面包屑，面粉 |
| 4个 | 四分之一个柠檬角，盐，胡椒 |

- 将虾放在面粉和打散的蛋液中翻转，然后压上面包屑。
- 将炸锅中的油加热至160℃。
- 将虾放入油锅，炸3min。
- 将虾从油中捞出来，调味。
- 油炸虾和柠檬角放在垫有纸巾的盘子中摆盘。
- 不要使用餐盘盖，这样可以让外壳保持酥脆。

## 3.4 煨炖

通过煎炸肉类，使其产生颜色和味道物质，这是非常典型的煨炖菜肴。在倒入汁后，烹调方式转为煮制，结缔组织储存水，并且会变松散。人们首先将煨炖用于结缔组织丰富的肉类部分。

> 煨炖是一种综合的烹调方式。在油中略煎，使食物产生颜色物质和味道物质，然后，在沸腾的液体中烹煮使细胞组织松动。

**煨炖肉排**

**配料**

| | |
|---|---|
| 2kg | 去骨的牛肩肉 |
| 300g | 烤蔬菜 |
| 0.3L | 红或白葡萄酒，棕色的肉汁 |
| 10g/L | 淀粉 |
| 2EL | 番茄膏 |
| 60g | 油，盐，柿子椒 |

1个香料袋（香叶，百里香枝，5个蒜瓣，1个丁香，10个胡椒粒，100g香芹）

- 将调味的肉块或成份的肉排放在油已经烧热的煨炖平底锅中，煎烤所有面。
- 放入烤蔬菜，继续煎，直至蔬菜呈现棕色。
- 放入番茄膏，短时间炒制。
- 倒到葡萄酒，煮至黏稠，直到开始放量。
- 棕色的肉汁倒入煨炖锅中，直到肉的厚度是酱汁高度的四分之一，然后煮开。
- 放入香料袋，盖上盖子，并放在烤箱中，低温煨炖2h。
- 在烹调肉时，多次翻转，补充煮浓的液体。
- 从炊具中取出煨炖好的肉。
- 将酱汁倒入筛子过滤，撇去油脂，并使用水淀粉略微勾芡。

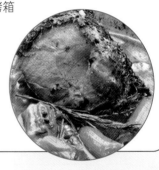

## 3.5 烘焙

在第147页，图1和图2是热传递的基本过程，显示出煎炒的流程示意图。

烘焙时，外层会形成一层有香味的硬皮，其中带有赋予味道的烘烤物质。

在硬皮中，蛋白质凝结（面粉、鸡蛋的谷朊）并且形成有弹性的气孔结构。淀粉糊化并吸收水分。

> 烘焙时，温度在160～250℃，热辐射或热风循环对面团或烘焙面团产生作用。

## 3.6 微波烹调

微波通过食物中的分子运动同时在每个位置产生热量。

因此，只需要很短的时间就能将菜肴加热至食用的温度。因此，微波炉（图1）适用于再次加热（再烹调）已经煮熟的食品，例如：在安静的经营中。

如果使用微波炉烹调，则食物中发生的改变类似于这种产品的湿式加热。

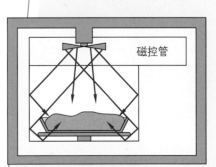

磁控管

**图1：微波炉的横截面**

## 3.7 烹调过程的总结概览

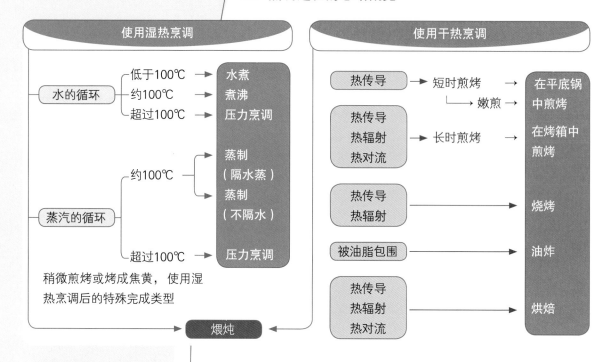

| 使用湿热烹调 |
| --- |

水的循环 —— 低于100℃ → 水煮
　　　　　约100℃ → 煮沸
　　　　　超过100℃ → 压力烹调

蒸汽的循环 —— 约100℃ → 蒸制（隔水蒸）／蒸制（不隔水）
　　　　　　超过100℃ → 压力烹调

稍微煎烤或烤成焦黄，使用湿热烹调后的特殊完成类型

煨炖

| 使用干热烹调 |
| --- |

热传导 → 短时煎烤 → 嫩煎 → 在平底锅中煎烤

热传导／热辐射／热对流 → 长时煎烤 → 在烤箱中煎烤

热传导／热辐射 → 烧烤

被油脂包围 → 油炸

热传导／热辐射／热对流 → 烘焙

## ④ 制作顺序

埃斯科菲耶在他的《烹饪指南》中写道：

准备包含烹饪中最重要的基础。它们构成了每个规定工作过程所需要的基础，绝对掌握这些才能升级为一种科学。

只有详细了解单个制作方式的原因、效果，才能全面掌握烹饪方法。

在以下的准备过程中，**改变基础菜谱的烹调方式，可以得出不同的菜肴。**

这样，可以巩固烹调方式的基础知识，并且可以直接比较不同烹调过程的作用。

### 4.1 绞肉的制作顺序

**基础菜谱**

绞肉：　1kg混合绞肉（牛肉，猪肉）

调味：　100g洋葱丁，在油中炒至金黄，加盐、胡椒

松散化：泡软100g白面包或小面包，压扁，

改进：　100g鸡蛋（2枚）

- 将所有配料放入一个盆中，并混合成细腻的肉馅。
- 添加切碎的新鲜香草、柿子椒丁、蘑菇、红菜头、奶酪、腌黄瓜、醋渍白花菜芽、鳀鱼和大蒜，此外还可以加入香料或香料酱汁，可以发生风味变化。

可以使用不同的烹调方法，使以绞肉制作的基础菜谱产生变化：

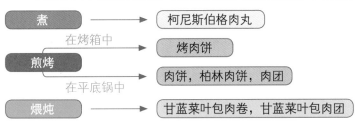

## 煮

肉丸（图1）

　　双手弄湿，并做成
丸子的形状，每份2个
丸子，每个丸子60g。肉
汁中放入塞有肥膘的洋葱煮

图1：柯尼斯伯
格肉丸

沸。当没有肉汁时：1L水和肉汁块做
成肉汤；保持在沸点约10min。在汤中烹煮并使用漏勺撇去浮沫。
用40g油和50g面粉做成浅色的油煎糊，并使用1L肉汁做成酱汁，
和酸奶油、黄芥末以及醋渍白花菜芽一起品尝。醋渍白花菜芽放
在酱汁中上菜。

## 煨炖

甘蓝菜叶包肉

　　去掉白甘蓝菜（卷心菜）的梗。将菜焯水，直到菜叶可以塑
形。取下大甘蓝菜的叶子，一个挨一个地平铺，小的也放在旁边，
放盐和胡椒。使用湿手做出100g重的肉团，放在甘蓝菜叶中间
并使用菜叶将肉裹起来。将填有肉丸的菜叶包肉丸放在一张纸巾
中，并做成球形。在较浅的煨炖炊具中涂上油，底部放上洋葱片
和胡萝卜片，将菜叶包肉团挨个放入炊具。将炊具放入预热的烤
箱中，并将菜叶包肉团烤至棕色。倒入肉汤（参见丸子的菜谱）
并盖上盖子，用中等火力煨炖45～60min，至添加的液体蒸发而
调和。将煮好的菜叶包肉团用漏勺捞出来。过滤煨炖汁，使用水
淀粉稍微勾芡，并浇在甘蓝菜叶包肉团上。

## 煎烤在烤箱中

烤肉饼

　　将搅打好的绞肉放在砖形面包模具中塑形，用湿手按平。在面
包屑中翻转，并放入装有油脂的煎烤炊具中。在预加热的烤箱中用
合适的热量烘烤约1h。偶尔洒一些水。取出烤肉饼。将煎烤剩下的
沉淀物加水溶解。在200g奶油中搅入2El淀粉，并加入溶解的煎烤沉
积物，将酱汁过筛。将烤肉饼按照每份的分量切成片，并浇上酱汁。

1 菜肴的描述（在第159页）

我们推荐[1]

"为高品质绞肉调好味道，做成丸子
形状并烹煮。我们搭配黏稠的酱汁，
醋渍白花菜芽赋予酱汁特别的格调。"

"一款适合冬季食用的传统菜肴。
调味的绞肉泥裹入甘蓝菜叶中，然
后缓慢的煨炖。这种组合可以产生
多汁的菜肴，并配有非常香的酱汁。"

"绞肉泥中加入洋葱丁，并做成砖
形面包的造型，在烤箱中烘烤可以
获得特殊的香味。摆盘时，放入两
片并配有精致的酱汁和……"

图1：绞肉肉饼

"精致调味的绞肉泥做成压扁的小丸子形状，并且放在平底锅中煎至外层焦脆，而其中仍然保持汁水丰富。"

| 煎 | 在平底锅中 |

**肉饼**

　　每份肉饼（图1）的重量是120g。在平底锅中加热油，放入肉饼并多次翻动，将其煎成均匀的棕色。煎制时间约为10min。

## 4.2 家禽的制作顺序

　　**基础材料**：煎小鸡肉/小嫩鸡，煎好的
　　**制作**：考虑到不同的烹调方法。

| 烹调方式 |

| 煮 | 蒸 | 煨 | 煎烤 | 烤 | 炸 |
|---|---|---|---|---|---|
| 煮制小嫩鸡 | 蒸制小嫩鸡 | 煨制小嫩鸡 | 烤制的嫩鸡（在烤箱中）　裹面包屑煎制的小鸡胸肉（在平底锅中） | 烧烤小鸡肉 | 炸小鸡肉 |

| 煮 |

**煮制小嫩鸡**

　　将小嫩鸡焯水。然后放在一个合适的锅中，放入能够没过鸡肉的水，煮至沸腾，然后小火煮制45min，其间保持沸腾。撇去浮沫和油脂。只加入少量的盐。将大葱、芹菜、胡萝卜捆绑在一起，放入汤中烹调，可以增加风味。取出煮熟的小嫩鸡，放入冰水中，并用保鲜膜覆盖。从胸部将鸡分成两半，并切下大腿，放入过滤的汤中保存。煮熟的小嫩鸡可以作为：汤中加的料，禽肉炖菜，禽肉沙拉。汤可以继续制作浓汤、酱汁以及相关菜肴的制作。

| 蒸 |

**蒸小嫩鸡**

　　将小嫩鸡焯水。葱白和芹菜块（4∶1）放入合适的放有黄油的锅中稍加煸炒，不需炒至变色。放入小嫩鸡，放入少许白葡萄酒，倒入大量的水，水可以没过鸡肉的三分一高。煮沸，加盐调味。盖住锅盖并使用合适的火力蒸煮，不时地翻转一下。

　　蒸制的小嫩鸡在45min后取出，并使用保鲜膜覆盖冷却。然后分解鸡肉并撕去浮肿的鸡皮。使用过滤的汤汁和黄油面团和奶油制作酱汁。如果酱汁中放有奶油和蛋黄，之后只能短时间煮沸，否则蛋黄会絮凝。

"小嫩鸡块通过蒸煮变熟，搭配如同丝绒般且轻盈的酱汁，其中包含白葡萄酒和少许柠檬碎赋予的味道。可以搭配香米或手工自制面条。"

适合的配菜：
米饭或面条

1　菜肴的描述（在第159页）

### 煨炖

煨炖小鸡鸡腿

　　去除大腿内侧的末端骨头，加入盐和胡椒调味。在一个放有油脂且加热的炊具中首先煎制外侧。放入洋葱块和胡萝卜块，并继续炒制，直到蔬菜微微上色。放入白葡萄酒，并将汁液煮浓。放入切碎的番茄或一些番茄膏。

　　当锅中食材发出光泽时，倒入肉汁或水并煮沸。

　　将一小束香草（香芹，香叶碎，百里香枝）放入并盖上盖子煨炖15min。

　　然后取出鸡腿。过滤汤汁并去除油脂，加入少许水淀粉勾芡。将鸡腿放在酱汁中上菜。

"……配有香气浓郁的酱汁，这最好是搭配味道中性的配菜，如面类、米饭或土豆泥。"

适合的配菜：
土豆泥，黄瓜沙拉

### 煎　　在平底锅中

煎制的小鸡鸡胸肉（图1）

　　在竖立的胸骨旁的中间纵向切割就可以获得一块生的小鸡鸡胸肉。从这里开始，将半片鸡沿着骨头剥离并砍下翅膀。在胸部部分加盐，撒上柿子椒。将黄油在平底锅中加热，放入裹上面屑的鸡胸肉，并使用适当的火力将两面煎成浅棕色。

图1：煎制的小鸡鸡胸肉

　　使用两块六分之一块柠檬以及油炸的香芹为煎好的小鸡鸡胸肉进行摆盘装饰。

"柔嫩的鸡胸肉被酥脆金黄的面包屑包裹，这使鸡肉富有汁液，并赋予特别的味道。"

适合的配菜：
炸薯条，番茄沙拉

### 烤　　在烤箱中

烤制的小嫩鸡

　　为烤制完成的小嫩鸡加盐和胡椒。在加热的油中翻面并放好，在约220℃的烤箱中煎烤两面。将烤炉的温度降低至180℃，并继续这个过程。在这个过程中，多次翻转小嫩鸡，并倒入煎烤用油。煎烤时长为50～55min。烹调完成前10min加入洋葱丁和胡萝卜丁并烤制棕黄。

　　从炊具中取出煎烤的小嫩鸡，小心地从煎烤汁中倒出油脂。在炊具中倒入一些牛肉汁或少量水，并溶解煎烤的沉淀物。过滤酱汁，再次煮沸并加入少量水淀粉勾芡。

"金黄酥脆的外皮赋予特殊的风味。搭配的酱汁非常好……"

适合的配菜：
当季沙拉

### 炸

炸鸡肉/维也纳炸鸡肉（图2）

　　将小鸡纵向分解，分成胸部和腿。去除它们内侧的骨头，切下鸡翅尖，将大腿的骨头从大腿中剔除。

　　用盐、柿子椒、柠檬汁和切碎的香芹调味。在面粉和鸡蛋中翻转并压上面包屑。

图2：炸鸡肉

烹调菜肴

在油炸时，温度在160℃左右炸制包裹面包屑的鸡肉的部分。当肉浮到表面上时，达到烹调点。

然后，取出并垫上能够吸油的垫层（厨房用纸）吸油。将水芹和柠檬块放在餐巾纸上摆盘。油炸的肉块必须立即上菜。

"在炸鸡肉松脆的外皮下是特别富有汁水的小鸡肉。"

适合的配菜：沙拉拼盘

## 4.3 蔬菜的制作顺序

**基本材料：**球茎茴香，其他蔬菜类型也可以用类似的方式烹调。

**通用的准备：**从棕色的位置取下球茎茴香，彻底清洗，因为在每一层之间可能有沙子。绿色的茴香叶留下用作装饰。

烹调方式

| 煮 | 烘烤 | 蒸 | 煎 | 煨 | 炸 |

"特别小心地烹调，将维生素尽可能地保留下来，可以作为许多菜肴的蔬菜配菜。"

对比：生的球茎茴香

**煮**

球茎茴香作为配菜

将水、少量油、盐和柠檬汁混合的汤汁煮沸。将球茎茴香切成两半，并去掉枯叶、老叶，仍然保留茴香叶。现在将球茎茴香切成7mm的粒，煮制6min，倒掉水并使用黄油片使球茎茴香更加精致。

"在烹调（煮、蒸）后，额外覆盖有香味浓郁的奶酪，并烘烤。两种方式增加了风味值。"

**烘烤**

稍加烘烤球茎茴香

将球茎茴香切成两半，并去掉枯叶、老叶。煮或蒸，在耐火烧的炊具中摆放，浇上白酱油，放上擦碎的奶酪并烘烤。

"……令人舒适的软、香，味道令人想起欧茴香，酥脆但不硬，还有些许咬劲。"

**蒸**

蒸熟的球茎茴香

将球茎茴香横着切成约7mm厚的片。放入一些黄油，倒入一些白葡萄酒，放入球茎茴香片，撒上一些盐和胡椒，蒸约6min。

**煎**

煎球茎茴香（图1）

将茴香的球茎纵向切成八份，煮制约6min，蘸上打散的鸡蛋液后粘上面包屑，然后放到油中煎制。如果煎好的球茎茴香单独作为一道菜，需要搭配蛋黄酱汁。

图1：稍加烘烤的球茎茴香

**煨制的球茎茴香**

如使用烘烤方法制作一样。在耐火烧的炊具或煨炖锅中搅拌肥膘丁和洋葱丁，炒制约7min，将切瓣控水的球茎茴香放入，放入酱汁搅拌并将盖上盖的炊具放入烤箱中煨熟。

**炸**

**炸制的球茎茴香**

将茴香的球茎纵向切成八份，煮制约6min，控水。将菜裹上油炸面糊，在170℃左右的油中炸至漂浮。

## 比较：未烹煮的

**球茎茴香沙拉**

将茴香球茎纵向切半，然后横向切成非常细的丝，并抖散，这样每个部分不会互相连在一起。沙拉酱汁只使用柠檬汁、盐和油制作，这样可以品尝出球茎茴香本身的味道。

图1：生食盘

**球茎茴香生食**

球茎茴香生食（图1）和球茎茴香沙拉的区别是补充了其他生的配料。球茎茴香的准备工作和球茎沙拉的一样，还需要将味道偏酸的苹果去核并擦成较粗的丝状，磨碎坚果，添加酸奶拌制。

"软嫩，可以毫不费力地咀嚼，通过煨制赋予菜肴浓郁的香味。"

配菜：
调味番茄酱，生菜

"细细切碎，因此脆而不硬，开胃且清新。非常节能。"

---

**作业**

当完成制作时，对成果进行评估和比较。参见第159页。

1. 哪些菜肴在其制作顺序中获得最好的味道特色？
2. 对制作顺序的菜肴而言，有些材料成本是类似的。哪些是最常谈到的？
3. 请您尝试找出烹调方式类型中的关系，以及形成味道物质的关系。
4. 请您自己使用最有可能使用的几种烹调方式构建制作顺序。例如：以土豆作为原材料，并在专有词汇目录中寻找可能进行的制作。
5. 在中间检查和辅助检查中，需要报告自己的产品。这意味着：描述菜肴并推荐。您在之前的烹调中，就要观察菜肴并为推荐菜肴组织文字。在第158页上有更详细的描述。

    a）请您在准备过程中一直思索如何向一位客人有效地推荐菜肴。请您收集令人胃口大开的语言表述。

    b）请您记录这些内容，这样您会有"库存"。请您以此补充您的菜谱。

    c）请您将一位同学当做客人，对他进行表述。例如：这是……为此，我们呈上了……

## ⑤ 编制烹调程序

不同的公司有不同模式用于确定自己所编程序的数据

"知道更多的人，可以富有创意，因为他可以有远见地思考。"一位有远见的专业人士说。另一个人说："只有看透过程的人，才能够明智地处理。"根据制作顺序，在此有一份说明，它展示出，如何独立编制组合式蒸屉的烹调程序。

虽然在这台设备中已经储存了许多编好的程序，但是还是可以编制独特的程序的。

热风烹调设备不理解"柔和的火力短暂烹调"。它需要有具体的说明，至少有温度和烹调时长。传统烹调方式的菜谱必须转变成组合式烹调设备的语言。

下面的例子展示出，人们如何将自己的经验确定为具体的数值，并且填入表中。确定好的想法也可以稍后毫无问题地更改或细化。

| 烹调的食物/说明 | 用量/添加物 | 程序位置 | 步骤 | 方式 | 温度 | 烹调时间（min）或中心温度（℃） | 附加设定 |
|---|---|---|---|---|---|---|---|
| 猪肉煎肉饼 | 3 × 2.5kg | 115 | ① | 蒸 | 100℃ | 10min | |
| | | | ② | 热风 | 140℃ | 15min | 蒸汽流动 |
| | | | ③ | | | | |

程序编号：　　　　　产品：猪五花肉

| 烹调手段 | 第1步 | 第2步 | 第3步 | 第4步 | 第5步 | 第6步 | 第7步 | 第8步 | 第9步 |
|---|---|---|---|---|---|---|---|---|---|
| 🌡 | 湿热 | 湿热和干热 | 干热 | | | | | | |
| | 100% | 70% | 70% | | | | | | |
| | 100℃ | 160℃ | 220℃ | | | | | | |
| ⏱ | 30min | 76℃ | 78℃ | | | | | | |

作业
❶ 请您比较第151页的煎肉饼菜谱的烹调过程说明以及上面示例中的猪肉煎肉饼。您在这里找到所有需要的说明了吗？

❷ 请您根据插图中的内容，制作一张用于烹调过程的表格。

❸ 那些大小、数值必须在程序的每一步中确定？

❹ 请您为第152页的绞肉肉饼编制一份烹调流程表格。

# ⑥ 菜肴生产系统

理想的情况是，当菜肴刚刚烹调好就摆上餐桌。但是在商业厨房中，虽然人们知道这类菜肴制作，但是由于工作负荷，这是非常受限制的。有人点菜时，开始煎制一块肉饼——1min内完成并立即送上餐桌。人们将这个过程称为**烹调和上菜**或Cook & Serve。

许多菜肴都是在上菜前很久就做好的，在上菜前保温，直到有人点菜再装盘，例如：煨制菜肴，如匈牙利式炖肉或大型的煎烤菜肴。在这些情况下：**烹调好并保温**或Cook & Hold。

在**烹调和冷却**中，或Cook & Chill，烹调和上菜不再有直接的联系。

烹调后尽快冷却至+3℃，并在这一温度保存。如有需要，人们将菜肴加热至上菜的温度，人们使菜肴恢复。

航空公司使用"烹调和冷却"的过程准备飞机上的饮食。酒店需要为大会同时供应大量菜肴，会在盘中提前分好份，放入带有搁架的车中冷却，并在上菜前加热/恢复。

菜肴在制作完成后迅速冷却，然后分份并放入冷却的小车中。这样，微生物就没有机会增殖，而可以在恢复/重新加热后为客人呈上温热的菜肴。

图1：菜肴在盘中恢复

| 烹调和上菜 | 烹调和保温 | 烹调和冷却 |
|---|---|---|
| Cook & Serve | Cook & Hold | Cook & Chill |
| 准备 | 准备 | 准备 |
| ▼ | ▼ | ▼ |
| 烹调 | 烹调 | 烹调 |
| ▼ | ▼ | ▼ |
| 上菜 | 保温 | 快速冷却 |
| | ▼ | ▼ |
| | 上菜 | 冷藏 |
| | | ▼ |
| | | 恢复 |
| | | ▼ |
| | | 上菜 |

在此介绍**摆盘**的基本级别。**在实际测试中**，需要由应考人员陈述他的制作，同时，除了评估分份外，还要评估摆盘方式和烹调产品的整体印象。

> 眼睛也参与饮食的过程。

花纹/
公司标识

配菜

蔬菜

肉/鱼

图1：盘装菜肴的摆放

## ① 菜肴的摆盘

将菜肴制作完成后需要摆盘（图1），这样可以为销售和上菜做准备。

在盘子中摆盘时，单独制作的菜肴按照每份的分量组合成一份菜肴。这时，人们要想着把盘子分成三份。

- **肉排①**和酱汁摆在下方，这是对着客人的三分之一，这样，客人可以很轻松的将肉排切割成小块。
- 如果一份中有多块厚肉片（肉排），也是这样准确放置的。
- **配菜②**（土豆，米饭，面食）放在左上方。
- **蔬菜③**放在右上方。如果摆放多种蔬菜，请注意色彩变化。
- **热菜**摆放在预热的餐盘中，餐盘可以在恒温器或保暖器中加热。
- 摆放好的餐盘不能超负荷，**盘子的边缘**或**盘边必须干净**。如有必要，需要擦拭干净。
- 一些餐盘有公司**标识**、**装饰图案**，这些图案必须在放下盘子后处于远离并正对客人的位置。

当把一些菜肴切开时，更能令人获得好感，例如：填馅可以看到时，如填馅的鸡腿或肉卷。

发亮的表面显得更美味，令人更有食欲。在热菜中，可以使用刷子稍微在菜肴上涂一层熔化的黄油，在冷菜中，可以使用鱼肉冻使菜肴有光泽。

人们也可以使用一些点缀、一些装饰物，"稍微在菜肴上放一些"。一些切碎的香芹，或在黄油中炸成金黄的面包丁，一块玫瑰花形香草黄油在一片柠檬片上，一朵奶油花等。

| 专业概念 | |
|---|---|
| **分开摆盘** | 将菜肴分开摆放，例如：放在一个酱汁壶中或蔬菜盘中 |
| **盘边** | 盘子的边缘 |
| **上糖浆/上糖釉** | 涂一层配料使食物有光泽，例如：液体黄油涂在土豆上 |
| **烤至焦黄/稍加烘烤** | 一道菜在强大的火力下（上火加热）上色 |

| 专业概念 | |
|---|---|
| **淋酱** | 浇上酱汁 |
| **保暖器** | 恒温箱，恒温盘 |
| **浇酱汁** | 在菜肴上浇上酱汁或在菜肴旁浇上酱汁 |
| **厚切片** | 肉排，例如：煎烤的肉排，家禽的胸肉 |
| **厚切** | 切成片状 |

# ② 描述和评估菜肴

当从厨房和餐厅的角度对比，人们就能很好地辨别出评估和描述菜肴的区别。

以众所周知的*维也纳煎肉排*为例，说明评估和描述菜肴的区别。

| 厨房 | 服务 |
|---|---|
| 按照菜谱生产 | 为个人提供建议是一种**推荐** |
| 示例：<br>• 在平底锅中加热油<br>• 肉排包裹面包屑放入锅中<br>• 在XXmin后翻面<br>• 当XX，完成 | 示例：<br>• 肉汁丰富的煎肉排是来自本地的犊牛肉<br>• 新鲜制作<br>• 香气浓郁<br>• 裹以酥脆的面包屑 |
| 这是一份**过程描述**，倾向于判断力 | 这是对**对象的描述**，倾向于感觉 |
| 通过厨师根据实际进行产品的**评估**，它的目标是控制生产和改进生产 | 在餐厅中菜肴的**描述**有一个目标，告知客人并刺激购买 |

**菜肴的描述**

如果人们去一家快餐厅，与一家餐厅相比，它们所提供的食物是以一种非常醒目的方式进行说明的。大尺寸的录像就在那里播放，可以购买些什么。这样，客人就会有清晰的想象，他们想选择的食物是什么样的。

餐厅有时接受这样的想法，例如：附有图示的冰淇淋种类。在这里，人们也可以预先看到，他们要选择的菜肴是什么样的。

通常情况下，由服务人员为客人进行口头说明。专业人士了解这类问题："到底XXX是什么？"期待的信息是一项任务，同时也是一个销售机会。我们通过语言描述，并且使用这些语言使人有食欲。

人们可以看到、闻到和品尝食物。因此，在描述食物的时候可以尽可能多地使用调动感官的词汇，并根据主要成分列举出特定味道的配料、形状、颜色或状态。[1]

---

1 在制作顺序中列举了描述的示例，参见第151页开始出现的"我们推荐"。

## 辅助销售的词语

| 状态 | 感官 | 浓稠度——入口的感觉（词语选择） | |
|---|---|---|---|
| • ……填充有美味的…… | • 彩色的蔬菜 | • 浓稠滑润 | • 酥脆 |
| • ……放在味道浓郁的酱汁中 | • 爽脆的沙拉 | • 精致细腻 | • 美味 |
| • ……恰到好处地烧熟，……蒸制时，小心地保留下维生素 | • 烘烤的香气 | • 膨松绵软 | • 轻盈 |
| • ……煎烤得十分松脆 | • 酥脆的千层面 | • 液体 | • 松软 |
| • ……每日新鲜供应，……直接来自市场 | • 细腻的奶油霜 | • 果冻状 | • 滑嫩、酥烂 |
| • ……根据餐厅独特的菜谱制作 | • 浓醇香滑的黑巧克力 | • 爽脆 | • 香脆 |
| | | • 松脆 | • 多汁 |
| | | • 紧实 | • 细腻滑顺 |
| | | • 颗粒状 | • 泡沫丰富 |

### 味道

味道可以不同：明显的，典型风格的，强烈的，开胃的到可以感觉到的。当然，可以描述味道的不同强度。

## 示例（例如，在151至153页上的简单的菜肴）

| 直接识别出的味道 | 明确可以确定的味道 | 占大部分的味道 |
|---|---|---|
| 甜，带甜味的 | 恰到好处的甜 | 糖的甜味 |
| 涩/苦，带苦味的，有一些苦 | 半苦的，微苦的 | 融合在一起 |

### 颜色

| |
|---|
| 浅黄色 |
| 麦秆黄色 |
| 金黄色 |
| 浅棕色 |
| 略带红色 |
| 水果红色 |
| 深红色 |
| 红棕色 |
| 嫩绿色 |
| 略带绿色 |
| 浅绿色 |
| 深绿色 |
| 金棕色 |
| 坚果棕色 |
| 焦糖棕色 |
| 巧克力棕色 |

### 复合味道

当味道的基调占据优势时，就产生了复合味道。

## 示例

| 酸甜 | 北方风格的鲱鱼，中国甜酸酱 |
|---|---|
| 苦甜 | 巧克力，可可 |
| 果味甜味 | 菠萝，草莓，热带水果，酸橙 |
| 酸涩果味 | 葡萄柚 |

### 温度

例如，也可以描述冷热的感觉是怎样的。

| 温度 | （－）更凉 | （＋）更热 |
|---|---|---|
| 正面的 | • 冰凉舒爽 <br> • 恰到好处的温度 | • 温热的汤 <br> • 新鲜出炉的 |
| 负面的 | • 冷凉的食物 <br> • 汤太凉了 | • 啤酒太热了 <br> • 太烫了，根本不能下嘴 <br> • 烫嘴 |

## 其他标准

**气味**可以是印象深刻的，恰到好处的，典型的，果香的，和谐的等。

**享受的感觉**可以使用一些词汇，如：典型的，令人舒适的，精致的，和谐的，绵软的，恰到好处的，浓郁的，清凉的，清新的。

**负面的词汇**在销售对话中只在否定句中使用。

- 浓郁，但不浓烈。
- 软嫩，咬起来不费力。
- 不是纤维状的，蒸制得像黄油般绵软。
- 恰到好处的调味，但不刺激。
- 恰到好处的冷藏，但不冰凉。

| 享受的感觉的示例 | |
|---|---|
| **典型的** | 此地区典型的味道，野味的典型调味 |
| **令人舒适的** | 令人舒适的凉爽，但是不冰凉 |
| **绵软** | 绵软得在舌尖上慢慢熔化 |
| **精致** | 精致和谐的调味 |
| **和谐** | 由XX和XX和谐地组合在一起…… |

## 菜肴的评估

在餐饮业中，菜肴和饮品的评估或评价被称为品菜或**品酒**（Degustation）。人们需要了解不同的方式。在此，根据评分系统使用比较方法。

在比较品尝，或品菜品酒中，需要注意以下**规定**：

- 只品尝同样的可以比较的菜肴。
- 严格遵守每份菜谱。
- 同样的容器，同样的温度等。
- 试样"中性化"，这意味着，测试人员不知道要对哪些产品做什么。
- 在平常中不说话。
- 书面确定结果。
- 在两次品尝之间需要吃一些面包或喝一些水去除留下的味道。

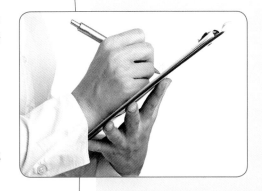

| 水平记录用于 | | 火腿花式餐点　新鲜奶酪花式餐点 | |
|---|---|---|---|
| **标准** | **极限值** | **分级度1–7** | **极限值** |
| **材料使用** | 低 | 1　2　3　4　5　6　7 | 高 |
| **工作投入** | 低 | | 高 |
| **完成菜肴的储存** | 易 | | 难 |
| **运输能力** | 不敏感 | | 极敏感 |
| **适宜在活动中使用** | 适宜 | | 不适宜 |
| **适合展示** | 适合 | | 不适合 |

**味道测试，以番茄浓汤为例**

### 视觉

颜色如何？强烈，自然，浅色或不怎么吸引人？强烈的红色或有覆盖物（奶油）？请您使汤从勺子中流下来，或在一个茶碟上流动。

是否过于浓稠或过于稀薄？是否不均匀有结块？

### 嗅觉

请您使用勺子多次搅动并盛出满满的一勺。请您将这一勺靠近鼻子，吸气。气味如何？有果香，淡淡的，陌生的，舒适的，毫无印象的？浓郁度如何？

### 味觉

请您盛一勺汤放入口中，放在舌头上。味道如何？内容丰富，有香气，有果味或酸酸的，没有"陌生的味道"？

在吞咽前，请您注意，您舌根处（上颚下方）的感觉。有苦味吗？

在吞咽后：后味如何？饱满，圆润，舒适，空洞，苦，令人不悦？在品酒时，人们将这时候感觉到的称为"余味"。

**请您使用正确的词汇**

在描述中，人们必须分层评价。在这里以强度或浓郁度给人留下的印象作为示例。

试吃或品菜品酒的结果应记录在测试清单中，并作出比较（图1）。

| 强度/浓郁度 | （−）弱 | （＋）强c |
|---|---|---|
| 正面 | 温和，恰到好处，令人舒适 | 浓郁，强烈，鲜明的味道 |
| 负面 | 淡淡的，寡淡，没味道 | 生硬的味道，过强地突显出来 |

**品菜产品组：酱汁**
**产品：荷兰奶油酱**

| 评分 | 1 2 3 4 5 | 1 2 3 4 5 | 1 2 3 4 5 | |
|---|---|---|---|---|
| 样品A | ○ ○ ○ ○ ○ | ○ ○ ○ ○ ○ | ○ ○ ○ ○ ○ | |
| 样品B | ○ ○ ○ ○ ○ | ○ ○ ○ ○ ○ | ○ ○ ○ ○ ○ | |
| 样品C | ○ ○ ○ ○ ○ | ○ ○ ○ ○ ○ | ○ ○ ○ ○ ○ | |
| 样品D | ○ ○ ○ ○ ○ | ○ ○ ○ ○ ○ | ○ ○ ○ ○ ○ | |
| 样品E | ○ ○ ○ ○ ○ | ○ ○ ○ ○ ○ | ○ ○ ○ ○ ○ | |

请您评估单个样品的外形、浓度和味道。

请您勾选符合的评估！（评估：1 = 非常好；2 = 良好；3 = 基本满意；4 = 基本合格；5 = 不完善）

您评估的哪样产品的总分排在**第1位**？
样品编号：_____

图1：评估单的式样

## 适宜性文档

适宜性文档显示出一个菜谱（图1，图2）的重点在哪里。

- 材料成本有多高？工作支出多少？
- 可以提前制作吗？例如：用于招待会、会议。
- 制作好的菜肴可以运输吗？
- 制作好的菜肴可以良好地保存吗？
- 制作好的菜肴有哪些"印象"？它们如何展示？
  （"简单的"如一份面条沙拉或"升级的"，将少许挪威海螯虾放在蒸过的芹菜片上）

图1：火腿开胃小菜　　图2：新鲜奶酪小吃

## 规模化餐饮业中的特殊性

许多规模化**餐饮业餐厅**有这个目标，即使是所提供菜肴和饮料的味道也始终保持一样的质量。

一家分店的客人经常有特定的、习以为常的（口味）期望。为了使餐厅的员工能够实现对口味的期望，准确地评估菜肴（即：通过视觉、嗅觉和味觉）是非常重要的。

在规模化餐饮业中，经常使用方便产品（参见第115页），通过工业化的生产，可以避免产生口味的偏差。大型连锁餐厅的企业总部有相应的"品尝部门"（图3）。员工在这里的任务是，通过评估将要购买的方便产品开发出用于产品口味的标准。

图3：传感技术实验室

**作业**

1. 请您尝试为每一个引用的特征词找出一个合适的菜肴：粉红色、浅红色、浅棕色、金棕色、酥脆棕色、奶油白、金黄色。

2. 请您为每个特征词说出一种烹调制品：全新、冷却、嚼劲十足、酥脆、含有许多颗粒、浓稠滑润、松脆、汁液丰富、黏稠、轻盈。

3. 可以通过购买不同品牌的橙汁以及自己榨汁进行一次简单的品尝。根据试吃的原则进行并请您确定结果。

4. 针对第3条，可以在考虑价格的条件下对结果进行讨论。味道最好的价格方面也有人支持吗？在考虑到价格的情况下，哪些产品是我们的选择？

5. 请您自己完成番茄浓汤，例如：尝试使用新鲜番茄、罐头番茄、番茄膏和不同公司的产品制作。

   a）请您进行符合实际条件的品菜，并在评估单中确定结果。

   b）请您尝试编制适宜性文档，例如：在一张纸上记录自己制作和袋装汤的浓汤（比较上方内容）。

   c）请您根据销售要求进行措辞。

# 菜肴生产的计算

## 1 菜谱的计算

菜谱中列举出制作所需要的配料。它们可能涉及

- **菜谱用量**，例如：有12人份，
- **主要原材料的基础用量**，例如：一只鹅，一条羊腿。

对于每日的生产，在菜谱中列出的用量需要转换为生产中的用量。

---

**专业概念**

| | |
|---|---|
| **生产用量或制作用量** | 用于制作的用量 |
| **菜谱用量** | 菜谱中说明的用量/份数 |
| **换算倍数或指数** | 菜谱用量与生产用量的比值，为倍数或分数 |

---

**1 示例**

骨髓丸子的菜谱有35人份。

换算为

a）100人份

b）20人份

$$\text{换算倍数} = \frac{\text{制作用量}}{\text{菜单用量}}$$

例如：$\frac{100}{35} \approx 3$  $\frac{20}{35} \approx 0.6$

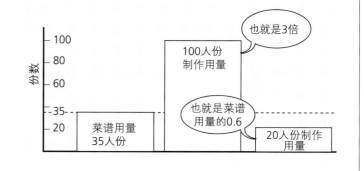

也就是3倍

100人份
制作用量

也就是菜谱
用量的0.6

菜谱用量
35人份

20人份制作
用量

份数

---

**作业**

**2** 在一家三明治餐厅中，工作日（200位客人）通常要按照以下用量准备：

- 清洗和切碎3 x 2kg结球莴苣
- 清洗和切碎2kg柿子椒
- 解冻250块面包坯
- 将50份鸡胸肉裹上相应食材（鸡蛋液或面包屑等）进行炸制
- 将10条沙拉黄瓜切成片

周日预计有350位客户。请您说明换算倍数，并计算相应的用量。

**3** 在第193页上，有一份土豆沙拉的菜谱，这是由1kg未削皮的土豆制作的。将这份菜谱转换成10人份每份250g的基础菜谱。

a）请您计算得出菜谱的总重量，包括主要配料土豆（去皮损失20%）、洋葱、油和肉汤。

b）请您计算转化倍数。

c）请您编制10人份的菜谱。

**4** 在菜谱换算时，得出结果为3.4枚鸡蛋。可以怎么操作？

# ② 货物订购

货物订购是货物运出仓库的书面基础。许多企业的原则是：**所有货物都有凭证。**

货物订购在表格中汇总了单项货物，它们满足计划制作菜肴的需求，然后将数值转移至货物订购中。

| 货物订购 | 部门：.............. | | | 日期：.............. | |
|---|---|---|---|---|---|
| 菜谱<br>食物 | 单位 | 巴伐利亚<br>奶油霜 | 饼干 | 黄油鸡蛋<br>面团 | 总计 |
| 牛奶 | L | 1 | | | 1 |
| 鸡蛋 | 枚 | 8 | 4 | 1 | 13 |
| 糖 | kg | 0.250 | 0.100 | 0.100 | 0.450 |
| 奶油 | L | 1 | | | 1 |
| 明胶 | | 16 | | | 16 |
| 香草 | 根 | 1 | | | |
| 面粉 | | | | | |

**提示**

大多数时候竖直排列配料，并将菜谱放入栏中排列是更加方便的，因为所需配料的数字大多数大于当天累计制作的产品。如果人们使用一个表格计算程序，例如：Excel，可以承担计算工作，同样还有商品经济系统。

---

**黄油鸡蛋面团**

擀制的基础菜谱（约600g面团）

| 300g | 面粉 | = 3份 |
|---|---|---|
| 200g | 油脂 | = 2份 |
| 100g | 糖 | = 1份 |
| 1枚 | 鸡蛋 | |
| | 柠檬，香草，盐 | |

---

**巴伐利亚奶油霜**

基础菜谱（30~35人份）

| 1L | 牛奶 |
|---|---|
| 9个 | 蛋黄 |
| 250g | 糖 |
| | 香草豆荚 |
| 1L | 奶油 |
| 14~18片 | 明胶 |

---

**海绵蛋糕面团**

基础菜谱（1层，直径26cm）

| 200g | 鸡蛋 |
|---|---|
| 100g | 糖 |
| 50g | 面粉 |
| 50g | 小麦淀粉 |
| | 柠檬碎 |

---

**作业**

❶ 请您根据上方菜谱完成相应的表格。

❷ 请您为上方画图的菜谱填写需求。

❸ 请您在总计一栏写出总数。

❹ 为了节日的午后咖啡，我们提供80份奶油夹心饼配有酸樱桃。请您在专业书籍中寻找相应的菜谱，并换算。打发1L奶油可以填满20个奶油夹心饼。请您编制货物订购清单。

## ③ 菜肴成本的计算

一份菜肴成本的计算用作稍后计算的基础。它被称为产品成本或产品投入。

**❶ 示例**

一份脆饼面团使用2kg糖，价格为0.90€/kg，4kg黄油，价格为4.10€/kg，6kg面粉，价格为0.60€/kg以及调味料，计算为0.60€。请您计算1kg黄油鸡蛋面团的成本。

**答案**

| 用量 | 产品 | 单价 | 产品价格 |
|---|---|---|---|
| 2000kg | 糖 | 0.90€ | 1.80€ |
| 4000kg | 黄油 | 4.10€ | 16.40€ |
| 6000kg | 面粉 | 0.60€ | 3.60€ |
| - | 调味料 | | 0.60€ |
| 12,000kg | 面团成本 | | 22.40€ |
| 1000kg | 面团成本 | | 1.87€ |

**解答提示**

当有用量和单价时，可以获得每种产品的价格。

在此直接使用

得出总用量和总价格。

**答案**：1kg黄油鸡蛋面团价值1.87€

使用计算器上的 **M** 按键

| 用量 | 产品名称 | 单价 | 产品价格 |
|---|---|---|---|
| ☐ | **X** | ☐ | M± ☐ / M± |
| . | | . | . |
| | | | MR 总计 |

请您注意同样的单位，例如：重量为kg，单价为1kg的价格。

**计算器知道**

**M** 按键 → M为Memory的首字母 → 记忆
使用M按键进行计算过程（在此多重计算）并且同时储存数值。这是一个优点，因为人们不需要再次输入中间得出的记过。

**M±** 执行计算并且添加或减去

**MR** Memory = 记忆，Recall = 调用。总计可以从储存器中显示。

**MC** Memory Clear——清除记忆

带有 [STO] 按键的计算器同样用于记忆功能；

通过 [RCL] 调用。

**作业**

**❷** 15人份的荷兰奶油酱需要：900g黄油，价格为7.10€/kg，12个蛋黄（1/2的价格），每枚蛋0.16€，100g冬葱，价格为3.20€/kg，50g白醋，1.80€/L以及香料0.30€。请您计算一份的成本。

**❸** 15个烧烤番茄需要：1kg番茄，价格为1.20€/kg，20g食用油，价格为4.80€/kg，30g黄油，价格为3.90€/kg以及香料0.20€。请您计算一个烧烤番茄的材料成本。

# 4 损失量计算

在准备食物时，不能使用或价值低的部分会被去除。由于这些损失，可利用的部分比购买时的重量要低。在订购材料时必须考虑到这些。大多数时候，可以按照百分比计算，因为需要考虑的损失按照百分比列出。

实际上，需要彼此不同的概念。参见右侧。

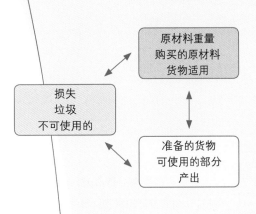

## ① 示例

5000kg土豆在削皮后剩余4000kg。由这个简单的情况得出两种提问的可能能行。

a）去皮损失了多少千克？

b）去皮损失为百分之多少？

| 土豆 | 5000kg | = | 100% |
|---|---|---|---|
| 去皮损失 | 1000kg | = | 20% |
| 去皮土豆 | 4000kg | = | 80% |

当人们这样描述实际情况时，会获得一个清晰的关系，并且可以由此得出缺少的数值。

| | |
|---|---|
| 土豆<br>5000kg<br>100% | 损失<br>1000kg<br>20% |

去皮土豆
4000kg
80%

---

作业

## ② 从购买到准备好的货物

a）芦笋的去皮损失为23%。采购了12,300kg芦笋。预计能获得多少千克去皮芦笋？

b）人们需要预先处理4300kg紫甘蓝，需要扔掉的外皮和梗计算为22%。如果每份为150g，能够做出多少份？

## ③ 准备好的货物至材料订购/采购

a）在当日菜单中供应黄瓜配莳萝。皮和籽以及其他废料计算为22%。如果每份需要黄瓜160g，30份需要多少千克的黄瓜？

b）奶油中的鸦葱每份为80g去皮货物。去皮损失为38%。如果需要制作45份，应采购多少千克鸦葱？

## ④ 计算损失的百分比

a）有2500kg白蘑需要处理。处理完成的白蘑重约2360kg。

损失为百分之多少？

b）计划将4480kg牛肉制作成21份每份160g煎烤完成的产品。

请您计算煎烤损失为百分之多少。

c）一家餐厅中的碳酸饮料机中使用浓缩糖浆（每个容器20L）和自来水（混合比例标准为1：10）制作橙子和柠檬汽水。在接出538杯每杯0.4L饮料后，必须更换糖浆容器，因为容器已经空了。吧台损失为百分之多少？

## 5 损失中的成本计算

当准备或制作原材料时会产生损失，产品也相应变得更贵。采购价必须分摊至产品中。

### 示例

采购一种货物，价格为1.00€/kg，由此制作出4kg准备好的食物。1kg准备好的食物计算为多少€？

**采购**

5kg每千克1.00€

| |
|---|
| 1 |
| 2 |
| 3 |
| 4 |
| 5 |

5 x 1.00€ = 5.00€

5.00 : 4 = 1.25€

**准备好**

5.00€ : 4 = 1.25€/kg

| |
|---|
| 1 |
| 2 |
| 3 |
| 4 |

**大厨**

当我使用5kg产品只获得4kg准备好的食品时，这4kg必须承担全部5kg的成本。我必须将全部采购时的成本分摊至准备好的产品量中。

**这在估计的时候有辅助作用！** 在准备的时候
- 准备好的食品重量永远低于采购时的，因为人们会扔掉低价值的部分，
- 准备好的食品每千克价格越来越高，因为高价值的部分只保留下较少的用量。

**作业**

**❶** 某人将5000kg土豆以每千克1.2€的价格购入，并从中获得3800kg去皮的食物。估算1kg去皮土豆的价格为多少欧元？

**❷** 土豆按照每千克0.80€的价格供应。去皮损失计算为22%。请您计算1kg去皮土豆的价格。

**❸** 用于挤酱器的2kg一袋的蛋黄酱补充装在调料站中不能完全清空。切开袋子后，确定有约85g留在袋子中。如果一包全新包装为8.62€，容器损失为百分之多少和多少欧元？

**❹** 一罐850g重的罐头包含550克滤除水分后的食物，价格为0.80€。作为配菜，需要120g。

请您计算每一份的成本。

**❺** 某人购买了5200kg冷冻牛肉，价格为8.20€/kg。融化后获得4850kg。请您计算1kg融化牛肉的价格。

**❻** 用于煎烤的猪肉价格为每千克5.90€。用于上菜的一份为160g。煎烤损失为20%时，一份价格是多少？

**❼** 上菜时，供应烹调好的250g芦笋。人们将去皮损失计算为30%。一份的材料成本为多少欧元？

**❽** 我们将橙子切片制作新鲜水果沙拉。损失为55%。当1kg橙子的采购价为3.80€时，1kg准备好的橙子切片为多少欧元？

# 制作简单的菜肴

## 1 蔬菜类菜肴的制作

在营养补给中，蔬菜有向身体供应充足维生素、矿物质和膳食纤维的任务。因此，在准备和制作蔬菜时需要尽可能将维生素和矿物质的损失保持在最低。

有效物质主要在以下方面损失：
- **空气作用** ———→ 储存
- **光线作用** ———→ 储存（图2）
- **浸出流失** ┬—→ 清洗
  ├—→ 水浸
  └—→ 煮制
- **热量作用** ———→ 准备好（图3）

当注意以下事项时，有效物质可以更好地保留：
- 在冷凉和黑暗的地方保存食材（图1）。
- 在将菜切小之前清洗蔬菜。
- 不将清洗干净的蔬菜放入水中，而是覆盖保湿。
- 只有需要的时候才焯水。
- 如果蔬菜在焯水之后不立即使用，应迅速冷却，尽量使用冰水。
- 优先选择蒸或炖，因为煮制时产生大量流失。
- 将需要煮制的蔬菜放在沸腾的水中。
- 量较小时，逐渐烹煮或重新加热，因为保温破坏维生素（例如：在保温餐车中）。
- 使用泡发小扁豆的水，因为营养物质以溶解的形式保留下来。
- 许多蔬菜尽量生吃，加工成沙拉以及富于变化的准备。

图1：蔬菜冷藏室

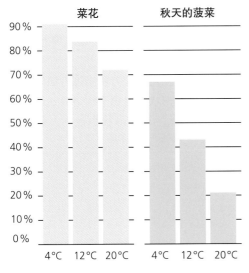

图2：不同储存温度下维生素的保存

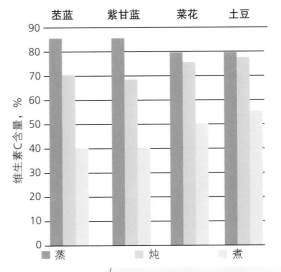

图3：烹调时的维生素含量

图1：菜丝

图2：菜末

图3：不规则菜片

图4：苤蓝条

## 1.1 蔬菜的切割方式

不同的切割形状和蔬菜类型以及计划的使用相匹配。

### 细蔬菜条（菜丝）

将胡萝卜和芹菜首先切成薄片，葱切成段，然后切成细条。菜丝为3~4cm长（图1）。

皱叶甘蓝的嫩叶和菠菜也可以切成菜丝作为汤的用料。厚的叶梗需要事先去掉。

### 小蔬菜丁（菜末）

胡萝卜、萝卜和芹菜切成片或擦成片。片的厚度就是菜丁的大小。

用刀将片切成条，然后切成丁（图2）。大葱主要使用浅色的部分。葱条的宽度确定四边形的边缘长度。

其用于做汤、酱汁、肉汁冻以及肉馅。

### 乡村风格切片（不规则菜片）

农民以简单的方式将蔬菜切小。做汤时，他们将菜切成片状（图3）。

先切成1~1.5cm宽的四边形条状。大葱、皱叶甘蓝和洋葱切成大小均匀的正方形。小蔬菜片可以通过土豆片进行补充。

乡村风格的汤和一锅炖，如皮谢尔斯坦炖肉或盖伊斯堡军队炖肉。

### 蔬菜条（棍状）

首先将清洗干净的蔬菜，例如：胡萝卜、芹菜、土豆、苤蓝、黄瓜或西葫芦，切成厚片然后切成条状（图4）。

在静止的厨房中，使用办公刀和修饰刀切成不同的、均匀的、装饰性的形状。这源于法语词*toumer*，意思为旋转，弄成圆形，这种形状也被称为**装饰性形状**。

**花式刀**赋予蔬菜美观的外观，可以用于制作沙拉。

| 切割形状 | 蔬菜 |
|---|---|
| **切割装饰性形状** | 胡萝卜、芹菜、白萝卜、西葫芦、黄瓜、南瓜、土豆 |
| **珠子/球形** | 胡萝卜、芹菜、白萝卜、西葫芦、南瓜、黄瓜、苤蓝 |
| **勺形/碗形** | 球茎茴香、南瓜 |

图1：使用花式刀切割

图2：切割装饰性形状，切割出高要求的形状

图3：蔬菜球和球茎甘蓝勺

## 洋葱的切割方式

### 切成环形

去掉整颗去皮洋葱的头部，均匀地横向切片。

环状是由单层鳞片（皮）构成，因此轻轻地压出每一层。如果生吃切成1mm，如果油炸切成2mm厚。

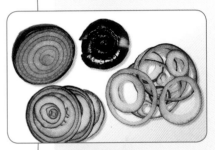

图4：洋葱圈

### 切成丁

洋葱去皮，纵向剖半，去头。纵向在洋葱上划刀，但是根部不切断。

这样可以使洋葱保持聚拢，然后横向切成丁。切割的距离确定洋葱丁的大小。

### 切成片

洋葱去皮，纵向剖半，去头，取出核心部分的鳞片，按照期望的距离纵向在洋葱上划刀，但是根部不切断。

按照相应的宽度垂直于刚才划的痕迹切割。然后将洋葱抖散，各个部分就会相互分离。

图5：洋葱丁

图6：洋葱片

## 1.2 准备和制作菜肴

没有马上继续加工的已经准备好的蔬菜应平放储存，覆盖保湿并在冷凉的地方保存。

在准备蔬菜时，选择烹调过程，应注意：
- 尽可能保留营养物质，
- 尽量保留蔬菜特有的味道，
- 相应分解用于消化的内容物质，
- 考虑上菜顺序的应用。

### 基本烹调方式

蔬菜通常需要通过湿式烹调方法制作，因为这可以保护其自身的味道。只在特殊的制作中，人们结合两者使用或使用干式烹调方法。

概览

| 煮，蒸 | 炖 | 煨 | 炸 |
|---|---|---|---|
| 水或蒸汽传递热量 | 加入油脂和少量液体烹调 | 首先在油中烹调，然后加入液体 | 在大量油脂中烹调。油脂传递热量 |
| 在蒸制时浸出流失较少。味道和颜色得以继续保持 | 没有浸出损失。油脂可以修饰味道 | 通过烘焙物质形成味道改变 | 通过油炸形成一层焦脆的外皮可以提升味道。相应结构的使用 |
| 示例：朝鲜蓟、菜花、芦笋、红菜头、豆子、菠菜、抱子甘蓝、大葱、羽衣甘蓝、鸦葱、珍珠萝卜 | 示例：几乎差不多所有蔬菜类型，整棵菜花、芦笋、朝鲜蓟、红菜头、整棵芹菜 | 示例：茄子、西葫芦、洋葱、黄瓜、球茎茴香、柿子椒、圆白菜、皱叶甘蓝（也可以是填入馅料的） | 示例：<br>**生：** 茄子、西葫芦、白蘑、番茄丁<br>**预先煮制：** 分成小朵的菜花、鸦葱段、芦笋段、朝鲜蓟底部、芹菜片 |

使用漏水的容器为煮熟蔬菜控水。在确定烹调温度时，必须注意，在继续使用前应该怎么保存蔬菜。

当蔬菜还脆的时候，就已经熟了。过度烹调的蔬菜不仅损失了营养成分，蔬菜的口味和口感也变差了。

- **菜花、白芦笋、朝鲜蓟、球茎芹菜和红菜头**应在继续使用前保存在温热的液体中。如担心过度烹煮，可以通过加入冷水或冰水避免。
- **其他蔬菜类型**使用漏水的容器控水，然后立即放入冰水中冷却。在稍后完成时，到达烹调点。菠菜只能轻轻地挤出水分。
- 稍后要继续加工的蔬菜，可以平放在容器中，覆盖保湿并保持冷却。
- **嫩蔬菜**应分多次连续烹煮。因为大量同时烹煮会延长热作用的时长；这会损坏菜中的营养物质和味道物质。
- 应当尽量使用**煮蔬菜的水**，例如：在相应的汤或黄油酱中，可以用于芦笋和菜花等。

**朝鲜蓟**

紧贴花苞底部折断叶梗。同时，将朝鲜蓟底部伸出来的叶梗纤维拔出来。清洗朝鲜蓟，从叶片顶部切掉约4cm（图1）。

去除外部的叶片，留下的叶片用剪刀剪短。切掉底部并立即使用柠檬涂抹，因为切割的区域会迅速变成棕色（图2）。朝鲜蓟中的酶会与空气结合产生颜色变化。

不应当将柠檬片在朝鲜蓟的底部绑紧，因为强化的酸会影响细腻的味道。

图1：去掉叶柄并切掉

**朝鲜蓟底部**

按照上述方法处理朝鲜蓟。折断所有硬化的叶片，现在切掉通过中间的嫩叶片可以看到的底部。去除底部拱形木质化的部分和底部凹陷处留下的雄蕊（图3）。将底部放入有柠檬汁的水中，避免变色。

将底部放入准备好的炖制的肉汁中并烹调。在使用黄油涮过的炊具中摆放，摆上煮过的小朵绿菜花，浇上蛋黄酱，撒上巴尔玛干酪，滴上黄油并稍微烘烤。

图2：其他处理步骤

**茄子**

清洗，并去掉茄蒂。如果需要使用削皮器削皮。根据用途，将茄子切成丁或者片。

在油或黄油中**炖**。

**煎烤**，切成1cm厚的片，撒盐，杀出水分，擦净水分并在油中煎至金黄。

填充馅料的茄子，参见西葫芦。

图3：去掉雄蕊

**菜花**

将主菜梗和小菜梗切分，切成小朵菜花（图4），如果是露天种植出产的食材，菜花内可能有昆虫，因此需要在盐水中浸泡10min。在制作前，在较粗的菜梗上切十字刀，以便烹调时整朵菜花能均匀煮熟。

煮制菜花，控水，**烤至金黄**或按照**英式风格**使用黄油（第182页）。

**另一种方法：**从菜花梗上折断小棵菜花或者切断，然后彻底清洗并短暂地放入盐水中，因为在盐水中可以煮得"有嚼劲"，然后沥水。在这段时间中，将面包屑放在黄油中稍微烘烤，将打碎的鸡蛋和切碎的香葱、盐以及胡椒混合在一起，并且翻转还很烫的菜花。

图4：小棵菜花

制作简单的菜肴

### 西蓝花

去掉叶梗上的叶片。从粗梗上切下一朵一朵的西蓝花。小心、彻底地冲洗。在盐水中煮熟。在黄油中烘烤杏仁片。在摆盘时，将杏仁片撒在西蓝花上。

### 菊苣

择除外部不好的叶子。叶梗包含大多数枯萎物质，使用尖尖的刀按照锥形切下来。然后，清洗菊苣。如果菊苣有一些苦，那么可以在切过后浸水，这样可以将苦味物质浸出。

煨炖菊苣（图1）的时候，将蔬菜纵向切半，焯水并放在网格上滤水。在一个锅中煸炒洋葱和肥膘丁，菊苣和五花肉片或生火腿包裹，放入炊具，并倒入褐酱，盖上盖子放入烤箱煨炖。

图1：煨炖菊苣

### 豌豆

去掉豆荚并清洗。因为生豌豆会在空气中失去颜色和味道，需稍煮一会儿。煮后放入冰水中，点菜后在黄油中翻炒。

### 球茎茴香

分开连接球茎的梗。保留和莳萝类似的、非常细的叶子，稍后用作配菜。平平地切掉根部，去除球茎茴香上变色的部分。彻底清洗，冲净叶片之间的泥土等。

保留球茎的几片叶子做成勺状，煮制或去掉切半的球茎茴香的梗，并且切成条状炖制。

可以在**球茎茴香勺子**（图2）中填充不同的食材。

**煨炖球茎茴香**的方法与菊苣的煨炖类似。

图2：球茎茴香勺，有填馅

新鲜春葱的白色部分5～7cm长，短暂焯水，并在黄油中翻炒。绿色的一部分可以切做环形，并加入汤中，或替代香葱。

### 春葱

将过长、绿色的叶片和根部切开。去掉外部的叶片，在流动的水下清洗葱头，同时，彻底将叶片冲洗净。

### 胡萝卜

将胡萝卜的叶子和根部切开，使用冷水清洗，立即在沸腾的盐水中汆烫2min。胡萝卜倒出控水，在流动的水下迅速冲水。或者：

为根状的胡萝卜去掉外皮，或者使用削皮器削皮，保留整棵，或切成相应的形状。

在为**胡萝卜上糖浆**时，应将其切成条状或片状，在黄油中短暂翻炒，放入少量液体，放入汤，产生汤汁后将其煮浓，直至呈现糖浆状，然后在锅中翻转胡萝卜。

## 羽衣甘蓝

| **10人份所需材料** | |
| --- | --- |
| 2.5kg | 带有叶梗的羽衣甘蓝叶 |
| 50g | 猪油 |
| 250g | 肥膘丁 |
| 350g | 洋葱丁 |
| 100g | 油煎糊 |
| 0.5L | 火腿汤汁 |
| | 盐、胡椒、肉豆蔻 |

在这道典型的时令蔬菜中，首先清洗每一片褶皱的菜叶，然后用手指沿着中间的叶梗把叶片撕下来，或者将叶梗切下来。

- 在盐水中汆烫洗净的羽衣甘蓝叶并立即放入冰水中冷却。
- 控干叶片水分后大致切碎。
- 在猪油中煸炒肥膘丁至肉丁变透明，并加入洋葱丁。
- 羽衣甘蓝的叶梗一同翻炒，并加入肉汤，盖上盖子在烤箱中煨炖约1h。如果需要，可额外再添加些肉汤。
- 将冷的油煎糊和煨炖的汤汁混合在一起并烧开。
- 放入羽衣甘蓝的叶片，再次烹煮并品尝。

## 豆角

去掉豆角的两端（掐去尖端），如果需要，同时去掉豆荚侧面的丝。然后清洗并折断做成相应的类型和大小，或者切断；较小、较薄的类型（四季豆）保留整个豆荚。

烹煮后浸泡在冷水中，控去水分并在黄油中翻炒。烹调的豆角和肥膘捆绑在一起并炖制。

## 黄瓜（图1）

用于热菜时，在清洗黄瓜后使用削皮器削皮。切掉露天园圃的黄瓜的末端，品尝是否含有苦味。纵向切开黄瓜，去籽并按照需要的形状切好。

把黄瓜块放入液体中炖制。

需要为用于**填馅的黄瓜**切掉两端，纵向切半或切成小段，然后去籽。

使用牛肉馅填充并放入一个涂过黄油的炊具中，使用锡纸覆盖并烹煮。

图1：黄瓜

## 甜豌豆

这类豌豆豆荚是扁平的豆荚，豆荚特别嫩且没有羊皮纸似的内膜。去掉一头的梗，如果需要去掉侧面的丝。彻底清洗豆荚。

烹煮，然后浸入冷水中，控水，在黄油中翻炒。

## 大葱

去掉绿色的叶子和根。除去外层的叶子。纵向切开大葱，将这两半在流动水下清洗干净。保持根部末端向上倾斜状，这样，就可以冲掉在葱皮各层之间残留的泥沙。

制作**奶油大葱**时，将大葱切成手指宽的段，短暂地炖制，并使用奶油酱和奶油勾芡。

● 绿色蔬菜应在烹调后短暂浸入冰水中。这样，烹调过程就中断了，叶片可以保持绿色，而蔬菜可以保持脆嫩的口感。

# 制作简单的菜肴

图1：带有7种蔬菜的拼盘

图2：莙荙菜乳清干酪烤意式宽面

图3：填馅的柿子椒

图4：搭配五花肉的抱子甘蓝

## 苤蓝

　　从球茎上取下叶片。保存嫩叶以继续使用。切掉根部和叶子一侧，保留球茎，切掉木质化的梗。冲洗苤蓝，切成条或片。使用较大的苤蓝切片时，首先将球茎切成两份或四份。在盐水中烹煮，并用少量黄油翻炒或使用一些奶油酱或奶油勾芡。

　　制作**填馅的苤蓝**时，根据大小切下一个盖子，或横向切成两半，挖空。使用肉馅和煸炒过的蔬菜进行填充。放在一个涂有黄油的模具中，倒入肉汤，盖上盖子炖制。

## 糖莴苣/莙荙菜

　　**切好的莙荙菜（图2）**的准备方法类似菠菜。

　　**莙荙菜**需要整棵清洗，然后将梗从叶片上切下来，两个部分要分别使用。梗在烹调前切成手指宽的块，也可以切成细条，然后炖制。

　　完整的莙荙菜叶子焯水，并包裹绞肉的混合物或鱼肉馅煨炖。

## 柿子椒

　　清洗，切掉梗和梗上长有种子的部分以及白色的筋。冲洗柿子椒并且继续处理整个柿子椒或弄小后继续加工。番茄柿子椒在烹煮时，其香味会流失，因此应当只用于制作沙拉。

　　制作**填馅的柿子椒（图3）**时，应选择大小均匀、形状相似的果实。冲洗，横向切掉梗一侧的果实，将其作为"盖子"。

　　从果实中去掉种子集中的部位和白色的筋。

　　绞肉、预先烹煮过的米、煸炒过的洋葱丁使用盐和胡椒调味。在柿子椒碗中填入馅料，并且将"盖子"盖上。将整个柿子椒放在涂过油脂的炊具中。

　　倒入牛肉汤，褐酱或番茄膏，直至没过填馅柿子椒的一般高度。使用锡纸覆盖并放入烤箱中煨炖。

## 抱子甘蓝

　　去掉坏掉的或干枯的叶子。去掉叶柄末端的棕色区域，但是不要切得过短，否则在制作的时候会掉下许多叶子。在叶梗上切十字刀，这样就可以均匀地煮熟叶子和叶柄了。

　　**另外一个方法：**

　　逐片撕下抱子甘蓝的叶子然后清洗。

　　在盐水中烹煮抱子甘蓝，然后浸入冷水中，在黄油中和洋葱以及肥膘丁一起翻炒（图4）。

## 红菜头

扭下叶子，并保留红菜头（图1）上伸出的梗，不要去除根部。在外皮有破损时，色素会进入烹煮的水中，并且内部会褪色。红菜头变软后，用一把刷子清洁，之后烹煮。为煮好的红菜头控水，冲凉水并蹭掉外皮。将红菜头切成烹调所需的形状（片、丁、块、条）。

除了要用于制作沙拉，煮过的红菜头也可以放入黄油中翻炒，并趁热装盘上桌。

图1：红菜头

## 紫甘蓝

**10人份的需求**

| | |
|---|---|
| 90g | 猪油/植物油 |
| 130g | 洋葱丝 |
| 1kg | 紫甘蓝 |
| 150g | 碎苹果干 |
| 10g | 盐 |
| 20g | 糖 |
| 0.2L | 肉汤 |
| 3EL | 醋 |
| 1个 | 香料包（香叶、丁香、压碎的胡椒粒、桂皮） |
| | 与醋栗果子冻、柠檬汁一同品尝 |

去掉不可用的外层叶子。从梗的一侧将紫甘蓝切成四瓣，将每一瓣的梗完全去掉，可以切除一部分叶片较粗硬的梗，也可以完全去掉。冲洗每一瓣紫甘蓝，并且切成或擦成细丝。

- 放入油脂，煸炒洋葱至透明。
- 加入切成细丝的紫甘蓝，短时间加热。
- 加入糖、盐、碎苹果干、醋以及水。
- 将所有原料搅拌均匀。
- 将香料包放入紫甘蓝中，盖上炊具并在合适的火力下炖煮。
- 在炖煮的过程中经常搅拌。
- 必须保证一直都有一些液体，这样蔬菜不会烧煳。
- 在烹调的最后，要么将液体煮浓稠，要么使用少许水淀粉勾芡，或者加入一些擦碎的土豆。
- 取出香料包，并且搭配醋栗果子冻与柠檬汁一起品尝。

## 根芹菜

去除茎叶和根须，在流动水下用刷子清洁。根芹菜可以不削皮完整烹调或者削皮并切割后烹调。由于氧化作用，削皮后根芹菜颜色微微变深，因此，人们将刚刚切完的根芹菜立即放入带有酸性物质的水中。

在盐水中煮根芹菜，然后裹面包屑或者在啤酒面糊中完全蘸上油炸面糊。

外皮可以为肉汤、酱汁和浓汤添加风味。

可以整个烹调根芹菜，也可以横着切半后烹调。

## 西芹（图2）

将叶片和细小的茎从粗壮的茎上切下来，切下来的部分可以用作其他菜肴的香料。平齐地切下茎下方的根。使用削皮器去掉茎外侧的纤维（菜筋）。清洗芹菜的茎，从一棵芹菜上将每一根茎掰下来，从内部冲洗掉污物。

将西芹切成5~7cm的段并焯水。在少量油中煸炒肥膘丁和洋葱丁，放入西芹，加入肉汤或褐酱，盖上盖子后在烤箱中煨炖。

图2：西芹

制作简单的菜肴

鸦葱

将根部放入冷水中，将根上附着的泥土刷净。在彻底冲洗干净后，使用削皮器削皮。去掉根尖及叶子。为了使已经削皮的根部保持为浅色，立即将其放入放有酸性物质的水中（1L水，1EL醋）。将削皮的根切成4～5cm长的块，放入准备好的已经煮开的肉汤中，并盖上盖子烹煮。

如果制作**奶油鸦葱**，需要放入一些奶油蛋黄酱和奶油。

如果制作**煎烤鸦葱**，应将煮熟的块包裹油炸糊或面包屑后油炸。

鸦葱属于传统的冬季蔬菜。

芦笋，白色

使用芦笋削皮器（刀片带有可调节的皮引导装置，图1），在芦笋头部下方开始削皮，使用削皮器削出一条薄薄的皮直至末端，然后按照同样的步骤削掉四周的皮。将芦笋冲洗干净，使用绑线捆绑（图2），然后在芦笋末端切一刀（图3），保证每根芦笋的长度一致。

将芦笋放在放有糖的盐水中小火煮制。

制作**煎烤芦笋**时，使用油炸糊或面包屑包裹并油炸。

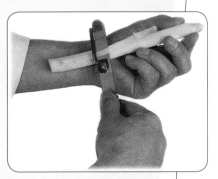

图1：芦笋削皮

芦笋，绿色

在削皮时，从距离芦笋根部约5cm处开始削皮。

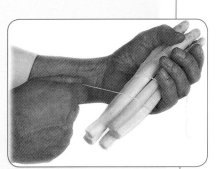

图2：芦笋按照每份捆绑在一起

图3：在烹煮前切掉芦笋的末端

菠菜

挑拣菠菜，去掉蔫了的叶子和破损的部分，根还有硬梗。之后，放在足够的水中清洗。多次换水清洗。始终是从水中捞出蔬菜，这样，沙子可以留在器皿的底部。然后，在大号的漏筐中控水。

**菠菜**作为配菜时需要炖煮叶子。制作**菠菜卷**时需要使用焯过水、控干的菠菜叶子，这样可以获得相应足够大的面积。在叶片上撒盐和胡椒。

在菜叶上放上一勺鱼肉、分割肉或家禽的肉馅。将包好的菠菜卷放入平坦的、涂有油脂的炊具中。根据馅料倒入鱼肉汤或肉汤，盖上盖子炖制。对炖制的汤汁稍微进行勾芡并浇在菠菜卷上。

**番茄丁**

清洗番茄，短时间焯水，迅速放入冷水中，然后剥下番茄的外皮，切成四瓣，取出籽。根据需要，将番茄的果肉保留原来的形状（图1），或者切成条或丁。

**填馅番茄（图2）**

清洗均匀大小的番茄，去掉蒂和梗，切下一个盖子或者将番茄切成两半，取出果实中的内容。给番茄调味并放在一个平坦的、涂有油脂的炊具中。

**可选用的填馅：**

- 蘑菇馅（第185页）。
  撒上帕尔玛干酪，滴上液体黄油并在烤箱中稍微烘烤。
- 小朵菜花，小朵西蓝花。
  倒上蛋黄酱，撒上奶酪，滴上黄油并稍微烘烤。
- 放入菠菜叶和黄油糕饼碎屑。
- 在黄油中翻炒过的水果玉米。

**圆白菜 / 卷心菜**

去掉不好的外层叶子。从梗的一侧将圆白菜切成四瓣或者六瓣，切掉梗的部分。冲洗每一瓣，敲平厚厚的菜梗，将每层叶子按照用途相应弄小。

制作**包馅**的菜肴时，需要保持**圆白菜或皱叶甘蓝**完整，或者单独撕下每一片叶子。

为此，需要切掉叶梗，清洗圆白菜并在盐水中煮制，或者整体蒸制，直到叶片具有弹性可以塑形。

将圆白菜叶放入冰水中，让其冷却，然后放在漏筐中控水。

**包馅的小甘蓝菜叶（图3）**

铺开较大的叶片，然后在每个叶片上放上一些较小的叶片。使用盐和胡椒调味，在叶片中间放一丸肉馅，包上叶子。使用纸巾为包馅的菜叶塑形，然后放入预先涂过油脂的炊具中。

还可以使用小甘蓝菜丁替代肉馅包入小甘蓝菜。

**皱叶甘蓝**

去掉破损的叶子。将皱叶甘蓝切成四瓣，然后直接将梗和叶子分开。因为皱叶甘蓝的叶子结构松散，并有水泡状的结构，因此容易受到害虫的侵害，必须特别彻底地将皱叶甘蓝清洗干净。

图1：番茄果肉块（去皮番茄）

图2：填馅的奶酪番茄；烤番茄

图3：小甘蓝菜和甘蓝菜包肉卷

使用少许水淀粉，或及时加入擦碎的生土豆可以为炖煮过的圆白菜和皱叶甘蓝勾出薄芡。

## 德国腌酸菜

**10人份的需求**

| | |
|---|---|
| 100g | 洋葱条 |
| 100g | 碎苹果干 |
| 60g | 油 |
| 50g | 肥膘丁 |
| 0.3L | 水 |
| 0.1L | 白葡萄酒 |
| 1.5kg | 德国腌酸菜 |
| 1EL | 蜂蜜 |
| | 盐 |
| 1个 | 香料包（香芹、丁香、刺柏果、香叶） |

- 将肥膘丁、洋葱条和苹果在加热的油中煸炒至透明。
- 加入水并煮开。
- 将腌酸菜抖散加入煮开的水中并搅拌。
- 将所有材料迅速煮开。
- 将香料包放在中间。
- 盖上炊具的盖子并以合适的火力加热。
- 补充因蒸发流失的液体。
- 在经过一半的烹调时间后，加入白葡萄酒。
- 当腌酸菜煮熟之后，将香料包拿开。
- 在腌酸菜中加入蜂蜜完成。

> 已经烹制好的腌酸菜应为浅色的，并具有诱人食欲的光泽，几乎看不到液体，有细腻的酸味，在食用时，微微有一些咬劲。

图1：填馅的西葫芦

### 西葫芦

清洗西葫芦。切掉留下的六边形的梗。嫩的、较小的西葫芦可以不用削皮就直接使用。较大的西葫芦中包含苦味物质，因此需要去皮和籽。

制作**填馅的西葫芦**（图1）时，需要清洗西葫芦，然后纵向切半。切掉西葫芦果肉的同时不损伤到外皮。短时间油炸西葫芦或者煎制切开的一面。去除柔软的果肉。将切成一半的西葫芦放在已经涂油的烤盘中。

烹煮过的米、番茄丁、短暂煎炒的羊肉在冬葱黄油中煎炒，混合浓缩的羊肉汤、香料以及切碎的果肉。然后将其放入西葫芦"器皿"中。

撒上帕尔玛干酪，浇上少许黄油并在烤箱中煎烤。

## 蔬菜烩（法国南部蔬菜锅）

**10人份的需求**

| | |
|---|---|
| 3EL | 橄榄油 |
| 1~2个 | 蒜瓣 |
| 300g | 红色/绿色的柿子椒 |
| 300g | 西葫芦 |
| 200g | 洋葱 |
| 1TL（茶匙） | 番茄膏 |
| 300g | 茄子 |
| 300g | 番茄 |
| | 盐、胡椒、百里香、牛至叶、罗勒 |

- 将洋葱丁和压碎的蒜瓣在油中煸炒。
- 放入柿子椒条并短暂炖煮。
- 放入西葫芦、茄子片或丁，并加入番茄膏搅拌。
- 盖上盖子短暂炖煮，如果需要，加入肉汤并调味。
- 在装盘前撒上番茄丁。
- 撒上新鲜的、切碎的香草使味道更丰满。

洋葱

　　洋葱去皮，去除洋葱底部的根以及干燥的部分。按照需要切成块、丁、条或者环形（参见第171页）。

---

**洋葱泥**

| | |
|---|---|
| 500g | 洋葱 |
| 50g | 圆粒米 |
| 90g | 黄油 |
| 0.4 ~ 0.5L | 牛奶 |
| 3EL | 奶油 |
| 2个 | 蛋黄 |
| | 盐、胡椒 |

洋葱泥用作所制作菜肴的添加。

- 洋葱去皮焯水，控水并使用黄油炖煮。
- 在洋葱没有变色时，放入圆粒米，倒入牛奶，调味，盖上盖子在烤箱中炖软。
- 使用细目筛将所有材料碾压过筛，并重新加热。
- 将奶油和蛋黄一起搅拌，倒入洋葱泥中搅拌，并使用黄油使菜肴更精致。

> 洋葱泥的口味可以通过加入切碎的白蘑菇或切碎的新鲜烹调香草而有所变化。

---

**使用方式：**

- 用于填充蔬菜和稍微烘烤蔬菜，牛背肉和羊背肉；
- 用于放在煎制牛羊肉腰肉、肉排和肉块稍微烘烤。

　　此外，我们将洋葱加工成烤洋葱、洋葱面包、煎烤洋葱圈、洋葱汤、洋葱酱或洋葱蛋糕。

　　**冬葱**和**珍珠洋葱**可以作为蔬菜配菜，完整地进行制作。为此，必须削皮并短暂焯水或者炖制。非常受欢迎的是上糖浆的红酒冬葱，制作方法为将其在黄油和红酒中炖制，撒上盐和糖，然后在形成糖浆状的液体中翻动，直至其拥有光泽（图1）。

图1：上糖浆的冬葱

果蔬蛋奶冻

　　将蔬菜在烹煮或焯水后制成泥，品尝南瓜泥并加入全蛋和奶油搅拌。将这些蛋奶糊放入涂有黄油的铜制模具或类似的模具中，放入水浴中蒸煮。将模具倒扣以便倒出蛋奶冻，它可以作为主菜的配菜、热餐前菜或小菜供应。

蔬菜泥

　　蔬菜，如：西蓝花、豌豆、南瓜、胡萝卜、芹菜、菠菜

　　烹调方式：煮、蒸、炖

说明

　　**素食主义者**有意识地不吃肉和鱼。当推荐菜肴时，应注意，即使是填馅和酱汁也应使用蔬菜制作。

　　**严格素食主义者（完全素食主义者）**也不食用一切动物产品，如：蛋、奶、奶制品或蜂蜜。合适的菜肴中经常使用豆腐。

　　　　制作简单的菜肴

**不同方式的完成——概览**

可以使用多种多样的方式烹调蔬菜。同时，在一些方式之间又存在共性。

以下表格显示出共性，同时，也使区别十分明显。

| 英式 | |
| --- | --- |
| **蔬菜** | 豌豆、豆类、西蓝花、菜花、西芹、芦笋、菠菜 |
| **烹调方式** | 煮、蒸 |
| **完成** | 烹煮的蔬菜控去水分，然后摆盘。将黄油块放在菜上或者单独摆放。将调味料和切碎的香草单独装盘呈上 |
| 在棕色黄油中 | |
| **蔬菜** | 豆类、菠菜、菜花、紫甘蓝 |
| **烹调方式** | 煮、蒸 |
| **完成** | 在平底炊具中将黄油烧成棕色。放入烹煮后控干水的蔬菜，翻炒并摆盘 |
| 搭配黄油面包丁 | |
| **蔬菜** | 菊苣、菜花、西蓝花、球茎茴香、芦笋、根芹菜 |
| **烹调方式** | 煮、蒸、炖 |
| **完成** | 将烹煮的蔬菜摆盘。将黄油烧成棕色，加入烘烤过的小白面包丁或大块糕点碎屑并且撒在蔬菜上 |
| 上糖浆 | |
| **蔬菜** | 胡萝卜、鸦葱、珍珠萝卜、苤蓝、珍珠洋葱、栗子、西葫芦 |
| **烹调方式** | 炖 |
| **完成** | 将蔬菜汤煮浓至糖浆状，如果需要，还要加入黄油块。通过翻转蔬菜上糖浆（使菜肴有光泽）。制作栗子和上棕色糖浆的洋葱时，应在加入糖时，将糖熔化成焦糖 |
| 奶油中 | |
| **蔬菜** | 胡萝卜、鸦葱、苤蓝、豌豆、黄瓜、茄子 |
| **烹调方式** | 炖 |
| **完成** | 短暂保持炖煮的汤汁。在蔬菜煮熟前，倒入奶油。继续煮制，直至稍微有些黏稠 |
| 烤成焦黄 | |
| **蔬菜** | 菜花、西蓝花、球茎茴香、鸦葱、芦笋、西芹、紫甘蓝 |
| **烹调方式** | 煮、蒸、炖 |
| **完成** | 在减少的炖制汁中加入奶油蛋黄酱。将控水的蔬菜放在涂有油脂的烤盘中。倒上酱汁，撒上奶酪，浇上黄油，在烤箱中烤成焦黄 |

## 1.3 预处理蔬菜的特殊性

蔬菜是个很大的类别，几乎每一份菜式中都会出现蔬菜。因此，也应该注意与蔬菜相关的新鲜产品和预制作产品之间（图1）工作技术和经济关系。

蔬菜需要预先处理，因为必须处理掉不能使用的部分。这样的工作可以在合适的厨房中进行，或者由供应企业进行。

预制产品的供应可以按照以下内容区分

- 根据加工度；
- 根据质量维持/保存的方式。

如果使用预制产品，

- 每份的货物需求会更低，
- 节约厨房的工作时间，
- 可以权衡采购时的额外费用和可能产生的节约，首先就是工作时间。

图1：预制作的产品，以炸薯条为例

**预处理的原材料，冷藏**
- 可以购买到已经清洗、择选或削皮的蔬菜或土豆。
- 可以购买已经清洗和择选的叶类蔬菜。
- 必须采购新鲜原料制作的土豆丸子糊。

**湿式防腐**
蔬菜已经煮熟，在合适的汤中加热、控水并
- 使用黄油碎完成或
- 使用酱汁勾芡。

**冷冻产品**
蔬菜有较短的烹调时间，因为通过焯水和冷冻，细胞结构已经松弛。
- 颗粒状的蔬菜（豆类、豌豆）放入沸水中。
- 在块状蔬菜（菠菜块）中加入少量水慢慢加热。

**干燥产品**
大多数干燥蔬菜首先需要软化，这样，细胞在干燥过程中抽走的水分才能重新被吸收。
如果有机会，软化用水可以继续使用。

作业
1. 怎样处理蔬菜中重要的营养成分会流失？
2. 请您描述芦笋的处理过程。
3. 当使用液体烹煮蔬菜时会发生些什么？
4. 哪些蔬菜在预先处理的过程中有效成分流失最多？
5. 请您说出四种切割蔬菜的方式。
6. 洋葱可以切成哪些形状？
7. 请您说出蔬菜的基本烹调类型。
8. 在油炸前应怎样处理蔬菜？

制作简单的菜肴

## ② 菌菇类

菌类不能长期储存，因为它们含有非常容易腐败的蛋白质。因此，在收获或者供应之后，应当立即加工。在挤压和腐烂的位置上会立即出现蛋白质分解，并导致腐败。

### 2.1 准备

最常使用的新鲜菌类，如：白蘑、鸡油菌、牛肝菌。应当小心地挑选，然后用水彻底冲洗，这样泥土等污物会沉淀在容器的底部。不要倒出来。而是立即烹煮已经清洗干净的蘑菇。

在使用干燥的蘑菇前需要使蘑菇软化，这样才能有充足的水分浸入。

首先将干燥的蘑菇放入水中浸泡，然后再清洗。然后再用水浸泡。

泡软蘑菇的水可以在烹调时使用，其中含有非常有价值的内容物质。

如果需要保存煮熟的蘑菇，需要立即冷却，如果需要可以重新加热。

### 2.2 烹调

#### 炖白蘑

**制作10人份所需的材料**

| | |
|---|---|
| 2kg | 白蘑 |
| 60g | 柠檬汁 |
| 140g | 黄油 |
| 20g | 盐 |

- 择选白蘑，清洗并在漏筐中控水。
- 将黄油、柠檬汁、盐和一些水放在宽大的炊具中烧开。
- 放入白蘑，搅拌并盖上盖子炖煮6min。

#### 炸白蘑

**制作10人份所需的材料**

1kg大小均匀的生白蘑
制作油炸糊：
3枚鸡蛋、面粉和面包屑
柠檬、盐、白胡椒
用于炸制的油

- 择选白蘑，同时，如果需要，还要将蘑菇梗剪短，清洗并控干水分。
- 包裹面粉、鸡蛋和面包屑。
- 在热油中油炸，并控干油。
- 使用柠檬、胡椒和盐调味。

## 奶油羊肚菌

**制作10人份所需的材料**

| | |
|---|---|
| 200g | 干燥的羊肚菌 |
| 160g | 小洋葱丁 |
| 120g | 黄油 |
| 1TL | 切碎的香葱 |
| 0.5L | 奶油 |
| | 盐、胡椒 |

- 在温水中泡发蘑菇，彻底冲洗，并用水泡软蘑菇。
- 从水中捞出泡发好的羊肚菌。
- 保留泡发用的水。
- 使用黄油翻炒洋葱丁。
- 为羊肚菌加盐、胡椒并放入洋葱。
- 加入不含有沉淀物的软化水，盖上盖子炖制约25min。
- 将奶油倒入羊肚菌中，打开盖子煮浓郁，直至液体微微变黏稠。
- 在摆盘的羊肚菌上撒上香葱碎。

## 蘑菇馅

**配料**

| | |
|---|---|
| 250g | 小洋葱丁和/或冬葱丁 |
| 700g | 切碎的生白蘑 |
| 150g | 黄油 |
| 50g | 切碎的香芹 |
| 4cL | 雪丽酒（干） |
| | 盐、胡椒 |

蘑菇馅是由切碎的蘑菇制作而成，它可以用于完善菜肴，作为蔬菜的包馅，用作肉的包馅以及面食的馅料。

- 煸炒洋葱和冬葱至透明。
- 放入白蘑，加盐，加胡椒。
- 倒入雪丽酒并且炖制，直到渗出的蘑菇汁液被煮浓。
- 加入香芹，并将蘑菇馅放入一个扁平的器皿中冷却。

可以在蘑菇馅中加入火腿丁作出变化，或者加入褐酱稍微勾芡。

## 搭配面包丁的牛肝菌

**制作10人份所需的材料**

| | |
|---|---|
| 1.5kg | 牛肝菌 |
| 80g | 小冬葱丁 |
| 60g | 烘烤好的小白面包丁 |
| 80g | 油 |
| 60g | 黄油 |
| 1EL | 切碎的香芹 |
| | 大蒜盐、胡椒 |

- 择选牛肝菌，彻底清洗，沥水并用手巾擦干。
- 将蘑菇切成扁平的块。
- 在较大的带柄平底锅中热油。
- 为切小的蘑菇撒盐、胡椒，并置入热油中稍微煎炒。
- 将蘑菇放入预热的炊具中。
- 在同样的平底锅中将黄油烧至冒泡。
- 再次加入冬葱丁和蘑菇，并撒上面包丁。
- 将所有食物短暂加热并撒上香芹摆盘。

## 搭配肥膘丁的炒鸡油菌

**制作10人份所需的材料**

| | |
|---|---|
| 1.5kg | 鸡油菌 |
| 200g | 肥瘦混合的烟熏肉切成丁 |
| 200g | 冬葱丁 |
| 2EL | 切碎的香芹 |
| | 盐、胡椒 |
| 60g | 黄油 |

- 择选鸡油菌，彻底清洗，并在漏筐中控水。
- 在扁平的炊具中涂上油。放入蘑菇，加盐，待出汤汁后炖制10min，直至汤汁减少。
- 将肉丁放入平底锅中煎炒，控油，然后加入鸡油菌中。
- 加入冬葱和黄油，稍微加一些胡椒。
- 然后大火烧制，并多次翻转。
- 加入切碎的香芹并摆盘。

## 野生蘑菇烩饭

**制作10人份所需的材料**

| | |
|---|---|
| 500g | 烩饭用米 |
| 2个 | 冬葱 |
| 1个 | 蒜瓣 |
| 40g | 黄油 |
| 1/4L | 白葡萄酒 |
| 1～1.5L | 家禽肉汤 |
| 1kg | 野生蘑菇，混合 |
| 1/4L | 奶油 |
| | 盐、白胡椒 |
| 25g | 野生香草，切碎 |
| | 山地奶酪，擦碎 |

- 在黄油中煸炒冬葱丁以及和盐一起研磨碎的蒜瓣，加入麦糊，稍微烧制一会儿，倒入白葡萄酒和肉汤。小火煮制约15min，如果需要可以加入其他液体。
- 然后关上火，盖上盖子焖5min。
- 择选蘑菇，切成片，在少许油中煎炒，然后将香草倒入米中。
- 加入奶油，撒上盐和胡椒品尝并上菜。
- 可以一并呈上擦碎的山地奶酪。

## 炖制平菇

**制作10人份所需的材料**

| | |
|---|---|
| 1.5kg | 从梗上掰下来的平菇 |
| 200g | 冬葱丁 |
| 60g | 黄油 |
| 2EL | 切碎的厨房香草（香芹、香葱、山萝卜、柠檬香蜂草、水芹菜等） |
| | 盐、胡椒、柠檬 |

- 清洗平菇并控水。
- 在黄油中将冬葱煎炒至透明，放入蘑菇。
- 盖上盖子稍微炖煮一会儿，然后在适量的汁中翻动（翻炒）。
- 撒上香草，调味并摆盘。

**奶油酱蘑菇菜肴的配菜**

适合的配菜有面包团、综合面包团、盐水煮土豆、土豆蓉、面条以及面粉或土豆泥团子。

**香菇**

这种蘑菇主要在日式和中式菜肴中使用。

**木耳**

也称为云耳，是一种亚洲的在树木上生长的菌类，主要在中式菜肴中使用，其黑色的外表为菜肴带来特殊的颜色效果。

**作业**

1. 储存菌菇类需要注意什么？
2. 如何理解蘑菇馅？
3. 哪些配菜适合搭配蘑菇菜肴？
4. 请您说出四种搭配配菜的蘑菇菜肴（适合出现在菜单上的）。
5. 请您说出四种将蘑菇用作配菜或配料的主菜。
6. 在使用干燥后的菌类时应当注意些什么？

# ③ 沙拉

一提到沙拉，人们通常会想到由新鲜的绿叶、蔬菜、蘑菇、土豆、水果、肉类、鱼类、家禽等和沙拉酱（腌渍汁）一起制作的菜肴。

在此，我们介绍**植物性配料**制作的沙拉，由其他配料制作的沙拉可以在冷餐和甜点部分中找到。

## 3.1 沙拉酱汁——调味汁

沙拉酱汁、腌渍汁、调味汁和蘸酱等，它们之间没有强制性的规则。

**沙拉酱汁**或**腌渍汁**大多数为透明的液体（图1），拌于**叶子类蔬菜**中或者将酱汁浇上去。对于比较硬的蔬菜类型，将酱汁与蔬菜搅拌在一起后放置一段时间。

**调味汁**首先是黏稠的。乳化的黏合力来自酸奶、奶油、蛋黄酱、沙拉蛋黄酱或煮熟的过筛蛋黄。一种**调味汁**大多数浇在摆盘的沙拉上，然后由客人相应混合。

**蘸酱**是冷凉的黏稠酱汁，一小口食物可以蘸上蘸酱后食用，例如：手指食品（小点心）。蘸酱（Dips）源于英文中"蘸"这个词，也就是*Dip*。

除了经典的沙拉酱汁，特别贸易还提供用于不同特色菜的沙拉酱汁。大部分这类产品中含有没有标识义务的增稠剂/乳化剂，这样在储存时，其组成部分不会分层。

图1：带酸味的配料

酸
- 酸赋予菜肴清新开胃的基调。
- 在醋、柠檬汁、橙汁、酸奶和酸奶油中有酸味。

油/脂
- 需要利用脂溶性维生素时，使味道充分发挥出来时，添加油脂。
- 用作润滑剂，特别是在生的沙拉中。
- 葵花籽、花生、橄榄、蓟、南瓜子、葡萄籽、玉米粒、核桃以及奶油或蛋黄酱的混合物可以提供油脂。

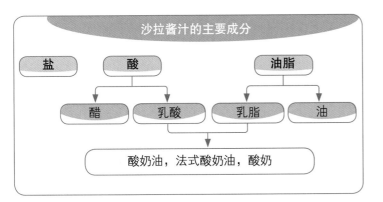

沙拉酱汁的主要成分

盐　　酸　　　　　　油脂

醋　　乳酸　　　乳脂　　油

酸奶油，法式酸奶油，酸奶

在厨房的应用中，制作好的沙拉酱汁（腌渍汁）保存在瓶子中，并冷藏存放。每次取用前用力晃动酱汁，这样可以保证油和其他味道成分均匀分布。大多数沙拉酱汁以基本菜单为基础，个人可以对菜谱加以补充，通过结合酱汁和实际产品调和出美味的沙拉。以下菜谱中，设定食醋含有5%的酸性成分。

## 以油/醋为基础的沙拉酱

### 酸味沙拉酱

**需要**

| | |
|---|---|
| 1份 | 醋 |
| 1~2份 | 油 |
| | 盐、胡椒 |
| | 糖 |

- 将盐溶于醋中，倒入油。
- 使用少量胡椒调味。
- 加入糖使味道丰满。
- 醋可以由柠檬或青柠汁替代。

适合所有沙拉。

### 含有芥末的沙拉酱——法式调味汁

**需要**

| | |
|---|---|
| 1份 | 醋 |
| 1~2份 | 油 |
| | 盐、法式芥末、大蒜、胡椒 |

- 将蒜瓣研磨成泥放入沙拉碗中。
- 然后，加入盐、醋和芥末搅拌。
- 缓慢地倒入油。
- 加入一些胡椒后品尝。

适合莴苣类和蔬菜沙拉。

### 含有香草的沙拉酱

**需要**

| | |
|---|---|
| 1份 | 醋 |
| 1~2份 | 油 |
| | 盐、胡椒 |
| | 香草（香芹、山萝卜、龙蒿、香葱）冬葱 |

- 将盐溶于醋中，倒入油搅拌，调味。
- 加入新鲜切碎的香草和冬葱。

适合不含水果的沙拉。

### 含有煎烤五花肉的沙拉酱

**需要**

| | |
|---|---|
| 1份 | 醋 |
| 1~2份 | 油 |
| | 煎烤的五花肉条和洋葱条 |
| | 盐、胡椒 |

- 制作含有醋和油的沙拉酱汁。
- 在锅中煸炒还温热的五花肉条和洋葱条，放在沙拉上方或下方。

适合甘蓝菜、蒲公英叶子、水田芥、野莴苣、圆白菜或土豆沙拉。

## 奶制品沙拉酱汁

### 含有奶油的沙拉酱汁

**需要**

| | |
|---|---|
| 4份 | 奶油 |
| 1份 | 柠檬汁 |
| | 盐、胡椒或甜柿子椒 |

- 搅拌液体配料。
- 加入盐和香料后品尝。

适合生菜、带有水果的沙拉、蔬菜沙拉。

### 含有酸奶的沙拉酱

**需要**

| | |
|---|---|
| 1杯 | 酸奶（250g） |
| 2EL | 橙汁 |
| 1TL | 柠檬汁 |
| | 辣酱油 |
| 2EL | 油 |
| | 盐、胡椒 |

- 将酸奶、橙汁、柠檬汁和辣酱油搅打至顺滑。
- 加入油搅拌并调味。

适用于所有沙拉。

含有酸奶油和莳萝的沙拉酱汁

**需要**

| | |
|---|---|
| 5份 | 酸奶油或中脂酸奶油 |
| 1份 | 柠檬或青柠汁 盐、胡椒 |
| 1EL | 切碎的莳萝 |

- 奶油和柠檬汁搅打至滑顺。
- 添加调味料和莳萝。

适合生菜、蔬菜沙拉。

含有洛克福羊乳干酪的沙拉酱汁——洛克福羊乳干酪调味汁

**需要**

| | |
|---|---|
| 50g | 洛克福羊乳干酪 |
| 3EL | 奶油 |
| 1EL | 夏布利酒（白勃艮第葡萄酒）或白葡萄酒 |
| 1EL | 青柠汁 |
| 1EL | 油 胡椒 |

- 将擦碎的洛克福羊乳干酪、奶油、白葡萄酒和青柠汁搅打至滑顺。
- 加入油并调味。
- 加入少量的盐，因为洛克福羊乳干酪已经有浓郁的味道了。

适合生菜、蒲公英叶子、西芹、番茄沙拉。

## 以鸡蛋为基础的沙拉酱汁

含有煮熟蛋黄的沙拉酱汁

**需要**

| | |
|---|---|
| 2个 | 煮熟的鸡蛋黄 一刀尖鳀鱼酱 |
| 1TL | 辣芥末 |
| 1TL | 醋 |
| 3EL | 油 |
| 1EL | 奶油 胡椒 |

- 弄碎的蛋黄、鳀鱼酱、芥末和醋搅打至顺滑。
- 分次滴入油液搅打。
- 然后放入奶油和胡椒。

适合生菜和蔬菜沙拉。

含有番茄的沙拉酱汁——鸡尾酒酱汁

**需要**

| | |
|---|---|
| 2份 | 调味蛋黄酱 |
| 1份 | 搅打成泥的番茄果肉或番茄膏 |
| 1EL | 打发的奶油 盐、胡椒、糖、辣酱油、白兰地酒、1刀尖辣根 |

- 将蛋黄酱和番茄泥搅打至顺滑。
- 放入奶油并调味。

适合莴苣类沙拉和蔬菜沙拉。

## 3.2 生鲜蔬菜制作的沙拉

制作时需要**莴苣类蔬菜**和**其他蔬菜**：

| 莴苣类蔬菜 | | |
|---|---|---|
| 红叶生菜 | 菊苣 | 蒲公英叶 |
| 橡树叶莴苣 | 野莴苣 | 红菊苣 |
| 苦苣 | 卷心莴苣 | 大白菜 |
| 芽球菊苣 | 水田芥 | 芝麻菜 |
| 结球莴苣 | 莴苣菜苗 | |

挑拣**莴苣类蔬菜**，去掉破损的部分、梗以及较粗硬的叶梗，然后清洗。对此，应使用大量的水冲洗掉附着的沙土和污物。不能将菜放在水中，因为这样会导致某些特定的营养物质流失。

制作简单的菜肴

将卷心莴苣的大叶片撕成适合一口吃下的大小。

图1：生食沙拉

图2：黄瓜

图3：红柿子椒

在沙拉控水器或者漏筐中控水，这样洗干净的沙拉（图1）可以完全保留腌渍汁的味道。在完成前，将其保存在平坦、冷凉的位置。

| 蔬菜 | | | |
| --- | --- | --- | --- |
| 西芹 | 柿子椒 | 根芹菜 | 珍珠萝卜 |
| 胡萝卜 | 球茎茴香 | 蘑菇 | 紫甘蓝 |
| 黄瓜 | 圆白菜 | 萝卜 | 番茄 |

必须彻底清洗生食的蔬菜，黄瓜（图2）、球茎和根部需要削皮，如果需要，应将番茄焯水并去皮，柿子椒应去梗、筋和籽（图3）。
根据蔬菜的特征将蔬菜弄小：
- 撕碎（莴苣类蔬菜）
- 切成丝（甘蓝类蔬菜）
- 擦成片（黄瓜、萝卜）
- 擦成丝（较软的蔬菜和水果）
- 擦碎（有较硬结构的蔬菜）
- 研磨（洋葱、辣根、坚果）

**拌制——腌渍入味**

将已经准备好的沙拉和相应的腌渍汁放在沙拉盆中拌制。使用沙拉拌制勺和拌制叉彻底但小心地混合或翻动沙拉，这样，所有蔬菜可以被腌渍汁包裹，但又不会损伤蔬菜。
- **直接在上桌前完成**，由莴苣类蔬菜和娇嫩蔬菜制作的沙拉，如：黄瓜和番茄，可以保持新鲜和爽脆。如果过早拌制，盐会杀出菜的水分，沙拉会变软。
- **上桌前较长时间拌制好**，由较硬、水分较少的蔬菜制作的沙拉，如：胡萝卜、甘蓝菜、柿子椒和芹菜。腌渍汁可以入味。

**制作示例**

苹果、胡萝卜、葡萄干沙拉
擦碎胡萝卜、苹果并与橙汁混合，并放入在橙汁中泡软的葡萄干。在半个橙皮、玻璃杯或玻璃碗中摆盘。放入一勺未完全硬性打发的奶油，放上擦碎的辣根，并撒上榛子仁切片。

梨、珍珠萝卜、莴苣沙拉
将成熟的梨纵向切半、去籽，使用橄榄形的土豆挖球器去除果肉。滴入醋栗汁，放上萝卜片和橄榄。将酸牛奶和油拌和，拌入沙拉并放入已经挖掉果肉的梨碗中，撒上切碎的香葱。

紫甘蓝、苹果、葡萄沙拉

紫甘蓝和苹果切成细丝，和柠檬汁混合。择选洗净的白葡萄切半，去掉籽并放入切成条的配料中。加入一些擦碎的洋葱、醋栗果子冻，和油一起腌制。为了让菜肴入味，覆盖容器并冷藏。在玻璃碗中摆盘并撒上切碎的核桃仁。

红菊苣、球茎茴香、蜜瓜沙拉

将蜜瓜切成小片，球茎茴香和红菊苣切成丝，浇上橙汁，并将所有内容混合。将等量的新鲜奶酪、味道浓郁开胃的蛋黄酱和搅打成泥的番茄果肉搅拌在一起，和研磨碎的辣根以及切碎的茴香一起品尝。使用这些材料拌制沙拉，在玻璃盘中摆放并使用水田芥围成边。

## 3.3 使用烹煮过的蔬菜制作沙拉

制作这类沙拉主要考虑使用以下蔬菜：

| 蔬菜 | | | |
|------|------|------|------|
| 朝鲜蓟 | 菜花 | 西蓝花 | 新鲜豆子 |
| 根芹菜 | 大葱 | 胡萝卜 | 蘑菇 |
| 豌豆 | 红菜头 | 芦笋 | 豆角 |

蔬菜可以在生或熟的状态下切成不同的形状。球茎和块根可以使用挖球器、压模或花式刀（特殊形状的刀刃）。

切好的生蔬菜可以放在有少量盐和油的水中烹煮。蔬菜应断生，但是不要过度煮制。

为了获得香气和味道，煮熟的蔬菜必须放在烹调汁水中冷却。在热的液体中，蔬菜还会收紧，因此要及时停止烹煮过程。

在空气中氧气的影响下，未烹煮的、浅色蔬菜的切割面会变色，特别敏感的有朝鲜蓟和根芹菜。为了防止发生变色，应将蔬菜放入水中，直至烹煮，水中应放入醋或柠檬汁等酸性物质。

**拌制——腌渍入味**

使用煮熟的蔬菜制作沙拉时，必须预先拌制，这样腌渍汁才能进入蔬菜。在酸中会迅速失去其颜色的香草应在摆盘前不久加入。

一般情况下，应按照每日沙拉的制作需要制作腌渍汁。

控水的蔬菜需要事先在一个沙拉盆中与沙拉酱汁混合在一起。

直到摆盘前，应将沙拉放入平坦的容器中，并覆盖保鲜膜冷藏。

如果使用味道浓郁开胃的蛋黄酱或沙拉蛋黄酱拌制，控水的蔬菜应首先平放在纸巾或厨房用纸上干燥。附着在蔬菜上的水分会使沙拉酱变稀，并因此影响沙拉的味道。

### 3.4 沙拉的摆盘

图1：沙拉卫生——摆盘时应佩戴手套

所有沙拉应当制作成适合人一口吃下的大小，因为在食用的时候，只使用一把叉子。沙拉的摆盘应当膨松并吸引人的胃口。

不同的蔬菜种类、不同的酱汁以及其他添加的食材完成沙拉（如：香草或果仁）可以产生不同的口味的变化。

颜色新鲜的沙拉有开胃的作用，因此在搭配和摆盘〔图1〕时要注意有变化的颜色，撒上的香草有时可以产生色彩变换。

玻璃制成的平坦的碗或盘子、小而深的盘子或甜点盘在摆盘时特别有优点，因为它们可以最有效地突出沙拉的新鲜度、颜色和造型。

通过以下摆盘方式进行区分〔图2，图3，图4〕：

**简单的沙拉**

萝苣类蔬菜或其他蔬菜单独作为沙拉，例如：卷心萝苣沙拉、番茄沙拉、甘蓝菜沙拉、黄瓜沙拉、豆子沙拉或菊苣沙拉。

图2：烟熏鲑鱼沙拉

**混合沙拉**

萝苣类蔬菜和其他蔬菜互相混合，例如：卷心萝苣、番茄、水芹菜沙拉或野萝苣、芹菜、红菜头沙拉。

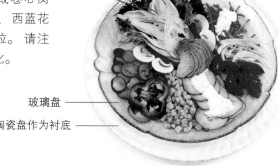

图3：蘑菇肉汁冻搭配菊苣、苦菊、圣女果和核桃调味汁

**沙拉拼盘**

萝苣类蔬菜和其他蔬菜分别单独摆放，例如：菊苣、小萝卜、黄瓜、结球萝苣或卷心萝苣、芦笋、西蓝花和番茄沙拉。请注意颜色变化。

玻璃盘 ————

陶瓷盘作为衬底 ————

图4：野萝苣搭配土豆调味汁和萝卜苗

## 3.5 土豆沙拉

制作优质的土豆沙拉必须挑选好的土豆。合适的种类有"汉莎"和"西格林德"，这两种的口味都是从温和至强烈，**耐煮**，因此可以保持形状。

制作示例

---

### 土豆沙拉

| 制作10人份所需的材料 | |
| --- | --- |
| 1kg | 盐水煮土豆 |
| 100g | 细碎的洋葱丁 |
| 60g | 油 |
| 0.2L | 肉汤 |
| 4~6EL | 醋 |
| 1量勺 | 黄芥末 |
| | 盐、胡椒 |
| | 生菜叶用于装饰 |
| 1EL | 切碎的香草 |

- 将清洗干净的土豆带皮煮制。
- 从锅中倒出来并放在平坦的位置晾一下。
- 将还热乎的土豆削皮，然后切成薄片。
- 将肉汁和洋葱以及醋一起煮制。
- 放入盐、胡椒和黄芥末，并品尝味道。
- 拌入油，并将热的腌制汁浇在土豆片上。
- 小心地翻动土豆沙拉，直至他们稍微粘在一起。
- 使用生菜叶子盛装土豆沙拉摆盘，并撒上香草。

---

图1：搭配蛋黄酱的土豆沙拉

图2：搭配蒲公英叶子和肥膘丁的土豆沙拉

**搭配蛋黄酱的土豆沙拉（图1）**

使用一般的肉汤和油制作的土豆沙拉，在下方摆放调味的蛋黄酱。摆放的沙拉旁边使用珍珠萝卜切片围绕进行装饰，并撒上香葱。

**搭配蒲公英叶子和肥膘丁的土豆沙拉（图2）**

将100g五花肉条煎至发脆。将其与煸出的油脂和土豆沙拉一起混合，然后加入2EL切小的、稍微拌制过的蒲公英叶子。

这份沙拉可以立即食用；温热时食用更加细腻。

土豆沙拉可以在口味上有所变化（图3）。

图3：土豆沙拉作为底座，搭配拌好的鲲鱼

### 3.6 自助沙拉

今天，许多企业以自助形式为客人提供沙拉（图1）。企业在餐厅中便利的位置上摆放一个有冷却功能的自助柜台，其内容物清晰可见，并邀请客人自助进行服务。

图1：沙拉自助餐

### 结构

沙拉自助应当尽可能多地提供书中主要描述的沙拉用菜，也就是大量的莴苣类蔬菜和生食沙拉，并有多种可选的调味汁，以及已经拌制好的蔬菜沙拉或沙拉配料，如：蔬菜、水果、鱼肉、鸡蛋、新鲜奶酪和烹调的肉类。

### 计算

自助中，沙拉可以按照以下方式计算价格：

- 按照不同盘子或玻璃器皿的大小，
- 按照沙拉的称重，
- 规定总额，
- 当沙拉已经算入菜肴中时，不分开计算。

---

**辅助销售的词语**

| | | | | |
|---|---|---|---|---|
| 新鲜 | 营养丰富 | 一份自然 | 非常传统 | 轻食，对身体无负担 |
| 爽脆 | 高营养密度 | 纯朴天然 | 新鲜产品 | 恰到好处的苦味清新爽口 |
| 健康 | 开胃 | 原汁原味 | 制作时尽量不破 | |
| 低热量 | 清香 | 在夏日带来凉爽 | 坏维生素 | |

---

**作业**

1. 请您说出由植物类产品制作的沙拉。
2. 在什么前提条件下，一份沙拉可以被称为"营养价值完整"？
3. 请您解释以下配料分组在沙拉调味汁中的意义：

   a）油、乳酪、奶油或蛋黄酱　b）醋、柠檬汁或橙汁、酸奶或酸奶油
4. 哪些蔬菜适合制作生食沙拉？
5. 哪些餐具可以用于沙拉的摆盘？
6. 请您说出五种不同的沙拉酱汁并记录其配料。
7. 请您说出五种蔬菜，用它们制作沙拉时必须煮熟后再使用。
8. 如何理解"调味汁"？
9. 请您编写出一份检验清单用于布置和检查自助沙拉餐台。
10. 对以下对象而言，自助沙拉有哪些优势？

    a）对餐饮企业　b）对客人
11. 对自助沙拉可以使用哪些计算价格的方法？

# 4 配菜

除了肉或鱼类菜肴外，一道完整的菜式中还应有蔬菜、沙拉或含有淀粉的配菜。由于高淀粉含量，配菜的味道中性，因此适合作为补充。**饱和值**取决于高淀粉含量。这类配菜的基础由土豆和谷物制品构成。

## 4.1 土豆

土豆（图1）是菜肴成分的主要组成方式，它的味道中立并且
* 允许多种制作方式，
* 根据种类不同，与不同的菜肴口味和谐，
* 在和谐的关系中获得营养物质和有效物质。

**土豆制作的概览（示例位于下一页）**

当人们按照制作和完成的方式进行区分时，可以获得对各种土豆制作方式的概况。

这种思维方式辅助人们为新内容进行分类，并使概览简化。

图1：土豆种类

① 格拉塔
② 西格林德
③ 罗塞拉
④ 克利威亚
⑤ 埃尔斯特灵
⑥ 班贝格角

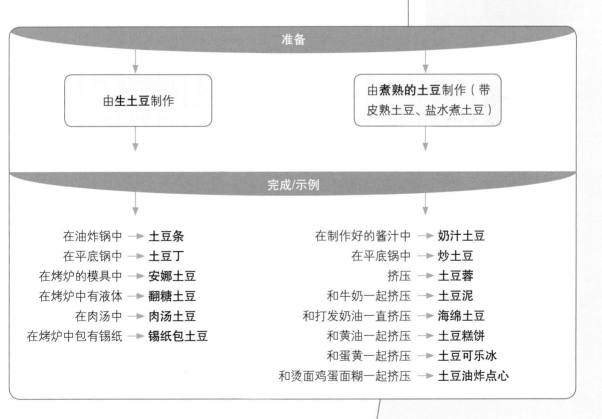

| 准备 | |
|---|---|
| 由**生土豆**制作 | **由煮熟的土豆**制作（带皮熟土豆、盐水煮土豆） |

| 完成/示例 | |
|---|---|
| 在油炸锅中 → **土豆条** | 在制作好的酱汁中 → **奶汁土豆** |
| 在平底锅中 → **土豆丁** | 在平底锅中 → **炒土豆** |
| 在烤炉的模具中 → **安娜土豆** | 挤压 → **土豆蓉** |
| 在烤炉中有液体 → **翻糖土豆** | 和牛奶一起挤压 → **土豆泥** |
| 在肉汤中 → **肉汤土豆** | 和打发奶油一直挤压 → **海绵土豆** |
| 在烤炉中包有锡纸 → **锡纸包土豆** | 和黄油一起挤压 → **土豆糕饼** |
| | 和蛋黄一起挤压 → **土豆可乐冰** |
| | 和烫面鸡蛋面糊一起挤压 → **土豆油炸点心** |

制作简单的菜肴

图1：土豆丝碗

**生土豆制作的菜肴**

出于经济原因，通常人们使用较大的土豆进行切割，因为这样产生的削皮损失较少。因为削皮和切割的生土豆在空气中氧气的作用下会变色，所以在继续制作前，土豆被放置在冷水中保存。切土豆会破坏细胞，并在表面附着析出的淀粉。

在油炸的时候，这些淀粉会导致产生不均匀的棕色，因此，需要冲洗切好的土豆。

**在油中煎炸**

在油锅中炸制的土豆，必须控水并小心地弄干水分。

否则，附着的液体会导致油中产生气泡，并因此产生烫伤的危险，而且，油脂也变得容易腐败。为了将生成的**丙烯酰胺**控制在比较低的水平，油脂的温度**不能**超过170℃。

金黄替代棕色！炸成金黄替代过度烹调！油炸产品不要在油锅中加盐！

**切得较细薄的类型**

这些在170℃下炸制成中度的棕色。

然后，将土豆从油中取出来，控油，并立即在炸锅以外调味，这样盐可以附着在食物上。

在上菜前，将食物放在平坦、无覆盖的器皿中保温。

土豆丝

1mm厚的细条，切成5～6cm长（图2）。使用双层筛子，可以将土豆丝制作成土豆丝碗（图1）。

图2：土豆丝

火柴棍土豆

切成火柴棍大小（图3）。

薯格（图4）

将土豆片切成圆形，使用特殊的擦菜器和相应的刀片切割擦出土豆。在每一次切割土豆后，将土豆旋转90°，这样可以产生网格的样式。

图3：土豆条

土豆片（图5）

均匀地将生土豆切成约1mm厚的片。

图4：薯格

图5：土豆片

**切得较粗厚的类型**

这类产品应首先在130℃左右预炸。这期间，土豆上的颜色不会改变。当有人点菜时，将一份的重量在约170℃的油中炸至金黄酥脆，而内部保持绵软。

在控干油之后，一边摇动一边撒盐并装盘。

炸薯条

1cm厚，5～6cm长的土豆条（图1）。

烘烤的土豆条

1.5cm厚，5～6cm长的土豆条（图2）。

图1：炸薯条

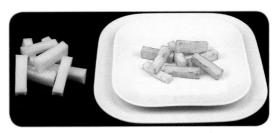

图2：烘烤的土豆条

**在平底锅中煎炒**

将切成形或挖成形的土豆焯水，控干水分，在锅中将黄油熔化至清澈的状态，将控干水分的土豆放入锅中煎炒。

然后调味，并放入烤箱中烤成金黄色。在这个过程中需要经常翻动。

土豆方丁

土豆切成1cm的方丁（图3）。

图3：土豆方丁

弯月土豆

切削成类似半月形，长约5cm，末端较粗的形状（图4）。如果需要，可以撒上香芹。

橄榄土豆

使用椭圆形的土豆勺子将土豆挖成橄榄的形状（图5）。

图4：弯月土豆

图5：橄榄土豆

### 果仁土豆

用一把土豆勺子挖出土豆球（图1）。

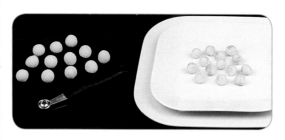

图1：果仁土豆

### 巴黎土豆

使用一把大的挖球器挖土豆，其比果仁土豆更大（图2）。

图2：巴黎土豆

## 在烤箱中烘烤的造型

### 安娜土豆

图3：安娜土豆

将小土豆切成1~2mm的薄片并调味。在厚壁金属模具中涂上熔化的黄油，然后将切好的土豆片螺旋（按照玫瑰花饰的造型）摆放（图3）。其他不规整的土豆放在中间空出来的部分，并按紧。在土豆上浇上黄油，并在烤箱中烤至金棕色。通过插入小棍的方式判断是否煮熟。

### 面包师式土豆

以前，煎烤羊肉经过一半的烹调时间时会将生土豆片、洋葱丝放入，并在产生的汤汁中一起煮制。为了将煮好的土豆摆放得比较漂亮，现在会将土豆按照萨瓦土豆的方式（参见下一页）将土豆放在陶瓷烘焙模具中，调味，撒上洋葱丝，倒入羊肉汤汁在烤箱中烹调。

## 在液体中烹调

图4：翻糖土豆

### 翻糖土豆

将土豆切削成李子大小的梭子形，并放在涂有黄油的烤盘或耐烧的模具中，倒入肉汤并在烤箱中不盖盖子进行烹煮。在此期间，应多次刷上汤汁并烤成金棕色。在摆盘前需要涂上黄油（图4）。

### 肉汤土豆

在黄油中煸炒切成小丁的洋葱和蔬菜（芹菜、胡萝卜、大葱），放入边长2cm的土豆丁，倒入肉汤，几乎能没过蔬菜，加盐、胡椒并烹煮。在摆盘的土豆上撒上香芹（图5）。

在焯水时，淀粉在外层糊化，土豆丁能够较好地保持形状。

图5：肉汤土豆

### 萨瓦土豆

　　将土豆纵向剖半，并切成2mm厚的片，在一个涂抹黄油并撒有冬葱的炊具中，将土豆平放，倒入肉汤，并放入烤箱不盖盖子进行烹制。在烹调时间结束前，撒上擦碎的帕尔玛干酪，浇上黄油并将表皮烤制棕色。萨瓦土豆必须保持多汁（图1）。

图1：萨瓦土豆

### 焦皮土豆

　　擦碎一瓣大蒜放入涂有黄油的耐烧的模具中，并放入切成2mm薄片的土豆。将奶油和帕尔玛干酪或其他干酪混合在一起，加入盐和胡椒调味，并浇在土豆上，放上黄油碎并放入200℃的烤箱中烘烤约25min，并烤至金棕色。

### 锡纸包土豆

　　彻底清洗大的面土豆，如果需要用刷子刷，然后包入锡纸中，在180℃的烤箱中烘烤（图2）。根据土豆的大小和水分含量，烹调时间有所不同。在上桌前，应将锡纸中的土豆纵向切开，并稍微压一下，这样便于打开。使用盐、胡椒调味，还可放入香草黄油、熊葱香蒜酱、酸奶油、酸奶黄瓜酱、中脂酸奶油或酸奶凝乳进行调味。上菜时需要将土豆和一把土豆勺子一起上菜。特别的配菜还有和洋葱一起烘烤的五花肉，新鲜切碎的厨房香草或鱼子酱。

图2：锡纸包土豆

## 制作已经煮熟的土豆

### 煮熟的带皮土豆

　　使用中等大小的土豆煮制带皮土豆。要清洗土豆，带皮水煮或蒸制。烹调时间为水开后20~30min。然后倒掉水，并将土豆放在一个平盘上冷却。趁热给土豆削皮，这样最容易剥掉皮。

如果在水中煮制土豆，需要在水中加盐，并根据喜好放入香芹籽。

### 盐水煮土豆

　　盐水煮土豆时使用去皮、均匀大小的土豆，通常要切成长形的。煮好的土豆形状没有改变，可以涂上熔化的黄油并撒上切碎的香草（图3）。

### 新土豆，班贝格角土豆或早熟土豆

　　这些土豆也被称为早熟土豆，也包含班贝格角，制作方法同带皮土豆，主要用于制作新鲜的芦笋菜肴以及搭配高级的鱼肉食用。

图3：盐水煮土豆

### 在制作好的酱汁中完成

将切成片或丁的带皮土豆放在准备好的酱汁中翻动并品尝。可以撒上奶酪并烤出一层焦脆的皮。

#### 奶汁土豆

将土豆切成片或丁，和奶油一起烹煮并勾芡。

#### 酸土豆

在油中将面粉和切碎的洋葱煸炒至浅棕色，倒入肉汤、酒醋、放入盐、胡椒和一撮糖。放入丁香和香叶并煮制15min。现在，在酱汁中翻动已经煮熟的土豆片。

### 在平底锅中煎炒

在黄油中煎制切成片或丁的带皮土豆或擦碎的土豆。但是只需要使用煎制过程结束时土豆能够吸收的油脂。

如果开始制作时油脂用量较少，在稍后可以撒上一些黄油碎，使煎制土豆的味道更细腻。

#### 煎炒土豆

将土豆切成3mm厚的片，加盐、胡椒并煎炒成棕色。

#### 里昂土豆

将煎土豆和煎炒成金黄色洋葱丝混合在一起，撒上切碎的香芹。

图1：伯尔尼煎土豆饼

#### 伯尔尼煎土豆饼（图1）

将煮熟的土豆擦碎，在黄油中煎烤肥膘丁和洋葱丁，或者煎炒猪油，并轻轻按压。将形成的饼翻面，再次煎烤并上菜。

新土豆或早熟土豆的淀粉较少。因此，它们不适合制作土豆面团。

### 挤压土豆

在盐水中煮制削皮的切成块的土豆，烹调时间约为20min。然后，将土豆倒出来，**放回灶上将水分蒸发或放在一个热的烤箱中**。这样，水分会减少，稍后会获得更紧密的土豆泥。然后继续加工干燥的热土豆。

#### 土豆蓉（图2）

使用挤面器将热土豆挤在摆盘的餐具中，撒上少许盐、肉豆蔻和黄油碎。撒上新鲜的厨房香草碎，土豆蓉会获得特别的口味。

图2：土豆蓉

## 挤压土豆混合牛奶和奶油

### 土豆泥

使用挤面器挤压热土豆，和肉豆蔻以及黄油碎一起搅拌，这样就会形成疏松的土豆泥碎屑。然后不断加入煮热的牛奶，直至土豆泥达到期望的绵密状态。将完成的土豆泥放入其他容器中，盖上盖子存放（图1）。

图1：搭配熊葱香蒜酱的土豆泥

### 搭配奶油的土豆泥

制作过程同土豆泥，但是使用奶油替代牛奶。土豆泥首先会保持硬挺，在摆盘前搅入一部分打发的奶油。

通过加入新鲜的香草碎或烘烤的五花肉和洋葱丁，土豆泥可以有所变化，或者更加精致。

## 挤压土豆混合黄油

### 土豆饼（图2）

搅拌挤压出来的热土豆和小块的黄油、磨碎的肉豆蔻，如果需要加入一些盐。将土豆泥放在一个撒有面粉的平面上，并做成直径为4cm的条状。切成约1.5cm厚的片，放在有油脂的平底锅中，将两面煎至金黄。如果锅中有过多的油脂，土豆片会开裂。

变化：在土豆泥中加入煎烤的肥膘丁、洋葱丁和香芹，或者煸炒过的火腿肉丁、切碎的香葱。

图2：土豆饼

重要：在完成全部面团的制作前，应先在油中制作试验品。

## 挤压土豆混合蛋黄——塑形土豆糊（蛋黄带来黏合力）

混合250g挤压过的热土豆，1个蛋黄、一撮盐、磨碎的肉豆蔻，如果需要加入黄油碎。

### 土豆棒（图3）

将土豆泥做成直径1.5cm、4cm长的柱状。裹上面粉、鸡蛋和面包屑。在160～170℃的油锅中煎炸约1.5min。

图3：土豆棒

### 梨形土豆

将制作土豆棒的土豆泥做成梨子的形状，包裹面包屑，使用丁香和香芹梗装饰并油炸。

### 公爵夫人土豆/土豆挤花（图4）

将土豆泥放入裱花袋中，使用星形喷嘴，将土豆泥挤压在涂有油脂的烤盘或烘焙用纸上，涂上蛋黄并放入烤箱烤至金黄。

图4：公爵夫人土豆

制作简单的菜肴

图1：杏仁土豆泥球

### 杏仁土豆泥球（图1）

将切碎或擦成片的烤杏仁混入土豆泥中，做成直径2cm的球。包裹面粉、鸡蛋和擦成片的杏仁，在160~170℃的油中炸制1.5min。

制作**椰子球**时，只需要将杏仁碎替换为椰子碎。

### 贝尔尼土豆

将切碎的松露混入土豆泥中，包裹面包屑并按照杏仁土豆泥球的方法油炸。

## 挤压土豆混合烫面面团（烫面面团带来黏合力）

在完成全部面糊的制作前，需要烤制试验品。

| 混有烫面面团的土豆泥 | |
| --- | --- |
| **制作10人份所需的材料** | • 将含有黄油和盐的水煮开。 |
| 200g　水 | • 一次倒入所有面粉并边搅拌边加热，直至面糊和锅底分离。 |
| 30g　黄油 | |
| 100g　面粉 | |
| 2枚　鸡蛋 | • 放入冷凉的器具中，加入鸡蛋和挤压过的土豆。 |
| 1000g　挤压的煮熟的土豆 | |
| 　　　盐、肉豆蔻 | |

图2：土豆油炸点心/洛雷特土豆

### 土豆油炸点心/王储土豆

用食匙将上述土豆泥做成团子形状，放在烘焙用纸上。将纸和团子放入160~170℃的油锅中，移去烘焙用纸，炸制约1.5min。

### 洛雷特土豆（图2）

上述土豆泥中混入60g帕尔玛干酪，放在装有平口（直径1cm）的裱花袋中。在撒有面粉的平面上挤出长圆筒状，斜切成5cm段，做成半圆弧，并放在烘焙用纸上。

按照土豆油炸点心的方法制作（参见图2）。

### 土豆花环（图3）

在涂有油脂的纸上或裁小的烘焙用纸上将王储土豆泥挤成双层花环状，放入油锅中炸。因为圆环会膨胀，所以会变高，炸制几分钟后必须翻面。

图3：土豆花环

## 预制的土豆产品——方便食品

在工业中，土豆被制作成一系列预加工产品。对餐饮业而言，主要有成品土豆泥，冷冻炸薯条和土豆面团制作的菜品，如：土豆棒。

### 炸薯条（图1）

预炸过的薯条主要以冷冻形式供应。不需要解冻，在170℃左右将薯条炸至相应的金棕色。

解冻的薯条表面会附有水分，这会导致油冒泡，并导致油脂迅速腐败。

不能一次向油炸筐里放过多的冷冻薯条，否则油温会迅速下降过多。

### 成品土豆泥/土豆泥粉

土豆经过烹煮、制作成土豆泥并干燥。根据干燥的类型不同，人们将成品土豆泥分为土豆泥团和土豆泥颗粒（微粒）。

土豆泥团对强烈的搅拌敏感，因为这会破坏土豆细胞，通过露出的淀粉可以使土豆泥变得硬挺。

在加工土豆泥团的时候，需要将土豆泥团加入经调味且温热（未煮开）的液体中，在规定的制作时间内不能搅动。然后使用打蛋器将土豆泥打松，搅打的时间应较短。

### 土豆泥

其他土豆制作的成品有制作所有类型土豆团子的生面糊。

此外，工业企业还提供用于制作塑形土豆糊的土豆粉。

### 冷冻产品

在冷冻产品中，提供从土豆棒到伯尔尼煎土豆，从王储土豆到土豆泡芙的大量产品。

制作素食菜肴时，人们喜欢使用土豆泥作为包裹的皮或蔬菜馅料的外皮。

烤成焦黄的奶汁土豆有非常好的质量，符合餐饮业标准应用。

土豆面条，也称为油煎土豆团子面〔图2〕，和土豆面粉团子或长形团子进行供应。

甜品和甜食中供应李子团子和杏团子，土豆面粉团子和萨克森凝乳小团子。

图1：炸土豆

> 制作预制产品时，应一直遵守生产商的提示。

图2：油煎土豆泥

## 4.2 丸子

在商业厨房中，经常会提前制作好丸子（图1），冷却并保存。在上桌前，重新将丸子放入沸腾的盐水中加热，直至热量抵达丸子中心。

在摆盘的时候，撒上黄油或涂上黄油碎。

在小面团上撒上奶酪并浇上黄油。

图1：团子/丸子

丸子面糊在制作完成后需要立即烹煮，否则面糊会吸收水分并变软。

**重要**：在制作前应使用面糊制作一个试验品。

---

### 土豆丸子——由生土豆制作而成

**2.5kg面糊的配料（20人份）**

| | |
|---|---|
| 2kg | 生土豆 |
| 0.35L | 牛奶 |
| 70g | 黄油 |
| 180g | 粗粒小麦粉 |
| 50g | 烘烤面包丁（煎烤面包块） |
| | 盐、肉豆蔻 |

- 将土豆擦入盛有冷水的容器中。
- 将擦碎的土豆倒入一块毛巾中，控水并挤压。
- 当淀粉沉淀后，倒出水。
- 将淀粉和土豆碎混合。
- 煮开牛奶、少量盐和黄油。
- 放入粗粒小麦粉并搅拌，直至形成一团。
- 将煮熟的粗粒小麦粉趁热和挤压出的土豆碎混合并为面团调味。
- 将丸子做成期望的大小，同时将煎烤的面包块压入丸子的中心。
- 将丸子放入煮沸的盐水中。炊具必须足够大保证丸子之间有一定的空隙。
- 迅速煮制，锅盖露出一道缝，并在沸水中煮制20min。

---

### 土豆丸子——由煮熟的土豆制作

**2.5kg面糊的配料（20人份）**

| | |
|---|---|
| 2kg | 煮熟的土豆 |
| 125g | 面粉 |
| 125g | 粗粒小麦粉 |
| 5枚 | 鸡蛋 |
| 50g | 烘烤面包丁 |
| | 盐、肉豆蔻 |

- 压碎土豆，和其他配料混合在一起。
- 做成团子的形状并在中心放入烘烤面包丁。
- 迅速煮制，锅盖露出一道缝，并在沸水中煮制20min。

## 由生土豆和煮熟的土豆制作（图林根丸子）：

**2.5kg面糊的配料（20人份）**

| | |
|---|---|
| 1.5kg | 生土豆 |
| 800g | 煮熟的土豆 |
| | 盐、肉豆蔻、香芹 |
| 50g | 烘烤的白面包丁 |
| 可能需要50g | 煎制、较瘦的肉丁 |
| 可能需要50g | 煸炒过的洋葱丁 |

- 生土豆的处理方式同生土豆制作土豆丸子的方法（第204页）。
- 为新鲜烹调、压碎的土豆加盐，趁热搅拌成糊状并加入土豆面糊中。
- 将烘烤面包丁/煎烤面包丁（图1）放入每份丸子面糊，并做成丸子形状，在微微翻滚的水中煮熟（图2）。

图1：
将煎烤面包丁放在中间

图2：
破开煮熟的丸子

## 土豆小团子

小团子（Nocken）在意大利语中指的是丸子。但是丸子大多数是圆形的，而小面团则更小且大多数为椭圆形的。

**2.5kg面糊的配料（20人份）**

| | |
|---|---|
| 2kg | 新鲜煮熟的盐水煮土豆 |
| 400g | 面粉 |
| 2枚 | 鸡蛋 |
| 60g | 黄油 |
| | 盐、肉豆蔻 |

- 压碎新鲜煮熟的盐水煮土豆。
- 在热土豆中放入鸡蛋、黄油和面粉。
- 快速完成。
- 在案板（工作台）上撒上土豆淀粉。
- 将热的面糊做成长棍形。
- 将其切成片并且用叉子的尖插几下。
- 立即放入已经煮开的盐水中。
- 煮沸。
- 用漏勺捞出来，并在冷水中冷却。
- 将其放入垫有纸巾的板子上，有客人点菜时，再重新加热。

## 土豆面

**制作10人份所需的材料**

| | |
|---|---|
| 1kg | 土豆 |
| | （煮至粉末状） |
| 300g | 面粉或淀粉 |
| 60g | 黄油 |
| 150g | 面包碎 |
| 2枚 | 鸡蛋 |
| | 盐、肉豆蔻 |

- 煮土豆，削皮。
- 趁热在土豆压制器中挤压并晾凉。
- 将塑形土豆泥和面粉、蛋黄迅速揉捏成一个面团，并立即完成揉捏，否则会变软。
- 在面团上撒上面粉，并揉成棒状。
- 切成小块。
- 做成手指长的面条。在这个过程中不断在手上、面团和工作台上撒面粉。
- 将手指面条放入煮沸的盐水中。
- 煮制约5min，取出并控水。
- 现在将面条放入清澈的热黄油中微微煎烤，撒上面包屑并上桌。

## 面包团子

**2.5kg配料**

| | |
|---|---|
| 1kg | 隔夜小面包或白面包 |
| 0.8～0.9L | 牛奶 |
| 250g | 煸炒过的洋葱丁 |
| 100g | 黄油 |
| 7枚 | 鸡蛋 |
| | 香芹、盐、肉豆蔻 |

- 将小面包或者白面包切成小丁。
- 将其中的200g放入黄油中煎烤成浅棕色，并加入其他面包丁。
- 将面包丁放入一个盆中，并倒入加热的牛奶，放置在一旁软化。
- 打散的鸡蛋和所有其他配料搅拌在一起，调味并静置30～45min。
- 用面糊做成适当大小的团子。
- 放入煮开的盐水中烹煮。
在完成全部面糊的制作前应**煮一小块作为试验品**。

## 酵母团子

**1.8kg的配料**

| | |
|---|---|
| 1kg | 面粉 |
| 75g | 酵母 |
| 10g | 盐 |
| 125g | 黄油 |
| 0.4～0.5L | 牛奶 |
| 1TL | 糖 |
| 2枚 | 鸡蛋 |
| 2个 | 蛋黄 |

- 加热牛奶，熔化黄油，以此调节其他配料的温度。
- 面粉筛入盆中。
- 在中间做成坑。
- 放入弄碎的酵母，加入一部分牛奶和糖，使用少量面粉制作成酵母面团。
- 盖上盆，并放在一个温暖的位置，使酵母面团可以发酵。
- 然后加入剩余的配料，将所有材料加工成平滑的面团并覆盖，再次醒发。
- 在工作台上撒上面粉，将面团制作成粗条。
- 将其分成每个重约50g的剂子。
- 双手撒上面粉，将剂子揉成团子状。
- 放在撒有面粉的案板上并覆盖放在温暖的位置。
- 将团子放入煮沸的盐水中。
- 盖上盖子煮制25～30min。
- 在经过一半的烹调时间后给团子翻面。
- 用小木棍（牙签、竹签）检测烹煮的状态：没有面团粘附在小棍上即煮熟。
- 从水中捞出团子，同时控水。
- 摆盘，洒上黄油或者涂上黄油碎并立即上桌。

**餐巾团子**

　　按照上述两种方法都可以制作餐巾团子。如果使用"面包团子"的菜谱，蛋黄和蛋清需要分开，蛋清要打发至硬性发泡，并在烹煮前放入。

　　如果使用"酵母团子"的菜谱，需要将面团切成五份，在少量牛奶中预先软化小面包和150g烘烤面包丁。

使用两种基础面糊的其余操作步骤一致：

- 将面糊做成粗条状或者长条面包状，并放在一块撒有面粉的毛巾上。
- 将毛巾松松地包裹在粗条或长条面团上，因为在烹煮过程中面团还会膨大。用线系住两端。
- 将餐巾团子放在相应大小的容器中（长椭圆形），并放入盐水中烹煮，打开毛巾并使用绑线切成片（图1）。

图1：烹煮和切割餐巾团子

## 粗粒小麦粉团子

**制作10人份所需的材料**

| | |
|---|---|
| 0.5L | 牛奶 |
| 100g | 粗粒小麦粉 |
| 20g | 黄油 |
| 1枚 | 鸡蛋 |
| | 盐、肉豆蔻 |

- 在煮开的牛奶中放入粗粒小麦粉并制作成黏稠的粥状。
- 混合黄油、香料和打散的鸡蛋。
- 在烤盘上放上烘焙用纸，将粗粒小麦糊在上面摊开（约1.5cm厚）。
- 冷却并撒上帕尔玛干酪。
- 压出半月形的粗粒小麦粉团子，并稍微烘烤。

## 油煎玉米饼

**制作10人份所需的材料**

| | |
|---|---|
| 50g | 黄油 |
| 250g | 粗粒玉米粉 |
| 0.6L | 水 |
| 0.6L | 牛奶 |
| 100g | 洋葱丁 |
| 100g | 帕尔玛干酪 |
| | 盐、白胡椒 |

- 在黄油中煸炒洋葱。
- 加入水和牛奶并煮开。
- 加入玉米粉，持续搅拌并加热5min。
- 然后，用最小的火力煮制约30min。
- 加入磨碎的帕尔玛干酪，放在铺有透明保鲜膜的烤盘上，按照期望的厚度摊开面糊并冷却，然后塑形并煎制。

**制作油煎玉米饼**（图2—图5）

图2：面糊增稠

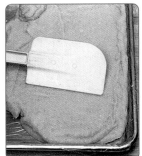

图3：摊平面糊

图4：塑形

图5：煎制玉米饼

### 巴黎小团子

**制作10人份所需的材料**

| | |
|---|---|
| 0.4L | 牛奶 |
| 60g | 黄油 |
| 100g | 面粉 |
| 6枚 | 鸡蛋 |
| | 盐 |

- 制作烫面鸡蛋面糊。
- 使用裱花袋和8号平口裱花口，在沸腾的盐水中挤入榛子大小的团子，短暂烹煮。
- 摆放在烤盘中。
- 浇上贝夏美酱汁，撒上帕尔玛干酪和黄油碎，稍微烘烤至产生一层硬皮。

除了土豆和米饭，面食是一种很重要的配菜，当然也是很多受欢迎菜肴的重要组成部分。

## 4.3 面食

　　自己制作面食时，除了使用小麦面粉，还可以使用精细研磨的黑麦、斯佩尔特小麦（带有青粒）或荞麦的全麦面粉。大多数情况下，工业化生产中只使用硬质小麦制作面团。

### 面条

### 面条面团

**制作10人份所需的材料**

| | |
|---|---|
| 1kg | 面粉 |
| 7枚 | 鸡蛋 |
| 2EL | 油 |
| 2EL | 水 |
| 8g | 盐 |

- 将面粉过筛，直接撒到案板（工作台）上。
- 在面粉中间做出一个坑，并放入打散的鸡蛋。
- 将所有材料混合揉捏成一个光滑的面团。
- 将面团分成4～6块，醒制30min，醒制过程中需覆盖面团以免干燥，这样面粉之间的谷朊可以松弛，便于稍后的擀制。

图1：面团制作

图2：成形

**成形**

　　手工继续加工面团时，需要使用擀面杖擀制出理想的厚度，并多次翻面避免干燥。然后，将面团切成理想的厚度。如果使用制作面条的机器，擀制和切割面条的工作可以用机器完成。如果使用机器，面团应当稍微硬一些。

**变形：**

通过以下方法可以使面条获得颜色和其他味道：

- 番茄泥、红菜头泥、胡萝卜泥、少量红葡萄酒可以添加红色；
- 菠菜或君达菜泥、切碎的厨房香草可以添加绿色；
- 全麦面粉、荞麦面粉、牛肝菌粉可以添加棕黄色；
- 乌贼的墨汁可以添加黑色。

**干燥（图1）**

可以在面条切割完成后直接烹煮。如果希望保存，则必须干燥。当面条完全干燥时，就可以除去表面粉末后包装起来。

图1：干燥

**烹煮**

面食可以在大量滚开的盐水中烹煮。偶尔搅动一下，可以防止面食互相粘连，以及面食粘在锅底。快速加热使表层迅速糊化，会减少泡沫和黏稠液体的形成。在煮制的水中放一些油，可以避免粘黏在一起。

当试吃时，还有一点点劲道，也就是"有嚼劲"的时候，面食已经熟了。这时，必须立即倒出来控水。通常情况下，还需要在冷水中冷却。或者直接在热的时候继续使用热水冲洗。根据面的厚度不同，烹调时间为2~14min。新鲜制作的产品所用时间最短。

**保存——重新加热**

可以先加工面食再储存，需要食用的时候重新加热。

使用冷水冲洗几乎煮熟的、控水的面食，并盖上保鲜膜保存，以防止面食变干。接受点餐后，再将面食放入煮开的盐水中加热，然后放入漏筐中控水，并倒入容器中。使用一把叉子涂上黄油碎。黄油可以包裹面食，并赋予食物细腻的光泽。

## 包馅面食

在这个概念下可以理解为一切小手包形状、小包裹形状和半月形的、填充有不同馅料的面食，煮制后搭配相应的酱汁食用。可以使用各式各样的材料制作馅料，如：奶酪、蔬菜、鱼肉、甲壳类动物、野味、蘑菇、分割肉等，馅料会赋予面食不同的风味。最著名的包馅面食有意式饺子和压出圆形皮制作的意式馄饨。制作意式饺子的时候，人们可以使用意式饺子模具或者配有相应配件的面条机。比较著名的有奶酪菠菜饺和德式饺子。

---

**乳清干酪和菠菜馅意式饺子** 需要使用500g面粉制作面团，方法参见前一页

**馅料的配料**

| | |
|---|---|
| 400g | 嫩菠菜 |
| 300g | 乳清干酪 |
| 150g | 擦碎的帕尔玛干酪 |
| 2个 | 蛋黄 |
| | 涂抹用的蛋白 |
| | 盐、胡椒、肉豆蔻 |

- 菠菜短暂焯水，放入冰水中激冷，控水，然后压紧并切碎，和剩下的配料混合在一起。
- 擀制面皮，将馅料放在面皮上，各个馅料之间留出充足的距离。在馅料之间的空隙上涂上蛋白，并盖上第二张面皮。
- 将上层面皮沿着馅料的边缘压紧并使用刀具或面团轮刀切割。

## 意式馄饨

**羊肉馅**

| | |
|---|---|
| 300g | 羊肉绞肉馅 |
| 100g | 洋葱丁 |
| 2EL | 橄榄油 |
| 50g | 胡萝卜丁 |
| 50g | 根芹菜的根 |
| 1枚 | 鸡蛋 |
| 2EL | 面包屑 |
| | 盐、胡椒、迷迭香、百里香 |

- 皮越小，馅料就要加工得越细小。
- 在压模做出来的面皮上放上切细的馅料，并涂上蛋液。
- 对折成半月形。
- 在两个末端再次涂上蛋液并围绕手指做成环形，并按压两端。

制作鸡蛋面疙瘩的方式

图1：将鸡蛋面疙瘩从板子上刮入水中

图2：或者从漏面器中将鸡蛋面疙瘩压入水中

图3：在此，鸡蛋面疙瘩面糊从孔眼中漏入水中

## 鸡蛋面疙瘩

**鸡蛋面疙瘩**

**制作10人份所需的材料**

| | |
|---|---|
| 1kg | 面粉 |
| 20g | 盐 |
| 约0.2L | 水或奶 |
| 12枚 | 鸡蛋 |

- 将过筛的面粉和其他配料混合在一起，搅打成没有结块的面糊，直至形成气泡。
- 使用刮刀（图1），漏面器（图2）或者使用擦菜器制作鸡蛋面疙瘩。
- 在使用刮刀制作鸡蛋面疙瘩时，将少量面糊放在润湿的平板上。
- 使用一把刮刀平地刮掉。
- 将小板子和涂上的面糊再次短暂地浸入沸水中。
- 然后使用刮刀从板子上刮掉薄薄面丝，直接送入煮开的盐水中。
- 在水煮沸一次后，使用漏勺捞出鸡蛋面疙瘩并控去水分，然后放入冷水中。
- 在漏面器中使面糊落入水中（图3），然后将漏面器放在一个盖有纸巾的板子上。
- 重新加热鸡蛋面疙瘩时，应将其放入平底锅中与熔化的黄油一同煸炒。

奶酪鸡蛋面疙瘩

可以使用漏勺直接从煮制的水中捞出使用擦菜板制作的鸡蛋面疙瘩，并放入一个盆中，放置一会儿后撒上擦碎的奶酪（阿尔高山地奶酪）。上方撒上在黄油中煸炒至金黄的洋葱丁。

## 4.4 米饭

米饭的味道温和，可以在很多方面使用。

**每份的分量：**

- 前餐　20～30g
- 菜肴　60～70g
- 配菜　40～50g
- 汤料　5～10g

### 烹煮米饭

**配料**

| | |
|---|---|
| 5L | 水 |
| 50g | 盐 |
| 500g | 大米 |

烹煮时间约为18min。通常应在烹煮前使用冷水清洗大米，这样可以洗掉米粒上残留的淀粉，防止其使烹煮的水黏稠。务必彻底清洗天然大米。

- 煮开盐水并放入大米。
- 关小火并煮制大米。
- 将煮制的大米立即过筛并在冷水中冷却。
- 控干水分，在使用前冷藏。

再次加热：

- 在灶上：将大米摊放在涂有油脂的平底容器中，撒上黄油碎，多次翻动加热。
- 在组合式蒸笼中：放在有孔的餐饮业标准容器中使用蒸汽加热。
- 使用平底锅：在黄油中翻炒一份大米。
- 使用微波炉重新加热一份大米。

### 肉饭

**10人份所需**

| | |
|---|---|
| 1kg | 大米（长粒） |
| 150g | 黄油 |
| 250g | 洋葱丁 |
| 2L | 肉清汤 |
| | 盐 |

- 烹调时间约为18min。
- 清洗大米并控干水分。
- 将洋葱丁放入黄油中煸炒至透明①。
- 倒入大米并搅动，直到其变得浑浊②。
- 倒入热肉汤，加盐，盖上盖子在灶上烹煮③。
- 使用肉叉打松米饭，并同时拌入一些黄油碎④。

### 烩饭

**配料**

| | |
|---|---|
| 1kg | 大米（圆粒） |
| 100g | 黄油 |
| 50g | 橄榄油 |
| 250g | 洋葱丁 |
| 150g | 擦碎的帕尔玛干酪 |
| 约3.5L | 肉清汤 |

- 烹调时间为18～20min。
- 将洋葱丁在油和50g黄油中煸炒至透明。
- 加入大米（优先选择意大利圆粒米）并煮制浑浊。
- 一边搅动一边加入热肉汤（参见下一页）。
- 重复这个过程，直至米饭煮熟。
- 然后放入剩下的黄油和帕尔玛干酪搅拌均匀。

完成的烩饭中应当有类似粥一样的黏稠度，或者稍微有些粘连（图1~图3）。

图1：加入肉汤　　　图2：边搅拌边烹煮　　　图3：完成的烩饭

可以在所有的米类菜肴中添加配料并进行口味上的改变，例如：通过加入咖喱、甜椒粉、藏红花、香草、蘑菇、番茄丁、豌豆、鸡肉、羊肉丁、火腿、蟹肉、鱼肉、墨鱼等。

菰米

　　加拿大野生稻米的一个特殊种类，它拥有精致的类似坚果的味道。

　　短暂清洗菰米，并放在三倍量的水中烹煮，只需要烹煮3~5min，从灶上移开锅，并盖上盖子焖煮1h。

　　现在可以将这种根据"快速焖煮方式"制作的菰米放在盐水中烹调约30min。倒掉剩余的水。

　　有的时候，可以在烹煮菰米10分钟后加入等量的长粒米，并一起烹煮两种米。使用这个方法可以做出美观的、黑白相间的米饭。

作业

1　在厨房中哪个岗位主要负责制作配菜？
2　哪些土豆制作方式是在肉汤中进行的？
3　您制作了塑形土豆糊。在将全部塑形土豆糊塑形之前，您要做的是什么？
4　请您说出右下方图片中所制作的土豆菜品的名字。
5　塑形土豆糊和烫面鸡蛋面糊混合的材料叫作什么？
6　请您说明土豆蓉的制作方法。
7　一位客人希望他菜肴的配菜中没有土豆。您会向他推荐其他哪些配菜？
8　是什么赋予面团颜色？
9　请您说出三种鸡蛋面疙瘩的制作方法。
10　请您解释"油煎玉米饼"的概念。
11　请您向新生说明肉饭和烩饭的区别。
12　您如何烹制菰米？

# ⑤ 蛋类菜肴

蛋的味道中性，可以变化多样的制作。

**早餐菜肴**（图1）

- 在碗中或玻璃器皿中煮熟的蛋
- 水煮荷包蛋放在吐司面包上
- 炒蛋，或混合火腿片的炒蛋
- 荷包蛋，可搭配焦脆的肥膘

**冷盘**（图2）

- 切半的，放在春季沙拉上的有填馅的鸡蛋
- 搭配香草的鸡蛋沙拉，填充在番茄中
- 水煮荷包蛋搭配烟熏鲑鱼和水芹
- 龙蒿冻中的切片鸡蛋和蟹肉

**热小菜**（图3）

- 钵仔蒸全蛋搭配奶油
- 双面煎鸡蛋和肥膘搭配吐司面包，调味番茄酱
- 水煮荷包蛋搭配奶油蛋黄少司，稍微烘烤
- 炒蛋搭配家禽肝脏和蘑菇

**独立的热菜**（图4）

- 咖喱酱软鸡蛋搭配番茄米饭
- 蛋饼搭配浓汁牛肉和香芹土豆
- 荷包蛋配奶油菠菜和翻糖土豆
- 奶酪蛋饼搭配五彩沙拉

图1：早餐菜肴

图2：冷菜

图3：小菜/间餐

图4：独立的菜肴

## 5.1 煮鸡蛋

煮鸡蛋时应使用没有裂缝的鸡蛋，如果蛋壳上有破损，在煮蛋的时候蛋白会外溢。因此，人们需要将两枚鸡蛋轻轻地互相敲击。从冰箱里直接拿出来的鸡蛋需要先放在温水中，然后煮制，这样产生的温度升高可以避免蛋壳裂开。如果需要煮制较多的鸡蛋，可以将鸡蛋放在漏水筐中，然后放入煮制的水中。水必须没过鸡蛋。

*硬黄煮鸡蛋*

蛋黄变硬的煮鸡蛋需要煮制10min。

如果人们想要立即使用鸡蛋，需要在煮制之后立即使用冷水紧急冷却。当鸡蛋在放有冷水的碗中剥皮时，更容易将皮剥下来。

在硬蛋黄的鸡蛋中可能会出现很难把皮剥下来，或者蛋黄外有蓝绿色的一层。紧急冷却对这两种情况不起作用，这是因为鸡蛋煮老了。

非常新鲜的鸡蛋很难剥皮，但是有浅色的蛋黄外层。时间较久的鸡蛋更容易剥皮，更容易出现深色的蛋黄外层。

煮制时间从水重新沸腾时开始计算。

如果鸡蛋煮熟后需要存放，最好带皮存放。

如果人们想要存放剥皮的鸡蛋，需要将鸡蛋放在水中，这样不会变形和干燥。

制作简单的菜肴

溏心水煮蛋，带壳完整上菜

　　煮好的鸡蛋在冷水中迅速冷却，并趁热放入蛋杯呈上。烹调时长：3~5min，根据喜好确定。

溏心水煮蛋，放在玻璃器皿中上菜

　　在冷水中紧急冷却煮好的鸡蛋后小心地剥皮，放在玻璃器皿中并趁热上菜。烹调时长：4min。

## 5.2 水煮荷包蛋

　　水煮荷包蛋是将鸡蛋直接打入加醋的水中烹煮，在烹调结束时，蛋黄还能保持软糯。

　　鸡蛋必须新鲜，这样蛋白不会在水中形成无形状的一团。水只能保持在沸点，不能有气泡猛烈翻腾，否则水的运动会将蛋白分离。水中醋的含量非常少，对味道没有很大的影响。

工作流程

- 将锅中的水烧至沸腾，每升水加入一食匙醋，
- 将鸡蛋打入一个小碗，然后迅速滑入处于沸点的水中①，煮制4min，使用漏勺取出，并放在冷水（冰水）中紧急冷却②，
- 切下边上翘起来的蛋白，放在温热的盐水（50℃）存放直至上菜，在摆盘前使用纸巾吸干水分③。

　　水煮荷包蛋可以放在涂有黄油的吐司切片上，或者放在圆形奶油小蛋糕上并摆放相应的酱汁④。圆形奶油小蛋糕的填馅可以为浓汁肉末或精致的蔬菜或蘑菇。水煮荷包蛋也可以和蔬菜一起摆盘，然后浇上奶油蛋黄酱稍微烘烤。

## 5.3 煎荷包蛋

　　煎荷包蛋可以在稳定的长柄平底锅中或耐烧的特制鸡蛋盘中制作。在烹调结束时，蛋白凝固，蛋黄应当保持软滑并富有光泽。在调味时，不要在蛋黄上撒盐，因为这样会形成白色的点。

工作流程

- 将黄油在选择的炊具中加热，打入鸡蛋，
- 在合适的温度下烹调，这样蛋白不会有烧焦的边缘，
- 只在蛋白部分调味，在平底锅中制作时，使用一把角板取出，并且在预热过的盘子中摆放，
- 在特殊盘子中制作时，需要及时从炉灶上移开，这样尽管有余热，但是蛋黄仍然保持未凝固。

变形

煎荷包蛋搭配煎过的肥膘或煎过的火腿或烤小香肠、家禽肝脏或腰子切片、芦笋或蘑菇。

## 5.4 炒鸡蛋

炒鸡蛋在长柄平底锅中制作。完美的成品应当为蛋白和蛋黄充分融合，蛋液在持续加热时缓慢凝结，并且遵守正确的烹调时间。炒蛋应当拥有小块的，如奶油般蓬松的状态。

如果必须提前准备炒鸡蛋，在蛋液中加入牛奶或奶油，用量为1食匙。

**工作流程**

- 将蛋打入器皿中，调味并使用打蛋器搅拌，
- 黄油放在平底锅中加热，使用合适的火力加热，并倒入蛋液
- 使用角板或木质扁铲不断将凝结的蛋液盛出来，以避免在锅底烧煳，小块、奶油般的炒蛋立即放在预热的盘子上呈送上桌。

## 5.5 蛋饼

使用蛋饼煎锅制作蛋饼。在这种锅上，底部至锅壁的过渡非常圆滑。人们只能使用蛋饼煎锅制作蛋饼，其他烹制食物的残留物会在锅上附着，这样，蛋饼会不易成形。

专业制作的蛋饼应当拥有漂亮的造型，外部应嫩而平，内部还保持软糯的口感。

**工作流程**

- 将鸡蛋打入器皿中，调味并使用打蛋器完全搅匀或使用巴氏法消过毒的全蛋（图1），
- 黄油在蛋饼平底煎锅中熔化，将蛋液倒入，大火加热的同时并使用叉子的背面搅拌，同时移动煎锅，
- 以锅子上的一点为支点抬起煎锅，保持倾斜，并使均匀凝结的、奶油状的蛋饼向前滑动，使用叉子的齿将靠近手柄一侧的薄薄的蛋饼翻转到另外半侧上（图2），
- 抬起煎锅，单手握拳敲击煎锅手柄，这样，蛋饼可以完全移动到锅子的前半部分，然后卷起来并完成，
- 从这个位置将蛋饼翻转放在涂有油脂的预热过的盘子上（图3），
- 用叉子叉起一块黄油，并认真地涂抹在蛋饼上（图4），这样会有刺激人食欲的光泽。

可以有味道的补充：
- 将配料稍微炒至变色，倒入蛋液并烹调，
- 配料，如奶酪丝放入生蛋液中，
- 配料作为填馅放在蛋饼的中央，然后折叠，
- 或者在摆好盘后沿着切割的蛋饼填入，
- 或者在完成的蛋饼旁边摆盘。

**变形**

使用香葱、混合香草、炒过的肥膘或火腿、炒过的蘑菇、面包皮或擦碎的奶酪制作；

放在挞皮、船形装饰物中、朝鲜蓟底部、茄子、番茄或吐司上摆盘；

使用芦笋、家禽肝脏、烤小香肠或蟹肉棒装饰。

> 如果使用经巴氏消毒的全蛋，存放炒蛋时，就不存在任何沙门菌的感染风险。

图1：使用叉子搅拌蛋液　图2：将蛋饼对边翻卷并塑形

图3：翻转蛋饼放入盘中　图4：使用黄油涂抹蛋饼

**变形**

蛋饼可以搭配不同的配菜上菜。特别适合的是炖过的蘑菇、番茄、芦笋、肥膘或火腿、小丁的浓汁炖肉、家禽肝脏、腰子、犊牛胸腺、烤过的面包丁、小土豆丁或奶酪。

图1：双面煎鸡蛋

搭配
烧烤过的肥膘片和火腿片，煎烤过的腰子或小香肠，油炸过的茄子或西葫芦，翻炒过的蘑菇，炖制的菠菜叶，油煎过的香芹，咖喱酱，番茄膏，塔塔酱。

图2：钵仔蒸全蛋，生的和
      烹制过的

替代奶油，人们可以将家禽浓肉汤，牛胸腺浓肉汤，炖蔬菜，蘑菇泥或洋葱泥，火腿丁和奶酪丁放入钵仔中。

## 5.6 双面煎鸡蛋

双面煎鸡蛋（图1）是单个去壳鸡蛋在热油中煎烤。在烹调时间结束时，蛋黄应绵软且蛋白煎烤成金棕色。

在油煎的时候，蛋白迅速凝结。使用一把木质勺子不断在蛋黄上按压，而不损坏蛋黄。因为人们必须单独煎制，所以制作是比较花费时间的。

## 5.7 钵仔蒸全蛋

钵仔蒸全蛋（图2）是在水浴中使用小陶瓷模具进行烹调，鸡蛋应在烹调结束时有软嫩的蛋黄。

- 在小模具（钵仔）中倒入一些奶油，
- 倒入打散的鸡蛋，
- 盖上小黄油块，这样不会形成硬皮，
- 在水浴中烹调至凝固。

保留钵仔中全蛋的形状，并搭配合适的酱汁。

---

预防沙门菌

鸡蛋可能感染沙门菌。在加工时，例如：打散鸡蛋时，可能使沙门菌和鸡蛋混合在一起，并进入菜肴中。

为了预防客人感染沙门菌，必须遵守以下规定：
- 始终只加工**新鲜的**鸡蛋。
- 冷藏鸡蛋，因为这样做沙门菌几乎不能增殖。
- **经过巴氏消毒的蛋制品菜肴**可以保存更长时间。
- **热的鸡蛋菜肴**，例如：炒鸡蛋或钵仔蒸全蛋，只能在制作后最多两个小时内供应。
- 如果超过30人份的含有鸡蛋的菜肴，必须保留取样。这些至少可以冷却保存**96小时**（**4天**）。

## 5.8 煎饼——煎蛋饼

**煎饼——煎蛋饼**

**10块的配料，直径约22cm**

| | |
|---|---|
| 250g | 面粉 |
| 0.75L | 牛奶 |
| 80g | 黄油 |
| 10枚 | 鸡蛋 |
| 1小撮 | 盐 |

- 将牛奶和面粉搅匀，放入鸡蛋然后搅打至滑顺无结块的面糊。
- 在锅中放入黄油并预热。
- 将蛋饼面糊放入锅中，并转动锅子使面糊均匀分布（图1）。
- 使蛋饼上色，翻面并完成（图2）。

图1：蛋饼面糊薄薄地摊开

图2：上色

图3：将蛋饼切成细丝作为汤中的用料

为了使蛋饼膨松，人们可以将鸡蛋分成蛋黄和蛋白，并将蛋白打发，然后拌入面糊中。在锅中使用热黄油煎烤。在炉灶上上色，翻面并在烤箱中完成。

蛋饼应为金黄色的，且微微膨胀，应尽快呈送给客人。

煎蛋饼可以和煎烤的肥膘、绿色沙拉，或者和烤过的苹果片、糖一同上菜。

蛋饼肉卷是在煎蛋饼上涂上一层香肠肉糕，并且卷起来，然后用蒸汽煮熟。蛋饼卷肉可以用作汤中的用料（图3）或作为温热的小菜。

制作可丽饼在章节"甜品"中介绍。

**作业**

1. 请您说出五种不同的蛋的烹调方法。
2. 请您描述以下菜肴的烹调过程：a）炒蛋　b）单面煎蛋　c）蛋饼　d）钵仔蒸全蛋
3. 请您描述适合搭配水煮荷包蛋的配菜、酱汁或装饰。
4. 请您向更年轻的同学描述如何制作蛋饼。
5. 请您说出四种不同的蛋饼类型。
6. 哪些原材料制作煎蛋饼？
7. 请您描述制作蛋饼的工作流程。
8. 如何理解"保留取样"？

# 服务基础知识

## 1 服务人员

### 1.1 礼仪举止

服务人员的外在形象和礼仪举止上会对顾客的就餐心情产生很大的影响。

除了适应能力和工作熟练度外，服务人员还应具备随机应变与他人交流的能力。客人期待：

- 礼貌、周到的服务。
- 不卑不亢的亲切、友好态度。
- 得体的举止。

### 1.2 个人卫生

在与食物接触过程中，对个人卫生有很高的要求。

- 清洁的双手和指甲是非常重要的，因为顾客能够看到它们与食物直接接触。
- 口中和身体上的异味会让人感到非常难受，因此需要清洁、保养身体和经常更换衣物。
- 干净、整齐的头发是整体形象中的重要组成部分，发型可以时尚，但不能妨碍服务（图1）。

图1：正确的职业着装

图2：清洗双手并消毒

卫生准则
1. 开始工作前，应取下戒指和手表。
2. 开始工作前和去卫生间之后应仔细清洗双手（图2）。
3. 咳嗽和打喷嚏时应避开食物。
4. 应使用防水创可贴对伤口（例如：手上的小伤口）进行处理。
5. 严禁在与食物接触的过程中吸烟。

## 1.3 工作服

一些企业重视员工的穿着与办公室风格协调统一的职业装。如果没有特殊要求，酒店专业人员一般会穿统一款式的服装。

**女性服务人员**
- 黑色套装、贴身连衣裙或黑色短裙/长裤搭配白色衬衫，可以搭配马甲
- 可以系上白色服务围裙
- 不惹眼的颜色或黑色的袜子
- 矮跟黑鞋

**男性服务人员**
- 黑色长裤搭配白色衬衣
- 黑色领带或领结
- 白色或黑色的服务员短款外套或马甲
- 黑鞋和黑袜

**连锁餐饮业中服务人员着装**

在规模化**餐饮业**中，统一的着装是总体形象中重要的部分。

**提供服务的工作人员**
- 企业代表颜色的网球衫（Polo衫）
- 带有企业标识的棒球帽或鸭舌帽
- 深色裤子（例如：牛仔裤）

**管理人员**
- 白色或浅色的衬衣或女士衬衫
- 如需要应穿着带有标识的黑色马甲或休闲西服外套
- 佩戴丝巾或领带
- 深色长裤或短裙
- 黑鞋

## 1.4 个人装备

**个体餐饮业**
- 服务员用刀、开瓶器
- 干净的餐巾
- 装有零钱的钱包
- 火柴

**规模化餐饮业**
- 圆珠笔和铅笔
- 计算器

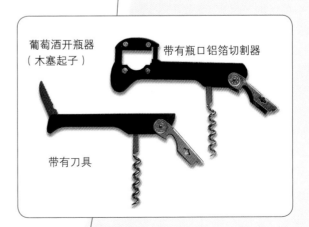

葡萄酒开瓶器（木塞起子）　带有瓶口铝箔切割器

带有刀具

# ② 陈设和设备

在餐厅中，会使用以下家具：

- 桌子、大型桌台、茶几
- 椅子、沙发和/或长椅
- 服务台，服务推车（上菜）
- 固定安装或活动的房间划分装置

在以下章节中，我们将认识和了解家具，以及所有有关其操作、保养和符合实际应用的知识。

图1：布置好的宴会餐桌

## 2.1 单张餐桌和宴席餐桌

能够让客人放松并感到舒适的餐桌（图1）必须拥有合适的高度、稳定性，以及腿部空间灵活舒适。无论是一个人还是一群人，客人希望在这样的环境中坐得舒适，同时享受服务、用餐并感到惬意。

### 单张餐桌

餐桌有不同的形状和尺寸。

| 长方形餐桌 | 80cm x 120cm（标准尺寸）80cm x 160cm90cm x 180cm | 方形餐桌 | 70cm x 70cm80cm x 80cm（标准尺寸）90cm x 90cm | 圆桌 | 直径70cm直径80cm（标准尺寸）直径90cm及其他 |
| --- | --- | --- | --- | --- | --- |

### 宴席餐桌

在特殊的场合，可以将不同尺寸的长方形和方形餐桌组合成期望的造型（图2）。宴会的人数对尺寸和造型起决定性作用。此外，还应注意：

- 房间的面积和空间大小，餐桌应与其相匹配，
- 餐桌周围的自由空间，在用餐中，服务人员可以毫无问题地、通畅地往来、提供服务。

图2：宴会餐桌

### 宴席餐桌的造型

| 圆形餐桌6~12人 | 窄长形餐桌10~12人 | 宽长形餐桌12~20人 | T形餐桌16~26人 | U形餐桌26~40人 | E形餐桌40~60人 |
| --- | --- | --- | --- | --- | --- |

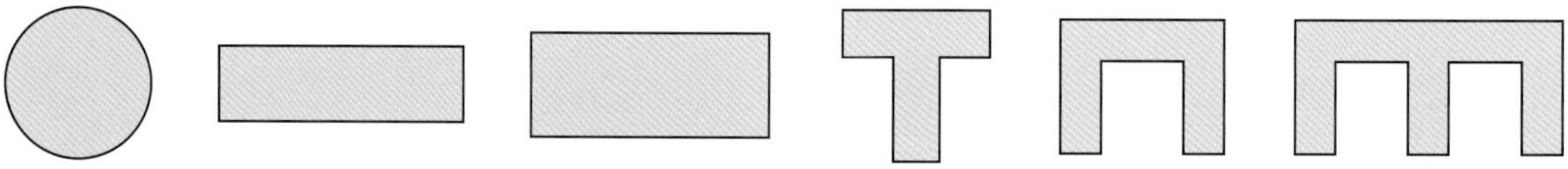

## 2.2 餐桌用布

除了混纺材料，在生产餐桌用布时主要使用棉和/或亚麻。相应的布料名称为：棉、纯亚麻和棉麻混合。

## 材料

### 棉

在成熟之后，像核桃果实般大小的棉桃裂开，从中可以收集到棉花团形状的种子纤维。采集纤维相当简单，因此，这种原材料的价格比较便宜。产自埃及的埃及棉是最好的棉花种类之一。

天然棉纤维
国际棉花印章

国际棉花标识保证了所生产的产品仅使用了棉花。

棉可以用于制作餐桌用布、斜纹布〔图1〕、床上用品、装饰用品。特别需要强调的是，棉对热不敏感，这在洗涤（沸煮洗涤）和熨烫时特别重要。

### 亚麻

亚麻纤维是从麻类植物的茎秆中获得的，这种天然纤维是亚麻织物、亚麻巾或亚麻布的基础。大多数时候，亚麻是按照传统的平纹纺织进行制作的。

**亚麻纤维**
- 耐撕扯且耐水浸
- 耐沸煮洗涤
- 不起绒、极易起皱
- 有天然光泽且触感清凉

**应用**
- 制作工作服
- 窗帘、帷幕、家具套和毛巾
- 餐桌用布和床上用品
- 手巾和擦碗布
- 擦玻璃布
- 装饰材料

**亚麻**有两种品质级别。
**纯亚麻为：**仅使用亚麻纤维制作的织物（100%）。
**棉麻混合为：**混合使用棉纤维（经纱）和亚麻纤维（纬纱），亚麻部分至少占据总重量的40%。

棉：
- 耐撕扯且耐水浸
- 有吸附性且耐沸煮洗涤
- 微微保温
- 起绒、缩水且极易起皱

图1：棉质斜纹桌布

图1：带有缠结点的无纺布

图2：长纤维无纺布

### 无纺布（不织布）/毛毡

无纺布大多由化学纤维制作而成（图1，图2）。因其特殊的性质，这种材料在酒店业中越来越重要。

无纺布通过粘黏制作而成。

制作毛毡时，纤维经过机器加工而制成。这项工艺被称为揉捻。

| 特性 | 应用 |
|------|------|
| 轻质 | 餐桌盖布，餐巾和桌垫 |
| 容易折叠 | 抹布和抛光布 |
| 吸水性强 | 滤布 |
| 成本低 | 一次性织物 |
| 应用广泛 | （餐桌盖布和床上用品） |

### 餐桌盖布的分类

餐桌盖布按照用途进行分类，有桌布底垫、桌布和大餐桌盖布、台布和餐巾。

### 桌布底垫/莫列顿双面起绒呢

最初，这种桌布底垫是由两面加绒的棉布（法兰绒）制成。因其柔软的特性，这种材料被称为莫列顿双面起绒呢（图3）。

图3：莫列顿双面起绒呢，衬以橡胶层

莫列顿双面起绒呢可以使用以下方式固定在桌子上：
- 使用绑带和拉链将其固定在桌面上，在它们的帮助下，材料可以被固定在桌角上。
- 还可以使用松紧边将其套在桌上（图4）。

莫列顿双面起绒呢有以下用途：
- 使桌子表面免受高温和潮湿的影响。
- 铺上的桌布不会滑落，越来越柔软并可以越来越紧密地贴合。
- 可以降低就餐中放置餐具时发出的噪音。

### 桌布和大餐桌桌布

它们由结实的亚麻或半麻材料制成，以确保桌面有一个干净、整洁的外观。为了实现这样的目的，必须十分小心地处理桌布和大餐桌桌布，特别是在铺上和取下时（参见下一章节）。除了显得特别隆重的白色桌布外，也经常使用彩色桌布。

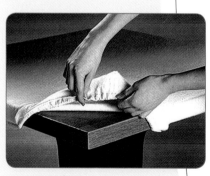

图4：带松紧带的莫列顿双面起绒呢

也可以使用柔软的人工材料或单面起绒的棉布制成莫列顿双面起绒呢，并将其粘贴在橡胶状的材料上。

桌布和大餐桌桌布的大小必须与相应的桌面相匹配，并且从桌子的每一侧垂下25～30cm。

**盖布或盖巾**

　　盖布是约为80cm×80cm大小的方巾。因为其尺寸也被称为盖巾，法语名字为napperon（小台布）。

　　盖布斜铺在桌布之上，

- 以取得装饰性效果，例如：在白色桌布上铺上彩色的盖巾，
- 以便保护桌布，
- 盖布被轻微污损时，不必立即取下并清洗。

**餐巾**

　　在服务中，餐巾〔图1〕分为擦嘴巾和擦手巾。

**擦嘴巾**

　　擦嘴巾既可以用来保护衣服，也可以用来擦拭嘴巴。而这在饮用饮品前尤其重要，因为饮用前擦嘴可以防止剩菜沾到玻璃杯的边缘上。在高要求的服务中，擦嘴巾是餐具上装饰性陈列的一部分。为了这个目的，使用餐布是理所当然的。在简单的服务中，也可以摆放纸质和纸纤维制的擦嘴巾以备使用。

**擦手巾**

　　它们属于服务人员的服务工具，因此也被称为"**上菜手巾**"。在高水平的服务中，擦手巾悬挂在服务员的左前臂。

　　擦手巾有以下用途：

- 在端高温的盘碟和平盘时保护手和手臂，
- 在拿取盘碟和单个餐具时避免留下手指印，
- 从冰酒器中取出葡萄酒时，防止水珠滴落。

## 织物的清洗和保养

　　必须定期清洗和保养使用过程中污损的织物。由于不同的材料特质以及不同的清洗和保养条件，有各种各样的辅助工具用于清洗和保养。

### 织物的分类

　　在清洗前，应依据纤维的种类和特性、污损程度、是否褪色和耐温程度对织物进行分类。

### 清洗过程

　　在清洗的过程中，四个因素共同起作用：

　　也就是**化学品、时间、温度和机器**。

- **化学品**（水和洗涤剂 = 漂染液）——漂染液能溶解和去除织物上的污垢。软水能够保护织物，因此洗涤剂中含有水软化剂。

> 台巾不能用来覆盖过脏的桌布。

图1：餐巾

> 出于美观和卫生的原因，擦手巾应一直处于无可挑剔的状态。

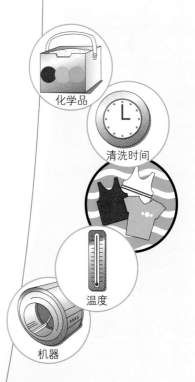

化学品

清洗时间

温度

机器

100%聚酯纤维
DACRON®（的确良）
衬里
100%人造丝

完全可洗涤

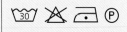

全新羊毛
缝线
衬里
100%人造丝

图1：缝制标签上保养标
识的示例

- **时间**——按照织物的脏净程度和洗涤剂的洁净力来设置时间。
- **温度**——借助温度洗涤剂中的成分才得以发挥效果（作用）。按照织物和洗涤剂的种类设定温度。
- **机械**——对加快织物上污垢的溶解是必不可少的。双手揉搓或在旋转滚筒中转动可以实现加快织物上污垢的溶解。

洗衣机上洗涤过程分为浸泡、洗涤、漂洗和脱水。同时要注意一下指示和说明：

- 往洗衣机里注满水，但不要过满，过满的话会影响清洁效果。
- 洗涤剂的用量按照织物种类，织物数量，织物的脏净程度以及水的硬度确定。可以向水源供应者（自来水厂）询问水的硬度。
  - 用量过少会导致织物变灰。
  - 用量过多会产生很多的泡沫，这会妨碍织物的清洁过程。
  - 在水质较软的水中，泡沫少的专业洗涤剂是必不可少的。
  - 在不太脏的织物中，所产生的泡沫比在过脏的织物中产生的要多。
  - 在硬水中洗涤剂的用量越多，产生的泡沫越少。

**纺织品的保养和处理标志**（图1）

对纺织品的处理应该符合它们的特性。因此，在每件纺织品上都附有相应的保养标识以供参考。

以下相似的图标使织物依据清洁和保养类型进行分类变得简单。

| 洗涤<br>（洗衣盆形状） | 氯漂<br>（三角形） | 甩干<br>（干燥滚筒形状） | 熨烫<br>（熨斗形状） | 化学清洗符号<br>（又称：干洗符号）<br>（清洗滚筒形状） |
|---|---|---|---|---|
| 正常机洗程序 [95]<br>正常机洗程序 [60]<br>正常机洗程序 [40]<br>精洗程序 [30]<br>手洗<br>不可洗涤 | 可以使用氯漂<br><br>不可以使用氯漂 | **可以干燥** ⊙⊙<br>正常的温度设置<br>**可以干燥** ⊙<br>降低的温度设置<br>**不可以在滚筒中甩干** | 高温熨烫 ⚫⚫⚫<br>适温熨烫 ⚫⚫<br>低温熨烫 ⚫<br>不可熨烫<br><br>• 点是指在熨烫过程中的温度范围 | 不能使用化学剂清洗 |
| • 水温不得超过洗衣盆上标示的温度<br>• 洗衣盆下面的横线表示，在洗涤过程中给衣物摇篮般的呵护（精洗程序） | | | | |

洗涤、烘干和熨烫

### 洗涤

织物按照下面的角度进行分类。[参见保养标签（图1）]

- 耐温性，
- 机械负荷力。

图1：保养标签

由此得出以下组合搭配：

**⌷95⌷ 沸煮洗涤织物**

- 白色，不掉色的棉质，亚麻和棉麻混合织物，全效洗涤。

**⌷60⌷ 热水洗涤织物**

- 棉质，亚麻和棉麻混合的褪色衣物，
- 化纤制成的白色衣物（例如衬衣和裤子），高级洗涤剂。

**⌷40⌷ 高级材质织物**

- 丝绸，合成纤维制成的衣物。在混合洗涤衣物时，由性质最敏感的织物决定洗涤方式，高级洗涤。

**⌷30⌷ 高级材质织物**

窗帘、白色透明窗帘和其他非常精致的织物，高级洗涤。

**⌷30⌷ 羊毛类**

所有纯羊毛制的毛织物，带有提示"非擀毡"。没有这种提示的毛织物最好应该手洗或者干洗。

### 织物的烘干，熨烫和铺放

在脱水的过程中，大部分水脱离织物。

熨烫织物可以获得平整、经过良好打理的外形。熨烫的过程被划分为：

- 熨烫（使用熨斗）
- 轧压
- 挤压（自动蒸汽压制设备）

> 在熨烫织物时，也必须按照相应能够承受的温度进行分类。因此，必须注意保养标识。

> 多种织物混在一起时，必须以对温度最敏感的一种为依据。

**作业**

❶ 请列举出餐桌的形状和单人桌的常见尺寸。

❷ 请列举出不同的长桌形状。

❸ 哪些织物属于餐桌用布？

❹ 莫列顿双面起绒呢是由什么材料制成的？

❺ 莫列顿双面起绒呢有哪些不同的作用？

❻ 桌布有什么作用？不能将其用作什么？

❼ 擦手巾有哪些作用？从卫生和美观的角度看，需要注意哪些准则和习惯？

❽ 在清洗前，应对织物按照哪些标准进行分类？

❾ 从水温和织物材质方面区分一下标识：a）沸煮洗涤织物 b）热水洗涤织物 c）高级材质织物

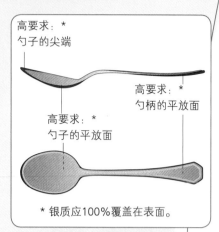

高要求：*
勺子的尖端

高要求：*
勺柄的平放面

高要求：*
勺子的平放面

* 银质应100%覆盖在表面。

图1：加厚镀银层中银镀层
的加厚

铬钢 →
含有铬的合金

铬镍钢 →
含有铬镍的合金

不锈钢餐具平滑、
锃亮，容易保养

图2：塑料餐具

## 2.3 餐具

伴随着日益文明的饮食习惯，各式餐具的使用也越来越普及并受到认可。

### 材料

由于要经常清洗，带有木柄的餐具不适合餐饮业，因此，餐具大多是由金属制成的。

### 镀银餐具

纯银质餐具十分昂贵，因此很少使用。但是为了不完全放弃这种贵重金属的光泽，人们给餐具镀银。在镀银餐具中金属型芯上覆盖着不同厚度的镀银层，在负荷重的位置经常另外加大镀层的厚度。人们称三倍厚度的镀银层为加厚镀银层（图1）。80、90或者100的标示表示，在24平方分米的餐具表面以克为单位计算相应的被使用的银的含量（数字越大，镀银层就越厚）。

### 不锈钢餐具

使用最多的基本材料是钢，因为这种材料足够稳定和坚硬。为了防止生锈，钢被精炼（不锈钢）。除此之外，可以通过添加其他金属，而使合金的硬度增大。除了标识有"不生锈"，还会在不锈钢制品上压铸18/8或18/10，以此提示合金的类型：18%的铬含量以及8%或10%的镍含量。

### 塑料餐具

塑料餐具（图2）主要在外带食品、外送服务中发挥着重要作用。因为这种餐具价格低廉，可供客人一次性使用。在承办大型餐饮活动时，由于物流原因，运输并使用可重复多次使用的餐具往往是不现实的，例如：当不具备清洗餐具的条件时。在盛大的场合中，塑料餐具常常拥有金属一样的外观。

所使用的塑料餐具必须耐高温，温度至少为90℃（例如：汤勺），不易破碎（餐叉、餐刀），耐弱酸（如：柠檬酸）。可使用的塑料是聚苯乙烯（PS）或者聚乙烯（PE）。塑料在太阳光照射下会很快断裂，因此，存放时必须格外注意存放位置。

聚苯乙烯或者聚乙烯不会自然分解，必须进行专业的（单独的）回收处理。这两种塑料都是可回收再利用的。

## 分类和使用

### 餐具分组概览

多种多样的餐具按照以下角度进行分类。

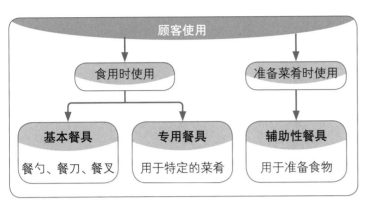

在传统的服务中餐后甜点被称为"附加甜点"。因此中号餐勺和餐刀的餐具组合也被称为甜点餐具。

### 基本餐具

餐刀、餐叉、餐勺是基本餐具，它们有三种不同的大小。所提供餐具的大小以食物的份量和盛放菜肴的盘碟大小为准。在任何情况下都要保证餐具的尺寸合适，以提供和谐的视觉效果。

餐具的选择与菜肴类型密不可分：

### 特定菜肴所使用的餐具

| 大号餐具（食用餐具） | 中号餐具（甜品餐具） | 小号餐具 |
| --- | --- | --- |
|  |  |  |
| 餐勺<br>• 用于盛装在深盘中，有较大颗粒汤料的汤<br>• 用于呈上可以用餐勺舀起来的菜肴（例如：豌豆、胡萝卜、米饭、土豆泥和酱汁） | 餐刀<br>• 用于简式早餐<br>• 放置在摆放面包和黄油的餐盘上<br><br>餐勺<br>• 用于盛装在汤杯里的汤<br>• 用于早餐菜肴 | 餐勺<br>• 用于放置在专用小汤杯中的汤<br>• 用于放置在玻璃器皿或者碟子盛装的油菜肴中，其中不含有固体成分<br>• 用于搭配早餐的凝乳或酸奶 |
| 餐勺和餐叉<br>• 用于食用意大利面（细长面条）制作的独立菜肴<br>• 呈上菜肴时一并提供的餐具，用于使用两种餐具食用的菜肴 | 餐勺和餐叉<br>• 用于面食，如意式水饺、意式烤碎肉卷、意式千层面<br>• 用于摆放在餐盘上的甜品，如可丽饼、水果沙拉、水果制作的冰冻甜品 | 餐勺和餐叉<br>• 用于放置在玻璃器皿或小碗中的、切成小块的、固体餐前菜或饭后甜品（例如：虾蟹或蔬菜小吃，含有水果的奶油食品，含水果的果冻，新鲜水果沙拉等） |
| 餐刀和餐叉<br>• 用于各式必须切分的主菜（参见吃鱼用餐刀和餐叉） | 餐刀和餐叉<br>• 用于餐前菜和餐间菜肴<br>• 用于早餐菜肴（香肠、奶酪、火腿、甜瓜）<br>• 用于作为饭后点心的奶酪 | |

图1：系列餐具

① 大号餐勺
② 大号餐刀
③ 海鲜专用刀
④ 大号餐叉
⑤ 餐前菜、甜品餐勺
⑥ 面包餐刀、黄油餐刀
⑦ 蛋糕叉
⑧ 咖啡勺

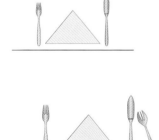

| 大号餐勺 | 中号餐勺 | 咖啡勺 |
|---|---|---|
| 汤盘 | 汤杯 | 专用汤杯 |

图2：餐勺的使用

**酒店系列餐具**

　　酒店系列餐具〔图1〕是一种餐具分类，它按照餐具的种类和大小进行选择，以便在不同的餐具组合中为满足不同目的而使用〔图2〕。由于这种简化，所使用餐具的多样性随之减少。

　　每次相应搭配组合5～8件单件餐具，就可以满足不同容量或尺寸餐前菜和甜品的使用需求。

**示例**

大号餐叉

- 一方面，其大小既可以满足主菜的需要，同时也适用于餐前菜和甜品的使用。
- 另一方面，其宽度也可用作吃鱼用的餐叉。

**专用餐具**

- **海鲜专用餐刀和餐叉**

吃鱼用的刀叉适合食用鱼类、贝壳类以及虾蟹类菜肴，因为这些菜肴在加工和制作后较为软嫩，所以不能用刀切。

　　除此之外，当食用以下菜肴时，也摆放中号餐刀和餐叉：

- 腌鱼：腌鲱鱼、俾斯麦腌鱼和（夹有黄瓜、洋葱的）鲱鱼卷，
- 熏鱼：鲑鱼、鳗鱼和庸鲽等，
- 较大块的甲壳类食物：有或无螯钳的龙虾。

- **生蚝专用餐叉**

使用生蚝餐叉可以将生蚝壳中的新鲜生蚝肉取出。当然，也可以按照传统方式从生蚝壳中吸出牡蛎肉。

- **牛排专用餐刀**

　　为了能干净利落地切开煎好的牛排肉，牛排刀上都带有波纹和锯齿。如果客人点了牛排，大号餐刀会被更换为牛排专用餐刀。

辅助餐具

- **鱼子酱专用餐勺和餐刀**

用勺子把鱼子酱放在吐司上，然后用刀分开抹匀。因为金属会改变鱼子酱的口感，因此这类餐具大多由兽角或珍珠质制成。

- **龙虾专用餐刀**

龙虾专用餐刀能从虾壳和虾螯中取出虾肉，并放在碟子上。

也可以由厨师将虾螯弄断，可以使用海鲜专用餐刀和餐叉或者中号餐具食用。

当以朴素的形式呈上虾蟹类食物时（未切分，但经过开膛），餐厅的专业人员才需要使用龙虾钳。

- **蜗牛专用餐钳和餐叉**

左手拿住餐钳，用其夹住滚烫的蜗牛壳，右手使用餐叉将蜗牛肉从壳中取出并放在一个餐勺上。也可以将蜗牛壳里的黄油倒入餐勺中。

如果将蜗牛专用炊具端上餐桌，还需要提供咖啡勺或小餐叉。在这种情况下，使用面包浸入并蘸上凹孔中的黄油。

- **螃蟹专用餐具**

螃蟹专用餐具用来撬开蟹壳和蟹螯。将蟹螯的尖部插入刀口上的小洞中，可以折断蟹螯，从而轻松取出蟹螯中的蟹肉。

服务餐具

- 酱汁勺

酱汁勺便于服务人员盛上酱汁。

此外它可以和盛放酱汁的器皿组合使用。

- 切肉餐具

切肉餐具用于将较大的煎肉块切成适当的一份。因此，只有特别锋利的刀才能达到良好的切割效果。为了保持肉块的形状，切肉叉仅仅压在肉上，并不刺入肉中。

- 沙拉专用餐具

为了混合、搅拌新鲜的沙拉，并将各类沙拉盛装如器皿中，可以使用较大的沙拉专用餐具代替大号餐具。

- 奶酪专用刀

奶酪专用刀具有凹凸表面的刀刃，此设计可以防止切下的奶酪块粘在刀刃上。刀背上延伸出的叉尖用来拾取奶酪。

- 芦笋铲

芦笋铲上带有槽纹，可以防止芦笋滑落。较宽的表面可以防止芦笋杆折断。

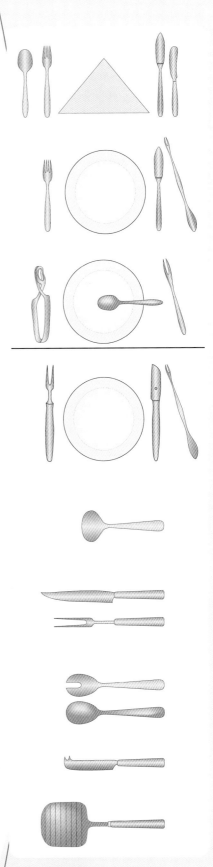

在拿取餐具时必须符合以下规定:
- 在摆放餐具时，餐具应放在手中放置的餐巾纸上拿取，
- 顾客在场时，任何情况下都应使用垫有餐巾纸的盘子或托盘。

## 服务中的使用

餐具应该保持完美的状态。因此必须细心地保养餐具。餐勺和餐叉的拱形应当朝向一个方向摆放（拱形互相贴合），而不是相对摆放。

使用经擦亮抛光的餐具时，应尽量避免留下指纹。因此，必须遵守以下要求:

- 绝对不赤手拿放餐具。
- 在餐桌上摆放和撤下餐具时应用拇指和食指捏住餐具细窄的侧面。
- 务必避免接触朝上放置的餐具正面。

## 清洗和保养

人们对餐具有很高的要求和标准（美观、卫生方面），这是很容易理解的，因为大部分餐具都以某种方式与菜肴接触，而特殊的食用餐具又与嘴接触。因此，应在无可挑剔的状态下使用餐具是服务中的责任和义务。

图1：洗碗机

出于卫生原因，取出刀刃向上放置的餐刀时应佩戴橡胶手套。

### 基本清洗

使用过的餐具，也就是餐刀、餐叉和餐勺，竖着分开放在不同的餐具清洗筒里进行分类清洗。在清洗筒里，餐刀的刀刃必须朝上。在清洗前竖立在清洗筒里的餐具必须用清洗喷头预先淋洗。同时，餐具清洗筒不能装得过满，否则过多的餐具会影响最后的清洗效果。

把清洗筒推进洗碗机（图1）后就开始清洗过程。加入适量的洗涤剂和再次高温涮洗就能得到没有划痕和污渍的餐具，因此不需要通常需要进行的抛光擦亮。餐具的抛光擦亮是不可靠的，因为在擦亮餐具时使用的是同一条抹布，由此可能导致细菌转移到餐具上。

### 银质餐具的特殊保养

银会氧化变黑。由于菜肴和空气中的硫化氢，银质餐具表面会形成一层有黏性的褐色表层。这些物质只能借助适当的清洗措施才能去除:

- **银餐具清洗剂**

先涂上清洗剂（图2），银制品干燥后再次擦掉。（简单、费时的方法）。

- **银餐具电镀池**

借助热水、铝、小苏打和盐进行化学清洗。

- **银餐具清洗机**

在旋转的滚筒中有小钢珠和用于清洗、抛光擦亮的特殊清洁剂。

图2：银餐具清洗剂

## 2.4 玻璃杯

早在公元前1500年，埃及就出现了玻璃制造技术和玻璃杯加工技术。公元前后，叙利亚人创造了可以吹制玻璃器具的吹管，这一工艺也促进了玻璃制造行业的快速繁荣。

### 原料

玻璃是由不同材料的熔融物冷却硬化得到的。生产所需的材料：
- 主要成分为石英，或者是石英砂，是由化学成分硅酸组成的，
- 掺杂物是不同的金属氧化物，如钠、钾、镁和铅。

### 选择标准

通过压制法生产的玻璃杯通常只能用来盛放普通的饮料，例如：
- 水、牛奶和汽水
- 杯装酒和普通的烧酒

吹制玻璃杯，或者是水晶玻璃杯可以更好呈现高档饮料的品质，比如：
- 高档果汁和高档烈性酒
- 优质葡萄酒

### 玻璃杯的形状及类型

主要的玻璃杯形状

按照基本形状可划分为：
- **（平底无柄）玻璃杯**，通常用来盛放普通的饮料，如水、啤酒、低浓度的烈性酒。
- **高脚杯**，与无柄玻璃杯相比，用来盛放类似葡萄酒、起泡酒、法国白兰地酒、利口酒、鸡尾酒等高档饮料会更加高雅。

不同饮料特有的玻璃杯形状

高档饮料的特征是，独特的玻璃杯形状才能恰当地烘托饮料的品质。

**添加了特殊香料的饮料**

葡萄酒是一种典型的饮料。葡萄酒杯的杯体向着杯口略微收窄，这样酒香就凝聚于杯口，而不像敞口的杯子那样会导致香气发散。

**富含碳酸的饮料**

起泡酒和啤酒是典型的碳酸型饮料。适用的玻璃杯呈细长型，这样人们就能看到饮料释放出的碳酸在杯子里不断上升。从这一角度看，浅宽口的碟形起泡酒酒杯是不适合盛放该类饮料的。

葡萄酒酒杯

雪丽酒酒杯　　莱茵葡萄酒酒杯　　摩泽尔酒杯

高脚圆形酒杯　　波尔多红葡萄酒酒杯　　勃艮第葡萄酒酒杯

起泡酒酒杯

尖底起泡酒酒杯　　笛型起泡酒酒杯　　郁金香形起泡酒酒杯

郁金香形起泡酒酒杯　　碟形起泡酒酒杯

- 必须挑出已经损坏的杯子。

## 啤酒杯

| 平底无柄<br>啤酒杯 | 郁金香形<br>啤酒杯 | 高脚<br>啤酒杯 |

## 酒吧玻璃杯

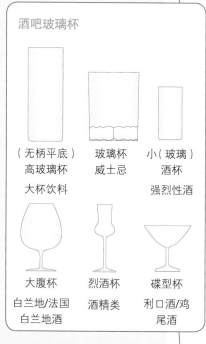

（无柄平底）　玻璃杯　　小（玻璃）
高玻璃杯　　威士忌　　　酒杯
大杯饮料　　　　　　　强烈性酒

大腹杯　　烈酒杯　　碟型杯
白兰地/法国　酒精类　利口酒/鸡
白兰地酒　　　　　　尾酒

## 清洁及养护

涉及贵重物品的清洁，人们肯定会分等级对玻璃杯的清洁提出最高要求。这样做的重要原因是：

- 尤其是在灯光下污渍（油垢，灰尘，洗涤残留物）更明显。
- 污渍影响到高档饮料的口感和芳香。
- 启口时啤酒玻璃瓶上的油污会影响啤酒花的形成，或者会破坏这一过程。

### 基本的清洁

使用后要尽快清洗玻璃杯，晾干后的饮料残余会给清洁造成困难。送去餐具洗涤机之前要清除饮料残余和饮料的配料残余。清洗完成后立即从机器中取出盛放玻璃杯的洗涤筐。

清洗程序结束后要在最短时间内烘干玻璃杯，这样热玻璃杯上的水就会很快蒸发。

使用配比恰当的玻璃清洁剂时玻璃杯上不会遗留水迹，因此就不需要擦亮玻璃杯，这样就不会因使用抹布而传播病菌了。

在装入橱柜的时候从外表上检查玻璃杯的清洁程度。

### 玻璃杯的存放

尽可能将玻璃杯杯口朝上放置于密封的橱柜里，绝对不可以将玻璃杯交错着堆放在一起，也不可以将其悬挂于柜台之上，这样水汽和室内空气就会在高脚杯上凝聚成水汽。

### 服务中的操作

无论是在餐前准备时还是在服务过程中，都绝不能握住玻璃杯（图1）。特别要避免的是，将手伸入玻璃杯或者用手指从杯子的上边缘握住玻璃杯，**也不要用手指夹起空玻璃杯**。

使用拇指和食指、中指可以握住带柄玻璃杯。

在规定玻璃杯数量的情况下，为了避免杯体互相碰撞，通常会使用托盘端着玻璃杯。杯子下方垫一块布可以防止杯子滑倒。在餐前准备时可以破例用左手的手指握着带柄的玻璃杯，然而客人在场时，出于视觉原因杯子的数量不得多于4个。

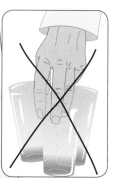

图1：服务中的操作

## 2.5 瓷制餐具

中国是瓷器制造的发源地。13世纪荷兰人将中国的瓷器引入到了欧洲，此后欧洲人开始尝试模仿中国的瓷器制造。

### 特点

高岭土、石英石和长石是制作**瓷器坯体**的原料。按照成分和烧制方式可以炼制出：

- 硬质瓷或软质瓷
- 耐火瓷或非耐火瓷

关于**样式**，除了有直线型和可层叠型的瓷器，还有一些与众不同，甚至可以称得上是艺术品的瓷器。纯白色和彩色的瓷器也会或多或少地**装点**一些奢华的图案。

瓷器上的图案可以分为：

- 线状、条纹状和图片类（姓名符号或小花饰）的边缘装饰，
- 形如花朵、藤蔓和其他素材的平面装饰，
- 釉上彩、釉下彩，这要据图案绘制于上釉前后而定。

### 酒店陶瓷餐具（图1）的挑选准则

由于酒店用的瓷器负重过大，人们倾向于选择：

- 硬质瓷器，尽可能减少破裂带来的损坏和损失，
- 类似釉下彩的硬釉，与机器生产的瓷器相比，它们在用餐及清洗时更为耐脏，
- 耐火的瓷制餐具，此类器具在烹煮、烘烤（例如也可用在餐桌上的加热）以及上热菜的时候是必不可少的。

以下适用于样式和图案的选择：

- **可层叠**起来**节省空间**的并且图案朴素的瓷器适宜日常适用。
- 造型独特且图案新颖的瓷器适用于高档次的餐饮服务，尤其适用于节日庆典。

### 瓷制餐具的种类及使用

图1：陶瓷器皿

**上过釉的**瓷器表面光滑、封闭、防潮、耐脏。按照材料和烧制方式可分为硬质瓷和软质瓷。

使用深盘上菜时，将深盘置于浅盘之上，以便安全地上菜。

**深盘　直径为26cm或23cm**
深盘，又名汤盘，用于盛放需要较高盘边的菜肴，例如：

- 带有块状汤料（蔬菜、荚果、面食、大米、贝壳类食品和鱼）的汤和一锅烩，
- 意大利面（长形面）和面食，

- 早餐类菜品（炸玉米片、麦片粥、混合麦片），
- 沙拉系列，
- 温热的甜品。

此外，深盘用来盛放不能吃的食物部分，尤其用于分量大的菜肴，例如扇贝、虾、蟹等。

**浅盘　直径为28cm或26cm**

直径为28cm的浅盘也叫烧烤盘，用于盛放整道菜肴。将由肉、鱼或者家禽等原料烹饪出的菜肴和配菜一起放入这种盘子中（餐盘上菜）。

直径为26cm的浅盘又名肉盘或餐盘。在餐桌上此类盘子总是盛着分好份量的菜。但是，也可将此盘用于餐盘上菜。

**餐前菜盘　直径为23cm**

用于盛或凉或热的餐前菜，也用在自助早餐中的冷餐。

**中盘　直径为19cm**

又名甜点盘，作为早餐盘或分菜盘盛放，随附小菜、沙拉、奶酪、饼干、蛋糕、甜点。

**小盘/面包盘　直径为15cm**

用来盛放面包、小面包、吐司、黄油，也可用作分菜盘。

**大盘　直径31cm**

大盘是直径较大、带有精美花纹的盘子，用餐时它占了整套餐具的空间，但人们总是按上菜的顺序将盘子置于其上。在布置餐桌或者长桌时，要把大盘放置在桌上，并且最早在呈上主菜之后才能撤下。大盘上放置的最大的盘子不能大于大盘，这样才能使大盘边缘上精美的花纹显露出来。大盘上铺着的餐布可以保护大盘表面，也可以避免在放置其他餐具时发出噪声。

**汤杯0.2 L/0.1 L**

带柄，用来盛加了配料（如肝泥小丸子、骨髓小丸子）的芡汤或清汤。小号的专用汤杯用来盛放外国汤或香料。

**饮料杯0.15 L/0.2 L**

形状各异并配有合适的杯碟，用于盛放咖啡、茶、巧克力饮料和牛奶；摩卡杯和浓咖啡杯也是这样。

**平盘**

椭圆形或方形的平盘用来盛肉，长椭圆形的用来盛鱼，圆形的主要用来放蔬菜。

**酱汁容器**

大小、形状各有差异，有些带壶嘴，用来盛热酱汁、凉酱汁以及搅拌过的液体黄油。

**碗和配盖碗**

有盖或者无盖，用来盛一锅煮、有配菜的汤，多酱汁的菜肴，如：浓汁炖肉。

**小壶**

有盖或者无盖，大小、形状各异，用于盛装咖啡、茶、巧克力饮品和牛奶。此外，壶嘴便于向饮料中添加奶油。

**烘焙模具**

烘烤模具，圆形或者椭圆，用于摆放鱼、肉和蔬菜。也用来烘焙面食、烘烤马铃薯和微烤蔬菜。

**蛋盘**

蛋盘或者叫煎蛋平底锅，用于盛装以鸡蛋为原料的菜，或者用来制作和盛放荷包蛋。

**蜗牛炊具**

带有半球状凹陷的平底餐具，有的带有螺纹，需要放置在炉子上加热。

### 其他器皿

装糖、各类果酱、糖渍水果、炖鱼肉或炖贝类、苹果慕斯、切碎的小草或洋葱丁的碗碟；洗手碗；小火炉；奶酪火锅托盘；生蚝盘。

如果取消了固定的菜单顺序，提供手指食物或"移动自助餐"，根据需要确定有独特造型的餐具。为此，可以使用玻璃和陶瓷制作的小件器皿展示食物。

### 蛋白牛奶酥烘焙模具

也称为舒芙蕾烘焙模具，被用于烘焙所有类型的蛋白牛奶酥，并直接用其上菜。

### 砂锅

椭圆形的、带有盖子的用于制作特殊菜肴的炊具。将半成品装入炊具中（例如：禽类），然后在其中焖炖熟，并且直接用其上菜。

这种由**耐烧陶瓷**制作的炊具（图1）主要用于制作和完成需要使用它呈上的菜肴。

在餐饮业中，没有哪种材料像陶瓷器皿一样被如此广泛地使用。现代造型的小钵、小碗、盘子等与公认的造型有所区别（图2），可以将它们灵活组合，并为菜肴提供一种富有创意的摆放方式。这会带给客人全新的富有吸引力的感觉。

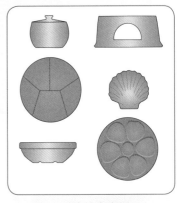

图1：耐烧的陶瓷器皿

图2：小器皿

### 清洁和保养瓷器

清洁瓷器应使用60℃的水，出于卫生原因，可以用80℃的水冲洗。同时，残留的热量可以使餐具变干。干净的瓷器必须没有水渍和油膜。

应将**损坏的餐具**挑出来。杯、小壶和壶可以叠落存放。因此，必须小心地操作。

许多餐厅拥有存放和运输餐具的供应系统。为此，人们使用合适的运输容器和欧洲底板架或可移动搁架。瓷器的存放方式使人们能够快速监控库存并保护杯碟不受损坏。

## 2.6 其他的餐桌和餐台用品

除了基本的用品，如餐具、玻璃杯和瓷器以外，还有一些用品是在上菜时为了满足特定目的而使用的。

**调味品瓶架**

调味品瓶架（图1）是餐桌上用来摆放醋、油、盐、胡椒、辣椒以及其他调料的架子。用来盛放芥末和调味酱汁的容器以及辗胡椒机和撒糖罐也属于此列。

图1：调味品瓶架

**调味品瓶架的日常保养**

**撒盐罐、胡椒罐和撒糖罐**
- 玻璃瓶身要用湿布擦净、擦亮
- 堵塞的孔洞用牙签"打通"
- 重新装满（最多装三分之二）

**胡椒磨**
- 用干布擦净，装满

**芥末罐**
- 清空后清洁，然后再次装满
- 用些许盐水滴湿，能够防止芥末罐表面干燥。

**醋瓶和油瓶**
- 用湿布擦净、擦干

**调味酱汁**
- 清洁瓶盖和瓶嘴
- 清洗涂抹痕迹和污垢残余
- 用湿布擦净瓶子，然后擦干

**干酪粉/帕尔玛奶酪罐**（图2）
- 倒空，清洗玻璃部件

图2：帕尔玛奶酪罐

### 满足特殊目的的餐桌用品

适用于餐饮服务的特殊餐桌用品：
- 用于菜肴保温的保温炉（图3）、钟形玻璃罩（图4）、保温锅。
- 切肉板、切肉用的刀叉和酒精炉方便客人在餐桌上处理食物。
- 洗指碗或洗指盘用于清洗手指。

**保温炉**有助于对顾客餐桌上的菜肴和饮料进行保温。通常要用到预先加热过的热容器。

**钟形玻璃罩**，半球状罩盖，在从厨房到餐桌的运输过程中，可以对菜肴进行保温，但是钟形玻璃罩也用于防止香味的散发和避免菜肴晾干。钟形玻璃罩总能很好地对食物保温。

图3：保温炉灶

图4：装奶酪的钟形玻璃罩和罩盘子的钟形玻璃罩

236

保温锅（图1）用于任何需要长时间保温的菜肴，比如早饭和午饭中的自助冷餐，以及配有热菜的节日自助餐。设备底部的热水是热量的源头，借助固体燃料、浸入式电动煮水设备或者电热板实现加热。除了热水还可以使用冰垫，对菜肴进行冷却加工。该装置有圆形和矩形的，也可以通过一个附加的程序使其可以盛汤和酱汁。

图1：保温锅

自助果汁桶、自助牛奶桶和自助混合麦片桶，在底部装有龙头的桶在自助餐厅中十分常见，它对早餐自助餐和早午餐自助餐及其重要，因为可以用其盛装饮品和食物，并保持清洁卫生。使用这类设备，可以快速根据需要盛装食物。

砧板带有有利于肉汁流动的纹路和碗状凹槽（图2），在客人餐桌上用其作为分割（切割）肉块和家禽肉的垫板。渗出的肉汁在切肉板的纹路中流动，并最终流入凹槽中，客人可以用勺子取用肉汁。

图2：适用于熏鲑鱼的砧板

洗指碗或洗指盘是用来清洁指尖的小碗（图3），其中盛有水和柠檬片。在享用完需要用手接触的菜肴后，例如扇贝、螃蟹、家禽肉、生食水果等，就该洗指碗登场了。洗指碗要放在餐巾中，这样能够防止液体溅出。

饮料篮用来盛放陈年红葡萄酒。人们从面包篮里拿取面包和小面包，或者将其摆放在餐桌上（图4）。吐司要放在温热的餐巾上，并用中盘端上餐桌。温热的餐巾能够防止吐司在切片过程中的水分蒸发，以保持其柔软的口感。

图3：洗指碗

## 2.7 餐桌和长桌的装饰品

餐桌和宴会餐桌上的装饰性布置能够营造出良好的氛围，对客人的心情也有积极作用。下列是一些装饰品：

- 台布或者彩带，
- 花朵或者彩色的秋叶，
- 烛台或者小油灯，
- 有艺术气息的菜单和座席名片。

在使用上述装饰品时要注意以下几点：

- 台布和彩带要超过长桌的总长度，并下垂，
- 因顾客需要交谈，故花束要尽可能低（25cm），
- 摆放烛台时要保证能够和对面的人进行交流。

图4：葡萄酒篮，面包篮

花束和装饰品的选择要依据场合而定，比如，婚宴餐桌更需要烘托气氛而不是去考虑让人增加食欲（参见本页图5，参见下页图1和图2）。

图5：用于婚宴餐桌的花束

## 花卉

花卉由于其花朵和颜色的多样性有很好的装饰效果，它能营造愉悦的氛围。出于同样的目的，在餐桌服务中也用花卉来装饰和点缀餐桌和宴会餐桌。不管是晚餐时摆放在餐桌上的单枝玫瑰，或者早餐餐桌上的简单小花束还是宴会餐桌上装饰性的花束，总会引起客人特别的关注。相关的花卉的选择和养护是很重要的：

- 鲜花的大小要与场合相符（早餐、婚礼），同时要注意，花束颜色和大小的和谐搭配。
  - 不能影响对面坐着的客人的视线
  - 不能触碰到客人的碟子或者玻璃杯
- 香味浓郁的花朵或未开放的花苞不适用。
- 当夜晚把鲜花拿到凉快地方时，保鲜时间会较长，次日早晨给花浇些许新鲜的水。在此之前要摘下凋谢的花朵并把花径修剪成倾斜状。

图1：增加食欲的花束

图2：附带蜡烛的花束

## 蜡烛

烛光是一种发热的、温暖的光，因此非常适合用来营造惬意愉快的氛围。除此之外，它与宴会餐桌上的装饰性的烛台相结合起来，更以特殊的方式烘托出了节日的气氛。

**作业**

① 哪种金属主要用来制作餐具？为什么？

② 请描述清洗银质餐具的特殊措施并说明理由。

③ 请说出以下不同大小下餐具的使用目的：

　a）餐勺，

　b）餐刀和餐叉的搭配组合，

　c）餐勺和餐叉的搭配组合。

④ 请举例说明需要使用海鲜专用餐具食用的菜肴。

⑤ 请说出需要搭配使用餐刀和餐叉的鱼类菜肴。并说明理由。

⑥ 请借助例子结合香气和碳酸饮料的气泡描述饮料特有的玻璃杯形状。

⑦ 调味品瓶架是什么？上面都有什么？

⑧ 请描述调味品瓶架上各种物品的保养措施。

⑨ 请向您的同学解释以下概念：

　a）保温锅　　　b）保温炉　　　c）钟形玻璃罩

⑩ 哪些物品可以作为餐桌和餐台上的装饰品？

⑪ 请描述配餐室中和餐厅中的重要准备工作。

⑫ 什么是餐具桌？它们被放置在何处？有哪些功能和作用？

⑬ 怎样专业地固定摇晃的桌子？

# ③ 餐厅

餐饮服务的工作流程分为两个连续的工作阶段：
- 餐前的准备工作。
- 用餐时对顾客的服务招待。

招待顾客无疑是当中更有趣的一项任务。然而，如果要想做到快速、顺利地提供使客人满意的服务，那么细心做好准备工作是必不可少的。

## 3.1 准备工作的概览

餐前的准备工作被称为配备餐具（Mise en place），这个词来源于法语，狭义而言指的是"把…放置在"或"把…（物）摆在"，如餐具、玻璃杯等。

### 在配餐室中的准备工作

**配餐室**大多位于厨房与用餐区之间，它的作用是：
- 餐桌用布、瓷器餐具、玻璃杯、酒菜保温炉等物品的**准备区域**，总的来说就是在这里准备一切服务所需的物品；
- 所有服务所需物品的**保养区域**。

### 餐厅中的准备工作

餐具摆放影响着服务台与餐桌上的工作。

服务台

服务台属于工作区域，从组织工作的角度出发，这是一个对外展示的工作区域。

**服务台**
- 服务台能缩短工作路程，因为餐桌与服务台之间的距离大多比餐桌到配餐室的距离要短；
- 服务台也有一些相应的服务用途（点菜、招待顾客），以及为菜单上供应的菜品配备器具，例如：生蚝、龙虾、蜗牛等特色菜。

餐桌

餐桌的准备工作如下：
- 摆放桌子并检验它的稳固性，可能需要在桌脚下垫上软木片，或者通过调节桌腿的螺丝来固定住餐桌，
- 绷紧莫列顿双面起绒尼，并铺上桌布，
- 摆放好基本餐具。

**餐具配备**意味着准备好所有服务过程中需要的物品。此外，也包含所有的其他准备工作。准备工作是在两个分隔开的区域进行的：配餐室和用餐区域。

在单独介绍餐具和其他器具时，对这些准备工作（自第226页起）也作出了说明。

配餐室内准备工作的总结：
- 清洗玻璃杯并擦亮，
- 清洁面包篮、托盘、酒菜保温炉，
- 清洁并装满调味瓶，
- 检查酒菜保温炉是否能正常工作，
- 再次将保温柜中的瓷器餐具擦亮并分类摆放，
- 将餐具盒内的银质餐具摆放整齐，
- 更换餐桌用布和玻璃杯清洁用布，补足备用品并分类摆放好。

以下情况需要使用到客前烹饪车：

- 例如把菜肴用火酒燎一下，将熟肉切成片，并将菜肴放到客人的碟子里
- 或是给客人倒葡萄酒和起泡酒时

以下时段需要使用到服务台：

- 早餐
- 正餐
- 咖啡和蛋糕
- 特别活动

**服务推车**

服务推车是一种为满足各种用途而放在餐桌旁的小桌子。

## 3.2 服务台的布置

### 服务台的功能

从配餐室的储备中取出用餐所需的器具，整齐地摆放在服务台上，确保随手可取用。在较大的餐厅里每个部门都有自己的服务台，这样可以避免相互干扰和阻碍。

### 服务台的装备

有些服务台是放置在总服务处的，上面包含了所有不同服务过程中所必需的物资、器具等；也有些服务台根据各自的用途被放置在不同的位置。

### 服务台的划分

为了让服务台显得井然有序，桌面上被分成了以下三个区域（图1，图2）：

- 后面的区域用来放置一些大的、高的桌面设备，
- 中间的区域摆放餐具，
- 前面的区域除了放托盘之外基本要空着，这是为了在服务中最后操作的时候更加方便，例如拿起上菜餐具，将餐具摆放在餐前菜或汤品的旁边，把双耳汤杯放在准备好汤盘上。

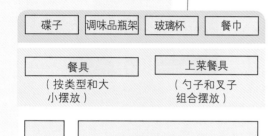

图1：服务台桌面区域的划分

为了确保服务过程的顺畅，不能将用过的餐具摆放在清空的区域。

图2：服务台的图示

## 3.3 餐桌和宴会餐桌的布置

餐桌是一个为顾客服务、让顾客感到满足以及放松的地方，面对这些要求，餐桌以及所有餐桌摆设都需要特别注意。

餐桌不能摇晃，因为餐桌摇晃是一个令人难以忍受的困扰。如有必要的话可以拿软木片垫在摇晃的桌脚下（图1），出于视觉效果的考虑像啤酒杯杯垫以及其他大面积的材料是不适用的。

图1：切下一片软木片垫在桌脚下

**以下工作可以使餐桌吸引客人：**

- 将干净的桌布精心、仔细地铺在桌上，
- 一块折叠得招人喜欢的餐巾，
- 一套摆放有序、精心布置的餐具。

### 桌布的处理

- 餐桌用布需在熨平后叠放，确保在再次使用前不会弄脏或弄皱。
- 桌布的铺设需仔细地完成（参见以下部分）。
- 使用过的桌布在再次使用前，必须要严格仔细地按照折痕折好。

### 餐桌桌布和宴会餐桌桌布的处理

桌布有正方形、长方形以及少部分圆形的。

桌布要与桌面合适，桌布每条边的尾端应垂挂下来25cm左右。

桌布熨平后应首先进行两次纵向折叠，再进行两次横向折叠（图2：① — ⑤）。

桌布是否能按专业要求来铺设和拆除取决于桌布的平整熨烫以及正确的折叠。

人们折叠桌布将其分成很多个区域，有三条纵向折痕和三条横向折痕，共16个小方格（图3），重要的是，铺好的桌布中间的折痕一定要处于桌面的中间并平行于桌面的边缘，且折痕要朝上。

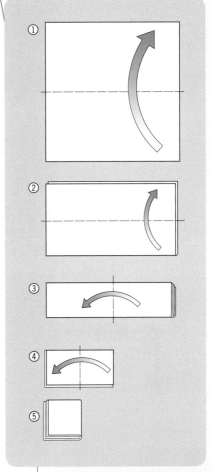

图2：桌布的折叠方法

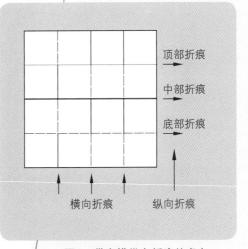

图3：带有横纵向折痕的桌布

在不同的室内环境中，应尝试实际操作找到最适合的方案。

正方形桌布和小长方形桌布

**餐桌必须有稳固的桌脚，**如果桌子摇晃的话，垫一个薄的软木片在下面，让其稳固。

在铺桌布前要先检查一下莫列顿双面起绒呢垫板，看其是否平整、稳固地绷紧在桌面上。

铺桌布时服务人员需站在桌前，背对着入口。同时，上部的折痕要位于与门相对的一边，因此大多数情况下是朝向窗口的那一边。

- 将桌布放在桌面上，按照桌布的长来摊开，侧面垂下来的桌布末端长度必须相同。
- 桌布的两端尾部①和②部分需放在上方，中间的折痕朝上，尾部两端正对服务人员。
- 伸出双手用拇指和食指抓住中间的折痕④，同时用食指和中指夹住下面的桌布末端②拉向自己这一侧，在下面的两个末端自然地放置在桌上。（图1）
- 举起桌布，将随意放置的桌布末端①轻轻地推到对面的桌边，并且留有相应的长度垂下。（图2）
- 把用拇指和食指握住的中部折痕松开④，然后将用食指和中指抓住的桌布尾端向前拉，同时调整桌布的正确位置。（图3）
- 用手将桌布抹平是不卫生的也是不被允许的。

**长方形的大餐桌台布**

由于是大餐桌台布，在铺设时需要两个人来完成。

- 将放在台上的桌布按照桌布的横向折痕朝各自的方向展开，
- 用手抓住角，小心地拉扯桌布，仔细调整合适的距离并检查是否对齐，然后再将桌布铺到桌面上。

在宴会桌上尤其要特别注意桌布的顶部折痕和重叠处。关于顶部折痕要注意的是：如果一张桌布的宽度足够覆盖住桌面，那么顶部折痕的位置摆放如下：

- 在长形餐桌上应朝向考虑到所有情况（如座次、灯光）都是最实用的那一侧。（图4）
- 在其他形状的餐桌上都应该朝向外侧，除了T型餐桌的垂直部分和E型餐桌的中间部分。（参见243页图1）

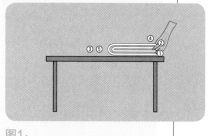
图1：

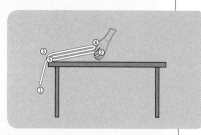
图2：

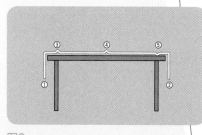
图3：

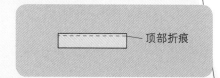
图4：

顶部折痕

如果需要两张桌布才能完全覆盖住桌子，那么顶部折痕的位置摆放如下：

- 直接放在桌子边缘朝向两侧（前提是桌布垂下去的部分不能超过座椅的高度），
- 要不然就直接放在桌上。

**对于桌布重叠部分应注意：**

- 在自然光线下桌布的重叠部分应正对着光线的方向叠放在一起，这样就不会产生阴影。
- 桌布的重叠部分应顺着进来客人的视线往另一边铺，这样客人才不会看见桌布边。（图2）

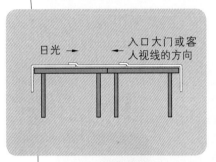

图1：宴会餐桌上，桌布顶部折痕的位置

取下餐桌和宴会餐桌的桌布

干净的桌布应精确按照之前的折痕折起来，方便下次使用：

- 张开双臂，用拇指和食指抓住桌布中心折痕的左右两边。
- 提起桌布，让两边自然下垂，沿着中心折痕将桌布折起。沿着折痕各自将桌布抬高让侧边部分自然垂落，将桌布精准地按照折痕折起来。
- 将折了一次的桌布放在桌上，纵向折痕朝上，抓住纵向折痕再次将桌布提起，使桌布平坦地垂着。
- 然后再将桌布放在桌上，沿着横向折痕折叠两次，最后将折叠好的桌布放到服务台保管。

图2：桌布重叠摆放

取下桌布时，需要两个人同时操作。

## 擦嘴巾和装饰用餐巾

对于高雅舒适的餐厅服务而言，将餐巾折成高雅、精致的造型是很普遍的，这个过程被称为折叠餐巾。擦嘴巾用于来保护客人衣物，避免弄脏，以及在饮用饮品前和用餐后擦嘴。

**餐巾有不同的大小：**

| 材质 | 尺寸 | 用途 |
|---|---|---|
| 纸，纸浆或羊毛 | 20cm × 20cm | 冲泡饮料、酒吧饮品、冰淇淋 |
| 纸，纸浆或羊毛 | 33cm × 33cm | 小菜、餐间菜肴 |
| 纸，纸浆或亚麻布 | 40cm × 40cm | 早餐、正餐 |
| 亚麻布（斜纹布） | 50cm × 50cm及更大 | 节日宴会和装饰 |

为了尽可能多地折出不同的花样，现如今的餐巾不再是事先折好的，而是打开的、左侧边朝上的（能看到缝边）被保存起来。唯一的例外是太大的餐巾，不折叠的话柜子里放不下。

**擦嘴巾的折叠**

　　出于卫生原因需戴上**纺织手套**来折叠出简单而又漂亮的餐巾，基本折法有以下A、B、C、D四种：

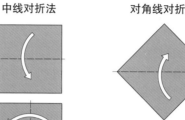

对角线对折法

三等分线折法

**大部分餐巾折花都是根据A、B、C三种基本折法折制而成。**

### 三重波浪折法

　　按照三等分线折法（D）将餐巾折成长方形，将两边的三分之一向内翻折，使两侧边缘对齐两条垂直折痕。

　　将中间部分推向左侧，使它呈拱形，再将右侧部分翻折靠向中间部分，形成三重波浪。

### 雅各宾帽折法

　　将基础形状（B）张开或闭合的底部尖角向上折三分之一，将两侧向后折并相互夹住，调整成圆筒形即可。

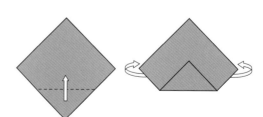

## 双层牛尾尖折法

由基础形状A折成

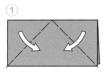 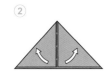 

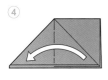 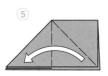  

① 将上方两个角折向中间，形成一个三角形。

② 按压折痕然后再展开。

③ 将左侧上面一层餐巾折向右侧，使两条折痕重叠。

④ 将右侧多出来的小三角形沿中线折向左侧。

⑤ 把右侧上面一层折向左侧，使右侧的折痕与左侧边线重叠。

⑥ 将右边剩下的第四个小三角形折到后面。

⑦ 捏住餐巾的顶部，将折纸调整得更加丰满立体并将它竖立
起来。

## 枫叶折法

由基础形状A折成，开口朝上

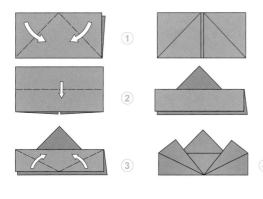  

① 将上面一层左右两个角折向中线，然后把餐巾翻到背面。

② 将上面一层的长边向下翻折。

③ 将上面一层长方形的两个角沿虚线向上折。

④ 再将餐巾翻转过来，将整张餐巾按手风琴状折叠起来。按
压紧，然后抓住底端，轻轻地将顶部拉开即可。

### 喇叭形折法
由基础形状A折成

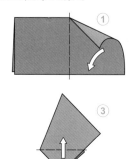 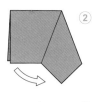

① 将右边的一半卷至中间，形成一个圆锥形纸袋状。

② 把左下角折至圆锥纸袋的底部顶点。

③ 将重合部分的底端向上翻折。

④ 右侧的角保持不变，将餐巾调整至圆锥状并将它竖立起来。

### 双层主教帽（王冠）折法
由基础形状A折成

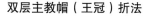

  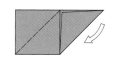

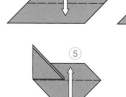 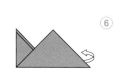 

① 将左上角和右下角各自折向中间，形成一个菱形。

② 将餐巾翻至另一面，长边向下。

③ 把菱形餐巾从上往下对折，拉出右侧三角形尖角，形成两个金字塔。

④ 将靠上面一层的三角形向下打开，并将左侧金字塔沿中线折成一个小三角形。

⑤ 将刚刚打开的三角形向上翻回去。

⑥ 再把右侧三角形的一半向后翻折插入左侧三角形中，撑开底部，使餐巾呈立体的帽子形状。

**帆船折法**
由基础形状B折成

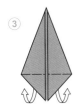  

① 将已折成正方形的餐巾沿对角线折成三角形。
② 将餐巾旋转至开口尖端朝上，然后将左右两条边折向内侧，形成一个风筝形状。
③ 把餐巾放在桌子边缘，将底部多出来的部分向下折。
④ 把左右两条边也向下对折，紧紧地按压在一起，中间部分朝上。
⑤ 把尖端部分的四层从中间轻轻地拉出来竖起，当做帆，调整成帆船型，完成。

**百合花折法**
由基础形状3折成

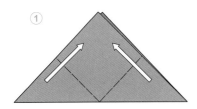 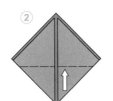

① 将三角形左右两个角折向中间，形成一个正方形。
② 在中线下方约2cm处将底部尖角向上翻折。
③ 再把刚刚翻上去的小三角形的顶角往下折至底边。
④ 左右两侧折向后面并相互插紧，将餐巾调整成圆筒状。
⑤ 把靠前面的两个尖端轻轻地往下拉至一半，并将尖端插入下方的纸套中。

装饰餐巾的折法

在有晚餐和表演的场合人们会放置特别的餐巾折纸作为装饰品。这里也介绍几种折法。

### 睡莲-洋蓟折法

 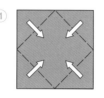 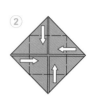  

① 将正方形边朝上摆好，四个角向内侧折。
② 重复上个步骤。
③ 将餐巾翻到背面。
④ 再将四个角向内侧折。

⑤ 用手指按住中心四个角，依次从背后把角拉出向前翻折成睡莲花状。
⑥ 再从背后把剩下的另外四瓣拉上来，形成洋蓟花状即可。

### 牛角-天鹅颈折法

**使用场合**：仅作为装饰品放在银盘子或自助餐台上。

① 将餐巾的一个角朝上，在上面放一片三角形的铝箔纸。
② /③左右两个角向内侧折两次。
④ 然后将餐巾左右对折。

  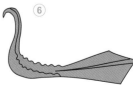

⑤ 将餐巾的尖端如图向内弯，则是牛角形状。
⑥ 将餐巾的尖端如图向外弯，则是天鹅颈形状。

# 3.4 餐具

## 基本餐具

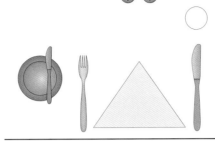

图1：基本餐具1　　图2：基本餐具2

在服务之前，通过布置基本餐具（图1，图2）可以节约服务员上菜、倒酒水的时间，为点餐时的交谈和客户询问创造时间。另外，这种准备工作能加快服务流程。

此外一个布置了餐具的餐桌比一个光秃秃的餐桌对客人有吸引力得多，顾客在舒适优雅的环境里感觉到更受欢迎。

因为不清楚每次顾客会根据菜谱点什么菜，会吃什么、喝什么，所以餐厅里的餐桌上仅准备了基本餐具。只有顾客点单后才能决定基本餐具是保持不变，还是添置补充餐具，又或是取走或调换已有的餐具。

**需要更换餐具的示例：**
- 食用意大利面时，将主菜刀换成汤匙，
- 食用牛扒时，将餐刀换成牛扒刀，
- 食用鱼类菜肴时，将刀叉换成吃鱼时所用的刀叉。

布置流程

首先用餐巾或展示盘标记餐具的位置。若想要最后布上餐巾，就要用餐椅定好方位。对立摆放的餐具应尽可能摆放一致（叉对应刀，反之亦然）。

## 拓展的基本餐具（图3，图4）

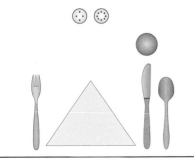

图3：配汤的主菜　　图4：配有汤、甜点和第二个盛水玻璃杯的主菜

基本餐具的最低配置：
- 餐巾
- 大号餐刀（主菜刀）
- 大号餐叉（主菜叉）
- 酒水通用玻璃杯

按照规定和实际运行可能也有面包盘、黄油刀和调味瓶。

**套餐餐具（图1，图2，图3）**

套餐餐具与明确规定的上菜顺序有直接的关系，也就是说，菜单，比如今日菜单或者节假日、官方宴会特供。

图1：配有3道菜、2种饮料的简单套餐的餐具

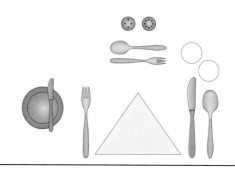

图2：在原基础上增加了面包碟和调味瓶

饮料：
水、白酒、红酒、起泡酒
菜肴：
熏鲑鱼、吐司配黄油、家禽类汤、园丁式菲力牛排（牛里脊肉排）、杏仁配甜酒酱

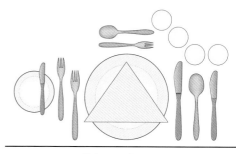

图3：带有展示盘的菜单餐具

**布置流程**

首先用餐巾或展示盘标记餐具的位置。如果没有展示盘，就用椅子定好方位。

餐具布置

- 首先为主菜在左边摆上叉，右边摆上刀，只有当作为主菜的肉类被鱼类替代时例外。这套主菜餐具必须一直放置在其他所有的主菜前。
- 其次根据菜单在右侧依次摆放一个普通汤匙用来喝汤。
- 中号餐刀和中号餐叉分别放在右侧和左侧，用于食用冷盘（餐叉应略向上推）。
- 最后在餐具摆放区的上方放上甜点餐具用来品尝甜点。
  - 普通餐叉直接摆在餐具摆放区的上方，柄朝左。
  - 普通餐勺在叉的上方，柄朝右。
  - 柄的位置表明了在上甜点前将点心匙和点心叉移到餐具摆放区的意愿。叉放在下面，这样在握勺时就不会碰到叉杆。

## 玻璃杯的摆放

- 首先在主菜刀的上方摆放一个玻璃杯，称之为**定位杯**。
- 然后在定位杯后面依次摆上吃冷餐前菜用的玻璃杯和吃甜点用的玻璃杯。
- 现在通常也会摆上一个水杯。为了美观，用小的高脚杯替代平底玻璃杯，这更加配已经摆好了的酒杯。

玻璃杯可以呈对角线排列（参见第250页菜单）或是划分为3个区域，呈三角形排列。

最多摆放3个玻璃杯和一个额外的水杯（图1）。更多必需的玻璃杯则根据上菜顺序同时摆上。

最后**面包盘**放在餐具的左边。当上土司或小面包搭配黄油时，摆上一把刀刃朝左的餐刀。

## 对齐

- 餐具放在右侧靠近餐桌边缘，精确地与之平行。
- 除了第二把餐叉，其他在刚刚提到的平行线上的所有餐具都与餐桌边缘距离1cm（参见第249页）。
- 甜点餐具与餐桌边缘平行。

## 餐具数量

- **最多5道菜的套餐餐具的摆放，**即：
  - 餐具摆放区**右侧**放置4件餐具（冷餐前菜、汤、热餐前菜或鱼类菜肴、主菜），
  - 餐具摆放区**左侧**放置3件餐具（冷餐前菜、餐前菜或鱼类菜肴、主菜），
  - 餐具摆放区**上方**放置2件餐具（乳酪、甜点）。

当多于5道菜时，概括起来就是，摆放基本的主菜餐具，缺少的餐具则按照上菜顺序在呈上菜肴时一同呈上。

## 4道菜套餐的例子

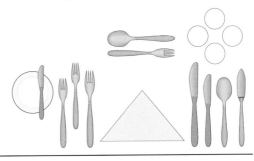

图1：有5道菜时，应配备3只酒杯、1只水杯

- 冷餐前菜：鱼刀和鱼叉
- 汤：中号汤匙
- 餐间菜肴：中号餐刀、中号餐叉
- 主菜：主菜餐刀、主菜餐叉
- 甜点：中号餐叉、中号餐勺，也叫作甜点餐具

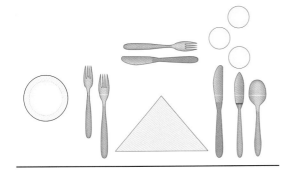

| 开胃酒 | 双份浓肉汤配吐司 |
| 白葡萄酒 | 番红花鲑鱼去骨鱼肉 |
| 白葡萄酒 | 薄圆犊牛肉肉片配田园蔬菜和菠菜面 |
| 红葡萄酒 | 精选乳酪 |

### 3.5 盛大的宴席、宴会餐桌

在布置一场盛宴之前必须要完成以下工作:

- 按照场合和人数放置合适的宴席。
- 铺垫上绒布和台布。
- 放上纺织类的餐桌装饰物,比如彩色的装饰带。

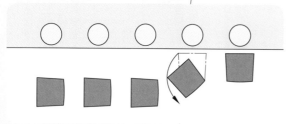

#### 确定餐具位置

- 考虑到70~80cm的餐具位置宽度, 餐椅要靠着宴席并精准地对齐(也要对齐对面的桌子侧边),
- 用餐巾或展示盘标记餐具的位置,
- 为了在围着宴席布置餐具时不发生碰撞, 要以餐椅右后方的椅脚为支点旋转90°角从席前移开。

#### 布置餐具和酒杯

要按顺时针方向,按照已经交代过的规则摆放。

为了避免宴席餐具过多,因此摆放**在左侧应不多于3个餐具, 在右侧应不多于4个,在上方应同时不多于2个,酒杯不多于3只。** 额外必需的餐具或酒杯根据当时的菜或饮料添加。

此外,对宴席整体的美观起决定性作用的还有:

- 餐具和展示盘到桌边精准的距离,
- 按一定规律对齐摆放玻璃杯,
- 酒杯与桌面边缘呈45°角,
- 准确摆放相对放置的餐具。

在传统的服务中,餐前准备时在服务台提供了调味瓶,只等需要时便摆上宴席。

#### 最后的工作

- 在餐具之间或展示盘上摆上成形的餐巾,
- 摆上花或蜡烛饰物,
- 移回餐椅,
- 根据餐桌布置方案摆上印有各个客人名字的座席名片,
- 摆上菜单,
- 检查餐具是否完整。

## 3.6 餐饮业中的服务方式和方法

随着时间的流逝，顾客服务也形成了专业的工作方法和工作技巧。

**餐饮业的服务方式**

这里的服务方式理解为服务的外部框架。同时在餐馆分为：

在柜台上准备饮料

按菜单点菜服务

顾名思义，顾客按照菜单挑选菜肴和饮料，根据顾客的订单对其进行单独服务。服务员直接与顾客结算所有的账单。

宴席服务

宴席服务中会在某个确定的时间点为顾客们提供相同的菜单。这是一个内部的社交聚会，以特定的形式共同进餐。

斟上饮料

特别形式的套餐服务

这种服务的重要特征是，在每天的某一确定的时间点为这间餐馆里的所有顾客提供相同的菜单。

自助餐服务

自助餐服务以特别的方式与下列提供形式区分：

- 自助早餐
- 自助沙拉
- 自助午餐
- 自助糕点
- 自助冷餐
- 自助饮料

在传菜口端菜

虽然柜台以自助服务为基础，但也会有服务员和厨师等候在此为顾客提供服务。

短暂检查后为顾客上菜

## 餐饮业的上菜方法

可以将方法理解为上菜的方式,基本分为餐盘上菜和托盘上菜。

### 餐盘上菜(参见第5.3章)

餐盘上菜(图1)是将厨房里的菜肴盛到盘中并直接呈上。广义上,盛在不同容器或垫盘中的菜肴也属于此类:

- 盛在玻璃杯或碗中的餐前菜,
- 盛在深盘或汤杯中的汤,
- 盛在盘里的餐间菜肴和主菜,
- 盛在深盘、玻璃杯或碗里的甜点。

### 托盘上菜(参见第5.3章)

托盘上菜(图2)是指菜肴从厨房放到大托盘上,或者广义上也指盛到碗中,到了桌边才装进盘中。依据呈递人员和呈递方式可分为以下方式:

1. **呈递服务**:服务员用盘子呈递
2. **展示服务**:盘子展示,顾客自助服务
3. **混合服务**:盛装入盘子和碗
4. **小桌服务**:通过服务员在旁边放置的小桌上进行服务

## 3.7 基本服务准则

除了针对特定的服务工序的规定和准则,其他规定具有普遍意义。适用于服务的规则:

- 一切为顾客考虑,
- 服务的顺序由共同的顾客决定,
- 服务时采用无噪声和省力的方式。

### 周到考虑

顾客有这种合理的需求,在无干扰、舒适的氛围里进餐。因此涉及噪声、忙碌、打扰的服务必须要重视这些重要的规定。

#### 上菜过程中的噪声

服务产生的噪声要一直控制在最低限度。该规定也同样适用于服务过程中服务员与顾客的交谈和使用台式装置。

#### 匆忙慌乱

在服务中经常出现忙碌的情况,大多数时候都是不由自主地出现的。但是非常重要的是,对外应保持安静从容,绝对不能跑,无论如何不能暴躁地比画。

图1:餐盘上菜

图2:托盘上菜

当服务一个小圈子里一群顾客时,注意上菜顺序为:贵客→女士→男士→主人

**打扰**

服务人员不允许通过以下方式打扰顾客（图1）：

- 过分的殷勤，
- 不停地推销，
- 不佳的工作态度或者不重视合适的工作技巧。

## 无噪声和省力的方式

特别是在营业高峰时间段必须考虑多种方式，这样可以快速有序、无打扰地顺利完成工作：

- 一直在"道路"右侧行走，
- 服务过程中一直向前行进，绝对不能后退，也不能突然停下，
- 尽可能不"空转"，因为在端菜处、服务台和客人的餐桌之间总是有东西要呈送。

图1：打扰顾客：这里有什么问题吗

## 3.8 餐盘上菜的准则和规定

在恰当的拿起、托住、放入、取下餐盘的动作中，手承担了重要的功能。

**右手**是**工作手**，它主管拿起餐盘、交至左手、放上餐桌和从餐桌取走。**左手**是**承担手**。

## 拿起餐盘和托住餐盘

**一个餐盘**（图2）

拇指和食指抓紧餐盘，剩下的手指支撑。大拇指在盘的边缘弯曲。

图2：托住一个餐盘

**两个餐盘**

在托住餐盘中运用了两种不同的手法：

**从上边缘托住**（图3）

- 拿起第一个盘放在手心，
- 第二个盘放在鱼际处，前臂和侧边竖起的手指之间。

图3：（从上边缘）托住两个餐盘

**从下边缘托住**（图4）

第二个盘必须在第一个盘下面推到食指，其他剩下的、呈扇状叉开的手指支撑。

图4：（从下边缘）托住两个餐盘

图1：一手端三个盘子

放**热盘子**时必须在手腕上垫一块**餐巾**。

从左边递盘子会使顾客在服务员弯曲手时感到不便（255页，图1）。

通常要等顾客结束用餐，服务员才能把桌子上的东西撤下。

三个盘子（图1）

- 第一个盘子是手上的盘子，
- 第二个盘子放在第一个盘子下边（下盘），
- 腕关节向内弯曲，
- 第三个盘子挨着第二个盘子的边缘，放在前臂上。

## 放置盘子

### 放置时的运动方向

在餐桌上，服务员要把每一个盘子用右手托着，并且从顾客的右边递给顾客。这符合弯曲手臂的自然运动方向，手臂引导盘子围绕顾客一圈。

**特例：**

- 当放下盘子时，它的位置在餐具的左边（例如：面包和沙拉的盘子）。这时如果从顾客的右边递盘子，会使顾客感到特别不方便。
- 当从右侧放下餐具时，空间不够。

## 取走盘子

顾客餐具摆放的顺序指表明：

- 餐具交叉摆放：我等下还要用餐，请稍后再帮我服务，
- 餐具相邻而放，在右边用手握住：我吃完了，餐具可以拿走了。

取走盘子的规则与放下盘子的规则是一样的：

- 从顾客的右边取走盘子，
- 运动方向为顺时针，同样从左到右。

在取走盘子时使用一些普通的方法"正握两个盘子"（图2）。合并吃剩的食物也不失为一种方法，"通常是正握和反握拿三个盘子"。

### 取下正握的盘子

**第一个盘子**作为拿在手上的盘子，餐具的摆放遵循以下规则：

- 可以用拇指拿住餐叉柄的末端，这个抓住点可以保证餐盘和刀叉的稳固，避免滑动，
- 餐具在拱形结构下以一个正确的角度移动。

**第二个盘子**作为正握在手上的盘子，刀叉放在手上的盘子上。

**其他的盘子**放在上面的盘子上，每一个刀叉摆放点在手上那个盘子上保持整齐。

图2：拿走两个或更多的盘子（正握）

用正握或者是反握方式取走盘子

当顾客将吃剩的食物留在盘子上时，就使用这种方法。当剩下的食物很多的时候就采用三个盘子的方法，如果只有剩下小部分那就把食物放到放餐具旁边的那个盘子里面。

- 手上拿的盘子作为餐具的存放盘，
- 用刀把每个盘子剩下的食物装到手上拿着的垫盘里（要从顾客的视野内拿盘子转身），
- 最上面的盘子作为其他盘子的托盘。

## 拿、放置和取走餐具

在下面的盘子，人们往往理解为垫盘和放在其上面的餐具的一部分的结合。这种餐盘的准备与准备配菜的规则一样，这样上菜就不会被推迟。例如部分餐具准备好了，不是被放在食物传送点就是被堆放在服务台上：

- **用来喝汤的餐具放在杯子里**

  配有小餐巾或者是桌布和汤杯垫的垫盘。
- **餐前菜或者是甜点的餐具放在玻璃杯或者盘里**

  配有小餐巾的垫盘。

拿起、托起和放置

在甜点桌上用于装汤的杯子，装餐前菜或者说是甜点的玻璃杯和盘子被放在之前准备好的垫盘中，按照以下规则服务：

- 左手拿两套餐具（正握），右手拿第三件餐具。
- 从顾客的右边放下。
- 从左到右传递。

取走餐具

原则上来说喝汤的餐具和餐前菜，沙拉或者甜品的餐具在传递时都要配上刀叉。如果技巧熟练，那么餐具和刀叉部分在取走的时候就已经整理好了。（图1）

**喝汤餐具**（图2）
- 第一件碗碟作为拿在手上的碗碟，
- 第二件碗碟放在第一件下面，
- 杯子和手拿勺子放在底下的碟子上，
- 第三件碗碟放在手拿碟的上面，勺子插在里。

**有垫盘的餐前菜和甜点餐具**
- 第一件餐盘作为手拿盘，
- 第二件餐盘放在第一件的下面，甜点盘叠放在手拿盘的上面，
- 手拿盘的勺子插在下面盘子上，
- 第三个盘子作为上面盘子，手拿盘的垫子叠放在上面，勺子放在下面盘子上，
- 第四件餐盘放在上面盘子上，勺子放在下面的盘子里。

图1：取下三个和更多盘子

当食物剩下过多时，同放下碟子一样，正握、反握餐盘和对剩下的食物进行分类的方法是可取的。

新式的餐盘有很多不同的款式。它们被设计成直角形、正方形、波浪形、椭圆形或者是叶片状的盘子。服务人员需要考虑改进的拿取方式。通过短期的训练，新式盘子的安全拿法将很快被找到。

图2：汤杯的拿法

## 3.9 呈送餐盘

在隆重的节日活动上，种类繁多的菜品被端上来。技能熟练的呈送能力，才能使顾客不受到为临近顾客上菜的影响。

### 呈上的方式

呈送餐盘的意思为，**将饭菜送到餐桌上并摆放到位的能力。**另外这种服务存在着变化：

- 分发盘子和碗，由顾客在餐桌旁自助取食。
- 服务人员将餐盘提供给顾客用于自助操作，或者将菜肴放在盘中。
- 服务人员呈上盘子盛装的菜肴。

### 盛菜技术

专业人员用餐叉和餐勺作为盛菜的餐具。使用餐具有着不同的拿法，它与菜品的种类有着密切的关系。

图1：通常的拿法

- 勺子与叉子呈交叉拱形结构（图1）。

**操作：**

勺子往下移动到菜品的下面，拿起，抓住餐勺和餐叉，放在盘子的上面。

**使用：**

对于任何菜品都没有特殊的拿刀叉的方式。

图2：横向拿法

- 叉子和刀子的拱形结构集中在下面（图2）。

**操作：**

两种餐具用分开的拇指拿着，放在菜品的下面，抬起，放下。

**使用：**

- 使用在大面积的、易碎的和特别长的菜品上，例如：芦笋、去骨鱼肉、菜肉蛋卷。
- 带有稍加烤制配菜的菜品。
- 勺子用来吃酱汁和配菜部分。

图3：钳式拿法

- 勺子与叉子形成相对的拱形结构（图3）。

**操作的两种可能性**

如图那样或者手向左旋转90°，为了更好地从侧面拿和盛相应的菜品。

**操作：**

容易卸下的菜品如装满的土豆，或者配有配菜的菜品，例如圆形肉饼、小馅饼。

## 呈送餐盘的特点

通常托盘上菜比呈送餐盘更耗费时间。通过合逻辑的和有目标的工作过程，必须保证没有发生不必要的推迟和菜品变凉。尤其针对的是：

- 通常情况在托盘上菜中，所有菜品不能一次性端上来，因此菜品**保暖器**应该要准备好。
- 在端上餐盘前应该将其预热，再从右边递给顾客。
- 拿餐盘时应该在其下面放上一块盖住手的餐布。如果餐盘数量大，应该从餐盘的上面盖上一块餐布，并拿在两手之间。
- 在把餐盘给桌上的顾客之前，必须把盛菜的餐具放在餐盘上面。

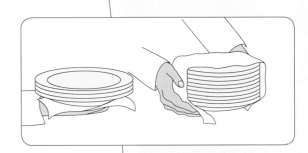

## 从上餐餐盘中盛菜

这种盛菜（图1）的方式早期源于**法国**，因此称为法式方法。

- 提前预热的盘子从右边递给顾客。
- 随后服务员将准备好的盘子传给顾客。同时她会拿一块折叠长餐巾包住左手。
- 要注意的是，盘子要放在顾客视野的高点，这样每一位顾客都可以看得到菜品。
- 按照餐厅服务的能力，附加的服务是解释菜品。
- 从顾客的左边盛菜。同时托盘要尽可能低，托盘的右边缘要在盘子的左边缘稍微上面一点的位置。
- 不同的菜品种类要使用相应的盛菜手法（参见第258页）。

图1：上菜服务

### 盘中菜品的摆放

首先要放上菜品的主要部分，例如：将鱼或肉摆放在为顾客准备好的盘子里。接着在餐盘的右边开始放入蔬菜配菜，主要的配菜放在盘子的左边（图2）。

颜色的摆放需要注意。例如：红色、白色、绿色的蔬菜。

图2：正确的摆盘方式

在浇淋酱汁的时候一定要注意：

- 煎制和烤制的菜肴，酱汁或肉汁适合**放在鱼或肉的旁边**。
- 对于特殊的带有酱汁的菜，如在做牛肉卷和鱼肉时使用的白葡萄酒酱汁要**淋在肉类的上面**。
- 混合黄油浇在**肉类的上方**。

当桌上的每一位顾客的盘子里都有了食物之后，托盘里多出的那部分食物，要被放在保温器里面，直到下一次服务再拿出来。

### 上菜服务的混合形式

一种在实践中使用的混合上菜服务形式只针对于部分菜品，例如从托盘中盛鱼块。然而对于蔬菜和主要的佐餐食物都是使用碗装，顾客自己从碗中拿佐餐食物，然后将碗传递给其他的顾客。

另一种混合形式则是，在托盘上摆上菜品的主要部分，这些可以在厨房里进行也可以在用餐区的服务推车上完成。盘子从顾客的右边端上来，佐餐食物可以通过餐厅服务员从顾客的左边端上来。

在宴会服务上人们常常实行另一套服务形式。这时，肉类、蔬菜佐餐和主要的佐餐食物可以单独放在托盘上。在这里需要注意的是，由于顾客与顾客之间距离非常狭窄，所以跟在其后的服务员应与其保持一定的距离。

> 在盛菜过程中盘子不能装太多。无论如何盘子的边缘必须是空的，不能把装菜满出来。

### 呈递托盘

托盘上菜的变体是递给和呈递托盘上菜。

热托盘放在一块保护左手的餐巾上面，并从左边递给顾客。同时通过服务生弯曲自己的身体与桌子高度一致，顾客就能够很容易地取到托盘里的食物（图1）。托盘的边缘应该稍稍从上渗入餐盘的边缘。菜品的呈递餐具与顾客拿食物的地方对齐，因此顾客可以保持舒适的姿势拿去托盘里面的食物。

### 呈递餐桌台上的食物

这种形式原本是英式服务方法和烹制车服务。它以顾客为导向，但是同样有奢华的服务，只有为小数目到八个人的客人群体服务才有意义。

图1：呈上大份菜肴供顾客取食

准备小桌

小桌（小餐车）可以作为固定放置的设施，也可以在顾客要求时设置。

小桌的位置应选在可以让所有顾客都能尽可能舒适享受服务的位置（图1）。

摆放

首先在餐桌台上摆好所需的材料（图2）：

• 保暖器，两个保暖器放分开的菜品，

• 在盘子的餐巾上放上盛菜的餐具，

• 紧接着用托盘盛出加热了的餐盘。

现场服务

首先将托盘盛到顾客面前，接着将它放入保暖器。

接着服务人员解释菜品（参见第392页，菜品服务和售卖）。

接下来补充服务过程，要注意以下准则：

• 原则上要根据顾客的目光来工作。

• 从餐车边呈上菜肴时要用两只手完成。

• 食物需要专业人员盛在盘子里，盘子里不能装太多食物。

• 使用勺子盛酱汁，当勺子还在上餐餐盘上方时，使用叉子刮掉勺子下方的汤汁，以避免汤汁滴落在桌上或餐盘边缘。

• 盛菜的盘子要用餐巾垫着，并从右边递给顾客。

• 首先为女士服务，然后是男士，最后才是主人。

• 在做完第一次服务之后要时刻注意着，这样就能够及时地进行下一次服务。

**补充服务**

进行补充服务时由两种可能性：

• 当所有的食物第一次盛给顾客后，通常需取走使用过的盘子，覆盖住使用过的餐具，下一次上菜时要使用新的干净餐具。

• 为保证每一位顾客都能够拿到食物，例如蔬菜就要用托盘送到顾客的盘子里。

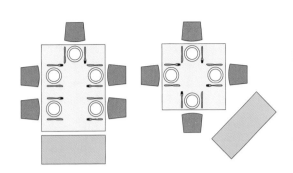

图1：可以摆放餐车的位置（绿色部分）

图2：准备好的小桌

始终观察着客人的桌子，以便能够及时进行服务。

### 3.10 服务规则的总结

在服务当中应该遵循一个目标，就是不能打扰到顾客，同时服务人员应该尽可能地无干扰工作。

所有菜品应该从右边单独呈到顾客面前。沙拉和糖煮水果等应该从左边。

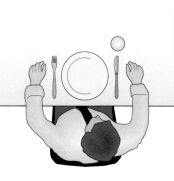

**从左边放置**
- 面包、小面包、吐司
- 糖煮水果
- 沙拉
- 其余餐盘
- 洗指杯
- 水煮蛋
- 菜肴的展示和呈现

**从右边放置**
- 汤
- 装有菜肴的餐盘
- 空的餐具盘
- 咖啡杯和摩卡杯
- 传递和倒茶水
- 玻璃杯
- 饮品的展示和斟倒

**作业**

① 请您描述与服务相关的基本标准

　a）尊敬顾客　　　　　　　b）无干扰和省力的服务方式

② 在呈送餐盘时每一只手的任务是什么？他们被叫做什么？

③ 请您描述如何端一个、两个和三个盘子，请说出相应的名称？

④ 请您描述端盘服务并陈述理由。

　a）端盘的运动方向　　　b）服务员的运动方向　　　c）特例

⑤ 请您描述如何取下盘子

　a）运动方向　　　　　　b）摆放餐盘和整理餐具　　c）处理餐盘里剩下的食物

⑥ 请您设计包含五道菜的菜单和相应的饮品，菜肴中应包含以下元素，然后依据菜单为多人摆放餐具：

冷餐前菜：配牛肉酱　　　　汤：蘑菇为食材　　　　　鱼类菜肴：鳎鱼为食材

主菜：羊排为食材　　　　甜点：梨子和酸奶为食材

⑦ 在宴会餐桌上摆放餐具前应进行哪些准备工作？

⑧ 在餐具的摆放上有什么值得注意的？

⑨ 在餐具和杯子摆放完成之后还要做什么检查工作？

⑩ 什么规则适合用于摆放玻璃杯？

⑪ 向您的同事阐述上菜的技巧。

⑫ 请您客观详细地阐述使用托盘上菜的顺序。

⑬ 在预先商讨论服务时，谈到上菜服务的混合形式。请您向您的同事详细地阐述上菜服务的混合形式。

# ④ 快速服务餐厅

在快速服务餐厅（汽车餐厅）特别重要的是，在餐厅营业前要完成所有的准备工作或者在人少的时候（在非高峰期期间）完成所有的准备工作。只有这样子才能确保在高峰期间顺利为客人提供服务。

收银台是准备工作的核心，收银台作为所有的中间轴承它所包含的服务是要准备好客人所需要的东西。餐饮的客厅也被称为大厅，而且室外区域必须为核心销售时间做准备。

## 4.1 收银台的设置

收银台（图1）的后面那一边包括了所有的流程，那就是服务员需要把客人所点的订单整理好。

这些包括托盘、番茄酱、蛋黄酱、酱料以及纸巾、胡椒和盐（一小包）。

图1：收银台

这个对于存储处和数量都是有标准的。

通常会有多个可以使用的收银台，设置这么多相同的收银台，是为了避免收银人员互相干扰。

备餐过程中必须拆掉运输包装，这样方便取出每个食物。杯子、盖子、吸管放在收银台上或者放在饮料处。

外卖订单的包装也得准备好不同大小的纸袋进行包装。

即使是在汽车餐厅，取餐、点餐、收费、递交食物等过程也需要在窗口完成（图2）。

收银台必须**保持清洁**。剩下的过期饮料、面包屑必须用湿布吸附（擦干净）。

图2：免下车服务车道

图1：菜单

在许多餐厅中，**清单**是用来填充收银台的。

只有这个清单上所有事情全部完成的时候，才可以确保在高峰期间没有工作人员的情况下，客人可以在短时间内获得服务（被招待）。

然后查看**菜单板**（图1），确认一下，是否所有的供应都齐全。

## 4.2　在大厅中的准备工作

工作人员必须在餐厅打烊前打扫好大厅的卫生，使其保持整洁。尽管如此，在餐厅营业前也有一些准备工作需要完成。

图2：服务推车

- 擦**桌子**
- 准备好**服务推车**（图2）
- 保持**饮料分配器**的干净
- **备好**杯子、盖子、吸管以及餐巾纸
- 检查**门窗**的清洁度
- 检查**厕所的卫生**

## 4.3　在餐厅外的准备工作

有一些准备工作需要在餐厅外完成。这些工作包括，需要检查室外座位的环境以及检查汽车餐厅专用车道的卫生环境，保持其干净。对于客人来说，餐厅卫生环境的好坏会成为可能的阻碍。

如果有必要的话，可以更换供应产品海报（图3+4）。

## 4.4　服务形式

*柜台服务*

顾客在服务员的帮助下在窗口（柜台）点食物和饮料。当顾客完成点餐付钱后，通常会建议客人把点好的食物拼餐放在一个托盘上或者打包外带。客人在餐厅用餐时，需要自己端着托盘然后去找座位坐下。

图3+4：海报

### 免下车服务

客人开车进入汽车餐厅的服务柜台（窗口），并在此订餐和支付。然后再开到另一个窗口取餐，接着离开（图1）。

餐厅在客流量较少时，只会开放一个窗口进行点餐付费取餐等流程，所以相对于客人来说等待的时间更长。

在客流高峰期的时候，通常会使用**订餐付款取餐流程**。客人在一个电话柱旁（使用订餐电话）订餐，在下一个窗口付款，再到下一个窗口取餐。

多车道服务一种特殊的免下车服务方式，可以在**多个并行的汽车道上接受服务**。

### 单向取餐和双向取餐

顾客在取餐台旁按照一个顺序（一条线）移动。这种形式主要应用于进行集体提供餐饮的机构（例如：大学食堂）。在菜品选择少和客流量大时，特别适合使用这种供餐形式（图2）。双向取餐中，顾客可以在相对的两侧进行取餐（图3）。

### 自由式取餐

为了在选择菜品时为顾客提供更多的选择，可以引入**自由式取餐**。

在一个宽敞的场地中，顾客可以自由走动，自主选择搭配不同的食物。例如：选择比萨饼、意大利面、汤、沙拉、肉菜，将其组合为独特的一餐。

在离开这一取餐场所时，顾客需为自己所选的食物结账，然后前往就餐区域就餐。

### 美食广场方案

美食广场（图4）可以设在机场、地铁站及购物商场。结合不同风格、菜系的餐厅和不同的服务方式（例如：素食餐馆、汉堡快餐店）在一个公共的座位区域，集中为顾客提供服务。

图1：免下车服务

图2：单向取餐

图3：双向取餐

图4：美食广场

## 4.5 规模化餐饮业中的特殊服务形式

餐饮服务需要满足客人的期望。如快速的供应、良好的食物和饮料、短暂的等待时间以及特别的体验等等，这些和订单营业额都是息息相关的。

这种服务方式已经导致它区别于传统的餐饮业。对于一些顾客来说，餐饮业的吸引力就是这种特别的服务方式。

### 柜台服务中托盘上的食物摆放结构的准则

柜台服务在这种餐饮业是最常见的。不同的标准适用于把各种各样的食物和饮料放在托盘上（图1），大多数的餐厅都需要：

图1：柜台服务中的托盘上的食物摆放结构

- **首先**是**冷饮**。通过添加冰块，使其保持好的温度并保持二氧化碳。
- 如果有必要的话，将**沙拉**放在盘子里。通常已经按比例预先配好了沙拉的份额。
- 如果有需要的话，可以倒一杯**热饮**到杯子里并将其放到托盘上。
- 然后将**三明治或者汉堡**放到托盘上。这些食物都是在厨房预先做好的（并使其保温）。因为订单时已经先在收银台付款，然后再将其送达厨房，所以需要在这个间隔时间把食物烹饪好。
- 最后把**法式炸薯条**或者其他的**配菜**以及冰块放到托盘上。在这种情况下，如果涉及对温度敏感的食物，将在最后端上来。

**在托盘中摆放**需要注意的是，冷的饮料食物和热的饮料食物需要分开放。

### 免下车服务中食物摆放的准则

免下车服务的服务方式广泛应用于餐饮行业。同样这种服务方式有需要注意的准则，总结如下：

- 多杯饮料可以将其放在饮料架上（图2），避免客人开车过来消费时打翻饮料。如果饮料预先一杯杯装好的话也会缩短客人等待的时间。
- 出于经济和环境因素，需要根据订单对所点食物的大小提供不同大小的**打包袋**。

图2：免下车服务中提供的饮料托架

- 纸袋的底部应该先放置包装好的汉堡和三明治。纸袋包装的食物都是经过压敏包装的（图1）。
- 法式炸薯条和其他敞开的食物将放在纸袋包装好的食物旁边，必要的时候可以将其并排放置。打包好的东西需要注意的是，不能将其翻转过来。
- 冷的和热的产品需要分开包装。沙拉和炸薯条、三明治一样需要放在其他的袋子。冰淇淋和奶昔将放在饮料架上（有些公司对于冰淇淋有特殊的包装）。
- 打包好的袋子需要将袋口折叠封好，然后将其递给车主（袋子上会印有公司的标志显示给客人看）。

图1：外卖袋中的包装准则

## 4.6 服务规定的总结

工作时整个服务过程都会有，但是客人不会受到打扰或者影响，同时这种个人服务在工作时是自由的、不受阻碍的。

所有的菜都会单独准备好送到客人的位置上，并从右边出来。沙拉和糖煮水果从左边出来。

在**柜台服务**的时候，订单会整理好然后一起放在一个托盘上，大订单也是如此。托盘上一个挨一个地放置冷饮，然后是食物或者冰淇淋。冷的或者热的饮料和食物不能直接放在旁边。

**免下车服务**中，根据订单中食物大小和数量来打包食物。产品在牢固的包装之下，里面都会用纸包装好。

冷菜和热菜分装在不同的袋子中，多份饮料需要使用饮料架固定后交付顾客。

当免下车服务车道只有一辆车被服务时，一个通畅无阻顺利的服务过程是特别重要的。如果有辆车的客人所点的某一个产品暂时没有，这辆车必须分派到另外一条等待车道。然后继续接待服务下一辆车，一旦这个等待车辆的订单被完成时，将会把他所点的东西送至他的位置。

| 专业概念 | |
|---|---|
| **柜台（Counter）** | 收银台负责将订单整理好放在一起 |
| **饮料处（Drink-Drawer）** | 工作人员负责承插式和密封饮料 |
| **大厅（Lobby）** | 客人可以在大厅吃自己所点的食物 |
| **停车位置（Park）** | 如果客人所点的订单不能马上提供，车主可以在停车位置等候 |
| **名单（Runner）** | 为工作人员指出，哪些客人的订单需要打包在一起 |

## ⑤ 早餐

请参见第5章获取制作和呈送冲调饮品的信息，以及早餐组成部分的信息。

一个人一整天的心情和活力取决于早餐，因此这顿饭非常重要，需要予以重视。

### 5.1 早餐的类型

区分如下：

- **大陆式早餐（简餐）**有简单的产品供应，
  - 咖啡、茶和可可，
  - 面包、小面包、吐司面包，
  - 可以选择黄油、果酱、蜂蜜。

- **拓展式早餐**，可以根据早餐菜单进行选择和补充，
  - 同简式早餐一样，可以补充果汁，例如：橙汁或番茄汁、蛋类菜肴、香肠、奶酪、德式混合麦片、酸奶、搅拌的凝乳等。

- **早餐自助**，这种方式为**自助式服务**，但是需要服务人员呈上热的冲调饮料，
  - 同简式早餐一样，补充水果和蔬菜汁、炒蛋、煎蛋饼、水煮荷包蛋、油煎饼、奶酪、煎过的培根、火腿、油煎小香肠、小肉饼、烤番茄、玉米片或麦片粥、新鲜水果、新鲜烘焙的华夫饼、酥皮点心等。

**特殊形式：**
楼层早餐供应，客人在前一天晚上根据其意愿填写订购清单，在第二天早晨客人期望的时间将早餐送至房间。

楼层早餐的一个特殊形式是保温早餐，其中提供的热饮料放在保温壶中的。如果客人需要在其他早餐服务开始前启程，那么在前一天晚上就要将其放在房间中。

## 5.2 制作早餐菜肴

早餐菜肴区别于简式早餐的标准组成部分和借助早餐菜单或自助早餐中提供的菜肴。

### 简式早餐的菜肴

这是每天的常规工作：

- 小面包、面包、其他烘焙食品一目了然并稍加装饰地放在小篮子中。
- 黄油、牛奶、果酱以及香肠和奶酪按份分成小包装，并组合放在盘子中。

出于保护环境的原因，以上列举的菜肴经常以一小份的包装或者开放的方式摆放和供应。

### 制作特殊的早餐菜肴——蛋类菜肴

**水煮蛋**（图1）

- 放在蛋杯中的溏心蛋
- 放在玻璃杯中的溏心蛋
- 熟蛋黄鸡蛋

图1：水煮蛋

**水煮荷包蛋**

美国客人特别喜欢在吐司上放上水煮荷包蛋，或者搭配肉末蘑菇浓汁或火腿条等食用，还可以制作本尼迪克特蛋（Eggs Benedict，水煮蛋放在烤过的英式松饼上，搭配烹制过的火腿和荷兰奶油酱食用）。

**炒蛋**

可以供应成熟程度不同的炒蛋，即如奶油一般软滑、中等或硬（干），并搭配切碎的香草、火腿、脆五花肉、炒制的蘑菇、面包脆或擦碎的奶酪。

如果在早餐自主餐中供应炒蛋，而炒蛋放在保温器中存放，安全起见应使用巴氏消毒的全蛋，这样就不存在出现沙门氏菌的危险。

**煎蛋**

煎蛋是在平底锅中煎制或者在耐火的特殊蛋盘中制作。当蛋白已经凝结而蛋黄还软的时候，就可以呈上餐桌了。蛋白不能过硬和过干，最多只能微微变成浅棕色。有时候，客人会要求双面煎蛋。

**煎蛋饼**

专业制作的煎蛋饼应保持美观的形状，外部软嫩而平滑，内部应软而不破（图2）。

图2：制作煎蛋饼

作为煎蛋饼的补充，还可以加入火腿、培根、奶酪、蘑菇和香草。还可以使用禽肉肉末、甲壳类动物和犊牛腰子以及禽类肝脏、蘑菇和芦笋填充纵向切割的蛋饼。

图1：德式混合麦片的配料

### 德式混合麦片（图1）

* 燕麦在冷水中浸软，
* 加入柠檬汁和牛奶，
* 混合擦成粗丝的苹果和弄碎的坚果以及葡萄干，
* 撒上一部分果仁。

可以额外放上切碎的水果干，如草莓或香蕉等。

## 5.3 早餐餐盘的摆放

奶酪、香肠和火腿是拓展式早餐中受欢迎的补充产品，在大盘子或小份盘子上摆放，并按照要求的形式为客人呈上。

### 材料的准备

切割香肠（图2）和火腿

图2：各种香肠

无论如何，材料应当进行良好冷却后再切割，这样在切割时不会流油打滑。此外，对于切割的方式，材料的类型和特性起到绝对性作用。

**煮香肠**种类需要去掉肠衣，并且竖直地切成圆形片。

**硬质香肠**种类，如萨拉米香肠，去掉肠衣后，将其斜向切成薄片，这样就可以切成略大的、椭圆形的香肠片。

**涂抹香肠**，如瘦肉香肠或德式肝肠，手持一把刀刃薄且窄长的刀具切下0.5~1cm厚的一块。

**火腿**，首先去掉脂肪层，然后根据香肠的结实程度（生火腿或经过烹调的火腿）切成相应的或厚或薄的切片。

### 切割奶酪

从硬皮中取出可切割的奶酪，切成片，并按照相应大小切成较小的块。

此外，其他奶酪的切割形式取决于相应的形状（参见左侧）。

* 圆形和半圆形奶酪切成楔形（小扇形）

* 小扇形的奶酪从尖端开始横向切割，以这种方式切割大约2/3处，纵向切割剩余部分

* 应垂直于椭圆形奶酪较长的一条轴进行切割

制作装饰材料

全部装饰材料（图1）必须在加工前清洗干净。

- **蛋黄煮熟的鸡蛋**：切片、切六分之一瓣、切八分之一瓣
- **腌酸黄瓜**：切片、将一端纵向切片而不切断
- **蘑菇**：切片或取下头部
- **番茄**：切片、四分之一瓣、八分之一瓣、切丁
- **香草**：一小束或切碎
- **珍珠萝卜**：切条、四分之一、小玫瑰花状
- **柿子椒、彩椒**：菱形、环形、条形、切丁
- **新鲜水果**：扇形、四分之一、球形、切丁

图1：装饰部分

## 大餐盘的摆放

在摆放早餐大餐盘时，材料要一片压一片地摆放（图2）。摆放的过程中应当注意：

- 切片应精确的、按照同样的距离一片压一片地摆放，
- 最后收尾时应选择特别漂亮的一片，因为这一片完全呈现出来，
- 摆放火腿时，火腿的脂肪边缘应指向大餐盘的边缘（图3），
- 留出大餐盘的边缘，
- 彩色材料的摆放应有颜色的对比度。


涉及装饰材料时必须注意：

- 选择的材料应搭配基本材料，
- 装饰是修饰和装点，意味着不要覆盖基本材料。

## 5.4 早餐服务

早餐和其他几餐有几点不同。

## 早餐的特点

首先，通过早晨的特殊情况得出特点。早餐时的氛围对宾客有特殊的含义，因为这很大程度会影响到客人的"情绪"，会影响客人是否在之后的几个小时"感觉舒适"。因此，服务需要营造出一种良好的氛围：

- 一间良好通风的空间，
- 一张清洁的、小心铺盖好的桌子，桌上放有小型的花朵装饰，
- 在客人面前出现的服务人员应睡眠充足、精神良好，对客人认真亲切。

图2：奶酪架

图3：奶酪盘

| 菜肴 | 在服务桌上的附加食物 |
|---|---|
| 煮鸡蛋 | • 托盘、蛋杯、蛋勺<br>• 胡椒和盐 |
| 各种香肠<br>奶酪 | • 中号餐叉和上菜餐具<br>• 胡椒和盐<br>• 胡椒磨 |
| 煎蛋<br>炒蛋 | • 中号餐叉和中号餐刀<br>• 胡椒和盐 |
| 玉米片<br>德式混合<br>麦片 | • 托盘，中号餐勺<br>• 装有牛奶的有塞大<br>　腹玻璃瓶 |
| 酸奶、凝<br>乳食品 | • 托盘和咖啡勺 |
| 牛奶<br>果汁<br>番茄汁 | • 托盘，搅拌勺<br>• 牛奶杯<br>• 果汁玻璃杯<br>• 胡椒磨 |
| 葡萄柚 | • 托盘，葡萄柚勺<br>• 砂糖 |
| 蜜瓜 | • 中号餐刀和中号餐叉 |
| 茶 | • 柠檬榨汁器或牛奶<br>• 托盘和杂物碟<br>• 冰糖 |

图2：简式早餐的全部食物

• 中号餐盘和餐巾
• 中号餐刀
• 咖啡托盘和咖啡勺

## 早餐的摆放

### 服务桌

必须为**简式早餐**准备：

• 中号盘子和咖啡托盘，
• 中号刀具和咖啡勺，
• 调味瓶架和餐巾。

由于早餐的分份包装，人们在桌子上使用相应的残渣容器。

为了按照菜单准备**拓展式早餐**，需要将以下附加食物放在服务桌（图1）上：参见左侧表格。

供应拓展式早餐时，在服务桌上附加食物的摆放：

| 盘子 | 咖啡<br>托盘 | 调味瓶架 | 糖 | 玻璃杯 | 有塞大腹<br>玻璃瓶 |
|---|---|---|---|---|---|
| 盘子 | | 蛋杯 | 烟灰缸 | 玻璃杯 | 玻璃杯 |

| 大号餐具 | 中号餐具 | 咖啡勺 | 鸡蛋勺<br>上菜餐具 | 餐巾 |
|---|---|---|---|---|

| 托盘 | 空闲区域 |
|---|---|

图1：早餐服务的服务桌

### 早餐的摆放

根据早餐（图2）的规模准备简餐或者拓展式早餐。出于时间原因，通常在**前一夜**就要开始准备。咖啡杯要放在炉子上预热，并和订购的饮料一起，使用这些杯子。

### 简式早餐

这是一种简单的早餐形式，由饮料、烘焙食品、黄油和果酱组成（图3）。

图3：简式早餐的全部食物

## 拓展式早餐

可以为简式早餐添加香肠或奶酪进行拓展。可以相应扩充早餐的食物（图1）。

- 中号餐刀和**中号餐叉**
- **盐和胡椒架**

**早晨**，在第一位客人到来之前，就要在前一晚准备的桌子上和餐具之间放上其他食物和物品：

- 果酱、蜂蜜和糖以及甜味物质放在小盘上摆放，
- 小花瓶和花。

# 早餐服务

## 简式早餐

当了解了客人希望获得的饮料后，就可以开始服务了：

- 放上烘焙食品和黄油，如果有需要放上小香肠餐盘或奶酪餐盘，以及上菜餐具，
- 呈上饮料，以及预热过的杯子，还有奶油或牛奶。

## 依据菜单的拓展式早餐

在补充时，区别为：在餐具位置之外使用，以及必须清理餐具位置。

**在餐具位置之外使用：**

- 在蛋杯中的煮鸡蛋（图2），放在托盘上，配有蛋勺，
- 香肠、火腿（图3）和奶酪放在一个大盘子上，配有上菜餐具，
- 酸奶和凝乳放在托盘上，配有咖啡勺，
- 牛奶以及果汁放在托盘上。

**必须为之后几道菜清理的餐具位置：**

- 鸡蛋菜肴（炒蛋和煎蛋），
- 谷物菜肴（燕麦粥、玉米片和德式混合麦片），
- 水果（葡萄柚和蜜瓜），

在接受点餐之后，按照以下流程进行服务：

- 将点餐内容送至交付处，
- 在桌子上将中号餐盘和刀具向左调整至餐具位置以外，
- 点餐菜肴所需的餐具以及调味瓶架，
- 呈上菜肴，

以及在客人用餐完毕后：

- 撤去餐盘和餐具，
- 中号盘子和餐刀放回餐盘上。

图1：拓展式早餐

由于客人可能继续根据早餐菜单点餐，接受点餐后，需要对餐具进行更换。

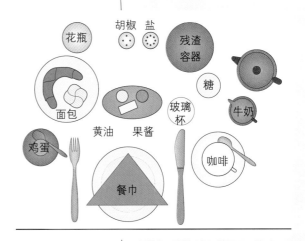

图2：拓展式早餐：水煮蛋

图3：拓展式早餐：煎蛋搭配火腿

楼层早餐服务（图1）

## 楼层服务　　皇冠 宾馆　　客房服务

**请您在前一天晚上订购早餐。**
**To have your breakfast in time ORDER it the evening before.**

期望提供服务的时间: - Desired Service Time:

| 7:00 – 7:30 ○ | 7:30 – 8:00 ○ | 8:00 – 8:30 ○ | 8:30 – 9:00 ○ | 9:00 – 9:30 ○ | 9:30 – 10:00 ○ |
|---|---|---|---|---|---|

| 房间号:<br>Room No.: | 客人数量:<br>Number of guests: | 侍者:<br>Waiter: | 日期:<br>Date: |
|---|---|---|---|

**完整早餐€ 9.00**
- ○ 咖啡
- ○ 茶
- ○ 可可

**Continental breakfast€ 9.00**
- ○ Coffee
- ○ Tea
- ○ Chocolate

| **额外点餐** | € | **Additional orders** |
|---|---|---|
| ○ 杯装牛奶，冷或热 | 1.50 | ○ Glass of milk, hot or cold |
| ○ 橙汁 | 3.00 | ○ Fresh orange juice |
| ○ 葡萄柚果汁 | 3.00 | ○ Grapefruit juice |
| ○ 番茄汁 | 3.00 | ○ Tomato juice |
| ○ 新鲜的半个葡萄柚 | 3.00 | ○ Fresh half grapefruit |
| ○ 梅干 | 2.00 | ○ Stewed prunes |
| | | |
| ○ 新鲜鸡蛋 | 1.50 | ○ Soft-boiled fresh egg |
| ○ 黄油煎蛋或黄油炒蛋 | 3.50 | ○ Pair of fresh country-eggs cooked to your order |
| （可以选择搭配火腿、培根或小香肠） | 4.00 | ○（choice of with ham, bacon or sausages） |
| ○ 香肠或早餐培根、煎脆 | 3.00 | ○ Rasher of bacon, ham or sausages |
| ○ 两个放在吐司上的水煮荷包蛋 | 3.50 | ○ Two poached eggs on toast |
| | | |
| ○ 汤杯装燕麦粥，搭配奶油或牛奶 | 2.50 | ○ One cup or hot porridge with fresh cream or milk |
| ○ 玉米片搭配奶油或牛奶 | 2.50 | ○ Cornflakes with fresh cream or milk |
| ○ 酸奶 | 2.00 | ○ Yoghurt |
| | | |
| ○ 火腿，生食或经过烹制（小份） | 4.00 | ○ Smoked or boiled ham（half portion） |
| ○ 混合的切片肉食（小份） | 4.00 | ○ Mixed cold cuts（half portion） |
| ○ 丰富选择的奶酪 | 4.00 | ○ Assortment of cheeses |

以上价格包含税费　　Service and tax included

特殊要求　　Special Requests

客人签字（请您在收到点餐收据后签字。）

Signature（Sign after receipt of your order only, please.）　　　No. 3498

图1：早餐订购单

楼层服务是非常昂贵的，因此需要特别良好的组织。

### 配备餐具

对于**楼层早餐**，应在前一晚准备**一个**和**两个托盘**。

- 托盘巾，
- 中号盘子和餐巾，
- 中号餐刀、托盘和咖啡勺，
- 装有糖或甜味物质的小容器。

### 早餐订购和服务

每天，客房服务员将用于第二天早上的早餐订购清单放在房间中。如果客人希望将早餐带到客房，就在前一天晚上按自己的意愿填写清单并挂在房门外侧。

服务开始时，服务人员在楼层收集早餐订购清单，并且编制用于早餐服务的**检查清单**（参见上一页订购清单）。

服务时间时，将托盘摆满：烘焙产品、黄油、果酱、预热的茶杯和额外订购的饮料（图1）。

运输时，需要用双手拿着托盘，右手处于辅助位置，辅助左手（持物）保持平衡。右手必须敲门并打开房门。当客人说"进"的时候，首先进入房间。在房间中必须注意：

- 不言而喻，需要礼貌、亲切地问候"早上好"，
- 应当谨慎而小心。

如果房间中有两个或两个以上的人享用早餐，请提供一张小早餐桌并进行布置。

## 自助早餐和早午餐

### 自助早餐

自助早餐中有丰盛的产品供应。除了些许偏差，在自助餐中可以提供所有早餐以外的菜肴。对于自助早餐：

- 国际旅行产生的需求，
- 不同的饮食习惯，
- 客人有自由的选择，
- 更容易计算费用以及定价更简化，
- 减少工作支出。

**楼层早餐的计划**

| 时间 | 房间 | 早餐 | |
|---|---|---|---|
| | | 上菜 | 清理 |
| 7:40 | 128 | ✓ | ✓ |
| 8:10 | 137 | ✓ | ✓ |
| 9:00 | 210 | ✓ | |

**图1：** 楼层早餐托盘

对此，客房服务车有点问题，可以将全部早餐摆放在上面，并推入客房。通过调高两个圆弓，车上可以放上一个用于1～3人的早餐桌。

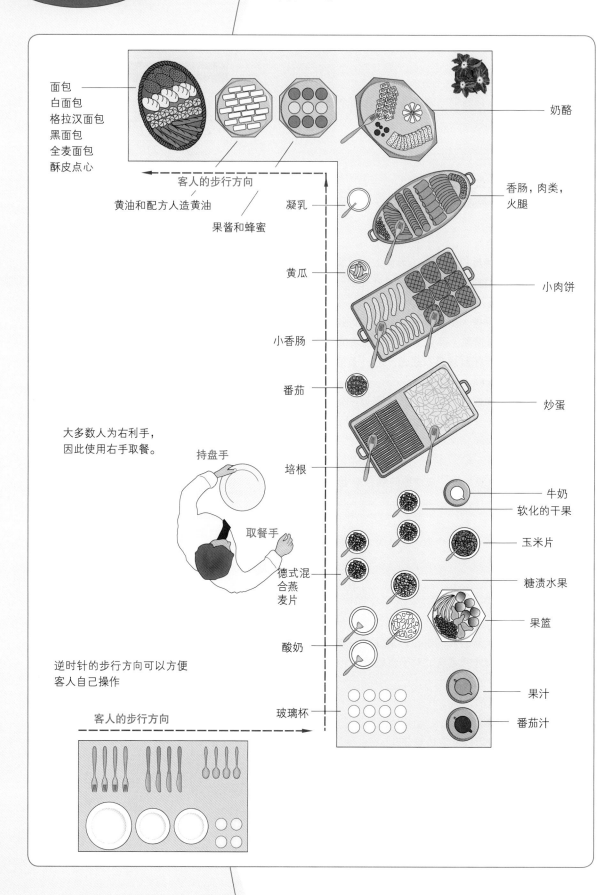

面包
白面包
格拉汉面包
黑面包
全麦面包
酥皮点心

奶酪

客人的步行方向

黄油和配方人造黄油

果酱和蜂蜜

凝乳

香肠，肉类，火腿

黄瓜

小肉饼

小香肠

番茄

炒蛋

大多数人为右利手，
因此使用右手取餐。

持盘手

培根

牛奶
软化的干果

取餐手

玉米片

德式混
合燕
麦片

糖渍水果

果篮

逆时针的步行方向可以方便
客人自己操作

酸奶

客人的步行方向

玻璃杯

果汁

番茄汁

与自助早餐（图1）相关，除了需要准备热饮，自助餐中还需要进行续杯。

## 早午餐（Brunch）

早午餐（图2）是一种供应时间更长的形式，它是早餐和午餐的词语结合。

- Breakfast ＝ 早餐
- Lunch ＝ 午餐

早午餐中应供应浓汤、小份的热菜、沙拉和甜品。

> 即使是面对最后一位早餐客人，自助餐也应当保持无可挑剔和刺激食欲的状态。

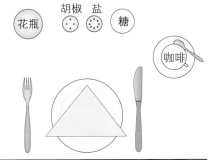

图1：自助早餐的铺台

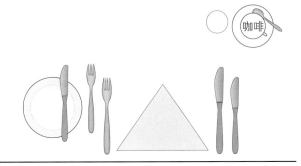

图2：早午餐的铺台

**作业**

1. 请您描述简式早餐和拓展式早餐。
2. 请您说出早餐产品的形式。
3. 请您编写一份简单的早餐菜单。
4. 请您描述自助早餐的产品，并陈述理由。
5. 请您解释早午餐这个名字。
6. 对客人而言，早餐房间中的气氛有什么意义？服务中必须完成哪些任务？请您举出例子。
7. 请您为60人编制货品需求清单。
8. 请您描述简式早餐和拓展式早餐的安排：
   a）前一晚准备，　　　　b）在早晨补充。
9. 如何布置简式早餐的服务桌？
10. 请您说出早餐菜单中的供应产品，以及为此摆放在服务桌上的附加品（桌上的设备，调味瓶架）。
11. 请您描述简式早餐的服务以及额外点餐时的变更。
12. 以哪些方式，并考虑到哪些附加品和流程呈上以下菜肴：
    a）一枚鸡蛋、酸奶、凝乳、香肠或火腿？　　b）炒蛋或煎蛋？
    c）燕麦粥、玉米片或德式混合麦片？　　d）葡萄柚或蜜瓜？
13. 楼层服务有哪些特别需要注意的原则？
14. 一位客人想在第二天将早餐送到房间中，需要哪些检查措施用于检查服务的流程？

# 项　目

### 吸引人的自助早餐

国际旅游业专家要进行为期一周的会议，您的老板希望提供一份特殊的早餐活动计划。

标准自助早餐应当搭配吸引人的烹调活动（前台烹调），例如：制作蛋类菜肴或华夫饼等。

### 自助早餐中特殊活动的建议

1. 请您为您的老板提出五至七条建议。
2. 请您进一步描述单条建议。
3. 需要多少面积以及额外需要哪些工作设备？

### 请您为自助早餐编制一份有五个精彩看点的完整分类

1. 请您按照给定的人员数量，列出需要货品和产品的清单。
2. 请您列出需要的餐具数量。
3. 请您说明五个特殊烹调活动的烹制过程。
4. 请您描绘自助早餐餐台和烹调位置的结构。

### 请您使用提示牌标注单个自助餐单元

1. 请您使用中文编写提示牌。
2. 请您将自助餐单个分类翻译成英语和法语，这些可以同时打印在牌子上。
3. 请您使用电脑设计标牌（字体、字号）。

### 成本

1. 请您计算用于自助早餐的全部材料成本。
2. 请您计算每个人大约使用的材料。

278

# 项 目

## 为全家提供周日早午餐

  在酒店管理层和部门领导的例会中谈到周末的自助早餐缺少客流，原因是周末小住几天的客人比较少。为了提高这一项目的盈利，领导得出了一个结论，引入

### 周日家庭早午餐

  我们服务中的培训师向我和我的同事解释了这个情况，并请我们为成功执行这项计划提出富有创意的建议。自助早餐还保持传统的形式，并同时补充其他菜肴和饮料。

## 阐述吸引家庭的主题

❶ 请您为设计收集建议。
❷ 请您将您的意见和建议记录下来。
❸ 可以为儿童提供什么（娱乐活动、菜肴）?
❹ 请您讨论可以为成年人提供的娱乐活动。

## 恰当的定价

❶ 与普通的自助早餐相比，您想如何定价?
❷ 对儿童应当提供哪些价格?

## 计划的时间流程

请您为自助早午餐确定时间范围。

## 提供附加的菜肴和饮料

❶ 请您至少列出五道用于自助早午餐的热菜。
❷ 在自助餐中，应当准备三道饭后甜点。请您提出相应的建议。
❸ 在自助餐的定价中应包含哪些饮料，如何点其他饮料，如何结算?

## 提供附加的菜肴和饮料

❶ 必须进行哪些特殊的准备，以便成功进行早午餐计划?
❷ 请您想出一些点子，如何在您的企业中为这项活动进行装饰，以及您对有效的外部广告有何建议。

# 饮品和饮品服务

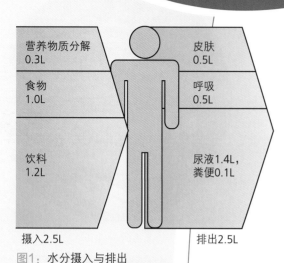

| | |
|---|---|
| 营养物质分解 0.3L | 皮肤 0.5L |
| 食物 1.0L | 呼吸 0.5L |
| 饮料 1.2L | 尿液1.4L，粪便0.1L |

摄入2.5L　　　　排出2.5L

图1：水分摄入与排出

人体的三分之二是由水分组成。定期摄入水对人体有多重要（图1），一个事实就可以证明，如果在极端情况下，没有水人们只能存活几天，相比之下，不吃东西就能存活较长时间——如禁食疗法显示的一样。

　　饮品和饮品服务章节中，先介绍无酒精饮料，然后是解渴的饮用水和矿泉水，接着引到包含大量维生素和矿物质的水果和蔬菜产品，随后是含有刺激成分的冲调饮品。

　　含有酒精的饮料单独成为一个章节。

## 1 水

矿泉水和调味瓶装水由来源和不同类型的特征区分，人们可以将其分为两类，也就是饮用水和天然的矿泉水。

### 1.1 饮用水

饮用水是适合直接饮用、制作菜肴和生产食物的水。因此，无论如何需要保持其卫生条件无可挑剔。人们既可以使用地下水（土层作为天然过滤器发挥作用），也可以使用经过相应处理的地表水。

### 1.2 天然矿泉水

天然矿泉水来自地下的、保护不受污物污染的水源。经过从渗透到达水源的漫长道路后，水被过滤了，因此特别纯净。同时，其中富含矿物质和二氧化碳（$CO_2$）。

**矿物质**
- 赋予水特殊的味道，
- 补充人体所需的矿物质。

- 简单地说，调味瓶装水是卫生条件无可挑剔的含有附加成分的饮用水，例如：盐水或海水。最主要的是，这些附加成分改善了水的味道。这类附加成分必须在标签上标明。这类调味瓶装水中最著名的就是苏打水。
- 泉水是来自地下水源的饮用水。与矿泉水相比，不需要证明这类水存在营养生理学上的功效。

天然矿泉水必须在水源地灌装，并且放在玻璃瓶中供应。

**二氧化碳**（碳酸）

- 可以改善矿物质的溶解度，
- 可以产生清新的效果，
- 刺激消化。

一部分在矿泉水（图1）中包含的矿物质种类和含量可以通过化学**分析**进行列举。

## 种类

**天然矿泉水**分为两类：

- 饮用**含矿物质丰富的天然矿泉水**主要是因为其矿物质含量。它们只包含少量或根本没有二氧化碳（$CO_2$），人们将其称为**无泡矿泉水**。这类矿泉水应常温供应。
- 饮用**含碳酸丰富的天然矿泉水**主要是因为其清新的作用。如果$CO_2$含量特别高，人们将其称为**碳酸矿泉水**（这个名字来源于碳酸）。这类矿泉水应冷却供应。

## 改变

将特定的矿物质，如铁或硫和葡萄酒或果汁一同混合时，会产生混合饮料的味道。因此，在一些矿泉水中，这类物质被抽出。然而，同时会有一些$CO_2$流失，并需要重新添加，这些改变需要被说明。例如："**去铁并添加碳酸**"——"去硫并添加天然泉水碳酸"。

## 使用

各种矿泉水都适合作为**饮料**，而与葡萄酒或果汁**混合时**，用于制作饮品时，只能使用味道中性的水。

呈上**瓶子中的饮料时**，需要在餐盘中放上玻璃杯和瓶子。在餐桌上适合：

- 玻璃杯放在客人右侧，倒入约1/3至1/2，
- 瓶子放在杯垫上，放在杯子的右前方，标签对着客人。

图1：矿泉水水源

呈上矿泉水时，矿泉水应放在密封的瓶子中（图2）。调味瓶装水可以开盖供应。

# Mineralinger

**天然矿泉水，去铁** ①
**添加天然泉水碳酸** ②
12世纪起的著名矿泉水水源

口感舒适，
无副作用，
清新且健康

Ⓜ

优先适用于
与葡萄酒和
果汁混合 ③

**××矿泉水有限责任公司水源地** ④

需要的信息：
① 矿泉水的类型
② 所进行的改变
③ 特性、适宜性
④ 灌装公司，水源说明

图2：在瓶中的矿泉水

## ② 果汁和清凉饮料

可以使用成熟、卫生的水果制成果汁，其中可以包含水果全部有价值的成分。

为了节约存放空间和运输成本，果汁经常被**浓缩**或和**糖**一起制作成糖浆。如果由这种中间产品重新稀释成果汁，过程必须标注出来，例如："由XX浓缩汁制成"。

### 2.1 果汁

果汁（图1）中包含从水果中获得的汁水，仅仅允许添加糖分平衡味道。

香气和味道必须独具特色。通过谨慎的除菌过程使果汁可以长期保存，过程中不使用防腐剂。这类饮品中最著名的是苹果汁、葡萄汁和番茄汁。

因其较高的维生素和矿物质含量，果汁是营养学中需要的、非常有价值的营养补充。

果汁可以在密封的玻璃瓶中长期保存，最好在冷却、避光的环境中保存。尽可能在打开瓶子后饮用完果汁。在8~12℃冷却的清澈果汁口味最佳，浑浊的果汁只有在室温下（18~20℃）才能散发出所有香味。

### 2.2 果昔

果昔（Smoothie）是黏稠的饮料（图2），它们是由完整的水果制成的（英文smooth = 膏状、细腻的）。所有种类由果汁、果胶或果泥作为基础，最后将饮料制作成黏稠状。

### 2.3 蔬菜汁/蔬菜汁饮料

由于**蔬菜汁**刺激胃口并促进消化，可以在用餐时进行补充，特别是在早餐时。大多数蔬菜汁以浑浊的状态供应。因为蔬菜汁包含的维生素对光和热敏感，应在黑暗和冷凉的地方储存。

**蔬菜汁饮料**包含至少40%的蔬菜成分，除了饮用水外还可以添加盐、糖、调味料和食用酸。

图1：果汁——液体水果

在标识果汁时：
- 一种水果的果汁：由水果的名字命名，例如：苹果汁、葡萄汁；
- 数种水果的果汁：按照果汁成分的顺序标明，例如：苹果橙子水果饮料；
- 由浓缩汁制成："由XX浓缩汁制成"。

图2：果昔

## 2.4 水果饮料和甜果汁

根据原始水果的味道强度，**水果饮料**中的水果成分只有25%至50%左右。单个水果类型的成分需要写明。除了果汁外，还要使用水、糖和碳酸。

如果水果饮料是由水果制成，由于其较高的酸含量，如果不稀释不适合饮用（例如：醋栗），这可以称为**甜果汁**。甜果汁大多数是"透亮的"，也就是不包含果胶成分。

## 2.5 低果汁含量饮料

果汁赋予饮料味道、气味和颜色。少量榨取过程中流入的果肉成分会导致些许浑浊。法律规定了果汁的最少含量，例如：樱桃和葡萄为30%，醋栗为10%，橙子和柠檬为6%。

果酸和天然香气（例如：橙子皮中包含的芳香油脂）与糖一起使味道更完美。水果饮料包含或不包含碳酸。由于相应的稀释，维生素和矿物质含量较低。

最好在冷却状态下呈上果汁。

> ● 水果饮料包含
> 果汁
> ＋ 水
> ＋ 糖
> ＋ 果酸
> ＋ 天然香味

## 2.6 果汁汽水

果汁汽水是由果汁和矿泉水或饮用水按照1：1的比例混合。它主要在夏季和运动中比较受到好评。

## 2.7 汽水

柠檬汽水包含天然成分，如水果中的提取物、果酸、糖和饮用水或瓶装水。可以说明汽水的特殊味道，例如：柠檬汽水。

**能量饮料**承诺活动能力的提高。其中包含多种不同的糖分用作能量提供者，也包含刺激成分咖啡因，其含量比常见的可乐饮料更高。此外，部分含有瓜拉纳和牛磺酸，它们和咖啡有类似的作用。

由于减少的糖含量，与同类饮料相比，**轻饮料/燃烧值减少的饮料**至少减少了40%能量含量。

| 水果类型 | 水果饮料中最少含量 | 低果汁含量饮料中最少含量 |
|---|---|---|
| 苹果，梨 | 50% | 30% |
| 桃子 | 45% | 30% |
| 黑莓，杏子 | 40% | 10% |
| 欧洲酸樱桃 | 35% | 30% |
| 李子 | 30% | 10% |
| 黑醋栗/红醋栗 | 25% | 10% |
| 柑橘 | 25% | 6% |

> 汽水还包含
> ● 可乐饮料中包含可乐果（柯拉子）的提取物，其中含有咖啡因，
> ● 苦汽水，例如：苦柠檬，汤力水，含有包含金鸡纳树皮提取物，其中含有奎宁。必须说明含有的咖啡因和奎宁成分。

### 2.8 调味水饮料

大多数时候，调味水饮料包含矿泉水或饮用水，以及一些赋予味道的果汁成分。糖分和甜味物质赋予饮品淡淡的甜味。这种饮料的能量含量比清凉饮料更低。

### 2.9 节食清凉饮料

这种饮料中，甜味物质取代了糖。因此，能量含量特别低。不允许使用人工的香味物质，也不允许包含刺激性成分咖啡因和奎宁。节食者和有体重问题的人群（除矿泉水外）优先选择这类饮料。

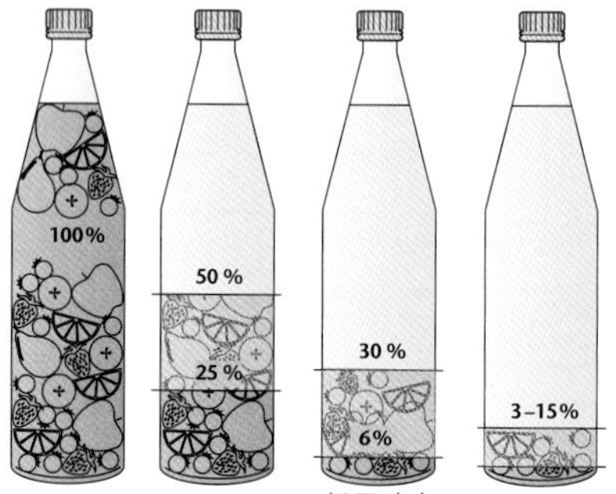

### 2.10 含果汁（图1）饮品

水果成分的最少含量根据水果的不同而有所区别，因为水果的味道强度有所不同（比较苹果汁和柠檬汁）。

水果饮料和汽水的**糖含量**是相当可观的。研究显示，糖含量平均为10%，这意味着每升饮料含有100g糖。也就是1700 kJ！

又想解渴又希望热量低的人，应当注意这一点。

### 2.11 矿物质饮料

含有矿物质的饮料也称为**运动饮料**或**电解质饮料**。在其中添加有矿物质，部分添加了维生素。它用于补充在长期强负荷下通过汗液流失的矿物质。

图1：饮料中的果汁含量

饮料和血液中的分子浓度

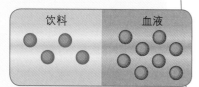

较少 = 低渗透压

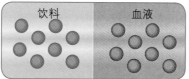

相同 = 等渗透压

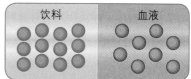

较多 = 高渗透压

**运动饮料的专业概念**

| | |
|---|---|
| **电解质** | 离子形式存在的溶解的矿物质 |
| **渗透** | 在这里，意思为矿物质通过肠壁进入血液 |
| **等压** | 等意思为相同，等压饮料中的矿物质成分和血液中的相同 |

# ③ 不含酒精的混合饮料

不含酒精的混合饮料，使用果汁、蔬菜汁、果胶、水果饮料、水果糖浆、水果、水、苏打水、矿泉水、汽水、牛奶、鸡蛋或冰淇淋等不含酒精成分的食材制成。

### 汽水饮料——葡萄柚奇迹

| 4cl | 葡萄柚果汁 |
| 1TL | 红糖 |
| 4瓣 | 葡萄柚果肉 |
| 6cl | 柠檬汽水 |
| 1cl | 柠檬汁 |
| 4cl | 矿泉水 |
| 2块 | 冰块 |

- 在玻璃杯中将葡萄柚果肉和红糖一起压碎。
- 倒入其他成分并搅拌。

可以不加冰块、使用普通的水制作这款饮料，并短暂加热，将这款饮料作为热饮饮用。

## 简单的混合饮料

- **混合汽水**：可乐混合橙子汽水，搭配柠檬片
- **果汁汽水**：果汁混合矿泉水
- **波列酒**：水果块、水果汁、水果糖浆、柠檬、蔗糖、矿泉水
- **柠檬汽水**：果汁（柠檬）、水、糖

这些饮料在倒入杯中时就已经混合完成。

## 其他混合饮料

人们使用电动料理机（搅拌机）制作这类饮料，因为大多数时候需要一次制作较大的量。

也可以制作单份的混合饮料。这时，人们使用吧台技巧，也就是摇动、搅拌或混合在一起。混合饮料富含维生素，并且是清新的大杯饮料（longdrink）。而饮料的味道非常丰富，从极具香草香味到富有水果酸味到水果甜味。

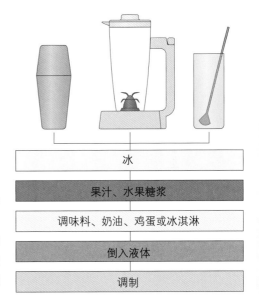

| 冰 |
| 果汁、水果糖浆 |
| 调味料、奶油、鸡蛋或冰淇淋 |
| 倒入液体 |
| 调制 |

## 不含酒精的鸡尾酒

**胡萝卜混合饮料**

将5cl牛奶，
5cl胡萝卜汁，
2cl苹果汁，
1TL蜂蜜以及
1TL沙棘汁混合在一起

**牛奶椰子巧克力**

将5cl牛奶和1球
巧克力冰淇淋，
1EL巧克力酱和
1TL椰子糖浆混合在一起

**苹果接骨木之梦**

将5cl牛奶，
50g苹果酱，
1TL糖粉和肉桂
混合在一起，
3EL接骨木汁

## ④ 牛奶和牛奶饮品

饮用、食用牛奶和奶制品能够显著提高营养补给。特别是酸化的产品，如脱脂乳、酸奶、土耳其酸奶和凝乳。乳酸使人恢复精神并且有利于消化。

任何一种形式的牛奶都包含营养丰富的蛋白质、丰富的维生素和矿物质。不能饮用过多脂肪含量丰富的产品（"解渴"），其中的能源含量太高了。

**全脂牛奶**含有3.5%的脂肪含量，经过巴氏消毒，大多数情况下也经过匀质化（图1）。通常提供其作为饮用奶或者在自助早餐中浸泡谷物。此外，它也是牛奶混合饮料的基础。

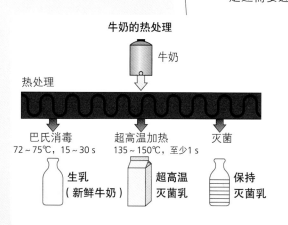

图1：全脂奶，ESL奶，
　　　超高温灭菌乳

ESL奶经过匀质化，因此，不会出现脂肪上浮。大多数时候脂肪含量为3.5%，但是也可以购买到脂肪含量为1.5%的牛奶。

### 长期保鲜奶（ESL奶）

长期保鲜奶在专用设备中短时间加热至85～127℃，然后立即冷却。这样，它们可以密封冷藏保存约三周。这种ESL奶（Extended Shelf Life，意为：生产延长货架期）在许多方面都排斥传统的全脂牛奶。

### 超高温灭菌乳

超高温灭菌乳不需冷藏可以储存数月之久。它们经过一个特殊的过程进行（"UHT"）超高温加热，这个过程是使用高压在135～150℃的温度下完成的。这样，牛奶就无菌了。但是，这个过程中有一大部分乳蛋白和约五分之一的维生素会被破坏，赋予超高温灭菌乳典型味道的味道物质被破坏。

### 脱脂奶

脱脂奶和超高温灭菌乳一样，接受了超高温加热，但是需要额外去除脂肪，它们最大的脂肪含量为0.3%。如果额外添加了乳蛋白，在包装上必须说明。尽管脱脂奶只含有非常少的脂肪，但是还需要进行匀质化。

牛奶的热处理

牛奶

热处理

巴氏消毒　　　　超高温加热　　　　灭菌
72～75℃，15～30 s　135～150℃，至少1 s

生乳　　　　　超高温　　　　　保持
（新鲜牛奶）　灭菌乳　　　　　灭菌乳

未经匀质化的牛奶　　　　匀质化的牛奶

大脂肪油滴
上浮分离

小脂肪
油滴细密
地分布

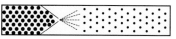

牛奶通过小口径喷嘴喷出，将乳脂细小为微小油滴，这样油滴就不会上浮了。

**牛奶混合饮品**是和水果混合在一起的。 在这个过程中，一直都是将水果放入牛奶中而不能调换顺序。如果将牛奶倒入水果中，在开始的时候果酸含量过高，在酸的作用下，牛奶可能会凝结。

**酸奶产品**是借助微生物进行酸化的酸奶产品。根据这一原则制作的产品有不同的脂肪含量，例如：

- 酸牛奶，
- 酸奶，
- 土耳其酸奶，
- 脱脂乳作为生产黄油的副产品。

## 奶昔

奶昔是一种冰凉的甜饮品，由牛奶、冰淇淋、糖或甜味香精（水果糖浆）混合而成。它们起源于美国。因此，在今天，这还是美国连锁餐厅的标准供应产品。在提供完整服务的餐厅或冷饮店中，部分奶昔直接由冰淇淋和牛奶放在搅拌机中制作，而在快餐店中，配备有奶昔机器用于制作。

奶昔机器拥有不锈钢缸体，其中安装有搅拌和打发部件，在设备中，可以将添加的奶昔原材料冷却至 -3℃。奶昔原材料中，除了包含牛奶还含有天然脂肪成分，大多数还添加糖和增稠剂，如：卡拉胶。由于牛奶中的脂肪成分，即使低于0℃，饮料也可以饮用。通过在饮料原料中添加糖浆，人们可以获得不同的味道。

牛奶含有丰富的蛋白质，是微生物非常理想的温床，因此重视遵守卫生措施非常重要。现代的设备可以每天通过煮沸奶昔原材料而进行巴氏消毒，并以此提高保存耐久性。但是，机器必须始终保持洁净，并定期完整拆卸、清洁和消毒。

**作业**

1. 饮用水和瓶装水之间有哪些区别？
2. 人体中，矿物质有哪些作用？请您说出至少4个示例。
3. 在有些矿泉水标签上标有"分析"。对此如何理解？
4. 您点饮料："请给我矿泉水。"这是放在玻璃瓶中呈上的。请您解释原因。
5. "请给我一瓶不含气泡的水。"这位客人是什么意思？您可以提供哪些知名品牌？
6. 您想制作橙子奶昔。为此，您榨取新鲜的橙汁并将牛奶倒入果汁中。会发生什么？请您陈述理由。

# ⑤ 冲泡饮料

冲调饮料是指咖啡、茶和可可。通过使用液体（一般是水）煮泡（冲水）制作而成。所有的冲调饮料都通过生物碱刺激血液循环和神经系统。咖啡和茶中包含咖啡因，可可包含可可碱。

## 5.1 咖啡

咖啡樱桃
2粒咖啡豆
内膜

### 制作咖啡

咖啡由咖啡豆制作而成。在收获咖啡豆之后，需去除咖啡豆的果肉和一层内膜，然后对其进行干燥。豆子还为青色就可以作为原材料进行贸易。

根据从咖啡豆上去除果肉的方式，人们将处理方法（图1）分为两类。

- **日晒法**，将果实放在阳光下干燥。然后将果实放在压碎机中压碎。
- **水洗法**，首先大致去除果实上的果肉。然后，人们发酵咖啡豆，在这个过程中，残留在咖啡豆上的果肉被松化，可以稍后进行冲洗。这种"成长中的类型"可以得到更精致的咖啡和更高的价格。

在**烘焙**原材料咖啡时（图2），咖啡豆有所改变。

- 淀粉和糖转变成为焦糖类物质，这可以赋予咖啡饮料颜色和味道，
- 产生芳香物质，
- 单宁减少至大约一半。

**咖啡因**是咖啡的主要作用成分，咖啡中含有 1%～2%。

**从咖啡樱桃至咖啡豆**

日晒法
干燥咖啡豆　去皮　青豆
去皮
发酵　水洗法
水洗　干燥

图1：处理咖啡

烘焙程度越深，

呈现的味道越浓郁

图2：烘焙影响味道

咖啡因
- 刺激中枢神经系统，
- 提高心脏功能，并提高血压（也会导致心悸和失眠）。

咖啡替代物可以做出类似咖啡的、不含咖啡因的饮料。菊苣、无花果和大麦芽用作原材料。通过烘焙，产品获得香味、颜色和味道。麦芽咖啡经过研磨，无花果、菊苣和大麦芽主要提供的物质是由立即溶解的精华粉组成。

### 经过特殊处理的咖啡

- **去咖啡因**的咖啡中最多含有0.1%的咖啡因，因此，担心咖啡因导致心悸和失眠的人也可以引用。
- **少酸**的咖啡中去除了单宁酸而保留了咖啡因。因此，这类咖啡适合拥有对酸性物质敏感的胃的人士。
- **咖啡提炼粉**或**即溶咖啡**立即溶解，并且即使在冷水中也没有残留。产品是在喷射过程中或通过冷冻干燥从浓缩的咖啡中去除水分。这类粉末极易溶于水，因此务必密封保存。
- **咖啡浓缩物**是对咖啡豆进行分层萃取获得的。完成时，通过相应规定的水量进行稀释。

## 制作咖啡

为了制作早餐，会制作较大量的咖啡并存放。但是，不能存放长于45~60min，因为，超过这个时间后，颜色和香味就会越来越差。保温的温度约在80℃。

## 制作咖啡

为了获得味道可口、芳香的咖啡，需要注意以下几点：

- 基本条件是使用质量有保证的品牌咖啡，采购量符合相应的需求，这样，在保存中不会使香味大量流失。
- 研磨的精细程度取决于冲泡方式，这样可以最好地释放出芳香物质。
- 重要的是正确定量咖啡粉，以及确定冲泡用水的温度，温度应保持在95~98℃。
- 陶瓷咖啡具，良好的预热对香味的释放非常有利。

| 产品名称 | 咖啡粉 | 液体量 |
|---|---|---|
| 杯咖啡 | 6~8g | 12.5 cl |
| 浓缩咖啡 | 6~7g | 8 cl |
| 小壶 咖啡 | 12~16g | 25 cl |
| 大量 | 80~100g | 2 L（16杯） |

### 手工过滤咖啡

手工过滤中应注意：

- 在过滤器（过滤杯）中用少量热水泡制咖啡粉，使其微微泡胀，
- 然后，将剩余的水分次倒在过滤器（过滤杯）的中心，这样，水可以穿过过滤器中的咖啡粉流出来。

### 机械制作咖啡

咖啡机可以在较短的时间内生产大量的咖啡。两种基本方式是

- 无压力的浸滤过程①，
- 蒸汽萃取②。

 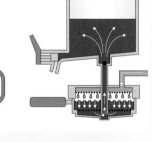

机器的相应配备使人们可以制作单杯咖啡、数份咖啡或更大量的咖啡，它们可以同时保存在一个容器中。

### 咖啡的基本供应形式

#### 咖啡搭配奶油和糖/甜味物质

人们划分为：

- **纯咖啡**：黑色，加或不加糖
- **加奶咖啡**：加入咖啡奶油（加或不加糖）从供应量的角度划分：

#### 准备一壶咖啡

- 一个放有纸垫的托盘，
- 带有盖子的茶托，经过预热的茶杯和咖啡勺，
- 装有糖/甜味物质的小容器，
- 装有奶油的小壶，
- 装有咖啡的小壶。

一杯咖啡

一小壶咖啡

饮品和饮品服务

**冰咖啡**

在瘦高型的玻璃杯中加入两个香草冰激凌球，并将加了一些糖的冷咖啡浇在冰激凌上。使用奶油顶装饰。

特殊的咖啡样式

### 卡布奇诺

- 在一杯中加入3/4浓缩咖啡，
- 加入打发的奶泡，
- 撒上可可粉。

### 意式浓缩咖啡

制作意式浓缩咖啡需要使用蒸汽萃取过程，香气浓郁的咖啡装入一个特殊的小杯子中。提供一份糖，根据意愿提供咖啡奶油。

### 加入牛奶和打发奶油的咖啡

- 加入牛奶的咖啡
  可以使用一小壶热牛奶替代咖啡奶油。
- 咖啡——拿铁玛奇朵
  这种咖啡应按照如下顺序放入特殊的玻璃杯中：
  在玻璃杯中加入1/3热牛奶，在其上方加入奶泡，并小心地倒入意式浓缩咖啡，这样会形成分层。

### 含酒精的咖啡

咖啡和酒精饮料可以很好地融合在一起，有一些客人特别喜欢这种味道。适合的酒精饮料有：科涅克酒、樱桃酒、杏仁酒。

- 基本需要一杯或一小壶。
- 将选用的酒精饮料放在相应的玻璃杯中，与咖啡分开。

### 爱尔兰咖啡

人们为制作这款咖啡使用爱尔兰咖啡全套设备，由一个小炉子、倾斜的玻璃支架和一个特殊的爱尔兰咖啡玻璃杯组成。

- 在预热的玻璃杯（使用此杯子呈给客人）中加入1~2咖啡勺红糖并倒入4 cl爱尔兰威士忌，
- 使用点燃的小炉子旋转加热，这样糖可以溶解，使火焰包围玻璃杯，用火燎，
- 倒入热咖啡，
- 小心地将打发的奶油放在勺背的拱形上并滑至咖啡表面，奶油不能下沉，
- 将咖啡放在中号盘子中，附上纸巾呈送给客人。

**法利赛咖啡**

- 在一个预热的咖啡杯中加入一咖啡勺糖和4 cl朗姆酒并搅拌，
- 倒入浓缩咖啡，
- 使用打发的奶油装饰。

### 吕德斯海姆咖啡

- 将3~4块放糖放入预热的咖啡杯（使用此杯子呈给客人）中，并加入4 cl阿斯巴赫，白兰地，
- 使用长火柴点燃并同时使用长柄勺子搅拌并烧制（使糖轻微焦糖化），
- 倒入热水，
- 使用打发的奶油装饰，并撒上巧克力碎。

## 5.2 茶

茶由常绿的茶树制作而成。人们采摘带有2~3片叶子的嫩芽，茶叶越嫩，茶的味道越精致，香气更浓。

## 制作茶

### 传统的制作

通过晾晒使叶片萎缩，这样为继续加工作出准备。

在揉搓的过程中，叶子的细胞破裂，由此，细胞液和空气中的氧气相结合，这个氧化过程被称为发酵。同时，酵素（酶）使单宁酸分解。茶叶通过发酵变得更温且富有香气。同时，绿色的叶子变成红铜色，这会在冲泡时赋予茶叶典型的颜色。通过干燥，发酵过程中断。茶叶变黑并变干燥，密封保存。

在制取绿茶时，不需要进行发酵。因此绿茶拥有较高的单宁酸成分，味道也更涩。

### CTC生产

CTC生产中，茶叶在萎缩之后进行一系列连续的过程。在这个过程中，会对茶叶进行如下的处理，全球超过90%的生产是这样进行的。

在这个过程中，主要制作用于茶叶包的碎茶叶。

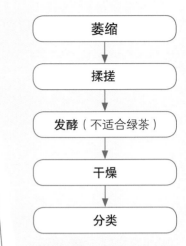

图1：茶叶

| | | |
|---|---|---|
| 压捻 | （crushing） | C |
| 撕碎 | （tearing） | T |
| 盘卷 | （curling） | C |

## 类型

茶叶按照以下的分类特征进行供应：

### 产地

**大吉岭**，在喜马拉雅山的南麓，产出一种精致、芳香的茶叶。

**阿萨姆**，一个北印度的省份，其以营养丰富、味道浓郁的类型而著称。

**锡兰红茶**，是印度邻国斯里兰卡出产的一种茶叶，在很久以前，这里被称为锡兰。

**茶叶栽培位置的海拔越高**，叶片的生长速度就越慢。但是高海拔可以赋予茶叶一种特殊、精致而细腻的味道。

### 叶片等级

**花橙白毫（英文：Flowery Orange Pekoe，FOP）**，具有大量的嫩尖芽叶，是最好的种类。
橙白毫（英文：Orange Pekoe，OP）是经过揉捻的，芽叶稍长。
白毫（英文：Pekoe，P）是较小的，卷成圆形的。
一些公司将茶叶名称延长，用来标注分级。并主要使用以下名称：
精致 = F，Fine，叶尖 = T，Tippy，金黄 = G，Golden。
**最好的质量是FTGFOP**（英文：Fine Tippy Golden Flowery Orange Pekoe，释义：精致叶尖金黄花橙白毫），然后是TGFOP（英文：Tippy Golden Flowery Orange Pekoe，释义：叶尖金黄花橙白毫）。

### 分类

叶片的分类和质量无关。

**整片茶叶**是整片茶叶，卷成长形或圆形。

**折断茶叶片**是一种有意折断的茶叶，它们被迅速萃取，因此出产率较高（约产品的90%）。

**碎茶**是比折断的茶叶片更小的叶片。

**茶末**是非常细小的部分，在为茶叶过筛时掉落的茶末。碎茶和茶末用于制作茶包。

## 混合茶

通过混合不同种类，可以平衡味道、香气和价格。经常供应的有：

- **英式混合茶**：全面、浓烈的香气，主要搭配牛奶引用。
- **东弗里斯兰式混合茶**：强烈、丰满的香气，主要混合牛奶及冰糖饮用。
- **锡兰混合茶**：香味细致，金黄的颜色。

## 和茶类似的产品

通过浸泡合适的、干燥的植物叶片或者植物的某些部分可以制作出类似茶的饮料，其中包含的单宁酸赋予其类似茶的味道。由于缺少咖啡因（茶碱），心脏和神经系统不会有负担。工业生产能够提供一种装在茶包中的包含不同植物类型的产品。

## 香草茶

所供应的香草茶为单方茶（例如：薄荷茶）和复方茶（例如：支气管茶），部分包含能够促进销售的名字（例如：康而乐）。一些治疗香草用于保健，示例如下：

| 名称 | 功效/应用 | 备注 |
|---|---|---|
| 荨麻 | 轻微脱水 | 肾功能障碍时，不能使用 |
| 球茎茴香 | 胃胀气时，咳嗽时作为黏液溶剂，刺激食欲 | 非常适合新生儿和婴儿。经常与八角茴香和葛缕子混合用于胃胀气 |
| 雏菊 | 胃肠痉挛时，反胃 | 注意：不能用于冲洗眼睛 |
| 滇荆芥 | 紧张导致的入睡障碍，胃肠问题，刺激食欲 | 包含的迷迭香酸可以妨碍病毒的生长 |
| 薄荷 | 产生痉挛的胃病，胆囊疾病，腹泻，用于提神 | 避免长时间胃部不适。薄荷有辣味 |
| 鼠尾草 | 针对过量的流汗，胃肠疾病，减少炎症 | 患有口腔炎症和咽喉黏膜炎症时进行冲洗 |

## 其他茶

**南非博士茶**，它们由叶片和树枝尖端的染料木属的灌木，学名Aspalathus linearis。它们不含咖啡因、色素和香味物质，因此也适合儿童和敏感的人群。

**瑜伽茶**，它源于自然疗法并混合了肉桂、姜、丁香和黑胡椒等香料。通常可以加入蜂蜜和牛奶使其更精致。

**印度香茶**是一种印度调味茶，通常和红茶混合在一起（马萨拉茶），最重要的赋予味道的物质是小豆蔻。供应时，茶中会添加甜味，并和热牛奶一起呈上。

## 冲泡茶

### 一杯好茶的前提条件

茶的香味非常敏感，因此需要注意：

- 只使用热水清洗茶壶，而不加入洗涤剂（洗涤剂对茶壶中附着的一层棕色薄层不起作用），
- 要充分预热茶壶、茶杯或玻璃杯，
- 冲泡时应使用新鲜、沸腾的热水。

需要的茶叶用量

| 液体用量 | 茶叶用量 |
|---|---|
| 一茶杯或一玻璃杯 | 2g茶叶（一咖啡勺，用刀将茶叶刮平，或1个茶包） |
| 一份 | 4~5g茶或2个茶包 |

在餐饮业中，常使用茶包。将新鲜烧开的水趁滚开的时候浇到茶上。泡制3~5min后取出。在此过程中需要注意泡制时间和茶叶生理作用之间的关系：

- **3min以内**

主要浸泡出咖啡因（茶碱），冲泡至这个时间点主要有**刺激血液循环**的作用。

- **3min以上**

茶汤中的单宁含量增多，这可以对肠胃起到**镇定**的作用。

可以根据相应的目的调整茶的冲泡时间（激发活力或起到镇定作用）。

图1：玻璃杯装茶

茶的供应形式

基本的供应形式为搭配糖：

- 一个放有纸垫的托盘，
- 放有玻璃杯（图1）或茶杯和小茶壶（图2）的茶托，
- 装有糖的小容器（图3），
- 用于放置茶包的小碟。

### 变化

- 混合咖啡奶油或牛奶的茶，
- 混合柠檬的茶：在榨汁器中放有一个装有柠檬的小碟，
- 混合朗姆酒的茶：在玻璃杯中或小瓶子中装有4cl朗姆酒。

图2：小壶装茶

特殊的茶饮制作

### 冰茶

- 在茶杯中放入2/3杯的冰块，
- 加入两倍浓的茶，
- 一份糖、柠檬等，如有需要放上杜松子酒/科涅克酒。

图3：不同的糖类——茶配料

图1：可可果实

图2：巧克力产品

图3：巧克力

## 5.3 可可和巧克力

可可和巧克力是由热带生长的可可树的种子制作的。
首先从瓜形的果实中取出可可豆（这是核）（图1）。
在发酵中，单宁酸含量减少，它能够产生味道、香味和颜色。
然后，干燥可可豆后就可以进行运输了。

### 处理

为了改善香气，需要先烘焙经过清洁的豆子，然后弄碎并去掉外壳。

产生的可可碎在加热的辊筒之间进行研磨。经过精细研磨的可可豆被称为**可可块**。在高压下，**可可脂**（可可豆中的脂肪）和其他可可成分被分离，这些成分被压制成块并保存。经过精细研磨的压块就成为**可可粉**。

除掉一些脂肪的可可粉中含有20%可可脂成分，它的颜色较深，拥有丰满的芳香，味道温和。人们用其制作可可和巧克力饮品。

除掉大量脂肪的可可粉中含有10%～20%的可可脂成分，味道非常强烈。人们用其制作巧克力糕点和冰淇淋。

冲调可可经过水蒸气的处理，并包含其他配料。在这个过程中，泡状组织变得更松散，一部分淀粉糊化，因此，这类可可会微微有些沉淀。巧克力粉是加有糖和其他味道配料的可可粉。

### 巧克力

人们使用可可块制作巧克力（图2）。其中加入所需用量的糖粉、香料，如果需要还要加入奶粉。混合配料，然后经过精细地研磨，这样，成分会尽可能精致，而巧克力会获得"丝滑"的口感。

巧克力以块状形式供应（图3），每块重约2.5kg和5kg。这些巧克力块上有号码组合，它们的和一直为100。其中，第一个数字代表可可成分的含量，第二个数字为糖的含量。

### 示例

70/30 = 70%可可成分 + 30%糖。
巧克力中糖的含量越少，品质越高。

## 制作可可和巧克力饮品

**可可**由可可粉、牛奶和糖制作而成。

**可可饮品**是由研磨的巧克力颗粒或巧克力块和不添加糖的牛奶，或者使用巧克力粉制作的。

### 制作可可

将巧克力粉放入一小份牛奶中搅拌。将剩余的牛奶煮沸，将准备好的可可牛奶混合物倒入煮沸的牛奶，搅拌并煮沸。

### 制作巧克力饮品

加热牛奶，撒入磨碎的巧克力块（巧克力浆）或巧克力粉，使用打蛋器搅拌直至煮沸。

#### 可可和巧克力饮品的配料

- 和可可一起呈上砂糖。
- 将可可或巧克力放在杯子中，使用打发的奶油装饰。
- 为小壶装的巧克力附上一小碟打发的奶油。

#### 冰巧克力

制作过程类似冰咖啡。使用冷巧克力或冷可可替代咖啡。

| 成分 | 杯　份<br>可可 | | 杯　份<br>巧克力 | |
|---|---|---|---|---|
| 牛奶 | 0.15L | 0.3L | 0.15L | 0.3L |
| 可可粉 | 7g | 12g | – | – |
| 巧克力粉或<br>巧克力块 | – | – | 15g | 30g |
| 糖 | 分开呈上 | | 分开呈上 | |

## 5.4 呈上冲调饮品

咖啡、茶或可可等冲调饮料可以装在玻璃杯、咖啡杯（茶杯）或小壶中，通常是放在椭圆形的盘子中呈上。托盘的摆放应当使客人感到舒适。

杯子的把手和小壶的把手应当一直朝向右侧，咖啡勺应当和把手平行，如下图所示。方糖应放在后方摆放的小壶前方。

托盘应由右侧放下，并如图所示，在客人面前微微倾斜。

杯装咖啡

小壶装咖啡

玻璃杯装茶

小壶装茶

**作业**

**1** 在从咖啡樱桃中获得咖啡豆时，人们划分了两种加工方法。请您说出相应的优点和缺点。

**2** 咖啡因对人体有什么作用？

**3** 在菜单中对摩卡奶油的介绍是："4TL速溶咖啡。" 如何理解？请您说出常见的速溶咖啡品牌。在这个示例中使用速溶咖啡有哪些优点？

**4** 您希望根据菜单推荐一款咖啡。"不，谢谢，我喝不了咖啡"，客人回答道。客人可能有什么样的理由？哪些特殊的咖啡种类可以照顾到身体的敏感性？请您说出两个示例，包含品牌名称。

**5** 茶的品质受到什么影响？请您说出三种因素

**6** 红茶和绿茶可以从同一种茶树上收获。它们的区别有什么？

**7** "我们用于茶包的茶叶是使用现代的CTC加工方式"，这样可以制作出茶包。请您向您的客人解释这个处理过程。

**8** 请您描述茶对人体的不同作用。

**9** 人们如何获得可可粉？

**10** 一个特定的可可种类是经过"分解"的。对此如何理解？以这种方式处理的可可有哪些优点？

**11** 请您说出以下咖啡制作过程中所需的咖啡粉用量

　　a）一杯咖啡，一杯意式浓缩咖啡，

　　b）一小壶咖啡。

**12** 请您描述和解说手工过滤咖啡的步骤。

**13** 作为饮料，咖啡可以做出哪些变化？

**14** 请您描述如何恰当地准备一小壶咖啡。

**15** 请您描述如何以以下形式呈上咖啡：

　　a）咖啡和牛奶以及咖啡混合物，

　　b）用咖啡和烈酒，

　　c）卡布奇诺和法利赛咖啡，

　　d）吕德斯海姆咖啡和爱尔兰咖啡。

**16** 请您说出冲泡出一杯好茶的前提条件。

**17** 请您描述如何恰当地冲泡茶。

**18** 茶的冲泡时间和生理作用之间有哪些关系？

**19** 可以为可可和巧克力搭配哪些配料呈上：

　　a）杯装茶如何呈上？

　　b）小壶装茶如何呈上？

**20** 什么时候人们谈及 "不含酒精的混合饮料"？

**21** 请您列举出几种不含酒精的混合饮料。

# 6 酒精发酵

在古老的埃及，酒精发酵就已经十分著名。壁画中显示出如何制作葡萄酒和啤酒，如何通过酵母使面包膨松。

即使在今天，发酵也可以使面包松软。当制作啤酒或葡萄酒时，酒精发酵还是主要过程。如果没有发酵，我们就没有起泡酒、烧酒和白兰地。在此，我们可以简单介绍这个过程。

图1：试验

---

**试验（图1）**

1. 将室温的果汁放在玻璃杯中。请您在之后几天观察其外观和气味。
2. 请您在100g热水中溶解50g糖，并放入10g酵母。当液体开始冒泡的时候，请您检查气味。
3. 在大约一周后，试验1中的液体变得安静和清澈。检查其味道和甜度。
4. 请您按照试验规定加热试验2中的液体。玻璃管应长约60cm，直径为1cm。

通过加热上升的蒸汽由酒精和水组成。水在玻璃管中上升时就已经汽化，酒精泄露并可以被点燃。

---

**酵母**是一种出现在空气和成熟水果中的**微生物**（参见卫生章节）。人们将其称为"野生"酵母。

在餐厅中，人们使用特别培育的酵母类型，例如：用于制作酵母面团的烘焙酵母，生产啤酒的啤酒酵母等。人们将这种称为**培育酵母**。

在发酵（图2）时，酵母分解糖类物质，并产生酒精和二氧化碳。

当糖类消耗完或酒精含量达到15%的时候，发酵过程结束。提高的酒精浓度会削弱酵母，并最终停止。

以这种方式就能制作出发酵饮料，如啤酒和葡萄酒。

如果期望达到较高的酒精浓度时，就需要进行**蒸馏**。在这个过程中，稍微汽化的酒精会被分离出来，并浓缩。饮料中的酒精含量超过15%（体积比）时，就会成为烈酒。

进行服务的人员需要为客人提供建议和服务。因此，他们需要拥有有关所供应产品的基本信息，以便进行专业的谈话。

然而，人们不需要为此了解所有的啤酒制作或葡萄酒制作，我们只举出一个示例。

每个发酵过程的必要原始材料是碳水化合物含量丰富的、含糖的液体（例如：啤酒中的麦芽汁，葡萄酒中的果汁）和酵母。

$$C_6H_{12}O_6 \longrightarrow 2\ C_2H_5OH + 2\ CO_2$$

| 葡萄糖 | $\longrightarrow$ | 酒精 | + | 二氧化碳 |
|---|---|---|---|---|
| 100g | | 约45g | + | 约50g |

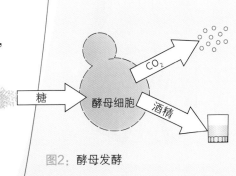

图2：酵母发酵

# 7 啤酒

柏林白啤酒　浅色三月啤酒　老啤酒　皮尔森啤酒　出口啤酒　小麦啤酒　科隆啤酒

啤酒是一种含有酒精的饮料，根据**纯度要求**，由**麦芽**、**啤酒花**、**水**和**酵母**按不同比例制作而成。德国啤酒不含有其他配料或者其他原料，人们可以在改变的配料表中识别出制作过程与此不同的啤酒。

## 7.1 制作

首先是一份概览。啤酒制作的主要过程是酵母引起的**酒精发酵**。因为酵母细胞只能吸收糖类物质，所以谷物中以淀粉形式包含的碳水化合物需要首先转化为糖类物质。这在**制成麦芽**的时候发生。在第二步中，粉碎后的麦芽和水混合在一起并加热，同时，可溶性的物质被浸出，这样就产生了**香味**。

加入啤酒花以添加味道，改进保存期限并且在玻璃瓶中固定泡沫。在**发酵**之后，就要**贮存**，在这期间啤酒会成熟，品质会提高。

### 制成麦芽

谷粒（大麦或小麦）可以通过浸泡而发芽。酶开始作用，将淀粉分解成糖，而蛋白质会分解。在这个过程中，大麦会产生麦芽，在一个特定的时间之后，发芽通过精细地焙干（干燥）而停止。在这个过程中，麦芽根据温度变色。稍后，颜色会进入啤酒中。胚芽和谷粒中的根会被移除。

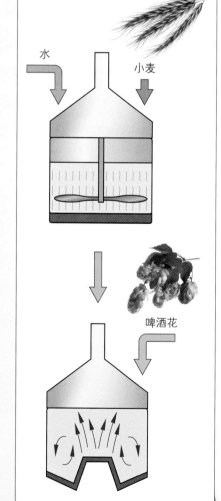

水　小麦

啤酒花

### 调制调味料

在**制作麦芽汁**的过程中，干燥的麦芽会被碾碎（细化）并且同热水混合，这样可以浸出所有可溶物质。酶可以将剩余的淀粉和糖分解成单糖。然后是**滤清**（清洁）麦芽汁，**在这个过程中，固体成分和液体分离**。

在稍后的**烹煮**中，加入啤酒花带来苦味和香味，啤酒花的香味可以保持后期啤酒的泡沫。

### 发酵

在发酵的过程中，会通过酵母的作用将糖类物质分解为酒精和碳酸。

根据酵母类型，会制作出底部发酵或者顶部发酵的啤酒。

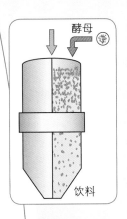

酵母

饮料

7 啤酒

底部发酵酵母使麦芽汁在6～9℃时发酵，并且沉淀在发酵容器的底部。在底部发酵的啤酒中，二氧化碳和液体紧密结合在一起，并且只能缓慢释放。啤酒中珠子一样的小泡冒出得更加缓慢，因此时间也更长，例如：传统的淡啤酒或皮尔森啤酒。

顶部发酵酵母使麦芽汁在15～18℃时发酵，并在这个过程中向上升起。顶部发酵的啤酒包含大量碳酸，它们与液体的结合没有那样紧密。因此，这类啤酒起泡更强烈，例如：小麦啤酒。

向冷却的麦芽汁中加入啤酒酵母，根据啤酒类型加入底部发酵和顶部发酵的酵母。在发酵过程中形成酒精和二氧化碳。在密封容器中的再次发酵和熟化可以改善品质。

| 生产步骤 | | 探讨的关键词 |
|---|---|---|
| **制作麦芽**<br>淀粉转化为糖类物质<br><br>干燥麦芽 ─────┬──→ 温度高 ───────────→<br> └──→ 温度低 ───────────→ | | **啤酒的颜色**<br><br>深色啤酒<br>浅色啤酒 |
| 制作麦芽汁<br>糖化继续进行<br>固体成分（酒渣）<br>被分离。 ─────→ 液体中溶解成分的部分 = 原麦汁 ──→<br>和啤酒花一同煮沸 ──→ 啤酒花成分 ──┬──→<br> └──→ | | **啤酒的淀粉 = 啤酒分类**<br><br>口味<br>形成泡沫 |
| **发酵**<br>向麦芽汁中加入酵母。<br>酵母的类型确定<br>发酵过程。 ─────┬──→ 底部发酵 ──────┬──→<br> └──→ 顶部发酵 ──────┘<br><br>根据发酵过程，25%～30%的<br>原麦汁转化为酒精 ────────→ | | **啤酒类型**<br><br><br><br>酒精含量 |
| **存放** | 啤酒"熟化" ──┬──→<br> └──→ | 改进香气<br>使$CO_2$饱和 |

原麦汁——酒精含量

原麦汁是发酵前在麦芽汁中溶解的全部成分，成分以百分比表示。在发酵过程中，只有一部分糖类物质转化成酒精，酒精含量约为原麦汁含量的三分之一。

一种含有11%～16%原麦汁的浓啤酒中，酒精含量为质量的3.5%～4.5%。在标签上必须注明酒精含量，单位为"%vol"，其意思为容积的百分比。酒精的密度约为0.8，换算为质量百分比：0.8 ≈ 容积百分比。

浓啤酒的酒精含量为容积的4.3%～5.6%。

299

啤酒的味道基于：
使用的原材料，
特殊的酿造工艺。
酿酒学中区分以下风格：
M型：麦芽味突出，适度发酵，
也就是酒精含量低，较甜。
H型：啤酒花味浓，高度发酵，例
如：皮尔森啤酒。
S型：酸型，口感刺激，泡沫丰富，
例如：白啤酒。

## 7.2 啤酒分类、啤酒类型、啤酒品种

**德国的啤酒分类**是由法律规定，并通过原麦汁含量（啤酒的烈性）确定。主要饮用的是浓啤酒，含量低的还有柜台啤酒和烈性黑啤酒（参见下方概览）。

**啤酒类型**是通过发酵类型确定的。分为底部发酵和顶部发酵的啤酒，底部发酵的啤酒中酵母会向下沉淀，顶部发酵的啤酒香气更丰富。

**啤酒品种**表明了典型的特征或其他详细分类，在贸易名称中，这些分类经常相同。

| 啤酒分类<br>根据原麦汁含量    啤酒类型<br>依据发酵过程 | 底部发酵 | 顶部发酵 |
|---|---|---|
| **含有较低原麦汁含量的啤酒**<br>低于7%原麦汁 | | |
| **柜台啤酒**    7%～11%原麦汁 | 轻啤酒 | 小麦轻啤酒、柏林白啤酒 |
| **浓啤酒**（约95%的供应产品）<br>11%～16%原麦汁 | 皮尔森啤酒、窖藏啤酒、出口啤酒、三月啤酒、浅啤酒 | 老啤酒、科隆啤酒、小麦啤酒 |
| **烈性啤酒**    超过16%原麦汁<br>超过18%原麦汁 | 烈性黑啤酒、烈性啤酒<br>双倍烈性黑啤酒，其他德文名称中以-ator结尾的啤酒 | 小麦烈性黑啤酒 |

### 啤酒种类A–Z

当与客人进行销售对话，推荐啤酒时，人们可以按照以下内容进行描述，例如：
- 啤酒分类 = 啤酒的浓烈程度
- 啤酒类型 = 发酵的方式（顶部/底部发酵）
- 啤酒颜色
- 特殊的特点，例如产地和形成过程

**无酒精啤酒**
无酒精啤酒是包含不超过0.5%酒精的啤酒。这类啤酒首先按照传统的方式酿造，在发酵之后，这类啤酒通过不同的方式去掉酒精。

**老啤酒**
一种顶部发酵、加入大量啤酒花的浓啤酒，其产于杜塞尔多夫地区，颜色为深棕色。老啤酒这个名字源自古老的传统。这种酒使用一种圆柱形的专用杯子盛取并提供给顾客。

**柏林白啤酒**
顶部发酵的柜台啤酒（较少酒精），加入少量啤酒花，并且使用小麦麦芽制成。也会在特殊的发酵过程中产生乳酸，可以使用覆盆子或香车草糖浆平衡乳酸。这种酒应放在半球形的杯子中供应。

## 烈性黑啤酒

底部发酵的啤酒含有至少16%的原麦汁，是一种烈性啤酒。其标志为高酒精含量和麦芽味道。烈性黑啤酒最初源于艾恩贝克，那里有简化的烈性黑啤酒。

双倍烈性黑啤酒含有18%的原麦汁，但是其外文名称中不含有"-ator"后缀。含"-ator"后缀的啤酒有：Salvator。

冰烈性黑啤酒含有约12%的酒精，更烈一些。人们可以通过冰冻完成的啤酒，并将水以冰的形式去掉（冷冻浓缩）。

## 适合糖尿病病人的配方啤酒，配方皮尔森啤酒

一种浅色的、底部发酵的浓啤酒类型，其中只含有很少的碳水化合物含量。因此，适合糖尿病患者。酒精含量为4%。配方啤酒不能与低酒精含量或无酒精啤酒混淆。

## 出口啤酒

一种浅色的、底部发酵的啤酒，含有明显的啤酒花的味道。这比同一酿酒厂的传统"浅色啤酒"更烈。出口啤酒这个名字起源于第一次世界大战，那时，人们只有意出口品质极佳的啤酒。

## 科隆啤酒

一种金色的、顶部发酵的啤酒，并含有4%的酒精，这种啤酒只在科隆地区酿造。斟在瘦高杯子中饮用，这是一种瘦高的、直筒形的特殊玻璃杯。

## 窖藏啤酒

现今，人们将经过窖藏、底部发酵、加入少量啤酒花的啤酒简化称为"浅色啤酒"。

## 麦芽啤酒

一种顶部发酵的、有麦芽甜味的啤酒，最多只允许含有1%的酒精。大多数为"无酒精啤酒"（酒精含量低于0.5%）。

## 轻啤酒

不同的啤酒使用这个名称。但是共同点是较低的酒精含量（约1.5%~3%），因此只有较低的热值。

## 三月啤酒

浅色或深色的底部发酵的三月啤酒，加入中等分量的啤酒花，并突出麦芽的味道。大部分这类啤酒的酒精含量超过5%。

三月啤酒源于冰箱还没有出现的时期。在三月，也就是在温暖的季节开始前，这时是最后的进行底部发酵啤酒的机会。较高的酒精含量防止腐败，因此，这种啤酒更浓烈。

## 皮尔森啤酒

这是一种底部发酵的浅色啤酒，其特点是拥有口感刺激而清爽的啤酒花香味。皮尔森啤酒杯是大腹小口、上部逐渐变细的杯子，这样可以保持泡沫丰富浓密。

这种啤酒源于波希米亚的皮尔森，今天，皮尔森是一个分类的名称，每家酿酒厂都可以生产。

## 小麦啤酒，白啤酒

只是一种顶部发酵的浓啤酒，除了大麦，还要至少加入50%的小麦。通过较高的碳酸含量，起泡丰富，味道清新。除了清澈的**水晶小麦啤酒**还有**本身浑浊的酵母小麦啤酒**，这种酵母小麦啤酒在倒入前不经过过滤。

## 茨维科尔啤酒

这是一种纯净的、因酵母而浑浊的啤酒。茨维科尔是取样阀的名称，使用这个阀从酒桶中接出茨维科尔啤酒。

其他国家的啤酒

其他国家的啤酒不一定符合纯度要求。

| 英国 | 麦芽酒，波特啤酒，烈性啤酒 |
| --- | --- |
| 法国 | 克伦堡凯旋（埃尔萨斯） |
| 丹麦 | 嘉士伯格啤酒，乐堡啤酒 |
| 荷兰 | 喜力啤酒，狮威啤酒 |
| 捷克 | 百威啤酒，皮尔森 |

## 7.3 啤酒混合饮料

啤酒混合饮料是由一半啤酒和其他饮料混合而成，如：柠檬汽水或可乐。

### 哈德乐混合饮料，阿尔斯特水

哈德乐混合饮料由一半浅色浓啤酒和清新的柠檬汽水混合制成，这种饮料在德国南部称为哈德乐混合饮料，而在北方被称为阿尔斯特水。

### 胡斯饮料

胡斯饮料是浅色小麦啤酒和清新柠檬汽水的混合饮料。如果人们使用矿泉水替代柠檬汽水，这种饮料就称为**净胡斯饮料**。

### 柏林白啤酒，混合柏林白啤酒（图1）

原始的柏林白啤酒是一种低度的柜台啤酒（7%～11%原麦汁）。今天，这主要是指混合覆盆子糖浆或车叶草糖浆供应的饮料。两个名称通常指的是同样的饮料。

图1：混合柏林白啤酒

## 7.4 斟倒啤酒

**啤酒以瓶装啤酒或桶装啤酒的形式进行**供应。

使用玻璃杯和大腹玻璃瓶，偶尔也使用带柄玻璃杯呈上的饮料，这被称为"开放式饮品（直接呈上饮用的饮品、杯装饮品）"，因为它们已经在柜台旁装入吧台杯具中，并且是以"开放式（直接饮用）"的状态放在托盘（杯垫）上拿给客人饮用的。

为了更便于顾客检查，杯子上应有一条明显可见的刻度线，应标注容量、生产商的企业标识。

餐厅人员对这一刻度的准确性负有责任，因此应当使用量杯对容量进行检查。

啤酒必须清澈，应当可以看到酒中原本含有的二氧化碳溢出。倒入啤酒时，应在啤酒上层产生圆拱形的、细密的、挺实的啤酒泡（泡沫顶）。

生产商名称
刻度线
规定容量
0,2 l

在往杯子中斟入（灌入）啤酒时，玻璃杯必须绝对清洁，因为油脂痕迹和洗涤剂残留不能使啤酒产生稳定的泡沫。

### 从吧台设备中接出比尔森啤酒

初期接酒：完全打开出水活栓，并倾斜地拿着玻璃杯，使流出的比尔森啤酒沿着玻璃杯壁流动。

在大约1min后进行后期解酒，不能将出酒阀浸入啤酒中。

在短暂的等待时间后，泡沫将漂浮在啤酒上方。

### 从酒瓶中将酵母白啤酒倒入杯中

首先使用冷水冲洗玻璃杯。啤酒温度绝对不要超过8℃。

缓慢地沿着杯子边缘倒入白啤酒，啤酒形成一小股水流流入杯中。

在短暂的等待时间之后，泡沫将漂浮在啤酒上方。

---

**作业**

1. 请您说明底部发酵和顶部发酵啤酒的区别，并请您说出各种啤酒的特征。
2. 尽管大多数啤酒都是由大麦制成的，但是有浅色啤酒和深色啤酒。请您以一种容易令人理解的方式让客人明白。
3. 请您说出啤酒分类及其原麦汁的含量。
4. 一位客人希望饮用少量酒精，因此点了配方啤酒。您会怎样回答？
5. 您正在服务，为搭配啤酒/皮尔森啤酒，您会推荐哪些菜肴？
6. 小麦啤酒一直有较高的销售份额，有哪些原因可以动摇客人的饮酒习惯？

# 8 葡萄酒

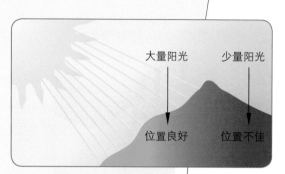

大量阳光　　少量阳光

位置良好　　位置不佳

图1：阳光的照射确定种植的位置

葡萄酒是一种含有酒精的饮品，通过发酵葡萄果汁或新鲜捣烂的葡萄酿制而成。

各种葡萄酒的不同特征主要由以下方面确定

- **酿酒葡萄品种**，其内含物质的味道非常重要，
- **产区，在那里有相应的特殊土壤，以及地区特有的气候。**

酿酒葡萄品种，人们称为品种特点

- 葡萄酒的特点最大限度由酿酒葡萄中含有的不同内含物质确定。
- 在德国，主要种植酿造白葡萄酒的葡萄，例如：雷司令或西万尼。
- 约五分之一的种植面积用于种植红葡萄。
- 有代表性的红葡萄酒的酿酒葡萄种植地位于法国和意大利。
- 下页中的插图说明了葡萄种类、味道的提示以及搭配推荐。

产区，人们称为区域特点：

- 土壤的种类和特性确定选择哪些合适的酿酒葡萄品种。
- 土壤不同，即使所种植酿酒葡萄的品种相同，不同产地的土壤会使葡萄的味道不同。
- 优先推荐在向阳的斜坡（南坡）上种植酿酒葡萄，阳光集中照射在这里，并且可以明显为土壤增温（图1）。
- 背光、有阴影的山坡不能种植出高品质的葡萄。

为了了解情况，此概览依据味道将葡萄酒划分为五种分类。

| 分类 | 描述 | 有代表性的酿酒葡萄种类 |
|---|---|---|
| 温和型白葡萄酒 | 淡淡的香气，细微至温和的酸味 | 西万尼、米勒-图高、古特德、鲁兰德 |
| 活力型白葡萄酒 | 恰当的香气，可以感觉到至浓郁的酸味 | 雷司令、白皮诺、灰皮诺、霞多丽 |
| 芳香型白葡萄酒 | 浓郁、典型的香气 | 琼瑶浆、施埃博、穆斯卡特拉、莫里欧麝香 |
| 顺滑果香型红葡萄酒 | 和谐的、较少的单宁酸 | 斯贝博贡德（黑皮诺）、特罗灵格、葡萄牙人、黑雷司令（莫尼耶比诺） |
| 烈性红葡萄酒 | 颜色浓烈，单宁酸丰富 | 莱姆贝格、丹菲特 |

此概览可以作为常见酿酒葡萄种类的较为详细的标准化，可以**辅助为销售对话进行措辞。**

## 8.1 酿酒葡萄品种

酿制白葡萄酒的葡萄种类

1雷司令　　　　　2西万尼　　　　　3米勒-图高　　　　　4施埃博

| 酿酒葡萄品种和葡萄酒的颜色 | 葡萄酒特点 | 搭配推荐 |
|---|---|---|
| 1 **雷司令**<br>浅黄色，带有嫩绿色 | 精致的水果芳香令人想到桃子的香气，开胃，有浓郁的酸味并充满活力 | 特别适合搭配鱼类、贝壳类和虾蟹类菜肴，尤其是配有美味奶油酱汁的菜肴 |
| 2 **西万尼**<br>苍白，几乎清澈如水 | 中性的香气，精致的酸味，醇厚而讨人喜欢的葡萄酒 | 适合蒸、炖的鱼类、芦笋、味道柔和的奶酪 |
| 3 **米勒–图高**<br>苍白至浅黄色 | 花朵的香气，比雷司令的酸味更温和，有淡淡的肉豆蔻的香味 | 适合易消化的、味道适中或香气温和的菜肴 |
| 4 **施埃博**<br>浅黄色至金黄色 | 独具特色的酸味，拥有浓烈的令人联想到醋栗的香味 | 非常适合香料味浓郁的蔬菜炖肉和煎烤的肉类菜肴 |

酿制红葡萄酒的葡萄种类

1 斯贝博贡德（黑皮诺）　2 特罗灵格　　　3 葡萄牙人　　　　4 梅洛（梅鹿辄）

| 酿酒葡萄品种和葡萄酒的颜色 | 葡萄酒特点 | 搭配推荐 |
|---|---|---|
| 1 **斯贝博贡德（黑皮诺）**<br>深红色 | 如天鹅绒般顺滑、醇厚、浓烈，有一丝杏仁味道 | 特别适合搭配野味和野生禽类，香味强烈的煎烤肉类菜肴，以及味道丰富的奶酪种类 |
| 2 **特罗灵格**<br>明亮的浅红色、淡红色 | 芳香、清新，有水果香味，有良好的酸味成分以及浓郁的味道 | 适合所有深色的、适当调味的肉类，也适合鸭肉和鹅肉以及温和的奶酪种类，是一种不错的酒类 |
| 3 **葡萄牙人**<br>浅红色 | 淡淡的、柔和的，味道适宜且讨人喜欢 | 理想的零售葡萄酒和佐餐葡萄酒 |
| 4 **梅洛（梅鹿辄）**<br>宝石红色 | 单宁含量丰富的葡萄酒，含有特殊的香气和香味，在较长期窖藏后才能完全成熟 | 适合深色的加入香料制作的分割肉，以及野味和野生禽类 |

## 8.2 葡萄酒的产区划分

德国葡萄酒种植地区从博登湖开始，沿着莱茵河及其分支河流延伸至中部莱茵的波恩附近，而向东延伸至德累斯顿。在这些区域中，土壤和气候各有不同，因此需要详细的地理信息以区分葡萄酒的特征。

德国的全部酿酒葡萄产区（图1）被划分为**13个特定产区**。每个产区都包含连绵不断的葡萄种植区，有类似的前提条件，并生产出带有类似味道基调的有代表性的葡萄酒。**特定产区**是生产**优质葡萄酒**的地区（特定产区酒）（参见第310页）。

**地区餐酒**有地区的名字，如：阿尔塔勒（Ahrtaler）。地区餐酒只占全部葡萄酒产品中很少的比例，并且在餐饮业中几乎找不到。出于这个原因，不考虑详细的地区名称的划分。

德国以外其他国家的葡萄酒产区有所不同，数个地区的土壤和气候更一致。

13个优质葡萄酒的特定产区

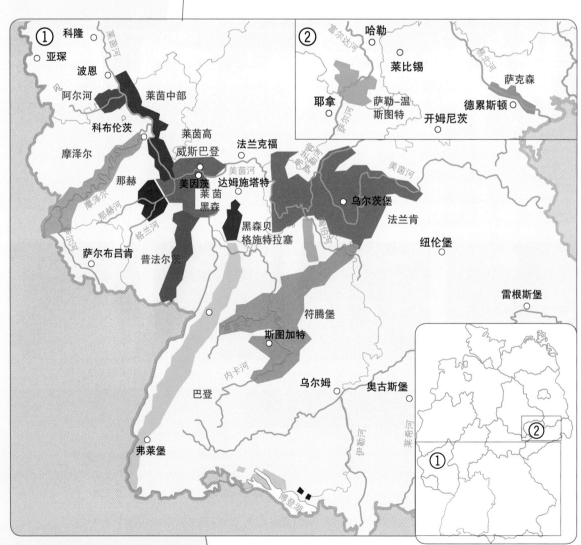

图1：德国优质葡萄酒（特定产区酒）的产区

葡萄酒的出产地（图1）可以更详细地进行描述。特定产区的优质葡萄酒应当说出**产区**①，优质葡萄酒必须说明**所在地区**，甚至需要列出**乡镇**②，或具体**位置**③，这对品酒师而言是品质的特殊标志（图2）。

图1：葡萄酒的出产地

图2：表明具体生产地的葡萄酒（示例）

葡萄酒产区的葡萄酒供应量非常不同（图3）。在给出的标准中，不能明确说明中部莱茵、阿尔河、黑森州贝格施特拉塞、萨勒-温斯图特和萨克森的产量。

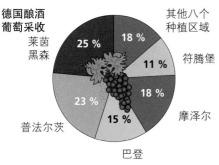

图3：最大的种植区域

| 特定产区优质葡萄酒 | |
| --- | --- |
| **特定种植地区** | **所包含区域** |
| 阿尔河 | 波茨海姆/阿塔尔 |
| 巴登 | 博登湖<br>马克特格拉夫勒兰德<br>凯撒施图尔<br>图尼贝格<br>布赖斯高<br>奥尔滕瑙<br>克赖希高<br>巴登贝格斯特拉瑟<br>陶博弗兰肯法兰肯 |
| 法兰肯 | 斯戴格瓦尔德<br>美茵河三角区<br>美茵河四角区 |
| 黑森贝格<br>施特拉塞 | 斯达肯博格<br>乌姆史塔特 |
| 中部莱茵 | 罗蕾莱<br>齐本格比格 |
| 摩泽尔 | 柯西姆堡<br>伯恩卡斯特<br>上摩泽尔<br>摩泽尔大门<br>萨尔<br>鲁威塔尔 |
| 那赫 | 那赫塔尔 |
| 普法尔茨 | 南方葡萄酒之路<br>中部哈特 |
| 莱茵高 | 约翰尼斯贝格 |
| 莱茵黑森 | 宾根<br>尼尔斯<br>翁纳高 |
| 萨勒-温斯图特 | 诺恩伯格堡 |
| 萨克森 | 埃尔斯特高<br>迈森 |
| 符腾堡 | 巴伐利亚博登湖<br>雷姆斯塔尔斯图加特<br>符腾堡翁特兰德<br>寇赫-雅格斯特-陶博<br>上内卡河<br>符腾堡博登湖 |

白葡萄
↓
挤压
↓
葡萄浆
↓
榨汁
↓
白色的葡萄汁
↓
发酵
↓
白色葡萄酒
↓
再次发酵
↓
熟化

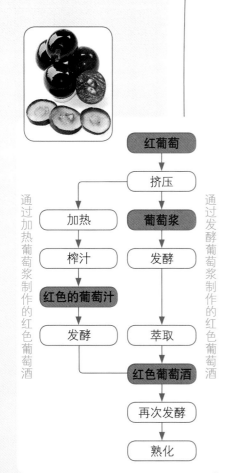

通过加热葡萄浆制作的红色葡萄酒　　　通过发酵葡萄浆制作的红色葡萄酒

红葡萄
↓
挤压
↓
（左）加热 → 榨汁 → 红色的葡萄汁 → 发酵
（右）葡萄浆 → 发酵 → 萃取
↓
红色葡萄酒
↓
再次发酵
↓
熟化

## 8.3 酿制葡萄酒

**白葡萄酒**

　　从叶梗上采摘果实，这样采摘果实避免了叶梗中的单宁进入稍后制成的葡萄酒中。

　　需要挤压果实，这样可以让细胞破裂并流出果汁。这种果肉、果核和果皮的混合物被称作**葡萄浆**。

　　使用榨汁机将这种葡萄浆进行挤榨，获得**葡萄汁**。首先，要去除葡萄汁中的混浊物质，对其进行预滤清。由果皮和果核组成的酒渣被保留下来。

　　在主发酵过程中，酵母将糖类物质转化为酒精和碳酸。然后，去除酵母和混浊物质，**葡萄酒**就酿成了。

　　优质葡萄酒会在成熟过程中形成饱满浓郁的香味。

**红葡萄酒**

　　为了制作红葡萄酒，在采摘果实后，将果实挤压。然后获得**葡萄浆**。

　　期望在红葡萄酒中获得的色素和味道物质是在深色果实的果皮中（参见左侧插图）。为了让稍后酿成的葡萄酒中获得颜色和味道，必须首先将其从果皮中溶解出来。为此，人们有两种操作方法：

- 发酵葡萄浆：在发酵时产生的酒精可以溶解出期望获得的色素和味道物质。这能产生**红葡萄酒**。
- 加热葡萄浆：通过提高温度，可以将期望获得的色素和味道物质溶解出来。人们首先获得**红色的葡萄汁**，这可以发酵为**红色的葡萄酒**。

　　只有在红色的新酒经过再次发酵和较长时间的窖藏之后才能变得和谐。

**其他葡萄酒种类的特殊工序**

　　**桃红葡萄酒**（Rosé），闪烁着金色至略带红色，是由红色的葡萄按照白葡萄酒的酿制过程制作的。允许将高品质的产品称作**白秋葡萄酒**。

　　**洛特灵**（Rotling），是一种有淡红色至浅红色的葡萄酒，这是使用白葡萄和红葡萄或其葡萄浆，按照红葡萄酒的制作工序酿制而成的。

　　**闪色葡萄酒**（Schillerwein），又名席勒/谢勒葡萄酒，是一种来自符腾堡的高品质洛特灵葡萄酒。

　　**巴登的洛特高尔特**（Badisch Rotgold），是一种来自巴登产区的高品质洛特灵葡萄酒，它是由鲁兰德和蓝色的斯贝博贡德混合酿制而成的。

　　**施乐葡萄酒**（Schieler），是一种来自萨克森产区的高品质洛特灵葡萄酒。

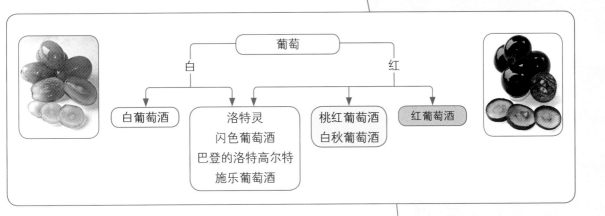

## 8.4 葡萄酒分级

《葡萄酒法》由欧盟规定，也被作为德国的国家法律。为了进行划分/分级，产地信息是一个主要的特点。

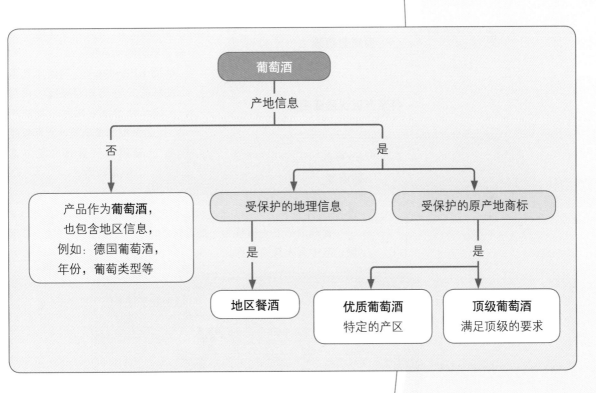

优质葡萄酒和顶级葡萄酒确定餐饮业的供应产品。

经过申请后，葡萄酒被分配了一个质量控制检测码，德国国内的葡萄酒只能被评为"优质葡萄酒"或者"顶级优质葡萄酒"。在种植葡萄的联邦州中，相应的主管检测机构负责判定。

这种检测被称为"官方优质葡萄酒检测"。这由两部分组成，化学试验室中的分析检测和感官检测。在这个过程中，所有葡萄酒由检测人员进行感官上的检测和评估。

现在，顶级优质葡萄酒（QmP）改名为顶级葡萄酒。

选择葡萄酒时，除了品质，还要注意葡萄酒是否适合饮用的时机，以及是否适合搭配的菜肴。

- 特定产区的优质葡萄酒（Q.b.A.）：中等的产品，需要接受检测过程。

许可的前提是最少葡萄浆重量和成熟葡萄从特定的产区出产。

- 顶级葡萄酒（Prädikatsweine）有严格限定的产区，必须满足严格的品质要求。顶级是附加的品质说明。其中有六种不同的顶级级别。

  - 珍藏级葡萄酒（Kabinett）：规定的最少葡萄浆必须来自葡萄藤上。这意味着：珍藏级葡萄酒是顶级品质级别的**不额外加糖**的葡萄酒。

  - **甜型晚收级葡萄酒**（Spätlese）：在一般的收获之后，在相对较晚的时间点收获完全成熟状态的葡萄。

  - **甜型精选级葡萄酒**（Auslese）：从完全成熟的葡萄中拣选出未成熟和生病的葡萄粒。

  - **精选级贵腐葡萄酒**（Beerenauslese）：只加工过熟和贵腐菌发酵的葡萄粒。

  - **逐粒枯萄精选级贵腐葡萄酒**（Trockenbeerenauslese）：只使用变干收缩、贵腐菌发酵的葡萄粒。

  - **冰酒**（Eiswein）：只使用真菌发酵的、在霜冻时采摘的葡萄粒。水分冻成冰后，就能产生浓缩的葡萄浆，之后就能获得一种营养非常丰富的葡萄酒。

冰酒
逐粒枯萄精
选级贵腐葡萄酒
精选级贵腐葡萄酒
甜型精选级葡萄酒
甜型晚收级葡萄酒
珍藏级葡萄酒
**顶级葡萄酒**

**特定产区优质葡萄酒**

地区餐酒
**葡萄酒**

葡萄酒标签

葡萄酒标签也被称为一瓶葡萄酒的出生证明。下方是一个示例，其中有大量的信息。

| | | |
|---|---|---|
| 特定产区 | **莱茵黑森** | **10%（体积比）** 酒精含量 |
| 年份 | 2012年 | |
| 详细的出处名称 | **宾格尔基兴贝格** | **0.75L** 额定容量 |
| 葡萄种类/顶级级别 | 雷司令·甜型晚收级 | |
| | | 生产者灌装 灌装者 |
| 品质级别 味道说明 | **顶级葡萄酒** 半干型 包含亚硫酸盐 | 瓦尔特酒庄 生产者 |
| | | A.P. 编号：35190101313 管方质量控制检测码 |

优于官方的规定，有以下葡萄酒荣誉，例如：

德国葡萄酒印章是一种用于德国葡萄酒的质量认证标志，颜色代表着味道种类。

红色用于甜型葡萄酒　　　　绿色用于半干型葡萄酒　　　　黄色用于干型葡萄酒

对丁由地区特有的经典酿酒葡萄种类制作的、营养丰富、有水果香味且味道和谐的干型葡萄酒，允许这些葡萄酒使用文字CLASSIC（图片）。

此外，还有**地区葡萄酒种植协会的质量认证标志**和用于特定奖励的铭带。获得荣誉的葡萄酒必须严格满足附加的质量标准。

## 8.5　葡萄酒的储藏

应在冷凉、黑暗的房间中存放葡萄酒，这样可以尽可能地避免干扰葡萄酒的熟化。**橡木塞子酒瓶**应当躺着存放，这样可以避免橡木塞子变干，一旦橡木塞子变干，可能会有空气流入并由微生物导致腐败。

使用**旋塞**、**塑料瓶塞**或**玻璃旋塞**的酒瓶可以立放。

**适宜的存放温度**
- 用于白葡萄酒：
  10~12℃
- 用于红葡萄酒：
  14~15℃。

### 葡萄酒ABC

对于大范围的葡萄酒产区可能发展出自己独特的专业语言。在此，仅总结最重要的用于客人咨询和产品描述时的概念。

**产品描述**

**余味**

将红酒吞咽后，留在口腔上颚中的后味、回味。

**适口的**

可以刺激饮酒的。

**香味，香味浓郁的**

丰富的芳香物质和味道物质（嗅觉和味觉）。

**花香，有花香的**

含有丰富的芳香物质（嗅觉）。

**葡萄酒香，有葡萄酒香的**

丰富的芳香物质和味道物质，类似"香味"的概念。与葡萄酒相关时，优先使用这个词。

**芬芳**

精致、令人舒适的花香。

**精致优雅**

协调匹配的酸味、酒精含量和酒香。

**营养丰富的**

丰富的营养物质，如：糖、丙三醇、单宁和色素。

**和谐**
所有成分比例平衡
**药草味**
**烈性**
较高的酒精含量，适当的酸味
**甜型的**
令人舒适的，较少的酒精、较少的酸味
**少量起泡的**
含有少量碳酸的
**充满活力的**
平衡的、清新的酸味，例如：雷司令
**适度起泡的**
新鲜、适度的冒泡，例如：萨尔葡萄酒
**醇香可口的**
对于简单的葡萄酒种类，人们使用这个概念描述刺激继续饮酒的类型。
**干型**
完全发酵，不含残糖，高酒精含量。不能将干型和酸相提并论。
**强健的**
大量酒体和酒精，用于红葡萄酒

制作

**加强（加度）**
当由于恶劣的天气等原因造成酿酒葡萄中的糖含量过低时，允许在法定范围内在发酵前向葡萄浆中添加糖。这样，人们可以获得达到所需酒精含量的葡萄酒。但是在顶级葡萄酒中不允许添加糖以加强（加度）。

**法式橡木桶**
容量为225L的橡木酒桶。
**压榨**
压榨葡萄汁，保留酒渣。
**葡萄浆重量**
葡萄浆的密度。葡萄浆重量可以由厄克斯勒比重计或折射仪进行确定。
**葡萄酒含糖度（厄克斯勒度）**
密度（葡萄浆的单位重量），这提供糖含量的信息，并以此间接确定是否达到期待的酒精含量。
**残糖**
成品葡萄酒（也就是完成发酵后）中的糖分，大多数是通过添加葡萄浆（甜味补充剂）实现。
**澄清**
使浑浊物质黏附在一起，并沉入底部。这些物质会在葡萄酒中导致浑浊。
**硫化**
添加硫以中止不期望的细菌活动和氧化，这些活动会导致葡萄浆变成棕色等。
**甜味补充剂**
是向已经发酵完成的葡萄酒中添加葡萄浆。其中包含的甜味物质会保留在酒中，而不会发酵。
**混酒**
这意味着葡萄浆的混合或葡萄酒的混合，以便平衡颜色、味道或酸含量等特定的特性。只允许混合品质类似的葡萄酒。

图1：葡萄田

## 8.6 欧洲国家的葡萄酒

　　在德国和奥地利，葡萄酒的品质主要由葡萄浆重量确定：较高含量的糖分使葡萄酒营养丰富。与此相比，在南方的国家（法国、西班牙、意大利），产区对评估质量有重大的作用（图1）。
　　下一页的表格中说明了各种语言中的概念，并且说明了各个级别的大致含量比例。请您参见葡萄酒的百分比值。

| 年产葡萄酒的品质和比例 | | | |
|---|---|---|---|
| 德国 | 法国 | 西班牙 | 意大利 |
| **质量等级** | | | |
| 葡萄酒 [≈2%]<br>• 其中包含地区餐酒 | 葡萄酒 [≈45%]<br>• 其中包含地区餐酒<br> [≈15%] | 葡萄酒 | 葡萄酒 [≈70%]<br>• 其中包含一般地区餐酒<br> IGT [≈20%] |
| 特定产区的优质葡萄酒–<br>Q.b.A [≈30%] | 优良地区餐酒<br>（VdQS）<br> [≈45%] | 原产地名称（DO级）和高品质<br>原产地名称（DOC级）-[≈33%]:<br>• 佳酿葡萄酒（Vino de Crian-<br> za）（橡木桶中存放6个月） | 原产地监控级葡萄酒<br>（DOC级） [≈12%] |
| 顶级葡萄酒 [≈70%]<br>• 珍藏级葡萄酒、甜型晚<br>收级葡萄酒、逐粒枯萄<br>精选级贵腐葡萄酒、甜<br>型精选级葡萄酒和精选<br>级贵腐葡萄酒 | 法定产区葡萄酒<br>（AC，AOC） | • 陈酿葡萄酒（Vino de Reser-<br> va）（橡木桶中存放24个月）<br>• 珍藏葡萄酒（Vino de Gran<br> Reserva）（至少在橡木桶中<br> 存放48或60个月的白葡萄<br> 酒、红葡萄酒或桃红葡萄酒） | 原产地监控和保证级普通<br>酒（DOCG级） |

## 奥地利葡萄酒

在奥地利（图1），主要出产白葡萄酒，红葡萄酒的比例较低。这里的葡萄酒产生了一些特点。

最常出现的酿酒葡萄种类是绿维特利纳，它大概占全部白葡萄酒生产中的四分之一。优质的绿维特利纳的味道是清新且富有果香的，有适当的酸味，并且有泛有绿色的金色。

来自温泉区的古牧珀尔德基兴纳（Gumpold skirchner），是一种萃取物丰富的、醇厚的有精致酒香的白葡萄酒。它由津芳德尔和红基夫娜制作。

新酿白葡萄酒（Heuriger）是一种当年新酿造的葡萄酒。这主要是在名为霍里格（Heuriger）的出售自酿葡萄酒的小店中出售。

## 法国葡萄酒

虽然法国葡萄酒（图2）有从极干型至极甜型的味道种类，但是，法国葡萄酒主要是配餐饮用的。所以大多数法国葡萄酒是比较干的。甜味的葡萄酒如何搭配鱼类或牛肉？

图1：奥地利的葡萄酒产区

图2：法国的葡萄酒产区

| 产区和著名的葡萄酒：法国 | |
| --- | --- |
| 阿尔萨斯产区 | • 琼瑶浆葡萄酒是一款浓郁丰满的带有独特酒香的葡萄酒<br>• 阿尔萨斯麝香葡萄酒是一款有药草香味和果香的葡萄酒，具有典型的麝香葡萄的香气<br>• 雪绒花混酿葡萄酒是一款特殊的阿尔萨斯不同品种葡萄的混合产品 |
| 勃艮第产区 | • 夏布丽葡萄酒是一款干型的、充满活力的白葡萄酒<br>• 伯恩丘葡萄酒是一款浓郁、优雅的红葡萄酒<br>• 默尔索葡萄酒属于干型、充满活力的白葡萄酒<br>• 薄酒莱葡萄酒作为新酒而文明，是一种活泼而轻盈的红葡萄酒 |
| 罗纳河谷产区 | • 教皇新堡葡萄酒和罗纳河谷葡萄酒是强烈且酒体丰富的红葡萄酒 |
| 朗格多克·鲁西荣产区 | • 这里主要生产地区餐酒，拥有果香的红色地区餐酒 |
| 波尔多产区 | • 两海之间葡萄酒是充满活力、新鲜的白葡萄酒<br>• 苏玳葡萄酒是一种饱满、迷人的贵腐葡萄制作的白葡萄酒<br>• 波美侯葡萄酒和圣达美隆葡萄酒都是酒体丰富、柔和的深色红葡萄酒 |
| 卢瓦尔河谷产区 | • 密斯卡岱葡萄酒是一款干型、清新的白葡萄酒<br>• 安汭桃红葡萄酒是一款有迷人果味的葡萄酒 |
| 香槟产区 | • 这一地区几乎只生产起泡酒（香槟酒，即起泡酒，使用这一地区的名字命名） |

| 法语专业概念（可以辅助答复咨询） | |
| --- | --- |
| Barrique<br>（法式橡木桶） | 225L法国小型橡木酒桶，在其中进一步提升葡萄酒的品质。橡木赋予葡萄酒香味物质。这个词也可以用于称呼在这类酒桶中提升品质的葡萄酒 |
| Blanc de Blances<br>（白葡萄制作白葡萄酒） | 白葡萄制作的白葡萄酒（也有使用红葡萄制作的白葡萄酒） |
| Château（酒庄） | 对在独特的位置酿造优质葡萄酒的葡萄酒企业的称呼。人们也可以说："来自第一手的品质。" |
| Cru（葡萄园） | 顶级葡萄酒的葡萄种植地区 |
| Domaine（葡萄园） | 只允许生产优质葡萄酒和地区餐酒的葡萄酒企业 |
| Mis en bouteille<br>（法国装瓶） | 所有在法国制作、装瓶的葡萄酒，在瓶塞或标签上有这样的提示 |
| Primeur（新酒） | 当年新酿、最迟在来年1月31日前生产的葡萄酒，在快速发酵后，其中的添加成分仍未分离 |
| Vin de Pays<br>（地区餐酒） | 优秀的法国地区餐酒。（请参见第311页法国葡萄酒的品质分级。） |

## 意大利葡萄酒

在意大利（图1），大约有50%的收获是地区餐酒。

| 产区和著名的葡萄酒：意大利 | |
|---|---|
| 南蒂罗尔 | 这里最著名的是以葡萄品种斯贝博贡德（黑皮诺）、勒格瑞、白斯贝博贡德和琼瑶浆命名的葡萄酒。卡尔特湖葡萄酒（Kalterer See）和圣马格达雷纳葡萄酒（St. Magdalener）是著名的葡萄酒 |
| 弗留利 | 这里出产的葡萄酒是以葡萄种类命名的。皮诺杰治奥（在德国称为：鲁兰德），一种新鲜的在未完全发酵前饮用的白葡萄酒。白皮诺（白斯贝博贡德），梅洛和赤霞珠是具有特点的红葡萄酒 |
| 皮尔蒙特 | 巴贝拉，一种宝石红色的红葡萄酒，具有浓郁的花香和香料的味道 巴罗罗，一种纳比奥罗葡萄酿制的，拥有独具特色香气和浓郁味道的红葡萄酒 巴巴莱斯科是一种富有光泽的红葡萄酒，口感饱满而浓郁 |
| 翁布里亚 | 奥维多葡萄酒，一款金色的白葡萄酒，柔和且营养丰富 |
| 拉丁姆 | 弗拉斯卡蒂葡萄酒，是一款有浓重黄色和味道鲜明但柔和的白葡萄酒 |
| 托斯卡纳 | 基安蒂葡萄酒，一款主要使用红葡萄，搭配白葡萄酿制的红葡萄酒 |

| 意大利语专业概念（可以辅助答复咨询） | | | |
|---|---|---|---|
| Secco | 干型 | Vino rosato | 桃红葡萄酒 |
| abboccato | 半干型 | Vino rosso | 红葡萄酒 |
| amabile | 微甜型 | Vino frizzante | 珍珠酒（半起泡酒） |
| dolce | 甜型 | Vino spumante | 起泡酒 |
| Vino bianco | 白葡萄酒 | | |

图1：意大利的葡萄酒产区

## 西班牙葡萄酒

尽管西班牙拥有全球最大的葡萄种植区域（图2），但是干燥甚至干旱严重限制着产量，因此，西班牙的葡萄酒产量在法国和意大利之后，排在第三位。

富含矿物质的土壤和干燥的气候是营养丰富、酒香浓郁的葡萄酒的前提条件。地区典型的酿酒葡萄种类造就了全新的味道基调。

图2：西班牙葡萄酒产区

| 西班牙语专业概念<br>（可以辅助答复咨询） | |
|---|---|
| Vino blance | 白葡萄酒 |
| Vino tinto | 红葡萄酒 |
| Rosado | 桃红葡萄酒 |
| Clarete | 由红色和白色葡萄制作<br>的浅色低度红葡萄酒 |

**主要种植区**

**里奥哈**位于西班牙北部的埃布罗河旁，是非常重要的西班牙红葡萄酒产区。其中绝大部分是丹魄酿成的葡萄酒。

**纳瓦拉**位于埃布罗河旁和比利牛斯山之间。在山谷间生长的葡萄，既可以制作红葡萄酒，也可以制作白葡萄酒。

**瓦伦西亚**的天气受到地中海的影响，这一地区可以产出酒精含量丰富的红葡萄酒。

来自西班牙西南部赫雷斯周边地区的雪丽酒可以拓展至多个种类，从淡色干雪丽酒到甜奶油雪丽酒。

## 8.7 葡萄酒的评估

在品尝葡萄酒和试酒时对葡萄酒的特征进行记录，并使用专业概念描述。

在这个过程中，我们的感官就是传感器。适当的专业词汇帮助服务人员为客人进行相应的顾问。

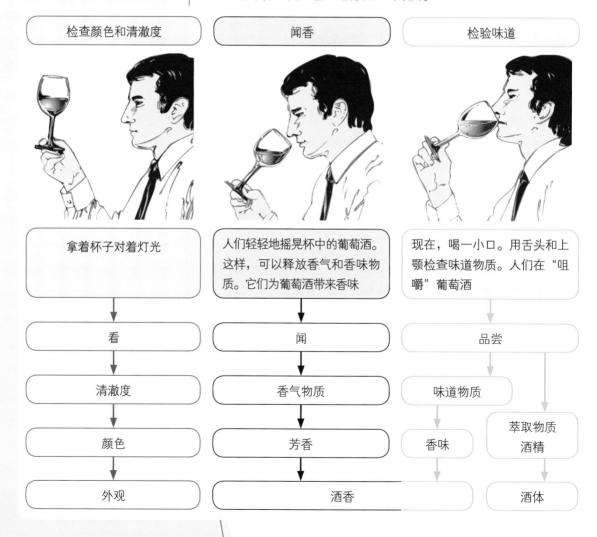

| 检查颜色和清澈度 | 闻香 | 检验味道 |
|---|---|---|
| 拿着杯子对着灯光 | 人们轻轻地摇晃杯中的葡萄酒。这样，可以释放香气和香味物质。它们为葡萄酒带来香味 | 现在，喝一小口。用舌头和上颚检查味道物质。人们在"咀嚼"葡萄酒 |
| 看 | 闻 | 品尝 |
| 清澈度 | 香气物质 | 味道物质 |
| 颜色 | 芳香 | 香味　萃取物质 酒精 |
| 外观 | 酒香 | 酒体 |

| 评估特征 | 名称 | 正面的描述 | 负面的描述 |
|---|---|---|---|
| 气味 | 芳香 | • 柔和的，得体的，精致的香味<br>• 芳香的，芬芳的，饱满的香气<br>• 令人印象深刻的，清晰的味道<br>• 浓郁的芳香 | • 平淡的，毫无表现力的<br>• 令人厌恶的，加入香水一般的<br>• 异样的，不干净的 |
| 味道 | 香味 | • 中性的，柔和的<br>• 味道精致的，浓郁的，有泥土气息<br>• 有果香的，香味浓郁的 | • 有软木塞味 |
| 糖分 | | • 有淡淡酸味的，干型<br>• 得体的，有微微酸味，半干型<br>• 甜型，醇香，甜的 | • 甜腻<br>• 甜得令人厌恶<br>• 不和谐 |
| 酸味 | | • 适中的，柔和的，得体的<br>• 清新，有微微酸味的<br>• 有酸味，有活力的，开胃的 | • 平淡的，乏味的<br>• 不成熟的，突兀<br>• 生硬，有草味 |
| 果香 | | • 中性的，柔和的<br>• 有细腻果味，有水果味 | • 异样的<br>• 不美妙的 |
| | 酒香 | • 温和，柔和，细致<br>• 圆润，和谐，饱满 | • 单薄的，平淡的<br>• 空洞的，臃肿的 |
| 酒精提取物 | 酒体 | • 低度的<br>• 丰满的，醇厚的，鲜明的<br>• 高度的，有力度的，酒精含量高的<br>• 烈性的（酒精） | • 单薄的，空洞的<br>• 臃肿的<br>• 有焦味<br>• 过于浓烈（酒精） |
| 年份 | | • 年轻，新鲜，有活力<br>• 熟的，成熟的，熟透的<br>• 高级陈年的，陈年的 | • 未成熟的<br>• 平淡的，空洞的<br>• 衰退的 |

## 8.8 利口葡萄酒

在日常用语中，法律中所称的利口酒经常等同于甜葡萄酒（产地）或者配餐葡萄酒（制作菜单时）。

根据种类，在餐饮业中这些酒有不同的饮用方式：

• 干型作为餐前刺激胃口的开胃酒，

• 甜型作为餐后促进消化的餐后酒。

### 干型利口葡萄酒

在短暂的发酵后，在葡萄酒中加入烈酒。现在的高酒精含量（至22%体积比）中断了天然的发酵。人们获得了酒精含量丰富的干型酒。

示例：

• 西班牙的雪丽酒

• 葡萄牙的波尔图葡萄酒

• 马德拉群岛的马德拉酒

### 甜型（浓缩）利口葡萄酒

向葡萄浆或原材料葡萄酒中加入葡萄枯粒（葡萄干）或者浓缩的葡萄汁。这样可以得到有常规酒精含量的甜葡萄酒。

示例：

• 匈牙利的托考伊甜酒

• 希腊的萨姆斯酒

• 西班牙的马拉加葡萄酒

① 酒瓶支架
② 酒环
③ 葡萄酒过滤露头
④ 葡萄酒开瓶器
⑤ 瓶口铝箔切割器
⑥ 服务员用刀
⑦ 葡萄酒品酒碟
⑧ 醒酒器
⑨ 葡萄酒温度计
⑩ 葡萄酒篮

## 8.9 使用酒瓶侍酒

　　为了进行得体的侍酒，人们需要根据葡萄酒类型选择不同的工具。

葡萄酒的调温

　　有的时候**白葡萄酒**需要迅速冷却或者**冰镇**。冰镇在冰酒器中进行。

　　在此过程中，瓶子被带有冰块的水包围，冰水中撒上盐。盐加速冰的融化，这样可以放冷。

　　通常情况下，**红葡萄酒**的温度超过14℃，因为只有超过这个温度，典型的红葡萄酒酒香才可以释放出来。因此，在呈上红葡萄酒之前，葡萄酒会及时从酒窖中取出来，放在调温室或者放在葡萄酒温控酒柜中。

　　有些时候，红葡萄酒需要**升温**（加热）。在此过程中，需要使用热毛巾包裹瓶身。

　　也可以将葡萄酒倒入预热的醒酒器中进行温度的调节。

　　迅速的温度调整会破坏葡萄酒的酒香，因此，应尽可能及时调节温度，以避免破坏酒香。

　　绝对不能将红葡萄酒放在酒菜保暖设备中加热。

　　葡萄酒的管理应由柜台人员或饮品专员负责。

图1：白葡萄酒侍酒器材的摆放

### 白葡萄酒侍酒

　　在向客人提供专业的选择酒类的建议后，就需要开始准备侍酒。应当在桌边展示和开启葡萄酒（图1）。

配备餐具

葡萄酒杯应放在客人的右侧。配备的餐具应放在服务推车上供应。

在一台服务推车上应当准备：
- 服务员用刀和葡萄酒开瓶器，
- 一只品酒杯或备用酒杯，
- 两张餐巾纸和一块餐巾，
- 两个小盘子用于放置瓶塞和瓶口铝箔，
- 一个冰酒器或温度计。

## 打开白葡萄酒瓶

| 工作步骤 | 插图 | 原因 |
|---|---|---|
| 在白葡萄酒的酒瓶上，在瓶口隆起的部分上方环切；而在红葡萄酒的酒瓶上，则在瓶口隆起的部分下方环切，并将切下来的部分取下来。 |  | 瓶颈必须保持清洁。红葡萄酒不能和锡箔包装纸接触，一旦接触会对葡萄酒的味道产生恶劣的影响。 |
| 使用第一张餐巾纸擦拭瓶口和瓶塞的表面。 |  | 在存放的时候，锡箔包装纸下方会积存灰尘、霉菌，如果瓶塞没有完全盖紧，也会出现糖浆状的葡萄酒残渣。 |
| 将开瓶器旋入瓶塞中，将把手支在瓶颈边缘上，并且竖直向上拔瓶塞。轻轻地来回活动瓶塞，以拔出最后的几毫米。 |  | 开瓶器不能在任何方向穿透瓶塞，一旦穿透瓶塞，瓶塞碎屑会剥落，在斟葡萄酒时会一起倒入玻璃杯中。 |
| 检查瓶塞上的味道是否无可挑剔。使用第二张餐巾纸握住瓶塞，并且旋下开瓶器。将瓶塞放在小餐盘上，而餐盘放在点购者的葡萄酒杯的旁边。 |  | 较差的瓶塞可以导致葡萄酒腐败。<br>除了检查气味，客人可能还对瓶塞上的品牌名称（灌装商的名称、编号或者年份）感兴趣。 |
| 使用餐巾纸擦拭瓶口。 |  | 也可以使用餐巾移除瓶口区域的瓶塞残渣。 |

图1：从顾客右侧向其展示
　　　葡萄酒

图2：让顾客品尝葡萄酒

图3：为女士服务

### 展示

在开启葡萄酒酒瓶前，应将酒瓶放在手巾上，从顾客的右侧向其进行展示（图1）。瓶身标签和瓶口环形标签应当清晰可辨认，这样客人可以辨认是否和其要求的产品一致。

### 开启葡萄酒酒瓶

应当谨慎地在服务餐车上开启酒瓶，同时遵守所要求的规则（参见第319页的说明）

### 品尝葡萄酒

为了让葡萄酒无可挑剔的品质说服点酒的客人，客人应品尝一口（图2）。

可能进行的投诉有：

- 葡萄酒浑浊，或者有木塞味。
- 有异样的香气或味道。
- 温度不符合客人的期望。

如果服务人员是一位专业品酒师，她也可以一起品尝一口酒。

### 葡萄酒的斟酒

在接受客人的点单后，在客户的小圈子中，先从女士开始服务（图3），然后是男士，最后是点酒的人。

在人数较多时（例如：宴会中），为了避免来回移动，根据客人座位的顺序依次倒酒。

| 工作流程 | 解说单个工作步骤 |
| --- | --- |
| 右手握住没有标签的一侧，并且手心向下，缓慢地放低瓶口 | 在倒入葡萄酒的时候需要注意，标签应当可以让接受斟酒的客人看到一些。重要的是，酒瓶牢牢地握在手中，不要碰到玻璃杯的边缘 |
| 缓慢地将葡萄酒倒入玻璃杯 | 不影响葡萄酒的香气 |
| 倒入玻璃杯1/2至1/3处，取决于玻璃杯的大小 | 在玻璃杯中需要空余的空间，这样花香和酒香不会完全散发 |
| 及时并缓慢地重新将酒瓶放至水平的位置，在最后竖起的时候微微向右转动 | 不允许振荡留在瓶中的葡萄酒。最后瓶口处的几滴葡萄酒应通过转动酒瓶而留在酒瓶的边缘，避免在抬起酒瓶时，液体流到桌上 |
| 葡萄酒酒瓶应放回冰酒器或酒架中 | 这样可以使葡萄酒保持恒定的侍酒温度 |
| 撤下放有塞子的碟子 | 不再需要瓶塞 |
| 将服务推车放好 | 移开多余的工具 |
| 及时添加葡萄酒 | 关注玻璃杯中的情况，这样，客人不必自己添酒 |

白葡萄酒的斟酒准则

　　只有在斟倒从冰酒器中取出的或冷藏的葡萄酒时，由于瓶体潮湿，才需要使用手巾。在这种情况下，应当将手巾从葡萄酒瓶底部至瓶颈部包裹起来。在从弗兰肯白葡萄酒瓶中倒酒时，标签应向上，瓶体平放在手中。

图1：正确倒出的红葡萄酒

## 红葡萄酒的侍酒

　　红葡萄酒的侍酒如同白葡萄酒（图1）。但是，还是需要注意以下几个不同的特点。

红葡萄酒的斟酒

- 在倒入红葡萄酒的时候，举起玻璃杯。然后稍微倾斜玻璃杯，同时缓慢地降低玻璃瓶瓶口，这样就能安静地将葡萄酒倒入杯中了（图2）。
- 陈年、味道浓烈的红葡萄酒会产生沉淀，它们是通过葡萄酒的一些成分转换产生的。这些**沉淀（Depot）**可以促进葡萄酒质量提升。这些沉淀必须在倒入杯中前，**转移至醒酒器**中分离。

图2：将红葡萄酒倒入杯中

将红葡萄酒倒入醒酒器中

　　**将葡萄酒倒入醒酒器时**应当小心地将葡萄酒从酒瓶中倒入醒酒器中。这个过程的意义是，将沉淀留在酒瓶中。

　　为了不扬起沉淀，也不使葡萄酒浑浊，**在酒窖时**，就要将标签向上摆放酒瓶。这样，在侍酒时就不需要翻转酒瓶了。

　　为了将**葡萄酒倒入醒酒器**中，应当在服务餐车上准备：

- 一个插有蜡烛的烛台和火柴，
- 开酒器和瓶口铝箔切割器，
- 两张餐巾纸和手巾，
- 两个用于存放瓶口铝箔和塞子的小盘子，
- 将红酒瓶专业地放入篮子中，
- 一个醒酒器，
- 试酒玻璃杯或备用玻璃杯。

图3：配备餐具

　　为了运输、展示和开启，酒瓶应当倾斜地放在专用的篮子或酒瓶架中。酒瓶的开启过程同白葡萄酒的开启过程。为了避免扬起沉淀，必须小心地拔除塞子。在蜡烛的光源前，倾斜手持醒酒器并斟倒葡萄酒（图3）。一旦看到沉淀位于玻璃瓶瓶颈处，就要停止这个转移过程。

　　可以将没有沉淀的红葡萄酒倒入醒酒器中（图4）。通过将酒液转倒入醒酒器中，**酸性物质**会积聚，增强的香味物质可以散发，并且发展出**完满的酒香**。

图4：将红葡萄酒倒入醒酒器

# ⑨ 起泡酒

当葡萄酒经过主发酵过程后再次放入密封的容器进行发酵就会产生起泡酒。在第二次发酵中产生的$CO_2$不会泄露，它们和葡萄酒结合在一起，并赋予酒起泡的特点。这样，就由葡萄酒变为冒出气泡的起泡酒。

## 9.1 制作

客人希望每一种起泡酒历经数年一直保持同样的品质和味道。因此，人们混合不同的*基础葡萄酒*，并将这种混合称为*基础混合酒（Cuvée）*。

为了开始必要的第二次发酵，需要加入酵母和装瓶添加剂（Fülldosage），即：一种由溶解在酒中的砂糖和纯酵母组成的混合物。

人们将发酵分为三个步骤。

- **传统瓶中发酵法**（图1）

  将装满的瓶子密封，并手握瓶颈处向下插入震动板中。这样酵母渣沉淀在木塞上，在储藏后容易移除。在这个过程中出现的损失可以用**装运添加剂**（Versanddosage）弥补。这种传统的瓶中发酵工艺是最费时间的，因此是最贵的工艺。

- **罐内二次发酵法**（图2）

  这是一种简化的瓶装发酵法。基础混合酒灌装在瓶中，这和传统的方法一样。在密封的第二次发酵后，人们将瓶中的酒装入罐中，过滤起泡酒并加入装运添加剂。之后，重新装瓶，并让起泡酒自发进行熟化（图3）。在这种工艺中，消耗时间的工作过程都被省去，如：手动转瓶和去除酵母。

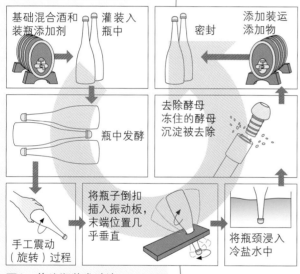

图1：传统瓶装发酵法

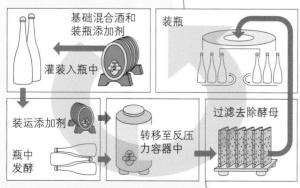

图2：罐内二次发酵法

图3：瓶中发酵：手动震动瓶体或通过自动震动设备

## 味道基调

不依赖于发酵过程，而是取决于：

- 基础葡萄酒混合物的**品质**，这被称为基础混合酒（Cuvée），
- **味道基调**，赋予期望甜度物质的添加剂。

| 味道名称 | | 残糖量/L |
|---|---|---|
| 中文 | 法语 | |
| 极不甜型 | extra brut | 0~6g/L |
| 不甜型 | brut | 低于12g/L |
| 极干型 | extra sec | 12~17g/L |
| 干型 | sec | 17~32g/L |
| 半干型 | demi-sec | 32~50g/L |
| 甜型 | doux | 高于50g/L |

图1：著名的品牌

## 法律条款

起泡酒是生产商或销售企业用于说明的词语。外国的产品应说明生产国家。

必须是在德国生产的起泡酒才能称为**德国起泡酒**（Schaumwein）。德语中常用的名称"Sekt（塞克特优质起泡酒）"不能用于最低的品质等级。

**高品质起泡酒或德国塞克特优质起泡酒（Sekt）**是较为优质的产品（图1）。在酒精含量、压力（$CO_2$）和储存年限方面都有最低要求。

可能使用的其他标识：

- 特定产区的高品质起泡酒（Sekt b. A.）：与特定产区的高品质葡萄酒有相同的规定，
- 有年份说明，
- 有葡萄种类的说明。

**法国香槟起泡酒（简称：香槟）：**一种在特定产区生产的起泡酒，即：法国香槟区（参见第313页插图）。

**法国莫赛克斯起泡酒（Vin mousseux，波尔多地区出产）**和**法国克雷曼特起泡酒（Vin Cremant，勃艮第、卢瓦尔河、阿尔萨斯、朗多克地区出产）**是非香槟区出产的优质法国起泡酒。

**意大利普罗赛克起泡酒（Prosecco）**是一种意大利出产的白葡萄制作的起泡酒。其中分为：

- **意大利普罗赛克全起泡酒（普罗赛克斯普曼特，Prosecco spumante）**有高碳酸压力，一种起泡酒或优质起泡酒；半起泡酒（普罗赛克弗里桑特，Prosecco frizzante），不是起泡酒，而是一种珍珠酒，即碳酸含量较低的半起泡酒。
- **意大利斯普曼特起泡酒（Spumante）**是一种出产自意大利的甜型、黄色起泡酒。最著名的是产自阿斯蒂地区的。

### 酒瓶尺寸（图2）

塞克特优质起泡酒装在专用的酒瓶中，有特殊的尺寸。由于压力负载，这类酒瓶有特别厚的瓶壁。

- 小型瓶　　　　0.2L

约2玻璃杯

- 1/2倍酒瓶0.375L

约4玻璃杯

- 标准酒瓶 0.75L

约8玻璃杯

2倍酒瓶　　　1.5L

约16玻璃杯——这种酒瓶被称为马格纳姆酒瓶，主要用于有代表性的场合。

图2：香槟酒瓶的尺寸

混合的饮料热烈而清新，并含有令人舒爽的气泡，例如：

- 起泡酒配橙汁
- 起泡酒配黑醋栗（黑加仑）汁（基尔酒）
- 起泡酒配柠檬汁，安果斯都拉苦味药酒和糖（起泡酒鸡尾酒）

图1：从右侧展示酒瓶

图2：移除锡箔纸

图3：转动铁丝，取下铁丝搭扣

图4：拔出瓶塞

- **西班牙嘉瓦起泡酒（Cava）是**按照传统瓶装发酵方式生产的西班牙起泡酒，主要来自加泰罗尼亚地区。
- **乌克兰克里米亚起泡酒（Krimskoje）**产自乌克兰，它使用产自克里米亚半岛的红葡萄或白葡萄制作，使用瓶装发酵法制作。

### 起泡酒的使用

起泡酒作为清新的、富有活力的饮料，特别适合在节庆场合或作为开胃酒饮用。

此外，起泡酒还是波列酒和冷汤的组成部分。

### 起泡酒的储藏

低于10℃，平放储存；在侍酒前冷却至6～8℃。

### 9.2 起泡酒的侍酒

为了让起泡酒保持冷却，应当将其放在装有冰块和水的起泡酒冰酒器中。如果酒的推荐饮用温度是6～8℃时，除了使用起泡酒冰酒器外，还可以使用恒温装置。在配备好酒具后，服务人员应从右侧向点酒的人员展示。

配备酒具

首先，在客人的桌子上放上起泡酒酒杯。

在服务推车上，应当准备：

- 在垫有餐巾的盘子上，放置装有起泡酒酒瓶的冰酒器。
- 酒用餐巾和两个小盘子。
- 起泡酒开瓶器或起泡酒钳，辅助解开铁丝或打开固定的瓶塞。

打开起泡酒酒瓶

- 从冰酒器中取出酒瓶，使用一块毛巾擦干酒瓶。
- 然后向客人展示（图1）。
- 移除锡箔纸（图2）和铁丝搭扣（图3），并将其放在一个盘子上。
- 将一块餐巾盖在瓶塞上，并使用拇指固定住（在插图中，为了看得更清楚，没有使用餐巾）。
- 有两种移除铁丝搭扣的方法：
  - **方法I：**按照铁丝拧紧的方向，反向拧开铁丝，并小心地移除。使用拇指保证瓶塞固定。
  - **方法II：**拧紧铁丝搭扣，多次左右移动使铁丝断裂。然后，从瓶颈处由侧面取下搭扣。
- 现在，使用餐巾包住瓶塞，松动瓶塞并施加作用力，缓慢、无声地拔出瓶塞（图4）。同时，使瓶身倾斜，应避免使瓶颈朝向客人。

为了不用力过猛拔出瓶塞，并避免发出"砰"的声音，应在右侧目光的注视下，无声地放掉气体。倾斜地放置酒瓶很重要，因为可以这种方式避免起泡酒或香槟的泡沫溢出。

- 使用餐巾擦净瓶口。
- 如果起泡酒瓶使用天然木塞封口，应当向客人作出展示（图1）。如果是塑料塞子就不需要进行。

图1：向顾客展示瓶塞

### 斟倒起泡酒

允许点酒的人尝试第二口酒，以进行充分的品评。倒出起泡酒或香槟应当依据服务准则进行。由于杯子是室温的，当酒倒入杯中时就会开始强烈的发泡。出于这个原因，人们应当小心地加入少量酒，然后在杯中加入最多3/4满的酒（图2）。

应当关注客人的餐桌，以便及时添酒。

图2：斟倒起泡酒

图3：品酒室

| 作业 | | |
|---|---|---|
| ❶ | 请您向您的同事描述瓶装白葡萄酒侍酒时酒具如何摆放。 |
| ❷ | 为什么要在打开客人点的瓶装葡萄酒前向客人进行展示？ |
| ❸ | 请您解释如何专业地打开葡萄酒瓶。 |
| ❹ | 为什么通常红酒的侍酒温度要高于14℃？ |
| ❺ | 请您描述如何恰当地打开起泡酒酒瓶。 |

图1：草莓波列酒

# ⑩ 含有葡萄酒的饮料

含有葡萄酒的饮料中含有超过50%的葡萄酒、甜葡萄酒或起泡酒的饮料。其余部分可以为白兰地酒、果汁、香草提取物、蜂蜜、水等。

**葡萄酒气泡饮料**由分量相同的葡萄酒和含有碳酸的水组成。通过混合，气泡饮料更清新并含有少量酒精。

**甜红葡萄酒（格律酒，热红酒，Glühwein）**是一种热饮的葡萄酒，其中使用丁香、肉桂、柠檬和糖调味。专用的浸泡袋使制作过程简化。

**波列酒**由葡萄酒、起泡酒、果酒或矿泉水及赋予其味道的食物组成，并且以这种赋予其味道的食物命名，例如：黄桃、草莓（图1）、树莓波列酒等。

**冷鸭酒**是一种由葡萄酒、珍珠酒和起泡酒并添加柠檬制作的混合饮料。在完成的饮料中，起泡酒所占的比例必须达到25%以上。

**苦艾酒（Vermouth）**是具有强烈苦艾香气的酒，酒精含量在15%左右。苦艾是混合饮料的基础，如曼哈顿类鸡尾酒或马蒂尼鸡尾酒。

**作业**

❶ 土壤和气候主要确定晚熟葡萄酒的特征。请您说明。

❷ 请在推荐葡萄酒的时候，必须将客人的想法或说法转化成专业用语。请您为以下的陈述列出几种葡萄种类。

　　a）"我想要温和的白葡萄酒搭配鱼肉。"

　　b）"一种苦味白葡萄酒，可以搭配味道浓的菜肴。"

　　c）"我想搭配烤鹿肉喝浓郁的红葡萄酒。"

❸ 请您描述制作白葡萄酒和红葡萄酒的主要工作步骤。

❹ 酒瓶上的标签被称为葡萄酒的"出生证"。请您列出几种为优质葡萄酒规定的需要说明的信息。

❺ 两个人争吵："是叫葡萄种植区。"另一个说："不是，是葡萄产区，我确定。"两个人都有道理，请您解释原因。

❻ 请您说出德国三个最大的葡萄酒产区。

❼ 哪两个分组的德国葡萄酒按照品质进行划分？

❽ 请您从低往高说出优质葡萄酒的级别。

❾ 葡萄酒印章将产品划分为三个分组。请您说出它们的味道基调和相应的印章颜色。

❿ 人们如何称呼制作起泡酒时混合的基础葡萄酒？

⓫ 葡萄酒有哪些不同的发酵过程？

⓬ 请您解释塞克特优质起泡酒和香槟起泡酒之间的不同点。

⓭ 在起泡酒中有哪些不同的味道基调？

## 试酒

　　您从您的老板那里获得一项任务，在员工培训计划中准备一次试酒活动。试酒应当限定在您企业中的常见瓶装酒和柜台酒中。

### 准备

1. 请您确定要进行评估的葡萄酒。
2. 请您使用每种葡萄酒瓶身标签上的信息编制一张清单。
3. 您应当按照哪种顺序品尝葡萄酒？
4. 您需要准备哪些书面文件清单提供给您的同事？
5. 您应当选择什么样的桌子形状，以便尽可能进行更多交流？
6. 除了试酒用酒以外，您还要为受训人员提供什么？
7. 请您确定或找到一位员工，他应当准备一次时长约5min的关于葡萄酒种植和葡萄酒制作的介绍。
8. 请您编制一份试酒所需的材料清单。建议和帮助请参见第325页图示。

### 执行

1. 请您准备用于试酒的房间和桌子。
2. 请您确认，用于试酒的葡萄酒是否处于正确的温度。
3. 请您分析标签上的信息。
4. 请您使用少量的各种酒进行试酒，请您和其他人共同得出结果，并写成书面材料。

备注：如果计划在职业学校中进行试酒，应当遵守学校的规定。

### 匹配的菜肴

1. 请您选择3种不同的葡萄酒。请您告知受训人员，任务是收集、讨论和记录匹配葡萄酒的菜肴。
2. 请您给受训者含有多道菜的菜谱，并让他们为每道菜选择合适的葡萄酒。请您比较结果并且进行讨论。

### 结算

请您选出一款葡萄酒并且通过采购价计算菜单上的价格，其中包含以下内容：管理费40%；盈利28%；服务费（算入营业额）15%；增值税19%。

# ⑪ 烈酒

烈酒〔图1〕是一种供人饮用的酒精（乙醇）含量至少为15%的饮品。规定使用%vol，即：体积分数衡量酒精度。

通过酵母引起的发酵产生酒精。但是，在酒精含量约为15%时，酵母停止活动。

如果人们希望获得较高的酒精含量，必须浓缩现有的酒。这通过蒸馏或酿制实现。

## 蒸馏的原则

水在100℃时蒸发，酒精在约80℃时蒸发。因此，在加热时，含有酒精的液体首先变成酒精蒸汽，这些蒸汽经过导管系统被引导出来，并且经冷却后重新变为液体。在酒精中溶解有许多味道物质，它们也随着蒸馏物一起活动。而水和不溶于酒精的物质被留下。

举例：
- 葡萄酒制成葡萄白兰地。
- 发酵的水果制成水果白兰地。

如果从含有淀粉的原材料（如：粮食）中获得酒精，必须首先将淀粉转化为单糖，然后酵母才能从中获得营养并产生酒精。

下一页是不同方式的概览。

图1：烈酒

特定的烈酒，尤其是以葡萄酒和粮食为基础的酒，需要在蒸馏后经过较长的熟化时间。在这段时间中，空气中的氧气对液体的颜色和香味以一种人们期望的方式产生影响。由于这个原因，根据品质等级规定了特定产品的最少贮藏时间。

## 试验

1. 请您在果汁中添加一些酵母并将溶液放在一个温暖的位置一周时间。或者：用0.25L水和75g糖混合替代果汁，或者，如果需要立即进行试验：混合150g水和30g酒精。

2. 请您按照图中所绘制的方式组装器材。在本生灯上放一个圆底或平底烧瓶，其中装有上述液体，在软木塞中插入一个弯曲的玻璃管，将第二个烧瓶放入冰中并插入玻璃管。或者使用利比希冷却器。请您加热，并小心地品尝一下浓缩物。

3. 请您在一个较窄的容器或烧瓶中加入约250g覆盆子（可以买到冷冻产品）。加入100g水，并加入等量的酒，堵上塞子或套上橡胶套密封。在一周后，请您使用试验2中描述的设备蒸馏。将浓缩液按照1：1的比例稀释，然后品尝。

4. 在调酒器中加入一个蛋黄、一茶匙糖、5cl葡萄酒白兰地、5cl水，然后良好地混合。产生了什么？

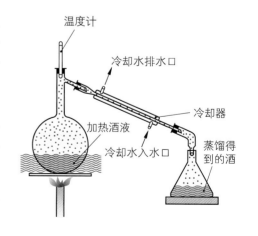

温度计
冷却水排水口
冷却器
加热酒液
冷却水入水口
蒸馏得到的酒

## 烈酒的获取途径

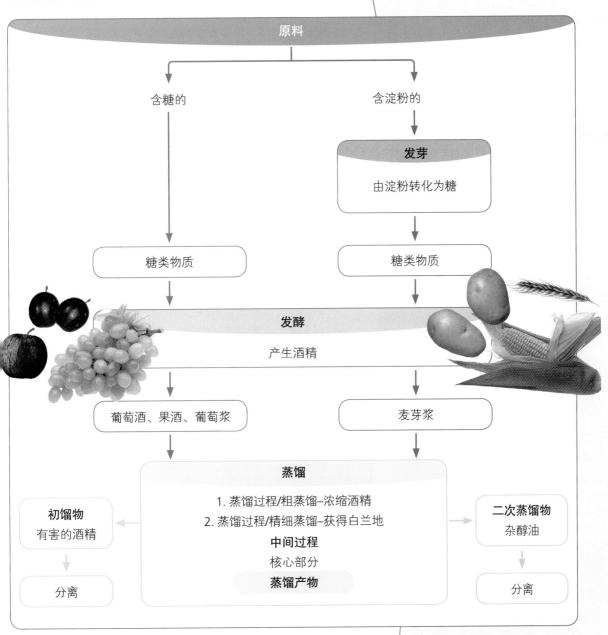

根据欧盟烈酒法令，人们按照以下四种分类对烈酒进行划分：

- **白兰地**由葡萄酒、水果、甘蔗或粮食酿造。在发酵过程中由酿造所用的食材产生酒精。
- **蒸馏果酒**，主要使用拥有芳香气味、糖含量少的浆果制作。在此过程中，添加的酒将芳香物质浸出。
- **调味烈酒**，主要使用欧洲刺柏为中性味道的酒添加味道。
- **利口酒**，按照一定的规定，通过不同的方法制作而成。

## 11.1 白兰地

白兰地是烈酒，通过发酵和随后的蒸馏达到其酒精含量并产生味道。通常使用原材料命名。

在白兰地中根据原材料进行划分。

### 葡萄酒制成的烈酒

通过蒸馏葡萄酒或其他酿造酒获得白兰地，蒸馏之后需要经过较长时间的贮藏。

图1：在酒桶中存放科涅克

- **德国葡萄酒、白兰地**
  生产者优先选择法国葡萄酿制的葡萄酒，因为它们特别芳香并富含酒精。
- **红葡萄蒸馏酒（法语：Eau-de-vie de vin）**，其意思为葡萄酒制作的烈性酒。通常会额外使用其产地命名，例如：……de la Marne（中文：马恩地区）。
- **阿马尼亚克酒（雅邑白兰地）**是一种拥有受保护产地名称的烈酒，它是由法国加斯科尼的葡萄酒制作而成。
- **科涅克（干邑白兰地）**是法国夏朗德地区葡萄酒白兰地的受保护的产地名称，夏朗德的中心就是科涅克市（图1）。
- **特莱斯特或特莱斯特**白兰地是使用葡萄酒渣（挤压葡萄浆的残留物）制成的。意大利的格拉帕酒和法国的马克酒也属于这一类。

| 年限划分 | 蒸馏物的贮藏时间 | 产品标识 |
|---|---|---|
| 1、2和3 | 1～3年 | • 科涅克<br>• 公认科涅克<br>• 科涅克★★★<br>• VS（非常特别） |
| 4 | 至少4年 | • VSOP（优质佳酿白兰地）<br>• 窖藏 |
| 5 | 至少5年 | • 特级<br>• 老窖窖藏 |
| 6 | 至少6年（甚至更长时间） | • 黄金时期<br>• XO（非常久）<br>• 拿破仑 |

### 水果制成的烈酒

如果使用新鲜水果及其果浆发酵并蒸馏，获得的是水果白兰地。

- **果子酒**是由多种水果类型制作的。如果只使用一种水果，则由水果的名字和酒或白兰地命名。**例如：**
  - 樱桃酒/樱桃白兰地
  - 李子酒/李子白兰地

- **卡尔瓦多斯酒**是法国诺曼底生产的苹果酒。长期在橡木桶中储存后，会变成金黄的颜色。
- **司理波维奇**是一种李子白兰地。
- **杏子白兰地**（奥地利）和**巴拉克酒**（匈牙利）都是由杏制作的。
- **龙胆酒**：黄色的龙胆根被捣烂并发酵。这种蒸馏物除了形成纯净的酒精外，还是巴伐利亚和奥地利的特色菜的基础。

### 甘蔗制成的烈酒

- **朗姆酒**以蔗糖或蔗糖糖蜜为基础。一开始，蒸馏物是清澈的（白朗姆酒），通过熟化和添加糖的颜色变成棕色（棕色/金色朗姆酒）。
- **浓朗姆酒**是在原产国蒸馏的。
- **朗姆混合酒**是由浓朗姆酒和中性酒混合而成的。

### 谷物制成的烈酒

大多数时候，谷物（如：小麦，黑麦，大麦）先被制作成麦芽，然后发酵并蒸馏。如果成品使用一种谷物类型命名，那么生产商只能使用这种谷物。

- **谷物酒**（Korn）酒精含量至少为32%vol，
- **谷物白兰地**（Kornbrand）酒精含量至少为37.5%vol，
- **威士忌**（Whisky/Whiskey）。

  不同的英文拼写是由于生产者协议。Whisky是指苏格兰和加拿大的类型，它们含有淡淡的烟熏味。而Whiskey是指爱尔兰的品种和美国的波本酒。

### 特殊的威士忌种类

- **爱尔兰威士忌**（Irish Whiskey）
  - 由传统类型演变而来的纯麦芽威士忌（今天也有混合威士忌）
  - 烈性但柔和的麦芽香
- **苏格兰威士忌**（Scotch Whisky）
  - 酒香浓郁并味道强烈的麦芽威士忌，以及柔和的混合
  - 通过泥炭火焙干麦芽所产生的烟熏味
- **加拿大威士忌**（Canadian Whisky）
  浅色、低度的谷物威士忌（理想的混合威士忌）
- **波本威士忌**（Bourbon Whiskey）
  至少51%的玉米，来自美国
- **黑麦（裸麦）威士忌**（Rye Whiskey）
  至少51%的黑麦（裸麦）（加拿大和美国）

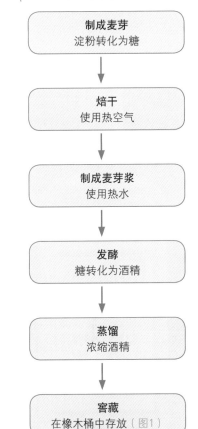

制成麦芽
淀粉转化为糖

↓

焙干
使用热空气

↓

制成麦芽浆
使用热水

↓

发酵
糖转化为酒精

↓

蒸馏
浓缩酒精

↓

窖藏
在橡木桶中存放（图1）

图1：威士忌窖藏

酒精
浸出其他原材料

↓

梅浆果的味道物质

↓

通过蒸馏产生
烧酒

图1：金酒

提示：
经常有客人提问："为什么我加
入水之后，我的（例如：茴香酒）
就变浑浊了？"
简单的回答：
在法国茴香酒（或其他酒）中有特
定的物质，这些物质仅溶于酒精。
如果人们在烈酒中加水，酒精浓度就
会变低，并且不够溶解这些成分。没
有溶解的成分会折射光线，并且使饮
料浑浊或呈乳白色。

## 11.2 蒸馏果酒

浆果中只含有少量的可以转化为酒精的糖分。

因此，将它们放在饮用酒精中，这样可以浸出出味道物质。
然后，蒸馏这些带有香味的液体。

这样就可以获得，例如：

- 覆盆子酒
- 黑莓酒
- 黑刺李酒
- 蓝莓酒

## 11.3 调味烈酒

这种饮品分类是指一种由谷物或土豆制作的酒，其中添加有
赋予其味道的香料，如：欧洲刺柏、葛缕子或八角茴香。

**欧洲刺柏为以下几种酒添加味道：**

- **德国金酒（Wacholder）（金酒又称琴酒、杜松子酒）：** 酒中添加有作为味道载体的欧洲刺柏或刺柏蒸馏物。
- **英国金酒（Gin）：** 一种英国的产品（图1），除了占主导的欧洲刺柏，通常还包含其他香味物质。
- **荷兰金酒（Genever）：** 主要在荷兰制作的特色酒，大多数只有非常少的欧洲刺柏的味道。

人们将其划分为：

　新酒带有较柔和的欧洲刺柏的味道，
　陈酒带有更明显的欧洲刺柏的味道。

**葛缕子为以下几种酒添加味道：**

- **葛缕子酒：** 酒中添加有葛缕子的味道。
- **阿瓜维特酒** 只能称呼由特殊的香草和香料蒸馏物赋予味道的烈酒。

**八角茴香为以下几种酒添加味道：**

- **法国茴香酒：** 使用了八角茴香、欧茴香籽和其他植物，例如：球茎茴香为酒添加香味。这些成分刺激消化，因此这种酒作为开胃酒。如果加入水，清澈的酒液也许会变得像牛奶一样浑浊。
- **希腊茴香酒：** 必须在希腊制作的含有茴香的烈酒。

**苦艾增添味道：**

- **苦艾酒**：除了八角茴香和茴香外，苦艾植物的提取物也能为烈酒带来典型的味道，并赋予酒液绿色。损伤神经的侧柏酮的含量是受限制的。

**没有赋予味道的添加物：**

- **伏特加**：这种酒起源于俄罗斯，是一种烈性减弱的酒。其特点为特别柔和基调，这也是伏特加特别适合制作大杯饮料（Longdrink）的原因。

## 11.4 利口酒

所有的利口酒都有特定的酒精、糖和水的比例，不同点是赋予其味道的成分。人们将其分为以下几类：

- **水果利口酒**〔图1〕

图1：水果利口酒

  · 添加了果汁，例如：樱桃白兰地中添加了樱桃汁和樱桃烧酒，杏子白兰地中添加有杏汁，黑醋栗（黑加仑）酒中有黑醋栗汁，

  · 添加提取物或水果/果皮的蒸馏物，例如：金万利力娇酒（柑曼怡）中有科涅克和酸橙皮（法国），君度橙酒中有橙皮和香草（法国），马拉斯金酒中有酸樱桃的蒸馏物。

图2：苦利口酒

- **苦利口酒**〔图2〕

  大多数通过添加香草和香料拥有苦味的基调，例如：金巴利西柚酒、佛南布兰卡酒、修道院利口酒、埃塔尔酒、查特酒、贝尼迪克坦酒、薄荷利口酒。

图3：乳化利口酒

- **乳化利口酒**〔图3〕

  含有包含脂肪的成分，如：奶油、蛋黄或巧克力。这种酒中需要额外添加成分，进行匀质化，以实现一种浓厚的富有奶油感的酒液，例如：鸡蛋利口酒、摩卡奶油酒。

**作业**

1. 在发酵时，饮品中只能获得15%vol的酒精。如何获得40%vol的烈酒？
2. 制作德国葡萄白兰地时也会使用法国烈性加度葡萄酒。这样做有什么好处？
3. 德国葡萄白兰地和科涅克有哪些主要的区别？
4. 虽然中文名字都是威士忌，但是英文拼写是Whisky还是Whiskey？请您解释这两种威士忌的区别。
5. 由水果制作的含酒精饮品，有的名称以"白兰地"结尾，而其他产品以"酒"命名。请您解释区别。
6. 格拉帕酒（Grappa）和玛克白兰地（Marc）是由什么制作的？
7. 朗姆混合酒比牙买加朗姆酒便宜。请您说明这种区别的原因。
8. 利口酒由哪些基本组成部分制作而成？

## ⑫ 饮品柜台

这个柜台是交付饮品的区域。负责在这里工作的人员，其基本任务为：

- 依据实际情况管理饮品、调节温度并准备，
- 准备足够数量的玻璃杯和醒酒器（参见第229页），
- 维护和操作吧台设备，
- 执行柜台检查和柜台结算。

### 饮品柜台的设施

饮品柜台〔图1〕的设施应依据饮品的选择，餐厅的类型和规模进行选择。

通常，设施包含：

- 橱柜、玻璃展示柜和带有底座的桌子，
- 配备有水槽和冲洗设备的清洁玻璃器皿的区域，
- 带有控温功能的冰箱，
- 一台可供应多种啤酒的吧台啤酒机，
- 一台吧台软饮料机，
- 用于烈酒的制冰机和冷冻设备。

### 12.1 饮品供应

对选择饮料起决定性作用的一方面是类型和餐厅的水平，而另一方面是客人的饮食或饮酒习惯。

### 酒水单

酒水单展示出企业所供应的饮品。它们被分为全面的饮品供应酒水单和只含有一类饮料的酒水单，例如：葡萄酒单、酒吧酒水单。

### 酒水单的设计

酒水单应当和菜单一样有独创性，能够反映出餐厅的风格和氛围。必须在外部标题上给人留下深刻的印象：

- 简单的格式，独具风格的装裱以及固定的内页，
- 以吸引人的形式书写酒水单，但是也要通过内部排版唤起客人的注意力和兴趣。为此可以：
- 使用舒适、可辨认的字体作为概览式的分类，
- 合理、恰当的文本划分，
- 各类能够吸引人注意力的图片、图画或照片。

图1：一个饮品柜台的摆设

大多数情况下，在饮品柜台上会摆放一台咖啡机和展示各式蛋糕的陈列架。

酒水单应当通过吸引人的方式成为有效的促进销售的手段之一，应能够刺激客人选购饮品。

应当遵守法律规定写清饮品名称、分量和价格，以明确告知客人正确的信息。

像菜单一样，无论时代如何变化，人们对酒水单的内容都会进行挑剔的检查。为了满足销售的需要，偶尔需要设计全新的菜单，产品应当根据饮酒习惯的改变进行调整，并补充市场上的新商品。

混合酒水单

### 示例1

- 无酒精饮料
- 咖啡、茶和巧克力饮品
- 开胃酒、鸡尾酒
- 杯装供应葡萄酒
- 白兰地/科涅克
- 烈酒、利口酒
- 啤酒

混合酒水单包含全部供应的饮料。根据企业供应产品的重点不同或者客人要求的不同，酒水单的划分也不同。

### 示例2

- 鸡尾酒
- 开胃酒
- 白兰地/科涅克
- 烈酒
- 无酒精饮料
- 咖啡和茶
- 啤酒

酒水单示例

| 无酒精饮料 | （0.2L） |
|---|---|
| 矿泉水（0.25L） | 2.80 |
| 苏打水 | 2.80 |
| 苹果汁 | 2.80 |
| 葡萄汁 | 2.80 |
| 橙汁，鲜榨 | 3.50 |
| 汤力水 | 3.00 |
| 可口可乐 | 3.00 |
| 甘柠水 | 3.00 |

| 咖啡·茶·巧克力饮品 | |
|---|---|
| 壶装咖啡 | 4.00 |
| 杯装牛奶咖啡 | 3.00 |
| 卡布奇诺 | 3.00 |
| 意式浓缩咖啡 | 2.50 |
| 拿铁玛奇朵 | 3.00 |
| 小壶装茶 | 3.00 |
| 小壶装巧克力饮品 | 6.00 |
| 吕德斯海姆咖啡 | 6.00 |
| 爱尔兰咖啡 | 6.00 |
| 法利赛咖啡 | 6.00 |
| 冰咖啡 | 5.00 |
| 冰茶 | 2.50 |
| 冰巧克力饮品 | 5.00 |

| 桶装啤酒 | | |
|---|---|---|
| 老啤酒 | 0.2L | 3.00 |
| 百威啤酒 | 0.3L | 3.50 |
| 出口啤酒 | 0.4L | 3.50 |
| 捷克皮尔森啤酒 | 0.3L | 3.50 |
| 小麦啤酒 | 0.5L | 4.00 |
| 柠檬啤酒 | 0.5L | 3.50 |
| 黑啤酒 | 0.3L | 3.50 |
| 烈性黑啤酒 | 0.4L | 4.50 |

| 杯装供应葡萄酒 | （0.2L） |
|---|---|
| **白葡萄酒** | |
| 法兰肯产区 | |
| 2012　罗德赛大师葡萄酒 | 7.00 |
| 莱茵高产区 | |
| 2012　豪恩塔勒斯坦麦歇尔葡萄酒 | 7.00 |
| 摩泽尔产区 | |
| 2012　爱德纳特莱普辛葡萄酒 | 7.00 |
| 埃尔萨斯产区 | |
| 2012　雷司令 | 6.00 |
| 2011　雪绒花混酿 | 6.00 |
| **桃红葡萄酒** | |
| 罗纳河谷葡萄酒 | 7.00 |
| **红葡萄酒** | |
| 莱茵高产区 | |
| 2012　阿斯曼豪泽霍伦贝格葡萄酒 | 7.00 |
| 阿尔产区 | |
| 2012　瓦尔波茨海默 | |
| 　　　　柯莱特贝格葡萄酒 | 8.00 |
| 法国/勃艮第 | |
| 2011　博若莱红葡萄酒 | 8.00 |

| 开胃酒 | （5cl） |
|---|---|
| 波尔图葡萄酒 | 4.00 |
| 雪丽酒 | 4.00 |
| 金巴利西柚汁/苏打 | 4.00 |
| 杜本内酒 | 4.00 |
| 斯普利茨酒 | 4.00 |
| 皇家阿贝罗酒 | 4.00 |
| 马蒂尼鸡尾酒 | 7.00 |
| 接骨木花汁混合优质起泡酒 | 6.00 |

| 白兰地·科涅克 | （2cl） |
|---|---|
| 阿斯巴赫白兰地 | 5.00 |
| 沙沙拉赫贝格白兰地 | 5.00 |
| 轩尼诗VS | 7.00 |
| 拿破仑干邑VSOP | 7.00 |

| 烈酒 | （2cl） |
|---|---|
| 覆盆子酒 | 4.00 |
| 史坦因海卡金酒 | 4.00 |
| 干杜松子酒 | 4.00 |
| 阿夸维特 | 4.00 |
| 卡尔瓦多斯酒 | 4.00 |
| 伏特加 | 4.00 |
| 格拉巴酒 | 4.00 |
| 丹麦格拉默健胃苦味酒 | 4.00 |

| 利口酒 | （2cl） |
|---|---|
| 班尼狄克汀 | 4.00 |
| 君度橙酒 | 4.00 |
| 金万利力娇酒（柑曼怡） | 4.00 |
| 黑醋栗利口酒 | 4.00 |
| 百利甜酒 | 4.00 |

需要注意：应根据实际情况介绍葡萄酒的特点，不能夸大其词。通过专业地为客户提供意见和建议，采购中谨慎地选择，以及认真、细致地进行葡萄酒侍酒等可以提高瓶装葡萄酒的销售。

针对汽车司机，应以杯装供应高品质的白葡萄酒和红葡萄酒。以下是一张希尔顿酒店的酒单。

### ● 葡萄酒水单

除了常见的酒水单外，还有其他专门用于葡萄酒的酒水单。这样做可以使企业销售的葡萄酒以及进行的葡萄酒相关服务更引人注意。

葡萄酒单的顺序应参考以下标准：

- 杯装葡萄酒应写在瓶装葡萄酒前，
- 德国葡萄酒应依据种植地区划分，按企业所在地产区的顺序排序，
- 法国葡萄酒位于其他国家的葡萄酒之前，因为其在国际上的评价一直位于首位。

葡萄酒品种的顺序为：

**白葡萄酒**→桃红葡萄酒（白秋葡萄酒）→**红葡萄酒**

葡萄酒是一种高品质的饮品，在饮品中价格略高，因此根据销售环境，占据饮品销售中很大比例的销售额。因此，将葡萄酒水单设计得促进销售、吸引眼球是非常重要的。除了固定的、装饰性的装帧，内部的设计也有很多技巧：

- 使用多种颜色并改变字体，
- 使用照片和其他图片及图画，
- 针对一般饮酒的吸引人的说明，
- 标明葡萄酒种植区的特点以及葡萄酒的特点。

Hilton Wine by the glass 杯装 **葡萄酒**

#### 杯装白葡萄酒

| | 0.20L € |
|---|---|
| ▶ 皮诺杰治奥（Pinot Grigio）·········· 瓦拉加里纳 地区餐酒 | 5.50 |
| ▶ 彼什欧菲格英瑟斯贝格（Bischoffinger Enselsberg）··· 白斯贝博贡德，干型 巴登 | 7.00 |
| ▶ 巴塔希格朗尼（Graneè Gavi di Gavi Batasiolo）······· 柯蒂斯 皮埃蒙特产区，意大利 | 8.00 |
| ▶ 欧维耶-内格拉（Oveja Negra）·········· 霞多丽-维欧尼 莫莱谷产区，智利 | 7.50 |
| ▶ 麦克威廉翰武（McWilliam's Hanwood）·········· 霞多丽 新南威尔士产区，澳大利亚 | 7.50 |
| ▶ 博客林-沃尔夫博士（Dr. Bürklin-Wolf）·········· 雷司令 普法尔茨产区，德国 | 8.50 |
| ▶ 夏布利拉赫希（Chablis Laroche）·········· 霞多丽 夏布利产区，法国 | 8.50 |

#### 杯装白葡萄酒

| | 0.20L € |
|---|---|
| ▶ 阿伦多夫（Allendorf）·········· 丹菲特、莱茵高、干型 阿伦多夫酒庄 | 5.50 |
| ▶ 蒙大菲，双橡园（Twin Oaks, Robert Mondavi）····· 赤霞珠、西拉子和佳丽酿 加利福尼亚产区，美国 | 7.50 |
| ▶ 麦克弗森（McPherson）·········· 西拉子 墨累达令产区，澳大利亚 | 7.50 |
| ▶ 鲁伯特-阿诺1479（Ruber Anno 1479）·········· 斯贝博贡德，阿尔产区，干型 内尔斯酒庄 | 8.00 |
| ▶ 奔图特酿（Punto Final）·········· 马尔贝克 门多萨产区，阿根廷 | 8.00 |
| ▶ 桃乐丝特级王冠（Gran Coronas Torres）·········· 赤霞珠-丹魄 佩内德斯产区，西班牙 | 8.50 |
| ▶ 普雅克酒庄（Château Preuillac）·········· 梅洛-赤霞珠 梅多克产区，法国 | 9.00 |

## 12.2 呈上饮品的温度

主要在饮品特定的温度下饮用饮品。平均值约为10℃，以此为界，高于或低于此温度的两个温度范围比较重要。

### 呈上温度在10℃以下

冷却至低于10℃，并呈上饮品，

- 首先应清新，没有特殊的香味物质，在较低的温度下不会影响其口感，例如：矿泉水、果汁，
- 其强烈的味道必须稍微散发出一些，如：谷物酒、金酒、伏特加，
- 由于所含有的碳酸成分强烈起泡的，并且会迅速失去新鲜度、味道会变得平淡的饮料，例如：起泡酒、啤酒。

### 呈上温度在10℃以上

香气（酒香）浓郁的饮品，其呈上温度应超过10℃，并根据种类不同有所区别。香味越细腻和突出，呈上的温度应越高。

温度比较：

| 白葡萄酒 → | 红葡萄酒 → | 葡萄酒白兰地 |
|---|---|---|
| （9~11℃） | （12~18℃） | （16~18℃） |

## 12.3 准备饮品

呈上大多数饮品时，应送上瓶装饮料和玻璃杯，或者直接放在饮品玻璃杯中供应。

在柜台的服务人员接受提交的小票后才开始准备饮品。

在斟倒饮品时，柜台的工作人员应遵守某些专业的、符合实际的前提条件：

- 必须使用尺寸和形状相匹配的杯子盛装饮品，并盛装正确的量。
- 饮品必须在其特定的温度下供应（参见表格）。

| 饮品类型 | 饮品示例 | 呈上时的温度（℃） |
|---|---|---|
| 清凉饮料 | • 矿泉水 | 8~10 |
| | • 果汁饮料，柠檬汽水 | |
| 啤酒 | • 浅色种类 | 6~9 |
| | • 深色种类 | 9~12 |
| 葡萄酒 | • 桃红葡萄酒 | 9~11 |
| | • 白葡萄酒，低度 | 9~11 |
| | • 白葡萄酒，高度 | 10~12 |
| | • 红葡萄酒，低度 | 12~14 |
| | • 红葡萄酒，高度 | 16~18 |
| 加强葡萄酒 | • 干型 | 10~12 |
| | • 甜型 | 16~18 |
| 起泡酒 | • 白葡萄起泡酒和桃红起泡酒 | 10~12 |
| | • 红葡萄起泡酒 | 16~18 |
| 利口酒 | • 普通型 | 10~12 |
| | • 健胃苦味酒 | 16~18 |
| 白兰地和烧酒 | • 谷物，刺柏，杜松子酒 | 0~4 |
| | • 史坦因海卡金酒，伏特加，金酒 | |
| | • 龙胆酒 | |
| | • 杏子烧酒，覆盆子烧酒 | 5~7 |
| | • 樱桃白兰地，梅李白兰地 | |
| | • 威士忌 | |
| | • 优质水果白兰地：威廉姆斯梨，米拉别里李子 | 16~18 |
| | • 马克酒，格拉巴酒 | |
| | • 葡萄白兰地，科涅克 | |

吧台饮料设备经常称为吧台设备或柜台设备。使用此设备，可以快速、简单地从容器中按份输入饮料，装入玻璃杯中。因此，只在大量销售饮料的地方才使用这种设备。

## 12.4 饮料设备

### 含酒精饮料

含酒精饮料的吧台设备划分为两种结构类型。在**预混合设备**中，只是将饮料生产商制成的饮料在餐厅中冷却，如果需要，再添加碳酸。而在**后混合设备**中，必须将供应的饮料基础材料和水混合，之后才能装入杯中并呈上给客人。

## 后混合设备

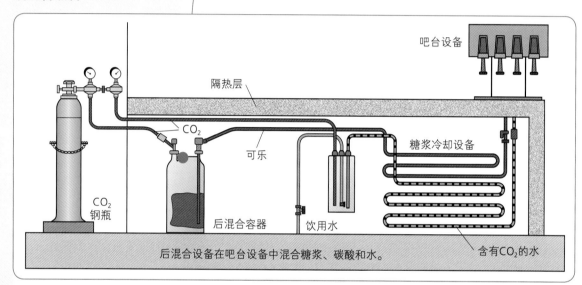

后混合设备在吧台设备中混合糖浆、碳酸和水。

在$CO_2$钢瓶上有两个接口：一个接口连接至饮料基础材料；另一个接口为饮用水中添加碳酸。

饮料基础材料（汽水糖浆）从后混合容器中输送至冷却设备。

饮用水中不含有影响味道的物质，在设备中向水中添加碳酸。减压器使饮用水含有稳定的压力并继续输送。

吧台设备中流出冷却至4℃的混合含碳酸的水和饮料糖浆的饮品。水和基础材料的混合比例通过一个阀门进行调节。

**预防措施：**
只能在盖上防护盖的时候运输$CO_2$。在运输过程中，**不能安装减压器**（因为减压器可能断裂，导致气体泄漏）。需要**始终**防止钢瓶翻倒。

### 各种设备类型的优势

预混合设备

- 可以灵活使用，因为不需要费力地安装。
- 可以灵活放置在现有的建筑中，不需要进行场所改造。
- 不需要调整混合比例。

后混合设备

- 节约空间——只需要存放饮品基础材料。
- 糖浆用量较低，货物验收/容器押金较少。
- 可以不添加糖浆直接灌装矿泉水。

# 12 饮品柜台

## 盒中袋汽水设备

在餐饮业中，越来越多地使用后混合系统"盒中袋"。设备的核心部分是10L的盒子，其中放有糖浆袋。一份糖浆添加五份半含有碳酸的水。一个真空系统抽吸糖浆，不使用$CO_2$。

系统的优点：

- 储藏时和在吧台上都占用较少空间。
- 较简单的操作和较高的安全性（没有压缩气体）。
- 糖浆袋中的特殊结构使其没有残留，几乎没有损失。
- 可以毫无问题进行处理的一次性包装，产生较少垃圾。

## 啤酒柜台设备

适当的压力和正确的温度是完美啤酒的前提条件。其中有三种压力名称很重要。

### 平衡压

在开启酒桶后，碳酸会产生一股强大的气流，并从啤酒中溢出，人们将其称为**自有压力**。啤酒中较高的碳酸含量和较高的温度使自有压力升高。为了不让啤酒失去其新鲜口感，并保持碳酸饱和，需要相应的**反作用力**，这被称为**平衡压、饱和压或基础压**，约为1bar（$1bar=10^5Pa$）。

### 超压

大多数啤酒不能直接从酒桶中装入杯中。而通过管道将啤酒从酒窖中输送至吧台设备时，需要额外的压力。这被称为**超压**。

### 压力损失的平衡

- 用于出酒阀　　　　≈ 0.1 bar
- 作为保险添加　　　≈ 0.1 bar

### 输送压

- 输送高度　　　　　≈ 0.1 bar
- 每5m啤酒管道　　　≈ 0.1 bar

| 平衡压 | → 1.00 bar |
|---|---|
| + 超压 | |
| ・出酒龙头 | → 0.10 bar |
| ・输送高度1.2m | → 0.12 bar |
| ・啤酒管道1.5m | → 0.03 bar |
| ・保险添加 | → 0.10 bar |
| ▼ **工作压力** | 1.35 bar |

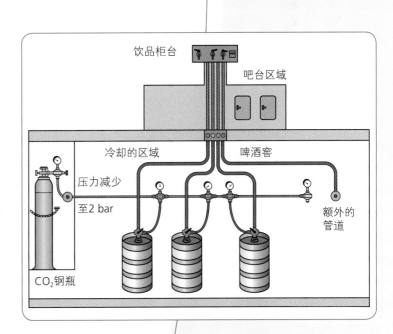

生产商标记
液位线
额定容量

0,2l

## 12.5 从柜台容器中装饮料

玻璃杯和大腹玻璃杯，有些时候也装在壶中，人们也将其称为"开放供应的饮料"，因为这些饮料是在柜台装入吧台容器中，并放在托盘中"开放地"送到客人的餐桌旁。

为了可以更好地检查，玻璃杯上必须有一条能够清晰可见的液位线，额定容量和生产商的公司标志。

### 饮品的额定容量

饮料可以放在不同尺寸的瓶子或吧台容器中交付。为了避免顾客滥用酒精，法律规定在酒瓶和容器上应具体写明额定容量。容量必须和相应的价格写在酒水单中。

> 餐饮业有责任确保说明的正确性。因此，使用量杯检查刻度线是否正确非常重要。

瓶装的额定容量（以升（L）为单位）

| 清新饮料 | 啤酒 | 葡萄酒 | 起泡酒 |
|---|---|---|---|
| 0.2　L | 0.33 L | 0.375 L | 0.2　　L |
| 0.25 L | 0.5　L | 0.75　L | 0.375 L |
| 0.33 L | 1.0　L | 1.0　　L | 0.75　L |
| 0.5　L | | 1.5　　L | 1.5　L |
| 1.0　L | | 2.0　　L | 及更多 |

杯装饮料的额定容量（以厘升（cl）和升（L）为单位）

| 葡萄酒 | 起泡酒 | 啤酒 | 餐前开胃酒 | 烈酒 |
|---|---|---|---|---|
| 0.1　L | 0.1　L | 0.2　L | 5　　cl | 2　　cl |
| 0.2　L | | 0.25 L | | 4　　cl |
| 0.25 L | | 0.3　L | | |
| | | 0.4　L | | |
| | | 0.5　L | | |
| | | 1.0　L | | |

说明依据餐饮业常见的充填量。

许多饮料在柜台上倒入玻璃杯、大腹玻璃瓶或壶中。

呈上杯装饮料
- 应从顾客的右侧放下饮料。
- 出于卫生原因，不能手持、手握玻璃杯上的饮用区域（图1）。
- 出于美观的原因，在手持空杯时，也需要避免手握或手持玻璃杯上的饮用区域。
- 带柄玻璃杯只能抓握在手柄上，而在无柄玻璃杯上应手握下部的三分之一处。
- 使用玻璃杯时应注意，装饰和位子应当朝向客人，而把手应当朝向右侧。

图1：玻璃杯和手持位置

大腹玻璃瓶的额定容量
- 0.2L
- 0.5L
- 1.5L
- 0.25L
- 1.0L
- 2.0L

呈上大腹玻璃瓶装和壶装饮料
- 玻璃杯应从右侧放入，并向杯中倒入饮料，高度达到杯子的1/3 ~ 1/2处。
- 在倒入饮料后，大腹玻璃瓶或壶应当放在玻璃杯的右前方。

## 12.6 柜台检查

为了能够确保经济性，并避免出错，必须全面了解所有在柜台所进行的操作并执行毫无漏洞的检查。

**容易检查的基础措施**

饮料编号

在有大量饮料并且它们的价格不同时，单个饮料位置的编号是一项辅助措施。这样，就可以进一步避免从储藏室中调货、在餐桌旁接受订单、在柜台交付和库存记录时出现的混淆。

确定销售单位

从瓶中向吧台容器中倒入饮料特别重要。这样，人们可以在考虑一定吧台损失的情况下确定每瓶饮料各种销售规格的标准价格，并且可以以此作为计算的标准。

**在柜台处理饮料**

第一次入库或第一台设备是初始库存或**基础**。因为销售，所以需要每天填写减少的库存量。为了进行出库检查，需要使用**调货单**。根据单据中的登记内容，从仓库取出饮料送至柜台。为了进行检查和控制，单据应送至检查办公室。除非有特例，即：特殊要求，每天需要多次检查出库情况是否符合销售情况，并且需要一直填写准确的库存数量。这可以提供良好的概览，并使欺骗行为难以进行。

| 确定销售单位的示例 | |
| --- | --- |
| 瓶装饮料容量 | 75cl |
| 扣除柜台损失 | - 3cl |
| 销售量<br>（玻璃杯装填量） | 72cl |
| 销售单位 | 4cl |
| 销售单位的数量（72：4） | 18件 |

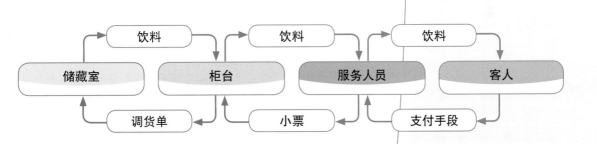

**在柜台交付饮料**

为了检查交付饮料的情况，服务人员应提供小票。因此，**没有小票不能给饮料**是非常重要的，并且在提供饮料后要立即串起、撕开小票或划线，这样的小票**立即失效**。玻璃杯中的饮料既不能高于刻度线，也不能低于刻度线。如果低于刻度线属于欺骗行为。

在斟倒时超过液位线或者其他行为偏差会导致损失，在额定库存和实际库存之间也会产生偏差。

### 饮料流通检查和饮料库存检查

货物在仓库、柜台和服务人员之间进行流通。一方面，检查的辅助工具是柜台的调货单；另一方面是服务人员提供的小票。

每天都需要将这些单据提交至检查办公室，由办公室的人员进行更高一级的综合检查。

**调货单示例**

# 阿尔高酒店

日期：20xx 年 11 月 16 日

调货部门：柜台

☐ 食物仓库　　　　☒ 酒窖　　　　☐ 普通商店　　　　编号：7450

| 数量 | 容量/重量 | 货物名称 |
|---|---|---|
| 10 | 0.75L 瓶装 | 〈统一使用的名称〉Deidesheimer Hofstück |
| 7 | 0.75L 瓶装 | 〈统一使用的名称〉Würzburger Stein |
| 4 | 1L 瓶装 | 〈统一使用的名称〉Bechtheimer Pilgerpfad |

| 货物供应：莱纳 | 货物接受：许布纳 | 登记：瓦尔特 |
|---|---|---|
| 签字 | 签字 | 签字 |

**库存分类卡示例**

**库存分类卡**

## 阿尔高酒店
### 库存分类卡

货架号：12
供应商：博姆
电话：07341-123456
货物名称：Deidesheimer Hofstück
最少库存：60

| 日期 | 采购价格 | 入库 | 出库 | 部门 | 库存 |
|---|---|---|---|---|---|
| 11月2日 | 4.83 | - | 10 | 吧台 | 84 |
| 11月3日 | | - | 10 | 柜台 | 74 |
| 11月7日 | | - | 30 | 柜台 | 44 |
| 11月9日 | 4.94 | 60 | - | - | 104 |
| 11月13日 | | - | 5 | 吧台 | 99 |
| 11月16日 | | - | 10 | 柜台 | 89 |

为了无漏洞地记录货物的流通，在检查办公室或仓库为每种饮料建有库存分类卡。使用这些卡片可以从起始状态开始登记所有的入库和出库情况。

- 处理根据由仓库提交的调货卡，
- 出库根据来自柜台的小票。

卡片中相应的货物库存可以根据入库或出库的情况确定和登记，或者根据需要进行计算。

使用**计算机系统**时，用**文件**替代库存分类卡。在文件中，人们输入货物的起始库存、入库和出库情况，可以随时调取额定库存。饮品的计算可以直接和吧台设备相连接。

起始库存
+ 输入
- 输出
= 额定最终库存

额定的意思是，根据记录，货物库存应为多少。

它的优点是：

- 有货物出库的详细记录，
- 可以同时进行各个饮品分组的销售记录，
- 可以记录单个服务人员的销售情况，
- 可以随时进行阶段性计算。

# 12 饮品柜台

**饮料柜台的库存记录**

应定期由检查人员办公室检查柜台中的存货：

- 无论如何，一年应进行一次年终结算，
- 短期检查应半年、一个季度或每月进行。

人们将检查记录库存的过程称为**盘点存货**，在这个过程中需要记录完整的酒瓶数量，同时也需要记录已开瓶酒瓶中的剩余量，并且填写在库存清单中。

从库存中获得的数字和数值是实际库存，它们说明哪些货物实际上还剩下多少。理论上，额定库存和实际库存应该是一致的。

应将库存分类卡片或计算机数据与库存清单进行比较，如果确定存在偏差，必须找出原因。

库存清单都是用于营业年度结束时制作年度决算表所必需的材料。但是现在，在企业内部出于检查和控制的目的，通常每月进行一次。

在这个过程中，额定库存和实际库存之间的偏差应当在库存分类卡片或者文件中进行更正。

**用于记录存货量的库存清单示例**

**库存清单** 日期：XXXX年1月31日

部门：柜台　　　　　　　　　　　　　　　货物分类：葡萄酒

| | | | | 库存数值 | | | |
|---|---|---|---|---|---|---|---|
| | 物品 | 卡片 | 数字 | 单位 | 单价 | 总计 | 备注 |
| 1 | 白葡萄酒 | 2/2 | 17 | 0.75L | 8.43 | 143.31 | 不再供应 |
| 2 | 红葡萄酒 | 223 | 22 | 0.75L | 7.99 | 175.78 | |
| 3 | | | | | | | |

**带有其他货物分类的示例**

**库存清单** 日期：XXXX年1月31日

部门：柜台　　　　　　　　　　　　　　　货物分类：冲调饮品

| | | | | 库存数值 | | | |
|---|---|---|---|---|---|---|---|
| | 物品 | 卡片 | 数字 | 单位 | 单价 | 总计 | 备注 |
| 1 | 咖啡粉 | 2/2 | 101 | kg | 19.90 | 79.60 | |
| 2 | 意式浓缩咖啡咖啡豆 | 223 | 103 | kg | 24.10 | 168.70 | |
| 3 | 茶包 | 110 | 280 | 包 | 0.07 | 19.60 | |
| | | | | | | | |

**作业**

1　请您向新的受训人员解释您企业中的自助餐布置。

2　请您和您的同事一起编写通用的酒水单和一份特殊的葡萄酒水单。

3　请您举出示例，综合酒水单中的划分取决于什么。

4　有哪些准则适用于葡萄酒水单中的葡萄酒顺序？

5　以下饮料一瓶的规定容量是多少？

　　a）清凉饮料　　b）啤酒　　c）葡萄酒

6　请您规定以下饮料的常规呈上温度：

　　a）清凉饮料和啤酒　　　b）白葡萄酒、红葡萄酒、起泡酒

　　c）利口酒和白兰地

7　自助餐检查中，饮品的编号有哪些意义？

8　为什么针对烈酒确定销售规格非常重要？

9　对自助餐的盘点有哪些目的？

# 仓　库

　　酒店**仓库**就是各种各样不同的**储藏空间**。产品存放在不同的仓库中，有需要的时候将它们取来使用。

　　以下概览展示出仓库和大中型企业之间的组织联系。

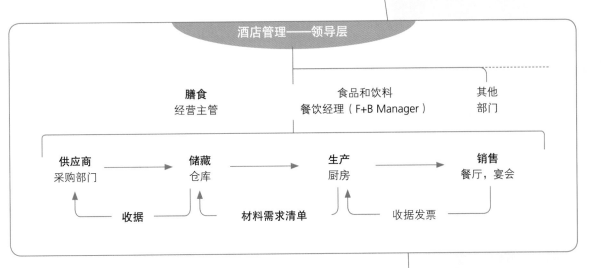

　　概览也展示出每一次货物存放位置发生改变时，需要一份书面的票据进行分类记录。

　　仓库根据**存放货品的类型**在一级分类中进行划分：

- **非食物**，除了食品以外的一切，
- **食物**，根据贮藏条件进一步区分储藏食物。

　　您企业中的仓库是否被设立为一个独立的部门，对理解以下章节并不重要。

　　即使在小型企业中，采购、贮藏中也都需要提供票据。只是有的时候需要一人操控多个步骤。然而，在大型企业中，这些步骤的区别是，由不同的部门负责各个环节。

## ① 货物采购

　　一条众所周知的商业原则是："一半的利润就在采购中"。采购者不仅是一个优秀的计算者，还需要考虑以下几点：

- 订购哪些货物，
- 应以怎样的价格，
- 何时能够交货，
- 可以在哪里订购。

**需求确定——订购数量**

　　大型企业的采购者、店主的中小型企业中，需要与单个部门商议确定，需要订购哪些货物，每种货物的数量如何。同时，还需要考虑淡旺季或特殊活动等因素。

| 需求确定 | |
| --- | --- |
| **确定货物类型** | **确定货物用量** |
| ● 企业供应的产品（菜单） | ● 以往的销售业绩 |
| ● 季节 | ● 交货时间 |
| | ● 货物的存放时长 |

通常情况下，更大数量的订货可以获得更优惠的价格。另一方面，过多的库存存在缺点。必须权衡斟酌：

- **过多库存**
  - 不必要地使资金被绑定，因为货物必须先支付。
  - 需要存储空间。
  - 导致不必要的损耗。

- **存量很低**
  - 导致供应减少，因为并不是所有客人的愿望都可以实现。
  - 导致续购（货物补给）需要时间并且要更高的价格。

权衡最佳订购方式的优点缺点，专注于从不同的数量中得知订购数量。

**重要指数**可以帮助权衡。

- **最大库存水平：**说明通过贮存设施能够存储的最多新鲜农产品和冷冻产品。
- **登记库存：**取决于交货周期（每周、每月）和包装单位，例如一个纸箱装360枚鸡蛋。
- **最小库存/常备库存：**仓库必须一直存有这个库存量，意味着你可以在一个固定的范围内不受限制地提供。这个固定的范围由企业管理层确定。

图1：仓库中经过检查的货物

登记库存＝（每日需求×交货时间）+最小库存

库存量登记
示例一个企业平均每天需要购买40瓶矿泉水，那么最少库存就是140瓶，并在每个周二被提供。
计算登记库存
（40瓶x 7 ）+ 140 = 420瓶

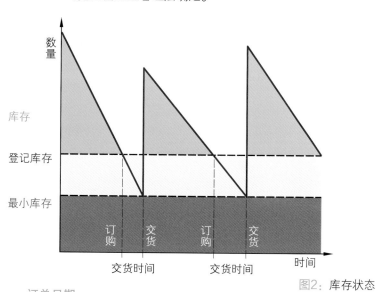

图2：库存状态

订单日期

订单日期为下次订购的日期。以下事项必须重视：

- 消耗量，
- 运输距离（许多食品供应商会定期在一周中某一确定的日子或每两周前来，
- 活动、假期、季节性高峰期。

# 1 货物采购

## 货源目录

在确定之后，必须获得货物种类、数量、订购时间、采购部门等相关信息。然后，在**货源目录**中必须包含供货和支付条件，可能给予的折扣以及交货时间。

## 比较（图1）

人们不仅可以通过清单上的价格（价目表上的价格）进行比较。深思熟虑的对比还包括：

- 供货形式，如：新鲜农产品或冷冻食品（农产品及鱼类）、商业质量标准、包装规格等，
- 优惠形式等，如：折扣，
- 支付条件。

## 供货形式

- 可以供应新鲜的或冷冻的*肉*或*鱼*，需要对比考虑**融化流出的水分**。
- 各类*蔬菜罐头*的灌装有所不同，需要比较**沥干水分后的重量，即：沥干物和固形物**。
- 根据**品质**不同，*蔬菜和水果*有不同的**预先处理损失**。

## 优惠形式

**折扣**就是一种出于不同的原因进行的减价。

- 可以有数量折扣，因为对卖方而言，顾客大量采购货物比销售同等数量但需要单独发货的货物节约开支。
- 特别折扣，例如：促销活动，或者有了新收获的产品时，需要清空蔬菜罐头的货架。

## 支付条件

在采购时，可以通过一些优惠的支付条件获得实惠。

- **即时支付**：即买即付。
- **目标支付**：卖方可以让买家在一定时间内付清，如30天内支付。这种被称为目标支付。
- **付现折扣支付**：付现折扣是在支付期间期限内，如14天内使用现金缴付所给予的折扣。

## 折扣、付现折扣、采购成本示例

有来自两个供应商的葡萄酒报价。A供应商报价如下：每瓶净值为6.00欧元，100瓶以上享受10%的折扣，10天内支付享受3%的付现折扣。免费送货。

B供应商的报价为：每瓶葡萄酒5.25欧元，100瓶起5%的折扣。支付净值，非免费送货，货物到达时还需另付35欧元。在这种情况下不考虑增值税。

如果打算采购200瓶葡萄酒，根据以上A、B两位供应商的报价，每种报价中平均每瓶的价格为多少？

图1：产品对比

## 报价形式对比

新鲜牛肉的价格为28€/kg，阿根廷进口冷冻牛肉的价格为26.80€/kg。但是进口产品解冻后预计会产生6%的损失。哪个报价更实惠？

| 新鲜的肉：1000kg= | | | 28.00€ |
|---|---|---|---|

进口：

| 采购 | 1000kg | 100% | 26.80€ |
|---|---|---|---|
| 损失 | 0.060kg | 6% | 0.00€ |
| 肉 | 0.940kg | 94% | 26.80€ |
| | 1000kg | | 28.51€ |

相比较而言，新鲜的肉类是更便宜的。

### A报价

| 6.00€x200 = | 1200.00€ |
|---|---|
| -10%折扣 | 120.00€ |
| 折扣后总计 | 1080.00€ |
| | |
| -3%付现折扣 | 32.40€ |
| 200瓶进货总价 | 1047.60€ |
| 1瓶 | 5.24€ |

### B报价

| 5.25€x200= | 1050.00€ |
|---|---|
| -5%折扣 | 52.50€ |
| 折扣后总计 | 997.50€ |
| | |
| + 货物运费 | 35.00€ |
| 200瓶进货总价 | 1032.50€ |
| 1瓶 | 5.16€ |

## ② 货物入库

### 验收

在供应商在场的情况下接收货物（图1）。

- 没有**供货单**的货物不予验收。
- 要对比订货单和交货单，核对提供的货物。
- 应在供货单上确认可以识别的（明显的）缺少。

图1：货物验收

### 示例

- 数量不符——注意打开的包装箱。
- 已经超过保质期。
- 已经超出食用日期。
- 没有遵守温度规定。
- 可以看出新鲜的材料已经不新鲜了，例如：已经枯萎（图2，图3）。

最后，需要签署**接收单**。这会作为供应商的凭证，保存于供应商企业。

### 缺陷

餐饮企业有义务依据德国《商法典》检查验收的货物，并立即反馈、投诉**明显的缺陷**。

当继续加工时，**隐藏的缺陷**显示出来，必须在发现后，最迟在采购后六个月内投诉。

### 危险点（CCP）

运输过程中温度升高会导致富含蛋白质的新鲜食物中的病菌迅速增殖（参见第23页）。因此请注意：

- 新鲜的肉，特别是对绞肉进行温度控制。
- 目视检查新鲜的鱼是在冰还是在融化的水之间。
- 对于浆果类水果，例如：草莓，靠底部的层容易受到挤压腐败。
- 成块冷冻食品之间形成的"霜"是温度改变和质量缺陷的标志。
- 损坏的包装/外壳会造成食物干燥，从而降低品质。人们将其称为冻斑（参见第107页）。

冷冻产品和冷藏新鲜货物的供货温度

| | |
|---|---|
| 分割肉 | + 7° C |
| 绞肉<br>家禽<br>野味 | + 4° C |
| 内脏 | + 3° C |
| 新鲜鱼类 | + 2° C |
| 冷冻食物 | -18° C |

温度越低
危险越大

图2：新鲜的生菜　　存放时间过久的生菜

图3：新鲜的芦笋　　存放时间过久的芦笋

# 3 货物存放

验收货物后，必须将其送至合适的仓库存放。在这个过程中，必须依据实际情况并遵守食品法律方面的要求。

## 3.1 存放的基本原则

卫生准则为每个食品在仓库（图1）规定了最高的存储温度，这些被称作适温食物。此外，这些食品也分成"洁净"和"不洁净"的食物。

- 称作"不洁净"的食品，是指可能受到细菌污染的食物，如：土地上生长的土豆、根茎类蔬菜，会有昆虫等留在菜叶里面。
- 因为"洁净"的食物是分开放置的，这样可以限制细菌传播的风险。

应尽量通过适当的存储管理，使食品从采购到消费都保持良好的品质。在单个情况中存放食品的方式被称为存储条件。

**储存条件**主要包括：
- 存储温度，
- 空气湿度，
- 卫生要求。

图1：肉类冷藏室

### 存储温度

存储温度（图2），特别是对于易腐食品来说需要特别的重视，因为微生物的传播速度与温度有着直接的关联，在存储食物时不可以超出这个规定的最高温度。比如绞肉，新鲜的牛奶。另外一方面，较低的温度也可能会损坏一些食物。所以说某些蔬菜（番茄、辣椒、茄子）和某些水果（菠萝、香蕉）不能存储在一般的冷藏室，因为低温会导致这类型蔬果发生负面变化。

图2：温度计

### 空气湿度

空气湿度（图3）是食品需要适应的。如果空气湿度太低，会导致水果、蔬菜、特别莴苣类蔬菜很快枯萎，从而变得不新鲜。

新鲜的肉、奶酪和处理好的食物外表层也会容易干掉。

然而面包在较高的空气湿度下会快速流失面包的鲜感和糖分。并且霉菌会在许多食物中推进传播。

图3：湿度计

## 卫生的要求

植物类的新鲜食品，如土豆、蔬菜，都带有泥土，而土壤层中总是含有大量的微生物。动物类产品，如整鱼、未经煺毛的家禽和野生动物的皮毛里也含有大量的病菌。为了避免病原体传染给其他未经包装的鱼类产品和菜品，卫生保健安全标准给出了相应的要求。由于储藏条件各不相同，所以一家企业需要有多个仓库。

## 3.2 仓库

### 仓库或普通仓库①

这里可以储藏：

- **干货**，如面粉、大米、面制品、糖、葡萄干、杏仁夹心类糖果。
- **罐头类食品**，有的食品过了最低保存期限，但是没过消费期限（详见最低保存期限）。仓库应该保持阴凉、干燥，避免阳光直射。

### 冷藏室②

绝大多数新鲜食品要冷藏保存。由于不同的储藏温度和卫生保健标准，新鲜食品分以下几类分开储藏：

- **蔬菜和水果**，储藏湿度要求较高，储藏温度为6～8℃。
- **牛奶和奶制品**，储藏温度为8℃。包装完好的牛奶制品可以和其他产品一同储藏，但是未经包装的牛奶制品必须和其他产品分开储藏。
- **生鲜肉类**，储藏温度为4℃，可以和家禽及野生动物一同储藏。
- **鱼类产品**，整鱼、鱼肉块以及做熟的甲壳类软体动物的储藏温度宜保持在0～2℃，最高不能超过2℃。
- **冷藏类饮料**，果汁、汽水和水，宜储藏在冷藏室。
- **冷藏类啤酒**，桶装的、罐装的以及瓶装的啤酒，宜储藏在冷藏室。

### 冷冻室③

冷冻产品的一个典型特征就是"最高温度临界点"——－18℃。产品包装用来保护产品不感染病菌，这里的食品不用分类储存。

#### 冷冻产品的特点

冰是固态的水，它能够通过汽化变成液态的水。人们可以在简单的冷冻设备中观察到下列现象：冷冻盘中的水珠会自动结冰，空气涌进来后，会液化成水，再结成冰。所以，冷冻产品的表面都会产生小碎雪花和冻斑。

---

**①仓库或普通仓库危险点：**

- 仓库中空气湿度较大的话，会滋生霉菌。
- 库存中有包装打开的话，会发生串味现象。

**②冷藏室的危险点：**

- 如果冷藏商品没有盖严实的话，则会因为蒸发流失水分。
- 如果冷藏商品没有盖严实的话，则会发生串味现象。
- 出现在冷藏室的"冷藏室气味"不仅包括蒸发的水分的味道，还包括货架和墙壁产生的挥发性气味。这种污染虽然看不见，但是却会导致典型的"冷藏室气味"。定期的清理和清洁会消除这种气味。
- 若仓库过暖或储藏时间过长，则会滋生细菌微生物。

**③冷冻室危险点：**

- 刚运送到仓库的产品不宜马上放进冷冻室储藏。
- 若冷冻室的门被频繁开启，则会涌进热空气，从而产生结晶现象。
- 若冷冻产品的包装破损或已经打开，产品表面则会产生冻斑。
- 若冷冻链中断，则会滋生细菌微生物。

若冷冻室的门被反复开启，那么冷热交替，便容易形成"霜"。当人们快速冷冻某物时，产品/食品细胞中的水分渗出，食品表面结冰，导致包装袋内出现很多小冰晶。这样一来，食品因失去水分变干，从而品质下降。然而这样并不会对消费者的健康产生影响。

若冷冻产品的包装破损或已经打开，产品表面则会产生**冻斑**（图1）。食品中的水分蒸发，从而变干和褪色。应清理掉发生变化的部分。

图1：包装破损时出现的冻斑

**货物验收和货物储存**

给供应商开的**收货单**

给收件人开的**发货单**

收货检查

正确地储藏货物——相应的储藏条件

| 普通仓库 干制产品 | **蔬菜、水果：**储藏温度要求8℃左右，空气湿度较大 | **牛奶、奶制品：**储藏温度要求8℃ | **生鲜肉品** • **屠宰类肉品** • **家禽肉品** • **野生动物肉品** 储藏温度要求4℃，且家禽和野生动物不能带皮毛储藏 | **鱼类商品** • **整条鱼** • **鱼肉** 储藏温度要求2℃，最好保持在0～2℃ | **冷冻** 储藏温度要求为 -18℃，且储藏商品必须带包装，这样一来，就不用再将商品分门别类 |
|---|---|---|---|---|---|

所有行业**理货时**都遵循一个原则：旧货往前放，新货往后放。

**先入先出原则**

先入 　先出

这样理货虽然会增加工作量，但是这也保证了库存不会过期。

**注意保质期**

**最低保存期限**规定，食品在正确的储藏条件下最低能够保存多长时间。有效期截止之前，生产厂家对产品质量负责（保修包换）。若过了这个期限，商品经内行检测仍然完好，则可以继续使用。

**消费期限**在法律上具有约束力。过了这个期限，商品就会变质或损坏，则不能继续食用或使用。

## ④ 货物输出

在公司，当需要某物的时候，你不能像在家里一样一箱一箱或者一瓶一瓶地从仓库取出来。

这种需求需要一定的时间去整理并且需要时间从仓库取出。

**没有凭证就没有货物**，这是货物发放原则。到仓库的入口需要一份签署回执，所以仓库要求相关部门给出一份书面文件。

在**库存卡**（图1）中登记库存量的改变。交易记录本是库存量的一览表。

电子数据处理提供列表，校正列表和数值。

在盘点中，对比实际库存和**账面库存**。

- **账面库存**应该达到，加上现有的库存并扣除已经消费了的库存。
- 人们通过计算和测量取得**实际库存**。它被称为**实际现有**的库存量。

如果账面库存和实际库存不匹配，这被称作**假库存**。这可能通过以下因素形成：

- 损失量，腐败或者破损，
- 数据采集错误，如忘记登记，
- 由于雇员的不诚实。

**进货：**
对货物进行验收并记录

| 煎小鸡肉 | | | | |
|---|---|---|---|---|
| 日期 | 过程 | 进货 | 消耗 | 库存量 |
| 1.10. | 移交 | | | 14 |
| 3.10. | 舒尔茨牌禽肉 | 48 | | 62 |
| 5.10. | 厨房要求 | | 12 | 50 |
| | | | | |
| | | | | |

**消耗：**
调用货物和交付货物

仓库管理对此负责

图1：库存卡

五月份确定了以下数值。
| | |
|---|---|
| 向厨房仓库供货 | 1,234€ |
| 初始库存 | 7,325€ |
| 最终库存 | 3,675€ |
| 销售额 | 16,305€ |

计算所使用货物的百分比。

| | |
|---|---|
| 初始库存 | 7,325€ |
| +供应的货物 | 1,234€ |
| - 最终库存 | 3,675€ |
| =所使用的货物 | 4,884€ |

销售额 =16,305€= 100%
所使用的货物=4,884€= 30%

$$所使用产品的百分比=\frac{货物成本 \times 100\%}{厨房销售额}$$

盘点是清点存货，即在某个特定时间对于现有的库存进行清点。商法典中写道，会计年度结束的时候至少要有一次盘点。较大的公司在较短的间隔进行盘点或者会有一个永久的持续的盘点，所有食物饮料的进出都被保存在会计年度的电子数据处理设备中。

盘点是对于现有产品的清点，测量或者称重，并且列入表格和评估。哪些财产和货物绑定，被消耗了多少，简单来说：如何被经营管理的。

### 货物消耗/货物使用

在食物的生产加工过程中，食品的价值占据了很大的比例。这就是为什么对于规定的货物和材料，公司的管理占有一定比例并且作为一个指导原则。前提是这种价值通过盘点来提供。

初始库存（由去年的盘点得知）被分配给所有的采购，并减掉最终的库存（当前库存）。区别在于数量对于在厨房加工的产品。涉及营业额，必须确立货物和材料。

# 5 贮藏指标

　　仓库从收货到食品饮料的售卖绑定了大量的资本。一份评估是从参数得出：

- 仓储库存，
- 储存期。

　　食品仓库的盘点得出如下的数据：初始库存33,000欧元，12个月最终库存总额为240,000欧元，产品材料和商品消耗231,000欧元，请您计算

　　a）平均库存，

　　b）周转率，

　　c）平均储存期。

**平均库存**是每个仓库在结算期内的平均值（图1）。

$$平均库存 = \frac{初始库存 + 12个月的最终库存}{1 + 所计算的最终库存的月数}$$

$$平均库存 = \frac{33,000€ + 240,000€}{（1 + 12）} = 21,000€$$

　　**周转率**是指，（理论上）多久让一个仓库在一年之内清空再装满。例如：燃油

$$周转率 = \frac{产品材料}{平均的库存}$$

$$周转率 = \frac{231,000}{21,000} = 11$$

　　是指产品平均能够在仓库保存时间的天数。这个数值对于新鲜的农产品尤其重要，存储期越短，存储质量越好。

$$平均存储期 = \frac{360天（一年）}{周转率}$$

$$平均存储期 = \frac{360}{11} = 33天$$

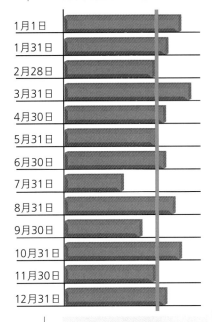

| | |
|---|---|
| 1月1日 | |
| 1月31日 | |
| 2月28日 | |
| 3月31日 | |
| 4月30日 | |
| 5月31日 | |
| 6月30日 | |
| 7月31日 | |
| 8月31日 | |
| 9月30日 | |
| 10月31日 | |
| 11月30日 | |
| 12月31日 | |

图1：平均库存

**作业**

❶ 给以下过程取一个文件名字：

（a）仓库确认正确接收供应商货物的文件。

（b）证实送货员所运送产品的文件。

（c）厨房将货物从仓库取出的文件。

（d）餐厅从厨房里取出份炖牛肉的文件。

❷ 请您为易发现和隐蔽的问题列出两个例子。

❸ 发货单上写着有12瓶香草醋，但是实际只送来了10瓶。您的职责是验收这批货物。您应当如何处理？

❹ 列出三个存储条件并解释其中一个的原因。

❺ 干货存储室的一个角落产生了霉菌。列举可能的原因。

❻ 有时候只需要包装中的一部分产品。为什么要小心仔细地密封已经打开的包装？

❼ 请列举出原因，出于卫生考虑，为什么蔬菜和肉类不可以放在一起存储？

❽ 如果散装产品放在冷冻室会发生什么？

❾ 你要记住："先进先出，即使它不工作"，仓库负责人对新学员说。请解释说明这个"先进先出"。

❿ "仓库的产品绑定了不必要的资本，这就是为什么库存量必须保持相当低的水平"。请您判断：

（a）极少库存量的缺点有哪些？

（b）如何称呼保障运营所需的必需库存量？

（c）如何确定数量？

⓫ 列出影响收益的因素。

⓬ 某酒店的会计给出以下数据：

1月1日　　　9,657.00€

| | | | |
|---|---|---|---|
| 1月31日　11,870.00€ | 4月30日　11,621.00€ | 7月31日　11,864.00€ | 10月31日　6,756.00€ |
| 2月28日　　6,453.00€ | 5月31日　　8,879.00€ | 8月31日　13,452.00€ | 11月30日　11,829.00€ |
| 3月31日　13,236.00€ | 6月30日　　9,682.00€ | 9月30日　12,461.00€ | 12月31日　8,973.00€ |

请计算平均库存。

⓭ 存货登记表明在过去一年中有如下数额：

初始库存　　　　　　　　15,200.00€

一个月的存货总和　　　　182,400.00€

一年的产品材料　　　　　258,400.00€

计算出每天的库存周转率和平均库存期。

⓮ 一瓶葡萄酒的库存记录包含以下记录：

最小库存量　　　　20瓶

存储期　　　　　　7天

登记库存　　　　　90瓶

你可以从此信息中确定每天的平均消费吗？

⓯ 去年确定了蔬菜的平均存储期为15天，今年计划为期30天的仓库周转频率。

在哪种情况下存储期会缩短？

# ⑥ 办公室管理

## 6.1 书面工作

学习期间你会学到不同类型的与工作相关的书面工作。

- **卡片索引，** 比如工作计划中的索引，仓库中的库存卡。
- **工作进度计划**
- **检查清单**
- **菜单和酒水单**

在这里探讨哪一工作环节中需要与工作相关的书面工作，特别是菜单的制作和书写。这里会介绍，什么是所有文件通用的。

## 6.2 文档存放和分类系统

如果在公司内部进行一项操作，比如一次订购，正确操作是保存所有相关信息。人们说，这些都进了**存档架**。如果想要快速准确地重新找到这些文件，必须在预先协商好的原则下，在确定的位置保存。分类的基本原则被称为**分类原则或分类系统。**

### 分类系统

首先区分事件。比如：

- *个人，* 如客人和供应商。
- *事件，* 如第一步区分春节、芦笋活动周等。

在第一种分类下再进行细分。

**按字母排序**排列存放的原则是，供应商或者客人在分配首字母后，其次依据第二个字母，以此类推，就要考虑后续字母。 比如： 供应商Berthold在Brusch之前。

**按时间顺序**排列存放的原则是，按照日期保存。比如在检查清单上的日期，在餐厅订位的日期。

企业内部会根据食品规则（HACCP）来执行，预订会保存在预订日期后，直到事项完成。

**按数字和字母**存放的原则是，要区分字母和数字的先后顺序。这可能是一个日期（月份用字母表示）或者账号等。

文件归档系统

为了将相同属性、分类的资料放在一起，可以使用不同的文件夹。

- 半开口式透明文件袋用于快速初步存放，塑料保护膜的上侧和一条侧边用来封闭。

- 文档封面夹由折叠的纸板组成。与半开口式透明文件袋相比，有优点也有缺点，缺点就是不能看到文件夹中所装的材料。
- 装订文件夹带有或不带有透明封面，内侧有装订条用于装订在一起。

- 悬挂式文件夹是底部闭合的、侧面带或不带标签的文件夹。装有挂钩， 可以旋盖在架子上，以便快速取阅。

- 插页文件夹由结实的纸板制成，有多种宽度可选，其中可以安装不同的构件以便收纳。

- 自立式文件夹可以竖直放置而不会翻到。因此，特别推荐使用这类文件夹整理文件。
- 档案盒由纸板制作，适合用于无尘存放较老旧的文件。

在商业领域中，大多数情况下最新的事件会被放置在最上面。这样放置有一定的好处，人们可以一直优先处理最新的工作信息。这被称为商业存档。始终将最新的信息放在最后面，例如：相册，人们将此称为登记式存档。

# ❼ 数据处理

很多工作流程都是在数据处理软件的帮助下自动化处理的。在数据处理自动化之前，部分工作虽然耗时又乏味，却不得不去做。

技术设备有利于数据的处理，这种技术设备被称为**硬件**。计算机能够做什么，取决于它的**软件**。

计算机里除了要有一般的文字处理和表格处理软件（如word和excel），还要有行业软件。**行业软件**是为某些特定行业的任务或者为某些特定部门的任务所开发的。Bankett-Proft，Fidelio酒店管理系统或者Protel软件在餐饮行业中是非常流行的。

每个数据处理系统（图1）都是根据**"输入-处理-输出"的原则**进行工作的。例如：数据通过键盘输入或者扫描来记录，这些数据通过一个特定的软件处理，数据的结果通过屏幕或者扫描机显示出来。

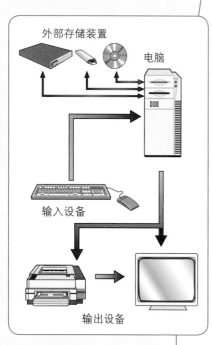

图1：计算机系统

## 7.1 硬件

使用**输入设备**将数据输入电脑。其中包含：

- **键盘**。
- **鼠标**。
- **扫描仪**，类似复印机这种仪器。
- 信息可以通过**条形码读取器**读取条形码获得（图2）。
- **手持终端**可以使用服务，比如可以直接将餐桌上客人的订单输入系统。

**输出设备**主要包括：

- **屏幕**。
- **打印机**。

除了一般的打印机人们也可以用特别的数据打印机，这个可以直接从厨房或者饮料自助处把订单打印出来。

## 7.2 软件

电子数据处理设备可以做什么，取决于所安装的软件。

- **标准软件**是
  - 文本处理软件，如Word
  - 表格计算软件，如Excel
  - 数据处理软件，如Access
- **行业软件**是专门为某个行业或者领域开发的。比如
  - 收银系统
  - 事件软件，比如专业宴会
  - 配方管理
- **个人软件**的创建是为特定的操作或者特别的问题所服务。

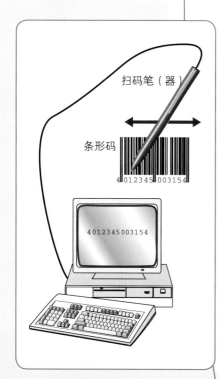

图2：条形码读取装置

**互联网设备**（图1）**共同工作的示例：**

一位客人点了一瓶葡萄酒：

| 服务 | 饮料柜台 | 饮料架 |
|------|----------|--------|
| 通过终端点购一瓶葡萄酒 | • 打印收据 | • 库存受到监测 |
|  | • 订单被<br>　• 工作人员收到<br>　• 库存登记减少<br>　• 记在顾客的账单上 | • 可能需要对订购进行备注 |

人们谈论到数据通信或者互联网络时，如果设备连接网络，电脑就可能会知道，另外的设备做了什么。所谓的服务器是可以集中地存储软件和数据，所有的个人电脑和计算机终端将到此访问。

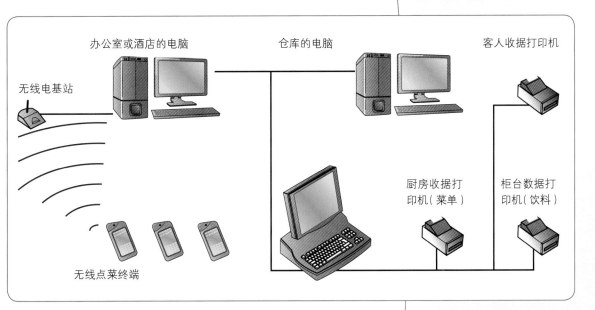

图1：网络：服务-库存管理

## 7.3 数据备份和数据保护

我们能理解**数据备份**这种措施是为了确保数据的安全。数据备份是必不可少的，因为它们可以避免：

• 无意间数据的丢失，如错误的操作或者突然间的停电。
• 故意篡改或者毁坏。

数据备份将通过不同的方法抵消：

• 数据的自动保存，可以在工作时自动将输入的数据保存到电脑。这是为了确保在故障时，再次打开，数据将会还原到上一次自动保存的时候，这样也将避免数据的丢失。
• 完整备份和日常**备份**将应用到其他的媒体中，人们将它称作备份。除这台电脑以外的数据是安全的并且是完全独立于此设备的。

数据保护是为了防止个人的隐私被滥用。《数据保护法》的规定试图在个人保护和企业获得信息的权利之间创建平衡。例如：酒店想要获得地址进行促销活动。

# 项  目

## 仓库中的工作

您的企业计划举行一个活动周，以**海洋帝国**为主题。
您在培训期内，也应当参加这项活动。

### 询价和报价

❶ 可以通过哪些途径获得大量报价？

❷ 假设您通过搜索引擎在互联网搜索。

❸ 将公爵夫人风格的庸鲽作为当日主菜，按照65份，每份180g鱼肉计算。处理损失为35%。需要订购多少千克庸鲽？

❹ 我们在活动周内提供腌制的三文鱼。

共有两种报价。

A产品：整条鲑鱼（三文鱼）4.90€/kg。根据经验可以计算出，在切片的时候，会浪费45%。

B产品：净鲑鱼（三文鱼）9.40€/kg。在这种情况下，不会有任何的浪费或损失。

❺ 请您计算每千克的价格差。

"低价格的菜肴，材料制作成本不可以高于2.40€，并且必须在我们的预算报价之内。"

经过煎制的去骨鱼肉重量应为180g。

制作者将煎制时产生的损失按照28%进行计算。价格决定鱼的品种。

在采购中，最多可以为1kg鱼肉花费多少欧元？

### 货物验收

订购的产品被提供。他们被委托执行以下事项。

❶ 你在正确的验收货物时需要哪些文件？

❷ 验收货物时需要重视的事情是什么？你控制哪些？

❸ 订购了60条鳎鱼。提供了2个货柜，每个货柜20条。接下来你要做什么呢？

❹ 新鲜的鳎鱼是不需要被碎冰包围的。因此你需要检查其温度，并确定温度在+7℃。你将如何进行交易？

❺ 新鲜的鱼是如何保鲜的？

❻ 你将这批货物中的每一种货物分配一个存储位置和存储条件：冻鱼、鳗鱼、香料醋渍鲱鱼卷、蛋黄酱、制作沙拉的新鲜奶油。

## 中期检验

　　餐饮行业中的职业培训规定，厨师们在培训一年后，将会有一个**中期检验**。在餐饮服务行业的职业包括酒店、餐厅、饭店等行业从业人员。

　　对于这些职业，它的职业培训是为了彼此有一个共同的基础阶段水平，因此才有了中期检验这一个规定。以下内容节选与规定适用于所有的职业。

## 中期检验

　　考生在为时3个小时的考试中需要编辑一个实操任务。其中应当体现出考生的实操计划、执行过程、展示方案、控制结果，可以考虑卫生、环境保护、经济节约以及客人喜好等方面。对此，以下这些需要特别考虑：

1. 步骤的计划，
2. 操作技术的使用，
3. 产品的展示。

| 考试内容对比书本的内容 | | 评分 |
|---|---|---|
| • 步骤的计划 | ➡ 转换食谱，第162页<br>➡ 工作进度计划，第53页 | 100分 |
| • 工作技能的应用 | ➡ 基本技巧的菜肴，第136页<br>➡ 烹饪方法，第140页<br>➡ 制作简单的菜肴，第167页 | 100分 |
| • 产品的展示 | ➡ 服务中的基本知识，第237页<br>➡ 菜肴的描述，第157页 | 100分 |

## 中期检验的主题

**烹调示例**

　　在受训企业中，顾客点了一份**平底锅煎制的猪背肉肉排，香草黄油以及土豆丁**。你的厨师委托你制作两份。

　　或者

　　你的导师需要你准备**两份搭配煮鸡蛋的沙拉盘**。番茄、黄瓜、生菜、土豆和胡萝卜都已经准备好了。

　　背面有一张设计好的表格用于拟定草稿。

**餐饮业的例子**

　　你被委托验**收交货**，应当在验收货品时管控哪一个方面的内容？请在规定的货物清单上列举出储存所需的最低温度。

　　为一个人准备炒鸡蛋火腿吐司和含水果的**酸奶**。

　　请您布置好适合拓展式早餐的餐桌。请呈上已经制作好的菜肴并为客人提出建议。

中期检验（续）

### 烹调示例

情景：在您的受训企业中，客人点了**平底锅煎炒猪里脊、香草黄油、五彩蔬菜和薯条**。您的厨师长委托您制作两份。

**任务1a：**编制含有具体数量的货物需求。

| 货物需求 | |
| --- | --- |
| 数量 | 产品 |
| | |
| | |
| | |
| | |

**任务1b：**请您使用关键词和时间说明编制工作进度计划。

| 工作进度计划 | |
| --- | --- |
| 时间，单位：分钟 | 工作步骤 |
| | |
| | |
| | |
| | |

**任务2：**准备牛排和配菜。

**任务3：**在餐厅为两位前来用午餐的客人布置餐桌。首先由两个人为客人准备好餐桌。请您在此处展示您的准备，并回答考官与客人的有关问题。

❶ 请您至少完成考试要求中的任务1和任务3。

❷ 询问您的同学，必须完成哪项任务。这将是一种很好的实践方式。

❸ 练习展示，除了正确的布置餐桌外还要练习引导客人。期待您采取促进菜肴销售的手段推荐菜肴，并回答所用原料和配料、制作方式等信息。

❹ 请您邀请一位同学扮演顾客。请您口头练习推荐菜肴，请扮演顾客的人员仔细询问制作方式和口味。

# 1 蔬菜

## 1.1 蔬菜中的营养

蔬菜中含有较低的热量，因为相对而言，蔬菜中的碳水化合物、脂肪以及蛋白质的含量都较低。但它是维生素、矿物质以及萃取物的重要来源，有开胃、提味的功效。大量纤维素（粗纤维）在肠胃中会产生腹饱感，促进肠胃蠕动，便于消化。

植物次级成分（SPS）或是植物生物活性物质并不是算一种主要的营养物质。目前，它主要用作植物自身对抗害虫以及病疫的保护物质。

植物次生物质功效

- 增强免疫系统，
- 降低胆固醇，
- 预防感染，
- 防治癌症。

这种有益于健康的特性，在日常饮食安排中可以有意地加入。

## 1.2 营养价值含量

如果蔬菜在烹饪前没有被破坏掉，在其中含有的有效物质可以被看作是营养成分。

维生素A和维生素C以及B族维生素对高温，光照以及空气中的氧气特别敏感。所有的矿物质跟水溶性维生素（维生素B$_6$，维生素C）可以在水中消耗掉（图1）。

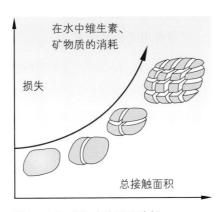

在水中维生素、矿物质的消耗

损失

总接触面积

图1：在切碎和冲洗后的消耗

蔬菜一词来源于古词 "muos"，是粥饭的意思。 现在人们理解的蔬菜是植物的一部分，可以生吃，也可以熟食。 蔬菜提供人类所需的大多数营养，大多的维生素和矿物质，还有纤维物。

根据这个情况我们研究出了蔬菜营养价值保存的方法：

- 冷藏于阴冷黑暗处，
- 快速但是彻底地清洗蔬菜，
- 只在烹饪蔬菜前切碎它，
- 揭开准备好的蔬菜，并且冷置，
- 加热蔬菜时间不宜过久。

更好的是方法：快速，尽可能放在冰水里面冷却，需要食用时再加热（例如：微波炉）。

| 100g可食用部分中所含的营养物质 | | | | |
|---|---|---|---|---|
| 食物 | 蛋白质 /g | 脂肪 /g | 碳水化合物 /g | 能量 /kJ |
| 茄子 | 1 | + | 3 | 70 |
| 菜花 | 2 | + | 2 | 60 |
| 苤蓝 | 1 | + | 3 | 65 |
| 卷心莴苣 | + | 1 | 30 | |
| 胡萝卜 | 1 | + | 4 | 90 |

+ = 含有微量

切得越细碎，总接触面积就越大，营养流失也就更多。

## 1.3 采购

尽管有现代化的种植方向，农产品的长势还是有所不同的。而市场标准中的分级使产品品质和价格可以进行比较。

这个标准在欧盟地区是强制性的。它有以下分类：**特级**、**Ⅰ级**、**Ⅱ级**，并不是所有的蔬菜种类都有分级。

这种市场标准仅侧重于**外在的品质特点**，比如大小、重量、外表，而不是口感、浓度以及维生素和矿物质含量这些**内在的品质特点**。外观不佳但内在品质良好是存在的，相反的情况也是完全可能的。

在购物时要注意本来计划中要使用的食材。烹饪的时候，切碎蔬菜或者粉碎成泥，这些食材都是更看重内在品质而非外在，刚好同时满足便宜又实惠的要求。

只有当蔬菜被整个端上餐桌时（例如：小胡萝卜），外观才是重要的。

## 1.4 分类

多样蔬菜种类的分类遵循了不一样的观点，但是也**不是强制性**的。

**可食用的植物器官**

这里根据生物学划分了花卉蔬菜、果实类蔬菜、绿叶蔬菜以及根茎蔬菜等。

以一株甘蓝类蔬菜植株为例可以很好地阐释人们如何栽培驯化野生植物，使其不同的部位可以食用（图1）。

由植物的**花**生成的
- 菜花，
- 罗马花椰菜，
- 西蓝花。

**叶子**，很多叶片裹在一起成球状的蔬菜，如下
- 圆白菜，
- 紫甘蓝，
- 皱叶甘蓝和孢子甘蓝。

来自植物膨大粗壮的**根部**
- 茎蓝，
- 芜菁/萝卜。

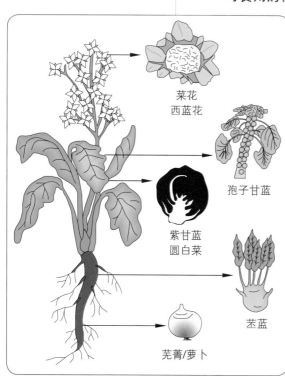

菜花
西蓝花

孢子甘蓝

紫甘蓝
圆白菜

茎蓝

芜菁/萝卜

图1：甘蓝类蔬菜的生长情况

## 商业集合概念

根据蔬菜在厨房中不同的应用，被分成了以下几个种类。当然，在分类时有些蔬菜可能被同时分入好几种类型，是无法避免的。

- 甘蓝类蔬菜
- 果实类蔬菜
- 葱蒜类蔬菜
- 根茎类蔬菜
- 豆类蔬菜
- 其他类蔬菜
- 莴苣类蔬菜

季节日历展现了一年当中各种蔬菜的生长周期。四月的白昼长，阳光充足带来更多的能量。第一个季度的蔬菜长势最好。

> ● 俗话说：一切来自当季和当地的食物，口感跟价值都是很高的。

> ● 蔬菜的季节日历不是像年份一样由1月份开始，而是从4月开始。

## 主要蔬菜的生长时间

这里是根据季节分类的蔬菜，春季蔬菜（如芦笋）、夏季蔬菜（如番茄、西蓝花）、秋季蔬菜和冬季蔬菜（如羽衣甘蓝）。除了在露天蔬菜圃里培育的蔬菜，全年都可以吃到来自温室里的大棚蔬菜和进口蔬菜。一个有营养意识的现代厨房里更会注重蔬菜的时令性，这是有很多原因的。

在当季的蔬菜

- 口感更足，因为受到很多的光照；
- 更便宜，性价比高，供应充足；
- 培育过程更为生态，因为只需要较少的能量。

| 蔬菜 | 4月 | 5月 | 6月 | 7月 | 8月 | 9月 | 10月 | 11月 | 12月 | 1月 | 2月 | 3月 |
|---|---|---|---|---|---|---|---|---|---|---|---|---|
| 菜花 | | | | | | | | | | | | |
| 西蓝花 | | | | | | | | | | | | |
| 四季豆 | | | | | | | | | | | | |
| 菊苣 | | | | | | | | | | | | |
| 大白菜 | | | | | | | | | | | | |
| 结球莴苣 | | | | | | | | | | | | |
| 苦苣 | | | | | | | | | | | | |
| 豌豆 | | | | | | | | | | | | |
| 野莴苣 | | | | | | | | | | | | |
| 球茎茴香 | | | | | | | | | | | | |
| 羽衣甘蓝 | | | | | | | | | | | | |
| 黄瓜 | | | | | | | | | | | | |
| 土豆 | | | | | | | | | | | | |
| 甘蓝 | | | | | | | | | | | | |
| 苤蓝 | | | | | | | | | | | | |
| 卷心莴苣 | | | | | | | | | | | | |
| 胡萝卜 | | | | | | | | | | | | |
| 柿子椒 | | | | | | | | | | | | |
| 大葱 | | | | | | | | | | | | |
| 珍珠萝卜 | | | | | | | | | | | | |
| 白萝卜 | | | | | | | | | | | | |
| 孢子甘蓝 | | | | | | | | | | | | |
| 红菜头 | | | | | | | | | | | | |
| 鸦葱 | | | | | | | | | | | | |
| 芹菜 | | | | | | | | | | | | |
| 芦笋 | | | | | | | | | | | | |
| 菠菜 | | | | | | | | | | | | |
| 番茄 | | | | | | | | | | | | |
| 西葫芦 | | | | | | | | | | | | |

德国的露天种植的蔬菜

德国储藏的蔬菜

德国的温室蔬菜

**促进消化的功能**

人们根据对消化功能的促进作用，对蔬菜进行分类：高纤维的蔬菜比如圆白菜，它在肠胃系统中产生胀气，促进消化；精细蔬菜，如：芦笋和豌豆，含有较为纤细的纤维。

**价格分类**

以食物的价格为前提分类，这些都可以分为：

- **低价蔬菜种类**：例如：甘蓝类蔬菜、萝卜、黄瓜
- **高价蔬菜种类**：比如菠菜、芦笋、茄子

## 1.5 甘蓝类蔬菜

甘蓝类蔬菜中含有丰富的维生素C，德国的蔬菜种类中约60%是甘蓝类蔬菜。

在切碎甘蓝类蔬菜的过程中会产生一种带有芬香的芥子油，这是一种含硫化合物，一般的甘蓝类蔬菜都有这种气味。比如说圆白菜就有很强烈的气味。甘蓝类蔬菜容易引起胀气，因此，将这些蔬菜和其他菜混合在一起时必须格外注意。

### 菜花

菜花是很明显的花型蔬菜，一整棵菜花中，像是聚集了许多小玫瑰花一样，美味且应用广泛。由于其细嫩的细胞结构，可以把它算做一种精细蔬菜。菜花应尽可能紧密结实地连接在一起，并且颜色应尽可能浅，经过光照影响，菜花的颜色会变深，但是只是在视觉上不好看，对味道的影响不大。干瘪的叶片显示出菜花经过了很长一段时间的贮存。

**罗马花椰菜（宝塔菜）**是一种由单个黄色或绿色的小玫瑰束组成的菜花，每一个小玫瑰束都有尖顶的小塔造型。

### 西蓝花

它的形状有点像菜花，但是它的小玫瑰束结构更为松散。西蓝花是深绿色到浅蓝色，但是绝对不会是黄色的。一般市面分为小棵西蓝花（大概80g）和大棵西蓝花，最大有500g的重量。

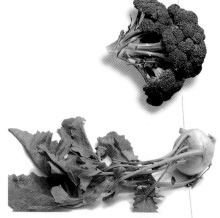

西蓝花的生长周期比菜花短。

### 苤蓝

苤蓝是甘蓝植物的块茎。一般把它分为白色、浅绿色或是紫色的品种，但是颜色对它的品质没有任何影响。新鲜的苤蓝有非常健康的叶片，品质较差的则有着粗糙、有洞的干瘪叶片。苤蓝一般作为配菜或者用于制作新鲜的沙拉。

### 圆白菜（卷心菜），尖顶卷心菜

球形的蔬菜紧紧包裹在一起。早熟品种的碗状叶片是浅绿色的，晚熟品种和冬季品种的叶片是深绿色至蓝绿色的。

**尖顶卷心菜**是一种口感很细腻的蔬菜，主要在巴登-符腾堡地区生产，因为它叶片的形状，特别适合制作菜叶肉卷。

## 德式酸泡菜

在切成细丝的圆白菜中加盐，并在乳酸的作用下发酵，之后进行巴氏消毒，德式酸泡菜就完成了。品质好的德式酸泡菜应切得粗细均匀，口感爽脆，有一股纯正的酸气和酸酸的口感。

## 紫甘蓝

它的菜叶包得十分紧实，采收时间不同，颜色也不一样。采收越早越红，采收较晚的和保存时间较长的都显现出棕蓝色。烹饪时经过酸处理（加入醋、柠檬汁），棕蓝色又会成红色。

紫甘蓝是一种常见的与野味菜肴、烤猪肉搭配蔬菜。作为新鲜食材，经常与苹果、橘子这类水果搭配在一起。

## 皱叶甘蓝

松散的叶片是从深绿色到浅黄色的，上面带有小水泡的纹路。皱叶甘蓝比圆白菜的质地更柔软，成熟周期非常短，最早可以从6月开始采收皱叶甘蓝。

## 孢子甘蓝

叶片的根部从茎上长出，并长成圆形或椭圆形的小玫瑰苞。在小一点的甘蓝叶球中，这种孢子甘蓝孽芽也是相应大小。在霜冻的作用下，蔬菜口感变柔和，也更易消化。

品质好的标准是叶片包得很紧实，颜色浓绿。

## 大白菜

大白菜也被叫做北京白菜，长长嫩绿的叶子包裹成松散的椭圆形。

比较好的大白菜有紧贴的叶片和富含水分的菜帮，如果出现棕色和黑色的斑点，这意味着经过长时间储存，或者没有谨慎地处理。主要用来制作沙拉。

## 羽衣甘蓝

羽衣甘蓝还被叫做叶子甘蓝和卷甘蓝，在德国的南部和西部很有名。从每根茎上长出一片卷曲，不是同一种绿色的叶子。羽衣甘蓝在第一次霜冻后再采摘，主要用于炒或者炖。

## 小白菜

小白菜是一种亚洲甘蓝种类。可以把它跟大白菜的口感做比较，但是它会更入味。小白菜有长长的白色叶柄，在它两侧长出又大又圆的深绿色叶片。

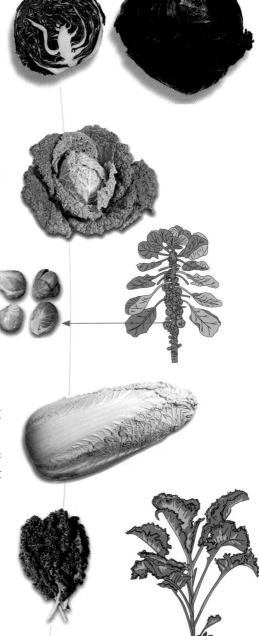

## 1.6 根茎类蔬菜

粗壮的根是植物为来年储藏营养物质的部位。大多数的根类植物有很硬实的结构，坚固而易于储存。由于其方便储藏的特性，人们将其作为秋季、冬季蔬菜。

大多数根茎类蔬菜被人们加工成配菜，在做成沙拉前都会预先烹煮这类蔬菜。做生食沙拉前，会将蔬菜的皮刮掉或者切得很细，以确保切显微结构被切断。

### 胡萝卜

胡萝卜根据种类不同，分为尖圆形和滚圆形。小小的圆形品种（像是珍珠萝卜）也被叫做胡萝卜，大多数加工做成罐头，比如说"巴黎式胡萝卜"，或者是莱比锡大杂烩中的配料。胡萝卜是一种富含胡萝卜素的食物。

应用：制作成沙拉和配菜，擦成丝作为新鲜食材食用，或者挤压制成胡萝卜汁。

### 白萝卜，珍珠萝卜

现在供应的大多数萝卜味道较为清淡，外皮有不同的颜色，白色外皮的最受欢迎。通过在温室中培育，萝卜可以整年在市场上供应。它特殊的气味大多是源于体内含有的芥子油。

通常生吃萝卜和珍珠萝卜，可以切成薄片、擦成细丝或者加盐腌制。

### 鸦葱

直根状，因其黑棕色软木外壳而得名。大概1~2cm粗，30cm长。因为鸦葱的形状，颜色以及烹饪方法和芦笋茎很像，所以也被称为冬天的芦笋。

品质好的鸦葱是光滑的，没有分支，肉质色浅、紧致，有丰富的乳白色汁液。

生的鸦葱外皮会溢出乳白色汁液，接触到空气后马上变成棕色（氧化）。因此需要把削去外皮的鸦葱马上置于水中（隔绝空气）或者是加入酸性物质（柠檬醋）。

### 芹菜

球茎芹菜的块茎外表是棕色，里层是浅色肉质。在下半部分有丰富的分支。品质较好的芹菜有均匀的浅色茎，既不是空心的，也没有充满纤维，在烹饪时会变成白色。

芹菜可以生吃，也可以烹煮或者是加盐烹饪。

**红菜头**

红菜头圆形或长形的块茎大多用于制作沙拉。

品质好的甜菜生长得非常匀称，身上没有疤。将叶片拧下来，而不是切断。因为这样可以避免在烹饪过程中甜菜苷的色素溢出。

**辣根**

一块主根大概有500g的重量，10月至来年5月是供应的时间。芬香的芥子油可以形成形成浓烈的香气。棕色外皮下是紧致的白肉。辣根被当做调味品，例如：奶油辣根或搭配烹饪好的牛肉。通过它开胃促消化的功效，使一些比较难消化的食材变得易消化。日本的绿色的**山葵**根，又称日本辣根，比辣根要辛辣。

**芜菁**

芜菁在春季和秋季供应。这种根茎类蔬菜带有白色或黄色的肉，黄色的那种更受欢迎些。

有一个特殊的品种，其形状如同珍珠萝卜。这种小芜菁呈椭圆形，吃起来有温和的香草味。可以像胡萝卜一样烹饪或是炖煮。

## 1.7 绿叶类蔬菜

一想到绿叶类蔬菜就可以把它和新鲜、爽脆、健康、食欲大开这些印象联系到一起。从烹饪的角度上看，它易清洗，便于贮存，处理起来也很简单。此外，它应该有很强的抗酸能力，因此，在制作沙拉时不会一下子蔫掉。

在孕育新品种的时候，考虑到了要满足爽脆可口，但不发韧并提供更多颜色的要求。

因为绿叶蔬菜大多都是生吃，所以必须格外注意清洗蔬菜的过程。

**卷心莴苣**

卷心莴苣是在露天苗圃和温室中生长的，所以在市场上可以整年买到。

露天生长的卷心莴苣有较为紧实的菜头和粗叶，而温室中培育的卷心莴苣的菜头松散，叶片较少。

新鲜的卷心莴苣是可以通过它的茎看出的，储藏时间较长就会变成棕色。卷心莴苣在腌制后迅速变蔫。

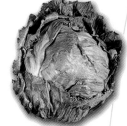

### 结球莴苣

结球莴苣是卷心莴苣的亚种。它是由浅绿色叶片包裹肉质、粗大的菜心形成球状蔬菜，口感脆爽。

**脆生菜**是卷心莴苣的变种。在冬季时，大量的脆生菜从荷兰的温室大棚里运输到德国销售。

### 罗马生菜

长尖紧实的叶子形成一棵松散的菜。味道比生菜更浓郁，但是有些涩。

### 巴塔维亚莴苣

这种菜和结球莴苣相似，叶子带有红色的边缘，但包得更紧实些。味道浓，也不易枯萎。

### 橡树叶莴苣

这种橡树叶裂开般的叶子，带有红棕色的刺。装饰的叶子很容易枯萎，比生菜的口感更浓。

### 菊苣

原始品种的莴苣非常耐寒，因此也被称为冬莴苣。带有褶皱的叶片包成一棵松散的菜，绿色叶子的部位含有苦味物质，所以口感微苦涩。

**莴苣叶**是一种带有平滑叶子边缘的菊苣。它也被称作夏莴苣或者罗马甘蓝。

### 芽球菊苣

菊苣根大多是来自荷兰。第一年只能长出根，来年秋天在缺光的温室中长出叶子。因为缺光，所以它的根保持着浅色，缺少苦素。

菊苣类（菊苣、芽球菊苣、红菊苣）蔬菜的叶片都有点开胃的苦涩，都可以长时间保持爽脆的特性。

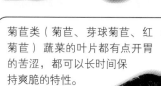

### 红菊苣

紧实多肉的叶子，深红色，带有白色的茎脉。大多数情况下尝起来有点苦。

### 野莴苣

野菊苣的脆叶也被叫做农田莴苣或弗格尔莴苣。因为采摘难度大，所以这种带有特殊芬香的绿叶菜价格自然较高。

露天培育的野菊苣比温室培育的口感更好。

**球茎茴香**

球茎茴香是在肉质块茎上长了厚叶片，尝起来有八角茴香（大料）的味道。

可以做沙拉生食，也可以炒熟做配菜，或是做成餐间菜肴。

**菠菜**

菠菜是一种绿叶蔬菜，大多都是加热烹饪。

从地里把整个菠菜都拔出后，可分为菠菜叶跟菠菜梗。清洗需要花费比较长的时间。

菠菜是一种含有较高硝酸盐的蔬菜。硝酸盐加热后在细菌的作用下很快会分解成有害健康的亚硝酸盐。因此菠菜不能长时间热加工。

**绿叶蔬菜的新鲜标志**

从茎的颜色可以看出绿叶蔬菜是否新鲜，保存时间越长，切面的颜色越深。

## 1.8 果实类蔬菜

果实是植物的一部分，是由种子发育而来。从营养的角度来看，优先选择只长出果肉的，其次选择长出种子的蔬菜。几乎所有的果实类蔬菜都适合凉菜和热菜。

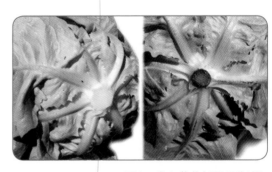

图1：卷心莴苣新鲜/不新鲜

**茄子**

深紫色的茄子，大概10～15cm长，里面是浅色的肉。不可以生食，只有在烹煮后，特别是在煎烤后才会形成特殊的香味。

**黄瓜**

根据种植方式不同，新鲜的黄瓜分为：

长直黄瓜或沙拉黄瓜来自温室大棚，是均匀生长的。大多做成沙拉。

皱皮黄瓜或煨炖黄瓜有层硬皮，这种黄瓜的末端有点苦。主要用于热菜。

### 西葫芦

这种有点像黄瓜，有六角形梗的果实类蔬菜，最重可达数千克。15cm长的西葫芦口感最佳，大的西葫芦有一股芬香。外皮上有白色斑点的是露天菜地里培育的西葫芦。

### 玉米/甜玉米

甜玉米也叫做水果玉米，和作为粮食的玉米有所不同。在光合作用下产生了甜味物质延迟转化为淀粉，因此，即使是大颗的玉米粒也是很甜的。新鲜玉米最好冷藏，否则很容易失去甜味。

### 柿子椒/彩椒

拳头般大小，外表光滑，尾端有点尖。外皮颜色有所不同：绿色皮的是还没完全成熟的，味道较为浓郁；黄色皮的口感柔和；红色皮的是完全成熟了的，口感柔和有点甜。柿子椒的辣味全都在籽上，这些籽分布在内壁中。因此，在处理柿子椒时要小心除去籽。

### 番茄

通过育种和耕作方法的改进，现在市场供应的番茄种类减少到只有两种。

**圆番茄**或荷兰番茄，有匀称的圆形，深红色。小型番茄也被称作樱桃番茄。大概是2～3cm大小，经常用作配菜。

**突肋番茄**。露天番茄或肉番茄都有着不规则突起的"肋条"。果肉比例更高，因此它们的味道更浓郁。番茄不能冷藏贮存。

### 豆荚类蔬菜

人们主要食用带有豆粒的不成熟豆荚，或者只使用豆粒（参见下页）。红花菜豆比四季豆的味道更浓郁，也更长。因为后者容易采收，所以在市面上大量供应。通过不同的外表，分为绿豆荚菜豆跟黄豆荚菜豆。新鲜的豆子很脆，在折断时，破口处平滑、多汁。

**极嫩豆荚**有很薄且嫩的豆荚，果肉细腻，一般都是整个食用。

**折断嫩豆荚**由拥有厚质豆荚、圆粒豆子的豆类蔬菜制作。豆荚折断成适合一口食用的大小。

**切割豆荚**是由有扁平豆子的豆荚切割制成。

豆类不适合生食，因为其中所含的凝集素有一定毒性，而在烹煮的过程中可以将其破坏。

豌豆

豌豆指豆荚中的豆子，**豌豆荚**指的是整个果实。

从豆荚中剥离的"小球"是嫩豌豆。而成熟、晾干的黄色干豌豆属于豆类（见下一章节）。

**甜豌豆和甜豌豆荚**，其豆荚内没有坚韧、不能食用的内层白皮。因此，在果实还没有发育完成的时候，人们会一起食用饱满、甘甜的豆荚。

**采收豌豆**是未成熟时采收的豌豆荚。在烹煮前，需要将豌豆从豆荚中剥离。因为采摘和剥豌豆十分耗时，这类豌豆很少投入市场。

可以直接使用联合收割机来收割未成熟（嫩）的豌豆，在恰当的时间收割豌豆，对豌豆的品质有很重要的意义。做罐头和冷冻食品时，必须说明豌豆的种类。

区分马克豌豆（Markerbsen）和帕尔豌豆（Palerbsen）：

**马克豌豆**更甜，更嫩，就是长得不那么均匀。

**帕尔豌豆**有着平滑的球形种子，尝起来更面。

## 1.9 豆类

菜豆、豌豆、小扁豆的成熟、晾干的种子颗粒才算是豆类。有豆荚或从豆荚中剥离的绿色豌豆和菜豆都算是果实类蔬菜。

菜豆

**芸豆**口味淡，可以煮至绵软。

**利马菜豆**是很小的，烹饪后仍能保持原有的形状，特别适合制作沙拉。红菜豆是做烤豆子的原料。

干豌豆（黄色、绿色）

干豌豆跟鹰嘴豆富含纤维的外壳部分被磨光了，使它在烹饪时膨胀的程度较小。

多用于制作豌豆汤和豌豆泥。

小扁豆

它们是按照尺寸分类的。大尺寸的小扁豆比小尺寸的小扁豆贵，大面积包裹小扁豆的外壳使小扁豆口感更好。在市面上主要供应绿色、黑色和红色的扁豆。

食　物

因为洋葱粒含有挥发性的油脂，所以具有很大的保健价值，它可以促进血液流动，有降血压和治疗感冒的功效。

## 1.10　葱蒜类蔬菜

洋葱是鳞茎植物的贮藏器官，带有鳞片状的肉短叶片。里面储存的甜分加热时会变成焦糖（渗出，变成褐色洋葱），染上了颜色。含硫的化合物造成一种特殊的气味，以至于在每次切碎洋葱时都会流泪。

### 辣黄皮洋葱

这是最常见的洋葱种类。圆形至长圆形的洋葱，呈黄色到棕色，每个不同种类的洋葱都是不同级别的辣度。

### 紫皮洋葱

红洋葱跟洋葱是属同一科，红褐色外皮跟红色的壳。因为其清淡的口味可以做生食吃，红洋葱沙拉可以做成鲜艳、令人愉悦的菜肴。

### 甜黄皮洋葱

苹果大小的洋葱，黄色深至黄铜色。它的口感比较温和，因此比较适合新鲜食用。因为它的大小，做成洋葱圈很受欢迎。

冬葱（小葱头）属于最小的洋葱种类，因此它价格较高，加工较复杂。

### 冬葱（小葱头）

冬葱是细小、瘦长、有棱角的。大多都是几个小洋葱与同一个葱叶相连接。分为温和的绿冬葱和味道浓郁的、紫红皮品种。

### 珍珠洋葱

珍珠洋葱直径大约为1cm，经常用于制作酸味卤水，在凉菜中使用，也常用来做什锦泡菜。

### 大蒜

由很多个单独的蒜瓣组成。受芥子油的影响，气味十分明显。大蒜大多用作调味料。

### 大葱

与洋葱的梗不同，大葱是长出长长的绿色叶子。紧密贴合的部分是白色的，叶尖处因为光照的影响而呈绿色。

### 青葱

在春天和初夏有青葱供应，它们有长长的空心的绿色茎。因为要和其他蔬菜一起使用，所以要注意叶子的新鲜程度。

## 1.11 其他蔬菜

在被列举出来的各种分类中，并非所有的蔬菜都能按照其分类。比如说朝鲜蓟（蓟的花芽）、芦笋、植物的芽和栗子这些都可以归为水果。下文介绍这些特殊种类的蔬菜。

### 朝鲜蓟

朝鲜蓟的花是我们经常食用的朝鲜蓟。肉质的花芯跟厚叶片在烹饪后非常可口，也常常将花芯制作成罐头。洋蓟素会产生一种特殊的苦味。

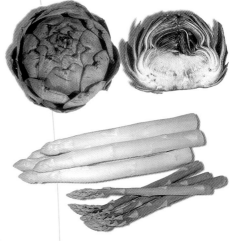

### 芦笋

芦笋从竹笋根部萌发而成。在德国，那种带有白色头部的芦笋叫做白芦笋。因此当它一破土而出，就可以采摘它的茎了。在光照影响下，笋头会变蓝，慢慢变绿。这对于法国人来说比较重要，他们都是在后期采摘。

**绿芦笋**在地面上生长，并聚在一起。口感比白笋要浓郁，只需要把绿芦笋下方三分之一的皮削掉。因此采摘不费时，价格很便宜。

芦笋的供应季节在6月底结束，下一年芦笋生长时所需的原料都储藏在根茎中。

**新鲜的芦笋**有光滑而色浅的切面，储藏时间越长会变得枯萎，切面变成棕色。储藏过久的芦笋会失去口感，像干草一样。

左：新鲜芦笋
右：储藏过久的芦笋

### 栗子

栗子是栗子树的果实，根据原则可以分类到水果的种类。因为栗子也在餐饮业中的菜单里跟蔬菜一样列出来，所以在这里也提到。道路边种植的栗子树算是七叶树属，它的果实是不能吃的。

栗子易于保存，经加热（烘焙、炒制）会产生一种强烈的甜味，果肉很绵密甘甜，去壳后就可以享用。常常用来制作成上糖釉栗子和栗子泥。

## 1.12 外国蔬菜

外国蔬菜是指来自国外的进口蔬菜，在德国少有。我们必须知道，这个词的构成也是考虑到广告宣传的意图。如果不深入探讨异国蔬菜，基本了解以下品种就已经足够。

©Maximilian Stock Ltd./StockFood

图1：竹笋

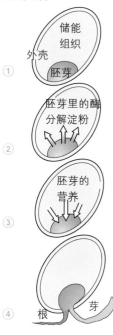

① 外壳　储能组织　胚芽

② 胚芽里的酶分解淀粉

③ 胚芽的营养

④ 根　芽

**外国进口蔬菜**

- 是蔬菜供应的补充，尤其是冬季的半年，
- 在营养价值和有效成分上，与其他蔬菜的平均含量相比，特别高，
- 尽量扩充我们的味觉板块，特别是它们使饮食变得丰富（图1），
- 出于生态的角度考虑，外国进口蔬菜需要商榷，其在培植跟运输的过程中消耗过多的能量。

## 1.13 苗芽菜

苗芽菜扩充了蔬菜跟沙拉的种类。在亚洲厨房中，它们已经存在了数千年。

每颗种子几乎都可以发芽，但是需要一段时间。因此我们大概可以知道：每粒种子发育可以分为三个步骤。

**胚芽①**是一个新植物的结构，在**储能组织**中贮存着胚芽生长所需的养分。一层麸皮包裹在外面。干种子是未萌芽的状态。

**发芽过程②**开始需要浸泡。在水中可以**激活酶**，并使其在种子中移动，然后在储能组织中的**营养物质开始发生变化**：油脂和淀粉慢慢减少，产生维生素（A, C）。在自然界中发芽时，为了让胚芽发育获得营养③，需要施加外力④。

要获得人类所需的营养，大概需要2~5天发芽周期，如果发育期较长，许多种类的芽苗会变苦。

### 种类

种子种类概况。

- **谷物**

  通常是柔和的淡甜味，通过分解过程使淀粉转变成为糖分。

  **种类**：小麦、黑麦、大麦、燕麦、大米。

- **豆类**

  味甜，有坚果的口感。

  **种类**：绿豆（经常被误认为是黄豆）、小扁豆、豌豆、黄豆。

- **小种子**

  味道浓郁。

  **种类**：芝麻、芥末、小米、苜蓿（紫花苜蓿）、小红萝卜、荞麦。

  **芽的使用**：沙拉、汤中的汤料、酱汁、一锅烩、馅料。

小扁豆　绿豆

豌豆　鹰嘴豆

黄豆　紫花苜蓿

©Urban/StockFood

## 1.14 蔬菜的储藏

蔬菜是植物的一部分，在采摘过后仍然是活的。为了最大程度保持其外形、口感、营养成分，要注意一些蔬菜储藏的细节。

**冷藏使蔬菜保持新鲜。**

低温会减缓植物状态恶化的速度，大多数蔬菜的适宜储藏温度在0～8℃。如果不想让某些蔬菜状态恶化，也有不能低于的温度范围。茄子、西葫芦、黄瓜、番茄的储藏温度不可低于10℃。

**高空气湿度阻碍蔬菜枯萎。**

植物含有75%～90%的水分。如果在干燥的空气中储藏，水分流失的同时，叶片会变皱。为了防止变皱，可以在蔬菜上洒水，比如生菜。

**避光可以保持维生素含量和品质。**

许多维生素都对光线敏感。采摘后的蔬菜是不再需要暴露在光照下的，否则会失去其主要的营养成分。蔬菜冷藏时，应加以覆盖。

## 1.15 预制食品—方便食品

### 成品混合沙拉

制作好的、可以随时调味的混合沙拉可以节省在厨房中烹饪的时间。这种生的食物由供应商进行择选、清洗、切割等程序后放入塑料保鲜袋中包装并冷藏。为了减缓植物的变化过程和变质速度，需要在保鲜袋中加入大量混合气体。因此，制作好的混合沙拉是放在密封袋中冷藏的。

因为很多蔬菜都是应季的，因此有很多保质期限方面的限制，例如：芦笋和四季豆。人们一直想办法，通过合适的加工方法延长它的保存时间。如今，食品工业都可以进行食物保鲜加工。对于烹饪而言，需要特别注意每个加工环节的特殊性。

成品沙拉和芽苗在贮藏过程中会滋生病菌。因此在再次加工前，需要进行清洗。

### 罐头食品（金属罐头、玻璃瓶）

只需要在适当的温度下保存烹饪好的蔬菜。为了最大程度减少营养成分的流失，需要将其放在液体中加热。

进行报价比较时，除了要考虑到产品的品质还要考虑其数量。在倒掉罐中液体后剩下的食物，才是它的**净重**。这才是决定食品价格的因素。

许多罐装食品的里层都覆了一层塑料薄膜，这一层可以防止罐体中所含的物质跟食物进行反应。已开封但罐体内没有涂层的罐头不可以保存食物。

### 冷冻蔬菜

首先对生的蔬菜进行清洗，焯水后速冻。在这个过程中蔬菜的细胞结构变得松散，所以在之后的烹饪过程中只需要花费较少的时间。

烹饪时先解冻大块的蔬菜，小块的无需解冻。

- 可以迅速置于开水中，
- 使烹调用的油脂熔化，然后直接加入未解冻的蔬菜。

制作蔬菜菜肴时可以加入酱汁，如：苤蓝搭配奶油酱汁，使每个蔬菜块都包裹上制好的酱汁，或者是包裹上有特色口味的食材。这个烹饪过程叫做**裹酱汁**或者**上酱汁**。

### 经干燥的蔬菜

*在向冷冻干燥的蔬菜中加入一些液体*后，这些蔬菜会在短时间内恢复原样，大概需要20min，就可以变得有蔬菜的质感。

*风干的蔬菜*，如：豆类（黄豆、豆荚和扁豆）需要过夜浸泡。

剥皮的干豆子不再需要在水里浸泡。

---

**作业**

① 请说明含大量蔬菜的菜肴的三个优点。

② 请说出至少三种根据植物各部分结构划分的蔬菜种类，每个种类中至少列出三种不同的蔬菜。

③ 甘蓝类蔬菜和葱蒜类蔬菜是根据不同的观点命名的，请陈述原因。

④ 四季豆和绿豌豆都不属于豆类，这是对的吗？

⑤ 经销商会谈到高价蔬菜，如何理解什么是高价蔬菜。请至少列出三种高价蔬菜。

⑥ 出于保健的原则，哪些蔬菜不可以同时食用。请说出你的观点。

⑦ 一些蔬菜不适合生吃。请举出两个例子，并说出理由。

⑧ 为了最大限度保持蔬菜的营养价值，怎样处理蔬菜？

⑨ 一些沙拉主要在冬季供应，请至少举出两个例子。

⑩ 为什么绿芦笋比白芦笋价格低？

⑪ 新鲜采摘的芦笋有哪些特征？

⑫ 请解释为什么不可以将剩余的蔬菜放在没有盖盖子的罐子里存放。

⑬ 请列出使用冷冻蔬菜的优势和劣势。

# 2 蘑菇

## 2.1 结构与成分

我们平常吃的蘑菇，并不是整株植物，而只是长在地面上的子实体（图1）。整株植物包含呈细丝状分布在地表下的部分，人们称之为菌丝体。菌盖的下方有管状的菌褶，如牛肝菌。其他品种的蘑菇（如香菇）下方则是片状的菌褶（图2）。由于蘑菇的不同品种、生长环境以及生长季节，其对饮食营养的意义也不同。蘑菇的营养成分约为2%的蛋白质和3%的碳水化合物，比许多其他的蔬菜都要少，但由于其鲜香的味道非常受人喜爱。

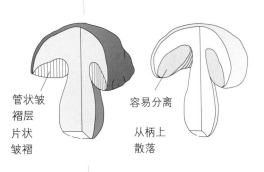

图1：蘑菇的生长

## 2.2 供应

**野生蘑菇**只在特定的季节才有，且数量也是有限的，松露是其中最昂贵的一种。在德国本土的野生蘑菇中，牛肝菌和鸡油菌是最受喜爱的，而在数量上**人工种植的蘑菇**更多，全年都可以生产出所需的数量。其中数量最多的是白蘑，其次是平菇（牡蛎蘑菇）和褐绒盖牛肝菌。

管状皱褶层
片状皱褶

容易分离
从柄上散落

图2：牛肝菌科
（如：牛肝菌）
和蘑菇
（如：白蘑）

### 野生蘑菇

#### 松露

松露更准确的名称是佩里戈尔黑松露，小的如核桃，大的有苹果那么大，颜色为黑色，表面具有多角形疣状物，内部为棕红色或黑色，且遍布着白得发亮的细密纹理。真正的松露采摘期是在12月至次年3月。最好的松露出产自法国、意大利、西班牙，保加利亚同样也出产松露。由于其特殊的香气，松露是最贵的蘑菇种类。在夏秋季，还供应出产的白松露和夏季松露。

#### 牛肝菌

牛肝菌，也被称为绅士的蘑菇，是一种味道极好的食用菌。菌盖颜色为红棕色，刚生长的牛肝菌的菌柄为灰色，慢慢会变成黄色然后变橄榄绿。牛肝菌很容易长蛆，而优质、新鲜的牛肝菌是没有蛆的，放置一段时间后，菌柄会变黏且开始分裂。

#### 鸡油菌

鸡油菌由于其颜色又被称作鸡蛋黄菌或杏菌，刚生长出的鸡油菌菌盖为朝下拱的圆球形，成熟后的菌盖会向上呈漏斗状张开，可以看见蛋黄色的子实体以及向下弯曲的边。鸡油菌是非常适合搭配肉烹调的食用菌。

### 羊肚菌

由于羊肚菌含有强烈的香气，它经常用于制作酱汁。在不同的种类中，深褐色的羊肚菌最令人垂涎，其次是淡黄色或灰色的羊肚菌，菌盖处有蜂窝状凹陷，菌柄较长。

## 人工种植的蘑菇

### 白蘑

只有人工培植的蘑菇种类才能被称作白蘑，长在草地上的野生种类为草蘑。在蘑菇罐头中，菌盖全闭合的为一级，品质最佳；其次是菌盖半散开的为二级；菌盖全散开或为块状的为三级。

新鲜嫩口蘑的菌盖都是闭合的，且颜色都是一样的浅色，储存时间过长的话，口蘑切开的边缘会变成褐色，老的口蘑菌盖松弛，菌褶颜色较深。

蘑菇或牛肝菌也是蘑菇的一种类型，菌盖为棕色，味道比较浓。

### 平菇

由于平菇的肉质柔软，又被称为牡蛎蘑菇。其菌盖顶部如丝绒般光滑柔软，颜色为鼠灰色或深灰色，但是也有浅黄的。刚生长的平菇菌盖边缘朝下，成熟的牡蛎蘑菇看上去是漏斗状的。大的牡蛎蘑菇的菌柄较硬，因此需要切掉。

### 褐绒盖牛肝菌

褐绒盖牛肝菌的菌盖为半球形，直径约为10cm，颜色先为淡褐色，随着菌菇的老化颜色慢慢变淡。刚生长的菌菇菌褶的颜色为灰紫色，成熟的菌褶颜色为黑色。褐绒盖牛肝菌的口感类似牛肝菌，烹饪方式也与牛肝菌一致。

## 2.3 厨房加工

只使用优质的新鲜食材进行加工。加工前，应将蘑菇小心地从土地上采摘下来。切蘑菇时需要注意：越紧实的蘑菇，切出来的片就越纤薄，也更香。

首先将**干蘑菇**洗净，并用水浸泡，烹饪时再将蘑菇从浸泡水中捞出，这样可以彻底清除蘑菇中残余的沙子。烹饪时可加入少许浸泡蘑菇的水，这样会使菜肴更香。

## 2.4 菌菇的储藏

**新鲜的蘑菇**保存期限较短，且需要储存在冷藏室内。

**蘑菇罐头**开盖后需尽快吃完，在上菜间隙和过夜时，没吃完的部分必须放在冷藏室内。

**干蘑菇**需储存在干燥、阴凉的通风处。

# ❸ 土豆

土豆块茎不是水果，而是一种植物的地下根部块茎（图1）。它被当做是植物繁衍下一代的贮藏器官，块茎为从"芽眼"生长出的"嫩芽"提供养分。在春季，也可以在食用土豆上观察到这样的萌芽过程。

## 3.1 种类

**厨师**根据以下三点来**划分**土豆
- 烹饪特征，
- 收获/供应时间，
- 品质。

**烹饪特性：**

图1：一株土豆植株

土豆含有
- 以淀粉形式存在的约18%的碳水化合物，
- 有高补充价值的约2%的蛋白质，
- 丰富的钾和维生素C。

| 耐煮不烂，保持原形 | 较耐煮，基本不烂，保持原形 | 不耐煮，易煮烂、绵软 |
|---|---|---|
| • 烹调时较为细腻滑顺<br>• 淀粉含量较低 | • 口感较为面，绵软<br>• 淀粉含量居中 | • 口感非常面，极其绵软<br>• 淀粉含量较高 |
| | | |
| • 表皮完整<br>• 品种有：汉莎、西格林德<br>• 适合制作土豆沙拉 | • 表皮轻微皱裂<br>• 品种有：西尔维娅、海拉、格拉塔<br>• 适合制作盐水煮土豆和炸薯条 | • 表皮轻微皱裂<br>• 品种有：达图拉、伊尔姆盖德<br>• 适合制作土豆泥、土豆团子 |

| | | 主要供应于企业 | | |
|---|---|---|---|---|
| 较早熟品种 | 早熟品种 | 中熟品种 | 晚熟品种 | |
| 6月 | 7月 | 8月 | 9月 | 10月 |

**收获时间/供应时间**
餐饮业把早熟品种的土豆称作"新土豆"，早熟类土豆产自较温暖国家收获季之初，德国在7月份盛产这类土豆。这种品种的土豆皮薄、淀粉含量少，烹饪时能保持原状。中熟品种8、9月份成熟，晚熟类品种的成熟期持续到10月份，一般的，较晚熟的品种中淀粉含量较高。

**品质**
不同的土豆品质也不同。**外部品质特征有**：均匀大小、芽眼低温（最好表皮平滑）、没有损伤。**内部品质特征**，如：保持原来形状的烹饪特征或口感绵软，烹饪特征，味道和颜色等。

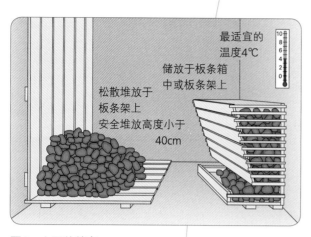

最适宜的
温度4℃

储放于板条箱
中或板条架上

松散堆放于
板条架上
安全堆放高度小于
40cm

图1：土豆的储存

## 3.2 储存

企业储存土豆（图1）大多是为了满足企业自身需求。储存时应注意以下几点：

- 小心处理，以免出现压伤。
- 储存时，禁止使用塑料包装。
- 堆放高度不得高于40cm。
- 保持空气流通，且温度保持在4℃左右。
- 避光贮存，以免光线对土豆产生影响，土豆变绿的过程中会产生有毒物质茄碱，茄碱耐高温。

## 3.3 预制食品—方便食品

可以使用土豆制作多种多样的配菜，并且用于搭配不同的菜肴。烹饪土豆前的准备工作如清洗和削皮耗时耗工，而且人们不愿意干这些事情。因此，工业就开始提供越来越大范围的预制土豆商品。除了削皮土豆和土豆团子（面团）等"**新鲜产品**"，还有大量的**干燥商品**和**冷冻商品**。

### 干制产品

- 储存：凉爽、干燥的条件下，
- 保质期：一年左右，
- 详细的营养价值：见出厂产品包装。

在继续加工土豆之前，应该将干燥时脱出的水分再"输送"回去。只有在再加工时遵循规定的数量和时间要求，才能得到无缺陷的产品。**土豆团子粉**就是依据相应规定的类型（生制、半生半熟和熟制）进行供应。**土豆泥**以土豆粉和土豆絮状物形式供应。烹饪土豆类干燥商品时要注意商家的烹饪说明，操作不当会制成发韧、粘黏的食物。

### 冷冻产品

- -18℃恒温储存，
- 保质期：6个月左右，
- 详细的营养价值：见出厂产品包装。

速冻产品中，最主要的产品是炸薯条。将土豆切条，然后在沸水中焯水，最后用油炸。此外，**煎土豆**、**土豆煎饼**和**土豆棒**都是速冻食品。速冻薯条用油炸至熟透，绝对不能一次向沸油中倒入多薯条。因为速冻薯条本身温度过低，大量的速冻薯条会使油温迅速下降，而油温过低会增加薯条中的油脂含量，从而降低成品炸薯条的品质。

**作业**

① "土豆使人发胖"是一个广为人知的观点。您对此有何看法。请您在陈述观点时将盐水煮土豆和炸薯条作为示例进行考虑。

② "同一种土豆不可能既做出无可挑剔的土豆沙拉，又做得出优质的土豆泥。尽管这样，许多厨房还只是使用一种土豆。"请您给出可能的原因。

③ 使用"内部品质特征"评价土豆是什么意思？

④ 人们更青睐于表皮光滑结实、芽眼浅的土豆，为什么？

⑤ "我们在家里自己做土豆团子时，会使用在黄油里煎过的白面包丁。但是买来的速冻团子就不再需要。"对此您怎么看？

# ④ 水果

## 4.1 对营养供给的意义

尽管绝大多数水果都有有限的保质期，但是人们可以随时随地买到任何水果。这都要归功于日益改善的商品储藏条件以及多样化的进口渠道，例如：冷藏运输和航空运输。

水果含有的**营养成分**主要是以果糖和葡萄糖形式存在的碳水化合物。葡萄糖可以被血管直接吸收。水果是维生素和矿物质的重要来源，它有保健和调节身体机能的作用。果酸和果香成分使水果酸爽可口、增进食欲。水果富含膳食纤维，这有助于促进身体的新陈代谢。

水果的**热量含量**很低，特别值得一提的是，只有像核桃之类的坚果才含有较多的脂肪。

在收获葡萄和浆果时，其香气达到顶峰，应立即食用。像苹果、梨等核果类水果以及橙子等水果，**收获时期**和**食用时期**是不同的时期。收获后的水果会继续生长，长成人们所期望的软硬程度，并且会产生品种特定的味道。

过早收获的水果虽然很容易运输，但是在储存过程中并不会完全成熟。

## 4.2 使用

根据水果的用途，人们把水果分成优质水果和加工类水果。

**优质水果**常见于早餐的自助冷餐或者客厅的果盘中（图1），其益气提神的果酸味和爽脆的口感深受人们喜爱。由于水果表面可能保留残留物，因此使用水果前必须进行彻底清洗。

**加工类水果**用于制作：

- 糖煮水果，做餐后甜食，
- 馅料，
- 蛋糕上的装饰。

图1：新鲜水果果盘

## 4.3 分类

水果是对多年生植物果实和种子的统称。市面上通常把水果分为以下几类：

- **核果类水果（果核无硬壳）** 如苹果、梨
- **核果类水果（果核有硬壳）** 如樱桃、李子
- **浆果类水果** 如草莓、醋栗
- **热带水果** 如橙子、香蕉
- **坚果** 如核桃、杏仁
- **干制水果** 如葡萄干、干无花果

以上涉及的水果种类仅仅是众多水果品种中的一小部分，在每个水果种类中主要列举了那些常见的水果，也就是市场上主要供应的，以及在厨房或者蛋糕店中占重要比例的水果。新的水果培育方法和口味变化将会使水果品种处于不断变化之中。

## 4.4 核果类水果（果核无硬壳）

核果类水果的典型特征是有一个果芯，果芯内含有水果果核（种子）。餐饮业根据用途来区分核果类水果，上等水果应该达到香甜可口的标准，烹饪型的水果则偏重于酸甜品种，因为此类水果品种即使在煮的时候依然会保持原来的形状。

### 苹果

苹果的运用五花八门。它是瓦尔多夫沙拉的主要材料，也是做烤鹅、烤鸭时的填充物，还是蛋糕店里最重要的水果。从苹果蛋糕到苹果煎饼，苹果在烹饪上的运用真可谓是五花八门。

### 梨

梨的食用时期特别重要。它可以用来制作糖煮梨、水煮梨和梨子蛋糕。

## 4.5 核果类水果（果核有硬壳）

### 樱桃

根据口味不同，人们将樱桃分为甜樱桃和酸樱桃。**甜樱桃**果肉丰满，肥厚多汁，其颜色多样，从黄色到浅红色再到深红色。**酸樱桃**的颜色为红色至深红色。最著名的品种是欧洲酸樱桃和马哈利酸樱桃。

### 李子

李子果皮呈蓝色，果肉饱满。不同种类的李子形态不同、上市时间也不同。

### 莱茵克洛德李子

莱茵克洛德李呈黄色或绿色，是李子的一个变种。

### 桃子

桃子果皮表面有茸毛，食用前通常将茸毛清洗掉。果肉多汁，为橙黄色和泛红色，果肉里包含着果仁。**油桃**是桃子的一种，其果皮光滑。

### 杏

相对于桃子来说，杏形态更娇小，果肉更坚实多汁。

## 4.6 浆果类水果

浆果类水果主要生长在灌木类植物上。其种子分布于果肉内部（如：醋栗）或者附着于果皮表面（如：草莓）。

### 草莓

人工培育的草莓品种繁多，大小、口味都有所区别。因此，购买时建议进行口味比较。

### 覆盆子（树莓）

覆盆子是一种由许多单个小果实组成的聚花果，它主要通过低温冷藏来达到长久储存的目的。

### 葡萄

食用葡萄的果实有薄皮和较少的籽。根据种类不同，颜色也不同，有浅绿色或紫红色的外皮。

## 4.7 热带水果

热带水果是一个总括概念。顾名思义，它是指那些产自热带、亚热带地区的可食用的水果。通常这类水果并不能在欧洲生长，全靠从热带和亚热带国家进口。比如说柑橘、香蕉、新鲜的无花果以及一些所谓的热带水果。**热带水果**是指新奇的、罕见的进口类水果，比如木瓜、芒果和荔枝。热带水果的供应在不断增多，对进口产品的分类在不断变化。

### 橙子

**橙子**的果肉呈现黄色至红色。**脐橙**无籽。可以新鲜食用甜橙的果肉，也可以用其榨汁饮用。

### 柚子

柚子直径10~15cm，果肉味极酸，同时含有淡淡的苦味。柚子有开胃助消化的作用。

### 青柠（酸橙）

青柠和柠檬相比，皮更薄，果皮呈绿色。果汁味道微酸，主要用于调味或制作果汁时使用。

### 菠萝

许多单块的菠萝果肉围绕着一个中轴，本来的果肉形成一个假果。只有在完全成熟的时候，才会产生典型的味道。若菠萝内部的玫瑰叶状苞片可轻易拉下，就表示完全成熟。

### 鳄梨

鳄梨形状呈梨形，果皮平滑或有轻微凹纹，为绿色。其鲜嫩果肉呈黄绿色，脂肪含量高达30%，因此果肉绵柔如奶油。

### 柿子

柿子呈苹果状，颜色为黄色至橙色。果肉味甜，其果核位于果实内部。熟透了的柿子美味可口，可用于制作水果沙拉。

### 荔枝

荔枝大小同李子，果皮有鳞一样的凸起，颜色为粉红色至红色。成熟时果肉呈半透明凝脂状，多用来制作罐头。荔枝适合制作糖煮水果，水果沙拉和嫩肉的装饰。

### 石榴

石榴树是落叶灌木，主要生长在地中海沿海国家。单个石榴重100～300g，肉质多汁，种子数多，呈鲜红色。可以将石榴制作成果汁、混合饮料，也可用于制作口味独特的冰淇淋。

### 猕猴桃

猕猴桃果皮为棕色，果肉为绿色，也被称作中华醋栗。用拇指轻轻按压果实，如果手感较软，就可以食用。猕猴桃可用来制作水果沙拉、果酱和三明治，用沸水焯后还可以用来制作凝乳甜品和水果蛋糕。

### 梨果仙人掌

梨果仙人掌是仙人掌的一种，表皮粗糙，果皮颜色呈现绿色、棕色调至橙红色。主要从南非和西西里岛进口。梨果仙人掌主要用于制作水果沙拉。

### 芒果

芒果外皮呈绿色、黄色或微红色，主要从近东和非洲进口。果肉呈现黄色、亮黄色，口感绵软甘甜。果核位于果肉中间，呈扁平状，且质地坚硬。芒果皮不可食用。冷冻的芒果可以用来搭配火腿、鲑鱼和奶酪，也可以用来制作餐后甜食、酸辣酱和水果沙拉，还可以用作烹饪时的配菜。

### 木瓜

木瓜是一种无花果树木的果实，表皮呈绿色，果肉呈鲜红色。单个木瓜重量最高可达6kg。从中美洲和南美洲进口的木瓜大多是木瓜罐头。木瓜还可以用来制作餐后甜点或混合饮料。

**西番莲（鸡蛋果、百香果）**

鸡蛋果长约10cm，多子，属于芭蕉类藤本植物。收获时果皮呈绿色，完全成熟之后果皮呈现紫红色至褐色。芳香可口的果肉可用于制作果汁、甜食和冰淇淋。用鸡蛋果制作的果汁和利口酒深受人们喜爱。

## 4.8 坚果

所有坚果品种都属于干制水果类水果。木质果皮下生长着可食用的、含油脂的种子。

对于企业来讲，购买已脱皮的干制水果比带皮干制水果实惠。

**核桃**

核桃的油脂很容易变质。因此不宜大量购买，且宜放置在阴凉通风处。

**榛子**

榛子大小均匀，外形饱满浑圆，既不干瘪也不皱缩。晚熟型的榛子表皮干燥，油脂容易变质。食用前，应将榛子在适当的温度下加热并进行焙炒，从而最大限度地激发出它的香气，此外，通过翻炒，榛子的棕色薄皮极易脱落。

**杏仁**

杏仁分为甜杏仁和苦杏仁。人们通常所说的杏仁是指甜杏仁。烘烤面包或糕点时加入少量苦杏仁以增加食物芳香。用开水短暂浸泡后，更容易剥离杏仁的棕色外皮。

**开心果**

在使用开心果前，应使用开水氽汤，这样其光滑的外壳就会脱落。微微发绿的果肉主要用于制作肉糕和杂肉拼盘的装饰，也可以用于在蛋糕店中制作糕点。长时间储存会导致开心果失去光泽，因此不宜过多储存。

## 4.9 干制水果

干制水果或果脯是所有烘干水果的总称，主要由苹果果脯、杏肉脯、李子脯和梨脯等组成的混合物被称为烘焙干果或混合干果。

在菜谱中，需要注意名称中的区别。

通过烘干，水果中的水分大量减少，因此易于保存。

人们根据以下特征来区别：

- 苏尔塔尼葡萄干（Sultanien）：浅色、无核、个头大。

- 特劳本罗西纳葡萄干（Traubenrosinen）：颜色较深、有籽、个头大。

- 科林斯葡萄干（Korinthen）：颜色非常深、有籽或无籽、个头小。

**葡萄干**

　　葡萄干是指所有经过干燥的葡萄种类。葡萄经过烘干变成葡萄干能够储藏较长时间。人们对葡萄干作硫化处理，因此其颜色不会变得暗淡。但是经过硫化处理的葡萄干必须标明出来。

## 4.10 水果制品

果冻－果肉果酱－柑橘类果酱

　　水果产品是以水果和糖为原料，二者按相同比例进行生产的商品。水果中含有的果胶发生凝胶作用，果胶含量少甚至匮乏的水果品种可以添加买来的果胶（如奥佩克塔牌果胶）或者添加专门制作果酱的糖。

**果冻**

　　果冻由果汁和糖加工而成，全果果冻中含糖较高。

**果肉果酱**

　　果酱中含有块状或糊状的水果。根据水果含量的不同，人们把果酱分为带果块的果酱和全果酱。

**柑橘类果酱**

　　果酱由柑橘类水果加工而成，如橙子果酱。

糖渍水果

　　将事先处理好的水果浸入高密度糖水中进行腌渍，使糖分充分渗入水果内部。最后人们在水果表面涂上一层糖稀涂层。

- 蜜饯柠檬皮是按照上述方法加工而成，其原料是重达2kg的香橼（香柠檬）。
- 蜜饯柑橘皮是由酸橙皮加工而成的。
- 去糖衣蜜饯是根据蜜饯水果的制作方法加工而成，但是表面的一层糖浆层被去掉。

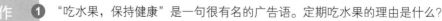

**作业**

① "吃水果，保持健康"是一句很有名的广告语。定期吃水果的理由是什么？

② "从营养学角度来看，坚果根本不适合归为水果。"

　a）请列出四类坚果

　b）认为坚果是水果中的一个特例，是正确的吗？请您说明原因。

③ 请您举例说明，收获期的梨与食用期的梨有何不同？

④ 过冬储存干燥水果是一种古老的水果防腐储藏方式。

　a）请至少列出四种采用干燥方法实现长期储存的水果。

　b）葡萄干有哪些用途？

⑤ 您在菜单上找到"热带水果沙拉"，查阅本书第373页提到的进口蔬菜，并尝试说明"热带水果沙拉中"包含的材料。

# 5 粮食

## 5.1 种类

从植物学角度讲，粮食作物属于禾本科植物，小麦、黑麦、燕麦和大麦生长在欧洲，在美洲生长着玉米，在亚洲，稻米则是最重要的粮食种类。

## 5.2 对营养供给的意义

自古以来，粮食就是营养供给的重要基础。随着近代社会经济发展水平的提高，人类逐渐开始不依赖面包，然而时至今日，粮食的价值再次受到重视。

所有粮食的主要营养成分都是为身体提供能量的淀粉。食用全麦制品时，人体同时吸收适量的维生素，尤其是B族维生素。

粮食的糊粉层中也含有大量的矿物质。植物纤维主要存在于那些不能被人体吸收的粮食外壳中，有促进消化、防止便秘的作用。当人们食用全麦制品的时候，不仅吸收了能量，而且吸收了重要的营养成分。这就是人们所说的粮食的营养物质比重很高。

## 5.3 粮食的结构和成分

**粮食颗粒**是由**三个主要部分构成**。

严格来说，**粮食颗粒**是粮食的主要部分，主要由**淀粉**和蛋白质构成。

**麸皮**由多层构成。其中主要包含植物纤维和矿物质。

**胚芽**可以长成植株。其中包含的储藏物质主要有**维生素**、**矿物质**、优质蛋白质和脂肪。

小麦　　黑麦　　燕麦　　大麦　　玉米

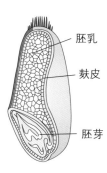

胚乳

麸皮

胚芽

试验
1. 将粗粒小麦粉和经过烘干、碾碎的青草或香菜混合。放置一张桌子，将混合物置于纸上。在于视线平齐的高处，缓慢倾倒混合物，同时用嘴轻轻吹这些落下的粉末。
2. 用100g德国标准405号面粉和成一个面团并醒制10min。使用纱布包住面团，在流动水下清洗面团，直至洗面的水变清为止，将洗面水收集起来。
   当洗面水产生沉淀物时，将上面的清水倒掉，然后向白色的沉淀物中滴入几滴碘酒。
3. 用100g德国标准1050号面粉和成一个面团并醒制10min。按照"试验2"的方法洗面，将两种试验中获得的沉淀物揉成小面球，并在220℃的烤盘中烘烤。请您对两者进行比较。
4. 将5g面粉放在一块金属板上，将金属板放在煤气灯上加热。

## 5.4 研磨粮食

首先在研磨机中清洁粮食。

在研磨成精细面粉的过程中，粮食颗粒首先经过带凹纹滚筒碾压。筛网将不同尺寸的颗粒分离。风可以吹落谷壳，将其与较重的面粉颗粒分离（试验1，第385页）。然后将白色的面粉颗粒研磨精细。

根据**精细程度**将研磨制品分为大粗粒、粗粒、细粒和面粉（图1）。

**精磨程度**的评估并不取决于研磨的精细程度（图2），而是指面粉中所含麸皮与胚芽的比例管理（参见面粉分类编号）。

**全麦制品**包含所有经清洁粮食的成分——与研磨成大粗粒或精细的面粉无关。全麦制品的营养价值极高。

**精白面粉**颜色亮白，因为麸皮与小麦核心被分开，即小麦种子最核心的部分被挑选出来，它缺乏活性物质。

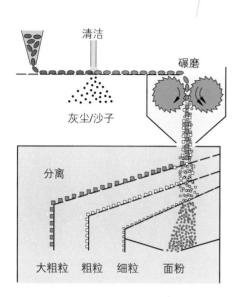

图1：从粮食到面粉

由其产生：

> **深色面粉**
> * 大量麸皮
> * 大量矿物质
> * 大量灰分
> * 编号数字大，如：1700号面粉
> * 全麦面粉
>
> **浅色面粉**
> * 少量麸皮
> * 少量矿物质
> * 少量灰分
> * 编号数字较小，如405号面粉
> * 精白面粉

### 面粉类型

面粉的精磨程度决定面粉分类编号。面粉分类编号依据灰分测定结果确定：每100g无水面粉燃烧后，所残留灰分含量为多少mg。灰分由不可燃的矿物质构成，主要存在于麸皮中。

厨房中最常使用的面粉是405号面粉和550号面粉（图3）。

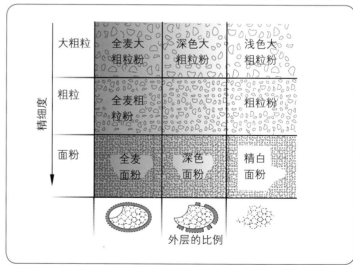

图2：根据精度和麸皮份额划分的研磨制品

将**即溶面粉**直接搅入水中时，其不易结块，因此特别适合制作种类繁多的面制品。人们利用这个特点，将极细的面粉颗粒结合水分黏合成容易看出颗粒的较大的团子。

图3：用405、550号面粉烘烤出的面包成品

**烘焙预拌粉**

烘焙预拌粉含有所有或大部分烘焙特定烘焙制品的成分。

和面（图1）时需要加入液体，如水、牛奶等，有些种类可能需要添加酵母、鸡蛋和油脂。

市场上出售可直接使用的产品，如：

- 制作一般**酵母面团**，制作油炸圈、比萨、爵巴塔面包的专用酵母面团预拌粉。
- **海绵蛋糕面团**预拌粉用于制作大蛋糕的蛋糕坯。
- **细颗粒面团（莎布蕾面团，油酥塔皮）**预拌粉可用于制作大理石蛋糕。
- **烫面面团**预拌粉可用于制作泡芙和土豆面团。

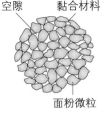

空隙　　黏合材料

面粉微粒

图1：即溶面粉

## 5.5 粮食制品

除了面粉之外，人们还用粮食生产出一系列副产品。

- **大粗粒** 是粗磨的粮食颗粒，尺寸不均匀。全麦大粗粒含有胚芽和麸皮，所有的粮食种类都可以生产出大粗粒。
- **麦仁** 是经过去除麸皮的全麦谷物颗粒，外形浑圆饱满，它主要是由大麦制成，可以用来熬粥。
- **麦片** 是指将经过去皮或未经去皮的谷物颗粒加以蒸煮，碾碎并烘干的食品，最著名的麦片是燕麦片。
- **麦糁（麦渣）** 是指经过去皮，切碎的燕麦、大麦、荞麦或嫩麦粒的碎渣。可以用来熬粥或制作香肠。

**淀粉**

粮食颗粒的细胞中或土豆块茎中含有丰富的淀粉，淀粉是细胞中最普遍的碳水化合物储藏方式。

- **小麦淀粉和玉米淀粉**
  - 淀粉糊呈乳白色、混浊状，性质稳定，不会分离。
  - 主要用作食品做芡汁、胶凝剂、黏结剂或稳定剂，如用来制作奶油制品、作为海绵蛋糕面团添加剂等。
- **土豆淀粉**
  - 淀粉糊清澈，发韧，只能在一定时间内保有液体。
  - 可用来做芡汁，如制作肉汁时添加适量的土豆淀粉，因为煎肉的肉汁应保持清澈。
- **专用淀粉**

  这类淀粉由工厂生产。
  - **冷冻型淀粉**，即使在冷冻情况下依然保持其勾芡的效果，然而普通淀粉并不具有此性能。
  - **冷用型淀粉（熟淀粉）**，能够在不受热的情况下黏结液体，因为它已经糊化然后经过干燥。

西米

西米（西米谷）是淀粉，呈圆球状。其外层包裹着一层糊状薄衣，熬煮时会膨胀但不会煮烂，可用于制作冷甜汤，也可用于给汤勾芡。

棕榈树类西米淀粉是从西谷椰树的木髓部提取的淀粉，烹饪时需要长时间烹煮。

德国西米是从土豆块茎中提取的淀粉，在市场上很常见，它比棕榈树类西米淀粉便宜得多。

## 5.6 烘焙产品

### 面包

面包是以粗磨或精磨的粮食（图1）为原料加工制成的。

**制作面团（和面）**需要混合面粉和水。加入酵母或酸面团（面肥、老面）用于进行稍后的**松弛**，在揉面的过程中，面粉成分会吸收水分并被泡胀。

在为面团塑形之后，经过发酵后开始**烘焙**。在这个过程中，谷朊开始结块，并且赋予面包结构轮廓，淀粉糊化并因此更容易消化。

面包种类的特点主要由所用的**面粉和烘焙方法**所决定。

**预拌粉**影响面包的味道和保质期。

除了所用成分外，**烘焙方法**也影响着面包的特点。

小麦

黑麦

图1：粮食种类

### 自由塑形式面包

它（图2）有较大的面包皮比例，因为这种面包不使用模具，直接放在烤箱中，热力对各个侧面发挥作用。这种烘焙方法主要用于乡村面包和自制面包。

图2：自由塑形式面包

### 紧密排列式面包

它（图3）有着较小的面包皮比例，面包皮只出现在上表面上。面坯紧密地、彼此紧贴地堆在一起烘焙。

士兵面包（粗粒黑麦粉制作的方形面包）和帕德柏恩面包（浅色黑麦粉制作的方形面包）便是采用此种烘焙方法制作而成的。

图3：紧密排列式面包

### 烤模式面包

它（图4）是在特制的金属板制成的烤模中烘焙而成的。这种烘焙方法主要用于小麦粉面团（吐司面包）和大粗粒粉面包。面包的各个侧面也会形成一层面包皮，但是这层面包皮较薄，对面包的口感只有少许影响。

图4：烤模式面包

### 小麦面粉烘焙制品（小面包）

在不同地区供应的**小麦面粉烘焙制品**的配方不同，形状也有所不同。

旅馆餐饮业供应的小麦面粉面包主要用作早餐，并作为桌面摆放的面包。短暂烘焙小面包，可以产生特别新鲜的效果。

**面包坯**是指采购的、冷冻存放的成型面团，根据需要，按照生产商的烘烤说明进行烘焙。

客人喜欢地区特色的产品。因此，优先选用本地烘焙坊的产品。

## 5.7 面食

最简单的面食由面、水和盐混合的面团制作而成。较硬实的面团经过塑形做成面条，在沸水中烹煮之后，面条即可食用。如果需要将家庭制作的面食用于储存，在塑形之后将面食干燥，等到使用之前再进行烹煮。

工业生产中有同样的工作步骤：**制作面团 ➞ 塑形 ➞ 干燥**。

面食的品质主要取决于面食中蛋白质的含量，因为蛋白质是一种营养物质，它能够使面食紧实和筋道，优先选用高蛋白且面筋含量高的硬粒小麦制作面食。如果选用其他类型的小麦面粉制作面食，需要添加鸡蛋。因此，鸡蛋含量是面食品质划分的一个重要标志。

### 类型

**粗粒小麦粉面食**

参考上文中的说明进行制作，只是其中没有添加鸡蛋。供应的产品有：使用谷朊含量特别高的硬粒小麦制作的意大利面（长圆形，Spaghetti）。

**鸡蛋面团面食**

制作鸡蛋面团是指每千克面粉中至少添加100g鸡蛋所制成的面团。"鸡蛋含量高"或"家庭制作"是指每千克面粉中至少添加200g鸡蛋，"鸡蛋含量特别高"是指每千克面粉中添加300g鸡蛋。

**特殊种类面食**

制作蔬菜面食（图1）和香草面食时要添加相应的配料，例如：制作绿色面条时需要使用菠菜，制作红色面条时需要使用番茄汁，制作黑色面条时需要使用墨鱼的"墨汁"。

图1：蔬菜面食

全麦面食是由全麦面粉制作而成的，呈棕色，味道浓郁。市面上销售经冷藏或冷冻的**带有馅料的面食**，它们种类丰富，有地域性的和意大利的特色菜。

德式水饺（图2）是一种带馅料的面食，通常使用菠菜或绞肉/肉糕作为馅料。

意大利式水饺外形小巧，呈正方形，带有馅料，馅料可以使用菠菜、乳清奶酪或含有香草的绞肉/肉糕制成。

意大利式馄饨外形小巧，填有馅料，并弯折成圆形。

意大利式大馄饨是放大版的意大利式馄饨。

图2：德式水饺

图1：不同的面条形状

## 形状

面食的形状和命名非常多样。形状不同的面食，食用方法也不同。

### 挂面和切面

从视觉上来讲，细长形状的面条不是主角，它只用作清汤或蔬菜汤中汤料。较大的表面积使面条的味道发挥作用。此外，面条还可以作为荤菜的配菜，也可用于制作面条馅饼。

### 短的、螺旋形状的面条

像牛角形状、螺旋形状或麻花形状的面条（图1）有多个表面，因此有多个优点：

* 储存时不易粘连，
* 表面体积大，更易"挂住"酱汁，
* 特别适合搭配使用煎肉酱汁的菜肴，
* 分成多个部分的表面使面食在视觉上给人以饱满的感觉，因此，一人份看上去更多。

## 5.8 稻米

图2：水稻

水稻（图2）是一种粮食作物，它仅生长在温带和热带的气候条件下，因此，德国的大米依赖进口。大米营养丰富，含有大约80％以淀粉形式存在的碳水化合物，糙米含有丰富的B族维生素，大米几乎不含维生素，大米含有大量的钾和少量钠，因此大米适合搭配少盐的菜肴食用。大米既可以用于制作咸味菜肴（汤、配菜），也可用于制作甜味菜肴（蛋白牛奶酥、布丁）。

## 稻米种类

稻米种类繁多，人们从两个角度对其进行分类：

* **生物种类**决定其**烹饪特性**。
* **加工方式**决定其**营养价值**和外观。

商业中常见的大米形状和烹饪特性之间存在关联。

### 生物种类

#### 长粒米（图3）

米粒长6～8mm，硬质呈现玻璃状。烹煮后，颗粒分明且松散。主要用作配菜和汤中的汤料。最著名的长粒米类型为巴特纳米，卡罗里纳米与其有类似的特性。印度香米是一种印度的精品长粒米，煮熟后米粒松散且拥有特殊的香气。

#### 圆粒米（图3）

圆粒米外形浑圆，长5mm左右，呈乳白色。蒸煮时，它可以吸收更多水分，从而使米粒软糯黏绵。意式白米和那罗米都是最受欢迎的制作意大利烩饭的圆粒米种类。其他的圆粒米类型用于制作甜品，如：牛奶甜饭或特劳特曼斯多夫甜饭（牛奶甜饭搭配水果）。

图3：长粒米　　　圆粒米

## 加工方式

**糙米**是指仅碾去谷壳的稻米，并未碾去表皮，因此糙米的颜色呈棕黄色，它含有维生素和膳食纤维，与白米相比，糙米的味道更浓郁，烹煮时间更长。由于胚芽中含有脂肪，因此不能长期储存。

**白米**是指碾去谷壳、也经过打磨的大米，去掉了含有活性成分的外壳和胚芽。白米米粒的味道比较中性，适合长期储存。

**蒸谷米（半熟米）。**蒸谷米是以籼稻为原料。使用蒸汽和压力按照特殊方法进行处理。在这个过程中，壳内的维生素和矿物质转移至米粒的核心部分中。然后，对米粒进行打磨。这使米粒更有营养，更耐煮。

在单个大米品种内，大米的品质取决于碎米粒的比重。品质从高到低依次是：

**精品米 ➝ 标准米 ➝ 家庭用米**

## 菰米

严格意义上，菰米不是一种米，而是北美洲一种草的种子，颜色呈灰黑色，其长钉状的米粒经过焙炒后有坚果类型的味道。与白米相比，蒸煮菰米的时间较长，价格也比白米更贵。

**贮存**：

存放于通风、干燥的地方，经过打磨加工的菰米可以保存长达两年。

---

**作业**

① 请列举出三种在烹饪中大量使用的谷物。

② 凡是说到全麦产品，总是会提到富含营养物质。请您对此作出解释。

③ 谷物颗粒由哪些主要的组成部分构成？

④ 面粉分类编号是如何确定的？

⑤ 市场上出售的精白面粉有何优点和缺点？请您列举出来。

⑥ 大麦可加工出麦仁和麦糁，如何对二者进行区分？

⑦ 请您至少列举出两种西米的用途。

⑧ "我吃的是糙米，因为糙米健康，营养价值高，您还是别吃蒸谷米了。"对此，您的观点如何？

⑨ 制作烩饭时，您使用哪种米？

⑩ 哪种米可以用来制作作为配菜的米饭？

⑪ 制作紫甘蓝的菜谱中："从开始时就加入一些大米一同烹煮。"在这条说明中，大米起到了什么作用？

## **6** 甜味剂和胶冻剂

### 糖

在口语中，说到糖就是指蔗糖，这种糖是从甜菜或者甘蔗中提炼出来的。有时候，口语中人们也会说是食糖或家用糖。

糖可以迅速为人体提供能量，因为人体可以快速地将其消化。糖是一种"纯能量"食品，因为除了能量，其中不包含任何维生素或者矿物质。因此，不断提高的糖食用量很容易造成能量过剩，随后导致发胖。同时，会导致维生素和矿物质的缺乏。合理的饮食方式就是将糖看作一种调味品。

#### 获取

通过**碾碎**甜菜使细胞破裂并且促进萃取。在**萃取**的时候，制作者一直向甜菜块上冲水，然后对这样获取的糖汁进行提纯。**煮浓**是一个浓缩糖的方法。通过冷却，糖晶体会从浓稠的糖溶液中析出。**离心分离**使糖晶体从糖浆中分离出来，这样就获得了原糖（粗糖）。这种状态的糖还不能投放市场，而是需要进行提纯。

#### 糖的种类

供应的产品（图1）由糖的纯净度、形状和颜色决定。

**白糖**（EG品质II）是原糖晶体，可以使用蒸汽从附着的糖浆残留物中获得。它主要用于烘焙。

**精制白糖**（EG品质I）是最纯净类型的糖。为此，需要将糖晶体溶解和纯化。然后重新开始结晶。

#### 烹调技术特性

糖用作：

* 调味料，例如：沙拉酱、鸡尾酒。
* 防腐剂，因为它有吸湿的效果，例如果酱、果冻。
* （制作甜品时）上镜面、撒糖粉时所使用的美化材料。

### 增甜剂

增甜剂可以替代糖使用，分为代糖和糖精（甜化剂）。

贸易品种

以下的贸易品种是由精制白糖制成的。

* 砂糖：小颗粒的糖。在德国，使用不同的符号标记颗粒尺寸：粗粒 = G，中等颗粒 = M，细粒 = F。使用RF标记的糖是一种颗粒很小的精制白糖。
* 糖粉：研磨的最细密的精制白糖，用于制作装饰或制作糖霜。
* 装饰粉：带有不吸水成分的粉状精制白糖。它不能很快被烘焙食品中的水分溶解。
* 冰糖：极大颗粒的精制白糖，用于装饰。
* 方糖：压成平板后锯成小块的精制白糖。
* 锥形糖：压制成圆锥体的糖晶体。制作火钳酒时需要使用它。
* 方旦糖：使用精制白糖、淀粉糖浆（葡萄糖）和水烹煮成的糖釉。它主要用于制作烘焙产品的糖釉（例如：Petits fours）。

图1：糖的品种

代糖

代糖的分解不需要胰岛素，因此糖尿病患者可以食用代糖。和食糖一样，代糖同样**提供能量**（焦耳）。最常见的代糖是果糖、木糖醇、山梨醇。

甜味剂

甜味剂是一种有**很浓甜味**，但是**没有营养价值**的物质。销售的制剂中主要包含*糖精、甜蜜素*和*阿斯巴甜*。因为糖尿病患者要严格限制使用糖和碳水化合物，而甜味剂提供了一种使菜肴变甜的可能性。广告中，也建议想要减少能量摄入的健康人使用甜味剂。对此，从营养学角度出发没有什么反对意见。但是需要思考，如果不限制总食物摄入量，使用甜味剂达到的减少摄入碳水化合物的目的，实际产生的作用十分有限。

概览

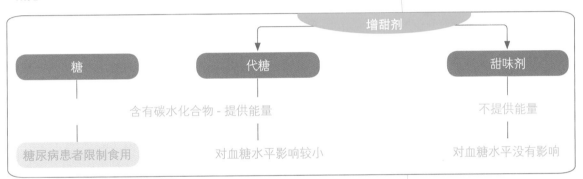

增甜剂

| 糖 | 代糖 | 甜味剂 |
|---|---|---|
| | 含有碳水化合物 - 提供能量 | 不提供能量 |
| 糖尿病患者限制食用 | 对血糖水平影响较小 | 对血糖水平没有影响 |

## 胶冻剂

- **明胶**是一种来自屠宰畜禽骨骼和肉皮的骨胶原（图1）。供应的明胶为粉末状和片状。品质分级为：特级金，金和银。先在水中将明胶片泡软、挤压并小心地加热。明胶用作奶油、蛋白霜和肉汁冻增稠剂。
- **琼脂**是一种经过煮制并干燥的藻类，然后进行销售。经过24h浸软后，用水将海藻煮开，然后获得胶冻，这种胶冻主要在蛋糕店中使用，用于水果蛋糕和分子料理。
- **果胶**是从果渣中提取的。只有在同时使用相应剂量的糖和酸时，才能形成胶冻。用于制作果冻，以及用在水果蛋糕中。
- **蛋糕胶冻、果冻胶冻**：这种产品是一种增稠剂的混合物，在煮沸后进行冷却，就能形成胶冻，并主要用于水果蛋糕。
- **改性淀粉/熟淀粉/冷芡汁**：熟淀粉的优点是，不需要煮沸就可以为液体勾芡。为了实现这一点，可以先使用热水令淀粉糊化，干燥后研磨成粉。熟淀粉主要用于甜品店/蛋糕店。
  用于香草奶油霜的冷奶油粉，
  果汁增稠剂用于粘住酸樱桃，例如：黑森林蛋糕中的樱桃切片。

图1：不同形状的明胶

与快速生产这一优点相对的是，熟淀粉的黏合力会更快减弱。

# 7 香料、烹调香草和调味料

## 7.1 嗅觉和味觉的感知

评估菜肴不仅仅依据其中所含的营养物质。菜肴的卖相（眼睛也参与享用美食）、香气和味道都应当开胃，使人"食欲大动，垂涎三尺"。

对我们而言，一道菜肴是否"美味可口"，取决于菜肴中包含的香味物质和味道物质。虽然通常只是提到"品尝"和"味道"，但是香气对一道菜起到的决定性作用比味道所起到的作用更大。

人们常常将**味道**与舌头上的感觉联系在一起。舌头除了可以感知温度外（热-冷），还能够区分四种味道的强弱，即：甜、咸、酸、苦。除此之外还能够识别鲜味（一种特定的氨基酸）和油脂。

然而**气味**却与此不同：鼻子是非常灵敏的，能够区分上百种气味。这意味着：与舌头相比，鼻子能感受到更多。这也是以下这一现象的主要原因：当人们流鼻涕时就不能很好地尝出食物的味道。

我们从菜肴中品尝到和闻到的内容，由以下几点确定：

* 所使用食材自身带有的气味（鱼还是鱼味，羊肉还是有羊肉味等）。
* 烹调菜肴时产生的气味物质和味道物质，例如：煎制食物时。
* 香料的作用。

植物的所有部分都可以用作香料和烹调香草。例如：

试验
1. 请您在以下情况下观察自身的唾液分泌情况：
   a）您看见一道自己最喜欢的菜肴或者是看起来很好吃的菜肴时，
   b）您闻到煎制食物的味道或新鲜烘烤的烘焙食品的香味时，
   c）有人在咬柠檬。
2. 请您比较一下以下食物的味道
   a）盐水煮土豆-烤土豆，
   b）煮熟的鱼-煎制的鱼，
   c）烹煮完成的面食-在平底锅中重新加热的面食。
3. a）请您在纸上压碎一些丁香，然后观察，油斑什么时候消失。
   b）请您将一块橘子皮或一块柠檬皮和一支燃烧的蜡烛挤压在一起，然后观察火焰。
4. 请您将白胡椒粒弄碎，闻一闻，并品尝一些
   a）弄碎后立即进行，
   b）几个小时以后进行。
5. 请您泡一杯茶。15min之后取出茶包。观察表面，然后品尝茶。

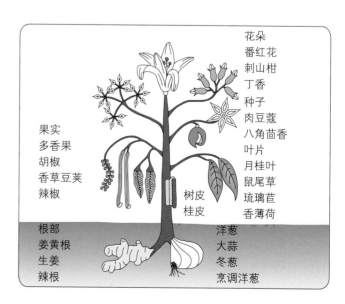

| | |
|---|---|
| | 花朵 |
| | 番红花 |
| | 刺山柑 |
| | 丁香 |
| | 种子 |
| | 肉豆蔻 |
| 果实 | 八角茴香 |
| 多香果 | 叶片 |
| 胡椒 | 月桂叶 |
| 香草豆荚 | 鼠尾草 |
| 辣椒 | 琉璃苣 |
| 树皮 | 香薄荷 |
| 桂皮 | |
| 根部 | 洋葱 |
| 姜黄根 | 大蒜 |
| 生姜 | 冬葱 |
| 辣根 | 烹调洋葱 |

## 7.2 香料

香料是干燥的植物器官，这些植物生长在炎热的地区。强烈的光照使其拥有大量的香味物质和味道物质，大大超出我们自己种植的烹调香草。

**类型**

**胡椒**

胡椒颗粒是攀缘植物的果实。在收获之后，将成熟的果实和未成熟的果实筛选出来。

- **成熟的种子**
  - 白胡椒：去掉成熟果实的果肉，并进行干燥，香气温和的胡椒。
- **未成熟的种子**
  - 黑色的胡椒：使未成熟的果实干燥。因为香料上仍然残留着果肉，所以黑胡椒的味道更辣、更刺激。
  - 绿色的胡椒：未成熟的胡椒果实，在盐水中杀菌或冷冻干燥。
  - 花椒，四川胡椒：亚洲灌木的果实，尝起来有淡淡的甜味。在成熟时采摘收获红色的花椒，用一种特殊的处理方式进行干燥。典型的中式菜肴中使用的香料。
  - 辣椒粉：干燥、磨碎的辣椒。请参见辣椒。

**多香果（甜胡椒）**

直径约为5mm，棕绿色的果实，一部分也被称作丁香胡椒，在快成熟时进行采摘，然后干燥。用于制作腌渍汁（醋焖牛肉、野味），煮鱼，使用心脏和舌头制作的菜肴，也同样适用于圣诞节烘焙的食品。

**辣椒**

用作香料的辣椒是像铅笔一样粗的，长约8cm的辣椒类植物的果实。

辣椒的外皮、辣椒筋和种子中含有香味物质，提供辣味的辣椒素。

比香料辣椒小的是**小红辣椒**（Chilis）。还处于绿色状态时采摘的是青辣椒，成熟后收获磨碎的是辣椒粉（Cayenne-Pfeffer）。

| 成分 | 标识 |
|---|---|
| 外表皮：**香味** | 无辣椒素 美食辣椒 极甜 |
| 表皮内侧，籽：**辣味** | 半甜 红胡椒 |

**月桂叶**

月桂叶是从常绿乔木月桂树上采摘获得的，在整个地中海地区都种植有这种植物。高品质的月桂叶应为绿色的，碾碎后可闻到香味。

用于制作醋焖牛肉和野味，以及德式酸泡菜的腌渍汁。

## 丁香

香料用丁香树长出来的还未开放的花朵进行干燥，花朵中包含有期望获得的芳香丁香油，主要储存于它的花苞中（球形）。用于甘蓝类蔬菜制作的菜肴，德式酸泡菜、野味和鱼汤，也用来制作调味煮制的红葡萄酒和圣诞烘焙食品。

## 葛缕子

在整个欧洲都种植有葛缕子，荷兰所出产的品质最好。葛缕子有助于消化和保持肠道通畅。用于甘蓝类蔬菜制作的菜肴、德式酸泡菜、匈牙利式炖牛肉、煎烤猪肉和利口酒。

## 刺柏果

灌木欧洲刺柏的果实，闻起来有一点松香，尝起来有苦味。品质好的刺柏果有豌豆大小，表面平滑。一般使用完整的果实或者压碎后使用，用于制作野味或者野生禽类、醋焖肉、德式酸泡菜、鱼肉腌渍汁或烈酒。

## 肉豆蔻

肉豆蔻树的种子如核桃般大小，浅棕色的外壳上有一些纹路。用来制作高汤、菜花、土豆泥、肉馅。每次需要使用多少，就研磨多少肉豆蔻。图中，**肉豆蔻粉**和**肉豆蔻刨花**（图片的右下角），主要在制作香肠时使用。

## 芥末籽

芥末籽有两个品种。黄色颗粒的比较大，更加温和，棕色颗粒的更辣一些。将芥末籽磨碎加入水中，在酶的作用下，味道会更辣。加入醋、葡萄酒、盐、糖和可以影响芥末味道的香料，例如：辣根、鳀鱼和香草。

- 调味芥末（Delikatess-senf）和餐桌芥末（Tafelsenf）的辣味适中。
- 第戎芥末主要由筛去外皮的棕色芥末籽制成。
- 甜味或白香肠芥末由粗磨的白色和棕色芥末籽制成，糖赋予其典型的焦糖味道。
- 粗粒芥末是粗磨的、辣味适中的芥末，加热时能够保持香味。

## 桂皮（肉桂）

桂皮是从肉桂树上剥落的树皮，经过干燥后变得卷曲并呈现棕色。桂皮越薄，香味就越细腻。如果只希望获得味道而不需要改变颜色时，应当使用棍状树皮，例如：制作调味煮制的红葡萄酒、糖煮水果时。在制作苹果慕斯、烘焙食品和用于甜品的肉桂糖时使用研磨细致的肉桂粉。

## 姜

姜是植物的根部，干燥后可以作为香料，制成蜜饯后可以作为甜品店中的食材。

主要用于制作：

- 异国风味沙拉，
- 大米沙拉，
- 南瓜类蔬菜，
- 印度风味的肉类菜肴，
- 生姜饭，
- 开胃辣味水果酱汁，
- 蜜饯。

## 番红花

经过干燥的花呈棕红色，尝起来有淡淡的苦。番红花的色素溶于水，颜色为黄色。

用于制作番红花米饭、普罗旺斯鱼汤、西班牙杂烩饭、意大利烩饭、鱼类菜肴和甲壳类动物的菜肴。

## 香草豆荚

一种兰科植物的绿色荚果，经过发酵和干燥，在这个过程中形成细腻的香味。表面有少许白色颗粒是结晶的香草醛。用于制作奶油霜、布丁、舒芙蕾和烘焙食品。沿着豆荚切开，把香草籽刮出来。

香草糖（Vanille-Zucker）中的香草味道来自真正的香草豆荚。

香草醛糖（Vanillin-Zucker）是在糖中添加了人工合成的香草醛。

## 咖喱

这种棕黄色的粉末是印度香料的混合物，其中最多可包含15种香料。赋予其颜色的物质是姜黄根，也被称为姜黄。咖喱粉用于制作不同的米粉类菜肴，异国风情的肉类菜肴以及制作咖喱酱。

## 刺山柑

它是未成熟的、未张开的刺山柑树的花蕾，被浸泡在盐水中。用于制作哥尼斯堡肉丸、调味蛋黄酱、鲱鱼沙拉。

## 工业产品

食品工厂以不同形式供应一系列香料组合。

- **混合香料**由各种不同的香料组成，例如：上文介绍的咖喱就是一种混合香料。其他混合香料有匈牙利式炖牛肉、烤羊肉或胡椒蜂蜜饼的混合香料。可以自己组合调配混合香料。
- **香料配制品**就是将各种香料和其他为食品添加风味的配料混合在一起，例如酱油和塔瓦斯科辣酱（参见调味酱汁）。
- **食用香精**是香味物质和味道物质的配制品，可以为食品增添香味。在甜品店中经常使用浓缩的香草香精和柠檬香精。这种配制品容易储存，并且容易定量。

一些人对味精过敏，对味精不耐受，味精会导致这类人大量出汗和头痛。

- **味精**是一种白色的、粉末状的盐，自己没有典型的味道。它刺激味觉神经，让味觉神经变得更敏感。因此，强化了菜肴本身的味道，而自身又不会突显出来。主要应用于浅色肉、鱼类、蔬菜、米饭、蘑菇和中式菜肴中。

使用调味料的基本准则

- 调味料用于突出和补充菜肴的特点。原材料自身的味道应一直处于首要位置，调味料仅仅是强调或赋予其一些变化。
- 在调味时，一种调味料确定方向，其他调味料进行补充，但是仍处于次要位置。
- 在选择调味料时，应更多地注意制作方式，而不是原材料，这特别适用于肉类和鱼类。

## 使用

使用**经过研磨的香料**，

- 因为它的味道能够很快进入菜肴中，
- 因为经过研磨的香料更容易进行定量。

如果制作者希望赋予味道的物质**不含有**浓缩形式调味料的固体成分，就需要进行**煮浓收汁**，例如：荷兰奶油酱。

使用**完整的香料**

- 当有充足的时间萃取出所用赋予味道的材料时（例如：制作腌渍汁），
- 当香料的固体成分很容易清除时（例如：丁香和月桂叶插在洋葱上，从腌渍汁中取出刺柏果）。

一般情况下，完整的香料需要在**开始炖煮时就**添加。

## 贮存

不要一次性大量购买香料。保存时间过长就意味着品质的降低，因为芳香物质和芳香油容易挥发和消失。通常，人们会说香料"都没有味道了"。出于同样的理由，香料应当密封贮存。绝对不要用潮湿的手指伸入贮存香料的容器中抓取香料，因为黏着的残留物会导致损失。使用一个小的香料铲取用香料是比较适当的方法。

## 7.3 烹调香草

烹调香草（草本香草，厨房香草）不仅能赋予菜肴想要获得的味道，新鲜状态下的香草富含维生素和矿物质，因此对健康饮食而言十分有价值。

### 熊葱

柳叶形状的叶子散发出和大蒜类似的味道，但是呼气时味道不会散发出来。用于制作香草黄油、香蒜酱、沙拉和三明治。

### 罗勒

香料的味道储存在叶片中。只需少量使用，可以用于制作不同种类的蔬菜炖肉、煎烤羊肉和番茄汤。和其他香草混合是一种不错的沙拉调味料。

### 北艾

这种烹调香草特别适用于油脂含量丰富的菜肴中，例如：煎烤鹅肉、煎烤鸭肉和煎烤猪肉，其中包含的物质能够促进油脂的消化，使厚重的菜肴变得容易消化。

**香薄荷**

在开花前进行采摘。新鲜的香薄荷味道浓郁，而干燥之后，它的味道会变得更加厚重和浓郁。在烹调时，味道才会散发出来，因此应当小心使用。香薄荷是很适合放在豆类、小扁豆和一锅炖中的调料。

**琉璃苣**

这种烹调香草的新鲜叶片适合在细细切碎之后作为黄瓜和沙拉的调料，也可制作香草凝乳和绿酱。琉璃苣能够为菜肴带来新鲜的活力。

**莳萝**

莳萝主要用于鱼类菜肴（鳗鲡、腌渍鲑鱼）中、腌渍黄瓜，制作沙拉和生食盘。在腌渍酸黄瓜时，莳萝是必不可少的一种材料。

**龙蒿**

幼嫩的龙蒿叶片是制作鱼类菜肴、酱汁、沙拉、蛋黄酱、酸黄瓜、盐渍黄瓜、芥末黄瓜和调味醋的重要原料。放置时间过长的龙蒿吃起来有刺激且霉臭的味道。

**水芹**

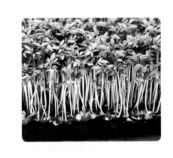

如果将水田芥和水芹细细切碎，就是一种极好的用于为凝乳、汤和沙拉调味的香草。水田芥常用于装饰烧烤菜肴。

**山萝卜**

山萝卜是一种美味的汤用香草（山萝卜汤）。山萝卜也同样适合为蔬菜、一锅炖类菜肴以及生食菜肴调味，当然也适合为多种沙拉调味。

**独活草**

这种植物的根状茎和叶片都是很好的味道载体，用于制作汤、酱汁、沙拉、一锅炖类菜肴。原来的名字叫美极香草。由于味道很浓郁，所以使用时的用量非常少。

**大葱**

大葱作为一种蔬菜使用，但是制作汤和生食菜肴时也会加入。它白色的部分可以替代洋葱使用。

### 墨角兰/牛至叶

墨角兰被用于不同的香肠品种中，它是黄豌豆、匈牙利式炖牛肉和土豆浓汤的专用香料。**牛至叶**是野生的墨角兰，它是意大利菜中的典型香草，例如：用于制作披萨和番茄制作的菜肴。

### 柠檬香蜂草

这种植物也被叫做柠檬滇荆芥，因为在其新鲜的时候，有淡淡的柠檬味。它能够使野味制作的菜肴味道更加细腻，也适用于制作沙拉、香草酱汁和凝乳。

### 香葱

切碎的香葱是凝乳、肉类沙拉、鱼肉沙拉和蔬菜沙拉以及酥皮包肉糕的调味料。同样用于制作清汤。

### 欧芹

作为香料，欧芹的用途很广泛。将一小束欧芹放入油锅中，然后加入需要在油锅中炸制的裹粉鱼肉和肉类菜肴。欧芹根是调味香草束的组成部分。平滑的欧芹香气更加浓郁，皱叶的品种更适合作为装饰。

### 薄荷

在开花前，需要将嫩芽采摘下来。粗切的薄荷是甜味酱汁的特别调味料，在英国常被用于制作传统薄荷酱，可以涂在煎烤羊肉上。薄荷酱也可以作为制成的配制品。

### 迷迭香

有松香味和苦味的针形叶片是迷迭香的特点，它能够调和野味菜肴、羊肉和猪肉菜肴，也可以搭配番茄、西葫芦和茄子。迷迭香必须要和菜肴一同烹制，才能使其香味更好地散发出来。

### 鼠尾草

在开花前，就要采摘有香草味和苦涩味的鼠尾草叶片。它能赋予鱼肉菜肴和屠宰畜禽菜肴独特的味道。

### 百里香

这种烹调香草被广泛用制作汤、一锅炖、鱼类和肉类菜肴、酱汁和香肠。此外，常常使用这种香草为番茄和茄子调味。

### 柠檬草

柠檬草赋予食物诱人的、清新的味道。和柠檬类似的基础味道与家禽类、鱼类和海味菜肴搭配，特别和谐。

## 混合香草

混合香草粉由多种香草混合而成，其中使用了香葱、山萝卜、欧芹、龙蒿，根据使用情况还会添加其他香草。

这种配方适合用于蛋类菜肴、新鲜奶酪、勾芡汤和酱汁。

**普罗旺斯草药**（普罗旺斯的香草），普罗旺斯是地中海海岸旁的法国的山麓城市，与意大利相邻。这种可购买到的经过干燥的混合香草主要由墨角兰、百里香、薰衣草、罗勒和迷迭香组成，根据气候和海拔有所不同。这种芳香的混合物用于为"按照普罗旺斯风格"烹调的肉类和鱼类菜肴调味。

## 处理

需要清洗**新鲜的香草**，然后去掉梗并切碎或者切成细丝。这些香草应尽可能晚地放入菜肴中。也可以将香草撒在菜肴上（例如：欧芹、香葱），这样可以赋予菜肴诱人、开胃的外形。

在切碎欧芹之后，将其放入一块纱布中挤压。这一过程没有必要，**甚至是错误的**，因为香味和活性物质会随着汁液一起流失。

从粗糙的茎秆上摘下欧芹叶片、洗净、用布拭干水分。然后擦干砧板上的水分，这样不会有水分和欧芹的汁液混合在一起，然后用一把锋利的刀将其切碎。这样就能够获得味道浓郁的、富含维生素的适合撒在菜肴上的欧芹。

**干燥的香草**和烹调的菜肴一同煮沸一段时间，在大约15min后取出。这样全部的味道就能在菜肴中释放出来。

**冷冻的香草**在尚未解冻的时候加入菜肴中。这样能够很好保留香草的味道。

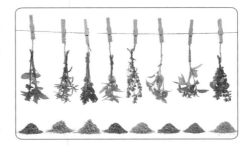

## 贮存

只能在冷藏室中短时间贮存。而一些烹调香草只在较短的时间内供应。

人们可以使用以下方法，长时间保存香草：

- **冷冻**：需要注意的是，冷冻的材料必须是干燥的，因为这样才方便从贮存的容器中取出来。
- **浸在醋中**：这样可以制作出香草醋，因为芳香物质会溶解并进入液体中。
- **浸在油中**：香草中的芳香物质会渗入油中。特别适合用于制作调味酱汁。
- **干燥**：虽然这种方法非常简单，但是芳香物质的挥发量极小。基本上，可以买到的烹调香草都是使用特殊设备进行干燥的。

## 7.4 调味酱汁

调味酱汁是冷凉的、可流动的配制品，具有浓郁的味道。

### 辣椒酱

由番茄果肉果浆、辣椒、醋、盐和糖制成。甜辣椒酱更温和一些。用作餐桌上摆放的调味酱汁，也可以搭配餐前菜和沙拉，制作用于蛋类菜肴的酱汁。

### 番茄膏

使用盐、糖、醋、姜、丁香、胡椒和柠檬汁为番茄果肉果浆进行调味。用作餐桌上摆放的调味酱汁，也可以搭配餐前菜和沙拉。

### 酱油

酱油是一种来自亚洲地区的调味酱汁。将黄豆和其他配料一起放在盐水中经过生物酶分解制成，基本味道和德国的调味酱汁类似，但是它尝起来有淡淡的麦芽甜味。用于搭配亚洲菜肴中的肉类、鱼类、家禽类和蔬菜类菜肴。

### 菜肴调味酱汁

美极（Maggi）、家乐（Knorr）、胡格力（Hügli）品牌的调味汁非常出名。调味酱汁这个概念并不常用。制作的基础是植物蛋白，如：谷物谷朊。蛋白质分解，然后形成氨基酸。之后，需要进行一个长达数月的成熟过程。氨基酸对整体味道有积极的影响。用作餐桌上摆放的调味酱汁，也适合用于汤、蔬菜和一锅炖类菜肴。

### 塔瓦斯科酱汁

这种调味酱汁的基础是辣椒。在数月的成熟后，酱汁会形成一种灼热的辣味。塔瓦斯科酱汁用于搭配南美菜肴。可以在米饭、沙拉和蛋类菜肴上倒上少量酱汁。

### 任斯特郡酱

主要组成成分有浓缩肉汁、卡宴辣椒粉、醋、朗姆酒和糖浆。可以用作餐桌酱汁，也可以用于浓汁炖肉、蔬菜炖肉、鱼类和沙拉。

## 7.5 盐

盐虽然是一种矿物质（NaCl），但是它对味道有重要的影响。它不仅通过自身味道产生影响，同时也能增强其他产品的调味，如：一些肉类和面包。此外，盐是人体重要的组成部分。人体每天排出5g盐，必须通过饮食进行补充。虽然许多工业制成的食品中添加了大量盐，但为了健康考虑，应当有节制地使用盐。

贸易产品

- **盐**由山上的水溶解，然后煮制这样产生的盐水，并使水分蒸发，直至只剩下纯净的盐。
- **岩盐**由矿工从盐矿开采出来并研磨细（图1）。
- **加碘盐**有益于补充在德国普遍存在的碘供应缺乏的情况。微量元素碘对甲状腺的功能是必不可少的。

©K+SAG

图1：岩盐的地下开采

## 7.6 醋

在菜肴中，醋以两种方式发挥作用：

- 影响味道，例如：醋焖牛肉、沙拉，
- 让食品能够贮存更久，比如醋渍黄瓜、肉汁冻。

以下只介绍醋的调味作用。

醋由含酒精的液体发酵产生（发酵醋）或者以人工合成方式制成醋精。

这两种情况中的醋酸是一样的。醋精是纯粹的酸，发酵醋中含有额外味道物质，例如：由葡萄酒制作的醋。

### 销售的产品

- **酒醋**只能从酒中产生，含有6%的醋酸，富含伴随产生的芳香物质。这是用于精致菜肴的特色产品。
- **食醋**含有5%的醋酸，由发酵的土豆或谷物制成。
- **白兰地酒醋**是一种酒醋与食醋的混合物，因此品质介于两种类型之间，这是最常使用的产品。
- **香草醋**含有5%的酸醋，其中添加了切细的香草（莳萝、龙蒿、滇荆芥）赋予香味。
- **有特别味道的醋**，是通过添加特殊的原材料制成的。**例如：**雪莉酒醋、红酒醋或苹果醋。
- **意式香醋（Balsamico）**是一种意大利特产。它由浓缩的葡萄汁制成，在长期储存中进一步失去水分。因此酸味弱化，其他味道材料占据主要位置。不能与普通的醋比较味道和价格。主要用于制作生肉薄切片（Carpaccio），为番茄和马苏里拉奶酪调味。
- **醋精**（工业使用的产品中醋酸可以达到70% ~ 80%，家庭使用的产品中最高可达25%），由于较高的醋酸含量，因此使用时需要特别小心。除了醋酸，其中不含有其他赋予味道的物质。

**自己制作调味醋**

自己可以随时制作香料醋和香草醋。

例如：可以将约20g莳萝浸泡在1L醋中14天，就可以制成莳萝醋。如果莳萝或其他香草在醋中过久浸泡，醋中就会产生令人不舒适的草味。

制作香料醋时，可以使用胡椒粒、月桂叶、芥末籽和莳萝。而制作覆盆子醋或大蒜醋时，人们在醋中添加相应的芳香物质载体。

---

**作业**

① 我们的目的是做出美观的菜肴：相比于调味，味道更依赖于什么？为此请查阅第394页。

② 调味时，应注意什么基本规则？

③ 请举出混合调味品的优点和缺点。

④ 在什么情况下整体使用调味料，而什么时候使用经过研磨的调味料？

⑤ 在制作的菜肴中添加新鲜和干燥的香草时有什么区别？

⑥ 为什么使用加碘盐？

⑦ 使用一句话"纯净的醋酸"为醋精做广告。与调味情况相结合，这种说法很实际也很值得思考。请您解读。

# 8 食用油脂

除碳水化合物和蛋白外，油脂是我们饮食中的一个重要组成部分。而我们使用的大部分油脂以一种它好像不存在的方式存在于大自然中。人们获取油脂：橄榄中含有13%的油脂，而由此压榨出来的橄榄油中，油脂含量几乎达到100%；牛奶含有4%乳脂，由此获得的黄油中含有83%的油脂。可见：人们是以浓缩的方式获取油脂的。这也解释了，为什么根据营养均衡的观点，必须要谨慎使用油脂。

在此，就以下观点对食用脂和食用油进行讨论：

## 8.1 对营养供给的意义

营养成分脂肪的作用体现在几下几点：

- 脂肪是含有最多能量的营养物质。1g脂肪能提供的能量为37kJ[1]。在限制食用脂肪时，除了需要注意**可见的**油脂，如：五花肉或黄油，还要注意**隐藏的或不可见的**油脂，如：蛋黄酱、肝肠或坚果中的油脂。
- 油脂提供人体不能合成的**必需脂肪酸**，它必须从食物中摄取。必需脂肪酸首先从油中获得。
- 油脂对脂溶性维生素而言是必不可少的。
- 油脂以隔绝热量的体脂形式（肾脏脂肪）保护器官不受挤压和碰撞（例如：眼球后面的脂肪）。

油脂实现了烹调温度超过100℃。

## 8.2 烹调技术中的油脂

正常气压下，水只能加热至100℃，然后就会蒸发。某些油脂要加热到200℃才会蒸发。这样，想要获得期望的、赋予味道的煎烤物质时，就可以使用油脂实现（下一页图1）。**期望达到的烹调温度确定所使用的油脂类型。**

- **蒸制和制作浅色油煎糊**：只需要短暂加热油脂，不需要过猛的热量。适用：黄油、乳脂、人造黄油。
  - **煨炖：** 需要大火力才能使油脂变成棕色，因此需要耐加热的油脂，例如：花生油和椰子油。

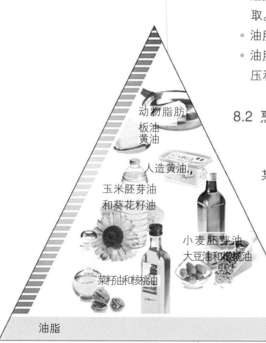

动物脂肪
板油
黄油

人造黄油

玉米胚芽油
和葵花籽油

小麦胚芽油
大豆油和橄榄油

菜籽油和核桃油

油脂

[1]依据营养值标注法令

- **在平底锅里煎制:**

所需的温度十分不同,在120～220℃。

 **蛋类菜肴**(煎蛋饼、荷包蛋)在较低温度时就可以烹煮。出于味道方面的原因,优先选用黄油和纯黄油。

 **翻动菜肴或稍微煎炒菜肴时**(米、土豆、面食)只需要中等温度。黄油和液体黄油能够经受住这样的温度并且同时提升口感。

 **炒菜**要求高温,这样可以使肉的切割面迅速闭合。适合使用花生油、椰子油和植物油。

- **在烤箱中烘烤:**

在烘烤过程中产生十分高的温度。
优先选用植物脂和特殊的烘焙用油脂。

- **油炸:**

在这个过程中,对油脂有最严格的要求,因为油脂经常要加热至170℃。因此,人们使用专用的煎炸油。

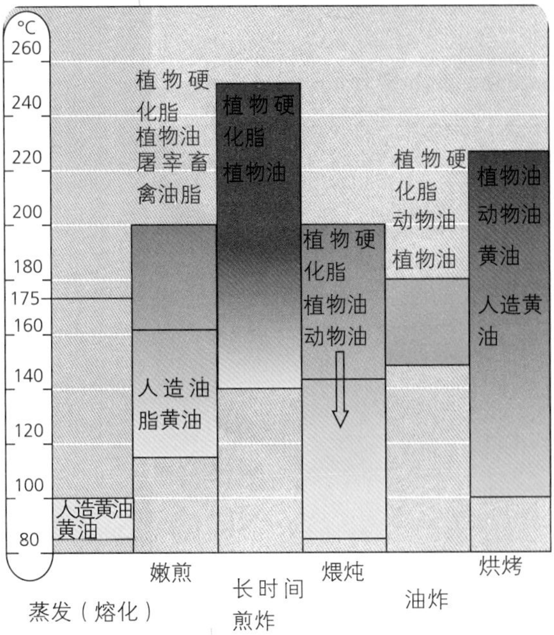

没有自己组合而成的混合油脂,单个油脂类型可能在互相之间产生不好的影响(图2)。

 **油脂改进面团和烘制品。**

通过添加油脂,可以获得更加柔韧的面团,并因此烘焙出更有弹性、更加湿润的和味道饱满的烘焙制品。

 **油脂作为分离剂使用。**

在烘焙炊具和模具中,油脂可以避免菜肴粘附在其中,因为,油脂可以隔离糊化的淀粉和凝结的蛋白质。经常使用油脂避免了菜肴粘在煎炸炊具和烘烤的模子上,因为它隔离了黏糊的淀粉和少量蛋白。人们使用膏状油脂作为分离剂,稍微加热后,就很容易涂抹,并且不会从模具上留下来。

图1:油脂的适用性

## 8.3 油脂对味道的影响

在大多数菜肴中,油脂含量会使菜肴更加美味(图3),制作的菜肴口感会更饱满、完整和浓厚。此外,也可以有意识地使用油脂赋予特色的味道。

 **黄油用于涂抹在冷凉的食品上,例如:面包。**
 **在热菜中用作熔化的黄油,例如:**

- 使柔嫩的蔬菜更加精致,
- 用于制作荷兰奶油酱。

 **带有中性味道的油**

- 制作蛋黄酱的基础,
- 可以用于所有的沙拉。

 **带有独特味道的油**

- 特别适合绿叶蔬菜沙拉,因为可以调和其中的苦味。

图2:油脂燃烧

> **注意!**
> 油脂燃烧时,必须通过切断氧气供应的方法扑灭,即:锅中起火时盖上锅盖。
> 绝对不能用水!

图3:好的油是重要的味道载体

## 8.4 类型

### 黄油

黄油是一种乳剂，来自牛奶的脂肪。它包含至少82%的脂肪。最重要的制作步骤是：奶油（乳酪）长时间加工，直到产生黄油沉淀物，把它放到冷水中揉捏，与剩余的脱脂乳分离，然后成形。也可以这么说：在黄油中，水包脂乳剂遭到破坏（奶油含有30%的脂肪），产生一种脂包水乳剂（黄油含有16%的水分）。

牛奶加工厂的名称
贸易等级
黄油品种

日期

重量

对奶油进行处理后，可以区分出以下几种味道：

* **酸奶油黄油**

  在奶油中添加了赋予其味道的乳酸菌——主要供应产品。
* **温和酸化黄油**

  向甜奶油黄油中添加了乳酸，味道介于甜奶油黄油和酸奶油黄油之间。
* **甜奶油黄油**

  使用未经酸化的奶油制作而成。味道温和，富有奶油口感。
* **加盐黄油**

  出于味道方面的原因，其中含有较高的盐分。
* **黄油配制品**，如：香草黄油或酸奶黄油，其中必须含有至少62%的脂肪。
* **液体黄油**（纯黄油），由热熔的黄油制作而成，类似烹调时熔化的黄油，但是液体黄油中的水分、乳蛋白都被去除。因此，这类油脂可以加热至更高的温度。

### 植物油

一些植物把油脂储存在种子中。因此花生含有45%的脂肪，我们不会想到鳄梨的果肉富含脂肪，每100g果肉含30g脂肪。

这种油脂被压榨出来或者在溶剂的帮助下萃取出来（图1）。因为这种油脂在室内温度下是流动的，因此人们称它为油。

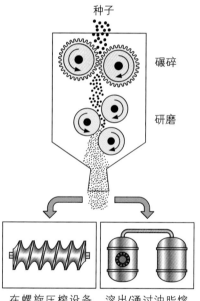

种子

碾碎

研磨

在螺旋压榨设备中进行冷压榨

溶出/通过油脂熔接机提取

提炼
过滤

油液或其他软质油脂

图1：植物油脂的获取

## 食用油

食用油的品质主要受到以下方面的影响：

- 植物的种类

从中获取油脂的植物品种，例如：橄榄、蓟、芝麻。

- 获取过程

  - 原始油或冷榨，是在不预先加热的情况下从含油果实中获得油脂。其中包含来自榨油果实的味道物质，拥有最好的品质。

  - 未经提炼的油，为了实现更好的产出量，需要在温热的条件下榨取，并且需要进一步处理以获得更好的外观和味道。

  - 经过提炼的油，使用溶剂获得的油脂，并且需要进一步处理。它的味道是中性的。

根据植物种类命名的油脂，不能进行混合，例如：橄榄油。品牌标识不能对配方做出说明。

根据原材料不同，油中或多或少的有原材料的味道。没有任何一种油脂适用于所有用途。

## 植物油脂

在食品工业中，通过特定的方法可以使植物油呈现液态、固态或具有容易涂抹的特性。

最常使用的有：

- 从花生中榨出的**花生油**——冒烟点大约为220℃。
- 从油棕榈种子中榨出的**棕榈油**——冒烟点大约为220℃。
- 从椰子肉中提炼的**椰子油**——冒烟点大约为180℃。
- **煎炸油**：专用油脂，主要由含有饱和脂肪酸的油脂构成。因此，它非常耐高温（冒烟点在220℃），而且不容易氧化。
- 低温煎炸调和油包含促进上色的添加物，例如蛋白和糖，这样煎炸食物就能够在炉温很低的条件下变成棕黄色。但不适合平底锅和煎锅。

## 人造黄油

人造黄油是一种可涂抹的油脂，主要由植物油脂构成。为了尽可能接近黄油的特性，在生产过程中会添加乳蛋白赋予其味道，卵磷脂作为乳化剂，蛋黄和维生素作为补充。通过加工配料产生乳化剂，乳化剂在冷却中成形，并因此获得容易涂抹的特性（图1）。

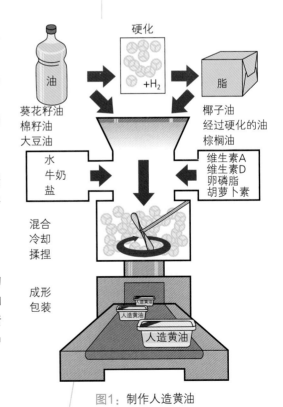

图1：制作人造黄油

409

**特殊的人造黄油类型**

不同的人造黄油符合不同的针对油脂的要求。

- **奶油霜黄油**

熔化范围较低，主要用于制作奶油霜填馅。

- **面包用人造黄油**

它是一个整体的结构，在搅拌的时候被空气包裹起来。人们用充满空气的松软油脂块制成。

- **起层用人造黄油**

绝大多数被做成片状的油脂块。因此人们需要熔点很高的油脂。

- **液体人造黄油**

无水，与液体黄油的性质类似，用法也相同，沸点达到180℃。

- **半脂人造黄油**

含40%的脂肪，用来涂抹在食品上。

## 8.5 贮存

在空气中氧气的影响下，油脂会迅速氧化，然后就会产生油脂变质的味道（哈喇味）。光和热会促进油脂变质。

- **含水的油脂**，如：黄油和人造黄油应当冷藏保存。
- **无水油脂**，如：动物油脂和纯黄油需要冷藏保存，但是不是必须放在冰箱里。
- **食用油**应当放在容器中密封贮存，远离空气中的氧气。

**作业**

**❶** 制作面团时，添加油脂可以起到哪些改良作用？

**❷** 一家公司的文案称："没有任何一种操作方法，可以赶上油炸时油脂带来的负担。这就说明应当使用特殊油脂进行油炸。"请您对此作出解释。

**❸** 哪一种类的油脂可以加热到最高温度？

**❹** 请您举例说明，在哪些地方需要将油脂用作分离的材料。

**❺** 请您对这条误解进行解释："如果黄油中含有纯黄油，那么黄油不纯。"

**❻** 根据配方，一块面团中应加入750g黄油。您只能使用纯黄油/乳脂。您需要使用多少克？

**❼** 起酥油用于制作千层饼面团。请您说出它的特殊性质。

**❽** 在热空气蒸柜中使用的特殊油脂应具有怎样的特点？使用常见的油脂涂油时，应当考虑到哪些缺点？

**❾** 请您说出有典型的自身味道的油脂。您更希望优先选用哪一种？

# 9 牛乳和乳制品

## 9.1 营养构成和对营养供给的意义

**乳蛋白**可以很好地被身体利用，因此，在生物学上具有很重要的意义。**乳脂**分布得特别细密，是最容易被消化的食用脂。益生菌和其他受欢迎细菌的生长中可以利用**乳糖**。在矿物质中，钙质占最大一部分，骨骼和牙齿的构建需要它。其中还包含丰富的维生素A和B族维生素。凝乳中包含牛奶浓缩形式的组成部分。只有部分B族维生素留在乳清中，因为它们是水溶性的。

| 100g包含 | | | | |
|---|---|---|---|---|
| 食品 | 蛋白质 g | 脂肪 g | 碳水化合物 g | 能量 kJ |
| 全脂乳 | 3.3 | 3.5 | 5 | 275 |
| 部分脱脂乳 | 3.4 | 1.5 | 5 | 200 |
| 脱脂乳 | 3.5 | 0.5 | 5 | 145 |
| 浓缩牛奶，炼乳（10%） | 8.8 | 10.1 | 12.5 | 760 |
| 奶油 | 2.4 | 32 | 3 | 1345 |
| 可可饮品 | 3.5 | 0.5 | 9 | 245 |

## 9.2 类型

**原始乳**是未经改变的牛乳，其中包含变化中的脂肪成分。它直接由农场交付，因此对卫生有特殊的要求。作为**优质乳（经官方监督制作的高品质牛奶）**它们由商店包装并供应。

牛乳在牛乳厂中接受处理，它们可以按照以下标准分类。

**依据不同的脂肪含量**

- **全脂牛乳**有3.5%的脂肪含量，它们经过巴氏消毒，且大部分经过匀质化（参见右侧），
- **部分脱脂牛乳**只有1.5%的脂肪含量，
- **完全脱脂牛乳，即脱脂乳**，最高只有0.5%脂肪含量，

**依据不同的保存期限**

- **巴氏消毒：**通过加热至大约75℃破坏可能存在的致病菌。牛奶可以保存一周左右。
- **ESL乳**（**E**xtended **S**helf **L**ife，生产延长货架期），如果像巴氏杀菌乳一样冷藏贮存，大约可以保存20天。
- **超高温加热**：在加热至130℃时，牛乳可以保存很久（H乳），并且可以在不开封、未冷藏的状态下存放六周。
- **灭菌**：牛乳可以在大约120℃的时候实现无菌，因此，即使在未冷藏的条件下也可以长期存放。

1 脂肪含量级别可以自由选择。
　脂肪含量必须标注在包装上，可以清晰辨认。

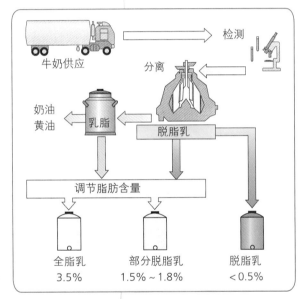

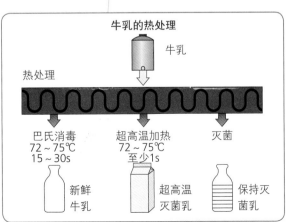

未经匀质化的牛乳

大脂肪颗粒上浮

牛乳通过小口径喷嘴喷出，这样将乳脂细小为微小油滴，油滴就不会上浮了。

**匀质化牛乳**

小脂肪颗粒均匀分布

- **在匀质化中**，牛乳脂肪颗粒经过细小化，这样就不再有较大的上升力。因此，匀质化的牛乳不会上浮，而是保持匀质。

## 乳制品

**酸奶**是由特殊的细菌直接发酵后的牛乳，所用细菌的类型赋予其味道。可以供应不同的脂肪级别。

**炼乳**是通过蒸发去掉牛乳中的水分而得到的产品。这在低压（真空）中进行，因为这样可以让牛乳在温度较低时沸腾，并且可以进一步避免烹煮的味道。

如果1L牛乳浓缩为0.5L，人们可以得到含有7.5%脂肪的炼乳和17.5%的无脂固形物。在浓缩比例为3∶1时，可以产生含有10%乳脂和23%无脂的固形物的炼乳。

**奶粉**经过喷雾加工（粉末极易溶于水）和翻滚加工（难溶）制作而成。在使用前，粉末按照与水1∶8的比例搅拌。

**植脂末**是一种即溶于水的粉末，它由植物原料制作而成，替代炼乳用于咖啡中。

## 奶油产品

通过快速运动，将混合物中较轻和较重的成分分离。这涉及离心力的作用。离心分离机将牛乳分成较轻的脂肪成分和较重的脱脂乳。

在制作奶油产品时，根据不饱和和饱和产品以及根据脂肪含量划分。

下表为**概览**。

| 不饱和奶油产品 | 脂肪含量 | 饱和奶油产品 |
|---|---|---|
| 搭配咖啡和茶的**咖啡奶油** | 至少10% | **酸奶油**，用于甜品，用于改进酱汁和浓汤的口味 |
| | 20% | 制作酱汁的**乳脂**，由于其较高的脂肪含量，可以直接拌入，而在此过程中不会结块 |
| **打发奶油**用于装饰浓汤和酱汁。经过打发的奶油用于制作甜点 | 30% | **法式中脂酸奶油——同乳脂** |
| **重奶油**，重奶油主要用于制作酱汁和浓汤 | 40% | |

## 9.3 贮存

新鲜牛奶和奶油必须冷藏贮存。

超高温灭菌乳无须冷藏，可存放6周。

装在瓶子和罐头中的灭菌产品，如：保持灭菌乳和炼乳，需要存放在冷凉的位置。奶粉应当放在冷凉干燥的位置，密封贮存。受潮的奶粉会结块，并且难溶于水。

## 9.4 加工时的变化

**清蛋白**在加热时结块，并形成一层膜。

已经结块的**酪朊**以斑点状沉淀、粘附在底部，并导致烧煳。乳糖和蛋白质一起沉淀在底部并在热力作用下焦糖化，在其影响下，牛奶产生"烧煮过的味道"。

**酸性物质可以导致牛乳结块**。牛乳中包含大量的乳酸菌，它们在热力作用下增殖，并将乳糖转化为乳酸。和所有酸一样，乳酸分解后与钙盐及酪朊形成的化合物、自由的酪朊可以凝结。如果加热牛乳，即使酸性物质含量极低，蛋白质也会产生絮凝。

**牛乳改善味道**。牛乳中所包含的物质可以产生丰满、圆润的口感。因此，制作酵母面团、贝夏美奶油酱时，人们将牛乳加入其中。而制作奶油酱汁时，添加奶油。

● 只有无可挑剔的牛乳才能进行加热。牛乳迅速加热，加热过程中产生黏附和烧煳。

● 从70℃起，牛乳中的内含物质改变。

---

**试验**

1. 请您在常温的牛乳中添加几滴柠檬汁或醋，振荡并缓慢加热至大约50℃。
2. 请您使用亚麻布过滤试验1中的结块液体，并烹煮液体。请您在此过程中注意浑浊的状态。
3. 请您使用100g小麦面粉、2g焙粉以及每份分别使用a）65g水，b）65g牛奶制作面团，立即以230℃烘焙面团。

---

**作业**

1. 如何评价牛乳对人体营养供应的价值？
2. 出于哪些原因，大多数牛乳种类接受过巴氏消毒？
3. 请您结合保质期和营养供应价值区别巴士消毒牛乳和灭菌牛乳。
4. 为什么超高温灭菌牛乳可以比其他牛乳种类保存更长时间？如果您已经喝过超高温灭菌牛乳，请您和全脂牛乳进行比较。
5. 在匀质化过程中，牛乳中发生了什么变化，这样有哪些优点？

## ⑩ 奶酪

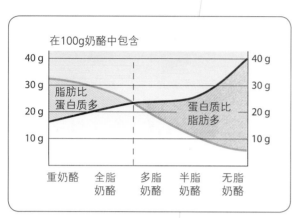

在100g奶酪中包含

图1：脂肪和蛋白质含量

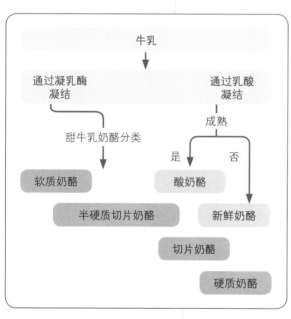

图2：制作奶酪和奶酪类型

### 10.1 对营养供给的意义

在制作奶酪时，牛乳被浓缩，液体的乳清被分离。因此，奶酪几乎是浓缩形式的牛乳，并且也和牛乳一样，对营养供给非常有价值。通过**成熟过程**，蛋白质发生改变，这种形式更容易被消化。

为了明智的选择奶酪进行营养补给，需要考虑到奶酪中脂肪←→蛋白之间的转化关系（图1）。

所有奶酪种类的原料都是牛乳，两个基本过程制成奶酪。

在**浓缩**过程中，牛奶凝结，凝结的蛋白质和乳清分离。**成熟过程**导致进行期望产生的，在气味、味道和硬度上的改变。水分少的奶酪团在所有奶酪团中成熟较慢，在含水丰富的软质奶酪和切片奶酪种类中，由外至内的成熟进行的更快。因此，它们的储存时间较短。

大量的奶酪种类（图2）按照以下标准划分
- **凝结类型**：甜牛奶奶酪通过凝乳酶进行凝结，通过乳酸产生**酸奶酪**。
- **成熟**：大多数奶酪种类需要进行成熟，没有经过成熟的奶酪是**新鲜奶酪**。
- **水含量**：在甜牛奶奶酪中继续分组，即**软质奶酪，半硬切片奶酪，切片奶酪和硬质奶酪**。
- 奶酪**不同的脂肪含量**影响奶酪的性质、营养价值、味道和价格。

脂肪含量通过测量**固形物**确定，固形物为100%，固形物包含奶酪中不含水分的所有成分。这个测量过程是必要的，因为在奶酪的成熟过程中，水分和总物质会发生改变，实际的脂肪含量相比固形物中的含量越来越少。

艾蒙塔尔奶酪的固形物中含有45%脂肪。固形物为62%。100g奶酪中含有多少克重脂肪？

| 奶酪 = 100% | | 固形物 = 100% | |
|---|---|---|---|
| 水分 | 固形物 | 乳糖，蛋白质等 | 脂肪 |
| 38% → | ← 62% → | ← 55% → | ← 45% → |

1. **思维步骤**：奶酪中的固形物
   100%=100 → 62%=62g

2. **思维步骤**：固形物中的实际脂肪含量
   脂肪含量 100%=62g → 45%=27.9g

**答案**：在100g艾曼塔尔奶酪中，含有约30g脂肪。

## 10.2 类型

根据生产方式和硬度，人们将奶酪分为七类。

### 硬质奶酪

硬质奶酪〔图1〕的成熟时间为4～10个月，巴尔马奶酪的成熟需要更久。在成熟时间结束时，固形物含量为60%～62%。

最著名的类型有**艾曼塔尔奶酪**①。**格鲁耶尔奶酪**（古老也奶酪）同样来自瑞士，味道比较浓郁。

**阿尔高山地奶酪**③在德国制作。

博福尔奶酪和**孔泰奶酪**④来自法国。

**切达奶酪**②和切斯特奶酪是在英国（英格兰）生产。

图1：硬质奶酪

### 切片奶酪

切片奶酪〔图2〕中的固形物含量为49%～57%。因此，它们比硬质奶酪更软。

其中最著名的是**埃德姆奶酪（红波奶酪）**①以及来自荷兰的豪达奶酪。在德国，生产**太尔西特奶酪**②。这种类型中，瑞士供应阿彭策勒奶酪以及**拉克莱特奶酪**③，丹麦供应哈瓦蒂奶酪以及**丹博奶酪**④。

图2：切片奶酪

### 半硬质切片奶酪

固形物含量在44%～55%。为柔软、多汁的奶酪，因此只能切成厚片。

最著名的种类：德国的**黄油奶酪**①，法国的波特撒鲁特奶酪，**塔雷吉欧奶酪**②以及意大利的贝尔佩斯乳酪，来自美国的**砖形奶酪**③，丹麦的**丹麦蓝纹奶酪**④。

**青霉奶酪**，即**蓝纹奶酪**也属于半硬质切片奶酪〔图3〕。它们的内部有蓝色或绿色的霉菌。这是由青霉菌生长而成，这种霉菌可食用，对健康无害。

著名的类型有：法国的洛克福特（蓝纹）奶酪、英国的斯提耳顿（蓝纹）奶酪，丹麦的丹麦蓝纹奶酪，意大利的戈尔根朱勒（蓝纹）奶酪和德国的巴伐利亚蓝纹奶酪。

### 软质奶酪

软质奶酪（下一页图1）和其他奶酪的区别为成熟的程度。在上述种类中，成熟过程在整个奶酪中均匀进行，而软质奶酪是由特殊的细菌由外向内进行。在采购中，基本上其外部已经成熟，而在中心的"核心"部分会更硬一些。

图3：半硬质切片奶酪

图1：软质奶酪

图2：酸奶酪

图3：新鲜奶酪

**卡门贝奶酪**①，**布里奶酪**④，甘布佐拉奶酪和法国的特产品种，在其外侧有一层白色的霉菌层。**林堡奶酪**③、罗马杜尔奶酪和**葡萄酒奶酪**②有红棕色的表层。

### 酸奶酪

这种奶酪〔图2〕是地区特有的品种，由脱脂牛奶制作并加入乳酸菌使其凝结。在餐厅中极少见。

**哈尔茨酸奶酪**①、**美因茨酸奶酪**②、手握酸奶酪、**棍形酸奶酪**③、科尔博酸奶酪、斯匹茨酸奶酪、奥尔米茨粗制酸奶酪和**蒂罗尔灰色酸奶酪**④。

### 鲜奶酪

人们将尚未成熟的奶酪称为鲜奶酪〔图3〕，也就是新鲜的、凝结的牛奶成分。

**凝乳**是其中最著名种类，可以制成几乎所有脂肪级别，也被称为**混合凝乳奶酪**①。

**奶油鲜奶酪，重奶油鲜奶酪**是特殊的含有脂肪的凝乳种类。**白软奶酪**②结成许多小块的。

**乳清奶酪**是意大利的鲜奶酪，拥有绵软至微微结成颗粒的特性。

**马斯卡彭奶酪**③是重奶油鲜奶酪，用于烘焙和制作奶油霜。

**莫泽瑞拉奶酪**是未成熟的、微带酸味，略微有类似胶状的性质。

### 软奶酪

奶酪团被加热至80～90℃，在这个过程中其为液体，并且可以倒入模具中。这样，人们可以获得规则的、无皮的块。软奶酪经常以三角形和圆片状供应。在熔化的过程中，加热会杀死成熟菌。因此，软奶酪不再改变，并且可以长期保存。

## 10.3 脂肪含量级别

在奶酪法令的规定中，说明了所有奶酪种类的脂肪含量。这可以使用脂肪含量级别或固形物中的脂肪含量（Fett i. Tr.）说明。

基本上，实际的脂肪含量更低。

| 重奶酪 | 60%～85%固形物中脂肪 |
|---|---|
| 软酪 | 50%固形物中脂肪 |
| 全脂奶酪 | 45%固形物中脂肪 |
| 多脂奶酪 | 40%固形物中脂肪 |
| 四分之三脂奶酪 | 30%固形物中脂肪 |
| 半脂奶酪 | 20%固形物中脂肪 |
| 四分之一脂奶酪 | 10%固形物中脂肪 |
| 无脂奶酪 | 低于10%固形物中脂肪 |

## 10.4 应用

在烹调中，奶酪可以赋予菜肴风味并补充菜肴。它们被烤成焦黄、用于制作不同的吐司，使用擦碎奶酪制作蛋黄酱、意大利面、油炸时的包裹材料并且使浓汤口感更厚重。

用作油炸包裹材料制作食品时，只适合使用含有较高脂肪含量的奶酪。脱脂奶酪不会熔化。

作为奶酪盘（图1）、冷盘和份装奶酪供应时，奶酪应未经烹调直接提供给客人。

## 10.5 贮存

**硬质奶酪和切片奶酪**应在冷藏室中贮存，并防止干燥。为此，人们将奶酪放在保鲜膜中存放。包装在保鲜膜中的奶酪，应将切割面放在盘子上。

图1：奶酪盘

为了使香味完全散发出来，这些种类的奶酪需要在上菜前约半个小时从冷藏室中取出来。

干燥的切割面可以做成擦碎的奶酪。

**软奶酪**应贮存在约15℃的环境中，直至它们达到期望获得的成熟度。然后，需要将软奶酪放在冷藏室中，在冷藏室中，成熟过程会停止。

**鲜奶酪和凝乳**同样应在4℃左右贮存。请您注意保质期。

---

作业

1. 请您举出几个鲜奶酪的例子。
2. 请您说出三种欧洲蓝纹奶酪及其出产国。
3. 卡门贝奶酪如何随着增加的年份而发生改变？
4. 请您说出三种温热的奶酪菜肴。
5. 为什么使用固形物中的脂肪含量说明奶酪中的脂肪成分？
6. 卡尔和安娜的意见不一致。每个人都希望选择食用较少的脂肪。卡尔食用50g艾曼塔尔奶酪，其中固形物中的奶酪含量为50%，40%的水分含量。安娜选择鲜奶酪，一杯250g，其中固形物中的脂肪含量为20%，并且有20%的固形物。谁食用更少的脂肪？
7. 太尔西特奶酪和太尔西特软奶酪之间有什么区别？
8. 哪些奶酪种类可以在冷凉的房间中储藏？哪些必须在冷藏室中贮存？

## 11 鸡蛋

在食品行业中谈到蛋的时候，一直指的是鸡蛋。在谈到其他蛋类时，都需要说出完整的名称，如：海鸥蛋或鹌鹑蛋。

### 11.1 结构

鸡蛋由蛋清和蛋黄组成，蛋壳由多孔的钙质层构成（图1）。

**蛋清**也被称为蛋白，这是一种水样的清蛋白和球蛋白的溶液。灰白色的卵黄系带包裹着蛋黄位于鸡蛋的中央。

蛋黄被一层纤薄的膜包围，胚盘就在其上。蛋黄中包含脂肪。

**蛋壳**上多孔。在其内侧附有两块薄膜，人们只能通过气泡进行区分。在蛋壳内靠外侧，覆盖有一层薄薄的、蜡状的薄膜。

### 11.2 对营养供给的意义

在生物学上，鸡蛋中包含的蛋白质非常有价值，其中包含除维生素C外的所有矿物质和维生素。

溏心的鸡蛋（短时间烹煮）比完全煮熟的鸡蛋更容易消化。

### 11.3 标识

**品质等级**

鸡蛋的优劣和品质只由新鲜度确定。因为鸡蛋中的气室是存放时长和存放条件的明显标志，品质等级是通过气室的大小确定。

| 品质等级 | 标志 | 特征 |
|---|---|---|
| A | 新鲜 | 气室小于6mm |
| B | 二级品质确定用于工业 | 气室大于6mm |

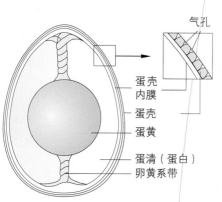

气孔

蛋壳内膜
蛋壳
蛋黄
蛋清（蛋白）
卵黄系带

图1：鸡蛋的结构

全蛋中包含：

|  | 蛋清 | 蛋黄 | 蛋壳 |
|---|---|---|---|
| % | 60 | 30 | 10 |
| g | 30 | 15 | 5 |

鸡蛋可能携带沙门菌。

| 食品 | 蛋白质/g | 脂肪/g | 碳水化合物/g | 能量/kJ |
|---|---|---|---|---|
| 蛋清 | 11 | + | 1 | 210 |
| 蛋黄 | 16 | 32 | + | 1460 |
| 全蛋 | 11 | 10 | 1 | 570 |

100g中包含

实际上，贸易中只能提供A级鸡蛋。

## 重量等级

| 名称 | | 重量 |
|---|---|---|
| XL极大 | 非常大 | 73g及更大 |
| L大 | 大 | 63 ~ 72g |
| M中 | 中 | 53 ~ 62g |
| S小 | 小 | 52g及更小 |

## 时间说明

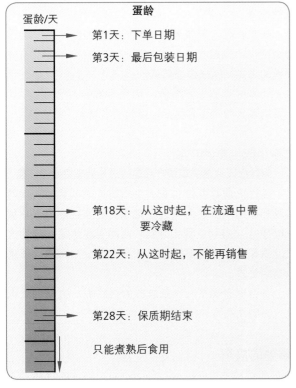

**蛋龄**

蛋龄/天

第1天：下单日期

第3天：最后包装日期

第18天：从这时起，在流通中需要冷藏

第22天：从这时起，不能再销售

第28天：保质期结束

只能煮熟后食用

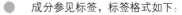

成分参见标签，标签格式如下：

| 保质期 | 需要冷藏至 +5 ~ 8℃ | 重量等级 | 包装位置 |
|---|---|---|---|
| 5月2日 | 4月22日起 | L | DE-140002 |

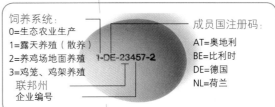

饲养系统：
0=生态农业生产
1=露天养殖（散养）
2=养鸡场地面养殖
3=鸡笼、鸡架养殖

联邦州
企业编号

1-DE-23457-2

成员国注册码：
AT=奥地利
BE=比利时
DE=德国
NL=荷兰

在标签（图1）上，鸡蛋的蛋龄、重量等级和产地应清晰可读。

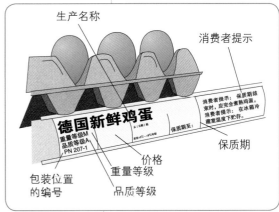

生产名称

消费者提示

德国新鲜鸡蛋
重量等级M
品质等级A
PN 207-1

消费者提示：保质期结束时，应完全煮熟鸡蛋。消费者提示：在冰箱冷藏室温度下贮存。

保质期

包装位置的编号

价格

重量等级

品质等级

图1：鸡蛋标识

## 11.4 品质

新鲜度是鸡蛋最重要的品质特征。贮存的时间越长，味道越差，越难完整加工。当然，鸡蛋需要3天，达到最佳的味道，并且此时最容易剥皮。

**鸡蛋越老，**

- 气室越大；
- 蛋黄越扁平，因为卵黄系膜的薄。因此，时间越久的鸡蛋蛋清和蛋黄越难分离；
- 蛋清的流动性更强，这对制作油煎荷包蛋和水煮荷包蛋而言是一个缺陷。

蛋黄的颜色取决于蛋鸡的饲料。这不是品质特征，但是对烹调很有意义，因为客人可能根据颜色评判含蛋菜肴的品质，例如：蛋糕。

在烹调中，主要的品质检查有：

图1：抽检

### 抽检

当鸡蛋新鲜的时候，卵黄膜是绷紧的，因此蛋黄高高拱起。这种绷紧的状态会随着蛋龄的增加而减少，因此蛋黄更扁平。在蛋龄增大的时候，卵黄膜非常薄，以至于蛋清和蛋黄很难分离（图1）。

### 摇动检查

在贮存时，蒸发的水分穿过蛋壳的气孔，鸡蛋的含量减少，同时气泡变大。这时，人们可以用手拿住鸡蛋的尖头和圆底摇动鸡蛋。

新鲜的鸡蛋不会晃荡，因为鸡蛋中的气泡很小，而蛋龄较大的鸡蛋会晃荡，因为气室增大了。

### 工业中所供应的产品

**经过巴氏消毒的鸡蛋产品**是通过热处理**去除沙门菌**。

在巴氏消毒中，也有一个问题：杀死病菌所需的温度和凝结温度较为接近。如果人们在加热鸡蛋前加入**糖**或**盐**，凝结点就会升到较高的温度范围，这使巴氏消毒蛋的生产变得简单。而在烹调中，菜谱必须进行相应更改。

长条形煮蛋是一种长条形的煮鸡蛋。主要的优点是，在制作鸡蛋切片时不会有任何损失。

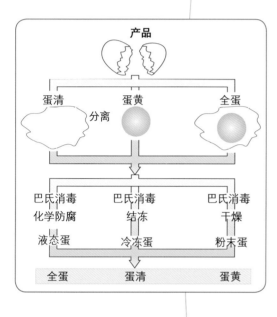

## 11.5 在烹调中的应用

### 鸡蛋作为膨松剂

在打发蛋清时（图2），空气会进入黏稠的蛋清。它会形成细密的小气泡，也就是打发蛋白。打入的空气使蛋白膨松。

### 鸡蛋作为增稠剂（黏合剂）

在加热时，蛋清中的清蛋白和球蛋白会凝结。在这个过程中，它们可以黏结最多至鸡蛋的双倍重量。鸡蛋的黏合能力被应用于面团和面糊、制作鸡蛋膏、为浓汤和酱汁勾芡。

图2：蛋清的发泡能力

### 蛋黄作为乳化剂

蛋黄包含脂肪伴随物质卵磷脂，它可以作为乳化剂。蛋黄酱和荷兰奶油酱就是利用鸡蛋中卵磷脂的乳化作用制作的乳剂。

### 蛋清作为净化剂

在热作用下，蛋白有吸附悬浮物的能力。如果温度上升，蛋白凝结，悬浮物就能被粘附在一起，并且漂浮至表面，形成泡沫（图1）。人们利用这一特性净化高汤和果冻。

**观察——考虑**

1. 您是否体验过蛋清不能打发？您得知失败的原因有哪些？
2. 如果没有立即使用打发的蛋白，会发生些什么？
3. 请您比较鸡蛋膏配方中鸡蛋和牛奶的重量比例。
4. 在为浓汤勾芡时需要注意些什么？
5. 当加入蛋清作为净化剂时，高汤应当保持怎样的温度？

使用生蛋成分进行制作时，由于存在感染沙门菌的危险，食用期限为：

- 热菜（如：炒蛋）应在制作后2h内食用。
- 冷菜在未冷藏的条件下最多存放2h（例如：含有新鲜鸡蛋的糊）。
- 冷菜在+7℃以下存放，最多可存放24h。
- 使用生蛋成分制作的菜肴不能在街上销售。
- 使用生蛋进行制作后，必须清洗双手。

## 11.6 贮存

- 立即使用的鸡蛋应放在冷凉、黑暗的位置存放。
- 从产蛋后第18天起，鸡蛋必须放在+5～+8℃的环境中存放。
- 保质期最多为28天。
- 在超过保质期后，只能将鸡蛋完全加热后食用，例如：饼干面糊。

图1：蛋清作为净化剂

**作业**

1. 请您解释气泡大小和蛋龄之间的关系。
2. 为什么人们可以通过摇动得知蛋龄？
3. 您要分离蛋清和蛋黄，但是总不成功。到底是您的操作不熟练还是有什么其他的原因？
4. 请您说出四种鸡蛋的烹调技术特征，并且为每种特征列出一个应用举例。
5. 制作荷兰奶油酱需要使用新鲜的鸡蛋。它可以在水浴器中最长放置多久？
6. 一位厨师自己制作蛋黄酱。请您说明理由，为什么需要为此使用经过巴氏消毒的蛋黄。
7. 在生产中使用了未盖章的鸡蛋。这证明这些鸡蛋是哪些品质等级？
8. 请您描述蛋清在净化肉骨高汤时的澄清作用。

# ⑫ 肉类

| 分割企业<br>ORGAINVENT 12345-1 | D<br>EZ123<br>EWG |
|---|---|
| 分类/肉分类<br>**低龄牛** | 出生/喂养/屠宰<br>**D/D/D** |
| 部位<br>**后腿** | 识别编号<br>**4711** |

根据欧盟法律规定，肉是屠宰畜禽上的骨骼肌肉，也就是和骨头相连的肉。此外，还对内脏、油脂和血液进行加工。

牛肉的来源会附以一张特殊的标签进行说明。

示例中展示出一头低龄牛的后腿来源：这头牛在德国出生、喂养和宰杀（D/D/D）。

## 12.1 对营养供给的意义

| 食品 | 每100g可食部分包含 | | | |
|---|---|---|---|---|
|  | 蛋白质<br>g | 脂肪<br>g | 碳水化合物<br>g | 能量<br>kJ |
| 猪肉（m，瘦） | 22 | 2 |  | 445 |
| 猪肉（mf，中等肥） | 15 | 9 |  | 593-595 |
| 猪肉（f，肥） | 18 | 17 |  | 920 |
| 牛肉（mf，中等肥） | 20 | 5 |  | 540 |
| 犊牛肉（mf，中等肥） | 21 | 3 |  | 455 |
| 心（牛，犊牛） | 16 | 6 | 1 | 480 |
| 肝（犊牛） | 19 | 4 | 4 | 550 |
| 舌头（牛） | 14 | 14 | + | 760 |

（m）=mager,
（mf）=mittelfett,（f）=fett

几乎没有一种食物像肉一样，有如此不同的组成，不同猪肉种类的对比很明显地说明了这一点。 在常见的肉类中，使用平均值进行说明。

肉类及肉制品是**动物蛋白**（蛋白质）的重要来源。肉类蛋白质具有很高的生物价值，因为它富含大量**必需氨基酸**，它们可以满足人体的需求。

在肉类的矿物质方面，我们需要强调其中富含的铁元素，而这些铁元素都以一种非常容易被人体吸收的形式存在。

肉类是B族维生素的重要来源，此外，动物内脏中也含有丰富的维生素A。

## 12.2 肉类检查

为了保护消费者的权益，法律规定应对宰杀后的温血动物的所有部位进行检查。动物宰杀后，检验人员直接对其进行检查，检查结果应以公章的形式加盖在动物身上。

**合格**是指健康动物身上的肉，绝对健康可靠。但是，合格**并不是品质标识**。这两种标记可以是不一样的。

> 旅馆餐饮业只能加工经过检定的肉类。

合格，德国国内
在德国宰杀和检验

合格，欧盟
在欧盟屠宰场宰杀及检验

合格，德国以外在第三国宰杀，在入境时检验

## 12.3 肉的结构

在厨房中被称为肉类的是动物的骨骼肌肉，这些肌肉通过肌腱与骨骼相连，通过肌肉收缩和伸张带动身体各部分活动。每一块肌肉都是由**肌纤维束**组成，我们在烹饪肉的时候能够把这些纤维组织分开。结缔组织包裹着肌肉，以及肌肉里许多的纤维束。**脂肪**储存在结缔组织之间。肉里面的结缔组织比重决定了肉的做法及价格。

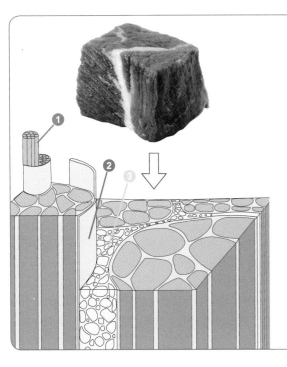

**❶ 肌纤维组织**

肌纤维组织是指那些在专业术语中的肉的主要成分。它由价值极高的蛋白质组成。新陈代谢过程在肌纤维组织中进行，在其中也产生"肌肉力量"。

**❷ 结缔组织**

结缔组织与纤维组织相连，并把肌纤维组织包裹在一起，它组成了力量传输的"绳"。结缔组织富有韧性，在肉质成熟后烹调，尤其是使用水烹煮之后，结缔组织会变得容易咀嚼。

**❸ 脂肪细胞**

喂养得当的动物体内，脂肪存储在结缔组织中。通过烹饪技巧，脂肪可以使肉多汁且香气四溢。如果脂肪存贮在肌肉中，人们就说这种肉具有**大理石纹路**。如果脂肪层出现在肌纤维束之间，人们就把这种肉称为**肥瘦相间的肉**。

## 12.4 宰杀后的变化

**肌肉僵直 - 成熟**

**在宰杀动物之后，肉会变得松弛、柔软、发红。**但是几小时后，肌肉就会收缩变硬，关节也会僵硬不能再活动，这时就会出现**肌肉僵硬**。处于肌肉僵硬状态的肉在烹调或煎烤时会变得发韧或者没有水分。

**两到三天后肌肉僵硬消失，**人们将这个过程称为成熟。成熟或经过悬挂的肉呈哑光红色，闻起来或尝起来都有轻微的酸味。在肉成熟的过程中以下方面共同起到作用：

**肉中的酶：**它能将大型蛋白质分解成较小的蛋白质。这个分解的过程**提高了肉的食用价值并使肉更容易消化。**

**乳酸：**由糖类物质糖原在肉中生成。乳酸可以使结缔组织膨胀，增加肉的鲜香味。

**成熟时长：**结缔组织的构成根据动物种类的不同而有所差异。此外，在同一个动物品种中，动物的年龄越大，结缔组织越硬。因为需要时间实现成熟过程中期望达到的改变，除了存储时间外，成熟时长也会对品质产生主要的影响。

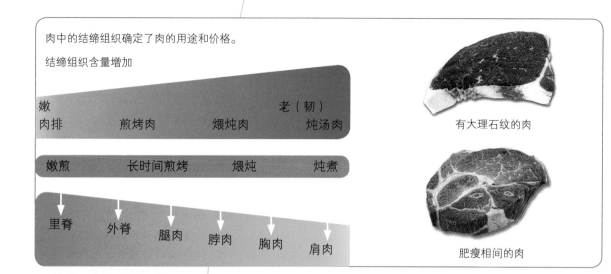

肉中的结缔组织确定了肉的用途和价格。

结缔组织含量增加

嫩　　　　　　　　　　　　　老（韧）

肉排　　　　煎烤肉　　　煨炖肉　　　炖汤肉

嫩煎　　　长时间煎烤　　煨炖　　　炖煮

里脊　外脊　腿肉　脖肉　胸肉　肩肉

有大理石纹的肉

肥瘦相间的肉

图1：烧烤牛排

完全成熟的肉是柔软的，尝起来有一丝酸味，闻起来有鲜香味儿。成熟时间根据动物种类，年龄和使用目的的不同而有所差异。

**使用目的**

在**使用湿式烹调方法时**，例如：煮炖，在烹调的过程中，发韧的结缔组织会转化成容易咀嚼的明胶。因此用来烧制的肉不需要太长的成熟时间。

在**使用干式烹调方法时**，例如：煎炒、烧烤，必须使用更柔嫩的肉。因此，肉必须经过更长时间的成熟。

**炖煮**牛肉时，牛肉只需要悬挂较短的时间（5~7天），因为人们希望在汤中品尝到新鲜、浓郁的味道。如果使用完全成熟的肉制作汤，肉可能吃起来比较"老"。

**煎烤或嫩煎**牛肉时，肉应尽可能长时间地悬挂。在嫩煎牛肉时，例如：制作五分熟煎烤牛肉时，肉必须通过悬挂完全变柔嫩，因为在煎烤牛肉（图1）时，肉内的温度只会升至55℃左右，不会有进一步松弛的作用。

**低温冷冻时**，成熟过程中断，因为此时酶只有非常少的活性。解冻后，部分成熟过程将继续进行。

2℃时的成熟时长

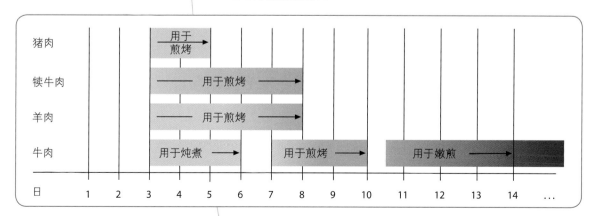

## 12.5 贮存

从事餐饮的企业经常使用真空包装将成熟的肉包装起来。企业中，保存肉类有两个目标。

**短期储存成熟肉类**

**目标**：较小的变化

**条件**：温度0℃~4℃，空气湿度高，这样可以减少储存损失。

**继续成熟以改进品质**

**目标**：继续成熟过程

**条件**：在肉的表面覆盖一层塑料薄膜，或者将肉泡在油里或腌渍汁中。

**卫生**达标是完成肉类成熟的前提，因为如果没有引起腐败的病原体，肉类就不会坏掉。

保持肉类表面干燥可以防止细菌滋生。

避免在不必要时开启冷藏室，因为温暖的空气会让肉的表面形成水珠（就像冷镜片遇到热气一样），这样会改善细菌的生存环境。

诸如后腿肉、背肉等肉块，在悬挂时要保持一定距离，不要彼此接触，因为肉类潮湿的表面容易导致腐坏。

还需要继续成熟的高品质肉块，如：里脊肉排或者烤牛肉用肉，可以使用塑料薄膜包好、抽真空或浸渍在油中。

在贮存肉类的冷藏室只能放置肉类及肉制品、已经煺过毛的禽类或者没有盖罩的野味。

肉类冷藏室里**不能**储存：

- 带皮的野味，
- 未煺毛的禽类，
- 蔬菜。

因为将这些材料和肉类存放在一起时，附着在其上的细菌会转移到肉类上。

## 12.6 肉类的腐坏变质

### 油腻 - 腐坏

在悬挂肉的过程中，其表面必须保持干燥。如果经常打开冷藏室的门，温暖的空气进入，那么冰冷的肉的表面会凝结水珠。**空气中的细菌**会在潮湿的肉的表面获得理想的生存条件，进而分解肉类中的蛋白质。

肉的**表面**摸起来较黏和油腻，颜色发生改变，闻起来有令人不适的味道。

使用塑料薄膜**真空包装**的肉类（图1）可以预防水分的凝结和干燥。

---

最高供应温度

新鲜肉类为 + 7℃，

绞肉为 + 4℃，

内脏为 + 3℃。

在收货时检查温度，然后立即将货物放入冷藏室中

**真空成熟**

真空成熟适合用于煎烤和嫩煎的肉块。将肉放入真空压缩袋中，然后用特殊的工具将袋中的空气抽出来，紧接着把真空袋密封。

这样做的优点就是使肉与空气隔绝，这样一来肉不会变干，肉表层的颜色也不会加深。缺点是工具和包装袋需要一定的费用。

在打开真空包装时，会闻到真空成熟的肉类有一股酸味。当肉类放置在空气中30min后，这种味道就会消失。

图1：真空包装的肉

过度成熟的肉类被视作腐败肉类，不允许食用，食用这样的肉会导致呕吐和腹泻。

### 过熟－自分解

如果让肉类悬挂过长时间，然后**肉类自身的酶**不断将肌纤维溶解，肉类自发分解。在这个过程中，会产生像臭鸡蛋一样的气味。

肉类储存的地方越冰凉，自溶解的速度就越慢。比较油腻和过熟：

**油腻**只存在于表面，是可以去掉的污染。

**过熟**渗透在肉中，不能够清除。

概览：肉质成熟，肉质腐败

```
            肉中的酶

            肌肉僵硬

            肉中的酶
               ↓
           成熟（排酸）

      肉中的酶          ＋细菌＋
         ↓                ↓
              腐败
```

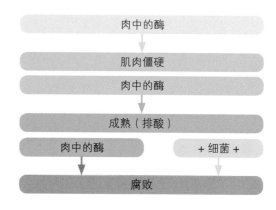

① 

② 

③ 

④ 

## 12.7 订购肉的方式

在材料成本中，肉类是最大的一笔开销。因为企业的结构不同，肉是以不同的形式进行采购。

- 肢解的**畜禽胴体**（二分体、四分体）①。
- **带骨分割肉**，如：粗略分解的后腿肉、肩肉、背肉②。
- **脱骨分割肉**，依据肌肉组织进行分割，例如：后腿肉块、腱子肉③。
- **分份肉块**，从肉块上垂直于肉纤维走向切割，例如：从犊牛背上切下排骨④。

每种采购类型都有优点和缺点。恰当地分割屠宰畜禽的身体需要特殊的专业知识和技能，因为，只有进行毫无缺陷的工作流程才能获得达到要求品质的分好份的肉块。此外，会附带产生大量骨头和副产品，必须有将它们用掉的可能性。

许多企业按照需求从犊牛身上分部位割下肉块，如：后腿，或者切下牛里脊然后进行分份。如果采购分成份的货品，如犊牛肉排或猪排骨，供应商已经预先加工好，供应时就不会供应价值较低的副产品。虽然每千克的价格提高，但是节约了工作时间，并且不需要强制性加工副产品。

采购时，猪肉加工得越精细，检查货品时就越简单。

概览 – 从屠宰畜禽至成份肉块

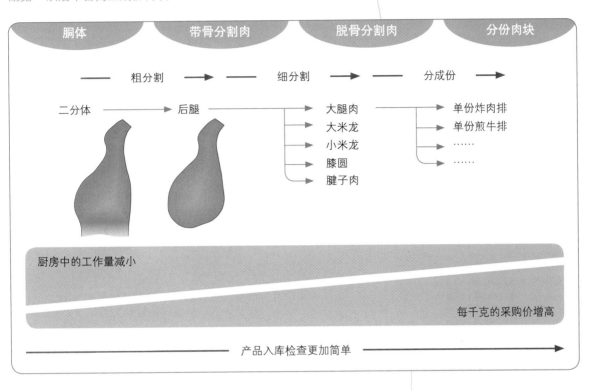

| 胴体 | 带骨分割肉 | 脱骨分割肉 | 分份肉块 |

粗分割 ➡ 细分割 ➡ 分成份 ➡

二分体 → 后腿 ⟶ 大腿肉 ⟶ 单份炸肉排
大米龙 单份煎牛排
小米龙 ……
膝圆 ……
腱子肉

厨房中的工作量减小

每千克的采购价增高

产品入库检查更加简单 ⟶

## 12.8 品质评估

　　一个厨房的名声主要是由荤菜的品质决定的。正确选择和使用肉类要求厨师拥有大量的专业知识和专业技术，只有准确评估肉质的人，才能对每块肉进行熟练地加工。

　　肉的口感主要由以下几个因素决定：
- 柔嫩程度，肉中的结缔组织越少，肉越嫩。
- 汁水，这与肉中的脂肪含量有关。
- 气味，肉的气味受到畜禽种类和饲养方式的影响。

### 分类

　　人们对宰杀后的畜禽依据年龄和性别进行分组，这种划分只用于牛肉和羊肉。

**标注**

根据分类和贸易级别进行分类。

根据欧盟法规，必须以这种方式在宰杀畜禽的胴体上（1/2或1/4）进行标记。如果是单独销售分体（背肉、后腿肉）和肉块（大腿肉、腱子肉）则不需要进行标注。

**示例**

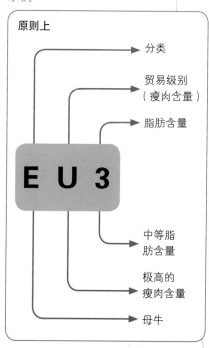

**幼龄牛分类–V**

这是指幼龄牛在八个月以下，主要喂奶或者奶制品的牛。

幼龄牛肉色泽明亮，脂肪含量少。由于年龄小，结缔组织较松散，所以肉质柔软。幼龄牛的价格要高于普通牛肉的价格。

**低龄公牛分类–Z**

这是指8~12个月大的牛，除了喂奶还喂食青草、玉米或者谷物。这类肉的颜色比牛犊肉的颜色略深，但是比牛肉颜色更浅。

**母牛分类–E**

这是指已经发育成熟、但未生育过犊牛的母牛。这种牛肉的颜色浓重，纤维细致，具有少量大理石纹路，柔嫩且多汁。特别适合煎烤。

**阉割牛分类–C**

这是指发育成熟的、经过阉割的公牛。公牛比低龄公牛的生长速度慢。因此，高品质的公牛肉价格更高。

公牛肉有浓烈的红色，正等细致的纤维，拥有清晰的大理石纹路，肉汁丰富且香气浓郁。极适合用于煎烤。

**未阉割牛分类–A**

这是指没有经过阉割的，两岁以下的成年小公牛。

其肉呈现更加明亮的红色，具有较多的纤维组织。几乎没有纹路，这种可用于文火煨的肉含水量极少，是制作香肠之上选。

其他种类的牛肉，比如奶牛肉以及种牛肉极少应用于餐饮行业。

## 贸易分级

**贸易分级**额外考虑到瘦肉和脂肪（肥膘）的含量。

**瘦肉**是屠宰畜类身上肌肉的一部分，也被称为肌肉束。瘦肉含量越高，肉的品质越好。

人们使用大写字母E、U、R、O、P（EUROP）进行标记，E代表品质最佳。

**脂肪含量**使用数字1~5来表示，1表示含量最低，5表示含量最高。

## 12.9 肉的部位及其应用

### 犊牛

**犊牛白肉**来自产后不到8个月的、只喂食奶或奶制品的犊牛。

如果随着畜类年龄增长，开始喂食粗饲料（如：青草、甘草、青贮饲料），由于矿物质在体内积聚，畜肉的颜色会变深。这种年龄在8～12个月的低龄牛所产的肉被称为**犊牛红肉**[1]。

犊牛肉主要用于制作嫩煎肉，如：炸肉排或煎烤牛排。所以，人们分割的时候主要沿着肌肉纤维束的走向，因此，需要考虑单独肉块的区别。

价格关系

| | |
|---|---|
| 250% | 背肉/肉排 |
| 200% | 用作炸肉排的后腿肉 |
| 150% | 无骨肩肉 |
| 100% | 半价 |
| 90% | 胸肉 |

| 名称[2]<br>常用名称（斜体字） | 主要应用范围 |
|---|---|
| ① 犊牛后腿<br>　a）臀肉<br>　b）膝圆<br>　　*霖肉、和尚头、牛霖*<br>　c）外侧后腿内<br>　d）腱子肉 | 煎炸牛排，煎烤牛排<br>煎炒牛肉，煎炸牛排<br><br>煎炒牛肉，煎炸牛排<br>煎炒牛肉，蔬菜炖肉，匈牙利式炖肉 |
| ② 犊牛里脊肉<br>　*牛柳、菲力* | 整块煎炸，奖章肉排<br>煎肉排，蝶形牛排，煎烤牛排 |
| ③ 犊牛背肉<br>　*带骨肋排* | 煎肉排，蝶形牛排，煎烤牛排，烤犊牛肉卷 |
| ④ 犊牛颈肉 | 烤犊牛肉卷，炖肉丁，蔬菜炖肉 |
| ⑤ 犊牛肩肉 | 烤犊牛肉卷，炖肉丁，蔬菜炖肉 |
| ⑥ 犊牛胸肉 | 填充或不填充馅料煎烤，牛腩肉条，蔬菜炖肉 |
| ⑦ 犊牛腹肉<br>　*后牛腩* | 烤犊牛肉卷的一部分，蔬菜炖肉，肉糕 |

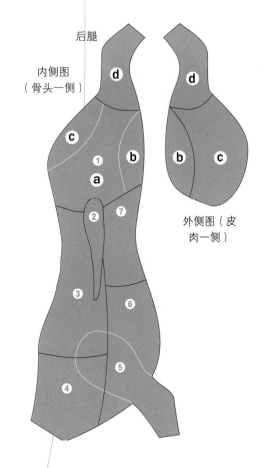

后腿

内侧图
（骨头一侧）

外侧图（皮肉一侧）

---

1 欧洲共同体规定，编号：700/2007，自2008年7月1日起生效。
2 原文依据德国农业协会的规定进行命名。在此，斜体印刷的常用名称辅助理解。如果书面考试中对分割牛肉进行提问，应当使用编号后的中文名称进行回答。

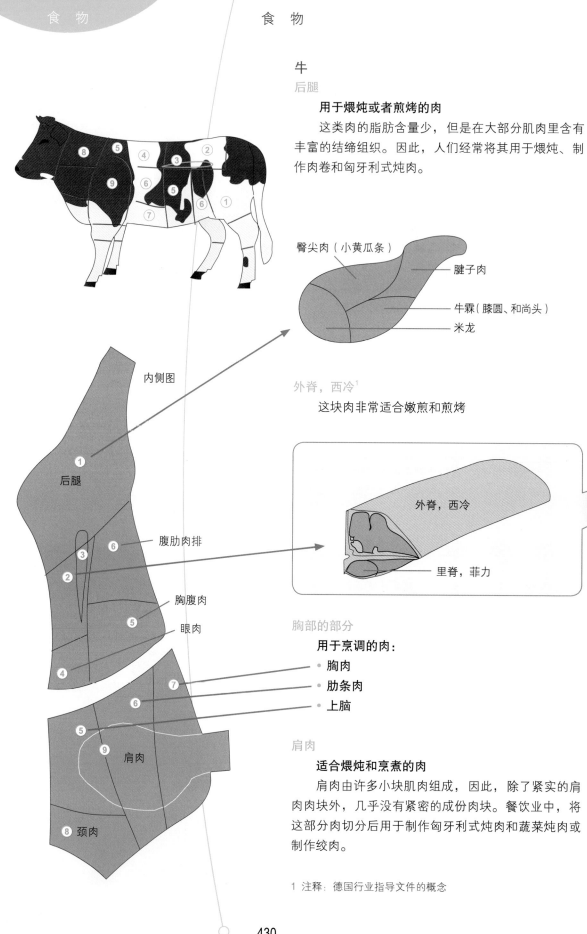

## 牛

### 后腿

**用于煨炖或者煎烤的肉**

这类肉的脂肪含量少，但是在大部分肌肉里含有丰富的结缔组织。因此，人们经常将其用于煨炖、制作肉卷和匈牙利式炖肉。

内侧图

臀尖肉（小黄瓜条）

腱子肉

牛霖（膝圆、和尚头）

米龙

### 外脊，西冷[1]

这块肉非常适合嫩煎和煎烤

外脊，西冷

里脊，菲力

后腿

① 后腿

⑥ 腹肋肉排

③
②

⑤ 胸腹肉

眼肉

④

⑦

⑥

### 胸部的部分

**用于烹调的肉：**

- **胸肉**
- **肋条肉**
- **上脑**

⑤
⑨ 肩肉

### 肩肉

**适合煨炖和烹煮的肉**

肩肉由许多小块肌肉组成，因此，除了紧实的肩肉肉块外，几乎没有紧密的成份肉块。餐饮业中，将这部分肉切分后用于制作匈牙利式炖肉和蔬菜炖肉或制作绞肉。

⑧ 颈肉

1 注释：德国行业指导文件的概念

| 名称[1] | 常用名称 | 主要应用 |
|---|---|---|
| 后腿 | 腿肉 | 煨炖类菜肴 |
| • 米龙 | • *小米龙，臀肉* | • 肉卷，臀肉牛排，煨炖牛肉 |
| • 牛霖 | • *膝圆，和尚头* | • 肉卷，匈牙利式炖肉，鞑靼牛排 |
| • 臀尖肉（小黄瓜条） | • *下后腿肉，小腿肉* | • 肉卷，匈牙利式炖肉，煨炖肉 |
| • 大腿肉 | • *大米龙* | • 肉卷，鞑靼牛排，焖肉 |
| • 腱子肉 | • *金钱腱，小腿* | • 净汤肉，匈牙利式炖肉 |

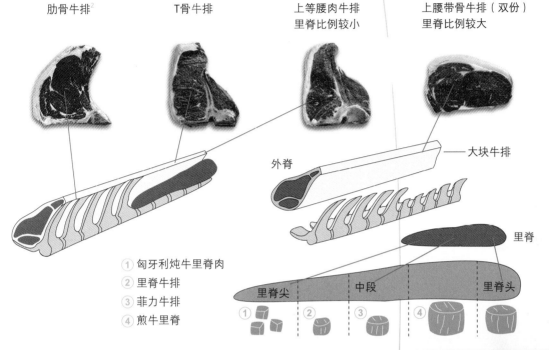

肋骨牛排[2]　　　　　T骨牛排　　　　　上等腰肉牛排　　　上腰带骨牛排（双份）
里脊比例较小　　　　里脊比例较大

外脊

大块牛排

里脊

① 匈牙利炖牛里脊肉
② 里脊牛排
③ 菲力牛排
④ 煎牛里脊

里脊尖　　　中段　　　里脊头

| 名称[1] | 地区常用名称 | 主要应用 |
|---|---|---|
| 胸腹肉 | *牛腩前段* | |
| 腹肋肉排 | *牛腩后段* → *腰窝肉、牛腩* | |
| 上脑 | *厚腰肉* | 烹煮和炖汤用肉 |
| 颈肉 | *脖肉* | |
| 胸肉 | *横肋片* | |
| | | |
| **肩肉** | | |
| • 肩部里脊肉 | *辣椒条* | 烹煮、煨炖 |
| • 中段肩肉 | *肩部尖肉、肩部中段* | 浓汁炖肉 |
| • 厚肩肉 | *嫩肩肉* | 匈牙利式炖肉 |
| • 下肩翼板肉 | *肩部盖肉* | 绞肉 |
| • 前腿腱子肉 | *小腿肉* | 净汤肉，匈牙利式炖肉 |

1 原文依据德国农业协会的规定进行命名。在此，斜体印刷的常用名称辅助
　理解。如果书面考试中对分割牛肉进行提问，使用名称一栏中的内容进行
　回答。

2 自2009年1月1日起，肋骨牛排是指从48个月以下成年牛胴体上切割下来的
　肉排。

## 猪

餐饮行业将约6个月大饲养猪的猪肉用于烹饪。市面上一般出售的是猪的二分体，在猪肉上必须标明品质标准（E、U、R、O、P）。分级以瘦肉含量和脂肪含量作为标准。

猪瘦肉的颜色从浅红到玫瑰红不等，纤维紧密，夹带少许脂肪。

饲养的脂肪含量极少的猪可能有一些缺点。当煨炖猪肉后，猪肉收缩会损失大量肉汁。这种肉虽然对健康无害，但是在口感上会大打折扣，因此，会带给人"不值"的感觉。肉是浅色（pale）、软（soft）、渗水（exudativ），使用英文单词的首字母组成这种猪肉的名字，PSE猪肉。这说明这种猪肉品质有问题，应将其退回商家。

猪肉的悬挂时间不应超过一周。

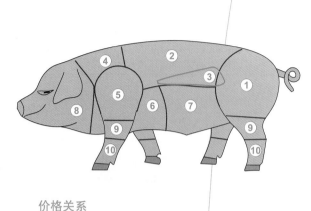

### 价格关系

| | |
|---|---|
| 250% | 无骨背部肉 |
| 200% | 后腿，猪排 |
| 160% | 肋排 |
| 130% | 无骨颈肉 |
| 100% | 半价 |

内侧图

外侧图

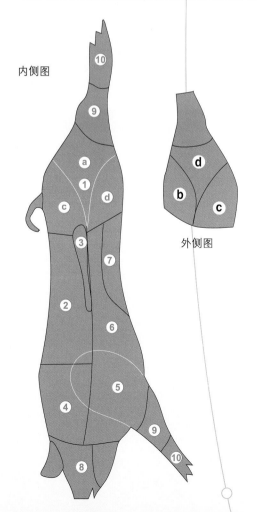

| 名称 | 应用 |
|---|---|
| ① 猪后腿 | 火腿 |
| 　a）后腿肉 | 炸猪排 |
| 　b）腿心 | 炸猪排，火腿 |
| 　c）后臀尖 | 煎炒，炖煮 |
| 　d）外腱肉 | 火腿 |
| ② 肋排 | 煎肉排，卡塞尔腌肉排，奥地利风格肋骨肉，熏制生火腿，烹制外脊 |
| ③ 里脊 | 嫩煎，整块煎烤 |
| ④ 颈肩 | 煎烤，煎猪颈肉，腌肉 |
| ⑤ 肩胛 | 整块煎烤，蔬菜炖肉和肉糕 |
| ⑥ 五花肉 | 炖煮 |
| ⑦ 腹肉 | 炖煮，烟熏 |
| ⑧ 猪头 | 炖煮 |
| ⑨ 蹄髈、肘子 | 整个煎烤或烧烤 |
| ⑩ 猪蹄、猪脚 | 炖煮，盐水冻 |

猪、犊牛和羊背部的最长肌被称为**外脊（通脊）**。

# 羊

随着羊年龄的增长，羊肉中的瘦肉和肥膘特性会有明显的改变。因此，对羊**种类的划分**十分重要。分为：

Ⓛ **羔羊**：12个月以下的羊，

Ⓢ **其他羊**：这些种类的羊几乎不用于餐饮业。

羊肉的**品质**描述和对牛肉品质的描述类似。其**瘦肉含量**用字母E、U、R、O、P表示。脂肪含量用数字1~5表示。

羊肉颜色根据其年龄呈现由橙红色到砖红色的变化，肉纤维细而柔软。还在哺乳期的**乳羊**（6个月以下），其脂肪层呈白色，羔羊的白色脂肪层上呈现出淡淡的黄色。因为羊肉的脂肪熔点要高于人体体温，因此羊肉要趁热呈上，趁热吃。

所有的种类都能悬挂一周左右。

价格关系

| 200% | 里脊肋排 |
| 170% | 无骨后腿 |
| 170% | 无骨背部 |
| 100% | 肋排 |
| 100% | 半价 |
| 100% | 无骨颈肉 |
| 60% | 蔬菜炖肉 |

| 名称[2] | 应用 |
|---|---|
| ① 后腿 | 整块煎烤，煨炖 |
| ② 脊背<br>a）（含里脊的）脊骨<br>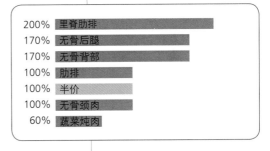<br>b）脊骨 | 羊肉花冠肉排整块煎烤，<br>整块外脊肉排（带骨）<br>外脊肉肉排（切片）<br>半侧羊排（带骨）<br><br>肋排 |
| ③ 肩颈肉 | 蔬菜炖肉<br>一锅炖<br>• 爱尔兰炖汤<br>• 法式洋葱马铃薯炖羊肉<br>部分用来制作煎烤肉卷 |
| ④ 胫肉 | |
| ⑤ 肩胛 | |
| ⑥ 胸肉 | |
| ⑦ 腹部 | |

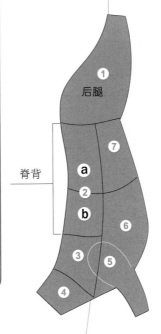

以下内容仅供参考，在餐饮行业中几乎不用：

**阉羊**是指2岁左右的公羊或者母羊，这种肉的膻味非常浓。

## 12.10 绞肉和生肉制品

生绞肉给微生物提供了极佳的生存环境，因此，特别容易变质。所以，针对生绞肉的处理过程有着严格的规定，这是为了保护消费者。

- 严格的卫生安全标准规定肉类加工该如何操作，以此来**保障消费者的健康**。如动物性食品卫生安全标准。
- 规章制度规定哪些肉类可以被加工，以此来**保护消费者不受欺骗**。如肉类质检证明和屠宰许可证。

食品卫生安全标准适用于生绞肉产品的生产、加工和运输。
需要注意的是：严格按照食品卫生安全标准生产时，肉和肉制品必须为生的**和切碎的**状态。

| 生肉 | 肉类配制品 | | 肉类产品 |
|------|------|------|------|
| 生—但是没有切碎 | 生且切碎 | | 切碎—但不再是生的 |
| **分块肉** | • 切碎的　　　　和其他 | | 通过 |
| • 后腿 | • 绞肉　　　　食品混合制作 | | 加热 → 煎烤：小肉饼 |
| • 大腿 | • 肉糜（例如鞑 　　例如：肉丸 | | 　　　　炖煮：肉丸 |
| • 里脊肉 | 靼牛排用料）　　腌制 | | 腌制 → 火腿 |
| | • 肉丝　　　　小肉饼 | | 醋渍 → 鸭胸肉 |
| | • 碎肉肉饼　　调味肉糜 | | |
| | • 穿串肉 | | |

需要注意的是

| 加工处理 | 储藏温度 | 储存时长 |
|------|------|------|
| 加工处理 | 储藏温度 | 储存时长 |
| 厨房用具至少在每天中午和晚上进行清洁。 | 肉类储藏温度不应高于+7℃，内脏储藏温度不应高于+3℃。 | 若绞肉是在受保护环境下进行生产包装的，那么由生产厂家规定肉的保质期。使用冷冻绞肉制作的配制品，不允许解冻后再次冷冻。 |

### 对组成成分的要求

在标准和规定中确定了绞肉组成成分的要求，它取决于BEFFE（无结缔组织蛋白质的肉蛋白），肉中富含蛋白质。食品监管主要针对肉中的脂肪含量。

**绞肉（绞碎或剁碎的肉）**必须由筋膜少或粗略去除筋膜的骨骼肌肉组成，除了低温之外，不应再有其他的处理方法。粗略绞碎或切碎，不含有任何添加剂。

**绞肉（鞑靼牛排用肉，牛肉碎肉肉饼用肉）** 只能由筋膜少、脂肪少的牛骨骼肌肉组成，除了低温外不使用任何其他处理方法。脂肪含量最多只能有6%。添加盐、洋葱等材料后，绞肉会变迅速变为灰色。因此，餐饮企业中的鞑靼牛肉会首先按照点餐生产，不经烹调调味，只是搭配需要的配菜等呈上。

脂肪含量：

- 牛肉绞肉      20%
- 猪肉绞肉      35%
- 牛肉和猪肉的绞肉混合物      30%

## 12.11 内脏

内脏（下水）的烹饪方法花样繁多，菜品丰富。内脏越新鲜，屠宰和烹饪时间间隔越短，内脏菜肴的品质就越高。由于内脏部分组织结构精细，如若经过冷冻，则会降低其品质。因此，比较内脏价格和购买内脏时应该注意其品质变化。

### 舌头

所有屠宰畜类的舌头都能够拿来烹饪。较高的价格主要是由其屠宰方式决定的：舌头至喉头部分的切割越细致，其品质越高，价格也就越高。除了新鲜的舌头之外，市场上还供应腌渍舌头。

### 心脏

心脏是肌肉，同骨骼肌肉的纤维组织一样。犊牛的心脏最受食客们喜爱，因为其适合嫩煎和烧烤，并且味道受到人们的喜爱。品质排在犊牛心脏后面的还有猪心、低龄牛牛心。

### 脑髓

不同类别畜类脑髓的本质区别在于体积大小，其共同点为颜色浅、组织结构松软。组织结构松软使得脑髓更易消化。常使用犊牛和猪的脑髓进行烹调。加工脑髓前应先在水中浸泡，然后再焯水。

### 胸腺

只有犊牛和羔羊才有胸腺，因为只有在生长发育期的时候才会出现胸腺，性成熟之后就逐渐消失了。同畜类脑髓一样，胸腺颜色较浅，肉质鲜嫩。但是同脑髓相比，其肉质组织结构更紧实。

### 肾脏

比较常见的肾脏形状是猪和羊的表面平滑的肾脏（腰子）。犊牛和牛的肾脏表面有沟壑，二者的主要区别是颜色和大小的差异。烹制肾脏时要应注意，务必先用水浸泡，这样便可去掉其尿骚味。

**肝脏**

犊牛肝最受食客们喜爱，其组织结构细腻、疏松，味道温和，嫩煎后汁水丰富。

猪肝由多个肝叶组成，其特点是表面呈轻微的颗粒状，多孔（图1）。

牛肝是制作牛肝团子和牛肝鸡蛋面疙瘩的主要食材。牛肝很少直接食用。

**猪油网**是猪腹腔内的一层精细的脂肪组织（参见第561页），制作者用它铺在模具的内部以及包裹制作的菜肴。烹饪时，脂肪受热熔化成猪油，从而使食材变得鲜嫩多汁。

**犊牛肺**

主要是一些区域性烹饪方法将犊牛肺（图2）当做食材，比如做成酸肺或炖杂碎。肺有海绵的特性，因此加工制作之前一定要先用水浸泡，然后再煮制和腌渍。

图1：猪肝

图2：犊牛肺

## 12.12 骨头的应用

骨头主要由钙和骨胶原蛋白组成。其中，钙和其他矿物质使骨头坚硬，骨胶原蛋白则使骨头富有弹性。随着年龄的增长，骨头中钙的含量也在增加。不同年龄段的骨头，其食用方法也不同。

- **低龄动物的骨头**（如犊牛、猪）中含有丰富的骨胶原蛋白，人们用它调制酱汁。先将骨头稍微煎炒一下，使其产生色素和味道物质，然后倒入液体中，这样就能产生酱汁营养养丰富的基础了。
- **高龄动物的骨头**（如牛）钙含量丰富，不易使汤变色，因此主要用来熬煮高汤。骨头中的香味物质释放得较慢，因此熬制时间必须长达数小时。
- **筒骨**都含有富含脂肪的骨髓。骨髓可以用于熬汤和制作骨髓丸子，也可以用来制作装饰用的配菜。

## 12.13 久制

酶和细菌共同作用使肉品发生变化，并最终腐败变质。温度较低时，肉的变质较慢，冷冻的肉则几乎不会变质。

**在冷藏室中储藏**

肉类可以短时间在在冷藏室内储藏。

**提示**

储藏温度应不高于4℃，因为温度一旦超过4℃，细菌就会大量增殖。

冷藏室的门应尽量少打开，如果非要打开的话，打开时间要尽可能的短，因为如果常打开的话，冷藏的肉接触湿空气后就会变得潮湿。

## 冷冻

当温度保持在-18℃以下时，肉几乎不会发生任何变化。只有分解脂肪的酶在-40℃时还能发挥作用。

无脂肪的（或脂肪少的）牛肉保质期大约是1年，肥猪肉的保质期只有6个月左右，绞肉只能够储藏6个月。肉越快冷冻，其品质越好。冷冻时，肌纤维内的水分凝结成小冰晶，解冻后能够再次被肉中的蛋白质吸收。缓慢的冷冻时会产生较大的解冻损失。

## 熏制

以前，熏制肉主要是为了防止肉变质，而今天，则主要是为了改变肉的风味。

硬木木屑燃烧后逐渐熄灭时产生的烟雾

- 使肉的表面干燥，从而使细菌微生物失去其生存所必需的潮湿环境，
- 含有能够杀死细菌的防腐物质，
- 散发味道浓郁的香味，
- 颜色呈现出金黄色至灰色不等。

## 腌制

腌肉时需用到**盐**和**腌渍材料**。主要使用亚硝酸盐，腌渍盐水中亚硝酸盐的含量应在0.4%~0.5%，这种腌渍盐水又被称作"亚硝酸盐腌渍盐水"。受到严格控制的混合材料的过程可以避免过量使用亚硝酸盐。

**盐**能够降低$a_w$值（参见第21页），从而抑制肉类产品中的细菌微生物和分解蛋白质酶的活性。从而使肉品储藏更长时间。

**亚硝酸盐**和肌红素发生化合，这使得肉类对热和氧气的影响不敏感，人们称这个过程为"上红"。腌制过的肉在加热时依然保持肉品的红色。比较：带肉排骨和卡塞尔腌肉，二者都是取材于猪的同一部位。只有经过腌制的卡塞尔腌肉在加热之后依然能够保持红色，带肉排骨则不会。

腌制改变了肉品特性：

- 颜色 ➝ 上红
- 香味 ➝ 增香
- 保质期 ➝ 防腐

腌制肉品**不能用来烤制**，因为高温烤制下，亚硝酸盐会发生化学反应，产生致癌物质**亚硝胺**。但是，不要担心，烤制新鲜的肉和烤香肠并不会产生致癌物质。

腌制肉品的方法多种多样。

---

**提示：**

冰箱能够满足日常生活中对肉品的储藏。冰箱的冷藏室一定要仔细认真地打扫干净，这样才不会给微生物的滋生提供温床。

不允许汽化器上出现冷冻，因为冰会阻碍冷气从机器中释放。

肉品放进冰箱冷冻之前最好切成小块，这样既节省冷冻时间，又节省冷冻空间。此外，小块的肉能够更快地冷冻。

只有对肉品进行快速冷冻（-40℃），才能得到品质上乘的冷冻肉。

肉品冷冻时必须进行简单包装，否则，冰会使肉品外表产生冻斑。

较大块的肉品应该放在冰箱的冷藏室进行慢慢解冻。解冻后的肉块还应再放置一天，使其充分恢复，这样一来，肉汁才能够被肉质纤维组织完全吸收。

小块的肉产品解冻后应立即烹饪，高温可以避免肉汁从肉中流出。

下方示意图展示了几种重要的肉品腌制方法。

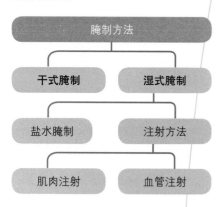

干式腌制

用腌渍盐涂抹火腿，并分层堆放。腌渍盐会渗入肉中，同时肉汁会流出来（与盐腌萝卜时萝卜出水相类似）。腌制过程持续数周。

然后对火腿进行烟熏处理。由于火腿失去了大量水分，从而能够**长期保存**。这种烟熏方法主要适用于生火腿，如整块带骨火腿和精品生切火腿。

重量变化：**失去大量水分**
保质期：**长期**

湿式腌制

将盐和亚硝酸盐融进水中，得到腌渍盐水。用腌渍盐水腌制火腿，共分有两种方法：

- **盐水腌渍**
将肉品放入盐水中，盐水由外至里浸入肉中。

重量变化：**流失较少水分**
保质期：**较短**

- **注射腌制**
  - **肌肉注射**
快速地使腌渍盐水分布于肉中，腌制时间较短。

  - **血管注射**
使腌渍盐水分布在肉中的最好方法。只适用于整块火腿。

重量变化：**重量增加**
保质期：**短**

## 12.14 肉制品和香肠制品

肉制品

生火腿

- **带骨火腿，整块生火腿**：由不带脚的畜类后腿制成的火腿，有一层又厚又硬的外皮，只有少量的脂肪层，常常是采用干燥腌制的方法制成的。
- **火腿卷**：没有骨头和干硬外皮，通常是先卷成卷，再用线或塑料薄膜缠紧封住。
- **熏制外脊肉生火腿**：主要是将从肋骨上分割的外脊肌肉制成火腿，然后包裹成熏板肉。
- **卡塞尔腌肉**：由肋骨肉制成的火腿，主要是用肌肉注射的方式腌制而成的。
- **帕尔玛火腿**：必须是只经过腌渍、腌制或烟熏，放在空气中约一年用以成熟。
- **南蒂罗尔猪肉火腿**：采用猪的腹肉为原材料，先经过晒干腌制，再经过冷烟熏制。

**格劳宾登火腿**：采用低龄牛的大腿为原材料，先浸入盐水（并非腌渍），再在空气中自然风干。只有产自格劳宾登高原的火腿制品才能够称为"格劳宾登火腿"，此种火腿的一个典型特点就是表面覆盖着一层白色的霉菌层。

肉制品应与香肠制品区分开来，加工制作时肉质纤维组织保持在一起不被切碎。通过腌制、烟熏，部分通过加热制得的香肠能够长期保存和食用。

## 熟火腿

**• 熏煮火腿**

完全是由猪的后腿肉在不添加任何添加剂的情况下制作而成的。熟火腿形状多种多样：天然状、块状和球状。不同的加工制作方法产生不同的形状。

**• 前腿肉火腿**

如果使用猪肩肉制作而成，必须成为"熟制前腿火腿"（图1）。熟火腿有较高的$a_w$值，和新鲜香肠一样，必须冷藏。

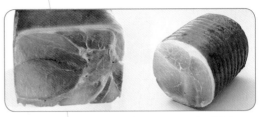

图1：前腿肉火腿，经过滚揉压制，布拉格风味火腿

## 香肠

根据不同的制作方法，人们将香肠分为：熏煮香肠、泡煮香肠和生熏香肠（图2）。

## 熏煮香肠

将肉和其他的动物内脏，如：舌头，提前进行烹调（名字的来源）。肉皮和骨头或血液中的明胶会使其凝固。

**• 肝泥肠**

必须含有规定分量的肝脏，名称中出现的。细或极细和其切碎的程度有关。

**• 血肠/红香肠**

含有相应分量的血，血液赋予其颜色和味道。在最简单的品质中，熏香肠主要添加猪五花肉，而一些香肠中，如：图灵根红香肠中腌渍的舌头是主要组成部分。

**• 肉汁冻香肠**

包含较大的肉粒，部分含有肉皮。肉冻用作增稠剂。

图2：烹制香肠：主要的、简单的香肠品种

## 泡煮香肠

将瘦肉和肥膘绞成精细的肉泥，向肉泥中撒盐和冰，蛋白质会发生变化并结合冰块化成的水。热量使冰块融化，这样避免了热量对黏合能力起到不利影响。这样会产生**肉泥**，在厨房中，人们也将类似的材料称为**肉馅或肉糕**（图3）。

将肉泥灌入肠衣之后，加热至大约75℃，然后**在热水中浸泡**（名字的来源）。此时，香肠中的蛋白质含量降低，香肠变得容易切片。一些品种的香肠为了得到特殊的口味，还会进行烟熏处理。

泡煮香肠是市场上的主流香肠种类，品种繁多。人们根据香肠中肉的颗粒大小和香肠中添加的调料来区分不同种类的香肠。

**示例**

火腿肠、啤酒肠、萨拉米香肠、里昂香肠、意大利干熏肠、雷根斯堡香肠。

如果用盐代替亚硝酸盐腌渍盐，生产出的香肠就是白色的。代表性香肠有：白香肠、沃尔香肠、烤香肠、烧猪肉香肠。

**新鲜香肠**

新鲜的香肠应冷藏，保质期短。

图3：泡煮香肠：主要的香肠品种，种类繁多

图1：生熏香肠：因为不添
加水，所以价格较高

耐储腊肠能够长久保存。

### 生熏香肠（图1）

将瘦肉和肥瘦混合的肉剁成精细的肉泥，向肉泥中添加亚硝酸盐和调味料。将肉泥灌入肠衣之后，就开始了自然发酵的成熟过程。与此同时，水分被控出，溶解的蛋白质使香肠黏结得更好。人们根据香肠中肉粒大小和香肠的紧实度判断香肠是否容易切割或是否容易涂抹。

易切割类型的香肠有：司华力肠、干熏肠和萨拉米香肠。生熏香肠在储藏的时候控出了水分，因此变得干硬，它被称作干熏香肠。"耐贮腊肠"这种名称就是说这种香肠的保质期很长。

用来制作可涂抹香肠的原材料一定要剁得非常细腻（即剁成肉泥）。这种香肠保质期不长。像茶肠、瘦肉肠、熏干肠。

### 工业供应产品

食品工业为肉品的烹饪提供了多种多样的烹饪方法，其中包括冷餐和热餐的制作。

#### 热菜

除了早已被人们熟知的罐头食品和速冻食品外，市场上又有一种新型快餐。

在香肠制品制作完成后，迅速降温，然后按份重新包装，并装进小袋子，用于单卖或者大量供应大型宴会。

香肠热套餐的制作融合了多种烹饪方法，如香肠涂抹酱汁后进行焖和炖，或者直接把香肠放进酱汁中焖和炖。例如：

- **以牛肉为食材**
  - 匈牙利式炖牛肉
  - 牛肉卷
  - 煨炖牛肉
  - 醋焖牛肉
- **以猪肉为食材**
  - 裹面皮猪里脊
  - 煎填馅料肉排
  - 猪背肉搭配烤水果
- **以家禽肉为食材**
  - 在羊肚菌奶油中炖的童子鸡鸡胸肉
  - 重汁炖鸡肉块
  - 火鸡肉卷搭配咖喱酱

- **以犊牛肉为食材**
  - 犊牛肉小肉卷
  - 犊牛肉匈牙利奶油炖牛肉
  - 犊牛肉肉条

#### 加热菜肴

是指通过加热使菜品"重新恢复生机"。或者简单地说，就是把菜加热到（餐馆上菜时对菜品）要求的温度。热菜的方法有很多种，有时候快餐是装在袋子中的，然后将其放入蒸锅中加热。如果有大量快餐套餐，可以使用大型多功能蒸锅进行加热。也可以使用微波炉为小份快餐加热，加热时，需要在袋子上扎一个小孔，这样可以避免产生超高压。

储藏
冷链的温度一定要保持在0~2℃，只有这样，才能保证香肠的品质。绝大多数香肠在此储藏温度下的保质期为10天左右。

冷餐

一家专业的餐饮公司推出了一系列新产品，当温度保持在4℃左右时，保质期为一周左右。（其制作方法参见第662页，"餐前小吃——冷餐"一节）。

**酥皮包肉糕**是以精细的肉泥为食材，添加调料后，用一层面皮包裹制作而成（图1）。

**烤肉糕**是以细腻的肉馅为食材，在一个附盖的大容器中烹饪而成（图2）。

**肉块包肉糕**是用肉块包裹肉糕制成（图3），例如：鸭肉包肉糕。

人们将这些产品切成适当的形状，然后装进盘子，端给食客们享用。

图1：酥皮包肉糕

图2：附盖容器烤肉糕

图3：肉块包肉糕

**作业**

① 肉类质检的目的是什么？

② 在犊牛的后腿肉上印有一个椭圆形的印章，在装有牛里脊肉的包装盒上盖着一个六角形的印章。请分别解释一下它们的含义。

③ 请您描述一下肌肉的构造，并举出三个常见的肌肉部位。

④ 具有大理石花纹的肉和五花肉有何区别？

⑤ 动物的年龄和肉成熟所需时间之间有何关系？

⑥ 肉品中结缔组织的含量决定了其烹饪方法，请您解释一下这个结论。

⑦ 肉变得油腻腻的，其原因是什么？什么情况会加重肉品的油腻程度？

⑧ 请您说出哪个部分的牛肉。

　　a）适宜采用嫩煎的烹饪方法，

　　b）通常用来煮汤。

⑨ 在一块后腿肉上，您看到了标有"EU3"的印章。请您解释一下这个印章。

⑩ 一位顾客向您询问T骨牛排和后腰牛排的区别。您该怎么回答？

⑪ 食品卫生安全标准规定了绞肉的操作标准。

　　a）必须满足什么样的要求，才算是符合了食品卫生安全标准的规定？

　　b）何种原因使立法者觉得有责任颁布食品卫生安全标准？

⑫ 请您至少说出鞑靼牛排必须满足的三个要求。

⑬ 为什么生火腿比熟火腿的储藏时间长呢？

⑭ 人们根据生产制作方法来区分哪些香肠种类？

⑮ 请解释一下"新鲜香肠"这一概念。

⑯ "哪种放入白香肠的材料使其失去了原有的红色？"请您回答客人提出的这个问题。

## ⑬ 家禽和野生禽类

| | 每100g可食部分 | | | |
|---|---|---|---|---|
| 食品 | 蛋白质/g | 脂肪/g | 碳水化合物/g | 能量/kJ |
| 鸡肉 | 15 | 7 | · | 515 |
| 鸭肉 | 14 | 14 | · | 755 |
| 鹅肉 | 10 | 20 | · | 900 |
| 火鸡肉 | 20 | 3 | · | 480 |
| 野生禽类 | 20 | 6 | · | 555 |
| 平均值对比： | | | | |
| 中等肥度牛肉 | 20 | 5 | · | 540 |
| 中等肥度犊牛肉 | 21 | 3 | · | 455 |
| 中等肥度猪肉 | 15 | 9 | · | 595 |

禽类可分为野生禽类和饲养的家禽：

- **家禽**作为家养动物进行饲养，避免受到外部的影响。鸡、鸭、鹅、火鸡、珍珠鸡和鸽子均属于家禽。
- **野生禽类**生活在自由猎区，以多种方法投食辅助喂养。市场上通常供应雉鸡，鹧鸪和鹌鹑。

### 13.1 对营养供给的意义

在不同的饲养观念下以及对烹饪实践而言，不同颜色的肉类有着很重大的意义。

- 鸡肉和火鸡肉的颜色是明亮的，
- 鸭肉和鹅肉的颜色是深色的。

浅色的肉有着细嫩的纤维和少量的油脂。

*小鸡*肉和*火鸡*肉含有丰富的蛋白质，油脂很少，容易消化。出于这种原因，人们将其列入保护性饮食和减肥菜单之中。

因其富含矿物质，所以深色肉类的颜色较深，同时有着极其鲜明的口感。

鸭肉和鹅肉在生的时候富含油脂（营养价值表）。但是需要考虑到，大部分脂肪直接在表皮下方储存，在煎烤的过程中，油脂被煎出来。因此，烹制鸭肉和鹅肉经常加少量水，然后使用自己本身溢出的油脂。

### 13.2 家禽

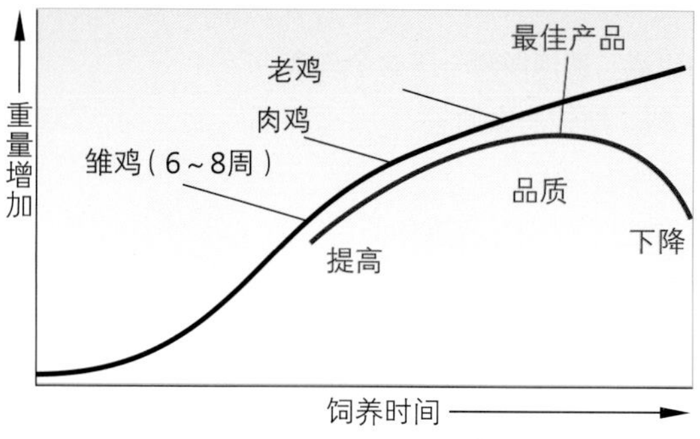

今天，有计划的饲养已经覆盖了人们对家禽肉的需求。顾客希望获得滑嫩、口感良好的禽肉，而饲养人员必须计算成本，特别是饲料的成本。

饲养者会同时观察家禽体重的增长和品质的提高（图1），这两者可以展示出，在某一特定的时间点家禽的肉质可以达到最佳的品质。在这一时间点之前，家禽肉的品质还不够好，而之后则会越来越差，因为禽肉会变韧（老，柴），并且家禽自身也会变得过于肥胖。**法定贸易等级**的规定对通过贸易销售的家禽产品作出要求。其中规定：

图1：重量与品质

- **商品流通名称，**

产品的名称。使用规定的名称，如：如鸡肉，鸭肉或嫩鹅肉，鸭或者是幼鹅。这些名字种类繁多的产品一目了然。

- **贸易等级,**

规定了家禽的品质。但是,只通过外部特点对其进行划分。

- **供应条件,**

例如:新鲜产品(4℃),冷冻产品(-12℃),低温冷冻(-18℃)。

## 产品流通名称

### 肉鸡

肉鸡(图1)是性成熟前的雌性和雄性鸡。5~6周的时间,它们的体重可达到800~1200g。[1]

玉米鸡顾名思义就是用玉米喂养的鸡,它们的皮有很浓的黄色。在交易时可以使用这种**概念**,但是它并非产品流通名称。

老鸡更好,因为其出肉量更高,而味道更浓郁。

图1:肉鸡

### 雏鸡

雏鸡是重量低于750g的小鸡。

### 汤鸡

这是一种多次下蛋的屠宰鸡,用于做汤或禽肉沙拉中。所有其他品种都主要用于煎烤和烧烤。

### 肉鸭

肉鸭(图2)大约在3个月时就能长到2kg重。其标志是有可以弯曲的胸骨。较老的肉鸭不在餐饮业中使用。

北京鸭是一种驯育出来的品种,并非是产地名称。

野生鸭子是一种有着强劲翅膀肌肉的鸭子,它的肉量多且瘦。

图2:肉鸭

### 肉鹅

早期的肉鹅(图3)主要在秋天时达到3~6kg。餐饮行业中不使用去年的**鹅**。

*圣马丁日鹅*和*圣诞节鹅*是一种传统的名称,从名字中可以看出,这种鹅主要在冰冷的季节食用。这种概念可以用于菜单上,但并非产品流通名称。

图3:肉鹅

1 欧盟名称中,阉鸡被定义为经过阉割的雄鸡。而在《德国动物保护法》中,这是不允许的。

### 珍珠鸡

这种由家庭饲养的鸡衍变出来的禽类有橙黄色的肉，其肉质细腻，有一种野味的味道。它的价格远远高于肉鸡，因此，只有在特殊场合才将珍珠鸡制作为菜肴。

### 火鸡

小火鸡是低龄火鸡，一般整只烹调并整只作为菜肴端上餐桌，例如：在特殊的餐会上，可以在客人面前将火鸡肉切成片。

火鸡肉非常有价值，因为它含有丰富的蛋白质，而热量却极低。

大部分的火鸡肉产品是老火鸡的肉块，这被称为分切火鸡。

## 屠宰形式

**屠宰形式**规定了，供应的产品中是否包含内脏。

- 用于煎烤或有内脏表示其中包含心、颈部、胗，没有角质化皮肤和肝脏；
- 用于烧烤或无内脏。

## 贸易等级

贸易等级给食品的外部状态进行评估。禽类自身的品质主要取决于禽类的年龄和饲养过程。

**贸易等级A级**为品质无可挑剔的禽类。是指身体结构生长均匀，已经将羽毛去除干净，胴体没有损伤的禽肉。冷冻的产品没有冻斑。

如果是**由饲养者直接供货**，没有经过其他环节销售，贸易等级的规定对其无效。可以在厨房进行品质评估。

### 确定品质的特点

**肉鸡**中，低龄鸡有可以弯曲的胸骨尖。随着年龄的增长会骨化，变得不可弯曲。

**鸭和鹅**除了胸骨之外，还可以通过气管来确定饲养的年数：在低龄鸭和鹅的身上，气管很容易压入，而长大之后，按压变得非常困难。

**分解肉块概览**

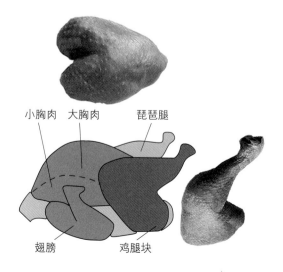

小胸肉　大胸肉　琵琶腿

翅膀　鸡腿块

## 供应状态

禽类按照以下状态进行供应：

- **新鲜**：新鲜的肉只能是前一天和当天宰杀的禽类，因为禽肉有自然的成熟过程，所以禽肉应在3~5天内食用。

  因为保存新鲜食材必须特别谨慎，并且还需要承担食材腐败的风险，所以1kg的价格会比冷冻食材的价格要高。

- **冷冻**：禽类在屠宰后直接放入低于−12℃的温度中迅速冷冻保存。大多数禽类都是以这种方式提供给顾客。

- **低温冷冻**：处理方式和冷冻一样，应放在−18℃的温度中储存。

## 附加信息

包装中的**冰霜**是由于储存温度不稳定而产生的。首先，冷冻产品的表面雾化。然后，流动的水在包装上变成冰霜。出现冰霜是储存方式有缺陷的标志。

**冻斑**指的是在皮上出现黄灰色的圆形斑点。肉质变干，并且产生干草般的味道。这种恶性的改变是由包装破损引起的。冻斑是品质缺陷，但是产品没有腐败。

**冷却方法**不稳定。因此，应在包装上对冷却方式作出说明。

**浸冷冷却方法**（图1）是将刚刚屠宰的肉鸡放入盛装冰水的盆中。虽然这种方法的冷却速度非常快，但是这个过程也有缺陷：新鲜宰杀的还有余热的鸡可以吸收水分，这之后会导致较大的解冻损失和烹调损失。此外，也可以转移和携带病菌（沙门菌）。

**空气喷射冷却**（图2）是使潮湿的空气环绕在宰杀的禽类周围。这种方法虽然需要较大支出，但是不会传播和携带病菌。禽肉的味道浓郁，口感紧实并且多汁。

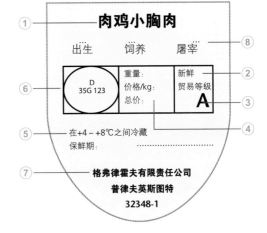

① 产品流通名称
② 供应状态
③ 商品品质标准
④ 重量/kg价格/总价
⑤ 鲜肉食用保鲜期
　 冷冻产品食用保质期
⑥ 宰杀和分切企业
⑦ 销售商名称和地址
⑧ 来源证明（自愿提供）

肉鸡小胸肉

| 出生 | 饲养 | 屠宰 |
| --- | --- | --- |

D 35G 123

重量：
价格/kg：
总价：

新鲜
贸易等级
A

在+4 ~ +8℃之间冷藏
保鲜期：

格弗律霍夫有限责任公司
普律夫英斯图特
32348-1

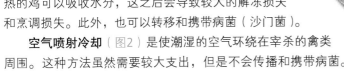

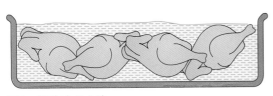

图1：浸冷冷却方法

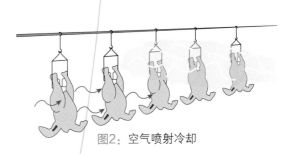

图2：空气喷射冷却

在准备好禽类和野生禽类后，必须彻底清洁桌子、容器、工具和双手，只有这样才能保证不会传播沙门菌。

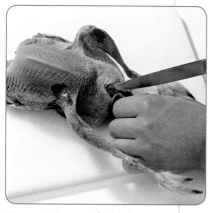

图1：可以明显看出雌红松
　　　鸡肉色很深

### 存放

**冷冻产品**可以保存到规定的保质期日期。

**新鲜产品**需要在较短的时间内食用。包装上印着：保鲜期。

**供应温度**最高为4℃。

### 在烹调中处理

**冷冻的禽类**需要在继续加工前解冻。具体操作方法为：将禽肉从包装袋中取出，根据室温和动物的重量计算解冻时间。最好的在冰箱的冷藏室中解冻，因为这样就会有时间使融化的带冰肉汁重新被肌肉纤维吸收。

在禽类的外皮和羽毛上存在沙门菌，虽然在烹调时能够将其杀死，但是它们可能在烹调前转移至其他食品上，间接导致食品中毒。

### 13.3 野生禽类

野生禽类也可以称作野禽。它们与家庭饲养的禽类有所区别，野生禽类生活在自由猎区，而不是生活在农场中。由于对禽类有大量需求，人们开始饲养野生禽类，并在户外开阔的场地上通过建设和使用鸟苑（大型笼子）防止自然天敌（例如：狐狸）的侵入。

所有野生禽类的肉都要比家禽的肉色深（图1），肉质更富有弹性。所有品种的幼鸟都可以用来煎烤，超过1年的野生禽肉更适合煨炖和煲汤。

#### 雉鸡

雉鸡是最常用来制作菜肴。雄雉鸡拥有绚丽多彩的羽毛和纤长的尾巴，而雌鸡只有不明显的大地色。

确认年龄：幼鸟有软胸骨，它们主要用来煎烤。年龄较大的雉鸡应采用煨炖的方法，制作肉糕或煲汤（雉鸡精华浓汤）。

### 鹧鸪

鹧鸪比鸽子略小，披着一身接近土色的羽毛。

幼鸟有软胸骨，主要用来煎烤。超过1年的鹧鸪采用煨炖的方式或者把它们做成肉糕。

### 野鸭

市场中的野鸭主要是指自由生长的鸭子。主要供应的产品是绿头鸭、绿翅鸭。潜鸭属的鸭子尝起来会有些鲸油味。

### 鹌鹑

鹌鹑的羽毛与鹧鸪类似，但是与之相比，体型小很多。供应的产品主要来自培育，没有季节限定。

肉色浅、易消化，鹌鹑肉有温和的香味。

应用：主要以煎烤的方式制作餐间菜肴。

作业

**1** 从营养学角度出发，哪些原因支持人们食用禽肉？

**2** "我更喜欢吃老鸡，它们被喂养得肥肥的，味道更好。"请您解读这句话。

**3** 肉鸡和雏鸡之间有哪些区别？

**4** 您获得了一份针对玉米鸡的产品报价。这有什么特别之处？

**5** 如何合理、恰当地解冻家禽？请您说明。

**6** 一位客人说："今天，大部分的野生家禽都不再"野生"了！"他说得对吗？这样的产品对菜肴而言有哪些优、缺点？

**7** 如何区分野生禽类和家禽的肉？

**8** 为什么家禽和野生禽类需要在厨房以外区域去毛？

## 14 野味

| 食品 | 100g可食部分所含的营养成分 | | | |
|------|------|------|------|------|
| | 蛋白质/g | 脂肪/g | 碳水化合物/g | 能量/kJ |
| 狍子（背肉） | 15 | 2 | · | 360 |
| 野兔肉 | 17 | 2 | · | 380 |
| 鹿肉 | 17 | 3 | · | 375 |
| **比较：** | | | | |
| 牛肉，中等脂肪 | 20 | 5 | · | 540 |
| 犊牛肉，中等脂肪 | 21 | 3 | · | 455 |
| 猪肉，中等脂肪 | 15 | 9 | · | 595 |

野味是对人打猎获得的哺乳动物的称呼，人们将用于人类营养供给的特定可食用野味肉称为**野味肉**。

在众多猎物品种中，狍子、马鹿、狍鹿、梅花鹿（鹿科）、野猪（黑野猪）、野兔和家兔更有经济意义。

对野味肉的需求普遍高于本地打猎收获的猎物量，从新西兰、东欧、阿根廷进口的产品填补了这方面的供应缺口。越来越多的狍鹿、梅花鹿像饲养禽畜一样放入大型棚舍中。

### 14.1 对营养供给的意义

野味脂肪含量较低，富含蛋白质。肉的味道比饲养禽畜的肉要浓郁，颜色更深，这是因为它们的肌肉纽成不同，而且食物也不同。因此，野味特别适合低能量饮食，并为顾客提供菜肴的变化。

除了结构（特性），味道和气味也是野味的主要品质特征。除了典型的动物种类特性外，也需要重视以下作为**品质特征**的内容：

- **动物的年龄**，因为老的动物肉质较韧、柴，
- **生活环境和饲料**，这些会影响味道，
- **肉成熟**的过程中，会产生一种让人舒服的、微酸的香气和味道。绝不能过分成熟，否则肉会开始分解。

### 14.2 类型和应用

**野兔/家兔（图1）**

猎人们从10月到次年1月狩猎野兔。在这段时间内，它们的食物良好，营养充足，因此此时口感最好。

1岁的野兔适合煎烤，这个年龄体重为3~4kg。

**低龄动物的特征：**

- 肋骨容易折断，
- 后腿之间的骨头呈软骨状。

**应用：**

- 背部和后腿：煎烤
- 前腿、颈部、胸部：蔬菜炖肉

**家兔**比野兔体型略小，皮毛为浅灰色，肉是浅红色，与家禽类似，明显不同于红棕色的野兔肉。因此，调味和配菜都和浅色肉质的家禽一样。

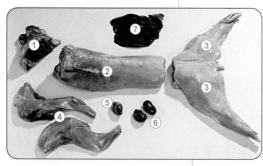

图1：①头
②背部
③后腿
④前腿
⑤心脏
⑥肾脏
⑦肝脏

## 狍子

**狍子**的肉是野味的主要组成部分。2岁动物的肉是红棕色的、纤维短、多汁，是味道最好的时候。

**鹿**，在餐饮业中，主要食用马鹿和狍鹿。2岁动物的肉品质是最好的。

**狍鹿**的肉类似于狍子肉，是红棕色的，而与之相反，马鹿肉介于深棕色和黑棕色之间，味道更浓。

**野味**随着年龄**各年龄阶段名称**的变更。

| | 雌性 | 雌性 | |
|---|---|---|---|
| 鹿（马鹿、狍鹿） | | | |
| 1岁 | 母犊鹿 | 公犊鹿 | 15 ~ 35kg |
| 2岁 | 母肉鹿 | 公肉鹿 | 35 ~ 60kg |
| 大于2岁 | 老雌鹿 | 老雄鹿 | 80 ~ 250kg |
| 狍子 | | | |
| 1岁 | 狍子犊 | 狍子犊 | 8 ~ 12kg |
| 2岁 | 母肉狍子 | 公肉狍子 | 12 ~ 18kg |
| 大于2岁 | 老雌狍子 | 老雄狍子 | 18 ~ 24kg |

年龄较大的狍子用于制作煨炖菜肴。烹调过程中，煎烤中赋予肉块颜色并强化味道。在浇汤中，结缔组织变松散。

| 部位名称 | 应用（2岁狍子） |
|---|---|
| ① 品质：背部 | 整块煎烤、肉排、小肉块 |
| ② 品质：后腿 | 煎烤、煨炖 |
| ③ 品质：带肩肉的前腿肉、脖子、胸部、胁腹 | 炖、法式炖肉片 |

## 野猪（图1）

野猪的肉为深红色，味道重。有价值的是幼年时期的野猪。年龄较大的肉更加硬，因此采用炖的方式。野猪是杂食动物，因而必须研究旋毛虫。随着年龄各年龄阶段名称的变更：1岁称为**野猪崽**，然后是**肉野猪**（1~2岁），最后是**野母猪和野公猪**。

**应用：**

背部大部分用来嫩煎，例如：煎肋肉排或者奖章肉排，也可整块煎烤。

后腿：整块煎烤，也可部分嫩煎。

带肩肉的前腿肉：煨炖。

图1：野猪和野猪崽

所有在市场上售卖和进口的野味都要经过肉质检测。如果野味没有出现可疑的指示出病症的特征，可以不经检测，直接由猎人或者狩猎区附近企业出售。但是，一旦出现问题，责任需要由猎人承担。

**狩猎季－禁猎期**

为了保证野生哺乳动物能够长期持续的发展，《德国联邦狩猎法》严格规定了禁猎期。禁猎期间，不能捕杀、猎取相应的动物。野猪和野兔没有禁猎期。野味产品意味着：

- 新鲜的野味不是一年四季都能供应。
- 供应时间主要集中在秋季，人们在这一季节进行狩猎活动并享受应季食品。

和狩猎季和禁猎期无关的，可以整年供应的是：

- 在棚舍中养殖的野味，不受时间限制。
- 来自本国猎人和进口商的冷冻野味。

## 14.3 法律规定

**野猪**会受到旋毛虫的感染。因此，在任何情况下都要检查是否存在旋毛虫；同样也需要检查杂食动物，例如：熊（熊大腿）。

依据联邦规定，本国野生动物种类的狩猎季节

| | 4月 | 5月 | 6月 | 7月 | 8月 | 9月 | 10月 | 11月 | 12月 | 1月 | 2月 | 3月 |
|---|---|---|---|---|---|---|---|---|---|---|---|---|
| 狍子（5月中旬至1月底） | | 🦌 | 🦌 | 🦌 | 🦌 | 🦌 | 🦌 | 🦌 | 🦌 | 🦌 | | |
| 赤鹿（8月至1月底） | | | | | 🦌 | 🦌 | 🦌 | 🦌 | 🦌 | 🦌 | | |
| 旃鹿（8月至1月底） | | | | | 🦌 | 🦌 | 🦌 | 🦌 | 🦌 | 🦌 | | |
| 野兔（10月中旬至1月上旬） | | | | | | | 🐰 | 🐰 | 🐰 | 🐰 | | |
| 雉鸡（10月至1月上旬） | | | | | | | 🦃 | 🦃 | 🦃 | 🦃 | | |
| 鹧鸪（9月至11月底） | | | | | | 🐦 | 🐦 | 🐦 | | | | |

**作业**

**❶** 一位猎人带给我们一头狍子，但是并没有进行肉质检测，如果是经销商供应的，就需要进行检测。不进行检测是不当行为吗？

**❷** 野味的哪一部分适合用来整块煎烤，哪一部分用来嫩煎？

**❸** 野兔不是家兔。请您说出三种不同点。

**❹** 广告标题为"我们全年都供应刚刚猎杀的狍子"。这种情况可能吗？怎样才能保证菜单上整年都有烤狍子肉这道菜？

**❺** 野味的脂肪含量很低。那么野味菜肴中的脂肪含量如何？请您以菜肴和酱汁为例进行思考。

**❻** 在秋天，野味的供货特别大。请您说出原因。

# ⑮ 鱼类

鱼是变温动物，它们生活在水里，主要通过鱼鳍前进。变温动物是指根据身体周围水温改变自己体温的动物。大多数海洋生物都是靠鳃呼吸的。

在不考虑特例的条件下，鱼类的肉接近白色，因为其中只含有少量的肌色素（肌红蛋白）。

## 15.1 结构（图1）

去骨鱼肉是鱼身上的肌肉组织。因为鱼是水生动物，所以鱼肉有着不同的构造，其结缔组织比陆地动物的少。

在烹调鱼肉的时候，鱼身上的短纤维会形成小块，它们是与结缔组织分离的薄层。在60~65℃ 时可以转化成可溶的明胶，成块的鱼肉不容保持形状，因此烹调鱼特别容易碎。

## 15.2 分类

鱼的种类繁多，对其分类是从不同角度进行的：

- **根据出产地**
  - 内陆水域的**淡水鱼**，例如：鳟鱼、鲤鱼、丁鲷、梭鱼，
  - 海洋里的**咸水鱼**，例如：鳕鱼，鲈鲉，鲽鱼，鳎鱼。

鳗鲡和鲑鱼生活在淡水和海水，也是洄游鱼类。在贸易界把它们归于淡水鱼。

- **根据品质**

这决定了鱼的使用和价格，

  - **高档鱼**

来自淡水和海水的高品质鱼，

  - **低档鱼**

它们的品质一般并且十分常见，例如：鳕鱼和鲱鱼。

- **根据体型**
  - **圆体鱼**（图2），例如：鳟鱼、鳕鱼。身体的横截面是圆形或楔形。
  - **扁体鱼**（图3），例如：鲽鱼、鳎鱼。它们大部分生活在海底。其幼鱼开始长得正常，然后开始侧躺，最后发展成扁平形状。

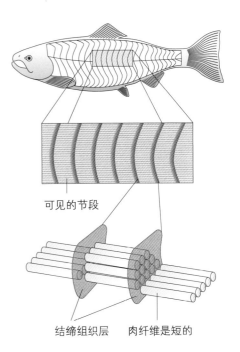

可见的节段

结缔组织层　　肉纤维是短的

图1：鱼肉的结构

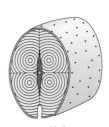

图2：圆体鱼

图3：扁体鱼

● 根据脂肪含量

营养的问题占据首位，例如：特殊的食物形式

● 脂肪含量高的鱼

鱼身上超过10%的脂肪含量存在于肉中并且可以被消化掉（图1）。例如：鳗鱼，鲑鱼，大鳟鱼，饲养的鲤鱼，庸鲽，鲭鱼。

● 脂肪含量低的鱼

脂肪存在于鱼的腹腔内，在剖鱼的时候可以切除（图2）。例如：鳕鱼，黑线鳕，鳎鱼，鲽鱼，梭鱼，梭鲈。它们的去骨鱼肉中脂肪含量只有2%。

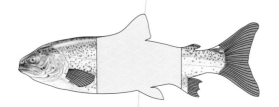 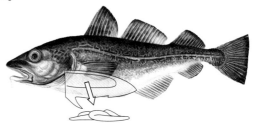

图1：脂肪含量高的鱼脂肪存在于肌肉组织里　　图2：脂肪含量低的鱼脂肪存在于其腹腔内，可以移除

| | 100g可食部分所含的营养成分 | | | |
|---|---|---|---|---|
| 食品 | 蛋白质/g | 脂肪/g | 碳水化合物/g | 能量/kJ |
| 鲑鱼 | 18 | 15 | + | 930 |
| 鲭鱼 | 12 | 8 | + | 495 |
| 鳕鱼 | 17 | + | + | 325 |
| 鲈鲉肉 | 18 | 4 | + | 475 |
| 黑线鳕 | 18 | 1 | · | 325 |
| 鳎鱼（去骨鱼肉） | 18 | 1 | · | 350 |
| 鳟鱼，幼鱼 | 10 | 1 | + | 220 |
| 梭鱼 | 10 | 1 | · | 190 |
| 鲤鱼 | 9 | 3 | + | 250 |
| 熏制鳗鱼 | 14 | 22 | · | 1045 |
| 油炸鱼柳 | 16 | 7 | + | 840 |
| 腌鲱鱼（去骨鱼肉） | 16 | 23 | · | 1120 |
| 平均值对比： | | | | |
| 牛肉，瘦肉 | 20 | 4 | · | 510 |
| 火鸡肉 | 21 | 3 | · | 480 |
| 猪肉，中等肥 | 15 | 9 | · | 595 |

## 15.3 对营养供给的意义

鱼肉是健康的、容易消化的、生物营养高的。其**蛋白质含量**在15%～20%之间。因此，鱼肉与脂肪少的屠宰禽畜是不同的。从其独特的营养价值角度看，鱼含有生物学角度的高品质蛋白质，人类的身体可以充分吸收。

**脂肪**中有丰富的必需脂肪酸，能降低人血液中的高胆固醇。

**维生素和矿物质**的含量丰富，值得一提的是，海鱼含碘量高，对甲状腺功能有重要意义。因为鱼肉含有少量的结缔组织，所以很容易消化并且在胃里的停留时间短。因此，在食用鱼类菜肴的时候，会有较低的"饱腹感"。

## 15.4 淡水鱼

除了商标外，还需要说明所有鱼的生产方法和产地（参阅第458页）。

**鲑鱼科鱼类**在背鳍和尾鳍之间有一个脂肪较多的鳍，这是一个特殊的标志。所有部分都美味可口，富含脂肪和无小刺的肉。鲑鱼科鱼类属于高级鱼种，平常主要食用鳟鱼和鲑鱼。

具有地方特色的鲑鱼科鱼类有白鲑属的鱼类，如：溪红点鲑、海红点鲑和鲑鱼，这类鱼的品质都很高。

## 种类

### 鳟鱼

*虹鳟鱼*的鱼皮上有黑斑点，沿着侧线有一条呈红色的闪光彩虹带。由于这类鱼长得快，养殖场十分喜欢饲养，是鳟鱼类中最主要供应的鱼。最常供应的一份鱼的分量为200g～300g。

在阿尔卑斯山前部山地富含氧气的水域中，人们发现了*河鳟*，其表皮呈现白底红斑。这是一种味道特别鲜美的鱼。

*鲑鳟鱼*是鳟鱼产品的商业名称。它们至少有1.5kg重，并且鱼肉中富含油脂，呈现橙红色。鱼肉的颜色呈现红色，是因为其经常食用小型甲壳类生物或饲料添加剂，其中富含叶红素。

红点鲑，白鲑属于地域性的鲑鱼类，鱼肉美味可口。

### 鲑鱼

鲑鱼生活在海里，返回其出生河流的上游产卵，因此人们把它们称为洄游鱼类。因为鲑鱼需求量大，所以也进行人工饲养。在供应时，有两种不同的鱼类：野生鲑鱼和人工饲养鲑鱼。在寒冷的流域中，鲑鱼的肉长得紧致且味道非常好。

除新鲜的鲑鱼外，还提供煮腌鲑鱼（用盐和糖腌制，然后煮熟）和熏鲑鱼（再熏制）。

### 鲤鱼

镜鲤只有少量大鱼鳞，是主要的供应品。可以在池塘中养殖镜鲤，在2~3个季度后，其体重可达到将近1.5kg重，肉的颜色是红灰色的。

### 鳗鱼

鳗鱼的身形如同蛇形，生活在淡水里，在大西洋（马尾藻海）产卵。墨西哥暖流把它的鱼卵带到欧洲沿海地区，鳗鲡从沿海地区深入到淡水河的上游。青鳗鱼是一种无须处理的鱼。熏鳗鱼是热熏而成的。

### 梭鲈

食肉鱼主要停留在静止的水域中，其肉质细腻、美味且刺少。

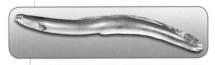

### 梭鱼

这种食肉鱼成年后体重可达2.5kg，它的肉色白、紧致且美味。成年鱼的鱼肉发干，可以做成馅（梭鱼鱼丸）。

### 苏氏圆腹芒

苏氏圆腹芒的肉是白色的，与鲇鱼是近亲，主要在越南饲养。它的肉多汁，味道温和。其鱼肉几乎无刺。

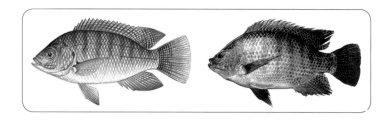

### 罗非鱼

这种鲈形目的鱼主要在温暖的淡水水域生活。它的肉白且味道甜美，可以放在烤架上烤，煎炸和烘烤。符合亚洲人的口味。

### 保存

因为鱼肉的结缔组织较少，并且经过屠宰的鱼表面是潮湿的，所以鱼很容易腐烂。

当贮藏的温度低时，鱼可以保持新鲜。最理想的是放在冰之间储藏，当冰融化时还可以继续冷却，同时鱼的表面可以保持湿润。

**鲜鱼身上的特征**

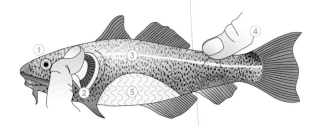

① 眼睛鼓出，明亮且有光泽
② 鱼鳃鲜红，紧紧贴附
③ 黏膜不油腻
④ 鱼肉有弹性，按压鱼肉后，按压后可以恢复原状
⑤ 气味新鲜，"鱼腥臭味"表明了贮存时间的长短

**新鲜去骨鱼肉的特征**

图1：左侧是新鲜的鱼——右侧是储存时间较旧的鱼

**新鲜的去骨鱼肉**〔图1左〕是湿润的，闪着白色的光，微微透明且闻起来新鲜。

**不新鲜的去骨鱼肉**〔图1右〕特别在其边沿部分颜色由黄色到褐色，会有强烈的鱼腥臭味，令人不舒服，鱼肉失去了弹性且按压后不会回弹。

## 15.5 海鱼

**圆体鱼**

在全世界范围内，鳕科鱼类的捕捞量占很大一部分，它的味道温和，并且有浅色的肉，在烹调时很容易形成"蒜瓣肉"，即成块分层的鱼肉。它们属于经济鱼类。

**鳕鱼**

鳕鱼灰白色的鱼皮上有棕色和橄榄色的斑点（适合生活在海底），并且有一条浅浅的侧边线。人们把来自北海的幼鱼和波罗的海的小鱼看作是鳕鱼，它的肉鲜嫩并且很美味，很容易切片。

**黑线鳕**

黑色的侧边线和有深色斑点的胸鳍是黑线鳕的主要特征。它的肉白且味道细腻，主要可以用来煎烤或煮。

**青鳕**

这种青鳕的背部呈深色并且有一条浅浅的侧边线。红灰色的肉很紧致，主要可以切成去骨鱼肉。由于其肉的紧致性，可以在油中加工为黑线鳕的替代品。

**圩鳕**

这种长形鱼在背部有一条不间断的边鳍，其颜色由深棕色向浅棕色渐变。它的肉非常美味。

**鲈鲉**

因为它的皮呈砖红色，所以人们也把它称作梅花鲈。它的肉经常用来做成去骨鱼肉，且肉质肥而不腻，紧致，味道可口。其去骨鱼肉适合煎炸和烘烤。

**鲭鱼**

瘦瘦的鱼身表面有小小的鳞片，背部闪烁着青绿色的光，显示出深色的条纹。红色的鱼肉味道非常好。

**鮟鱇鱼**

它面目可憎又令人畏惧，因此在德语中的名字为"海魔鬼"。因为其可憎的外貌，所以大多数餐厅中只提供去掉头部的身体。它的肉质细腻、紧实，非常美味。

**海鲂**

从侧面看，其鱼头是扁平的，有点像鲽科鱼类。这种鱼游得直，它的头是深灰和褐色相间并且在侧面带有明显的深色斑点。用海鲂可以制作出非常优秀的鱼类菜肴。

**海鲈鱼**

狼鲈鱼也被称为海狼鲈或者狼鲈，它有长长的身体，背部是灰色的，颜色从背部到腹部变浅。其肉中脂肪少，肉质紧致、无刺且味道好。

**鲱鱼**

如今，为了保护鱼类，世界范围内的捕鱼活动受到了限制。鲱鱼是捕捉最多的鱼类。它那青绿色银光闪闪的身体一般有24cm长，主要在渔场进行加工。根据其年龄和生长情况可以加工为：

- **腌鲱鱼**

这种鱼在产卵前就已经被腌制了，盐和鱼肉的组合使得鱼肉变得入味和美味。为了减少鱼里的盐分，在做菜前，人们要先冲洗鱼。

- **整条鲱鱼**

体内有鱼白（精巢）或卵巢，需要去除脂肪层，热熏，然后在市场上作为熏鲱鱼销售。

- **产卵后的鲱鱼**

产卵后的鲱鱼比较特殊，它的肉很瘦，更确切地说是干。因此，人们用其制作腌渍鱼，如鲱鱼卷或者俾斯麦腌鱼，或者做成鱼沙拉。

**鲱科鱼：**
- **沙丁鱼**

可以在地中海沿岸捕获沙丁鱼，去掉头后可以浸渍在油中防腐保存（油浸沙丁鱼）。

- **西鲱**

把它们整个加热熏制，其中最著名的是"基尔湾西鲱"。

- **酸辣鱼**

把西鲱的头和鱼尾去掉放在加有香料、酸甜的盐水中。

- **鳀鱼**

这种脂肪含量丰富的鱼生活在地中海中，可以在欧洲西海岸捕获，用盐腌制。鳀鱼可以用来提味或者做装饰。

## 扁体鱼

所有的扁体鱼在幼鱼时期都是普通的鱼体形，当它们转变成扁体时，鱼身上其中一只眼睛就移到鱼头的另外一侧，它的身体就开始侧向一边游动。渔民把鱼上面那一侧叫作眼睛一侧，为了伪装，它们的颜色和海底的颜色类似。下面那一侧叫做盲区或者腹部，一般是白色的。尾鳍和臀鳍扩张，围绕在鱼身体的两侧。扁体鱼属于名贵的鱼种。

### 鳎鱼

鳎鱼的表层是灰褐色的，带有深色斑点，它的腹部为灰白色，身体上覆盖着细小的鱼鳞。其肉质色白紧致，被视为最好的扁体鱼。

### 小头油鲽（檬鲽）

它的身形和鳎鱼相似，它的上边由红棕色到浅黄色渐变。它的紧致且水分不多的肉易碎，不能很好地成形。因此，人们更喜欢把它切片。

### 欧洲鲽鱼/黄金鲽鱼

在它灰色、 无鱼鳞的光滑表皮上有一些典型的橘红色斑点，因此这种鱼也被称作黄金鲽鱼。 腹部黄中带白， 这种鱼具有很大的经济价值。在5月捕捉味道独特（五月鲽鱼）。

### 欧洲川鲽

它在身形和外貌上和鲽鱼非常相似，通过上表皮很容易区分：鲽鱼是光滑的，而欧洲川鲽的表皮较为粗糙。两者的食用方法相同。

### 大菱鲆

这种鱼身形偏圆，它的表皮无鳞，灰褐色的鱼皮上有浅色的斑点，腹部是白色的。在中国，这种鱼常被叫作"多宝鱼"。

雪白的鱼肉吃起来非常香。主要在北海、斯卡格拉克海峡和卡特加特海峡可以捕获到。

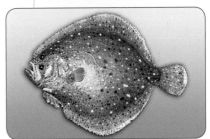

### 庸鲽

它的表层无鳞片，灰褐色的鱼皮上沿着中间的侧线有浅色的斑点。

庸鲽是扁体鱼类中最大的鱼，被称为大鲽鱼。其鱼肉在晚秋和冬天是最佳选择。

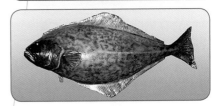

| 加工公司/出口公司：<br>大型鱼加工厂 | | 来源：马尔代夫<br>非欧元区：MDV 006<br>捕获区：57 |
|---|---|---|
| GRN:1120 | | 包装日期：<br>20...年6月30日 |
| 保持冷却在4℃以下 | | |
| 产品：黄鳍金枪鱼<br>Thunnus albacares | | 净重：2.90kg |
| 保鲜期：<br>20...年7月10日 | 批次：<br>ASAR-015 | LointoffishN<br>78 |

图1：鱼类的标识

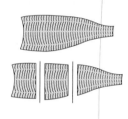

## 鱼类的标记

　　除了商标（名字）外，也有以生产方式和渔场命名的鱼类和甲壳类动物（图1）。

　　生产方式以以下的的词语命名：

**捕获于**　　　　　　适用于海鱼
**淡水捕捞**　　　　　适用于淡水捕捞的鱼
**来自水产养殖厂**　　适用于水产养殖厂的鱼

### 供应形式

在指导原则[1]中已经确定了鱼类肉块的名称。

半条鱼

　　纵向将鱼切成两半，不去皮，但是切掉头和背鳍。

去骨鱼肉

　　没有背刺和鱼皮的整块鱼肉。

- *小体型鱼*的去骨鱼肉相当于其身体最大的部分（鱼的半侧），
- *大体型鱼*的去骨鱼肉是切成份的肉块，
- 从*扁体鱼*（鳎鱼，小头油鲽）身上可以切分出四片去骨鱼肉。

带骨鱼排，带骨鱼肉块

　　垂直于圆体鱼身体切出的厚鱼块。

煎鱼肉排

　　在圆体鱼尾鳍部分垂直于身体切出的厚鱼块。

## 鲜鱼

　　在贸易中，所谓的鲜鱼是指运输至消费者的，只进行冷藏而不使用任何防腐措施的鱼。"鲜鱼"不是指鲜活的鱼，而是相对于长期储存产品的概念。

　　为了节省运费，大部分鱼都是在去掉没有食用价值的头部后运输，或是分割成去骨鱼肉后运送。

　　通过气味就可以很容易地判断出鱼的新鲜程度，有浓烈鱼腥臭味的鱼不是经过长期贮存，就是储存方式不合理。送货的最高温度为+2℃，运输时需要使用冰块。

　　在商店中，鲜鱼和冰一起放在深托盘中，下衬一块带孔金属板，这可以使冰水流走，不会接触到鱼。鲜鱼的贮存温度应该是0℃。

---

1指导原则描述了现有主要观点。体现出由某一专业机构对生产等过程确定的特征指标。

**冷冻鱼**

冷冻店不会中断冷冻鱼或者速冻鱼的供应。因此在送货时，会尽可能快地用货车把货品送到冷冻室。

通过铁路运输时，会采用保温集装箱，并添加一些干冰，把降温材料变成气体，毫无疑问，二氧化碳是对健康无害的。

干冰的温度大约是-80℃，*不允许在无保护措施下徒手接触*，不然会使接触的肢体冻伤。

在贮存时，货物必须密封包装，即使是包装纸箱破损也需要重新包装。没有包装的货品，其边缘会变干，并且会产生冻斑，冻斑会非常严重地损伤产品，并使产品不能再销售和食用。

## 15.6 耐贮存鱼类

**熏制鱼类**

熏制让鱼能在一定的时间内很好地保存，并且带有一种特殊的味道。

根据熏制方法可以分为两种形式。在**高温熏制**时，鱼在大约60℃的温度下熏制，在这种情况下，鱼内的蛋白质变熟，同时肉内的水分下降。

**腌鲱鱼**是连着鱼头一起加热熏制的鲱鱼。

**精制腌鱼**是精选的熟鱼，没有鱼头。

**熏鲨鱼干**是用切成条的白斑角鲨腹部的肉熏制而成的。

**熏鳗鱼**由新鲜的掏出内脏的整条鳗鱼制作。

在**低温熏制**时，鱼保留了其最后的味道，呈现金黄色，它的肉通过腌渍、盐和糖的作用变熟。为人所熟知的是熏鲑鱼，它在真空包装中整块或切片销售。

**咸鱼**

用盐能使鱼长久保存，经过生化反应变熟，可以食用。腌鲱鱼对餐饮企业有很重要的意义（图1）。

制作**腌小鲱鱼**所使用的是在早夏产卵前捕获的鱼，在捕获后用盐腌制，需要8周时间才能腌制完成。

图1：咸鲱鱼

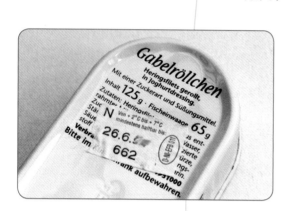

图1：腌制鲑鱼

**腌去骨鲱鱼肉**不是熟的，而是使用包含鱼自身酶的腌渍汁腌制处理。

**腌制鲑鱼**是一种带甜味的腌去骨鲑鱼肉（图1），很久前就已经成为瑞典的特色菜。

### 鱼罐头

罐头食品是经过杀菌的耐贮食品，通常是出售长椭圆形罐头，为人熟知的是**番茄沙司鲱鱼罐头**、**芥末鲱鱼罐头**和油浸沙丁鱼。

瓶装食品就是鱼浸泡在腌渍汁里，只有有限的保存时期。在冷藏时，必须明确说明罐头的保质期。

**著名的菜品：**

- **俾斯麦腌鱼**

  浸泡在腌渍汁里去刺的半条鲱鱼。

- **鲱鱼卷**

  去刺的半条鲱鱼与小块黄瓜、洋葱卷在一起。

- **煎鲱鱼**

  去刺的半条鲱鱼裹上面包屑煎，最后配以腌渍汁。

保质期

瓶装食品的最佳使用期必须无条件地精确到天，罐头上年份的说明符合，比如"保质期到20...年末"。

---

**作业**

1. 分割肉与鱼肉主要有哪些区别？
2. 鲑鳟鱼和虹鳟鱼有哪些显著的区别？
3. 说出五个特征，用于评估宰杀后的鱼是否新鲜。
4. "鲜鱼"有多鲜？
5. 应该怎样保存宰杀好的鱼和去骨鱼肉？
6. 大型海鱼需要切分后销售，请说出三个肉块名称并对其进行描述。
7. 处理干冰时应该注意哪些防护措施？
8. 您在菜单上看到狼鲈，这是哪种鱼？这种鱼的鱼肉有什么特性？
9. 从一盒冻鳕鱼里取出五片去骨鱼肉，将包装盒重新放回冷冻箱中时，不仔细包裹，敞开放置，会发生什么？
10. 请举出三种用于冷盘中的熏鱼，并说明几种摆放方式。
11. 罐头食品和瓶装食品在保存方面有什么区别？

# 16 甲壳类动物和软体动物

在甲壳类和软体动物的贸易名称下包含无脊椎动物如蟹、有螯龙虾、无螯龙虾、贝类、牡蛎等。根据体型可以分为甲壳类和软体类动物。

在厨房专业用语中，人们经常把甲壳类称为甲壳类动物。

因为大多数甲壳类和软体动物生活在海里，所以把它们归类于"海味佳肴"或"海的果实"。

## 16.1 甲壳类动物

在餐馆里最常用的甲壳类可以分为两种：
• 龙虾　　• 大虾
它们可以生活在海里和淡水里。

甲壳类有以下供应形式：
• 新鲜
• 煮熟后冷藏
• 煮熟后或生品冷冻

### 身体构造

无脊椎动物没有骨架，但在身体的外侧有甲壳质的外壳或者甲壳，这种角状的甲壳经过煮后会变成红色。

虾的头部和胸部成长为坚硬的头胸部。它的胃和肝脏的位置和软体动物一样，随季节出现发光的黑绿色卵。它的后腹部被称为尾部，虾的大部分的肉位于尾部，它的肉是白色的、脆嫩的。在烹饪前，会将肠子取掉。

不断上升的需求量对许多物种的生存造成了威胁，人们只能通过严密的捕捞规定、禁捕期、水产养殖反对过度捕捞。

在水产养殖时，人们懂得在人造的区域内养殖和生产鱼和海味。

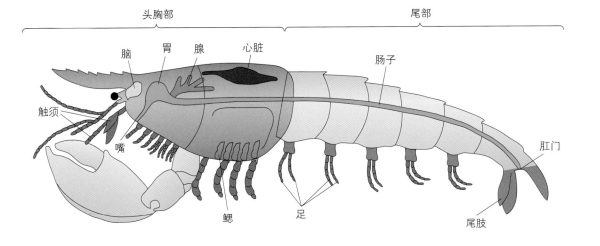

头胸部　　　　　尾部

脑　胃　腺　心脏　　肠子

触须

嘴

鳃　　足　　　　　　肛门

尾肢

## 运输

在运送活水产时要注意：

- 为了不让龙虾受伤，会用橡皮带把螯虾的前足绑紧。
- 把它放在用薄木片编成的篮子里，用湿木棉或者装有湿纸的泡沫塑料箱运送。
- 禁止用冰储入仓库。

## 鲜度和优良特性

活的龙虾在触碰时会马上反射性收缩它的尾部。

海水里的生物品质总是比淡水里的要好，深海里的比浅海里的味道要浓。海洋生物的甲壳越薄，利润就越高。

因为在这里它的生长速度慢，所以居住的空间越冷，其味道就越鲜美。用手剥去外壳比用机器剥去外壳的好（一般在包装上会有说明）。

肉有软嫩的特征，但是口感紧实。

死虾的腐烂速度非常快。因此，检查生的食材非常重要。

## 宰杀甲壳类

按照动物保护法的规定，必须把虾放入沸腾的水中杀死。在这种情况下，虾的脑细胞马上坏死，就不会感受到痛苦。

烹饪生虾肉需要做准备，根据虾蟹的大小有以下可能：

- 把虾的头放入沸水里10～12s，注意：有受伤的危险。
- 整个虾放入沸水中10～20s，为了中断变熟的过程，迅速将其捞出浸入冰水中。

在烹饪过程中它的颜色会变化。虾身上的青灰色、褐色和它的伪装色受温度变化影响，易受到破坏。

虾的红色素得以保留，因此煮熟的虾呈红色。

## 腐败变质

不同于鱼类，完整甲壳类和软体类动物的消化器官还保留在体内。消化器官中的酶在它死后还会继续工作，它的分解产物是有害健康的。

## 龙虾的种类

在餐馆里，最常用的龙虾是淡水小龙虾、有螯钳龙虾、无螯钳龙虾和亚得里亚海红虾。

### 淡水小龙虾

淡水小龙虾生活在河岸边的流动水域。 可以吃的淡水小龙虾至少10cm长、35g重。 它的肉一般在尾部和前足上。 它的捕获期在6~12月，全年都可以买到。

虾的头胸部在德语中也被称为**虾鼻**，清空并清洁过的虾鼻可以用来装填菜肴或用来摆盘装饰。

为了能够成长， 淡水小龙虾在夏天会换一次甲壳，没有壳的虾称为**黄油虾**。

最常使用的是加里奇虾（Galizier），主要从土耳其进口。虾对水污染的反应十分敏感，因此，德国国内虾的供应量较低。

### 有螯钳龙虾

有螯钳龙虾生长在冰凉海水里多岩石底层上。大的样品作为展品放在冷餐柜中， 主要的供应国是挪威、苏格兰、加拿大和美国。因为龙虾之间会打架，所以它们的前足会用橡皮圈绑起来，橡皮圈在煮后会切掉。

约30cm长、1kg重的龙虾品质最佳。 在市面上也可以买到比这小的和大的，主要是在夏季捕捉。为了可以全年供应龙虾，在旺季内就要贮存些绑前足的龙虾。

### 无螯钳龙虾

与有螯钳龙虾不同， 这种龙虾没有前足（螯），但它有长触须。无螯钳龙虾的大小在35~60cm，体重在0.8~1.5kg。它的捕获区域从英格兰南部延伸到整个欧洲和非洲大西洋沿岸， 最佳的捕获时期是从4~9月。

因为它缺乏抗压能力，很难运送活物，所以一般都是供应冷冻货物。它大部分的肉在尾部，因此人们一般买冷冻的虾尾。

淡水小龙虾可以整只烹饪。

亚德里亚红虾不是对虾，而是高价值的海螯虾科的挪威海螯虾。

### 帝王蟹

在市场上，帝王蟹也叫作皇帝蟹、日本蟹或堪察加拟石蟹之下，帝王蟹肉或蟹肉可做成罐头食品。俄罗斯的帝王蟹罐头会额外标明"堪察加"。

帝王蟹是整个出售，其中更偏爱腿和冻住的蟹肉。

帝王蟹的重量有4～5kg，其中肉占30%，主要集中在三对脚和螯上。帝王蟹主要在冬季月份供应。

主要捕获区在北太平洋和白令海。帝王蟹在几百米深的海里，在恶劣的条件下捕获。

### 挪威海螯虾

挪威海螯虾是一种深海虾，它属于虾类。

它的名字Scampo（复数Scampi）也经常用于称呼大型对虾。

但是这两种虾无论是外貌还是肉质都是不同的。

挪威海螯虾的肉是嫩的，身体扁平颜色浅（挪威海螯虾与对虾的区别见左下方）。

一只挪威海螯虾有12～15cm长，40～50g重。因为前足里的肉太少了，所以在买卖时大多数只供应虾尾那一部分。来自冷水水域爱尔兰海的虾更受欢迎。

### 虾的种类

人们把在水体底部生活的自由游泳的一类甲壳类生物称为虾，这种甲壳类动物是餐馆中最常烹调的食材。

由于其种类比较多，所以在个体大小和重量上有很大差异。虾肉的出肉率在50%～70%。随着水产养殖规模不断扩大，全年都有虾供应。

在划分较小的甲壳类动物时，部分是从生物学角度出发，部分是从贸易角度出发。此外，在市场上还会出现一些来自遥远地区的新品种。

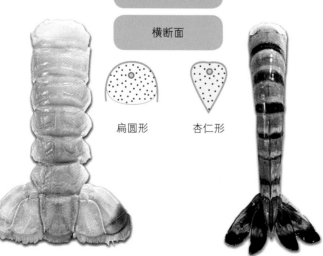

| 亚德里亚红虾 | | 对虾 |
|---|---|---|
| 有 | ← 前足 → | 没有 |
| 硬的 | ← 甲壳 → | 软的 |
| | 横断面 | |
| | 扁圆形　杏仁形 | |
| 脆，香 | ← 尾部的肉 → | 更紧致 |

"虾"有许多不同的概念，大部分涉及一些地方性的、国家性的或者典型的大地方的名字。虾被称为：

- Gambas：西班牙语名称
- Crevetten：法语名称
- Prawns：英语名称，也常用于形容大虾
- Krabben：北海褐虾
- Shrimps：小型虾

> 在一些情况下，商家可能采用一些名称，使人联想到更高级的虾。请在购买时加以甄别。

## 巨虾

巨虾根据产地区分为：

- 海水虾，
- 淡水虾。

淡水虾的味道比较浓郁，可以将整只去皮、去尾，在沙拉、开胃食品上摆出造型，或者用于装饰。

## 北海褐虾

北海褐虾生活在北海沿海地区。

褐虾有一个圆圆的身体，属于短尾种类。北海褐虾在德语中也称为北海蟹，这个在生物学上错误的名字是由旧商业习惯遗留下来的。

在浅滩捕捞后直接煮，除了直接在海岸边煮，还可以直接去壳，然后大部分经过冷冻后作为罐头食品供应。

## 深海大虾

这种深海大虾生活在各大海域200~700m深的地方。

这种来自冷水水域的虾生长缓慢，但是基本上都有较好的品质。

## 重量

甲壳类动物的尺寸划分使用，一英磅（1 lbs=454g）有多少个甲壳类动物。原则上：甲壳类动物越大，每千克的价格就越贵。

### 8/12 lbs

意思：8~12个重450g或450克：10≈约45g/个

### U 5

意思：少于5个，重量达到450g或者450克：4≈约110g/个

### 老虎虾

两只虾就有一磅重。

**虾的尺寸：**

XL=约每磅16只；L=约每磅25只；M=每磅35只。 一般褐虾
每磅有160～180多只。

| 专业概念 | |
|---|---|
| Tail on（虾尾装饰） | 去掉虾身外壳，但是出于装饰目的，将扇形尾部外壳留在虾肉上。 |
| 块状产品 | 块状产品主要为体型较小的虾，它价格便宜，包装中的产品必须一次用完。  |
| IQF–individually quick frozen（单体速冻） | 小部分单独冷冻，这样，在需要的时候可以单个取出。 |
| 去肠 | 在不破坏虾尾的同时，将肠子取出来。 |

### 鱼浆（Surimi）

鱼浆这个概念来源于日本，其含义是"磨碎的肉"。鱼浆是蟹肉的仿制品，法律上将鱼浆定义为"蟹肉的仿制品"，并且为了保护消费者，要求有相应的标识。鱼浆是由新鲜的鱼肉做成的，里面混合了稳定剂和食用香料，使它有一种类似肌纤维的特性，塑形之后使用甜椒粉将表面染成浅红色。

### 过敏反应

富含蛋白质的食品容易引起食物过敏，表现为起红疹、瘙痒、呼吸困难。为了保护容易过敏的人，应强制说明存在容易引起过敏的成分。

注意：

- 鱼浆含有来自甲壳类动物的提取物作为着色剂，
- 含有亚洲调味料的菜肴，
- 即使使用同一煎烤设备，也容易导致出现问题的制作。

## 16.2 软体动物

不同种类的贝类虽然大小形状不同，但是有相同的构造。两个含钙外壳由一个关节所连接，这个关节被称为**铰合部**。鳃有**纤毛**，它能过滤水中悬浮的动植物小微粒。这种小的浮游生物是软体动物的营养物质，并且影响它的品质。贝壳中朝上立着的丝，人们称为**腺**，那是足丝的排泄器官，足丝能够帮助贝类粘住浅滩中的柱子。这些生物利用其肌肉组织进食。

### 新鲜的特点

新鲜的贝类有着紧闭的壳，如果打开的贝壳能在被触碰的情况下关闭，它们就是新鲜健康的。如果贝壳依然开着，那么它们就是死的并且**不能食用**。

牡蛎和贝壳一般来说会在凉爽的季节上市，从9月到次年4月，这几月使用"r"标记。当前的培育和冷藏技术使上市季节延长。

贝壳不能在高于6℃的温度下储存。

### 种类

贻贝

它的名字来源于沼泽，也就是人们所理解的海岸线边的青苔，沼泽或者浅滩。或者来源于那些上面吸附了很多贝壳的柱子。沼泽贻贝或者柱子贻贝的存在也是生态平衡的标志。椭圆形的贝壳呈蓝灰色或者黑色，里面略带白色或者泛着微微珠光呈微微发蓝的光泽，它们至少有5cm大小。无瑕疵的贝壳是无污染的。处理贝壳前首先要蒸或焯水，为的是使贝壳在高温的影响下自己张开壳。

好品质的贝壳在冷藏条件好的情况下能贮藏3周。纯贝壳肉的收获量占全部重量的30%。

贝壳以海洋的过滤器之称被人们所熟知。对人们来说，打捞贝壳是危险的，食用从重度污染的海域里打捞出来的贝壳尤其危险。贝壳买卖控制得很严格，为的就是将风险最小化。

贝壳需要两年的生长才能达到市场要求的5cm大小。
在纯自然的环境下则需要4年。

牡蛎

目前的牡蛎大部分是在牡蛎附着基上养殖的（纯人工养殖），大约3年就可以上市的人工牡蛎。

牡蛎的报价依生物学品种和产地差异而有所不同（图1）。生物学品种上人们是这么区分的：

**欧洲牡蛎**或**扁平牡蛎**或**圆形牡蛎**。

拥有12cm直径的圆形牡蛎是特级牡蛎。它肉质丰满，肥嫩紧实，并且有着新鲜的海洋味。它味道微咸有淡淡的坚果味。

在产卵季（5月~8月）市面上没有圆形牡蛎售卖，因为这个时候牡蛎肉量较少。

**深海牡蛎**或**岩石牡蛎**或**葡萄牙牡蛎**。
同类牡蛎：15cm长的**吉加斯牡蛎**

岩石牡蛎占世界市场份额的比重最大。它尤为结实并且长得快，因此它是人工培育的理想选择，而且一年后即可成熟。

正如种植区的土壤决定红酒的品质，水也从根本上影响着牡蛎肉的颜色和味道。因此牡蛎贸易由**产地决定**，而不由生物学品种决定。

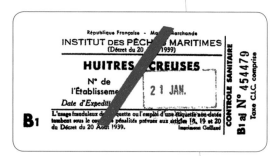

图1：产品信息标签是无瑕疵牡蛎品质的保证

| 牡蛎的贸易名称 | 产地 |
|---|---|
| • Imperial | • 荷兰 |
| • Limfjord | • 丹麦 |
| • Colchester,Whitstable | • 英国 |
| • Belon,Marennes,Arcahon | • 法国 |
| • Ostseeperle, Sylter Royal | • 德国 |
| • Galway | • 爱尔兰 |
| • Ostender | • 比利时 |
| • Blue point, Virgninias | • 美国 |

牡蛎的价格除了跟产地特点相关外，也取决于尺寸大小。尺寸大小没有统一的标准。

在收获的时候，牡蛎会用壳把海水锁住以此来保证在离开水的情况下依然可以生存。

在运输的时候人们会把贝壳弧形一侧向下码在小木桶或者篮子里。

牡蛎大多数情况下是生吃的，因此人们要在厨房中将其清洗并且用牡蛎专用刀切开。必须将牡蛎朝下放置，以留住壳内被锁住的海水。

### 运输/存放

在运输牡蛎之前需要为长途路程和储存时间做准备，即：在夜间将存放箱中的水排空，这样就能保证牡蛎能一直关闭它的壳。

健康的牡蛎能够存活1~2周时间，前提是在4℃的温度下保存，最好是在薄木片（编成的）篮子中存放。

### 扇贝

市场上新鲜的扇贝是11月到来年3月供应的，尤其是苏格兰跟法国的扇贝。市场上的扇贝平均大小是10~15cm，4~5岁。

不包括扇贝囊的扇贝肉，可冷冻，全年都能买到。

扇贝肉部分也被称为小坚果，它呈固状但咬起来细嫩。扇贝囊因其奶油色的固体状还被称为**珊瑚**。

贝壳的外壳可以清洗后用作配菜的碟子或演示用的碟子。

### 培育/养殖牡蛎

在被称为克莱尔斯（Claires）的地方进行。这些蚌是在深度较浅的水池中养殖的，其中富含浮游生物且含盐量少。因此，为一些牡蛎使用的"克莱尔"来源于法国。

### 其他贝类

其他有名的美味牡蛎种类有：

- **心形牡蛎**：它混合在蛤蜊意大利面中或者作为西班牙海鲜饭的配料。
- **青口贝（翡翠贻贝）**：在贸易中也称为新西兰贻贝或淡菜。
- **竹蛏**：它含沙非常多，必须用盐水清洗，为的是能去除贝壳内的沙。

几乎所有类头脚类动物都拥有一个墨囊样的东西，这种"墨水"由特别的腺生成，制成伪装雾，在大自然中起着逃跑作用，在菜肴上人们把它用作调味或者用作染生面食。

### 葡萄蜗牛

有两种生长在陆地上的野生蜗牛在欧洲菜肴中扮演着重要的角色，他们分别是**葡萄蜗牛**与**玛瑙蜗牛**。

现在葡萄蜗牛主要在专门的蜗牛养殖园中养殖。葡萄蜗牛的捕捉有禁猎期，这能防止灭绝。

出于节约考虑，商用厨房只使用蜗牛罐头或者冷冻食品，空蜗牛壳单独供货。烹调好的蜗牛肉大多留在壳内上菜。葡萄蜗牛可以制作蔬菜炖肉或者汤，也可以烘烤食用。

### 头足类动物

头足类动物是海洋动物中的一类，它们最重要的特征是头脚与触手，科学界将其称为触须，一般有8个触手或10个触手。

**这种头足类的动物主要是墨鱼**（图1），**鱿鱼**（图2），**章鱼**（图3）。

人们食用的是它们的触手或者是空的体腔，而不是头。墨鱼出现在所有海洋中，由于人们有先进的防腐方式，因而可以全年捕食到墨鱼。

在贸易中与菜单上使用"Calamares""Calmari"表示鱿鱼，"Calmaritti"表示小鱿鱼。

图1：墨鱼

图2：鱿鱼

图3：章鱼

**作业**

1. 为什么禁猎期有利于捕捉蜗牛？请陈述理由。
2. 在处理带甲壳的软体动物时有什么健康隐患？
   哪些法规我们必须注意？
3. 贝类的来源跟品质之间有什么联系？
4. 请您指出4种贝类以及它们的出产国。
5. 为什么现今市场仅提供主要的贝类？
6. 挪威红螯虾与对虾有哪些区别？
7. 如果制作4份鸡尾酒小吃，每份需要30g龙虾肉。
   请按照以下情况计算食材采购量及成本：
   a.新鲜龙虾，30%的肉，市场价45€/kg。
   b.冷冻龙虾肉175€/kg。

# 17 鱼子酱

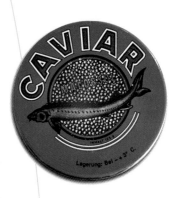

处理好的鱼卵被称为鱼子酱。**"真正的鱼子酱"** 是指鲟鱼的**鱼卵**。现在，这些鲟鱼只生活在黑海和里海中，而这些生存空间正在受到环境污染的危害。物种数量不断减少，而需求持续增长，导致鱼子酱价格上涨。

为了获得鱼子，制作者需要切除所捕获鱼类的卵巢，然后按压鱼卵穿过筛网，在这个过程中薄膜和外壳分离。鱼卵中保留下一部分，在鸡蛋中这部分被称为卵黄。然后，有针对性地用盐腌制，使小颗粒变结实，而颜色变深。

一般会依据鱼子的大小和颜色评定鱼子酱的等级。在用鱼上一般都是使用鲟鱼，而鱼子酱的命名是以所用鱼的名称。

**鱼子酱的选择：** 在大小和颜色有不寻常的偏差时进行选择。

- 深黑色的鲟鱼鱼子酱的产品流通名称为**Royal Black Kaviar（皇家黑鱼子酱）**。
- 颜色较浅的奥斯特拉鲟（Ossietra）鱼子酱作为**特级鱼子酱**进行供应。

**添加物"Malossol"的意思是：**少盐，Malo=少，Sol=盐。

即：添加少量盐，盐量大概为3%。

现在主要供应少盐（Malossol）鱼子酱，因为可以通过冷冻保持其品质。

使用其他品种鱼类鱼卵制作的鱼子酱替代品主要用于装饰。例如：放在开胃菜上，用在填馅的鸡蛋中或用在手指美食上。

所有鱼子酱种类的品质特征：
- 新鲜的鱼子酱颗粒松散，
- 鱼子外皮越柔软滑嫩，鱼子酱的品质越突出。

鱼子酱密封在罐头中，将其冷藏存放。开罐的鱼子酱罐头应放置在-2℃的环境中，并在一周内食用完。

变了质的鱼子酱闻起来、吃起来都是酸的。

| 鱼子酱类型 | 蓝标大白鲟鱼子酱 | 黄标奥斯特拉鲟鱼子酱 | 红标闪光鲟鱼子酱 | 德国鱼子酱 | 鲑鱼鱼子酱 | 鳟鱼鱼子酱 |
|---|---|---|---|---|---|---|
| 特征 | 大颗粒 1~2mm 外皮软滑 | 大颗粒 大约1mm 外皮软滑 | 小颗粒 1mm以下 外皮非常软滑 | 圆鳍鱼鱼卵 小颗粒 经过染色 | 鲑鱼鱼卵 大颗粒 橙红色 | 鳟鱼鱼卵 中等颗粒 橙色 |

**使用/使用示例**
- 传统方式是放在小薄饼上搭配酸奶油
- 搭配涂抹过黄油的吐司
- 搭配烤土豆或搭配重奶油的小土豆煎饼
- 和黄油混合，作为鱼的装饰
- 用于浅色酱汁，搭配烤制的鲟鱼鱼肉

# 高　汤

浓汤和酱汁的基础是专业制作的纯高汤。

浓汤和酱汁是有极其类似特性的烹制产品。浅色高汤和深色（棕色）高汤及其他高汤是重要的初始产品。高汤、浓汤和酱汁既可以自己制作，也可以预制成方便产品。

## 1 概览

### 基础高汤（底汤）

#### 浅色基础高汤

制作浅色高汤时，配料放入水中烹煮并萃取。主要原材料是相应有特定味道的材料，例如：牛和犊牛骨头、家禽骨架、鱼骨和虾蟹类的外壳或蔬菜。

此外，人们还使用分割肉、家禽或鱼类的副产品。赋予味道的成分为蔬菜、香草和香料。

- 肉骨高汤　　　　　　　　　　*Bouillon*
- 犊牛肉骨高汤　　　　　　　　*Fond blanc（de veau）*
- 禽类高汤　　　　　　　　　　*Fond（blanc）de volaille*
- 蔬菜高汤　　　　　　　　　　*Fond de légumes*
- 鱼类高汤　　　　　　　　　　*Fumet de poisson*

#### 深色（棕色）基础高汤

与浅色高汤相比，制作深色（棕色）高汤时，原材料需要切削或切碎并需要稍微煎炒。在这个过程中会产生味道和颜色。

人们使用特定种类的骨头和分割肉、禽类、野生哺乳动物和野生禽类的副产品。此外，还使用切碎的由球茎茴香、胡萝卜、洋葱和大葱制作的煎烤蔬菜。

- 深色犊牛肉骨高汤　　　　　　*Fond de légumes*
- 深色野味高汤　　　　　　　　*Fumet de poisson*

## 2 制作

### 高汤、浓汤和酱汁的调味料成分

调味香草束

　　用线捆绑一些欧芹枝、百里香枝和一片月桂叶制作调味香草束。

　　根据其应用，基础组成部分中可以补充其他香草和/或蔬菜，它们用于为菜肴调出香味。因为其中含有香味物质，稍后人们将其加入相应的液体中。

## 蔬菜捆（炖肉香料包）

蔬菜捆（大炖肉香料包），大多数是由大葱、胡萝卜和芹菜组成，可以改进高汤的味道。及时将其放入液体中，可以在结束烹煮高汤前充分炖煮出味道。

与切小的蔬菜添加物相比，捆绑的蔬菜不会妨碍撇油。烹煮的蔬菜可以继续使用，例如：作为汤中的配菜。

## 填塞的洋葱

对许多菜肴而言，插有月桂叶和丁香的整棵洋葱可以作为香料加入其中。它们可以与卤水煮肉或卡塞尔熏腌肉、火腿、肘子、肥膘和肝泥丸子一同烹煮，或放在浅色高汤和白色酱汁中炖煮。

**变种：** 月桂叶可以插入洋葱上的切口中，或者在一个洋葱上只插上丁香。

## 香料包

在制作一些菜肴时，最好将香料弄小后一起炖煮。但是在浅色菜肴中，深色的成分会让人感到受到干扰。因此，人们将弄小的香料放在亚麻布中，并用绳子扎紧。

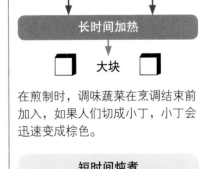

## 煎烤蔬菜

煎烤蔬菜是由洋葱、根茎类蔬菜（如：胡萝卜、芹菜和欧芹根）组成。蔬菜组合视稍后相应的使用而定，味道浓郁的蔬菜用量较少。在煎烤的过程中，在热力的影响下会丧失一些水分，表皮会变干。在洋葱和根茎类蔬菜中的淀粉会变成糊精，糖类物质会焦糖化。这样就会产生新的颜色和味道物质，而这些主要可以改善所制作菜肴的品质。

在烹调时间结束时，调味蔬菜应完全烘焙熟，并且和稍后制作的酱汁有一样的棕色。因此，蔬菜丁的大小取决于烹调时长。在煨炖的肉块和骨头中，使用较大的蔬菜丁，因为这些菜肴烹煮的时间较长。

**煎烤蔬菜**（调味蔬菜）必须**切成均匀的大小**，因为在不停地搅动时，小丁可能会在大块变成棕色前烧焦，烧焦的蔬菜会有苦味，并影响品质。

**长时间炖煮**
例如：骨头或炖肉

↓        ↓

**长时间加热**

↓

☐ **大块** ☐

在煎制时，调味蔬菜在烹调结束前加入，如果人们切成小丁，小丁会迅速变成棕色。

**短时间炖煮**
例如：煎炒，稍后加入调味蔬菜

↓

**短时间加热**

↓

☐ **小丁** ☐

高汤中，可以将研磨的肉豆蔻和经过挤压的香草枝（欧芹、山萝卜）放在布中。热汤会从香料和香草中溶解出香味物质。

图1：细目尖底滤筛

通过振动，堵塞孔眼的细小成分和较粗大的成分会从筛网向上移动。酱汁会迅速流过筛子。

## 过滤

　　一般使用滤网（筛子）过滤。但是，如果要保留细腻、凝结或煮出的部分，人们使用一个铺有滤布（纱布）的尖底滤筛。在使用前，应使用热水冲洗滤布，并拧干。

### 过滤未勾芡的液体

　　**高汤**穿过细目〔图1〕的酱汁滤筛或者一个尖底滤筛（参见第125页），大多数时，在筛子中放一块纤维滤布。液体可以通过网眼流出（参见第475页）。

　　**浓缩肉汁**必须完全透明（参见第564页）。为了可以滤出非常小的悬浮物并获得清澈的液体，人们通过叠在一起的滤布（纱布）过滤浓缩肉汁或肉汁冻原汁。人们还可以使用大号的滤袋替代滤布。为了使液体保持透明，可以使用汤勺一勺一勺地小心地将汤装入盆中。

### 过滤已勾芡的液体

　　**浓汤**。将滤布平铺在盆中，直到覆盖在盆底并倒入浓汤。可以将金属物品（汤勺）压入辅助过滤。拿住滤布的角，并且提起滤布以取出内容物。通过左右摇动布，使液体从孔眼流入盆中。

　　**勾薄芡的酱汁**，其过滤方法与浓汤类似。如果酱汁的食材中包含一同烹煮的骨头，骨头会穿过滤网倒在滤布中，需避免损坏纺织品。

　　人们需要适当地过滤**炖肉酱汁**和含有软蔬菜和番茄成分的类似酱汁。用手掌边缘轻轻击打滤筛的手柄可以加速过滤。

　　**勾浓芡的酱汁**（例如：贝夏美奶油酱、半冰沙司）穿过滤布。倒入酱汁，同时拉紧滤布，并从边缘向中心紧握。将滤布的一边压在另外一条边上，转动拧紧，并挤压内容穿过布上的孔眼。

## 混合——搅成泥

　　当使用杵、食物料理机〔图2〕或其他食品粉碎设备时，人们会获得细腻如慕斯般浓稠的浓汤和酱汁。通过机械搅碎赋予味道的蔬菜，可以产生期望的黏性。大多数含有淀粉的蔬菜可以勾芡，人们不需要额外的油煎糊（油煎糊参见504页）或者黄油面团（黄油面团参见第505页）。

图2：料理机

# ③ 浅色基础高汤

**浅色基础高汤的基本制作方法（图1~图9）**

图1：在煮沸的水中加入骨头，
并短暂焯水

图2：将焯水的骨头放入冷水中

图3：在煮制过程中，撇掉表面
形成的泡沫

图4：放入切好的蔬菜和香料束

图5：继续慢火烹煮

图6：通过烹煮可以减少液体
成分

图7：使用一块滤布小心地过滤

图8：将汤放入冰水中迅速冷却

图9：倒入存放桶中，盖上保鲜
膜并写上名称和日期

**概览**

- 肉骨高汤　　　　　　　*Bouillon*
- 犊牛肉骨高汤　　*Fond blanc（de veau）*
- 禽类高汤　　*Fond（blanc）de volaille*
- 蔬菜高汤　　　　*Fond de légumes*
- 鱼类高汤　　　　*Fumet de poisson*

## 3.1 肉骨高汤

**肉骨高汤**

用于制作10L高汤的材料

| | |
|---|---|
| 15L | 水 |
| 4kg | 牛骨头，锯成小块 |
| 2.5kg | 牛肉 |
| 1.8kg | 蔬菜 |
| | （400g胡萝卜 |
| | 400g大葱 |
| | 400g芹菜 |
| | 400g欧芹根 |
| | 200g洋葱） |
| 3瓣 | 蒜瓣 |
| 80g | 盐 |

**炖煮时长：5h。**

- 骨头放在沸腾水中焯煮，倒出来并重新放入冷水中。
- 将肉洗净并加入汤锅中。
- 在高汤中转化的肉类蛋白在约70℃时凝结，混浊物质聚拢在一起，在过滤时，它们是漂浮在表面的泡沫。
- 慢火继续炖煮高汤，这样可以慢慢萃取出骨头和肉中精华，产生纯高汤。
- 应不断撇掉炖煮过程中形成的泡沫和油脂（去油）。
- 在肉类亨煮结束前60min，将洗净的、可能绑在一起的蔬菜以及烤成焦黄的半个洋葱放入汤中，在汤中加盐。如果人们烹煮蔬菜的时间过久，期望的味道物质可能流失。
- 取出烹煮的肉和蔬菜。
- 通过一块布过滤完成的高汤。

## 3.2 犊牛肉骨高汤

**犊牛肉骨汤**

用于制作10L高汤的材料

| | |
|---|---|
| 10kg | 犊牛骨头和副产品 |
| 12L | 水 |
| 2个 | 填塞的洋葱 |
| 60g | 盐 |
| 1捆 | 蔬菜香草捆 |
| | （200g大葱，150g胡萝卜，100g芹菜，百里香枝，1瓣蒜瓣） |

**烹煮时长：4h。**

- 将切小的犊牛骨头和副产品放入水中烹煮（焯水）。
- 倒出骨头和副产品并用冷水冲洗（图1）。
- 重新将焯过水的成分放入水中，重新煮沸，并且使用合适的火力炖煮。
- 在大约3h后，将蔬菜香草捆和填塞的洋葱放入高汤中。
- 在烹煮过程中，多次去掉漂浮在表面的油脂，通过加水平衡已蒸发液体的损失。
- 在烹煮之后，可以使用一块布过滤高汤。

图1：骨头焯水并喷淋冷水

**适用于：**

- 基础白酱，
- 番茄膏，
- 炖犊牛肉肉丁，浓汁炖犊牛肉肉丁，
- 犊牛肉咖喱，
- 白色犊牛肉奶油浓汤。

## 3.3 禽类高汤

| 用于制作10L高汤所需的食材 | |
|---|---|
| 10kg | 犊牛骨头 |
| 2kg | 禽类骨架 |
| 3kg | 煮汤用鸡 |
| 12L | 浅色的牛肉骨汤 |
| 700g | 葱白 |
| 200g | 胡萝卜 |
| 200g | 芹菜 |
| 1束 | 调味香草束 |
| | （欧芹，小片月桂叶， |
| | 百里香枝，1瓣蒜瓣） |
| 0.4L | 白葡萄酒 |
| 60g | 盐 |

炖煮时长：2~3h。

- 将切小的鸡骨架和犊牛骨头放在一个盆中，放在流动的冷水中浸泡30min。①
- 在热油中将骨架和骨头煎炸至焦黄。放入切成丁的蔬菜并煎炒，但不需要使蔬菜上色。②
- 骨架、骨头和蔬菜放在合适大小的锅中。倒入水并煮开。③
- 炖煮，撇去禽类高汤中的泡沫，总共炖煮约2h。在炖煮1h后加入香料。④

**适用于：**
- 白色的禽类基础酱汁，
- 禽类炖菜，
- 禽类浓汁炖肉，
- 咖喱鸡，
- 勾芡和未勾芡的浓汤。

## 3.4 蔬菜高汤

蔬菜高汤是通过烹煮多种调味蔬菜种类制成的，主要是根茎类植物和蘑菇。单种蔬菜高汤是使用一类蔬菜种类制成的。

| 用于制作10L高汤的材料 | | 200g | 欧芹根 |
|---|---|---|---|
| 400g | 洋葱 | 200g | 圆白菜 |
| 40g | 油 | 300g | 番茄 |
| 400g | 大葱 | 11L | 水 |
| 200g | 胡萝卜 | 2片 | 月桂叶 |
| 200g | 球茎茴香 | | 胡椒粒 |
| 200g | 芹菜 | | |

炖煮时长：30min。

- 将清洗的蔬菜切小。
- 在油中放入洋葱丁烹制，然后加入剩余的蔬菜并一同烹煮。
- 加入水和香料，并且使用合适的火力炖煮约30min。
- 然后过滤。

**适用于：**
- 倒入浓汤和酱汁中，
- 制作未勾芡的蔬菜汤，
- 作为炖煮蔬菜时使用的液体。

## 3.5 鱼类高汤

| 用于制作10L高汤的材料 | | 100g | 球茎茴香 |
|---|---|---|---|
| 8kg | 使用脂肪少的鱼 | 100g | 黄油 |
| 类的鱼骨，如：梭鲈、鳎 | | 1L | 白葡萄酒 |
| 鱼或梭鱼 | | 12粒 | 胡椒粒 |
| 100g | 洋葱 | 10L | 水 |
| 500g | 油 | | 柠檬汁 |
| 400g | 葱白 | 1捆 | 调味香草束 |

炖煮时长：最多15min。

- 在黄油中煎制切片洋葱、大葱和压扁的胡椒粒。
- 加入清洗过的、切小的和控干水分的鱼骨。
- 使用白葡萄酒溶解沉淀物，加水和柠檬汁，并且加入调味香草束。
- 烹煮所有食材，撇去浮沫，缓慢炖煮并过滤。

**适用于：**
- 鱼类酱汁，
- 鱼类炖菜，
- 勾芡和未勾芡的鱼汤。

## 4 深色（棕色）基础高汤

以下高汤属于深色（棕色）基础高汤：

- 棕色高汤（*Fond de veau brun*）
- 野味高汤（*Fond de gibier*）

### 4.1 深色犊牛肉骨高汤

| 用于制作10L高汤的材料 | |
| --- | --- |
| 10kg | 犊牛骨头和副产品 |
| 300g | 剩余的肥膘 |
| 200g | 油脂 |
| 1kg | 煎烤蔬菜 |
| 1kg | 番茄或 |
| 2EL | 番茄膏 |
| 2个 | 炖肉香料包 |
| 0.5L | 红葡萄酒 |
| 15L | 水 |

- 将切削的骨头、副产品和剩余的肥膘以及油脂放在足够大的平坦容器中，并将容器放在灶上缓慢略微煎炒。
- 加入煎烤蔬菜（调味蔬菜）并且将所有材料煎炒至浅棕色。
- 倒出油脂，浇上红葡萄酒，然后倒入水。
- 烹煮这些沉淀物并加入番茄或番茄膏。
- 当所有沉淀物都重新富有光泽时，加入水、调味香草束（炖肉香料包），缓慢炖煮所有食材。
- 在大约4h后，使用　块布过滤高汤。

适用于：
- 天然的犊牛肉肉汁和勾芡的犊牛肉肉汁，
- 煎肉肉汁，
- 半冰沙司，
- 犊牛肉奶油酱汁，
- 煨炖犊牛肉，
- 浓汤。

### 4.2 野味高汤

| 用于制作10L高汤的材料 | |
| --- | --- |
| 10kg | 野味骨头和副产品 |
| 400g | 剩余的瘦肉 |
| 1kg | 煎烤蔬菜 |
| 20个 | 压碎的刺柏果 |
| 500g | 油脂 |
| 0.5L | 红葡萄酒 |
| 15L | 水 |
| 1个 | 香料包（20粒胡椒粒，月桂叶，2粒丁香，2瓣蒜瓣，一量勺迷迭香，一量勺罗勒） |

- 将切小的骨头和副产品、剩余的肉、煎烤蔬菜和刺柏果放在油脂中煎炒至浅棕色。
- 浇上红葡萄酒和水，煮开液体。
- 当沉淀物有光泽时，加入水。
- 慢炖高汤3~4h，多次去掉漂浮的油脂。
- 在过滤前1h，加入香料包。然后过滤高汤。

适用于：
- 野味酱汁，
- 浓汁炖野味，
- 野味和野生禽类的煨炖菜肴，
- 野味汤。

制作野味酱汁的典型香料（图1~图4）

图1：刺柏果（第398页）　图2：丁香（第398页）　图3：月桂叶（第397页）　图4：迷迭香（第402页）

## 4.3 去掉底汤、萃取物、高汤和酱汁中的油脂

专业人员也将去掉漂浮在液体上方的油脂称为撇油。为此，可以使用不同的方法：

- 在烹煮过程中使用长柄汤勺去掉油脂，
- 使用有吸油能力的厨房用纸吸油，
- 捞出已冷却液体上漂浮的硬化油脂。

> 制作所有高汤时都需要去掉油脂，适当放盐调味，然后煮浓。精心制作的营养丰富的高汤是美味酱汁的前提条件。

## ⑤ 萃取物

通过烹煮浅色或深色（棕色）高汤可以产生萃取物。

**萃取物**

- 可以增多浓汤和酱汁中的含量，
- 可以强调单个菜肴的味道，
- 用于为煎肉上糖浆，
- 为特定的酱汁赋予典型的特征。

*烹煮和存放*

为了获得无可挑剔的萃取物（肉汁冻），应当一直在烹煮高汤的过程中去掉泡沫并过滤。人们将高汤过滤到较小的容器中，因为在烹煮过程中不断有液体蒸发，这样可以减少容量，否则由于强大的火力，一些物质会粘附在锅壁上，并烧至焦黄，而这是不期望出现的。

如果萃取物（肉汁冻）像糖浆一样黏稠，可以将它们倒入陶瓷或不锈钢容器中，使用保鲜膜密封，这样可以随时取用。

按照用量冷冻成小份，这样的生产更加经济，并且可以按每日所需随时取用萃取物。

人们这样获得萃取物：

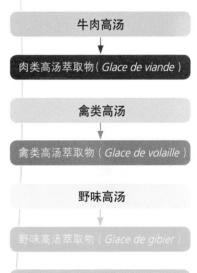

牛肉高汤
→
肉类高汤萃取物（*Glace de viande*）

禽类高汤
→
禽类高汤萃取物（*Glace de volaille*）

野味高汤
→
野味高汤萃取物（*Glace de gibier*）

野味高汤
→
鱼类高汤萃取物（*Glace de poisson*）

---

作业
1. 请您说出四种不同的高汤类型。
2. 请您向您的同事解释制作浅色基础高汤时的主要过程。
3. 在制作高汤时，哪些调味的成分是非常重要的？
4. 请您从颜色、味道、气味和清澈度方面比较和评估自己制作的牛骨肉汤和相应的方便产品。
5. 请您描述如何制作野味高汤。

# 浓　汤

在上菜顺序中，浓汤最主要的功能是开胃。
它刺激消化液的产生，通过：

- 刺激食欲的外观，
- 香味和味道物质的作用。

今天，浓汤主要为小分量供应，人们将汤盛入汤杯或汤盘中呈给顾客。如果浓汤经过装饰或有特殊的原因，人们使用盘子盛汤。

1个汤杯 = 150mL = 0.15L
→ 1L可以盛放7杯

1个汤盘 = 250mL = 0.25L
→ 1L可以盛放4盘

## ❶ 浓汤类型的概览

制作浓汤的基础是高汤。人们将浓汤分为清炖浓汤和勾芡浓汤，它们被划分为不同的分类。

| 清炖浓汤 | 勾芡浓汤 |
|---|---|

**清炖浓汤**
- 清炖浓肉汤
- 双倍清炖浓肉汤

**勾芡的浅色浓汤**
- 勾芡浓汤
- 乳脂浓汤或奶油浓汤
- 菜泥浓汤

**勾芡的深色浓汤**
- 野味、野生禽类或分割肉制作的浓汤

**蔬菜浓汤**
- 所有在高汤中烹煮已切碎蔬菜的浓汤

### 特殊分类

| 冷汤 | 地方特色浓汤 | 国家特色浓汤 |
|---|---|---|
| 使用水果泥或牛奶和糖制作的浓汤，并且在冷凉时呈上（参见第497页） | 起源于德国某些地区，并只在这些地区被人熟知的浓汤（参见第498页） | 某些国家的特色浓汤（参见第498页） |

# ② 清炖浓汤

浓郁的、清澈的高汤可以用于制作清炖浓汤，可以在其中放入各种不同的配菜。这种清炖浓汤也很适合放在有数道主菜的菜单中，因为与勾芡浓汤相比，这种汤给人带来的饱腹感更少。

## 2.1 清炖肉骨浓汤

| 用于制作10人份的材料 | |
| --- | --- |
| 15L | 水 |
| 3~4kg | 牛骨头 |
| 2.5kg | 牛肉 |
| 1.8kg | 蔬菜（胡萝卜、大葱、芹菜、欧芹根、1个洋葱）蒜瓣，盐 |

### 清炖肉骨浓汤的工作顺序

| 材料 | 工作步骤 | 原因 |
| --- | --- | --- |
| 牛骨头 | 焯水 | 浑浊物质凝结，可以被冲掉 |
| 牛肉 | 清洗，和骨头一同放入冷水中 | 有利于获得纯净的味道 |
| | 煮沸，撇去浮沫 | 肉蛋白包围悬浮物，凝结并作为浮沫漂浮至汤的表面，可以进行净化 |
| | 缓慢地继续烹煮，在这过程中撇去油脂 | 撇去油脂，可以避免浑浊 |
| 烧成棕色的切半洋葱，蔬菜捆，盐 | 在炖煮完成前1h将肉加入汤中 | 赋予颜色，获得味道物质，肉不再为红色 |
| | 取出炖煮的肉和蔬菜 | 可以有其他的用法 |
| | 过滤汤，获得10L | 煮熟的残渣留在过滤布中 |
| | **清炖肉骨浓汤** | |

继续利用的可能性

通过净化 ←

**清炖浓肉汤**（参见第482页）

通过烹煮 →

**浓缩肉汤**（参见第479页）

## 2.2 清炖浓肉汤

可以在清炖浓肉汤中加入净汤肉和香味物质以获得浓郁的、清澈的没有可见油脂的浓肉汤。可以使用不同的原材料进行制作。浓肉汤在上菜开始前供应，它们可以刺激胃口，并且不增加胃的负担。

**净汤肉**是无脂的、绞碎的肉，主要由牛肉的小腿肌肉（腓肠肌，腱子肉）制成。依据浓汤种类，也可以使用野味、禽类或鱼肉制作。

### 净化过程

瘦牛肉中含有大约22%的蛋白质，可以和鸡肉蛋白一起用于浓汤的净化。

牛小腿（腓肠肌）在绞肉机中大致绞碎，和水、蛋白以及切成丁的蔬菜混合在一起并放凉。

弄碎的鱼肉在水中被萃取。肉蛋白和味道物质进入液体中。

将预先处理的材料放在一个锅中，倒入冷凉的、已经去掉油脂的清炖浓汤，并缓慢炖煮所有材料。同时，在煮沸前应重复、缓慢、小心地搅动，以避免食材沉在锅底，黏附并烧焦。

### 概览

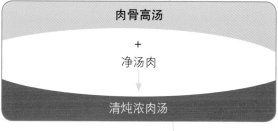

肉骨高汤
+
净汤肉
↓
清炖浓肉汤

肉骨高汤
+
双倍用量的净汤肉
↓
双倍清炖浓肉汤

禽类高汤
+
禽肉净汤肉
↓

野味高汤
+
双倍用量的野味净汤肉
↓
双倍清炖野味浓肉汤

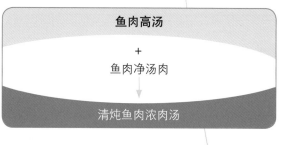

鱼肉高汤
+
鱼肉净汤肉
↓
清炖鱼肉浓肉汤

在70℃时，蛋白质开始凝结，它包裹所有悬浮物质，将它们结合在一起，在到达沸点的时候，汤变澄清了。然后，和其他成分一起，这些物质作为凝结的、密实的一层漂浮在表面。

为了可以完全煮出天然物质，清炖浓肉汤必须沸煮2h，并需要经常去除油脂。火力太大会导致汤浑浊，因为油脂不会再向上漂浮，而是进入汤中。

小心地使用漏勺撇去已经萃取干净味道的净汤肉混合物。然后使用过滤布净化净汤肉汤，这样可以保留剩余的混浊物质。

**清炖浓肉汤**

**用于制作10L的材料**

| | | | |
|---|---|---|---|
| 10L | 肉骨高汤 | 350g | 胡萝卜 |
| 2kg | 犊牛小腿肉（腓肠肌） | 400g | 大葱 |
| 8个 | 蛋白 | 80g | 欧芹（和山萝卜） |
| 1L | 水 | | 1刀尖肉豆蔻 |

## 清炖浓肉汤的工作步骤

| 材料 | 工作步骤 | 原因 |
|---|---|---|
| 蛋白，水 | 混合 | 更好地分散在汤中，以利于净化过程 |
| 净汤肉，蔬菜丁 | 碾碎，彻底混合 | 肉纤维已经被萃取，内容物质进入液体，蔬菜赋予香味 |
| 撇去油脂的高汤（最好为凉的，最高不要超过40℃） | 倒入，搅拌 | 油脂妨碍净化过程。使用冷却的高汤，过热的高汤会使蛋白质过快地凝结，并因此妨碍净化过程 |
| | 加热所有的食材，并小心搅拌 | 搅拌可以避免烧煳，并促进净化过程。从70℃起，蛋白质开始凝结并作为浮沫漂浮至汤的表面 |
| | 炖煮2h，多次去油脂，加入冷水补充蒸发量 | 大火炖煮可以导致汤浑浊，因为油脂不能漂浮在表面 |
| 欧芹，山萝卜，1刀尖肉豆蔻 | 放入滤布中，过滤清炖浓肉汤 | 热汤溶解香草和香料中的香味物质 |
| | 再次煮沸，去除油脂，品尝味道 | 浓肉汤中应当没有可见的油脂，并且营养丰富 |
| | **清炖浓肉汤** | |

### 其他清炖浓肉汤

制作浓肉汤的规则适用于所有种类。没有具体说明的清炖浓肉汤指的是**牛肉**制作的汤。

| 清炖禽肉浓肉汤 | 清炖野味浓肉汤 | 清炖鱼肉浓肉汤 |
|---|---|---|
| 禽肉高汤，<br>禽肉净汤肉，<br>蛋白，<br>切小的根茎蔬菜，<br>煎炒的禽类骨头和/或炖汤肉鸡。 | 野味高汤，<br>野味净汤肉，<br>蛋白，<br>切小的根茎蔬菜，<br>煎炒的野味骨头和副产品，<br>蘑菇切片，<br>刺柏果，<br>胡椒。 | 鱼类高汤，<br>鱼肉净汤肉，<br>蛋白，<br>切小的大葱和欧芹根，<br>白葡萄酒。 |
| 烹调时长：炖煮，萃取1h。或炖汤肉鸡。 | 烹调时长：炖煮，萃取1h。 | 烹调时长：炖煮，萃取20min。 |

如果清炖浓肉汤中**放有配菜**，应在菜单上作出提示，例如：浓肉汤搭配骨髓丸子/黄油团子/奶酪饼干等。

**如果配菜是由不同的部分组成的，**应这样命名清炖浓肉汤：

- 使用一个独特的名字
  例如：柯贝特清炖浓肉汤
- 根据其风味
  例如：女王风味清炖禽肉浓肉汤
- 或者根据其来源的地区
  例如：奥斯坦德风格清炖鱼肉浓肉汤〔图1〕

#### 柯贝特清炖浓肉汤

清炖牛肉浓肉汤中有根茎蔬菜丝或丁，以及水煮蛋。

#### 女王风味清炖禽肉浓肉汤

清炖禽肉浓肉汤，搭配西米、小鸡胸肉肉丝和鸡蛋膏。

#### 奥斯坦德风格清炖鱼肉浓肉汤

清炖野味浓肉汤加入马德拉酒一起食用，并且搭配野味丸子和香菇丝一同食用。

图1：清炖鱼肉浓肉汤搭配烟熏鲑鱼，炖煮蔬菜和莳萝。

## 双倍清炖浓肉汤

　　和清炖浓肉汤相比，双倍清炖浓肉汤是使用双份净汤肉制作而成的，这样，可以减少加入鸡蛋白。工作步骤和净化过程与清炖浓肉汤相同。

　　与双倍清炖浓肉汤的浓郁味道十分协调的食材有：

- 利口酒（马德拉酒、马拉加酒、马沙拉白葡萄酒、波尔图葡萄酒、雪丽酒），
- 蘑菇、蔬菜或香草萃取物（浓缩香料），
- 野生禽类的萃取物（鹧鸪、雉鸡）。

　　香味物质应当为汤的味道做出补充，但不能覆盖汤原有的味道。汤应当根据其添加的配料相应命名，而供应时，大多数汤中没有配菜。

## 清炖浓肉汤冷汤

　　清炖浓肉汤冷汤，也称为冰镇清炖浓肉汤，是一种营养丰富、微微呈胶冻状的透明浓肉汤，主要在夏季供应。

　　在净化高汤时，需要额外加入禽类骨头和切小的犊牛蹄，这些配料的凝胶成分可以进入液体中。完全去掉油脂，完成后品尝。将浓肉汤放凉，并放在冷藏室中。冷却大约5h后才会出现胶冻状，再过约20h凝固才能完成。

　　汤的胶冻口感是由所添加原材料产生的，是天然的、细腻的。因此，绝对不要使用明胶或肉汁冻粉制作。

### 马德里风味冰镇清炖浓肉汤（图1）

　　一款浓郁的或者双份清炖禽肉浓肉汤，在净化时加入新鲜的番茄丁和红柿子椒丁。放凉，在处于微微凝结成冻的状态时，以番茄丁作为配菜呈上。

图1：冰镇清炖野味浓肉汤

### 冰镇清炖番茄浓肉汤（图2）

　　将大蒜、豆荚、芹菜和相应用量的味道浓郁的橄榄油浸番茄一桶煨炖，倒入清炖牛肉浓肉汤，稍微炖煮，这样汤不会变浑浊。使用滤布过滤汤，并放凉。在呈上前，使用番茄丁、葱末、罗勒和一颗黑橄榄进行装饰。

---

**双倍清炖浓肉汤**

用于制作10L浓肉汤的材料

| | |
|---|---|
| 10L | 肉骨高汤 |
| 2L | 水 |
| 4kg | 牛小腿（腓肠肌） |
| 250g | 胡萝卜 |
| 400g | 大葱 |
| 100g | 欧芹（和刺柏果） |
| 4个 | 蛋白 |

---

**双倍清炖浓肉汤搭配马德拉酒**

制作1L升双倍清炖禽肉浓肉汤所需的材料
清炖禽肉浓肉汤
80～90g马德拉酒

在过滤后加入酒品尝。

---

**鹧鸪浓汤**

制作5L所需的材料
2只（较老的）鹧鸪

取下鹧鸪胸肉，这有其他用途。将骨架和腿切下来，煎至棕色。加入双倍清炖野味浓肉汤的净化材料，并在肉汤中充分炖煮出味道。

图2：冰镇清炖番茄浓肉汤

### 2.3 汤中配菜

汤中配菜应当为尺寸较小、 分量适当且匹配浓汤味道的食物。人们经常将丸子、鸡蛋膏等其他配菜单独放在一个加入少许高汤的容器中加热，然后用漏勺捞出并放在一个预热的汤杯或汤盘中。还可以使用新鲜的、切碎的香草（山萝卜、欧芹、香葱等）对味道进行补充。

**汤中配菜概览**

- 丸子/团子
- 鸡蛋膏
- 烘烤面包
- 面疙瘩
- 油煎饼
- 小点心
- 面食
- 蔬菜

#### 丸子/团子

小丸子经常作为许多清炖浓汤和一些犊牛肉肉糕、禽类、野味、鱼肉和甲壳类动物制作的勾芡汤中的配菜。

为此，人们经常使用已经制成的香肠生肉泥，如：犊牛肉或牛肉的肉糕或者禽肉或鱼肉的肉泥制作。

基本上，人们需要先进行一次试烹调，如果需要，可以进一步改进味道和原料的黏稠度。

基本上，团子比较小，为圆形或椭圆形。椭圆形团子有时也被称为面疙瘩。

还可以通过其他切碎的附加食材改变丸子的味道，例如：

- 蘑菇
- 开心果
- 小火腿丁
- 松露
- 小蔬菜丁
- 坚果/杏仁
- 香草
- 擦丝奶酪
- 姜

#### 奶酪团子

将牛奶团子面糊（菜谱见下方）和200g帕尔玛奶酪混合在一起，像上图一样将团子氽入水中。

---

**牛奶团子**

**制作约40人份的材料**

| | |
|---|---|
| 0.4L | 牛奶 |
| 50g | 黄油 |
| 200g | 面粉 |
| 300g | 鸡蛋（6枚） |
| 5g | 盐 |
| 1刀尖 | 肉豆蔻 |

柱状图标注：0.5 黄油，2 面粉，3 鸡蛋，4 牛奶

- 将牛奶、黄油和香料混合煮沸。
- 从灶上取下煮锅，并一次筛入全部面粉，如同汤面面团一样烧制，直至面糊完全脱离锅底。
- 放入另外一个容器中，稍微冷却。
- 分多次加入鸡蛋并搅拌。
- 将团子氽入水中，并在沸腾的盐水中烹煮。
- 放入高汤中备用。

## 小泡芙

**用于制作30人份的材料**

| 150g | 水 |
| 50g | 黄油 |
| 100g | 面粉 |
| 150g | 鸡蛋（3枚） |
| 20g | 帕尔玛奶酪 |
| 1刀尖 | 盐 |

| 1 | 2 | 3 | 3 |
|---|---|---|---|
| 黄油 | 面粉 | 水 | 鸡蛋 |

- 将水、黄油和盐煮沸。
- 将锅子从灶上移开。
- 加入过筛的面粉，并使用木勺子搅拌，直至形成面团。
- 放在火上加热，直至锅底形成一层白色的薄层。
- 将面团放在另外一个容器中。
- 分多次加入鸡蛋并搅拌均匀，然后加入帕尔玛奶酪。
- 将烫面面糊放入挤花袋中，使用2～3mm的平头挤花嘴，将面团挤在烘焙用纸或者涂有薄薄油脂的、撒上面粉的金属板上。
- 在烤箱中中火加热至浅棕色。

## 黄油团子

**用于制作30人份的材料**

| 200g | 黄油 |
| 200g | 鸡蛋（4枚） |
| 200g | 面粉 |
| 5g | 盐 |
| 1刀尖 | 肉豆蔻 |

| 1 | 1 | 1 |
|---|---|---|
| 黄油 | 鸡蛋 | 面粉 |

- 将黄油搅拌至发泡。
- 加入鸡蛋和过筛的面粉并搅拌。
- 为面团调味并短暂冷却。
- 使用一个茶匙将面团籴入沸腾的高汤或盐水中，煮熟。

## 奶酪小点心

**用于制作25人份的材料**

| 1个 | 蛋黄 |
| 3个 | 蛋清 |
| 25g | 面粉 |
| 25g | 淀粉 |
| 25g | 帕尔玛奶酪 |
| 1刀尖 | 肉豆蔻，盐 |

| 1 | 1 | 1 | 1 | 3 |
|---|---|---|---|---|
| 面粉 | 淀粉 | 奶酪 | 蛋黄 | 蛋白 |

- 将面粉和淀粉过筛，然后和帕尔玛奶酪、肉豆蔻混合在一起。
- 将加盐的蛋白打发至硬性发泡，拌入打至顺滑的蛋黄和面粉-帕尔玛奶酪的混合物。
- 将小点心面糊均匀地铺在烘焙用纸上，约1cm厚，烤箱预热至200℃，烘烤约12min，烤至金黄。
- 撕下烘焙用纸。
- 将冷却的小点心切成菱形。

用其他材料替代奶酪成分，可以改变味道：

**火腿小点心** 100g切小的煮熟火腿丁

**杏仁小点心** 80g去皮、烘烤过的杏仁碎

## 凝乳团子

**用于制作15人份的材料**

| 160g | 凝乳 |
| 80g | 蛋黄（4个） |
| 40g | 去皮白面包 |
| 40g | 面粉 |
| | 白胡椒 |
| | 盐 |

| 1 | 1 | 2 | 4 |
|---|---|---|---|
| 面粉 | 面包 | 蛋黄 | 凝乳 |

- 彻底混合凝乳和蛋黄，加入去皮白面包，调味，并加入过筛的面粉。
- 面糊冷藏静置20min，再次搅拌，使用一个小茶匙将丸子籴入水中。
- 在盐水中烹煮约10min。

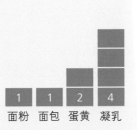

## 骨髓丸子

**用于制作35人份的材料**

| | |
|---|---|
| 250g | 牛骨髓 |
| 250g | 去皮白面包 |
| 250g | 鸡蛋（5枚） |
| 1EL | 欧芹，切碎 |
| 5g | 盐 |
| | 胡椒 |
| 1刀尖 | 肉豆蔻 |

| 1 | 1 | 1 |
|---|---|---|
| 骨髓 | 面包 | 鸡蛋 |

- 将新鲜的去皮白面包切成薄片。
- 打散鸡蛋，弄碎骨髓并调味。
- 混合，但是不要揉捏，绞成细片。加入欧芹，搅拌并放凉。
- 将变硬的混合物和面粉一起揉成长条状，并切成小丁。
- 在小丁上撒上面粉，并且放在一个筛子中成环形摇动，使小丁变成球形或者拿两个剂子放在手中同时揉成球形。
- 将小球放在撒有面粉的金属板上并冷却。
- 在沸腾的盐水中烹煮。

> 使用冷却的混合物加工可以更干净。在筛子中可以一次摇出大量骨髓丸子。

## 颗粒小麦团子

**用于制作35人份的材料**

| | | | |
|---|---|---|---|
| 150g | 黄油 | 1刀尖 | 肉豆蔻 |
| 150g | 鸡蛋（3枚） | | |
| 300g | 小麦粉，小颗粒 | | |
| 3EL | 水 | | |
| 5g | 盐 | | |

| 1 | 1 | 2 |
|---|---|---|
| 黄油 | 鸡蛋 | 颗粒小麦粉 |

- 将黄油打出泡沫。
- 不断搅拌混合鸡蛋、粗粒小麦粉和水。
- 为混合物调味并短时间醒制。
- 使用一个勺子将团子氽入沸腾的盐水中。
- 稍微煮制10min，然后盖上盖子焖5min。

## 肝泥丸子

**用于制作35人份的材料**

| | | | |
|---|---|---|---|
| | | 1EL | 香草，已切碎 |
| 300g | 猪肝或犊牛肝 | | 盐和胡椒 |
| 100g | 去皮白面包 | | |
| 100g | 鸡蛋（2枚） | | |
| 50g | 冬葱或洋葱切片 | | |
| 50g | 葱白 | | |
| 5g | 墨角兰，干燥 | | |

| 1 | 1 | 3 |
|---|---|---|
| 鸡蛋 | 面包 | 肝脏 |

- 煎制冬葱或洋葱切片、葱丝以加强味道。
- 将白面包切成薄片并加入鸡蛋搅拌。
- 将肝脏切成小丁并调味。
- 仔细地混合所有材料，穿过搅拌机的小口径刀片。
- 加入切碎的香草。
- 将丸子氽入沸腾的高汤中，并且煮熟。

### 油煎饼丝/条

**用于制作30人份的材料**

| | |
|---|---|
| 150g | 面粉 |
| 300g | 鸡蛋（6枚） |
| 0.45L | 牛奶 |
| 5g | 盐 |
| 1EL | 香葱小段 |

| 1 | 2 | 3 |
|---|---|---|
| 面粉 | 鸡蛋 | 牛奶 |

- 将面粉筛入盆中，加入牛奶，搅拌至顺滑。
- 加入打匀的鸡蛋、香葱小段和盐，并彻底混合在一起。
- 醒制面团。
- 在平底锅中放少量黄油，并煎制薄薄的油煎饼。
- 将油煎饼分开摊放在网格架上，以便冷却。
- 将冷却的油煎饼一张摞一张地叠放在一起，切成4mm宽的条形，或者卷成卷后切成细丝。

### 烘烤面包丁

　　制作烘烤面包片时，人们使用长形面包或小面包。制作烘烤面包丁时，盒形白面包（吐司面包）更适合使用。

　　首先将切好的面包放在烤箱中烤至金黄色，趁热撒上一些黄油碎。

　　这样可以获得松脆且富有黄油香味的去皮白面包，并且不会在汤中迅速变软。

　　也可以将放油的平底锅架在灶上，不停翻动面包丁以制作烘烤面包丁。为了达到期待的烘焙程度，可以加一些黄油。

### 鸡蛋膏

**用于制作40人份的材料**

| | |
|---|---|
| 100g | 蛋黄（6个） |
| 200g | 鸡蛋（4枚） |
| 0.4L | 牛奶 |
| | 盐 |
| | 肉豆蔻 |

| 1 | 2 | 4 |
|---|---|---|
| 蛋黄 | 鸡蛋 | 牛奶 |

- 用力搅拌鸡蛋和蛋黄。
- 将牛奶煮沸，用力搅拌牛奶的同时缓慢加入蛋液，调味并过滤。
- 将混合物加入涂有黄油的模具或铺有肠衣的模具中。
- 将小模具放入蒸锅或烤箱中，只能在蒸锅中使用肠衣。在烤箱中，在适当的火力下烘烤40～50min，使其凝结。
- 在完全冷却后，才能将鸡蛋膏切成需要的形状。
- 在温热的高汤中存放鸡蛋膏。

**提示：**

- 加入蛋黄可以获得更浓厚和味道更细腻的产品。
- 热牛奶缩短了加热时间。
- 适当的热量可以让鸡蛋膏凝结得更细密。
- 强火力和过长时间的加热会导致产品出现很多孔洞（像奶酪一样多孔）。

通过加入细腻的蔬菜泥（朝鲜蓟、豌豆、西蓝花、番茄、禽肉、野味、肝泥等）可以使鸡蛋膏的味道有所变化。加入蔬菜泥时，牛奶应当依据蔬菜泥的分量相应减少。

西米/西米淀粉圆子

西米是1~3mm大小、有规则或不规则形状的产品，它们是由不同种类的淀粉制作而成的。

西米应倒入沸腾的盐水中煮熟，煮制的时长应参照包装上的说明。然后从锅中倒出来，冲凉水并控水后放入浓肉汤中。

人们也使用西米淀粉作为勾芡浓汤、冷汤和甜品的增稠剂。

## ③ 勾芡浓汤

勾芡浓汤指的是不同种类黏稠的高汤。

| 浓汤类型 | 勾芡浓汤 | 奶油浓汤 | 菜泥浓汤 | 勾芡棕色浓汤 |
|---|---|---|---|---|
| 配菜 | 白色油煎糊搭配根茎类蔬菜 | 同左侧 | 黄油、油脂或板油、根茎类蔬菜、面粉 | 黄油、油脂或板油、烘烤蔬菜、面粉 |
| 基本材料 | 蔬菜、蘑菇、肉类、禽肉、分割肉 | 同左侧 | 小扁豆泥、蔬菜、土豆 | 野味、野生禽类、分割肉、经过烘烤的骨头和副产品 |
| 汤底 | 犊牛肉高汤或禽类高汤和/或基本材料的高汤 | 同左侧 | 分割肉或禽类的高汤 | 基本材料的深色（棕色）高汤 |
| 完成烹调 | 过滤 | 制成菜泥，不需要过滤 | 制成菜泥，过滤 | 过滤 |
| 完成修饰 | 加入蛋黄和奶油（混合） | **只需要奶油** | 黄油，也需要奶油 | 黄油或奶油 |

为了使味道更加完美，可以根据勾芡浓汤的类型，在其中加入切碎的香草，奶油和蛋黄（蛋奶混合物），奶油和/或黄油。

增稠剂可以是小麦面粉、米粉、燕麦粉、大麦粉、青麦粒粉或玉米粉以及蔬菜泥、番茄泥、土豆泥、小扁豆泥、鱼肉泥和甲壳类动物泥、禽肉泥和野味肉泥。面粉和菜肉泥可以作为增稠剂同时使用。

在实践中，考虑成本排在首位，因此没有固定的制作形式，但是必须考虑每种浓汤的基本特点以及制作方法。

**新式菜肴**优先选择减少高汤的方法。而减少的部分使用法式酸奶油，重奶油或者淡奶油增稠或者使用冷黄油碎进行装饰。

但是，值得一提的是浓汤有非常高的能量值，因此，仅在汤杯中盛放少量的这类浓汤，而不是常见的分量。

## 3.1 勾芡浓汤/丝绒浓汤

勾芡浓汤是一种使用油煎增稠剂、相应的高汤和煮熟的基本材料共同制作的汤。决定性的勾芡是由蛋黄和奶油共同完成的，它们可以赋予浓汤适当的黏稠度和柔和感。糖的名称和相应的味道取决于所使用的高汤（例如：犊牛肉、禽肉、蔬菜、鱼类）以及相应的基本材料（蔬菜、蘑菇、禽类、贝类等）。

勾芡浓汤/丝绒浓汤的工作顺序

| | 勾芡浓汤/丝绒浓汤 |
|---|---|
| | **用于制作10L浓汤的需要** |
| 400g | 黄油 |
| 100g | 芹菜 |
| 300g | 葱白 |
| 400g | 米粉或面粉 |
| 10L | 高汤（产生味道的基础材料） |
| 1L | 奶油 |
| 10个 | 蛋黄 |
| 100g | 黄油 |

| 材料 | 制作流程 | 陈述原因 |
|---|---|---|
| 黄油、芹菜、大葱 | 熔化黄油，蔬菜 | 通过翻炒产生香味 |
| 米粉或面粉 | 撒入，煸炒 | 米粉更合适，因为有更少的黏合成分。通过翻炒，淀粉糊化，可以增添味道 |
| 冷却的高汤 | 加入少量，搅拌、烹煮、撇沫、慢慢地继续烹煮 | 翻炒减少结块。撇沫可以使外观和味道更好。合适的热量避免粘底 |
| 预订的基础材料 | 加入和烹煮 | 浓汤获得典型的味道 |
| | 加入和烹煮 | 去掉固体物质和细小的残留物 |
| 蛋黄、奶油（勾芡） | 将浓汤的一部分加入芡汁中，将混合物与剩下的浓汤混合 | 降低浓汤温度。混合芡汁，不会立即结块或凝结 |
| | 接近沸点，不再煮沸 | 蛋黄黏合，浓汤获得丝绒般顺滑。因为浓汤中含有少量淀粉，混合容易凝结 |
| 特别炖制或基础材料 | 加入勾芡的汤中 | 改良味道和外观 |
| 黄油 | 撒上碎屑 | 使味道细致 |

**勾芡浓汤**

与浓汤相比，使用更多的蛋黄和奶油可以获得更强的黏合。

### 勾芡（芡汁）

勾芡或芡汁主要使用蛋黄和奶油的混合物，它们用于使浓汤和酱汁变黏。芡汁赋予所制作的菜肴柔滑、丝绒般柔软的口感。在分离鸡蛋的时候需要注意，应小心地从蛋黄中去掉卵黄系带。此外，还需要再次过滤。

为了勾芡，浓汤必须是烫的，这样才能提供足够的热量变黏。

为了均匀混合芡汁，制作者先在汤中放一部分芡汁，再将剩下的用量倒入汤中，然后搅拌。

不能将浓汤和芡汁一同加热，因为淀粉成分过低，蛋黄可能会絮凝、凝结。

制作酱汁时，淀粉含量较高，因此可以短暂煮沸搅入的芡汁，更加浓稠的状态避免了蛋黄凝结。

将浓汤和酱汁倒入水浴锅中。撒上黄油碎屑，盖上盖子保温，这样不会形成油膜。

如果赋予味道的基础材料作为切削的汤料单独炖煮，在呈上完成的浓汤时再将其加热。

根据基础配方的原则，可以制作几种浓汤，举例如下：

### 都巴利奶油汤

炖煮小朵的菜花，将菜花的梗切小放入食用浅色高汤制作的浓汤中，将孢子甘蓝作为汤料放入完成的汤中。

### 禽肉奶油汤

食用禽肉高汤制作浓汤。为了加强禽肉的独特味道，加入禽肉或禽类骨架一同炖煮。

汤料：丝状的禽肉胸肉。

图1：勾芡的羊肚菌浓汤

### 勾芡的羊肚菌奶油汤（图1）

使用犊牛肉高汤制作浓汤。汤料：炖煮的羊肚菌小丁和短暂冷藏的炖汤；在装入餐具的浓汤上撒上切碎的香葱和/或龙蒿叶。

### 勾芡的芦笋奶油汤

食用芦笋高汤制作浓汤。为了加强味道，加入芦笋段和/或芦笋片一同炖煮。

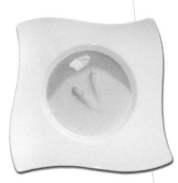

在以下示例中，展示出传统厨房和现代厨房之间的区别。两个示例描述了如何制作勾芡的山萝卜浓汤或酸模浓汤：

| 传统厨房 | 制作1L浓汤的菜谱成分 | 现代厨房 |
|---|---|---|
| 1L | 浅色犊牛肉或禽类高汤 | 1.5L |
| 40g | 黄油 | - |
| 40g | 面粉 | - |
| 1个 | 蛋黄 | 1个 |
| 0.1L | 奶油 | 0.4L |
| 20g | 黄油 | 100g |
| 100g | 新鲜的酸模或山萝卜 | 100g |
|  | 盐和胡椒 |  |

- 使用白色乳酪面粉糊和浅色高汤制作勾芡浓汤，并煮开。
- 使用蛋黄和奶油为浓汤勾芡。
- 清洗酸模、择菜，切成细丝，放在黄油中翻炒。
- 煮好的酸模或山萝卜和煮制的高汤一起加入勾芡的浓汤中，添加味道并作为汤料，可能还需要再调味。

- 煮制一半浅色浓汤。
- 加入奶油并炖煮直到成为期望的黏稠度。
- 在这个过程中，将洗净、择好的酸模或山萝卜放在食品料理机中搅打成菜泥；在这个过程中加入黄油和蛋黄，加入一些奶油，并加入汤中。
- 加盐和胡椒调味，并使用搅拌棒将酸模黄油和热汤混合在一起。

**制作西蓝花浓汤**

以制作**西蓝花**浓汤为例，先将留下的菜梗切小，煮软，从水中取出并在冰水中冲凉。

同样，将小西蓝花枝放在高汤中煮，然后迅速冷却（图1）。使用白色乳酪面粉糊和西蓝花汤制作奶油汤，将菜梗搅打成菜泥并加入汤中（图2）。在品尝后和勾芡后，再向汤中加入小朵西蓝花。

图1：取出一同烹煮的西蓝花梗

图2：加入搅打好的菜泥

## 3.2 奶油汤

奶油汤是使用经过油煎的黏糊的材料混合相应的高汤和一种烹调过的基础材料制成。有标志性的是只使用奶油完成。

### 基础菜单

| 用于制作10L浓汤的材料 | | |
|---|---|---|
| 400g | 油脂（黄油） | |
| 400g | 小麦面粉或米粉 | |
| 100g | 芹菜 | |
| 300g | 葱白 | |
| 10L | 高汤（含有赋予味道的基础物质） | |
| 2L | 奶油 | |

奶油汤可以像丝绒浓汤一样（第489页）制作。在过滤后，将奶油放入浓汤并加热所有材料，但不煮开。为了获得奶油精致的香味，不能再烹煮完成的浓汤。

烹调时间：25～45min（根据基础材料）。

根据基础菜单的原则进行制作，例如：

### 番茄浓汤

使用较少的偏瘦的板油，新鲜挤压的番茄（1L为750g）以及番茄膏（1L为75g）制作奶油浓汤。在浓汤中加盐、糖、胡椒后品尝。

### 鸡肉奶油浓汤

使用浓郁的鸡肉高汤制作的奶油浓汤，并且将鸡胸肉丝作为汤料加入汤中。

### 麦粒汤

使用未熟的青麦粒粉制作奶油浓汤，再加入烘烤的白面包丁使其丰富。

豆类（干燥的豌豆、豆子、扁豆）比蔬菜含有较高的淀粉含量，它们可以作为浓汤的芡汁。因此，只有蔬菜时，需要添加一些面粉、米粉或面包。

## 3.3 菜泥浓汤

将主要成分搅打成泥后制成浓汤，通常打成菜泥后汤中已经含有黏合物了，这种被称为菜泥浓汤。基础材料主要是豆类、蔬菜或土豆，它们能够确定味道并增加粘稠度。完成的菜泥浓汤中经常添加一些黄油，也添加切碎的新鲜香草或奶油。

### 南瓜汤

| 用于制作2.5L/10人份浓汤的材料 | |
|---|---|
| 200g | 洋葱 |
| 75g | 南瓜籽油 |
| 75g | 小圆粒米 |
| 1.25kg | 南瓜果肉 |
| 50g | 黄油 |
| 2L | 高汤 |
| | 香菜、姜、盐和胡椒 |
| 30g | 经过烘烤的南瓜籽 |
| 30g | 法式重奶油 |

- 在南瓜籽油中煎炒洋葱，加入小圆粒米，短暂翻炒。
- 加入准备好的南瓜丁，加入高汤并煮开。
- 加入调味料。
- 长时间煮汤，直至南瓜或小圆粒米变软，然后再炖煮0.5h，并移开。
- 使用搅拌机将浓汤搅打成菜泥，重新加热并品尝。
- 加入南瓜子、小南瓜丁、几滴南瓜籽油和少量法式重奶油进行装饰。

**用于制作2.5L/10人份的材料**

| | | | |
|---|---|---|---|
| 200g | 洋葱和大葱 | 750g | 面土豆 |
| 75g | 油脂 | 200g | 白面包丁 |
| 25g | 黄油 | 1/8L | 新鲜奶油 |
| | | | 肉高汤 |

- 洋葱和大葱切片，在油脂中煎炒至透明。
- 加入土豆片，加入浅色的肉高汤并将土豆片炖软。
- 过滤浓汤并加热，加热黄油、奶油，撒上一些肉豆蔻和欧芹。
- 单独盛装烘烤的白面包丁，一同呈上。

## 3.4 勾芡的棕色浓汤

棕色浓汤的基础是分割肉的副产品和骨头、野味和禽类的骨架。也可以使用较老的动物调制棕色野味禽肉浓汤。

通过煎制基础材料和烘烤蔬菜获得棕色。

使用金棕色的油煎糊勾芡，它们可以分开制作或通过撒入面粉并一同煎制，也可以使用白葡萄酒或红葡萄酒溶解浓汤中黏结的物质。

可以根据浓汤种类添加现有的基础材料的高汤或肉高汤。

不同的厨房香草，如：罗勒、迷迭香、百里香、豆香草、欧洲刺柏和大蒜或混合香料，可以改善味道。

可以使用黄油或奶油或利口酒（雪丽酒、波尔图葡萄酒、马德拉酒）使棕色浓汤完美。

**用于制作2.5L/10人份的浓汤**

| | |
|---|---|
| 800g | 牛尾 |
| 80g | 油脂 |
| 500g | 烘烤蔬菜（100g洋葱、100g胡萝卜、100g芹菜、100g欧芹根、100g大葱） |
| 750g | 牛骨头和副产品 |
| 110g | 面粉 |
| 20g | 番茄膏 |
| 1/8L | 马德拉酒 |
| 0.1L | 红葡萄酒 |
| | 香料：丁香、月桂、胡椒粒 |
| | 水或高汤 |

- 从关节处切下牛尾，和1/3的烘烤蔬菜一起煎炒，加入红葡萄酒，加入番茄膏并上糖浆。
- 加水没过材料，并且炖软。从骨头上剔下肉。
- 使用剩余的材料制作棕色浓汤。为此，使用煨炖牛尾高汤。
- 使用马德拉酒为完成的浓汤添加风味。
- 将剔下并切成小丁的牛尾肉作为汤料。
- 可能的补充：
  胡萝卜和芹菜丁，蔬菜片，根茎蔬菜的茎作为装饰放在上方，使用烫面面糊装饰。可以加入深色的巧克力糖浆为浓汤添加特殊的味道基调。

### 圣胡波图斯浓汤

**用于制作2.5L/10人份的材料**

| | | | |
|---|---|---|---|
| 1.5kg | 野味副产品 | 0.25L | 奶油 |
| 250g | 烘烤蔬菜 | 0.125L | 马德拉酒, |
| | （50g洋葱, | | 胡椒, |
| | 100g胡萝卜, | | 刺柏果, |
| | 100g芹菜） | | 月桂 |
| 220g | 油煎糊 | | 多香果 |
| 150g | 白蘑 | 2L | 野味高汤 |
| 0.25L | 红葡萄酒 | | |

- 在油中煎制野味副产品，加入烘烤蔬菜并一同翻炒。
- 倒入红葡萄酒，加入野味高汤并烹煮。
- 使用油煎糊为野味酱汁勾芡。
- 加入调味料，继续烹煮。
- 将浓汤过滤，加入奶油使其精致，并使用马德拉酒调味。

配菜： 野味肉丁、 煮制的白蘑片， 蘑菇和面包丁。

## 3.5 蔬菜浓汤

蔬菜浓汤来源于农夫的厨房。将蔬菜切成片状、条状、丝状或小丁，在油中和板油一起翻炒，或只和板油一起煎炒，或者和之前添加的肉一起烹制。在高汤中保持原来的样子，浓汤也不需要过滤。组合在一起时需要注意，有浓郁味道的蔬菜分量应较少。

可以根据蔬菜浓汤的种类使用面粉或面包勾薄芡，并且使用牛奶/奶油烹煮。

**用于制作10L/40人份的材料**

| | | | |
|---|---|---|---|
| 8L | 牛肉或 | 800g | 土豆 |
| | 蔬菜高汤 | 800g | 胡萝卜 |
| 200g | 板油条 | 30g | 切碎的欧芹 |
| 200g | 洋葱丁 | | 由独活草、 |
| 150g | 黄油 | | 欧芹根、 |
| 800g | 大葱 | | 罗勒、 |
| 400g | 芹菜 | | 2瓣蒜制作的 |
| 300g | 苤蓝 | | 香草捆 |
| 400g | 皱叶甘蓝 | | 盐和胡椒 |

- 用少量黄油煎炒板油条和洋葱丁。
- 加入剩下的黄油和切片的蔬菜，同时进行翻炒形成味道。
- 倒入高汤，放入香草捆，将所有材料煮沸，微微打开锅盖并用小火保持沸腾。
- 在烹煮时间过半时，加入切成薄片的土豆。
- 在烹煮过程中，在烤箱中烤成浅棕色，在黄油中浸湿，然后单独放置呈上。
- 从浓汤中取出香草捆，加盐，撒上切碎的欧芹后呈上。

### 农夫风格蔬菜浓汤

将应季蔬菜和土豆切片，在板油丁和少许黄油中煎炒至透明， 撒上少许面粉，加入肉高汤并烹煮。在完成的汤中撒上切碎的香草并搭配烘烤面包片呈上。

### 小锅浓汤

- 一只焯过水的煮汤用鸡，等量的焯过水的牛肉放入高汤中煮沸并煨炖。
- 撇去高汤中的浮沫，并在稍后撇去油脂。取出烹煮的鸡肉和牛肉并冷却。
- 将等量的大葱、胡萝卜、白萝卜、皱叶甘蓝或圆白菜和少量芹菜切片并一同煮制。
- 将肉切成均匀大小的丁，和几片骨髓片一起放入汤中并撒上切碎的新鲜欧芹。

# ④ 特殊种类

## 4.1 冷汤

在炎热的季节中，冷汤是一种清新的变化。可以加糖制作牛奶冷汤或水果冷汤，以替代温热的清汤或勾芡浓汤。

### 牛奶冷汤

牛奶冷汤可以通过搅打鸡蛋或蛋白（蛋清）勾芡。为了获得香草、柠檬皮等材料中的香味，可以在开始制作时将材料加入牛奶。

可以在牛奶冷汤中加入杏仁、开心果或其他坚果制作，并使用蛋白黏结。

将去皮的杏仁或开心果（80g/L）和牛奶混合在一起，并搅入冷汤中。

首先烘烤坚果（80g/L），并从壳中取出果仁，然后经过研磨后加入。

| 基础材料 | 牛奶和糖 |
|---|---|
| 勾芡 | 鸡蛋或蛋白（蛋清） |
| 调味材料 | 橙汁、柠檬皮、肉桂或生姜 |
| 汤料 | 糖渍的、生或熟的浆果或切小的水果 |

| 用于制作2升牛奶冷汤所需的材料 | |
|---|---|
| 1.5L | 牛奶 |
| 100g | 糖 |
| 4枚 | 鸡蛋或 |
| 200g | 蛋白 |
| | 调味料 |

- 在一个盆中将鸡蛋或蛋白打发。
- 将牛奶和赋予冷汤味道的材料一起煮沸。
- 一边强力搅拌热牛奶，一边将其缓慢地加入鸡蛋混合物中。
- 在适当的火力下，使用刮勺搅拌，直至液体变黏糊，可以附着在刮刀表面。不再烹煮混合物，否则会结块。
- 将混合物倒入细目筛并搅拌、晾凉。

### 水果冷汤

可以使用一种水果或多种水果制作水果冷汤。

在处理水果前将水果洗净，切割后应立即加工，因为切面会迅速变成棕色。水果中含有的酶对变色过程产生影响，它们也影响香气和味道，特别敏感的有苹果、梨、杏子和桃子，涂上柠檬汁可以阻碍其受到酶作用产生的变色。

使用的水果种类确定芡汁的用量。例如：苹果冷汤中，果泥已经较为黏稠，因此只需要使用少量芡汁，甚至不需要额外勾芡。

优先选用土豆淀粉和西米勾芡，因为它们不会使汤汁变浑浊。

| 基础材料 | 水果和糖 |
|---|---|
| 勾芡 | 土豆粉、西米或含果肉水果泥 |
| 调味材料 | 香草、肉桂、柠檬汁或柠檬皮、葡萄酒 |
| 汤料 | 生或熟的浆果或切小的炖煮过的水果。蛋白杏仁饼、饼干丁、蛋白饼块或切小的水果 |

| 用于制作2.5L/10人份所需的材料 | |
| --- | --- |
| 1kg | 处理好的水果 |
| 30g | 土豆淀粉，可能需要更多或35～50g西米 |
| 1L | 水 |
| 150g | 糖，可能需要更多 |

- 将切半的水果煮软并滤水。
- 加入糖和剩余的水果并煮沸。
- 使用以冷水搅拌均匀的土豆淀粉进行勾芡。
- 如果使用西米，应用水煮制西米10～15min，然后加入果泥并搅拌晾凉。

如果**在水果冷汤中加入酒**，应在烹煮结束后添加酒，这样可以尽可能地保留酒的香味。

如果使用浆果作为汤料，应用糖略微腌渍并加入冷汤中。将其他水果切削并加糖炖煮后加入汤中。

## 蜜瓜冷汤

| 所需材料 | | | |
| --- | --- | --- | --- |
| 1.2kg | 西瓜果肉，打成果泥 | 一刀尖 | 姜粉 |
| 100mL | 波尔图红葡萄酒 | 2片 | 明胶，在冷水中浸软 |
| 15mL | 青柠汁 | 25颗 | 中等大小的蜜瓜球青柠皮 |
| | 白胡椒粒 | | |

将西瓜果肉泥过筛，应获得1L果汁，加入波尔图葡萄酒、青柠汁、胡椒和生姜调味。溶解软化的明胶片，加入锅中，将所有材料冷却。在每个汤盘中放入5粒蜜瓜球进行装饰，倒入微微成胶冻状的冷汤，使用青柠皮进行装饰。

## 4.2 地区特色汤

产生于德国特定地区的浓汤被称为地区特色浓汤。本地出产的产品或特别加工过的天然材料确定其特点。

- 巴登符腾堡州 ➡ 面疙瘩汤
- 巴伐利亚州 ➡ 肝泥丸子汤
- 汉堡 ➡ 汉堡鳗鲡汤
- 梅克伦堡-前波莫瑞州 ➡ 豆子汤
- 北莱茵-威斯特法伦州 ➡ 土豆浓汤
- 萨克森州 ➡ 暖啤汤
- 图灵根州 ➡ 德式酸泡菜汤（图1）

➡ 参见第685页及后续几页

## 4.3 国家特色汤

来自特定国家（民族）厨房的、能够表现其国家特点的汤被称为国家特色汤。

国家特色汤的示例：

- 英格兰 ➡ 牛尾清汤
- 法国 ➡ 法式洋葱汤
- 印度 ➡ 咖喱肉汤
- 意大利 ➡ 蔬菜通心粉汤
- 奥地利 ➡ 皇帝碎波尔汤
- 瑞士 ➡ 大麦汤
- 西班牙 ➡ 西班牙蔬菜冷汤（图2）
- 俄罗斯 ➡ 罗宋汤（图3）
- 匈牙利 ➡ 炖牛肉汤
- 美国 ➡ 蛤蜊浓汤

➡ 参见第690页及后续几页

图1：图灵根德式酸泡菜汤

图2：西班牙蔬菜冷汤

图3：俄罗斯罗宋汤

# ⑤ 汤的摆放和装饰

　　**清汤**中，汤料可以造成视觉上的对比，为眼睛提供一种舒适的变化。

　　**勾芡浓汤**中，客人看到的都是无光泽的表面。因此，制作者通常会使用一些装饰手段美化它的表面（图2、图3）。

图1：清汤

图2：勾芡浓汤

图3：带有装饰的勾芡浓汤

### 装饰材料举例

- 烤面包丁，小片蒜香或香草香吐司面包。
- 制作成菱形、条形、切片或小丁的煮熟蔬菜，打发奶油顶。
- 小香草片，抱子甘蓝切片，小朵西蓝花，油滴。

图4：野味浓肉汤

图5：禽类浓肉汤

| 专业概念 | |
| --- | --- |
| 调味香草束 | 捆绑在一起的香草 |
| 清炖肉汤 | 浓肉汤 |
| 撇（去）油 | 撇油，去油 |
| 肉萃取物 | 肉萃取物 |
| 勾芡 | 使用奶油和蛋黄令浅色浓汤和酱汁黏稠 |
| 芡汁 | 蛋黄和奶油的混合物 |
| 烘烤蔬菜 | 经过烘焙的蔬菜，切成丁 |
| 鸡蛋膏 | 鸡蛋膏 |

**作业**

1. 请你列举不同种类的高汤。
2. 请您向您的同学介绍双倍浓肉汤。
3. 请您解释说明清汤的不同质量等级。
4. 请您列举浓肉汤十个不同种类的添加物。
5. 勾芡浓汤怎样才能含有不同的花样。
6. 为什么丝绒般的汤加了勾芡物之后就不能再煮开了？
7. 请您说明一下丝绒般的汤和奶油汤的不同点。
8. 请你举出五种地区性的汤和五种国家特色汤。
9. 请您对比一下自制的勾芡浓汤和与之相对比的方便食品的汤，制作所花的时间和金钱。请您评价一下两者的气味、看相、味道和浓度。

| 可以选用的补充食材 | |
|---|---|
| 鸡肉清汤 | 小泡芙，山萝卜 |
| 野味浓肉汤 | 牛肝菌片，马德拉酒 |
| 牛肉浓肉汤 | 粗粒小麦面疙瘩，香葱碎 |
| 雉鸡浓肉汤 | 板栗丸子 |
| 芦笋奶油浓汤 | 芦笋块，打发奶油 |
| 香葱奶油浓汤 | 大葱丝，烤面包丁 |
| 番茄浓汤 | 凝乳团子，罗勒 |
| 豌豆浓汤 | 煎板油丁 |

## ⑥ 预制高汤，浓汤和酱汁——方便产品

### 高汤和浓汤

一种工业生产的预制的食品被称为豌豆汤精，是一种香肠形状压制的、制作完毕的汤类产品。在当今的食品供应中，预制食品被广泛接受。是烹饪自产食物还是工业生产食物，去取决于经济和个人的考虑。

预制**高汤**被作为一种加工和添加物，当自己没有足够的制成的高汤使用时。

一些工厂生产的**汤**根据它们的性质，一部分被做成久置食品使用：

- **干燥**：大部分被做成碳水化合物丰富的产品，例如汤面、蔬菜汤、扁豆汤。
- **杀菌**：主要做成有鱼和肉添加的汤，如鳗鲡汤、蜗牛汤。
- **熬汤和集中**：主要制作成清汤，在使用时需将其稀释。

### 酱汁

为了生产，丰富酱汁的添加物和立即可食用的产品，工厂提供给餐饮业广泛的预制食品。每一个老板都决定是否/什么时候或者怎样在他们公司使用他们每一个产品。他们按照以下条款来使用：

- 脱水产品，碾磨粉碎的形式。
- 糊状的奶油，针对在使用小部分或者是完整的酱汁成分时。
- 湿罐头，直接或者稀释的形式使用。
- 装在方形盒中的可立即食用的酱汁。在使用前要加热一下。

除此之外，工厂也会加入碾磨成粉末的增稠剂，白色和棕色油煎糊，粉末化的黄油面团等。这些产品可以：

- 减少部分热量值，
- 减少形成浮皮，
- 减少结块的危险，
- 重新加热时性质稳定，
- 使用简单面粉、淀粉黏合时，不会在冷冻和解冻时存在坚硬状态。

## 来自不同地区的汤

　　我们餐厅在今年秋天将举办一次活动周，我们的工作小组将进行一次有前瞻性的计划和测试。

### 计划

**1** 我们找到了一条格言，并确定了以下措辞：

- 好汤让人找到好朋友。
- 我们能一起舀汤喝吗？
- 让我们一起享用美食吧。
- 让人喜欢喝光的汤。
- 寻找看汤锅的人（美食爱好者）。

1.1 请您查阅百科辞典，这些格言有什么意思。

1.2 餐厅出于什么原因在活动周要选择一条格言/标语？

1.3 参考不同的意见，请您确定一条标语。

**2** 为了创造出更多变化，人们应当注意不同地区的不同特点。

2.1 首先请您尽可能地去搜寻不同地区汤的制作方法，选择一种作为杂豆一锅烩为基础的方法，尽可能不适用来自青年厨师的制作方法。

2.2 请您确定汤的数量和种类。

**3** 您所收集的配方可能是提供给不同人数的，也可能使用不同的形式进行说明。

3.1 请您将所选的菜谱折算为10人份的"专业计算方法"。

3.2 请您制作一份清晰的工作指导说明，以便让所有人可以正确地依据此指导行动（正确的顺序、要点等）。

3.3 您可以在第499页找到与汤对应的摆盘方式。请您为您的菜谱补充专业的装饰，因为"看着越好看，卖得也会越好"。

3.4 应当所有人都可以依照完成的菜谱进行操作。请您将菜谱制作成文件形式，或打印在卡片上。

**4** 请您为您的小组要制作的汤制作一份总结式的材料要求。

**5** 现在，规划一次自助餐并设计菜肴的布置与展示。

5.1 为您的自助餐选择最好的位置放置餐台。

5.2 制作汤锅的名牌，写上关于制作、起源、产生等内容的简介，这样顾客就能了解每一样产品。

请您在网上搜索获得信息，例如www.suppenindustrie.de。或者您仅仅只需要将产品名，例如Maggi（美极）、Knorr（家乐）、Oetker（欧特克）和 "de" 或者 "com" 结合起来。您还需要使用搜索引擎。

丰富信息的示例：汉堡鳗鲡汤、盖伊斯堡军队炖肉（牛肉蔬菜一锅烩）。

可以使用网络资源查找相关资料。

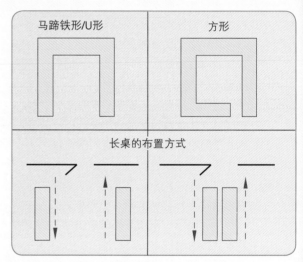

布置自助餐餐桌的示例

---

**执行**

每一组完成获得的任务（汤的制作，自助餐菜品设计，餐桌摆放和布置）。

---

**评估**

**1** 地区性的汤在特定地区产生。同时要区分日常食用的汤和节日食用的汤。

1.1 在重新进行浓汤周的活动时，您会从方案计划中划除哪些汤？

1.2 哪些汤需要根据口味或热量含量等因素作出调整以适合供应时间（季节）？

**2** 哪些汤是畅销产品，要在常规菜单上出现？

# 酱　汁

## ① 基础酱汁的概览

多种酱汁有共同的基础，这被称为基础酱汁。按照以下标准进行分类：

- 呈上时的**温度**：热或冷；
- **颜色**，依据原材料及其操作：棕色或浅色；
- **原材料**：高汤或肉汁，牛奶，油脂；
- **勾芡的方式**：面粉油煎糊，面粉黄油，淀粉，蛋黄。

制作的前提条件：

- 处理品质良好的原材料，
- 烹调时顺序正确的操作方法，
- 使用营养丰富的高汤或肉汁，
- 选择味道具有特点的材料以及合适的定量。

专业制作酱汁会显示出刺激人食欲的色调，并且不会漂浮可见的油脂。它们有精致的、有区别的味道，以及具有明显可以感觉到的合适的黏稠度。

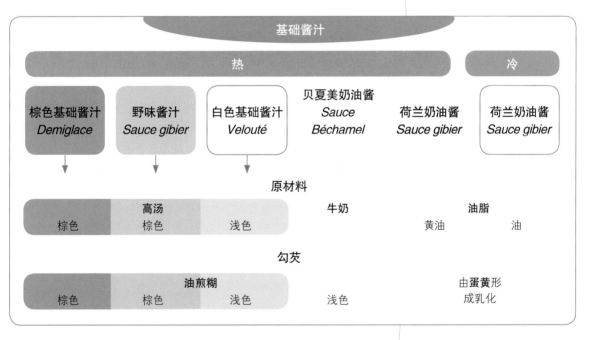

| 基础酱汁 | | | | | |
|---|---|---|---|---|---|
| **热** | | | | | **冷** |
| 棕色基础酱汁 *Demiglace* | 野味酱汁 *Sauce gibier* | 白色基础酱汁 *Velouté* | 贝夏美奶油酱 *Sauce Béchamel* | 荷兰奶油酱 *Sauce gibier* | 荷兰奶油酱 *Sauce gibier* |

**原材料**

| 高汤 | | | 牛奶 | 油脂 | |
|---|---|---|---|---|---|
| 棕色 | 棕色 | 浅色 | | 黄油 | 油 |

**勾芡**

| 油煎糊 | | | | 由**蛋黄**形成乳化 | |
|---|---|---|---|---|---|
| 棕色 | 棕色 | 浅色 | 浅色 | | |

## ② 棕色酱汁

### 2.1 基础

**味道类似的基础物质**构成基础，如：骨头和副产品以及烘烤蔬菜。通过**煎炒**，形成味道和期望的颜色。在**烹调**过程中，水可以溶解**味道**和**色素**。可以使用制作基础高汤的方式制作（参见第470、473页）。

在煎炒或煨炖肉类时会形成相应的棕色酱汁，这些量通常不能满足每日的需要，因此，厨房必须补充或增多酱汁基础。

通过**重新加入**骨头、肉块和**烘烤蔬菜加强**基础高汤的味道并勾芡，这样制作出了**基础酱汁**。通过添加典型的赋予味道的物质可以产生**完成的酱汁**，也叫作衍生种类。

## 勾芡物质－酱汁勾芡

大多数酱汁可以使用淀粉勾芡。通常情况下，首先选用面粉混合油脂，制成油煎糊。此外，还有工业制成品可以用于酱汁勾芡。

油煎糊

在制作油煎糊时，应将油脂熔化然后加入面粉后搅拌。热量使面粉中的淀粉部分转化为糊精，并且不期望的面粉味道也在这个过程中消失。

| 油煎糊的颜色 | 白色 | 金色 | 棕色 |
|---|---|---|---|
| **温度** | 低温 | 中温 | 高温 |
| **油脂** | 黄油，人造黄油 | 植物油，猪油 | 植物油，猪油 |

油煎糊（图1）应当只有单一的一种色调，根据使用情况使颜色为白色至棕色。为了获得期望的颜色，应当调整火力并选用相应的油脂类型。

制作**白色的油煎糊**时，可以使用含水的油脂，如：黄油或人造黄油，它们的冒烟点约为120℃。

制作**金色的和棕色的**油煎糊时，使用无水的油脂，如：植物油或猪油，因为这些脂肪类型可以加热到180℃。

油脂不能加热超过冒烟点。否则会有分解产物，它们的气味和味道都不好，而且会产生对健康有害的物质。在**浇入**油煎糊时需要注意，不要产生小结块。制作过程适用以下工作原则：

- **热油煎糊**浇入冷汤中，这样，淀粉分子有时间吸收水分并变黏糊。
- **冷油煎糊可以在高温时加入。**

成品油煎糊可以通过专业的供应商制作。这样，无论是在热液体还是冷液体中都不会产生小结块。

油煎糊的特殊形式

在制作棕色酱汁的时候，可以撒上面粉。一旦骨头和蔬菜充分煎炒，就可以加入面粉并烘烤至期望的颜色。以这种方式，煎炒骨头和蔬菜时需要放入的油脂也可以用于煎炒面粉，油煎糊在烘烤过程中产生，并和其他材料黏合在一起。

---

制作基础高汤的材料

骨头烘烤蔬菜 ＋ 水 ＝ **基础高汤**

制作基础酱汁的材料

骨头肉块烘烤蔬菜勾芡材料 ＋ **基础高汤** ＝ 基础酱汁

完成

基础酱汁 ＋ 典型的味道物质，如：固形材料

衍生种类/完成的酱汁

图1：油煎糊

许多企业继续加工肉，但是肉不会自己脱落。因此，几乎没有骨头和副产品用于基础高汤和基础酱汁的制作。可以采购到许多相应的产品以替代自己制作基础材料。

但是原则相同：

基础酱汁 ＋ 典型的味道物质 ＝ 完成的酱汁＝衍生种类

### 淀粉

需要保持清澈的酱汁，只能使用几乎令人感觉不到的芡汁，例如：调味肉汁，就是使用搅拌的淀粉使其变得顺滑。为此，可以使用土豆淀粉或玉米淀粉，因为这类芡汁不会使液体浑浊。

### 面粉黄油（法语：Beurre mainé）

使用面粉黄油

- 为酱汁勾芡，
- 用于迅速制作酱汁和勾芡。

在制作时，面粉和软化的黄油（1：1）混合〔图1〕。使黄油包裹每一粒淀粉小颗粒，并使其互相分离。如果在热液体中加入面粉黄油，油脂迅速溶化〔图2〕，而在温热的或冷液体中需要搅拌，以避免形成小结块。

### 酱汁芡汁

酱汁芡汁产生玻璃般透明的黏合。即食产品可以直接加入温热或冷液体中而不需要搅拌，这样也不会形成小结块。

### 使用黄油黏合

通过搅拌冷黄油块〔图3〕或者使用搅拌棒在酱汁中搅打可以使冷黄油块乳化，这样产生黏合。同时，黄油可以赋予味道。

## 形成味道的成分

**调味料**，如：胡椒粒、刺柏果、多香果、丁香和月桂叶在加热时释放出强烈的香气。因此，人们可以在关火前或倒出前一同烹煮一段时间。辣椒、百里香和墨角兰会略微发苦。因此，它们应在关火或倒出前不久再加入。

新鲜切碎的**香草**有细腻的香味以及清新的绿色。但是，热量会破坏掉这两样。因此，只有在上菜前将其加入制作的菜肴中。

**葡萄酒**，在葡萄酒中**炖煮**，或者在**关火时**加入葡萄酒（也有葡萄酒腌渍汁），需要使用香气浓烈的葡萄酒。在这种情况中，葡萄酒会赋予菜肴开胃的酸味。

**甜利口酒、白兰地和利口酒**可以产生味道物质，这是特别需要估量的。为了保留容易流失的香味物质，只有在上菜前不久才能加入。

在过程中不要产生小结块，必须在冷凉的时候搅拌并且加入沸腾的酱汁中。

图1：制作面粉黄油　　图2：使用面粉黄油勾芡

制作好的面粉黄油可以冷藏存放。

特别适合使肉汁变浓稠，并为自制酱汁进行调节。

图3：搅拌黄油

## 2.2 棕色基础酱汁或浓酱汁

浓肉汤

**用于制作10L所需的材料**

| | |
|---|---|
| 10kg | 犊牛骨头和副产品 |
| 15L | 棕色高汤 |
| 1kg | 烘烤蔬菜 |
| 250g | 碎肉块 |
| 200g | 油脂 |
| 300g | 番茄膏 |
| 880g | 油煎糊（400g油脂，480g面粉） |
| 20g | 辣椒、甜 |
| 0.5L | 葡萄酒 |

调味料包：1个百里香枝，20个压碎的胡椒粒，3个蒜瓣，2片月桂叶，150g切碎的欧芹根

### 棕色基础酱汁或浓酱汁的工作步骤

| 材料 | 制作流程 | 陈述理由 |
|---|---|---|
| 油脂、切小的骨头、副产品和板油 | 加热油脂，将所有骨头煎制成棕色 | 通过煎炒产生味道和颜色物质。小骨头块=更大的翻炒面积=更多颜色和味道物质 |
| 烘烤蔬菜 | 加入材料，炒成棕色，不停翻动，也要翻动到炊具的角落 | 炒成棕色可以提升香味和颜色值。蔬菜的糖类物质焦糖化。不均匀的翻炒产生苦味物质 |
| 番茄膏 | 在加入油脂后搅拌，一同烘烤 | 失去酸味，散发出香味 |
| 辣椒、少量棕色高汤、葡萄酒 | 将材料倒入，短暂加热，关火，过滤，倒出 | 辣椒包含完整的调味料。通过上糖浆可以提升颜色和味道。葡萄酒可以产生开胃的香味 |
| 棕色油煎糊、棕色高汤 | 加入材料，冷凉时浇入 | 快速评估翻炒材料，避免形成结块 |
| | 慢慢炖煮5h，撇去浮沫，去掉油脂 | 产生开胃的颜色，纯粹的味道 |
| 调味料、香草 | 过滤前1h加入 | 获得香味 |
| | 使用垫有滤布的筛子过滤 | 骨头可能损坏滤布，在滤布中留下小残留物 |

**棕色基础酱汁或浓酱汁半冰沙司**

使用新鲜产品按照传统步骤（图1~图7）在翻转煎锅中制作棕色基础酱汁或浓酱汁（半冰沙司）。

图1：准备所有配料（参见第506页的菜谱）

图2：小心地煎炒切小的骨头

图3：加入烘烤蔬菜

图4：加入番茄膏，短暂翻炒，浇上少许高汤和葡萄酒

图5：多次翻动食材，然后加入棕色的油煎糊

图6：在所有材料中加入棕色的冷高汤

制作少量的酱汁时，可以按照同样的制作方法，在煎炒炊具中制作。

除了按照说明的方法，浓酱汁还可以在一个循环加热炊具或一个组合式蒸锅中制作。在这个过程中，可以先煸炒一下骨头，同时继续进行传统的工作步骤（参见第508页）。

图7：煮沸酱汁并过滤

可以仅需加工制作**棕色基础酱汁**或**浓酱汁（半冰沙司）**。

补充棕色犊牛肉汁和强烈煎炒的烘焙蔬菜、番茄膏和葡萄酒。整体的液体用量可以烹煮（减少）至只剩下一半，加入水淀粉勾芡，然后过滤。

酱汁的预制产品可以使用相应的液体产生基础酱汁。

### 三种制作浓酱汁的方式

| 自己制作酱汁 | | 预制产品 |
|---|---|---|
| **方法1**<br>使用棕色犊牛高汤 | **方法2**<br>使用犊牛高汤 | |
| ▼ | ▼ | ▼ |
| 烘焙材料：<br>骨头、肉副产品、烘烤蔬菜、番茄膏、葡萄酒 | 棕色犊牛高汤<br>大量减少 | 粉末或糊 |
| ▼ | ▼ | ▼ |
| 使用棕色油煎糊勾芡 | 补充：烘烤蔬菜、番茄膏、葡萄酒 | 补充液体 |
| ▼ | ▼ | ▼ |
| 加入棕色犊牛高汤 | 使用淀粉勾芡 | |
| ▼ | ▼ | ▼ |
| **棕色基础酱汁或浓酱汁，半冰沙司** | | |

### 半冰沙司的拓展

**波尔多酱汁**

冬葱丁、胡椒粒、百里香和月桂叶，将波尔多葡萄酒倒入至没过材料的1/3处，加入半冰沙司，烹煮，过滤。使用柠檬汁和黄油块制作。加入过滤的骨髓块和切碎的欧芹。

适合搭配烤肉和煎肉，烤蔬菜和煎蔬菜。

**马德拉酱汁**

浓酱汁（半冰沙司）和马德拉酒一同烹煮，也可以减少马德拉酒并加入半冰沙司。然后使用黄油完成。

适合上糖浆的火腿、烹制的牛舌、煎制的禽类和禽类油炸丸子、牛腰子（肾脏）。

**罗伯特酱汁**

在黄油中翻炒切碎的洋葱，倒入白葡萄酒，液体大量减少，加入半冰沙司，将所有材料煮开。将锅拿离炉灶并加入芥末，搅入黄油块，并加入少量糖调味。

适合搭配猪肉油炸丸子和烤猪肉排。

## 其他衍生酱汁的介绍

### 开胃酱汁

在黄油中翻炒切碎的洋葱或冬葱，加入压碎的胡椒粒，倒入汤并煮开液体。倒入半冰沙司并烹煮一段时间。之后过滤并在酱汁上撒上切碎的腌黄瓜。

适合烤猪肉、烹调的牛舌以及牛头。

### 魔鬼酱汁

在热黄油中翻炒切碎的冬葱和压碎的胡椒粒，倒入白葡萄酒，烹煮至只剩下一半。加入半冰沙司，烹煮一段时间。过滤酱汁，搅入黄油块，并使用少量胡椒调味。

适合搭配烧烤禽肉和分割肉。

## 2.3 调味肉汁

在煎炒猪肉或鸡肉的时候会产生黏附在锅底的物质，这些物质已经去掉了油脂，可以使用高汤或肉汁（例如：棕色牛肉高汤）溶解，搅拌并且烹煮至味道浓郁。这样就产生了调味肉汁。

溶解的黏附在锅底的味道物质赋予酱汁独特的味道。调味肉汁可以在使用滤布过滤后使用用水调和的土豆淀粉、米粉或玉米淀粉以及酱汁勾芡材料或通过翻动冷黄油块稍微进行勾芡。将切肉时流出的汤汁也加入酱汁中。

调味肉汁

- 必须浓郁且清澈，
- 必须在相应的煎炒后品尝，
- 只能使用不易令人察觉的薄芡。

## 2.4 野味酱汁

野味或野生禽类可以整只或部分进行煎炒，大多数相应的酱汁都是以煎炒中产生的黏附物质为基础制作的。当使用野味基础酱汁溶解煎炒黏附物质时更有益。野味基础酱汁以同样的方式制作，如：半冰沙司，只是在赋予味道的原材料上有所区别。

## 野味酱汁的拓展

### 野味酱汁

**用于制作5L所需的材料**

| | |
|---|---|
| 5kg | 野味骨头和副产品 |
| 200g | 面粉 |
| 500g | 烘烤蔬菜 |
| 150g | 油脂 |
| 50g | 碎肉块 |
| 30g | 芥末 |
| 0.5L | 红葡萄酒，6L野味高汤 |
| 5粒 | 刺柏果 |
| 5粒 | 胡椒粒 |
| | 调味料包中含有月桂叶，2粒丁香，1刀尖罗勒，1刀尖迷迭香 |
| 25g | 干蘑菇 |

烹煮时长：3h

### 野味奶油酱汁

洋葱丁、欧洲刺柏果、黄油、丁香、月桂叶、醋、酸奶油、醋栗果冻、柠檬汁、胡椒

### 野味胡椒酱汁

肥肉丁和冬葱丁、胡椒粒、（可能需要）绿色胡椒、醋、白葡萄酒、小黄油块

### 欧洲刺柏果酱汁

肥肉丁和冬葱丁、刺柏果、红葡萄酒、柠檬汁、胡椒、杜松子酒或金酒

### 在热空气蒸锅中制作酱汁

如果在热空气蒸锅中烹煮煎制的肉块，可以按照同样的制作流程制作酱汁。

工作步骤：

- 将深度较深的烹制盘放在最下一层屉。
- 将骨头、副产品和烘烤蔬菜放在容器中，肉放在上层一起烘烤。
- 当达到期望的颜色时，加入肉汤。在全部煎制过程中将容器放入设备中。
- 以这种方式可以接住这段时间滴落的煎肉肉汁，并且赋予酱汁特别的味道。
- 从容器中将材料倒入锅中。
- 加入期望用量的水，煮沸并过滤。
- 使用油煎糊勾芡并品尝。

### 酱汁的存放

可以大量制作基础酱汁，并放在储藏室中。为了避免存放过程中的细菌增殖，必须迅速冷却并在冷凉处存放。

有几种方式冷却。

- *倒入较浅的盆中*

将盆一侧的下方垫高，这使空气可以从底部流过。增大的表面积也使热量更容易散开。

- *在水浴中冷却*

将酱汁倒入锅中，放在冷水浴中，经常换水。冰块可以加速冷却。

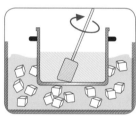

因为勾芡的液体几乎不能循环流动，因此必须经常搅拌。

### ③ 白色酱汁

白色酱汁用于搭配烹煮、炖制、蒸制的分割肉、禽肉、鱼肉、蔬菜和鸡蛋。

#### 3.1 基础

酱汁的味道必须与菜肴匹配。因此，根据不同种类，制作者使用牛肉、禽肉或鱼肉的浅色、营养丰富的**基础高汤**制作。

可以使用白色油煎糊和**基础高汤**一起制作，或使用面粉黄油勾芡，这样可以制成**白色酱汁**。

在所有情况中，都是以相同的方式制作基础酱汁，不同的只有基础高汤，酱汁也是以高汤的名称命名的。

## 3.2 白色基础酱汁

- 白色牛肉基础酱汁　　　Velouté de veau
- 白色禽肉基础酱汁　　　Velouté de volaille
- 白色鱼肉基础酱汁　　　Velouté de poisson
- 贝夏美奶油酱　　　　　Sauce Béchamel

制作5L所需的材料

| | |
|---|---|
| 300g | 黄油 |
| 250g | 面粉 |
| 7L | 相应的液体 |
| | ├─牛肉高汤 |
| | ├─禽肉高汤 |
| | └─鱼肉高汤 |

白色基础酱汁的制作流程

| 材料 | 烹饪步骤 | 原因 |
|---|---|---|
| 黄油、面粉 | 熔化黄油，再加入面粉，搅拌均匀，用小火慢炒几分钟 | 煸炒是为了去除酱汁中的生面糊味儿，这样一来，面粉析出的淀粉转化成糊精，且油面糊不会发生变色 |
| 相应的冷凉基础高汤（牛肉、禽肉、鱼肉） | 将打底高汤全部倒进油面糊，开大火，不停搅拌，直至酱汁重新煮沸。撇去酱汁表面的一层浮渣，转小火，再将酱汁慢慢煮沸 | 避免酱汁表面结成一层固体的奶皮。酱汁也不会凝固，同时撇去了酱汁表面的一层浮渣。酱汁口感变得黏稠丝滑 |
| | 用滤布或筛子将结块的酱汁过滤一遍 | 滤出酱汁中的残渣，使酱汁变得柔顺丝滑 |

**白色基础酱汁**Veloute（m）

**白色基础酱汁**Velouté（m）
自己亲手制作的或预先买好的

| 牛肉白色基础酱汁（2L） | 禽肉白色基础酱汁（2L） | 鱼肉白色基础酱汁（2L） |
|---|---|---|
| 补充↓ | 补充↓ | 补充↓ |
| 德式酱汁 | 禽肉奶油酱 | |
| 100mL　煮浓收汁的牛肉高汤 | 100mL　煮浓收汁的禽肉高汤 | 100mL　煮浓收汁的鱼肉高汤 |
| 60mL　蘑菇高汤 | 60mL　蘑菇高汤 | 100mL　干白葡萄酒 |
| 150mL　奶油 | 150mL　奶油 | 150mL　奶油 |
| 1EL　柠檬汁 | 　　　　盐 | 　　　　盐 |
| 3个　蛋黄、盐、胡椒 | 　　　　白胡椒 | 　　　　白胡椒 |
| 30g　黄油碎 | 30g　黄油碎 | 30g　黄油碎 |

　　上述烹饪步骤适用于任何亮色酱汁的制作，唯一不同的地方是添加的液体不同。不同的酱汁要加相应的高汤、白蘑高汤或白葡萄酒，之后经过煮制而成。待酱汁熬制成功时，往热的酱汁中加入些许凉的黄油碎块。

　　通过添加各式各样的调味料，人们可以调制出风格迥异的酱汁。

● 如果需要重新加热制作好的白色酱汁，制作者应首先将相应的高汤放在锅中。这样避免在加热时基础酱汁黏附在锅底。

## 德式酱汁

通过添加食材，由德式酱汁衍生出的各种酱汁

### 香草酱汁

将切碎的香叶芹、欧芹、切片的大葱以及柠檬香味的蜜蜂花混入德式酱汁中即可。

### 白蘑酱汁

将切成片的白蘑和煮浓的白蘑高汤一同混入德式酱汁中即可。

### 刺山柑酱汁

将刺山柑和煮浓的刺山柑高汤一同混入德式酱汁中即可。

## 禽类奶油酱汁

通过添加食材，由禽类奶油酱汁衍生出的各种酱汁

### 亚历山大酱汁

将奶油酱汁过黄油后焖煮，然后将切成长条状的白蘑、煮浓的块菌高汤以及些许黄油碎块一同混入焖煮过的奶油酱汁中即可。

### 安达卢西亚酱汁

将青辣椒切丁，放入黄油和柠檬汁中稍微炖煮一下，捞出青椒丁，并将其混入奶油酱汁中即可。

### 象牙酱汁

将禽类肉汤提取液/萃取液加入奶油酱汁中，均匀搅拌两者，使其充分混合，直至酱汁呈现出漂亮的象牙色即可。

## 白葡萄酒酱汁

通过添加食材，由白葡萄酒酱汁衍生出的各种酱汁

### 刺山柑酱汁

将刺山柑和刺山柑香醋混合煮浓，然后与白葡萄酒酱汁混合搅拌均匀即可。

### 外交官酱汁

将龙虾黄油、龙虾肉肉丁和块菌碎丁混合，一同搅入热的白葡萄酒酱汁中即可。

### 莳萝酱汁

在热的白葡萄酒酱汁快要盛盘上桌前，混入切成碎丁的莳萝即可。

| 制作1L所需的材料 | |
|---|---|
| 70g | 黄油 |
| 40g | 洋葱 |
| 80g | 面粉 |
| 1.2L | 牛奶 |
| 5g | 盐 |
| 1片 | 月桂叶 |
| 2粒 | 压碎的胡椒粒 |
| 1粒 | 丁香 |
| 微量 | 磨碎的肉豆蔻 |

## 3.3 贝夏美奶油酱

贝夏美奶油酱是许多菜肴的重要配料，也是熬汤时的底料，因此人们会做好很多贝夏美奶油酱，储藏备用。

由于人们有时也会对贝夏美奶油酱稍加烘烤，因此它要比其他酱汁更加浓稠。

贝夏美奶油酱的制作流程（图1~图3）

| 材料 | 制作流程 | 陈述理由 |
|---|---|---|
| 黄油，洋葱丁 | 熔化黄油，将洋葱煸炒至透明 | 形成味道 |
| 面粉 | 添加并煎炒成白色 | 面粉味道消失，淀粉糊化 |
| 调味料<br>冷牛奶或一般犊牛高汤 | 加入<br>倒入并不停搅拌，煮沸并炖煮30min | 避免形成小结块。 酱汁获得味道和黏稠度。面粉味道消失 |
| | 使用尖底筛子过滤 | 去掉小残留物 |
| 液体黄油 | 浇在完成的酱汁上 | 油脂避免干燥，避免形成浮膜 |

**贝夏美奶油酱** Sauce（w）Béchamel

图1：油煎糊的制作

图2：加入牛奶并煮开

图3：检查黏稠度

通过添加食材，由贝夏美奶油酱衍生出的各种酱汁

**奶油酱汁**

将贝夏美奶油酱和适量的新鲜奶油混合煮沸， 并打入冷黄油碎。

主要搭配鸡蛋、炖煮的鱼肉、烹煮的禽肉、面食和蔬菜

**辣根酱汁**

将基础酱汁和犊牛肉高汤混合煮沸， 加入磨碎的辣根，加入醋、糖和盐，完成前加入小块黄油并搅打。

辣根酱汁主要适合烹煮的牛肉

**卡迪那酱汁**

将贝夏美奶油酱和相应的鱼肉高汤及奶油混合并打入龙虾黄油。

主要适合炖煮的鱼肉、 鸡蛋菜肴、 贝壳类食材和虾蟹类食材

### 其他衍生酱汁

#### 奶酪酱汁

　　将擦碎的奶酪搅入贝夏美奶油酱中，优先选用意大利帕尔玛奶酪，然后使用蛋黄和奶油为酱汁勾芡（图1）。

　　此酱汁主要适合搭配稍加烘烤的蛋类菜肴、鱼肉、贝壳类和虾蟹类食材、白色鱼肉、白色禽肉、蔬菜和面条类菜肴。

#### 白色洋葱酱汁

　　将去皮洋葱切成薄片，焯水，然后加入少量白色犊牛肉高汤和黄油炖煮至变软。然后将洋葱放在筛子上碾压，最后加入贝夏美奶油酱和奶油煮制浓稠。

　　适合搭配烹煮和煎炒的羊肉、烹煮的犊牛肉、鸡蛋和蔬菜。

#### 瓦莱夫斯卡酱汁

　　将瓦莱夫斯卡酱汁（图2）浇在蒸制的鱼身上后稍加烘烤。

　　将蒸制鱼肉时流出的肉汁煮浓，并加入贝夏美奶油酱中，再混入螃蟹黄油或龙虾黄油，充分打发，可能需要在汤汁中混入松露丝。

　　当瓦莱夫斯卡酱汁覆盖蒸制的鱼肉后，再向鱼身上撒一些意大利帕尔玛奶酪，然后放上少许黄油碎，稍加烘烤。

　　适合搭配蒸制和炖煮的鱼肉、虾蟹类食材和软体动物类食材。

### 3.4　经典白色酱汁的烹调变形

图1：将擦碎的奶酪搅入贝夏美奶油酱，便得到了奶酪酱汁

图2：瓦莱夫斯卡酱汁

| 使用面粉黄油黏合 | 使用高油脂含量黏合 | 使用酱汁勾芡产品黏合 |
|---|---|---|
| 0.5L　煮浓的高汤<br>60g　面粉黄油<br><br>使用面粉黄油为浓郁的、煮浓的高汤勾芡，这样也可以制作白色酱汁。 | 0.5L　煮浓的高汤<br>150g　法式酸奶油<br>50g　黄油或<br>200g　重奶油<br><br>将相应的犊牛、禽类、蔬菜或鱼肉高汤煮浓，至少煮至高汤剩余量少于原先量的一半。将黄油、奶油或重奶油（双倍油脂的奶油）加入酱汁中，充分搅拌均匀。 | 0.5L　煮浓的高汤<br>35g　酱汁勾芡产品<br><br>将酱汁勾芡产品撒入酱汁液体中，充分搅拌均匀，并炖煮至理想的浓稠度。 |

# ④ 搅打的酱汁

大多数菜肴的酱汁都是煎制主要材料或使用主要材料煎炒时的结块制作的。

打发酱汁的制作不依赖于菜肴的主要材料。这意味着，制作流程是独立的操作方法。

酱汁是通过趁热搅打蛋黄和温热的、熔化的黄油制作而成的，常被称为**搅打的黄油酱汁**。大多数情况下，搅打的黄油酱汁是指荷兰奶油酱以及蛋黄酱。

这两种酱汁的基本成分是相同的，并且使用范围也相同，区别就在于调味的成分。

因为固定的组成部分，如：胡椒粒或洋葱小块会影响酱汁的特点，所以制作者进行煮浓收汁。**煮浓收汁**是对香料和洋葱中味道物质的萃取。

首先，通过烹煮萃取小块食材中的味道，可称为爁。然后通过煮浓（煮浓收汁）使味道物质浓缩。

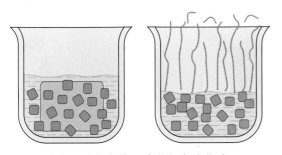

爁（通过烹煮萃取味道）煮浓收汁

## 4.1 荷兰奶油酱

根据消费者的期望，只使用黄油制作荷兰奶油酱。它既不能采用植物油脂，也不能使用黏合/勾芡材料。配方参见右侧。

通过煮浓收汁和调味对比

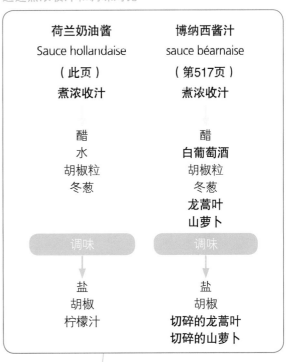

| 荷兰奶油酱 Sauce hollandaise （此页） | 博纳西酱汁 sauce béarnaise （第517页） |
|---|---|
| 煮浓收汁 | 煮浓收汁 |
| 醋 水 胡椒粒 冬葱 | 醋 **白葡萄酒** 胡椒粒 冬葱 **龙蒿叶** **山萝卜** |
| 调味 | 调味 |
| 盐 胡椒 柠檬汁 | 盐 胡椒 **切碎的龙蒿叶** **切碎的山萝卜** |

| 煮浓收汁 | | 用于制作1.25L（950g）所需的材料 | |
|---|---|---|---|
| 4EL | 醋 | 10个 | 蛋黄 |
| 8EL | 水 | 10EL | 水 |
| 15粒 | 胡椒粒 | 900g | 黄油 |
| 2根 | 冬葱 | | 盐 |
| | | | 柠檬汁 |
| | | | 胡椒 |

荷兰奶油酱的制作流程（图1~图6）

| 材料 | 制作流程 | 陈述理由 |
|---|---|---|
| 胡椒粒、压碎的冬葱丁、醋、水 | 煮沸，收汁至原来的1/3，并过筛 | 首先浸出味道物质，然后浓缩 |
| 冷水、蛋黄 | 和煮浓的汤汁一起搅拌，在适当温热的水浴中搅打，直至材料逐渐变黏稠 | 水冷却煮浓的汤汁，避免前期凝固。搅打使空气进入蛋黄液体中。热量使其黏合 |
| 熔化的黄油 | 首先将热黄油逐滴加入黏稠的蛋黄中搅打 | 过快地加入会阻碍乳化物的形成，可能导致凝结 |
| 剩余的水 | 在达到酱汁黏稠度后添加 | 加入水提高蛋黄液体的吸收能力 |
| 柠檬汁、盐、胡椒 | 添加 | 补充煮浓的汤汁中的味道物质。适当调味，加盐，即为基础酱汁 |

**荷兰奶油酱** sauce（w）hollandaise

图1：原材料

图2：煮浓收汁

图3：煮浓的汤汁过筛

图4：熔化黄油，分离蛋黄和蛋清

图5：在水浴中，搅打蛋黄和煮浓的汤汁

图6：缓慢搅入液体黄油

## 制作荷兰奶油酱的风险和错误

几乎没有哪种菜肴的准备工作会像荷兰奶油酱这般小心翼翼，一个小小的错误将会导致整个酱汁的失败。

- 首先，在原材料准备工作中必须要注意的问题是，只使用新鲜的鸡蛋。荷兰奶油酱大约在70℃加热，并且不能加热过长时间。
- 煮浓收汁时，如果制作量少可能会产生巨大的味道变化。
- 黄油熔化变透明意味着味道损失。
- 过于轻微的搅打会使酱汁缺少黏合力并且总量不多。
- 过热的水浴使蛋黄凝固。
- 过度的加热使完全打发后的总体积减小，这使蛋黄过度黏合，并使酱汁凝结。

出于这个理由，使用绝对新鲜的产品或经过巴氏消毒的蛋黄可以避免沙门菌的增殖。

### 应用

制作者可以使用荷兰奶油酱完善白色酱汁，并且使鱼类、鸡蛋类、虾蟹类、贝类、软体动物类、屠宰畜类、禽类和蔬菜类菜肴有更细腻的味道。

如果将荷兰奶油酱作为鱼肉、鸡蛋或蔬菜的酱汁，需要再加入柠檬汁和盐。

延伸内容参见第519页

### 特色

荷兰奶油酱保持单一口味，而博纳西酱汁中会加入葡萄酒和香草使其味道更丰富。

之前，博纳西酱汁是打发而成的无分类酱汁。

今天，出于减轻厨房工作的原因，博纳西酱汁使用荷兰奶油酱制作而成。

将富有特色的调味料加入完成的荷兰奶油酱中。

现在，已经很少亲自制作这些酱汁了。（参见第519页）

### 结块的荷兰奶油酱

该酱汁可以通过以下几点获得：
- 快速搅拌液体黄油会使乳化物分离，破坏酱汁的黏合力，
- 加入热黄油，
- 菜肴准备阶段的错误，过多液态的黄油，
- 持续保持高温。

一些固体状的酱汁以这种状态将不再使用。然后这也带来另一种可能性，酱汁又可以再次被运用。

### 方法①：加入冷水

如果酱汁开始结块，可以在盆边倒入少量冷水。使用打蛋器小心地从表面开始搅拌。在这个过程中，应先小范围搅拌，然后再在较大的范围内搅拌，但是一直保持相同的位置。如果这个位置开始增稠黏合，就可以开始搅打较大的范围，直至酱汁完全顺滑。

### 方法②：加入蛋黄

如果降至没有黏合力了，根据酱汁的量向其中加入一个或多个蛋黄，同样也是从边缘加入。

然而更**安全的方法**是，将蛋黄和少量水一起搅拌，然后逐滴加入结块的酱汁中。如果黏合恢复，可以将剩余的材料快速搅拌混合。

### 方法③：搅入完成的酱汁

这是实践中的一个不算经典的快速操作方法。

将已经结块的荷兰奶油酱不断加入至已经完成的、良好乳化的荷兰奶油酱中。

将其加入少量的白色勾芡酱汁中，例如：贝夏美酱汁，这也是可行的。

### 方法④：使用搅拌棒

使用搅拌棒，几乎每次都能将刚刚结块的酱汁搅打至顺滑。

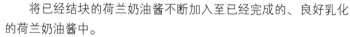

### 通过添加配料制作荷兰奶油酱的衍生酱汁

泡沫酱汁
将打发的奶油加入有柠檬汁的荷兰奶油酱中。

搭配炖制或蒸制的鱼类以及煮熟的蔬菜呈上。

马耳他酱汁
我们将熟透了的血橙汁和未经处理的橙皮碎混合入基础酱中。

专门搭配芦笋供应。

神圣酱汁
将雪丽酒和松露高汤煮沸，将其与少量浓禽肉汤加入基础酱中混合。

搭配芦笋、朝鲜蓟，尤其是煮熟的有螯钳或无螯钳的龙虾。

## 其他荷兰奶油酱的衍生酱汁

### 希达酱

将新鲜白蘑、柠檬汁和浓缩禽肉高汤煮浓，以此作为补充的味道，并将荷兰奶油加入其中。

● 适合搭配芦笋和朝鲜蓟食用。

### 博纳西酱汁

将白葡萄酒、龙蒿醋和少许胡椒粒一起煮制并过滤。将适量的荷兰奶油酱煮浓收汁，并与山萝卜片、龙蒿叶片碎混合。

● 适合搭配烧烤或平底锅煎烤的肉类和鱼类，以及鸡蛋类菜肴。

### 肖龙酱

煸炒番茄泥，加入博纳西酱汁或荷兰奶油酱，在其中加入经过过滤的白葡萄酒、龙蒿醋和胡椒粒，混合。

● 典型的菲力牛排和其他煎制或烤制肉类菜肴、鱼类菜肴和鸡蛋类菜肴的配菜。

## 4.2 黄油酱

可以使用蔬菜、鱼肉或肉类高汤制作黄油酱。

- 使用黄油和面粉制成白色油煎糊。
- 加入相应的、冷却的高汤，边搅拌边加热至沸点，然后从炉灶上移开。
- 将荷兰奶油酱慢慢搅入锅中。
- 在黄油酱汁中加入食盐、柠檬汁和一撮辣椒，一直保温，直至使用。

呈上黄油酱，但是注意

- 由于加工技术上的原因：淀粉糊化避免继续结块；
- 由于健康原因：减少脂肪含量；
- 由于经济方面的考虑：降低材料成本（小型企业，大型厨房）。

---

**制作2L酱汁所需的食材**

| | |
|---|---|
| 80g | 黄油 |
| 100g | 面粉 |
| 1L | 荷兰奶油酱 |
| 1L | 蔬菜高汤（西蓝花、芦笋），鱼类或肉类高汤 |
| | 盐 |
| | 柠檬汁 |

● 酱汁不能煮沸，否则就会使脂肪析出。

---

## 存放

混合黄油酱对温度十分敏感，我们可以将其放置在炉灶上保温备用。

更好的办法是放在酱汁保温器中，这是一种汤锅形的不锈钢器具，并且可以保持设定的温度。

这样，酱汁就可以在没有品质损失的情况下保存更长的时间。

## ⑤ 基础冷酱

蛋黄酱是一种植物油制成的基础冷酱。浓稠的状态和温和的味道是其适合各种用途的前提条件。

新鲜的蛋黄、无强烈味道的植物油以及高品质食醋或柠檬汁是制作的前提条件。

**蛋黄酱**

蛋黄酱是一种植物油、鸡蛋黄、柠檬或醋和盐的混合物（乳剂）。

所有配料必须为室温，冰箱冷藏温度的蛋黄和非常冷凉的油不能融合在一起（乳化）。它们会迅速重新分离，乳化作用会减小。

蛋黄酱可以密封冷藏保存。

### 制作

**制作蛋黄酱的特别注意事项：**

- 配料须保持**适宜的温度**：大约在20℃。如果配料经过冷藏（例如：鸡蛋），需要及时取出使其接近室温。
- **合适尺寸的厨具和打蛋器**：这样可以一开始就加工足够的分量。
- **适宜的油量**：刚开始用的油量比较少，之后需要的分量变大。乳化过程取决于搅拌力度，如果人们用的力度不够，则需要更长的时间产生乳化效果。

### 工作流程

将原材料蛋黄、芥末和盐放入碗中打发泡，接下来慢慢加入植物油继续搅拌。然后，当发现其已经处于合适的状态，就可以加入更大的量。

关键的一点是，搅拌蛋黄和植物油的时候要尽可能的细腻，可以使用打蛋器或者搅拌器，这样才能使其充分溶合。

那么现在就可以将食醋或柠檬汁加入到蛋黄酱中。剩下的植物油和水可以慢慢加入搅拌。

### 应用

蛋黄酱是一种基础冷酱，可以搭配沙拉和浇在冷盘菜肴上食用。

---

**制作1L所需的食材：**

| | |
|---|---|
| 5个 | 蛋黄 |
| 10g | 盐 |
| 10g | 芥末 |
| 1L | 植物油 |
| 2EL | 水 |
| 2EL | 食醋或柠檬汁 |

当搅拌蛋黄酱的时候，其会呈现出一种适宜的浓稠度，可以毫无限制地根据使用需求调成合适的浓稠度。

## 结块蛋黄酱

蛋黄酱将会凝结（反乳化），当：

- 蛋黄和植物油的保存没有控制好温度的时候，
- 太快加入植物油进行搅拌的时候，
- 植物油的分量占总分量过高的时候，
- 成品酱料的保存温度过冷的时候。

蛋黄和植物油保存温度过冷的时候，不能达到我们想要的状态，达到乳化状态必须控制好分量以及植物油的温度。以这种方式慢慢加入一个新鲜蛋黄，搅拌使其溶合。然后加入剩下的植物油慢慢搅拌。

即使制作蛋黄酱的配料已控制好温度，迅速加入植物油时，必须以同样的速度加入一个新鲜蛋黄，才能开始产生乳化作用。

同样对于蛋黄酱而言，由于油量过多会再次产生反乳化作用，那么我们将再次加入2～3个蛋黄中和。其乳化的过程是循序渐进的，想要得到乳化作用的效果如同一场与搅拌为敌的博弈。

## 保存

推荐参考红框中的保质期限。

通过添加配料制成的蛋黄酱的衍生酱汁

冷藏保存的蛋黄酱结块后，可以在热水浴中重新搅打至顺滑。还有一个方法是将少量的结块蛋黄酱放入少量热水中搅拌。

新鲜的食材可能会带有沙门菌，并且它会随着保存而增加。因此新鲜的食材应该注意以下几点：

- 如果没有冷却，从制作至食用最多经历2h。
- 7℃冷藏24h以内食用。

对于蛋黄酱而言，其使用的蛋黄应在投放市场前进行巴氏消毒。其他食材也都已加热消毒。

### 尚蒂利酱

在蛋黄酱中加入柠檬汁、盐和辣椒，在其中加入打发的奶油或者将其堆放在装盘的酱汁上。

这种酱汁主要用于搭配芦笋和朝鲜蓟食用。

### 辣味蛋黄酱

在蛋黄酱中加入开胃的酸黄瓜碎、刺山柑、沙丁鱼、欧芹、山萝卜、龙蒿叶、新鲜磨碎的胡椒和芥末。食用前可以加入洋葱丁（可以通过焯水去掉辣味）。

适合搭配煮熟的蔬菜、烘烤的鱼类、冷食的肉类和冷食的鸡蛋。

### 塔塔酱

在味道开胃的蛋黄酱中加入煮至全熟并切碎的鸡蛋，放入香葱碎。

主要适合搭配烘烤的鱼类、冷食的肉类和冷食的鸡蛋。

尽管市场上全年出售新鲜番茄，出于经济方面的权衡，还是要制作番茄膏和使用各种番茄果泥等产品。

结合使用番茄果泥和新鲜番茄，可以使味道更好。

## 6 无分类酱汁

对于很多热菜或冷菜如鱼类、肉类、家禽类和野味类而言，尤其是酥皮包肉糕，我们会搭配风味酱料一起享用，以突出主要食材的细腻味道。这里找了一些在口味方面形成对照的菜肴和酱料，起决定性作用的是搭配问题，因为每一道菜肴都需要搭配适宜的选择，味道和谐才是关键。

### 6.1 热酱

调味番茄酱

调味番茄酱拥有细腻的水果酸味，并且其颜色有增进食欲的效果，它搭配菜肴呈上。在餐饮业中对其有大量的需求。

**制作5L所需的食材：**

| | |
|---|---|
| 2kg | 成熟的番茄 |
| 5L | 犊牛高汤 |
| 250g | 胡萝卜 |
| 250g | 洋葱 |
| 200g | 黄油 |
| 50~80g | 面粉 |
| 400g | 番茄膏 |
| 5瓣 | 大蒜 |
| 50g | 糖 |
| | 盐、胡椒 |
| 1束 | 香草束 |

- 将番茄洗净，切半，挤出籽。
- 将洋葱和胡萝卜切成小丁。
- 将黄油放到锅中加热。
- 加入切好的蔬菜翻炒至略微变色，撒入面粉并翻炒。
- 加入准备好的番茄、番茄膏和压碎的蒜瓣，并且短暂煨炖所有食材。
- 加入牛肉高汤，搅拌煮开。
- 在酱汁中加入糖、胡椒和少许盐调味，放入香草束。
- 盖上锅盖，中火熬制。在这个过程中要多次翻动，避免酱汁黏附锅底。
- 将做好的番茄膏用筛网过滤，再在上面浇上黄油，这样做在静置放凉后不会形成硬皮。

适合搭配蔬菜、鸡蛋、鱼类、肉类、家禽类，以及面食、米饭。

烹饪时长
30~60min。

苹果酱

将成熟的酸苹果洗净，切成四瓣，去核，然后加糖、少许白葡萄酒、肉桂和水一起煮软。取出肉桂，将煮软的苹果通过碾过筛子保温。除了呈上相应肉汁制成的酱汁外还可以一起呈上苹果酱，因此，苹果酱必须一直保持黏稠。

适合搭配鹅肉、鸭肉、猪肉和兔背肉一起食用。

面包酱

将没有面包皮的白面包切片和焯水的洋葱切片放在牛奶中，加入丁香、肉豆蔻、白胡椒和一小撮盐煮成糊。取出丁香，将糊碾过尼龙滤网，加入少许奶油煮制，并撒入一些黄油碎。

适合搭配煎制的禽肉和野生禽类。

## 6.2 冷酱

冷酱不仅仅可以搭配冷盘菜式，还可以搭配热菜食用。

**辣根奶油**

去皮的辣根加上食醋或者柠檬汁腌制，再加入淡奶油搅拌。食用前加入糖和盐。

**坎伯兰酱**

将去皮的橙子和少量柠檬片切成条状（丝状），加入少量的水，再加入红葡萄酒煮开。将醋栗冻和一勺蔓越莓碾过滤网，加入一些英式芥末粉和红葡萄酒搅打顺滑并加入锅中。加入去皮橙子的橙汁、少许柠檬汁和擦碎的辣根以及一撮辣椒调味。使用冷却的果皮丝完善酱汁。

**薄荷酱**

葡萄酒醋和水1∶1混合，混入切碎的新鲜薄荷叶和糖，盖上盖子放置1h后就可以使用了。如果使用干燥的薄荷叶需要将混合物煮开并晾凉。

适合搭配冷食或热食的鱼类菜肴、烟熏鲑鱼和烟熏鳟鱼，冷食或热食的牛肉，以及鸡蛋类菜肴。

水果必须采用未经处理的橙子和柠檬。
适合搭配冷食的烘烤类、野味、酥皮包肉糕和烤肉糕类菜肴。

适合搭配冷食或热食的烤羊肉。

## 6.3 调味酱汁-佐餐酱料-蘸酱

专业人士认为，这些名称是用于那些冷凉的、国际化酱汁或浓稠的调味酱料，可以使用蔬菜条或玉米卷（玉米面团制作的脆饼），或者其他脆片蘸取食用。这些酱汁也适合搭配肉类、家禽类和鱼类食用，特别是油炸食品。这种酱汁的优势是制作快捷方便。

**鳄梨酱**

使用叉子将鳄梨果肉压碎，混合番茄果肉、大蒜、辣椒、洋葱丁、青柠汁、盐和香菜碎混合成匀质的浓稠酱汁。这种墨西哥特色酱汁可以搭配墨西哥玉米卷食用，可以作为清新的肉类菜肴佐餐酱，或者作为开胃的玉米卷或玉米饼的馅料。

**酸辣蔬菜酱汁**

这种酱汁含有番茄果肉、黄瓜丁、大蒜碎、香菜和小辣椒，带酸味的酱汁搭配烧烤类和各种肉类冷盘都是不错的选择。可以混合禽肉高汤和淀粉，然后煮制，这样可以获得微微有些黏稠的酱汁。可以加入青柠汁、盐、胡椒和植物油使其完善。

**印度酸奶黄瓜酱**

　　这款印度酱汁中含有羊奶酸奶，还有添加了多种配料，例如：番茄、春葱、胡萝卜、柿子椒或黄瓜，使其口感丰富。还可以再添加一些小茴香籽、盐、胡椒、香菜，有时还会加点姜黄根粉。食用煎肉饼、肉类可以用它作为蘸酱。

**法兰克福青酱**

　　法兰克福青酱包含了6~9种不同的传统香草。这款酱汁可以搭配熟鸡蛋、盐水煮胡萝卜、烤牛肉（牛胸肉或煮牛肉）、肉排（法兰克福肉排）、肉汁冻和烤鱼一起食用。

　　其中香草包括细香葱、欧芹、水芹、琉璃苣、山萝卜、茴芹、独活草、酸模和莳萝。法兰克福青酱的基本原料是乳制品，如：酸奶、凝乳、酸牛奶、法式重奶油或酸奶油，有时也使用蛋黄酱。在500g基础原料中可以混入300g上述新鲜香草，再往酱汁中加入盐和现磨胡椒调味。

**土耳其酸奶黄瓜酱**

　　需要使用极其浓稠的酸奶、奶油酸奶和细细切碎的黄瓜混合制作，其中还使用压碎的大蒜、盐、薄荷、莳萝调味，再加入少量醋和橄榄油完善味道。这道土耳其式酱汁使用薄荷叶和/或莳萝枝进行装饰，可以作为餐前菜的沙拉酱呈上，也可以搭配土耳其烤肉和调味烤饼一同食用。

**酸辣酱**

　　无论是酸甜、温和或辛辣，这种有水果味道的酱料都能与煎烤或烧烤畜肉、野味或禽肉菜肴和谐搭配，它还是和搭配鱼肉、冷肉块和奶酪。使用这款酱料搭配上浆裹粉的煎炸肉排也十分受欢迎。

　　酸辣酱的制作方法与果酱类似。番茄酸辣酱是偏甜辣的，而芒果南瓜酸辣酱是偏酸甜的，茴香-橙子-酸甜酱是相对温和的。除了已经列出的食材，还可以使用西葫芦、甜瓜、无花果、醋栗、木瓜或李子制作酸辣酱。所有酸辣酱中的标准配料是姜块和姜黄根。

**希腊酸奶凝乳黄瓜酱**

　　这是希腊的一种酸奶凝乳所制作的特色酱料，可以混合擦碎的黄瓜、大量大蒜和莳萝制作。和橄榄油、白葡萄酒混合后，可以作为配料搭配绞肉肉丸、多尔马（葡萄叶包馅）、肉类和油炸蔬菜片。

#### 萨尔萨红（辣）酱/萨尔萨青（辣）酱

**萨尔萨红（辣）酱**是一种意大利调味酱汁，它可以搭配冷却的煎嫩鸡和酥皮包肉糕食用。它是由红辣椒、洋葱丁、番茄膏、橄榄油、辣椒粉、香菜、盐和葡萄酒醋制作而成。这种红辣酱可以和青辣酱混合，搭配不同种类的、煮熟的肉类和香肠，并搭配煮汤用绿色蔬菜食用，这也被称为Bolito misto（蔬菜炖肉）。

**萨尔萨青（辣）酱**发源于意大利北部，是一种由香草制成的酱汁，和法兰克福青酱有些相似。两者的不同之处在于，意大利青酱中添加了刺山柑。它常常搭配水煮犊牛舌、牛肉、蔬菜炖肉或煮鱼食用。

#### 佩斯托香蒜酱

这种意大利面条调味酱中的主要材料是松子或其他坚果果仁、擦碎的意大利帕尔玛奶酪、蒜和橄榄油。此外，还可以添加罗勒叶、熊葱、盐和胡椒调味。除了这种香蒜酱之外，还有鲱鱼香蒜酱和番茄香蒜酱。制作后两种香蒜酱时，只需要把罗勒叶换成鲱鱼或烘干的青番茄和小尖辣椒。

意大利青酱可以搭配任何面食食用，也可以搭配马铃薯面疙瘩、意大利烩饭、意大利浓菜汤食用，而且还可以在煎牛排之前抹在牛排上或者抹在煎熟的牛排上食用。

# ⑦ 酱汁的特征和摆放

## 酱汁的评估特征

- **浓稠度/特性：** 厚重、淡薄、黏稠、有结块、奶油状的、表层结了一层硬皮。
- **外观**：没有明显的油脂层，没有深色的小疙瘩，晶莹剔透，具有酱汁独特属性的，黯淡无光的，有光泽的。
- **气味/味道：** 具有酱汁独特口味的，新鲜可口的，香气浓郁的，酱汁特征明显的。

**酱汁分量**

1L做好的酱汁

- 可以制成12份酱汁镜面
- 可以为12～16份食物浇汁
- 用酱汁壶可以盛12份

肉类或鱼类如果有一层干硬外皮的话，则不需要完全浇汁。

## 酱汁的摆盘

酱汁对食物来说起着点缀和衬托的作用。肉类、家禽类或鱼肉类是主角，酱汁则是配角。酱汁的摆盘方式多种多样，具体如下：

| | | | |
|---|---|---|---|
| 1. 将酱汁均匀地铺在平底盘子的底部（即形成一个酱汁镜面），然后将肉块或鱼块放在酱汁镜面中即可。 | 2. 将酱汁均匀浇在食物上，只需覆盖食物的1/3，最多覆盖一半食物即可。人们把这个过程叫做半浇汁。 | 3. 将酱汁均匀地浇在肉块或鱼块上，全部将食物覆盖住。人们把这个过程叫做完全浇汁。 | 4. 有时搭配烤肉或芦笋食用的酱汁会单独盛在船型的酱汁壶里。然后分装端上餐桌。 |

## ⑧ 混合黄油

新鲜的黄油自身香气浓郁，可以增强食物的浓郁口感，为食物加分。根据要搭配的不同食物，人们会选择相应的混合黄油。

### 8.1 冷黄油

人们往新鲜的黄油里放入一些调味品，便得到了口味独特的混合黄油。

混合黄油的食用方法如下：
- 做汤和酱汁的配料，
- 代替酱汁搭配稍经煎炸的肉类、鱼类、虾蟹类和蔬菜食用，
- 可以涂在吐司和面包片、开胃小菜上食用，
- 可以抹在蜗牛壳的开口处食用。

人们将混合黄油分为：
- **液体状混合黄油：** 这种混合黄油生产出来之后还需要立即进行再次的加工制作，它可以用来涂抹面包片，也可以做一些水煮食物的调味品。
- **固态的混合黄油：** 人们会事先将黄油制作好，以固态形式保存备用。人们常常将黄油以玫瑰花状或圆柱形加以冷藏保存。

> 如果黄油在加热时熔化，敏感的含乳脂的结构将被破坏，并且冷却后会出现颗粒。这是一种质量缺陷。

**加工制作**

黄油的每种形态变化取决于温度，固态的黄油很难再和其他的调味品混合。

要想用固态的黄油制作混合黄油，首先要将黄油软化。具体操作步骤如下：
- 从包装中取出黄油，置于碗中，放置在室温下，以便黄油自行软化，
- 搅拌黄油至奶油状，
- 添加调味品，接着充分搅拌均匀即可。

**塑形**

人们可以将混合黄油塑造成：
- 流体状的混合黄油可以塑造成玫瑰花状或
- 球状或
- 圆柱状或长方体。

**玫瑰花状的混合黄油**是人们用裱花袋和星型嘴儿在羊皮纸或铝箔纸上挤压制成的。食用时，人们从玫瑰花的底部下刀。

**黄油片**是人们将冷冻过后的黄油棒切片而成的。混合黄油制作好以后，将它们铺在羊皮纸或铝箔纸上，然后卷成直径约为3cm的圆柱体，接着反复擀压外包装，最后冷冻即可。

香草黄油

指定原料：切碎的香草、龙蒿叶、欧芹、香葱、香叶芹、切碎的小洋葱、柠檬汁、胡椒粒、盐。

食用方法：可以搭配汤类、酱汁类、烘烤煎炸过的肉类和鱼类、烤过的虾蟹类食用，切片后还可以可以配着蛋类、番茄类、烤肉和奶酪食用。

科尔伯特黄油

指定原料：切碎的欧芹、龙蒿叶、柠檬汁、浓缩肉汁、胡椒粒、盐。

食用方法：可以搭配烘烤煎炸过的肉类和鱼类、烤过的虾蟹类食用，切片后可以配着蛋类、番茄类和烤肉食用。

蜗牛黄油

指定原料：小洋葱碎丁、蒜泥、切碎的欧芹、柠檬汁、伍斯特郡酱汁、胡椒粒、盐。

食用方法：可以抹在蜗牛壳的出口处，也可以填进蜗牛壳里，还可以搭配蜗牛汤食用。

龙蒿叶–芥末–黄油

指定原料：切碎的龙蒿叶、英式芥末粉、胡椒粒、盐。

食用方法：可以涂抹在三明治、吐司或面包片上食用。

## 8.2 热黄油

　　热黄油的使用使得许多菜肴更加完美。原料、调味品以及加热温度都赋予黄油独特的口味。

**制作**

　　通过加热，黄油变成液态，牛奶中的其他物质（水和蛋白）会析出并发生沉淀，如果继续加热，水分蒸发，蛋白则会在液体表层形成一层浮沫。（因此人们按照如下方法对黄油进行提纯）将黄油放入锅底较深的带柄平底锅中，加热，熔化黄油，用搅蛋器不断搅拌，这样做一方面有利于加速水分蒸发；另一方面可以有效防止浮沫的出现。接着用细目过滤器将黄油液进行过滤，以此分离蛋白质浮渣，然后便得到了澄清的黄油。如果这时再对黄油进行加热，那么黄油的口味和颜色都将发生变化。

　　制作褐色黄油时需要用到一口干净的带把平底锅，又大又薄的锅底保证了传热速度，从而加快黄油变褐色的加工过程。此时，水分迅速蒸发，黄油表层只会出现很少的浮沫，而且很快就会变成褐色黄油。

> 制作褐色黄油时要仔细观察其变化过程。当黄油快要接近理想的褐色的时候，必须立即关火。否则，继续加热的黄油还会继续发生颜色变化，而且还会变得苦涩不堪。

核桃黄油

制作方法和原料：将黄油放入平底锅中加热熔化，直至黄油变成理想的核桃棕色即可。

食用方法：可以搭配水煮鱼类、虾蟹类和蔬菜食用（如：芦笋、西蓝花）。

熔化黄油

制作方法和原料：将黄油放入平底锅中加热熔化，注意使其不发生颜色变化。

食用方法：同核桃黄油。

黄油碎

过程和配料：制作坚果黄油，其中加入烘烤面包碎屑。

使用：烹煮或蒸制的鱼肉、面团、团子、菜花、芦笋和特别的餐后甜点。

芥末黄油

过程和配料：在一个带柄平底锅中制作棕色黄油。不加盐倒入芥末，同时搅拌（强烈起泡）。

使用：烹煮的鱼肉

美尼尔黄油

过程和配料：在一个长柄平底锅中制作棕色黄油，将其过筛滴在柠檬汁中，并浇在撒有切碎欧芹的菜肴上。

使用：煎制的鱼肉、煎制和炖煮的蔬菜（例如：菊苣、球茎茴香、芹菜）

洋葱黄油

过程和配料：将黄油熔化，加入洋葱丁，翻炒至浅棕色。

使用：烹煮的鱼肉、肝泥丸子、煮土豆、团子、面疙瘩、土豆泥、德式馄饨、土豆（面粉）团子

红葡萄酒黄油

过程和配料：在少量黄油中加入冬葱丁，煸炒至透明，加入红葡萄酒和少量波尔多葡萄酒，烹煮至只剩下一半。不断搅动冰冻的黄油或将其混入，加入盐和胡椒后品尝。

使用：搭配炖煮和蒸制的鱼肉，炖至浅棕色的狍子里脊肉排（菲力肉排）

**专业概念**

| 即点即做 | 在点餐后才制作 |
|---|---|
| 尖底密目筛 | 孔眼细小、尖底的筛子 |
| 浇汤融合 | 溶解翻炒骨头、烘烤蔬菜时黏在锅底的沉淀物 |
| 滤布 | 用于过滤汤汁等液体的布 |

**专业概念**

| 浓肉汤 | 煮得很浓的肉汤 |
|---|---|
| 拌入黄油碎 | 将冷黄油碎搅拌入酱汁中 |
| 煮浓收汁 | 煮浓，熬浓，煮厚 |
| 煮浓收汁 | 煮制锅中汤汁的过程，使水分蒸发并达到期望的浓度 |

**作业**

❶ 如何理解基础酱汁？

❷ 请您说出六种基础酱汁。

❸ 制作者可以根据哪些观点对酱汁进行划分？

❹ 请您为15L半冰少司编制材料需求。

❺ 请您使用文字描述如何制作半冰少司。

❻ 衍生酱汁可以基于含有不同配料的基础制作。请您根据配料说明半冰少司的相应拓展产品的备料和制作。

　a）冬葱丁，压碎的胡椒粒，百里香，月桂叶，波尔多红葡萄酒

　b）洋葱丁，黄油，白葡萄酒，芥末

　c）切碎的冬葱，白蘑，火腿丁，番茄果肉丁，香草

❼ 什么是白色基础酱汁、勾芡基础酱汁？如何对其进行精致化？

❽ 哪两种基础酱汁可以基于乳化制作？

❾ 如何或者使用什么可以使凝结的荷兰奶油酱重新乳化？

## 比较酱汁

再一次探讨预制产品的使用。讨论非常激烈，调味厨师认为："我们不能继续下去了，我们必须摒弃个人陈旧的观点，我们需要的是事实，只有这样我们才能理智地做决定。"

大家同意，针对半冰少司、牛肉酱汁、荷兰奶油酱、蛋黄酱等酱汁种类进行自制产品和不同产品的比较酱汁。

### 计划

❶ 以工作小组的形式分配任务。请您考虑到，许多公司针对相同产品的报价。

❷ 请您编制相应的材料要求。

❸ 请您准备制作流程、计时和评估产品所需的资料和记录模版。

### 制作

❶ 请您制作酱汁并记录净工作时间（煮酱汁的时间不能视为工作时间）。

❷ 以相同的方式处理方便产品。

### 评估

❶ 请您评价一下自己制作酱汁的外观、质地和味道。如需要如何评价和记录结果方面的帮助，请查阅136页。

❷ 请您弄清食品价格并计算您所准备材料的费用。

❸ 请您掌握总的活动时间。当一个厨师每小时有20欧元净工资时，请您计算产品成本。

❹ 请您收集针对每种酱汁的观点和理由并按照这个模板整理：

| 自制 | | 采购 | |
|---|---|---|---|
| 支持 | 反对 | 支持 | 反对 |
| | | | |
| | | | |

❺ 请您为每种酱汁作出选择和决定。同时思考，决定的酱汁应该划分在菜肴整体报价水平中的哪一级。

# 分割肉

所有分割肉的名称及其应用都在第427页 "食品" 这一章节中列出。

> 为了遵守规定，也出于安全的考量，在分割肉块时需要佩戴防穿刺手套。

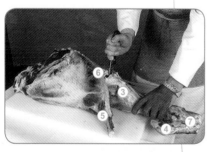

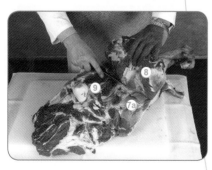

## ① 准备

在餐饮业中在，分割肉是指犊牛、牛、猪、羊的肌肉。肝脏、肾脏、胸腺、心脏、舌头、大脑和肺属于内脏（下水）。

### 1.1 犊牛肉

犊牛肉来自不超过8个月的、主要以牛奶和奶制品为食的犊牛。

肉质颜色浅，这个一直被视为优良特征，但在今天已经不像过去那样受到重视。

**卸下后腿**

先使用锋利的剔骨刀切分。

首先从后腿内侧将臀骨①的一侧与肌肉切分开。然后，用刀直接沿着骨头剔，应保证不伤到肉。大腿骨的关节头②在臀骨的半球形的结构（臼）中移动，两块骨头通过一块小肌腱在关节处连在一起，需要将其切开，并完整地取出臀骨。

然后将蹄髈③分割取下。

首先切开踝关节⑦强健的肌腱④。

接着取下腿肉头⑤，其部分贴在蹄髈上，切断并从膝关节⑥处切断并取下蹄髈。

使用锯将带有强健踝关节⑦的骨头锯开，分离点直接是腓肠肌前。

接下来的制作流程展示出将犊牛后腿分割成肉块。

从侧面纵向切开皮肤⑦a，紧密地沿着腿部，然后用刀尖划开结缔组织，这样可以取下大腿肉⑧。需要小心割下皮肤上的皮瓣（参见下一页表格，A、H部分）。

现在，大管状骨或大腿骨⑨的一侧显露出来。在关节头之间，用力纵向切开。

切开的骨膜和肉一起向右侧和左侧推开。

环切球窝关节⑩，通过从肉的位置开始纵向切割取出管状骨，将骨头笔直放置，从肉的开端处浅浅地下刀分割出膝关节头⑪。

大腿肉⑫从牛霖⑬和小龙上割下大腿肉，将剩下犊牛后腿分割成肉块。如果牛腿较大，还会在后腿的一侧放置滚筒以便切分。

牛霖和由一块小的、一块大的肌肉（股直肌）与皮瓣连成一块生长。制作者可整块煎制这块肉（例如：犊牛股肉、上糖釉）、保留其原有的形状，"长成什么样就是什么样"。如果使用这块肉制作煎炸肉排或煎烤肉排，则要揭下皮瓣Ⓗ分成两部分（参见下方表格Ⓑ、Ⓒ）。

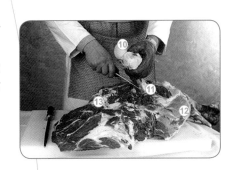

| | 名称 | 做法 |
|---|---|---|
| Ⓐ | 米龙Ⓐ | 肉排、牛排 |
| Ⓑ Ⓒ | 整块股肉<br>小黄瓜条Ⓑ<br>大黄瓜条Ⓒ | 整块煎烤<br>肉排、牛排 |
| Ⓓ Ⓔ Ⓕ | 腿内侧肉Ⓓ<br>腿内侧肉尖Ⓔ<br>腿内侧肉头Ⓕ | 整块制作，肉卷、短煎肉类菜、蔬菜炖肉、炖重汁肉丁、白汁烩肉炖重汁肉丁、白汁烩肉 |
| Ⓖ | 带骨腱子肉Ⓖ | 整块制作，蔬菜炖肉、匈牙利式炖肉 |
| Ⓗ | 后腿肉皮瓣Ⓗ，横切片和剩下的材料 | 卷成肉卷煎制、匈牙利式炖肉、肉糕快炖红烧肉、绞肉肉排、肉馅 |
| | 骨头、肌腱、皮 | 浓汤、酱、清汤 |

### 处理背部

犊牛背部是肋骨块，可以分割成成鞍形肋排、包肾肉、带肉肋骨和背部带骨牛排。

#### 脊肉

割下里脊肉①，将侧面的腹部皮瓣②修整至3cm。将位于肋骨块外侧，连接两边肩部的部分切分。在脊柱上，沿着肌腱移除。

整块制作：按照修整过的腹部皮瓣高度取下两侧肋骨③。高肋骨的右侧像左侧一样，沿着脊椎切割，这会得到一条整齐的切痕。

#### 鞍形肋排

背部有平、短肋骨的部分就是鞍形肋排，分离点在长肋骨与短平肋骨之间的椎骨处。

整块制作：砍断腰椎的拱形，使鞍形肋排获得一个稳定的状态。腹部皮瓣向内翻转并定型。

#### 背部肉排

切下鞍形肋排上的肉，取下强健的肌腱带，将腹部皮瓣剪短。将切下的肉按照每份重量切割，这被称为背肉牛排、沙朗牛排（外脊牛排）。

#### 带肉肋骨

切割背部带有长肋骨的这部分得到肉块，可以是完整的一块或者是做出成份的产品。沿着脊柱到椎骨，在两根骨头之间切割。用砍刀或者锯子切分骨头。

#### 包肾肉

去骨后的鞍形肋排和肾脏就是包肾肉，为其保留所切下肉上的完整腹部皮瓣。一个纵向切半或整个肾和薄薄的脂肪层一起放在肉内侧。将皮瓣向上翻，卷成一个圆筒状，用线或网捆扎。

用剔骨刀紧贴肋骨沿着切开。

将完整的犊牛背肉从背部骨头上切下。

切下的犊牛背肉肉块。

| 名称 | 应用 |
|---|---|
| 背肉 | 整块制作 |
| 鞍形肋排 | 整块制作煎肾，牛排 |
| 肋骨块 | 肉排，排骨 |
| 里脊 | 整块制作大腿，奖章牛排 |
| 包肾肉 | 整块制作，切成片，切成块串在铁签上 |

## 卸下肩部

从插图上可以明显看出骨头的位置。为了剔骨，将肩胛骨上薄的肉层向左和向右剥离，使肩胛骨的边缘暴露出来。然后，从关节处将肩胛骨分离，略微向上提起，然后环切，这样可以分离骨膜。用力把肩胛骨从其当前所在位置向前拔出，而骨膜应当还保留在肉上。然后切开前腿。

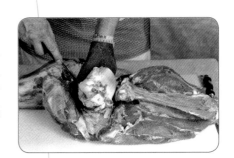

| 名称 | 应用 |
|---|---|
| 肩部（肩膀、肩胛） | 填馅或不填馅，卷起来并捆绑后制作，切成小块用于制作蔬菜炖肉、匈牙利式炖肉、重汁炖肉丁和白汁炖肉 |
| 蹄髈部分 | 整块或分成份制作，七成小块用于制作蔬菜炖肉和匈牙利式炖肉 |

## 修整胸肉

在将肋骨和胸部分离后，胸肉可以用来填馅。用刀将平坦的一侧切开，在肉层之间分离结缔组织，然后就形成了一个可以充填馅料的口袋。在填充馅料之后，使用针和线将开口处缝合。

应用：
- 整块煎、填充或者卷起来绑住，
- 切成一条一条的**肌肉块**。

---

### 犊牛胸肉填馅

**食材**

| | | | |
|---|---|---|---|
| 600g | 白面包丁 | 60g | 欧芹，切碎 |
| 300g | 家禽肝块 | 8枚 | 鸡蛋 |
| 140g | 黄油 | 0.8L | 奶油 |
| 100g | 火腿，烤干 | | 盐、胡椒、 |
| 200g | 洋葱粒 | | 肉豆蔻 |

- 将洋葱粒和火腿粒在黄油中煸炒，然后加入面包丁中。
- 将鸡蛋打散，搅入奶油并略作调味。
- 加入欧芹和家禽肝切块。
- 将混合物浇在面包丁上，小心地混合（面包丁应该保持完整），让面包丁吸收汤汁。
- 将面包填馅放入犊牛胸肉中并封闭开口处。

其他填充料和肉糕的做法参见第649页。

## 1.2 牛肉

将牛胴体二分体切分成四分体，分为前部和后部，分割点在第八块肋骨与第九块肋骨之间。相对应的部分

- **后四分体：**

带有后小腿（蹄髈，带骨腱子部分）的后腿，带有长肋条和里脊肉的外脊肉；

- **前四分体：**

连着前腿的肩部，肩颈肉，前部肋条，中部肋条和胸部。

在厨房制作时，最常见的只有带有里脊肉的背部。

所有剩下的后四分体上的肉，和前四分体一样，主要在屠宰厂切分和供应。

**处理腰脊**

在厨房中，腰脊可以分为

- **里脊肉，**
- **腰脊**：带有长肋条的部分，
- **外脊肉**：带有平肋条的部分。

**里脊**在外脊的内侧，首先要将其取出。

第一刀要沿着脊骨直切到肋骨的延长部分，这样，稍后平肋条才不会分开。通常在里脊尖处分离。

如果整块使用腰脊，或是分成2～3人份肉排，都需要取出脊骨。为此，利落地在脊骨处切割，然后拆出从脊骨到背部突出的这部分骨头。强健的肌腱要取下，在煎制时，它将和肉一起煎。

如果制作**烤肉**，需要完整剔除**骨头**，切分成等重的片，并捶打平。

**外脊**在制作时取出，整块使用或者切割分份。

**上等腰肉牛排、T骨牛排、俱乐部牛排（肋骨牛排）**来源于英美菜系，它由未加工的腰脊切成肉排，或用骨锯锯开。

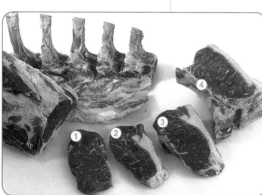

肉块的名字参见第533页表格

制作肋骨牛排时，应将里脊分割下来。这个大约1kg重的牛排足够多人享用。在恰当的时间、用正确的方法煎烤，通常是在顾客的餐桌旁进行切分。

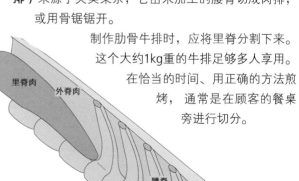

外脊肉和里脊肉

图1：整块带有里脊的背肉①；
　　　上等腰肉牛排②；
　　　丁骨牛排③
　　　（T骨牛排）

| 名称 | 应用 |
|------|------|
| 腰脊 | 整块制作，也可在外层涂盐；带骨肉块（肋骨牛排）④；烤肉①，肋间肉块② |
| 外脊肉 | 整块制作，上腰牛排②，骨间肉块，双份双层肋间肉③ |
| 有里脊和骨头的外脊肉 | 腰肉牛排（40mm厚），丁骨牛排（15mm厚） |
| 有骨但无里脊的外脊肉 | 俱乐部牛排 |

**上腰牛排**

在英国和美国这两个发源地国家，Rump steak（臀肉牛排）来自臀部，是牛后腿上最柔嫩的部分。在德国，通常把取下的外脊肉切成片，将其称为上腰牛排。

**剥皮和分割里脊**

牛里脊有最细的纤维，少量结缔组织，是牛身上最柔软的部分。

首先把里脊从脂肪层里分开，用一把薄刃刀切开皮，移除侧向的里脊条。继续加工时，需要去除里脊条外的肌腱。

图1：惠灵顿里脊

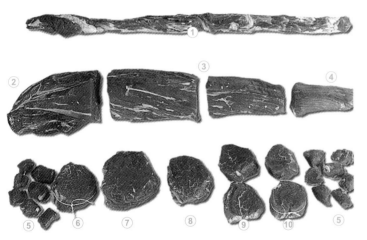

图2：
分为：
① 里脊条
② 里脊头
③ 里脊中段
④ 里脊尖

| 名称 | 应用 |
|------|------|
| 整块里脊（不含尖） | 整块制作（包裹蘑菇馅和千层酥皮面皮制作惠灵顿里脊）参见上图 |
| 里脊头② | 里脊牛排（菲力牛排）⑥⑧，匈牙利炖里脊肉⑤ |
| 里脊中段③ | 夏多布里昂牛排，双倍里脊牛排⑦，里脊牛排（菲力牛排）⑥⑧ |
| 里脊尖④ | 托内多斯牛排（嫩煎里脊牛排），小里脊切片（里脊肉卷⑥⑧），匈牙利炖里脊肉⑤ |
| 里脊条① | 蔬菜炖肉，肉糕，匈牙利式炖肉汤，净汤肉（全部①） |

### 修整胸肉

　　新鲜或腌制的**牛胸肉**主要适合炖煮。在使用前，应将梳子状、带软骨的胸骨剔除，将胸部一侧的脂肪层切除。

### 臀部三角肉（三角尾龙扒）

　　**臀部三角肉**是高品质的位于牛后腿上的三角形肉块，通常用来烹煮，煨炖和整体煎烤。

### 厚肩肉/肩胛肉块

　　**厚肩肉/肩胛肉块**是牛肩部的一部分，含有紧密的纤维，很适合用来炖煮，煨炖或制作匈牙利式炖肉。

### 牛尾

　　通常人们将所有牛的尾部称为牛尾（图1）。

　　小块的牛尾尖和第一节粗壮的骨节很适合做汤。其他部分通常从关节处切开，分为单块尾椎骨，以便之后能够精确地分成份。

　　可以将准备好的牛尾骨在卤汁中浸泡2～3天，之后制作成蔬菜炖肉。

　　一种特殊的烹饪方式是为牛尾填充馅料。需要先将尾椎骨上的肉剥除，这样会形成三角形的肉，然后在这块肉中填入馅料并卷起来。

图1：整条和分节的牛尾

### 犊牛和牛的内脏

- **犊牛胸腺**，将其冲洗干净，然后在放有洋葱的盐水中充分浸泡并短时间焯水，去皮和软骨。
- **犊牛肺**浸泡在有香料的汤汁中烹饪。随后将其切成片状或者是条状的肉，浸泡在清淡的冰卤汁中。
- 将**牛肝和犊牛肝**浸入牛奶中，在烹饪前将它的皮剥掉。
- 同样将**肾脏**浸入牛奶中，然后将输尿管剥离。
- 将**犊牛心**切成菱形，然后进行煎烤/烧烤。
- 将**牛心**切半，为煨炖做好准备。事先将脂肪剥离，去除血凝块。
- 将**犊牛脑**冲洗干净，去掉纤薄的皮、血凝块和粗糙的血管。
- 将**牛舌**原味烹煮，或在盐水中腌制后烹煮，然后马上去皮。

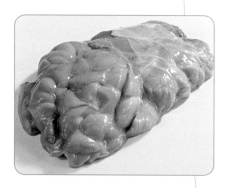

## 1.3 猪肉

与牛肉相反，猪肉是在宰杀后的前几天内达到最好的口感，因此猪肉尽量趁新鲜的时候食用。一流品质的猪肉有着细腻的纤维组织，肉微红。肥膘紧实，呈白色。

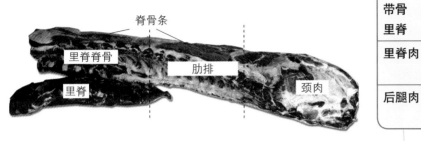

里脊脊骨　脊骨条　肋排　颈肉

里脊

### 背部的分割和加工

分割成块的猪背部由猪颈部、脊骨条组成，被分为肋排和里脊脊骨。第三根肋骨颈部和脊骨的分割点。

#### 颈部

颈部有脂肪穿插于肌肉之间，可以将其带骨切分成片，制作颈肉带骨肉排。煎烤或烹煮时，需要短肋骨去掉。

#### 脊骨条

肋骨条可以整条制作或成份加工。在制作成份的菜肴时，首先将里脊肉从脊骨上剔下来。然后，竖直放置肉块并沿着椎骨去掉脊柱。这样，在制作时变形，切断肌腱。脊骨条分割的肉块可以用于制作：

- 猪肉排，
- 无骨颈肉，
- 猪背肉肉排，
- 腌制肋骨，
- 腌制和熏制卡塞尔熏腌肉，
- 里背火腿。

### 卸下肩部

在肩部有猪肘①和猪蹄②，从关节③切分。然后，从肩部切下猪皮并移除一块脂肪层。按照分离犊牛肩部的方法分离肩胛骨和前腿骨。

#### 乳猪

乳猪是，六至八个月大，还在喝奶的小猪。与年龄大一点的猪相比，乳猪肉色泽更加明亮，肉质更加细腻。经常整只放在烤肉架上烤制，或者分割成带骨肉块进行制作。

| 名称 | 应用 |
| --- | --- |
| 颈肉 | 整体制作；颈部带骨肉块；腌颈肉，卡塞尔熏腌肉 |
| 肋骨 | 整体制作；肉卷；腌肋骨；卡塞尔熏腌肉 |
| 带骨里脊 | 带骨肉排；里脊火腿 |
| 里脊肉 | 整体制作；切分成份（奖章牛排） |
| 后腿肉 | 整体煎制；切成单独的一块，制作肉排和煎肉排 |

腌颈肉被称为卡塞尔腌猪肉条

| 名称 | 应用 |
| --- | --- |
| 肩肉 | 卷成肉卷并捆绑，或切成一大块，煎烤或煨炖；切丁制作蔬菜炖肉或者匈牙利式炖肉；腌制作为前腿火腿 |
| 肘子① | 烹煮或煨炖或煎烤；腌制；制作盐水冻 |
| 猪蹄② | 炖煮和腌制后炖煮制作盐水冻 |

**脊骨条可以完全去除骨头，用绳子捆扎，制作成肉卷。**

分割肉

## 1.4 羊肉

羊肉根据年龄进行区分和评估。在羊的生长过程中，肉与脂肪的特点有着明显的改变。

在厨房里使用的羊肉大多为**饲养羊**的肉。

单块的羊肉相对较小，因此，与其他肉类相比，羊肉经常整块制作。

### 处理背部

#### 背部

首先将肾脏与油脂分离，再切割里脊肉，把腹部修剪成3cm。然后沿着肋骨块外侧将肩部切下，去掉纸片一样厚的皮。最终，切开厚脂肪层，沿着脊椎骨去掉肌腱。

在整体煎制时，将肋骨砍断，砍锯位置在便于修整腹部肉块的位置。在脊椎骨的空洞中插入一根铁质烤肉架，防止脊椎骨在煎制时弯曲。

脊椎骨右侧的肉和左侧的肉一样，沿着脊椎骨切开直至尾椎。竖放背部，将脊椎骨分离。如果整体煎烤羊排，羊肋骨应大约在便于修整腹部肉块的高度切断。

#### 肋骨肉排

肋骨肉排分为带肋骨肉块和鞍形肉块，在煎羊肋骨肉排时应切成适当的厚片，一片有肋骨，一片没有（鞍形肉块）。在肋骨肉排上，在骨头末端环切约2cm的肉并取下。

#### 鞍形肉块

在最后一节长肋骨处横向切割，并掰断骨头。竖直放置鞍形肉块，稍微打松椎骨的拱形，这样，鞍形肉块可以获得竖直的面。将切断的腹部皮肉向内翻折。在鞍形肉块的末端捆绑，这可以保持其形状。

| 概念 | 用途 |
|---|---|
| **背部** | 整体煎制 |
| **羊排** | 整体煎制，带肋骨肉块 |
| **鞍形肉块** | 整块煎制，鞍形肉块切片 |
| **肾脏** | 穿在扦子烤制，作为肉类和蛋类菜肴的装饰 |
| **里脊肉** | 整体制作，嫩煎菜肴 |

#### 鞍形肉块切片

鞍形肉块切片上有鞍形肉块中的里脊肉。横向切割（锯）鞍形肉块，获得带有骨头的成份切片，如果需要，应使用扦子固定。

**剔骨**

    羊腿肉通常都是整块烹饪的。首先将大腿骨与肉分离，均匀炖煮熟，然后切片。

    制作者经常去掉大腿内侧剩余的腹部皮瓣，并且从最下端的骨头开始切分。小心地使长骨与大腿骨的关节头露出来，不要将连在上面的肉切碎。

    将剔骨刀放在长骨上，围绕骨头推动肉。当准确地将关节头分离下来时，肉也能很轻松地切割下来了。

肩部

    分解羊的肩部跟分解犊牛肩部的方法一样。

## 1.5 生肉肉块的平均净重

| 单独一份（嫩煎肉） | 重量/g |
| --- | --- |
| 肉 | |
| • 没有骨头 | 150 |
| • 需上浆裹粉 | 120 |
| • 有骨头（肋骨） | 180 |
| • 需上浆裹粉 | 150 |
| • 围绕脂肪（骨间肉） | 180 |
| 内脏 | 150 |

| 2~4人食用的特定肉块 | 重量/g |
| --- | --- |
| 上等腰肉肉排（3~4） | 1000 |
| 带骨牛排（肋骨牛排）（3~4） | 1000 |
| T骨牛排 | 400 |
| 双倍里脊肉排（夏多布里昂肉排） | 400 |

| 整块制作完成的肉块每块重量 | 重量/g |
| --- | --- |
| 犊牛腿肉，犊牛牛霖 | 180 |
| 整块牛背 | 280 |
| 犊牛和猪肩肉，去骨 | 200 |
| 没有肋骨的犊牛胸肉 | 220 |
| 上等肋骨 | 220 |
| 外脊 | 180 |
| 里脊 | 160 |
| 猪颈肉，去骨 | 180 |
| 羊背肉 | 250 |
| 羊腿和肩部，去骨 | 220 |

作业

  ❶  厨房中的工作人员怎样理解分割畜肉这一概念？

  ❷  您切割了一条犊牛腿。请您向您的新同学介绍一下它的每一部分及其用途。

  ❸  请您说出牛里脊的每一部分名称，并举例说明其应用。

  ❹  哪一种嫩煎肉块是使用外脊肉切割的？

  ❺  猪肉的哪一部分肉块是要切分的。a）带肋骨肉排；b）煎烤肉排？

# ② 制作

肉类的使用在厨房支出中占了很大的比例，肉类的合理使用在厨房成本控制中具有重大的意义。从顾客的角度来看，肉类的合理烹调意味着肉块

- 味道浓郁，
- 柔嫩，
- 肉汁丰富。

通常烧烤和煎烤的肉比烹煮和煨炖的肉的口味要好。因为只有干式烹调方法，如：烧烤和油炸，才会产生典型的、期望获得的香味物质。在强烈热作用下，食物的表面变得焦黄，与炖煮或蒸制相比，在超过100℃的温度下，肉的内部会发生其他改变。

> 烹调肉的柔软和多汁有着紧密的相互关系，这是以肉里面富含的不同种类的蛋白质为基础的。

## 2.1 烹调方式

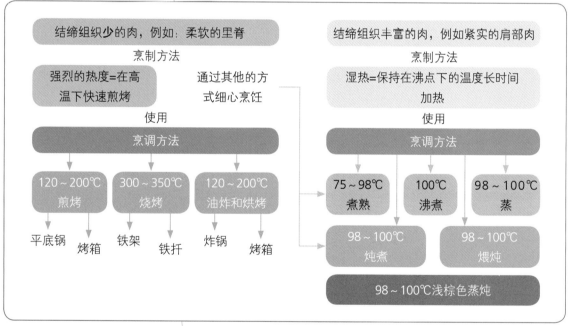

概览

## 2.2 分割肉的烹煮

少部分细腻的肉被烧制，同时坚韧的结缔组织通过液体的聚集转变为容易咀嚼的胶原蛋白。整个过程通过烧制，使肉膨胀得以实现。

3~4kg牛肉要经过4~5h的煮熟。由于不同的肉类有不同的特点，所以烧制的时间也不是固定的。将肉切开放在汤里炖，这样的肉会变得更加柔软。

# 制作

## 弗兰德式牛胸肉

将经过清洗的牛胸肉煮软，然后切成片，浇上一些牛肉高汤并撒上少许混合有切碎欧芹的粗粒盐。

为切片的牛胸肉进行装饰，可以使用香草嫩枝，煮肥瘦相间肉块和炖煮香肠的切片，蒸过的大葱块，切成装饰形状的胡萝卜和白萝卜。

**其他可以搭配烹煮牛肉的配菜酱汁**：辣根酱汁、香草酱汁、芥末酱汁、奶油辣根酱汁或新鲜的切片辣根、盐水煮土豆、欧芹土豆、肉汤土豆、葛缕子土豆或土豆蔬菜（贝夏美土豆）。

**其他可以搭配烹煮牛肉的冷配菜**：红菜头、腌黄瓜或芥末黄瓜、醋渍李子、蔓越莓、南瓜、小胡萝卜、萝卜、四季豆沙拉或黄瓜沙拉。

## 犊牛舌搭配白蘑酱

将清洗干净的新鲜犊牛舌放入水中煮沸，然后撇去汤中浮沫。放入煮汤用蔬菜和盐，继续小火炖煮（烹煮期间，用叉子戳一下舌尖以试探牛舌是否熟透）。接着，将牛舌放入冷水，最后重新将牛舌放入刚才的高汤中。

摆盘时，将牛舌纵向切片，再浇上些许白蘑酱汁。

## 腌渍肋条肉配德式酸泡菜

精选猪肋骨肉（肩部），用水清洗干净，放入水中煮沸后，撇去汤中浮沫。肉汤中不需放盐。在大约80℃的温度下蒸制插有香料的洋葱，蒸制50~60min。之后将洋葱放入高汤中。

使用腌渍肋骨的汤汁炖煮德式酸泡菜。将肋骨分成份，使用一些高汤或在酸泡菜上进行装饰。

## 英式羊腿肉

在处理好的、焯过水的羊后腿中加水，煮开并撇浮沫。在汤中放入4根胡萝卜、1颗小芹菜头、3个洋葱和盐，小火炖煮。放入一个香料包一同炖煮，其中装有：3粒丁香、1片月桂叶、1枝百里香、4瓣剥好的蒜和欧芹茎。烹煮时间视肉的重量而定，一般每千克肉需要的时间为30~40min。

使用高汤制作薄荷酱，并与菜肴分开盛放并呈上餐桌。

将炖煮好的羊腿肉切片装盘，浇上少量高汤并撒上少许欧芹盐（切碎的欧芹混合粗粒盐）进行装饰。

| 烹煮可以煮熟的肉类食材 | |
| --- | --- |
| 牛 | 牛胸肉、肋骨肉、臀三角肉、牛腿肉、带肩肉的前腿肉、牛颈肉、牛舌头 |
| 犊牛 | 带肩肉的前腿肉、牛胸肉、犊牛肺、胸腺丸子、牛脑、牛舌头 |
| 猪 | 猪颈肉、猪腹肉、猪腿肉、猪蹄子、猪舌头 |
| 羊 | 后腿肉、带肩肉的前腿肉、羊颈肉、羊胸肉 |

配菜：菠菜、豌豆、芦笋、胡萝卜、西蓝花或菜花、盐水煮土豆或欧芹土豆、土豆饼、生菜叶。

配菜：豌豆泥、盐水土豆、土豆泥或土豆蓉。

配菜：蒸土豆、欧芹土豆或翻糖土豆。

## 2.3 焖炖分割肉

浅颜色的肉类用于焖炖。因为通过焖炖，结缔组织会变得松散，并且会转换为容易咀嚼的明胶，质感较单一的肉块，如：颈肉，胸肉和肩肉比较适合这样加工。

### 重汁炖肉丁和白汁炖肉丁

今天，大多供应按照白汁炖肉丁方法制作的重汁炖肉丁。理由如下："重汁炖肉丁"这个概念在顾客中更加普及，因此在菜单上使用这个词。而且，传统重汁炖肉丁的方法需要进行大量的工作，并且烹调过程必须小心地监控。

### 在传统菜肴中的区别

#### 重汁炖肉丁

将肉煮至颜色变浅，撒上面粉，浇入汤汁并在形成的酱汁中焖炖。

#### 犊牛肉重汁炖肉丁

**制作10人份所需的食材**

| | | | |
|---|---|---|---|
| 150g | 切碎洋葱丁 | | |
| 100g | 黄油 | 0.3L | 奶油 |
| 2kg | 用于制作重汁炖肉丁的犊牛肉肉块（每块50g） | 3个 | 蛋黄 |
| | | 1小束 | 调味香草束（大葱，欧芹根，月桂叶，百里香枝） |
| 70g | 面粉 | | |
| 2L | 浅色犊牛肉高汤 | | |
| 0.2L | 白葡萄酒 | | 盐，柠檬汁 |

- 将肉和洋葱一起煨炖
- 撒上面粉，不让面粉变色
- 倒入浅色的犊牛肉高汤
- 调味，放入香料束
- 焖炖
- 用叉子将肉取出来
- 过滤酱汁
- 加上蛋黄和奶油勾芡
- 在肉上浇上完成的酱汁

烹制时间：50min　　　味道：精致而浓郁

#### 白汁炖肉丁

煮肉块，使用相应的高汤制作相应的酱汁。

#### 羔羊肉白汁炖肉丁

**制作10人份所需的食材**

| | | | |
|---|---|---|---|
| 2kg | 用于制作白汁炖肉丁的羔羊肉肉块（每块50g） | | 盐 |
| | | 60g | 黄油 |
| | | 70g | 面粉 |
| 2L | 浅色高汤 | 0.2L | 白葡萄酒 |
| 1个 | 蔬菜捆（大葱，胡萝卜，芹菜） | 3个 | 蛋黄 |
| | | 0.3L | 奶油 |
| 1颗 | 插上香料的洋葱 | | 柠檬汁 |

- 将肉焯水
- 倒入浅色高汤
- 调味，加入蔬菜捆和插上香料的洋葱
- 炖煮
- 用叉子将肉取出来
- 调制白色油煎糊，为汤汁勾芡
- 过滤酱汁
- 加入蛋黄和奶油勾芡
- 在肉上浇上完成的酱汁

烹制时间：40~50min　　　味道：精致而温和

配菜：上糖釉的胡萝卜和豌豆荚、豌豆、芦笋，炖制的黄瓜或切成四分之一的朝鲜蓟；米饭、面或者欧芹土豆。

通过装饰带来味道的变化并刺激食客食欲。比如：芦笋和虾尾；小条腌制舌头和芹菜梗；小瓣西蓝花和鸡油菌搭配香葱碎；番茄丁和罗勒；白蘑和白色上糖釉的洋葱块。

## 2.4 煎烤分割肉

根据肉块的大小，肉的特性和菜的种类，同烘烤的方式也是不同的。可以在烤箱的管子上烘烤，在特制的空气循环加热炉里面烘烤或者在锅里面煎。

**烹饪流程概览**

煎烤过程

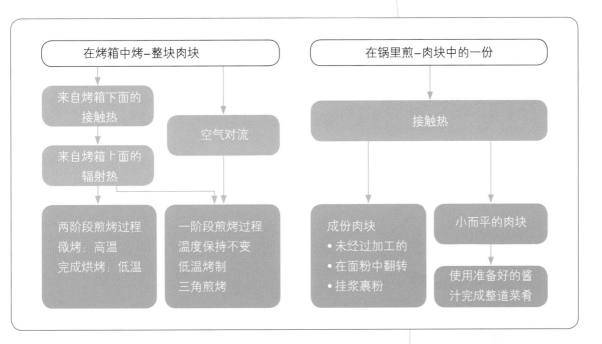

### 在烤箱中烤制

烤只适合细嫩的、结缔组织少和充分悬挂的肉。

烘烤用具的选择原则是：肉块尽可能地覆盖整个底部。未覆盖的位置会过热，从而导致烤肉汁烧焦。由于烹饪时温度很高，所以烤肉时只能选用没有水分的、耐高温的油脂。

需要煎烤经盐和胡椒调味的肉的各个面。在减少热量时，烤制过程继续。烤制时间根据肉块的大小和肉质而定。

为了形成味道，需要及时加入烘烤蔬菜，蔬菜应在完成时呈现棕色。如果蔬菜放得过早，会被烧焦，会产生不希望获得的苦味物质。

上肉汁釉

煎烤猪肉或犊牛肉时应当浇上肉汁釉，在完成烤制过程前，浇入去掉油脂的肉汁重复这一过程。在烤炉的热力作用下，液体煮浓，在烹饪结束之前，形成的胶质物质会附着在食材表面。这样，烤制的肉就能获得一层棕色、有光泽的美味肉汁层。

| 烹制状态 | 核心温度 |
|---|---|
| 半生（血红色） | 45～55℃ |
| 半熟（粉红色） | 60～68℃ |
| 全熟（整体灰色） | 75～82℃ |

## 断生点

**浅色肉**，像犊牛肉和猪肉，当它们熟透时，也达到最完整的口感值。

**深色肉**，有浓郁独特的味道，如牛肉、羊肉和野味肉，应烤至粉红色。如果深色肉烤得时间过长，就会失去大量的肉汁，最后肉变得干韧，吸引力降低。因此，判断期望的断生点是成为专业烤制工作人员的前提条件。

烹调阶段通过肉块的核心（中心位置）温度确定，这个温度可以通过专门测量肉温度的温度计或者探针进行确定。

> 为进行**松弛**，在煎烤之后将肉块包裹在铝箔纸中，放置15～20min。如果有条件应放在恒温箱中。

- **肉温度计**，将其针尖准确地插到肉的核心（中间）。
- **探针**。细长的针（钢针）垂直插入肉中，停留几秒后抽出，然后直接放在腕关节。

  粉红色烘烤的肉 → 适度加热

  熟透的肉 → 强力加热

通过烤肉表层中积聚的热量，烹调过程还需要继续进行一段时间。在温度下降的情况下，肉汁的压力也会减小。这时才能切分烤肉，否则会导致流失大量肉汁。

准确地说，对于大肉块，根据它的重量不能确定相应的烹饪时间。烹饪时间不仅仅依赖于肉块的重量，更确切地说是依赖于它的厚度和设计的烹饪阶段数量。与紧实的肉块相比，重量相同的展开的肉块明显需要较少的烹饪时间，因为热量在展开的肉块中能够更快传导至中间部位。

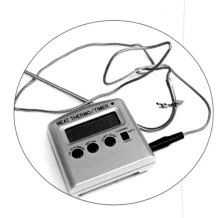

*烤肉酱汁（肉汁）*

在烹饪的过程中，肉里面会溢出肉汁。通过正确的加热，肉汁不会烧干。当取出完成烤肉时，小心地撇去脂肪，用犊牛高汤溶解肉汁，这就形成了相应肉类的烤肉酱汁的基础。

## 基本烹制步骤的变形

*葡式牛里脊肉排*

给穿入肥膘的牛里脊肉排撒上盐和胡椒调味，然后煎烤。溶解肉汁附着物，加入番茄膏和浓酱汁煮浓并过滤。

使用大蒜盐给番茄丁调味，切碎的冬葱在黄油中煸炒，加入白葡萄酒，并放入酱汁中。撒上欧芹和黄油碎完成整道菜。

**配菜：**填有蘑菇馅料的番茄；城堡土豆。

**面包师式羔羊腿**

在羊腿上割开一个空洞，在其上涂抹少许盐、胡椒和百里香。根据味道需要，也可以塞一些大蒜条，煎烤这样准备的大腿的四周。现在，加入洋葱片和生土豆片或小的新收获土豆，浇上一些羔羊肉汁，炖煮全部食材，直至肉变成嫩粉红色。将切好的羊腿和面包师式土豆一起呈上餐桌。

**克拉玛特犊牛包肾肉**

制作一块处理好的包肾肉。用犊牛肉汤将肉汁附着物溶解，加入水淀粉稍微勾芡。将肉切片，摆盘，涂上黄油并浇上犊牛肉酱汁。

**配菜**：朝鲜蓟底部，其中填有豌豆；果仁土豆。

**上肉汁釉猪里脊**

煎烤一块事先处理好的猪背肉并上一层肉汁釉（参见第541页）。在肉汁附着物中加入犊牛肉高汤溶解，加入水淀粉稍微勾芡。在厨房中，将切好的肉片摆盘，涂抹少量黄油并使用酱汁做出花环装饰。

**配菜**：菠菜、胡萝卜、西蓝花或孢子甘蓝、苤蓝、紫甘蓝、豌豆或者芦笋；土豆棒饼、皇太子妃土豆、罗伯特土豆、里昂土豆、帕门蒂尔土豆、土豆团子或者面包团子。

## 空气循环加热设备的工作

通过空气循环进行工作的烹饪设备，配有一个核心温度测量仪，为较大的肉块提供更多的烹饪可能。

可以设置低温，延长烹饪时间。

因为热量是缓慢供给的，所以肉不会变得那么紧实。所以烹饪出来的肉多汁，在呈上餐桌前可以放置更长时间。

**低温烹调（NT）**

制作流程

- 预热设备，
- 肉核心温度传感器插入肉中，
- 在烘烤阶段，形成烘烤硬皮，
- 在烤熟阶段肉的核心温度达到预选的阶段后降低。

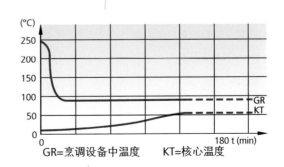

GR=烹调设备中温度　　KT=核心温度

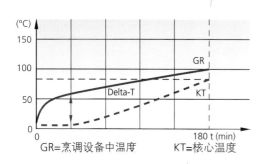

GR＝烹调设备中温度　　KT＝核心温度

差值烹调

**制作流程**

• 将核心温度传感器插入肉中，

• 温度缓慢上升，在选择的核心温度和设备中的温度之间始终有一个特定的，保持一致的距离（差值T）。

### 在平底锅中/在铁板上煎制

制作的基础

在平底锅中煎制时，应使用经过成熟（悬挂）的肉，其应具有柔嫩的纤维，或使用低龄动物的肝脏和肾脏。这些肉主要是切成份的，因为对于嫩煎而言，扁平的肉块是最适合的。

为了尽可能获得富有味道的煎至硬脆的外层，肉应在烹饪前调味，然后小心煎制。因为盐吸收水分，所以应在开始煎制前撒盐或调味。

**深色畜类**（牛，羊，野味）

• 不加佐料煎制，

• 使用不同的烹调火力煎制。

**浅色畜类**（犊牛，猪）

• 嫩纤维包裹在面粉中，然后煎制（更好地形成脆皮和颜色），

• 挂浆裹粉后煎制，

• 煎熟，但是仍保持多汁。

煎制一大份肉块也可以使用翻转式煎锅（参见第130页）和煎烤平板。

图1：肋骨肉排上的切口

切开-拍平

结缔组织的特性是，在加热时会收缩变短。在煎制的时候，会导致肉汁从纤维中流出，肉片隆起并变干。

带有大量结缔组织边缘的肉块，如：带肋骨肉块或上腰牛排需要在煎制前**切开**（图1）。切断的结缔组织，使肉保持平坦。

将切好的肉块**拍平**。这样，肉纤维会紧实，并将结缔组织切断。当加热时，结缔组织收缩，但是它们不会将肉汁从纤维中挤压出来（图2）。这样，肉块就能保持多汁。

图2：拍平前和拍平后的肌肉束和结缔组织

### 嫩煎

煎制用的是不含水分的脂肪。黄油和人造黄油里面含有蛋白质类物质，因此，在高温下可能会烤焦。但是，可以在稍后的煎制过程中，在低温时添加，这样，会提升煎肉外层脆皮的味道。

因为在平底锅中煎制时只能对接触的一侧起作用，因此，在烹制过程中需要翻面。

在大火力下煎制，这样会在外层产生期望的味道。在温度较低时，制作者继续煎制直到期望的成熟阶段。由于分成份的肉块插入深度较浅，所以断生点并非通过核心温度确定。

- 在制作较薄的肉片（肉排）时，由于烹调时间较短，煎烤温度不能降低。
- 挂浆裹粉的肉必须在较低的温度中炸制，因为温度高时，外层的食材会很快上色。
- 穿刺出孔洞的肉容易流失肉汁。因此，应将一把叉子插入肉的下方托住肉块，并使用一把刮铲在上方固定，然后为肉排翻面。推荐使用在烧烤炉上使用的肉夹进行操作。

● 在不断加热肉的时候，肌肉中的色素肌红蛋白发生变化。在核心温度为70℃时，肉变为灰色。

## 成熟度

煎烤牛肉和羊肉时期望达到不同的烹调生熟程度，这取决于煎烤的时长和在肉中心位置达到的温度。在实际情况中，以烹制肉块核心部分的颜色作为确定相应火候的标准。

| 核心温度 | | 名称[1] | 煎制时长/min | | |
|---|---|---|---|---|---|
| | | | 肉排厚度 | | |
| | | | 2cm | 3cm | 4cm |
| | 45℃以上 | 一分熟（带血牛肉） | 1min 每一面 30s | 1.5min 每一面 45s | 2min 每一面 1 min |
| | 50℃以上 | 三分熟（微微带血） | 2 min 每一面 1 min | 3 min 每一面 1.5 min | 4 min 每一面 2 min |
| | 60℃以上 | 五分熟（粉红） | 6 min 每一面 3 min | 7 min 每一面 3.5 min | 8 min 每一面 4 min |
| | 75℃以上 | 七分熟（煎透） | 8 min 每一面 4 min | 10 min 每一面 5 min | 12 min 每一面 6 min |

可以通过按压试验了解嫩煎肉排的不同成熟度，即比较**鱼际（拇指下方肌肉块）**的硬度，并且可以通过这些动作说明成熟度。

● 按压试验：
在煎制一份牛排时，通过按压确定生熟程度。基本原则是：肉越硬，煎制过程时间越长。
- 三分熟的肉，触感柔软。
- 五分熟的肉，按压时有弹性。
- 七分熟的牛肉和猪肉，触感坚实。

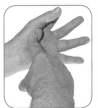   

拇指压住食指=
**一分熟**

拇指压住中指=
**三分熟**

拇指压住无名指=
**五分熟**

拇指压住小指=
**七分熟**

1 成熟度的名称根据德国餐饮学会的推荐

分割肉

挂浆裹粉指的是在预处理好的食材外层裹上一层外皮，外皮的配方多种多样。

### 外皮
- 可以避免汤汁外溢
- 提升菜肴的味道

相应使用的材料可以产生更多的味道变化。

### 包裹的碎屑可以选用
- 小面包碎屑：干燥的、磨碎的小面包；
- 白面包碎屑：新鲜、磨碎的白面包碎屑；
- 磨碎的坚果或杏仁，还有芝麻或椰丝。

在挂浆前需为准备的食材调味，如肉排等。盐会使水分析出，因此不应提前太早挂浆裹粉否则外皮会软化并在烹调过程中散开。

### 挂浆裹粉的方式
- **维也纳式挂浆裹粉**

  在面粉和搅匀的蛋液中翻转，并在面包屑中按压。
- **米兰式挂浆裹粉**

  在面粉和搅匀的蛋液中翻滚，并在混合有磨碎的帕尔玛奶酪的白面包屑中按压。
- **英式挂浆裹粉**

  在面粉和搅匀的蛋液中翻滚，在面包屑中按压。
- **巴黎式裹挂浆裹粉**

  在面粉中翻转，抖掉多余的面粉，裹上打匀的蛋液。

## 嫩煎牛肉的装饰和配菜

**波尔多式**
- **装饰**：骨髓切片，欧芹，波尔多酱汁
- **配菜**：菊苣或球茎茴香；烘烤或炒土豆

**肖龙风格**
- **装饰**：朝鲜蓟的底部，装填细腻的豌豆，肖龙酱汁
- **配菜**：果仁土豆

**罗西尼风格**
- **装饰**：嫩煎鹅肝切片和松露切片，马德拉酱汁，面包碎
- **配菜**：黄油土豆和嫩蔬菜

**蒂罗尔风格**
- **装饰**：翻炒的番茄果肉，烘烤的洋葱圈，欧芹，蛋黄酱
- **配菜**：烘烤或炒土豆

**海尔德风格**
- **装饰**：切半的番茄中填有蛋黄酱，牛肉肉汁
- **配菜**：坚果土豆，应季沙拉

**米拉波风格**
- **装饰**：鳀鱼，橄榄切片
- **配菜**：油炸或炒土豆

## 嫩煎犊牛肉的装饰

> **迪巴里风格**
> - **装饰**：小朵菜花和奶油蛋黄酱
> - **配菜**：欧芹土豆
>
> **佛罗伦萨风格**
> - **装饰**：菠菜香烤三味，奶油蛋黄酱
> - **配菜**：公爵夫人土豆

> **霍斯坦风格**
> - **装饰**：荷包蛋和少量鱼肉开胃小菜
> - **配菜**：炒土豆
>
> **米兰式**
> - **装饰**：番茄膏，柠檬块，包裹有白面包和帕尔玛奶酪的肉
> - **配菜**：意大利粗实心面（Spaghetti）或通心粉（Makkaroni），添加烹煮好的火腿丝、白蘑丝

## 嫩煎猪肉

> **罗伯特风格**
> - **装饰**：水田芥，罗伯特酱汁，在黄油油液中翻动猪肉，裹上并压紧白面包煎炸
> - **配菜**：鸦葱或紫甘蓝；土豆泥
>
> **吉普赛式**
> - **装饰**：腌制猪舌头的汤汁，白蘑，火腿和在黄油中微微煎炒的松露
> - **配菜**：盐水煮土豆，王储土豆

## 嫩煎羊肉

> **安达露西亚式**
> - **装饰**：**翻炒的番茄果肉**，焯水的青辣椒丝，烘烤的茄子片，加入番茄的半冰沙司
> - **配菜**：颗粒分明的米饭
>
> **苏比斯式**
> - **装饰**：将洋葱泥放在肉上，并撒上帕尔玛奶酪，在烤箱中烤至表层焦黄
> - **配菜**：菠菜叶，球茎茴香，菊苣或白芹菜；上糖浆的胡萝卜，安娜土豆或焦皮土豆（略微烘烤上色的土豆）

## 嫩炒菜肴

　　嫩炒菜肴只适合使用嫩的切成丁、丝或片的分割肉，或嫩的野味肉、生禽肉、肝脏和肾脏制作。切小可以使煸炒过程缩短。

　　使用澄清的黄油进行煎炒（否则黄油乳蛋白和乳糖会烧煳）。将腌制的肉放入高温的锅中，在高温下煎炒。

　　必须选择比所煎炒食材略大一些的锅。如果炊具过小，热量会严重减少，并且肉汁会溢出，并在煎炒中流失，肉会变得又硬又干。只需要短时间煎炒，使肉块内部呈现粉红色。

　　在短时间煎炒后，肉块应在锅中翻动一会儿。

> ● 在嫩炒菜肴中不能将肉放在酱汁中烹煮，否则肉会变得又干又硬。

> ● 将煎炒完成的食材放入已经准备好的餐具中；在平底锅中制作酱汁，趁热淋在肉上并翻炒均匀。

苏黎世犊牛肉块

将切成块的犊牛肉和柿子椒一起嫩煎，用盐调味，按照第547页所述进行煎炒。在平底锅的肉汁中撒入切碎的冬葱，加入白葡萄酒，两份奶油和一份半冰沙司，煮浓至所需的酱汁量。将酱汁浇在肉上，翻炒并品尝味道。

- **配菜**：土豆饼，米饭，鸡蛋面疙瘩

马德拉斯式羔羊肉里脊

将羔羊里脊切成3cm长的肉块，用盐和咖喱调味并煎炒。在析出的汤汁中加入黄油和切碎的冬葱、咖喱和少许番茄膏，加入四份奶油和一份犊牛肉肉汁进行炖煮。在酱汁中加入芒果酸辣酱、苹果泥和黄油碎完成酱汁，将酱汁浇在肉上，翻炒并装盘。

将煎炒过的使用咖喱调味的菠萝块，炖制的红色柿子椒细条和一些烤过杏仁条放在菜上。

**配菜**：米饭，菊苣沙拉或番茄沙拉

斯德洛格诺夫式里脊尖

将牛里脊头或里脊尖切丁或切小片，使用盐、胡椒和柿子椒调味，并煎炒。在平底锅中在析出汤汁中加入切碎的冬葱和少量番茄膏。加入四份酸奶油和一份半冰沙司；猛火煎炒，加入经过调味的牛肝菌，将酱汁煮浓至所需的量。将酱汁倒在肉上，然后翻炒，撒入柠檬汁和新鲜磨碎的胡椒后品尝。使用腌渍黄瓜条摆盘。

**典型的配菜**：炒土豆，土豆蓉

## 2.5 烧烤分割肉

图1：穿在铁扦子上的羊里脊肉、狍子里脊肉，鸡肝和大鸡胸肉，犊牛肾和猪里脊肉。

好味道基于烹调和不同调味料的平衡。

成熟的、有柔嫩纤维的牛肉、饲养羔羊和猪肉用来烧烤。相较之下，犊牛肉没有那么适宜烧烤。因为，它很容易发干，因此在制作过程中需要格外小心。

将小块的分割肉、里脊尖、羔羊里脊或内脏插在扦子上时，这些食材更容易烧烤。

通过集中的辐射热量，可以产生期望的烘烤物质，而与其他食材相比，肉汁和营养物质可以更好地保留在肉中。因为，可以使用极少的油脂烤肉，所以烤肉也比较适合不同的饮食方式。

### 短暂腌制

短暂腌制以混合的油和调味料为基础，用于为烧烤菜肴赋予特殊的味道。调味料可以选用香草和香料，此外，还可以选用：大蒜、冬葱、未挤过的柠檬皮、白兰地和利口酒。

油可以溶解配料中的香味物质（芳香油），可以和其结合，并且可以将味道转移至涂抹这类油脂的肉上或浸泡在油中的肉上。和稍后产生的烤肉香味相结合，就会形成独特的味道。

## 烧烤过程

在制作过程中，烧烤格栅或烧烤网都必须保持高温。在事先调味的肉中加适量的油，这样，可以促进热量传输并且避免粘黏。

比较薄的烧烤食材只需要翻转一次，比较厚的肉块就需要多次翻转并且不断给烧烤食材表面涂油。在翻转肉块时，将肉块按照已经形成的纹路旋转90°就会形成烧烤网纹。

插出孔洞的烧烤食材容易流出汤汁，因此可以使用一个平板铲托住肉块或**烧烤钳**夹住肉块，避免使用肉叉。

● 在烧烤腌渍产品时，可能由于高温产生致癌物质——亚硝胺。因此，烧烤时应选用新鲜分割肉和适合煎烤的香肠。

### 烧烤时长

烧烤时长各有不同。这取决于：

- 烧烤器材，
- 肉的种类和肉质，
- 肉的厚度，
- 烧烤时的温度，
- 期望达到的成熟阶段。

● 烧烤肉类应当立即呈上餐桌。干燥的摆盘，可以将香草黄油浇在上方，但是酱汁需要分开放置。

## 烧烤肉类的配菜

### 酱汁

烧烤肉类的酱汁主要是荷兰奶油酱、几乎所有种类的冷混合黄油（如：香草黄油、巴黎开非关黄油或贝尔西黄油）及衍生种类。除了这些，也可以呈上半冰沙司的衍生酱汁，如：罗伯特酱汁或魔鬼酱汁。

### 蔬菜

作为蔬菜配菜，可以选用烘烤的白蘑，炖煮的菠菜，上糖釉的胡萝卜，在黄油中翻炒过的豆荚，烤土豆。

### 配菜

最常使用的是，包裹铝箔纸烘烤的土豆。此外，几乎所有的油炸生土豆菜品以及城堡土豆、果仁土豆和橄榄土豆都适合。

### 沙拉

人们经常搭配大量彩色沙拉食用烧烤菜肴，这类沙拉主要由绿叶蔬菜、番茄、黄瓜或柿子椒沙拉组合而成，并为顾客提供多种沙拉酱搭配使用。

## 2.6 油炸分割肉

柔嫩的生肉片和煮过的肉片适宜在油锅中烹调。这种制作方式主要需要包裹面包屑，也可以包裹油炸面糊（参见第616页）。油脂温度为：

- **较薄食材**约为175℃
- **较厚食材**约为160℃

油炸菜肴必须立即呈上餐桌。在餐巾或吸油纸上摆放，并且搭配柠檬块和欧芹、水田芥、烘烤（油炸）过的欧芹装饰。

如果油温过高，食材内部还没熟，但是表面已经变成棕色，会产生有害身体健康的丙烯酰胺。如果温度太低，肉块表层不能形成一层酥皮，而且食材会吸收太多的油脂，不利于消化。

在油炸肉类时，肉片必须在挂浆裹粉前用手巾或厨房用纸拭干。否则，外层面包屑会疲软并且在油炸时脱落。

**生肉**

• 犊牛肉片、猪肉片、羊肉片、肝片、心片

**熟肉**

• 舌头切片、脑片和心片

适合用于油炸

油炸过的肉必须放在网格筐中漏油或者放在有吸附能力的垫子上吸附多余的油脂。同时也不允许覆盖，如：使用餐盖。这样，才能获得可口的酥脆外皮。

### 油炸肉类的配菜

酱汁

酱汁主要使用蛋黄酱、调味蛋黄酱、塔塔酱和蒂罗尔酱汁等酱汁及衍生产品。此外，也可以根据肉块包裹面糊或其他包裹物的种类呈上番茄膏或戈利比谢酱（Gribiche sauce）等。

蔬菜

在选择蔬菜配菜时，人们会选择不勾芡的制作方式。推荐使用炖制或上糖釉的蔬菜。

配菜

肉块包裹面包屑或包裹面糊后，只需要少量的主食配菜。非常适合的就是土豆沙拉、豌豆米饭或油炸的土豆制品。

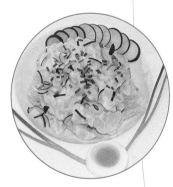

沙拉

清新的配菜非常重要，它们可以单独、混合或多种分类紧贴摆放在一起。首选绿叶沙拉以及番茄沙拉。

### 菜肴和合适配菜的组合

**油炸犊牛脑**

• 青酱，土豆沙拉，应季沙拉

**油炸犊牛心**

• 芥末酱，上糖釉的胡萝卜，奶油土豆

**包裹啤酒面糊油炸犊牛胸肉**

• 蒂罗尔酱汁，土豆沙拉，球叶莴苣和水芹

**新鲜的牛舌头，油炸**

• 番茄膏，鸦葱和香草，烩饭

## 2.7 煨炖分割肉

煨炖是一种混合的烹调方式，主要用于有较高结缔组织含量的分割肉（后腿、肩肉、胸肉和颈肉）。通过在开放的炊具中使用干式热量煎炒使肉的表层产生可口的香味物质。

較晚倒入液体后，食材在炊具中会利用湿式热量继续炖煮。在这个过程中，发韧的结缔组织会变松弛，并转化为容易咀嚼的明胶。

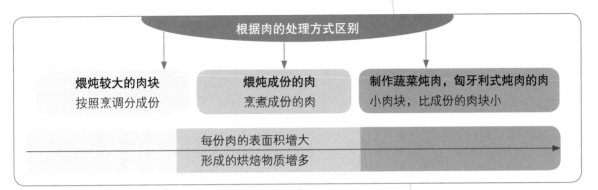

| 根据肉的处理方式区别 | | |
| --- | --- | --- |
| **煨炖较大的肉块**<br>按照烹调分成份 | **煨炖成份的肉**<br>烹煮成份的肉 | **制作蔬菜炖肉，匈牙利式炖肉的肉**<br>小肉块，比成份的肉块小 |

每份肉的表面积增大
形成的烘焙物质增多

## 煨炖较大的肉块

制作基础

可以在瘦肉块中添加肥膘，这样可以制作出多汁、美味的菜肴。为此，肥膘应冷藏，并切成直径约为1cm的长条。这样，可以使用穿刺针（穿刺填充管），将肥肉填入肌肉纤维的方向（图1），这就是**穿刺填充肥膘**。在将肉切成成份的片时，可以看到条状的肥膘变为白点。

### 翻炒（180~200℃）

将油脂放在炖锅中加热。将肉块调味，放入锅中，并将所有面煎制为棕色。稍后，加入烘烤蔬菜，切小的培根和火腿片。

### 形成味道

在煎成棕色的肉和蔬菜中浇入调味浓郁的液体，并将肉汁黏附物融入汤汁中。将液体煮浓，这样可以煨炖食材并重新转变为煎烤。在这个过程中，浇汤融合、煮浓、增强味道并加深食材的颜色。可以重复多次，并在最后加入少量番茄膏。

### 煨炖（约100℃）

在煨炖炊具中加入没过食材四分之一高度的液体。煮沸液体，将准备好的调味料（调味香草束，香料包，参见第471页）加入锅中。盖上锅盖，并放在烤箱中，低温煨炖。在煨炖过程中，需要多次为肉块翻面；如果烧干了，需要添加液体。当能够将工具轻松插入食材，感觉不到太大阻力时，食材就煨炖完成。

### 制作酱汁

营养丰富、去掉油脂的、经过过滤的煨炖汤汁可以做成搭配肉的酱汁。如果分量充足，可以煮浓至所需的量。一起煨炖的食材使酱汁变得黏稠：烘烤蔬菜、肉皮和番茄膏。

肉的食用价值和烹调损失由烹调过程中的温度决定。

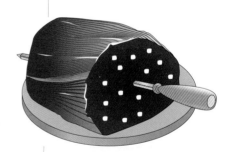

图1：在肉块中穿刺填充肥膘条

在穿刺填充肥膘条的时候，肥膘主要保留在表面，并且部分会烤化。
如果酱汁不够黏稠，可以将淀粉和酒均匀混合后倒入正在煮制的酱汁中。

## 基本制作方法的变形

---

### 勃艮第式牛肉

**制作10人份所需的食材**

| | |
|---|---|
| 2kg | 去骨肉 |
| | 盐，辣椒粉 |
| 150g | 油脂 |
| 500g | 烘烤蔬菜（100g洋葱，100g胡萝卜，100g芹菜，100g欧芹根，100g大葱） |
| 300g | 番茄或 |
| 2EL | 番茄膏 |
| 0.5L | 红葡萄酒 |
| 2L | 棕色高汤 |
| 1束 | 调味香草束（欧芹枝，百里香，月桂叶，蒜瓣） |
| 10粒 | 胡椒粒 |

- 用盐和甜椒粉给肉调味。
- 将肉放在盛有滚油的锅里，每一面都煎炸至棕色。
- 加入蔬菜并一起煎烤。
- 多次加高汤融解锅底附着物，并煮浓收汁。
- 完成最后一步煎炸后倒入红酒、浇上棕色的汤汁并添入调味香草束和碾碎的胡椒粒。
- 盖上锅盖放在火炉上焖煮2~3h，期间不断翻动肉块。
- 接着取出肉块并保温。
- 将过滤好的酱汁去油并将酱汁煮浓至1L。
- 垂直于纤维纹理将焖好的肉切片、摆盘并浇上酱汁。
- 将蘑菇和葱花撒在肉上。
- **装饰**：20根葱花，撒上30个小蘑菇，焖熟
- **配菜**（蔬菜）：胡萝卜、鸦葱、甘蓝、紫叶甘蓝；面食（面条类）、丸子、土豆泥。

---

### 煨炖腌渍牛肉

通过腌渍汁，肉可以获得有香料味道的酸味。

煨炖腌渍牛肉是煨炖在腌渍汁中浸泡过的牛肉。将生肉放在腌渍汁中3~5天，冷藏、密封保存，在保存过程中需要翻动几次，这样腌渍汁可以均匀地发挥作用。

---

### 腌渍汁

| | |
|---|---|
| 0.4L | 醋（5%）和0.8L白葡萄酒或红葡萄酒 |
| 0.6L | 水或0.2L醋（5%） |
| 1个 | 洋葱，切成丁 |
| 1个 | 胡萝卜，切成丁 |
| 1枝 | 百里香枝 |
| 1片 | 月桂叶 |
| | 相应压碎的：1个蒜瓣，1粒丁香，2粒多香果，8粒胡椒 |

需要短暂煮沸后冷却

- 将肉块放在腌渍汁中腌渍数天。
- 将肉块从腌渍汁中取出，将水分控干并用手巾或者厨房用纸将其拭干。
- 接着将肉块放在油中，大火煎制各面。
- 从腌渍汁中取出蔬菜，并同样控干水分。
- 在最后的煎烤阶段，多次倒入腌渍汁融和煎烤附着物，然后煮浓，接着倒入棕色高汤。
- 盖上锅盖，将食材放入烤箱中煨炖软烂。
- 可以在过滤的酱汁添加少许焦糖，使其味道更加完善。
- **配菜**：团子、面食；芹菜、番茄、黄瓜沙拉和绿叶沙拉。

---

### 园丁式煨炖犊牛肩肉

- 将去骨的牛肩肉捆绑好，调味并煨炖。
- 将肉切片，倒上少许酱汁，将炖煮的蔬菜围着肉摆放，并且撒上一些欧芹。

- **配菜**：土豆棒、公爵夫人土豆、土豆饼、面食
- **装饰**：小胡萝卜、切段芦笋、小豌豆荚、切碎的欧芹

猪颈肩肉，搭配奶油酱

**制作10人份所需的食材**

| | |
|---|---|
| 2kg | 无骨猪颈肩肉 |
| | 盐和胡椒 |
| 0.5L | 水 |
| 500g | 烘烤蔬菜（洋葱、胡萝卜、欧芹根、芹菜、大葱各100g） |
| 1EL | 番茄膏 |
| 2L | 棕色高汤 |
| 0.4L | 酸奶油 |
| 1个 | 香料包（2g墨角兰，2个蒜瓣，1g葛缕子，10粒胡椒） |
| | 面粉黄油，按需准备 |

- 将经过调味的肉块放在煨炖炊具中，加水并将其推入高温的烤箱中。在水蒸发完后，肉会在由其本身流出的油脂中煎制。
- 加入蔬菜并一起煎烤，然后将油倒掉，加入番茄膏并浇入一部分高汤。
- 当汤汁炖干之后，残留的附着物发出光泽，倒入剩余的高汤，放入香料包并盖上炊具的盖子煨炖食材。
- 过滤煨炖肉汁，去掉油脂，并煮浓至剩下0.7L，并加入面粉黄油稍微勾芡。然后搅入酸奶油，再次煮开，如果需要，再进行调味。
- 垂直于猪肉的纤维纹理，将猪肉切片，摆盘并撒上适量奶油酱汁（参见第525页）
- **配菜**：抱子甘蓝或菜花、胡萝卜、苤蓝或紫甘蓝；番茄、芹菜、黄瓜或野莴苣沙拉；面食，土豆或面包团子，土豆泥，公爵夫人土豆或土豆饼。

## 煨炖成份的肉

这类菜肴已经在烹调前分成有固定重量的一份。

制作基础

### 煎炒

给成份的肉调味并放在油中煎制各面。

### 摆放

在一个平坦的炊具中涂上黄油。根据肉类形状，将洋葱和根茎类蔬菜切丁或切片，混合一些肥瘦肉丁，铺在炊具的底部。将煎炒的肉放在蔬菜上，在强大的热力作用下制作。

### 煨炖

首先倒入棕色高汤，在煮浓之后重新倒入高汤以及调味料和/或其他配料（例如：调味香草束，大蒜，番茄膏，蘑菇）。盖上炊具，将其放入烤箱中以适当的温度煨炖，中途需多次添加液体防止烧干。

### 上肉汁釉

在煮熟前不久打开盖子，在肉块上浇上现在炊具中剩余的煨炖肉汁。在烤箱的热力作用下继续蒸发，这样在肉块表面形成一层薄薄的有光泽的浓缩肉汁层，这就是上肉汁釉。

### 制作酱汁

将上了肉汁釉的肉块放入其他炊具中。在刚刚煨炖肉的炊具中倒入一些葡萄酒和犊牛肉汁或半冰少司，短时间烧煮并去除油脂。过滤酱汁并依据制作方式完成调味。

成份的煨炖菜肴需要通过装饰进行补充。

意式炖犊牛肘（意式煨炖犊牛胫骨肉切片）

**用于制作10人份的所需的材料**

| | |
|---|---|
| 10块 | 带骨犊牛肘切片（每片250g）盐，胡椒 |
| 50g | 面粉 |
| 50g | 橄榄油 |
| 200g | 洋葱 |
| 1个 | 蒜瓣 |
| 400g | 蔬菜丁：芹菜、球茎茴香、胡萝卜、大葱、欧芹根 |
| 50g | 番茄膏 |
| 0.3L | 白葡萄酒 |
| 1.5L | 棕色犊牛肉高汤 |
| 800g | 番茄肉丁 牛至叶，迷迭香，百里香 |

**制作格雷莫拉塔混合香料**

混合1个压碎的蒜瓣、磨碎的柠檬皮和切碎的欧芹

将牛腱子肉外侧筋膜切断①，调味、裹上面粉并在盛有滚油的锅中两面来回煎炸②。

洋葱切块、碾碎大蒜、蔬菜切块③，切好后一起放入锅中焖煮。

加入番茄膏、略微炖煮、加入白葡萄酒再煮④。

同时不断加入汤汁、接着浇上现有的一半汤汁、放入香草⑤盖上锅盖在火上焖煮。

在快要煮熟的时候将焖锅从火炉端到电灶灶板上，然后给肉块浇上煮好的汤汁。

现在将肉块放入另一个锅里保温。

把煮浓的炖肉汁和剩下的汤汁一起混合炖煮。

在装盘前加入番茄果肉丁再次混合炖煮、试味，然后盛出肉块。

格雷莫拉塔混合香料可以放在酱料中，或撒在菜的上方。

• **配菜：**切成装饰形状的根茎类蔬菜，面食，油煎玉米饼，米饭、烩饭或烹煮的土豆。

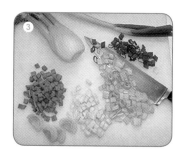

格雷莫拉塔混合香料（Gremolata）：一种由切碎的欧芹、压碎的蒜瓣、 和磨碎的柠檬皮制成，意式混合香料

## 基础制作的变形

**犊牛肉卷羊肚菌，搭配奶油酱**

- **补充**：在肉片中，填充香草和犊牛肉馅或禽肉馅。使用奶油和羊肚菌高汤煨炖。
- **装饰**：羊肚菌，香葱，奶油酱汁
- **配菜**：芦笋或细豌豆荚，菊苣沙拉和水芹沙拉，鸡蛋面疙瘩，面条，大米或土豆泥

**牛肉肉卷搭配红葡萄酒酱汁**

- **补充**：在肉片中涂抹芥末，填充酸黄瓜，煎过的肥瘦肉丁和洋葱丁。在煨炖时加入红葡萄酒和蘑菇高汤。
- **装饰**：白蘑，红葡萄酒酱汁
- **配菜**：土豆，豌豆，鸦葱或珍珠萝卜，土豆泥，土豆棒或意大利通心粉

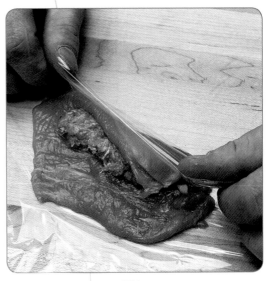

图1:

**猪颈肉切片搭配上糖釉洋葱**

- **补充**：使用煨炖汁和半冰沙司一起完成。
- **装饰**：上糖釉的珍珠洋葱和肥膘条
- **配菜**：紫甘蓝，菜豆，苤蓝或皱叶甘蓝，土豆团子，奶油土豆或土豆棒

**犊牛蹄髈，上肉汁釉**

- **补充**：马上完成前，在蹄髈上浇上半冰少司或黑啤酒，直至肉表面形成富有光泽的一层。
- **装饰**：犊牛肉汁和切碎的欧芹
- **配菜**：黄瓜和绿野沙拉，土豆团子或面包团子，土豆沙拉

**犊牛胸肉肉块搭配橄榄**

- **补充**：煨炖时放入调味香草束。使用用雪莉酒调和的淀粉为酱汁勾薄芡。
- **装饰**：去核的青橄榄和黑橄榄
- **配菜**：菜花，填馅番茄，甜椒或芹菜，太子妃土豆，欧芹土豆，土豆泥搭配奶油

## 蔬菜炖肉和匈牙利式炖肉

蔬菜炖肉和匈牙利式炖肉是使用普通品质的分割肉（如：肩肉、颈肉、胸肉和腱子肉等）进行制作的菜肴。肉块应去骨或去皮和去肌腱，并切成方丁。

与匈牙利式炖肉不同，制作蔬菜炖肉可以使用包含软骨（例如：在使用胸肉时）或骨头（例如：使用牛尾制作）的部分。

使用的分割肉类型包含

- 蔬菜炖肉：牛肉，犊牛肉，猪肉，羊肉
- 匈牙利式炖肉：牛肉，犊牛肉，猪肉

制作基础

### 蔬菜炖肉

- 翻炒肉
- 加入洋葱或烘烤蔬菜
- 浇入葡萄酒
- 煮浓，上肉汁釉
- 浇入棕色高汤

### 犊牛肉蔬菜炖肉

**制作10人份所需的食材**

| | | | | |
|---|---|---|---|---|
| 50g | 油脂 | 40g | 面粉 | |
| | 盐，胡椒，甜椒粉 | 2L | 棕色犊牛高汤 | |
| 2kg | 肉丁（每块50g） | 1个 | 调味香草束（大葱，百里香，月桂叶，欧芹） | |
| 300g | 洋葱丁 | | | |
| 50g | 番茄膏 | | | |
| 0.2L | 白葡萄酒 | | | |

- 将油脂放在平底炊具中加热。
- 加入已经调味的肉，大火煎炒。
- 加上洋葱、让其变色并放入番茄膏。
- 浇入白葡萄酒。在汤汁蒸发后撒入面粉，接着搅动煸炒。
- 倒入棕色高汤、放入调味香草束，然后盖上锅盖煨炖。
- 将煮熟的肉放入另一个锅中。
- 去掉炖肉汁的油脂，完成后过滤，将汤汁浇在肉上。

烹调时长：90min。

### 匈牙利式炖肉

- 翻炒洋葱
- 加入肉块
- 加入高汤
- 煮浓，上肉汁釉
- 加水

### 匈牙利式炖牛肉

**制作10人份所需的食材**

| | | | |
|---|---|---|---|
| 50g | 油脂 | 1EL | 炖肉香料（大蒜，未经处理的柠檬皮，葛缕子，采摘的墨角兰和百里香） |
| 900g | 洋葱丁 | | |
| 2kg | 肉丁（每块50g） | | |
| 10g | 甜椒粉 | | |
| 1EL | 番茄膏 | | |

- 将油脂放在平底炊具中加热，放入洋葱，煎炒至金黄。
- 在肉块上撒上甜椒粉和盐，加入锅中，稍微炖煮后加入番茄膏。
- 加入少量水，并盖上锅盖，小火收汁。
- 然后揭开锅盖，使汤汁减少至锅铲翻动时汇集至锅底。
- 加水至与肉的高度平齐。
- 盖上锅盖，小火煨炖。
- 加入切碎的调味料。
- 将肉放入另一个锅中。
- 去掉酱汁中的油脂，烹调至所需的黏稠度。

烹调时长：150min。

## 蔬菜炖羊肉搭配菱形彩椒块（图1~图6）

### 用于制作10人份所需的材料

| | | | |
|---|---|---|---|
| 2kg | 羊肩肉或者羊脖肉 | 2L | 棕色高汤 |
| | 盐，胡椒 | 60g | 面粉 |
| 50g | 橄榄油 | 1个 | 调味香草束（大葱，百里 |
| 300g | 洋葱 | | 香，月桂叶，欧芹枝） |
| 1EL | 番茄膏 | 4个 | 红色彩椒 |
| 1个 | 蒜瓣 | 30个 | 切成装饰性形状的小土豆， |
| 0.2L | 红葡萄酒 | | 可能还需要400g切成装 |
| | | | 饰性形状的根茎类蔬菜 |

- 将切好的肉丁放在热油中猛火翻炒，加入洋葱并一起煸炒。
- 放入番茄膏和大蒜并微微炖煮。
- 为肉块调味，撒上面粉并使其着色。
- 同时倒入红葡萄酒和高汤。
- 放入小调味香草束并煮开。
- 盖上锅盖放在炉子上焖炖。
- 及时放入彩椒块。

图1：切肉和洋葱

图2：在油中煸炒肉并加入洋葱

图3：倒入高汤并收汁

图4：加入番茄膏，倒入肉汁和红葡萄酒

图5：将彩椒切成菱形或丁

图6：将彩椒块加入炖肉中并短暂翻炒

### 塞格丁炖猪肉

- **基础制作的补充**

除了将彩椒切削，还要加入大蒜。完成酱汁前加入酸奶油。炖肉摆放在炖煮的德式酸泡菜上或者和德式酸泡菜混合在一起。

### 炖犊牛肉配茄子

- **基础制作的补充**

添加压碎的番茄。

- **装饰：** 烘烤过的小茄子片

**一般提示**

在奶油中制作时，一开始就应当控制好烹调液体的量，然后考虑完成时应当添加的奶油。这样可以保留菜肴典型的味道。

在添加奶油、酸奶油、法式酸奶油或重奶油时，首先将材料和少量酱汁混合，然后加入剩余的酱汁中。这样，奶油不容易结块。

**专业概念**

| | |
|---|---|
| **浇汤** | 在煎烤的骨头中加入液体 |
| **浸冷** | 将煮沸（熟）的食品放在冷水中 |
| **脱骨分肉** | 从大肉块中将骨头取出，将肉块按照肌肉块进行分解 |
| **焯水** | 放入沸腾的水中捞出或浇上沸腾的水 |
| **加汤融合** | 加入液体融合锅底煎烤时的沉淀物或附着物 |
| **撇（去）油** | 撇去油脂；去掉油脂 |
| **爱尔兰炖肉** | 爱尔兰式羊肉、蔬菜一锅烩 |
| **腌渍** | 在含酸或含有香料的液体中浸渍肉类 |

**专业概念**

| | |
|---|---|
| **纳瓦林法式烩羊肉** | 法式蔬菜炖羊肉 |
| **挂浆裹粉** | 在食材外层包裹一层面糊或碎屑 |
| **挂浆裹粉材料** | 包裹在肉排等食材外面的材料 |
| **副产品** | 在按照部分分解肉块时剩下的材料 |
| **拍平** | 拍平或拍宽分成份的肉 |
| **水煮** | 在沸点将产品煮熟 |
| **收汁** | 通过蒸发将液体煮浓减少 |

**作业**

1. 请您说出几种分割肉，并说出相应的典型菜肴。
2. 您有一整块带有里脊的牛背肉。请您向您的同事展示，从中能够获得哪种肉块。
3. 您从哪里可以切割出a）里脊尖 b）用于制作烤肉的肉块？
4. 请您描述厨房专业人员如何制作弗兰德式牛胸肉。
5. 如何区分重汁炖肉丁和白汁炖肉丁？为什么优先选择烹煮过的肉类制作？
6. 如何在煎烤过程结束和切分成份食用之间处理煎烤的肉块？
7. 包裹的外皮或挂浆裹粉分为哪些种类？
8. 使用核心温度工作有哪些优点？
9. 客人希望了解牛排的烹调生熟程度。请您描述三种烹调生熟程度。
10. 请您向客人简短说明意式炖带骨牛腱子肉排的制作过程。
11. 如何区分蔬菜炖肉和匈牙利式炖肉？
12. 请您组织一次试菜，例如：蔬菜炖牛肉。请您使用自己制作的蔬菜炖肉、冷冻产品和罐头产品进行制作并比较。

# 野 味

## 1 准备

今天，鹿、狍子、野猪、家兔或野兔这些野味，无一例外地可以在商店中购买到。背肉、后腿、肩胛（肩肉）等单独的部位也有供应，具体地还分为新鲜产品和冷冻产品，其中以冷冻产品为主。准备过程如下：

- 切割（分出副产品），
- 剥皮、填塞肥膘，包裹肥膘，
- 以及根据食用方法对肉块进行进一步分割。

### 处理背部

首先用锯子将瘦长、高耸的背部切分开，然后从两侧截断肋骨。接着，将鞍形肉块下方的里脊肉取下。

剥皮的时候，先切割上面较软的皮层。而紧致的、与肉直接相连的皮层（真皮）必须小心切割，不能损坏背肉。在皮和肉之间推动细长的尖刀，并且掀开皮的一部分。然后，用左手握住切开的皮，并沿着与切割方向相反的方向拉紧，右手则拿着刀顺着切口往下切。上述方法适用于所有野味处理过程。

**背肉**可以切下来用于制作奖章肉排。切下的外脊可以按照确定的重量分割成小块，每份以两块肉块计算。切割的肉需要轻轻捶打和穿刺填充肥膘，每一块肉里都要交叉穿刺填入两根肥膘条。较大块的背肉中，可以将切好的肋骨块（一部分是长肋骨）加工制作为带肋骨肉排。大多数时候一份需要两块带肋骨肉排，稍微将其锤平，如有需要穿刺填入肥膘。

### 处理后腿和肩胛部分

后腿内侧肉头上的强健肌腱部分需要切断，从下方腿与蹄子之间的关节处锯开，并且取下大腿末端的骨头（参见第531页，犊牛后腿）。

然后，剥掉后腿内外两侧的表皮。猪崽或狍子犊子的较小的大腿可以在烹调前根据烹调的目的对大腿骨头进行剔除（参见第539页，羔羊后腿）。烹调之后，可以垂直于肌肉纤维的纹路切割，切成片。

鹿、狍子或者野猪的**后腿**像屠宰畜类的后腿一样，能切成单独的肉块并分成份。切成厚片的大肉块（大黄瓜条，后腿内侧肉）可以制作肉排；小肉块（米龙）可以切成酱汁肉排的形状。切割的肉可以按照上述外脊的处理方法进行后续的加工处理。

狍子大腿的肉块：
① 米龙
② 后腿内侧肉
③ 霖肉
④ 大黄瓜条

图1：野兔后腿

图2：野猪肉块（用于制作蔬菜炖肉）

通常加工整条**野兔后腿**（图1），大多数时候是煨炖或切出一个凹槽，填充馅料后煎烤。

在**肩胛部**，首先在膝关节处切分。然后剥除肩胛外侧的皮，卸下肩胛骨和长骨（参见第531页，犊牛肩肉的分割）。为了整体制作肩胛部，应当将其卷成卷，使用绳子进行网状捆绑。可以事先在肉卷中穿刺插入肥膘或使用薄薄的肥膘片包裹。

为了制作野味蔬菜炖肉，需要剔除肩胛部的骨头，同时将肩胛部的肉切成方块。颈部、腿部和腹部积聚的肉都适合使用上述两种制作方法。

### 穿刺填充和包裹肥膘

通过穿刺填充或包裹肥膘可以避免在煎烤过程中一些柔嫩结构中脂肪含量少的部分被煎烤得过干。

**穿刺填充肥膘**的时候，主要使用新鲜的背部肥膘，偶尔使用盐腌渍。

穿刺填充的肥膘经过冷藏后变得硬实，需要稍微切割一下，将肥膘切成3mm宽的肥膘条。为了避免肥膘黏附，在切割肥膘前需要将刀浸泡在热水中。

使用穿刺针穿刺填充肥膘，将肥膘条推入肉块中，使其沿着肌肉纤维的走向。肥膘条的穿刺位置应当有所变化。

背部是一个例外，在这块肉上，肥膘条应当倾斜于肌肉纤维的方向穿刺，因为，外脊肉块在呈上时是倾斜于肌肉纤维切割成片的，并且需要重新放回背部骨头上。

对于狭长的背部，填充一条肥膘条就足够了。在较为结实的背肉上穿刺填充两条。

对穿刺填充肥膘存在一些批评，因为尽管是将脂肪放在肌肉表层下面，但是肉块会因为大量刺孔受到破坏。因此，我们推荐使用肥膘片覆盖或使用猪油网**包裹**替代穿刺填充。

穿刺填充肥膘时，不要将肥膘条穿刺过深。因为，为了使肉块在烹调后保持淡红色状态，烹调时间相对较短。如果肥膘条塞得太深，会不易煮熟。

## 概览

经过煎烤的肉应软嫩多汁。可以使用不同的方法使食材保持多汁的状态，而实现这一状态的主要因素就是脂肪，可以通过以下几种方式将脂肪填充至肉中。根据脂肪组织的状态添加方式可以分为几种：

在许多情况下使用猪板油，这是储存脂肪的结缔组织。在热力作用下，脂肪会流出并对煎烤食材产生影响。

### 使用穿刺针填充

用穿刺针（参见第515页）将细的肥膘条从肉的表层穿入，并使其留在肉中，而肥膘条的末端在肉表面露出一部分，在煎烤的过程中脂肪会被烘烤干。

### 使用穿刺管填充

用穿刺管将铅笔粗的肥膘条穿入肉中。煎烤过程中，脂肪会融化并使肉块变得多汁。这种方法主要用于炖肉。

### 包裹

用薄的肥膘片覆盖肉块或将肉块包裹。煎烤过程中，脂肪会流到肉表层。为了使食材获得诱人的颜色，需要在煎烤结束前适时将肥膘片移开。

**猪油网**是猪腹部的一种网状结构，它像结缔组织一样，可以贮藏许多脂肪。通过包裹猪油网，可以对肉卷等食物进行加工。在煮的过程中，流出的脂肪会润湿肉表层，快煮好时可以将猪油网完全揭下。

在**入味**阶段，不断用煎烤肉时流出的汤汁浇在肉块上，其中所含有的油脂能够避免外层烤干。

## 腌渍–醋渍

通过腌渍，肉会更入味。味道物质也可以进入肉块。

**腌渍时间**：2～5天，具体取决于肉块的大小和室温。在下一步加工前，必须将腌渍好的肉块彻底控干水分，有水分的肉在煎烤时是不会着色的。

在冷冻食材中，细胞结构经过冷冻后变得松弛。通过腌渍会使解冻损失增大。因此，冷冻的肉应当：
解冻后马上处理，在开始煎烤后再加入葡萄酒或酸类液体。

### 适合腌渍
- 年龄较大的野味的新鲜肉块，
- 不能马上食用的、新鲜的、制作蔬菜炖肉用的肉。

### 不适合腌渍
- 低龄的野味，
- 所有解冻后的野味肉块。

| 醋渍汁 | | |
|---|---|---|
| 0.4L 醋（5%） | 1个洋葱切丁 | 2粒丁香 |
| 0.6L 水 | 1根胡萝卜切丁 | 8颗胡椒粒* |
| **葡萄酒腌渍汁** | 1枝百里香枝 | 6颗刺柏果* |
| 1L 红葡萄酒或白葡萄酒 | 1片月桂叶 | 1瓣大蒜瓣，切片 |
| **脱脂乳腌渍汁** | 1刀尖迷迭香 | *（压碎） |
| 1L 脱脂乳 | | |

## ② 制作

猎获的野味必须像分割肉一样在处理前进行悬挂（成熟）。通过这种方法使肉获得更细腻的野味味道。

供应的野味年龄不同，低龄的野味肉质最好，因此，优先选用：

- 狍鹿/赤鹿：初次发情前的公母犊鹿
- 狍子犊：初次发情前的公母狍子
- 野猪崽：一岁以内的猪崽和1~2岁的野猪

野味名称概览（参见第449页）

在烹制野味的时候，人们会按照每种肉切块的肉质相应采用以下烹调方法：

| 烹调方法 | 鹿，狍子，野猪，野猪崽 | 兔，野兔 |
|---|---|---|
| **在平底锅中煎** | **成份肉块：**<br>奖章牛排、带肋骨肉排、肉排、肉条 | **成份肉块：**<br>外脊肉 |
| **在烤箱中烤** | **以下部位的整块肉或者其中一块：**<br>背肉、后腿肉、肩肉 | **整块肉：**<br>背肉、后腿 |
| **煨炖** | **以下部位的整块肉或者其中一块：**<br>后腿、肩肉<br>**切碎的肉（蔬菜炖肉）：**<br>肩肉、颈肉、腱子、腹肉 | **整块肉：**<br>后腿、腿部 |

### 2.1 在烤箱中烤

**烹调基础**

当煎烤的肉块表面呈现均匀、有光泽的棕色时，肉块内部多汁，呈现柔嫩的浅红色时，制作的野味肉块才能达到最精致的味道。完美煎烤成果的前提条件是：

- 在相应的煎烤阶段对火力进行调整。
- 在煎烤过程中，多次浇上煎烤出的油脂。
- 多次翻转紧实的肉块。
- 在完成烹调前检查煎烤成熟的情况。
- 注意温度和时间的关系，不要在较高的温度下制作，也不要煎烤过长的时间。

可以通过插入式温度计或者针状测试计来测出期望的肉块断生点（核心温度）。

在将熟肉切开之前，为了使肉块松弛且内部肉汁分布均匀，需要使用锡箔纸包裹烤好的肉，放置约20min。

**烹调基础的变形**

煎烤犊鹿鞍形背肉搭配刺柏果酱汁

野味的鞍形肉块（位于长肋骨和大腿之间的背部部分）。这个部分为比较有价值的部分。

煎烤

将一块2.5kg重的鞍形肉块煎烤成浅粉红色，需要35~45min。

将油脂放在炊具中加热。在处理好的鞍形背肉上撒盐、胡椒，并将带骨头一侧朝下放在炊具中。将烧滚热的油淋在肉上，然后将其放入已经预热（200~220℃）的烤箱中烘烤。为了使肉块的外层保持先前提到的棕色，在烹调过程中，也需要频繁地舀取煎烤出的油脂淋在脊背肉上。

大约20min后，将经过挤压的刺柏果和烘烤蔬菜围绕肉块摆放，继续烹调15~20min。调整火力，这样煎烤的肉汁不会烧干。

然后，将煎烤的鞍形背肉放在带有滤网的烤盘上。放置几分钟，使其表面积累的热量散去，这样可以避免继续加热。在切分肉之前，需要使用锡箔纸包裹肉，使其保持温度。

制作酱汁

将烤箱中剩余的油倒出，在煎烤沉淀物中浇上红葡萄酒并开始煮，加入野味酱汁并一直煮到微微黏稠为止。将酱汁倒在密目滤网上过滤，倒上少量杜松子酒完成制作。

切分熟肉

将鞍形背肉两侧骨头上的肉卸下来。切成薄片，切割方法（图1）为：将肉片重新放在骨头上排列好时，两侧切下肉块的截面可以形成锐角。

图1：切分背肉

---

**填馅犊鹿背肉搭配蔬菜、香草将和面食**

**制作10人份所需的食材**

| | |
|---|---|
| 1kg | 鹿外脊肉 |
| 500g | 生珍珠鸡肉 |
| 2个 | 蛋白 |
| 150mL | 奶油 |
| | 盐，胡椒，柠檬皮 |
| 100g | 打发的奶油 |
| 100g | 蔓越莓，也可用新鲜的或冷冻的菌类代替 |

**制作酱汁的材料**

| | |
|---|---|
| | 野味背部骨头，脂肪 |
| 400g | 根茎类蔬菜 |
| 1EL | 芥末 |
| 2EL | 糖渍蔓越莓 |
| | 刺柏果，多香果，月桂叶 |

将犊鹿背肉从骨头上剔下并剥皮，骨头剁成小块用于制作酱汁。制作珍珠鸡或者火鸡肉糕。

在犊鹿外脊肉侧面下方三分之一处纵向划开，翻开并再次纵向划开较高的肉块，同样翻开。现在，将肉块摊平并均匀捶打平。放少许盐和胡椒调味，然后涂抹上均匀厚度的肉糕。在肉糕中可以混入新鲜的蔓越莓，鸡油菌，或切碎的新鲜香草。

现在，将鹿外脊肉卷成卷，用粗线捆好，略微煎烤一下，然后放在预热的烤箱中烹制50~60min。

然后，将肉块包裹在锡箔纸中放置15~20min，以使其松弛，均匀切片后摆盘。

**摆盘**

首先在盘中倒上酱汁，使用煮过且经过调味的皱叶甘蓝掰成心形，放上肉片，并在盘中放上配菜。

野　味

一块重量为1.8kg狍子背肉煎烤至粉红色的时间为20~25min。煎烤的过程与犊鹿背肉的煎烤过程相同。推荐将烤好的肉卷包裹在锡箔纸中进行松弛，和制作分割肉时一样。

狍子外脊肉，搭配雪丽酒奶油酱汁，栗子面，上糖釉珍珠洋葱

**狍子背肉的装饰**

猎人风格
菌类和肥膘条一起嫩煎，
蒸好的孢子甘蓝
野味胡椒酱汁

巴登–巴登风格
炖煮的切半梨，其中填入蔓越莓（醋栗果冻）
野味奶油酱汁

● **煎烤狍子背肉，搭配奶油酱汁**

野味背部的鞍形肉块上肉层比较平坦，在肋骨肉块部分的肉层较高。这种差异使其煎烤方式有所不同。因此推荐将鞍形肉块上的肉切割下来并压平，这样可以使背肉的肉块厚度均匀。背部脊骨突出的部分可以使用剪刀剪短至与肉的高度平齐。在煎烤的时候，烤箱的热力可以均匀地进入肉中。使用一根金属针插入脊骨的空腔，可以防止背部在煎烤时候弯曲变形。

制作酱汁

将煎烤沉淀物和野味酱汁、奶油一起炖煮，直至达到期望的黏稠度。

**野味菜肴的配菜**

为了使野味菜肴的味道更突出，通常会使用微甜有香草味的配菜。

此外，制作者还喜欢使用野味生活区域所产出的食材。

酱汁

野味酱汁中添加有奶油、刺柏果、蘑菇或者芥末等味道刺激的材料（第509页）。此外，还会添加酸甜味道的果冻或糖渍蔓越莓、醋栗、野蔷薇果实或者榅桲果搭配食用。

蔬菜

典型的搭配野味菜肴的蔬菜是菌类和秋季蔬菜，如：紫甘蓝、孢子甘蓝、芹菜、欧芹根、黄萝卜、鸦葱、皱叶甘蓝和栗子（欧洲栗）。蔬菜的制作方式与野味的烹调方法相同。除了蔬菜类配菜，也可以使用水果作为配菜，例如填有馅料的梨，烤苹果，酸樱桃或者葡萄。

配菜

勾芡酱汁决定着配菜的种类。特别推荐选用以下面食搭配野味：鸡蛋面疙瘩、面条或者面包团子等。土豆类配菜也应按照野味制作方法进行烹调，如：土豆泥或土豆蓉、土豆棒、杏仁土豆、果仁土豆或椰子球，如果合适，也可以选用土豆团子和单独呈上的团子。

沙拉

同样，沙拉也应当搭配野味典型的味道。因此，人们选用如芹菜沙拉、野莴苣沙拉、菊苣沙拉以及经典沃尔多夫沙拉。

## 2.2 在平底锅中煎制

### 烹调基础

已分成份的野味嫩煎肉使用低龄动物的背肉和后腿肉。在有需要的时候，才会煎制小肉块。肉应当半熟，内部呈现淡粉红色。相应的成熟程度通过按压测试（指压法，参见第547页）确定。如果还要继续煎制，肉质会逐渐变老且味道会慢慢变差。为了完成预先确定的酱汁，必须准备浓野味高汤或野味基础酱汁。

### 烹调基础的变形

#### 犊鹿带肋骨肉排搭配橙子

带肋骨肉排是犊鹿背部的带有肋骨的肉排。

首先处理水果，使用削皮器削下橙子外层的橙色外皮（未处理的水果）。切成细条，焯水后，放在葡萄酒中炖煮。用刀去掉剩余的橙子皮。

取出橙子果肉并将其放在涂有黄油的平底炊具中，保留橙汁用于稍后制作酱汁。

在带柄平底锅中加热油脂，放入调味的带肋骨肉排，将两侧煎至棕色，放在一个带有托盘的滤油网上控油。将平底锅中的油脂倒出来，放入一小块黄油后，将带肋骨肉排放在热黄油中煎至期望的成熟程度。

将已经煎好的带肋骨肉排摆放好并保温。将保留的橙汁和野味胡椒酱汁倒入平底锅中并煮开，直至变得微微黏稠。在酱汁中倒入橙子利口酒（柑曼怡）为其添加香味。

使用经过加热的橙肉装饰已经摆好的犊鹿带肋骨肉排，撒上橙皮丝，并在周围浇上少量酱汁。其他酱汁单独呈上。

配菜：
豆角
太子妃土豆
蔓越莓

---

**狍子外脊肉搭配肉桂酱汁，上糖釉的胡萝卜和香草玉米团子**

**制作10人份所需的食材**

| | |
|---|---|
| 1.8kg | 狍子外脊肉 |
| 0.5L | 野味基础酱汁 |
| 0.25L | 红葡萄酒 |
| 2片 | 桂皮 |
| | 盐，胡椒，油脂 |
| 40g | 黄油 |

- 将桂皮和野味基础酱汁一起煮开，然后过滤。
- 将从骨头上切下的肉切成10块奖章肉排，撒上盐和胡椒。
- 先煎制一面，翻面，再缓慢地继续煎制。
- 将平底锅中的油液倒出，再用黄油煎烤奖章肉排，从平底锅中取出后放置进行松弛。
- 在平底锅中倒入红葡萄酒，使其与锅中的沉淀物融合在一起，然后倒入野味酱汁。
- 横向切分奖章肉排，然后将其摆放在蔬菜上。
- **配菜**：小胡萝卜、土豆饼或玉米团子

野　味

**配菜**

炖煮的孢子甘蓝、翻糖土豆、醋栗果冻

---

**装饰**

**戴安娜风格**

戴安娜酱汁：将奶油和野味胡椒酱汁一起煮开，并放入松露和蛋白条

- **配菜**：栗子泥

**米尔扎风格**

将拦腰切半的苹果挖取果核，放入黄油中煎烤，填入醋栗果冻。野味胡椒酱汁

---

**配菜：**

面包团子
野莴苣
苹果泥

**配菜：**

鸡蛋面疙瘩或面条

---

**野猪崽肉奖章肉排搭配鸡油菌**

将切割下的背肉切成奖章肉排的形状，轻微捶打，添加调味料并像犭麅鹿带肋骨肉排一样煎制，然后装盘并保温。在同一个炊具中放一些肥膘和冬葱丁煸炒。加入经过炖煮的、控干水分的小鸡油菌，加盐和胡椒，大火翻炒。将蘑菇堆在装盘的野猪崽奖章肉排上，撒上切碎的欧芹，单独盛装野味奶油酱汁。

## 2.3 煨炖

可以煨炖的肉包括野味的后腿、肩肉、颈肉和切好的蹄髈以及腹肉。酱汁使用为炖肉类时的汤汁和相应的腌渍汁/醋渍汁制作。

**煨炖兔腿**

首先将经过腌制的兔腿肉控水，并用布拭干水分，这样在烹调时肉才能够变成棕色。将处理好的、经过调味的兔腿肉放入油锅中煎制。然后加入烘烤蔬菜，让所有食材变成棕色。撒上少量的面粉，煸炒并浇入葡萄酒或腌渍汁。倒入野味高汤或棕色高汤并煮开。加入一束调味香草束（欧芹、月桂叶、蒜瓣、百里香枝、刺柏果）。盖上锅盖后，在适当的火力下煨炖。当肉变软时，从锅中取出腿肉，放在砂锅中保温。去掉酱汁中的油脂并过筛，再次加热至沸腾，补充缺少的调味料。将酱汁浇在兔腿肉上。

**蔬菜炖狍子肉**

首先使用滤锅控干腌制的狍子肉上的水分，然后用布拭干水分。留下葡萄酒腌渍汁，并在制作酱汁时使用。在平底煎锅中放入油脂，加热，加入经过调味的小肉块，迅速翻炒。将肉倒入滤锅中，控干油。在煨炖炊具中将肥膘丁和烘烤蔬菜同黄油一起煎炒。加入肉块，撒上一些面粉，搅拌并稍微煸炒。加入留下的葡萄酒腌渍汁、野味高汤或棕色高汤，搅拌所有材料并煮开。放入一个香料包（蒜瓣、月桂叶、百里香枝、欧芹根、刺柏果）并且盖上盖后使用小火煨炖。通过穿刺肉块检查煮熟程度，将已经煮熟的肉块放在炊具中。去掉酱汁的油脂，使用密目网过滤，和醋栗果冻以及柠檬汁调和酱汁的味道。

煨炖雄犊鹿肩肉，搭配羊肚菌填馅和白萝卜、黄萝卜

## 制作10人份所需的食材

| | |
|---|---|
| 2kg | 鹿肩肉骨架 |
| 100g | 羊肚菌-蘑菇（参考185页） |
| 1个 | 洋葱 |
| 300g | 根茎类蔬菜（蔬菜切）盐，胡椒 |
| 0.25L | 野味基础酱汁 |
| 0.5L | 白葡萄酒刺柏果，石竹属月桂叶，柠檬百里香蔬菜与羊肚菌 |
| 0.25L | 酸奶油 |
| 0.25L | 打发的奶油 |

给切下的狍子肩肉内侧涂盐，涂上一层羊肚菌馅料，卷起来后捆扎。给肉调味并放在油中煎制，加入洋葱丁和根茎类蔬菜丁，一起煎烤。浇上白葡萄酒，野味基础酱汁，香料和高汤，以适当的火力盖上盖煨炖。当肉变软时，从炊具中取出肉块并保温。去除酱汁中的油脂，过滤并煮开。现在将少许酸奶油与少量酱汁搅拌在一起，加入打发奶油并使用搅拌棒打发出泡沫。

### 摆盘

将蔬菜和羊肚菌放在盘子上，浇上酱汁并在上方放置切片的狍子肩肉。

* **配菜：**面食、土豆棒、土豆泥

---

| 专业用语 | |
|---|---|
| 浇汤入味 | 反复用煎烤出的肉汁浇在煎烤的肉块上 |
| 酸渍汁 | 含有可食用酸的液体作为主要组成部分，例如：红酒、醋、酸牛奶 |
| 腌渍 | 添加含有酸和/或含有香料的液体（酸渍汁）以改变口感 |

| 专业用语 | |
|---|---|
| 血芡汁炖肉 | 使用野味肉制作的蔬菜炖肉使用动物（猪）血勾芡 |
| 蔬菜炖肉 | 深色肉类的煨炖菜肴，与匈牙利式炖肉的区别在于：使用的肉类食材可以包含骨头 |
| 穿刺填充 | 在较瘦的肉（牛肉，野味肉）中穿刺填入肥膘 |

---

**作业**

1. 为准备一场宴会，要整块煎烤狍子背肉。请您说明如何进行准备工作。
2. 请您列举典型的与野味相配的调味品。
3. 野味肉中通常需要塞入肥膘或者包裹肥膘。这些方法有什么不同？请您列举优点和缺点。
4. 请您列举出搭配煎烤狍子肉的
   a）典型酱汁，
   b）典型蔬菜配菜，
   c）典型主食配菜，
   d）典型水果配菜。
5. 请您描述（猪）血芡汁炖肉的制作过程。

# 家禽和野生禽类

现在，家禽肉属于物美价廉的蛋白质来源。家禽肉中脂肪含量较低，容易消化，烹饪的方法也多种多样，这些原因致使家禽的消费量持续增长。商业厨房中的趋势是，家禽制作的菜肴越来越多地作为主菜，禽肉是冷餐中制作沙拉的基本食材。

### 冷冻食品

从营养学角度看，冷冻食品和新鲜食品的营养价值是一样的，因为快速冷冻可以尽量保留营养成分，而不产生损失，但是，较长时间冷藏新鲜食材会造成巨大的营养损失，口感和味道也会发生变化。

所有家禽和野生禽类的供应形式有：

- 冷藏状态的新鲜产品，整只供应或供应肉块（例如：大腿），
- 冷藏产品，整个或者部分供应。

## 1 准备

新鲜或冷冻家禽按照如下形式供应：

- 包含内脏的家禽，已经准备好可以直接煎烤、煨炖
- 去除内脏的家禽，已经准备好可以直接烧烤

### 卫生要求

将家禽放入充足的水中彻底清洗，冷水冲洗，肚皮上的开口朝下放入滤水盆中控干水分。

家禽的皮肤上可能存在沙门菌，虽然可以在烹煮的过程中杀死沙门菌，但是它们还是可能传播到其他食材上，然后导致食物感染。

> 准备工作结束后必须彻底将所有器材，如：桌子、托盘、容器和工具以及将双手清洗干净。解冻用的水或者控水时控出的水都要马上清理掉。

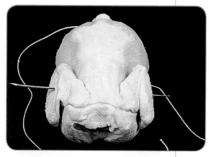

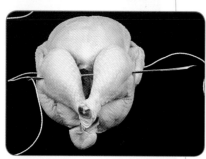

### 1.1 准备工作中的处理方法

#### 使用束口针塑形

可以使用束口针穿过禽类的翅膀连接，也可以不连接翅膀（定形）。在束口针中穿上绳子，翅尖向胸前内侧交叉。现在，将禽类胸部朝下放置，穿过交叉鸡翅骨的中部，同时将颈部皮肤在身体下侧拉平包住胸部后固定。

把鸡翻转过来，背部朝下。此时，使整只鸡保持期望的造型。针穿过腿部下方的肌肉，拉紧绳子并打结。

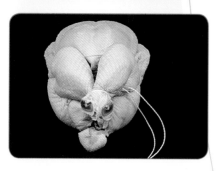

不使用束口针塑形

　　为禽类塑形也可以不使用束口针。将翅尖向内交叉，和向后拉、包裹胸部的颈部皮肤一同用绳子绑紧。将鸡的背部朝下放置，身体会微微翘起，然后用绳子在鸡翅下方交叉。

　　然后，将绳子拉至两个鸡腿下方，在腿部末端缠绕一圈然后打结（参见右下方插图）。

## 使用肥膘包裹的家禽

　　在烹调时，为了保护软嫩的胸肉、防止胸肉变干硬，会使用肥膘在胸部缠绕包裹（图1）。这一步骤是在烹饪野生禽类时必不可少的。

　　将一片肥膘覆盖在禽类胸部，用绳子固定。使用方形的肥膘块切成薄片，大小应匹配需要包裹的禽类胸部。在肥膘片上切几刀，这样，烤箱中的热量可以穿透切口，并使禽肉胸部微微变成棕色。

图1：雉鸡胸肉和覆盖肥膘的鹌鹑

## 剖开、切割、剃肉和填充馅料

　　对一些烹调方式而言，处理好的家禽需要在生的状态下剖开、切割、剃肉和填充馅料。只有熟悉禽类的身体构造时，才能有效完成这些工序。

## 剖开家禽进行烧烤

　　烧烤时主要使用嫩鸡。鸡翅膀保留在身体上。

　　使用结实的刀从身体较后方插入禽类躯体，在靠近脊骨凸起的地方直接切开家禽的身体。将剖开的身体摊开平放成一个平面，将脊骨压下去。翅尖朝下交叉，将腿的末端插入切开的腹部薄皮中。在烧烤时，禽类躯体保持平坦，不会变形。

分割整只鸡

将整只鸡分割成肉块：使用一把锋利的小刀环绕切割鸡翅的肘关节。

从肘关节处小心地将鸡翅切下。此外骨头不能受到损伤。翅尖可以用在其他方面。

切下脚关节以下的鸡腿，同时骨头不能受到损伤。小心拧下脚关节软骨。

首先，将腿部上部的皮切开，然后将鸡腿略微抬高，然后向外侧旋转腿部。

完整地将腿部伸展开，小心地切下髋关节。另外一侧的鸡腿也按照同样的方法切下来。

为了取下鸡胸肉，沿着胸骨从屁股切至头部，直至切到骨架。

用刀沿着三叉骨切割，然后将肩关节切下。用鸡翅的骨骼撑起鸡胸。

用这种方式分割的鸡，可以为厨师提供大小均匀的胸肉和腿肉。

填充馅料，如：家禽、肉糕、切成圈的春季洋葱、开心果、烤面包丁、牛舌、蔓越莓

成份的家禽，如：雏鸡、鸽子、鹧鸪等，通常整只填充馅料，然后烹调。

在填充馅料前完全剔除骨头，可以使口感更好。

## 剔骨后填充馅料

为了在鸡胸肉中填充馅料，有两种可能：

- 用刀在胸部厚的一侧切一个开口，以便产生空腔用来填充馅料。
- 从胸部的一侧切开，并展开①。

在填馅前，可以剔除部分或全部大腿骨头。

部分剔骨即：

- 在内侧切开大腿的肉，取出骨头②，膝盖骨必须移除。
- 之后，割开小腿上的肉几乎至末端，将肉翻过来，砍掉露出来的骨头②，这样，留下的骨头可以封闭肉的一端。再将肉翻回原样，用肉糕或填充料将空腔填满③。
- 翻折填充馅料的胸肉（图中使用菠菜叶、烤面包丁和乳清干酪填充），用牙签等材料穿入固定。

通过翻折闭合填充有馅料的小鸡腿肉和胸肉

## 禽类的填充

通常情况下，填充馅料之前应将整只禽类或者禽类的肉块去骨或切割出空腔。不剔除骨头也可以填充馅料。

填充时可以使用的食材：
- 生苹果，
- 面包团子的混合物，其中混合有新鲜的蔓越莓、去皮的栗子、蘑菇或者坚果（参见第206页）
- 禽类肝脏或禽类肉制作的肉糕，
- 混合有蔬菜和酸泡菜的面包充填馅料（参见第653页）。

## ② 制作家禽菜肴

准备好可以烹调的禽类可以整只使用或者切割后使用。根据每种动物的特点，相应适合的烹饪方法如下：

| 烹饪程序 | 家禽的种类 |
|---|---|
| 烹煮 | 雏鸡、嫩鸡 |
| 蒸制 | 炖汤用鸡、鸽子、火鸡 |
| 煨炖 | 嫩鸡、鸽子 |
| 在烤箱中煎烤 | 雏鸡、嫩鸡、鸽子、火鸡、鹅、鸭子 |
| 在平底锅中煎 | 嫩鸡的整块胸肉或者鸡肉条、煎烤或煎炸的火鸡肉排、鸭胸肉 |
| 油炸 | 嫩鸡、嫩鸡的胸肉、煎烤或煎炸的火鸡肉排 |
| 烧烤 | 雏鸡、嫩鸡、鸽子、煎烤或煎炸的火鸡肉排 |

**断生点**

家禽的胸肉比腿肉要嫩。因此，检查整只禽类是否煮熟，主要检查其腿部。

- 用工具插入大腿时流出的肉汁清澈，没有粉红色的肉汁时，就表示家禽已经煮熟。（参见第577页）
- 年龄较大的家禽需要的烹调时间更久。当使用工具插入大腿时，只感觉到较小的阻力时，就表示肉已经熟了。

**冷冻的家禽**

因为冷冻产品的纤维组织变得疏松，因此炖煮的时间更短。填充好的家禽所需要的煮熟时间更长。什么时候熟最好通过核心温度或者使用针刺确定。

## 2.1 平均烹调时间

| 准备好可以烹调的家禽 | 重量/g | 烹饪时间/min | | | |
|---|---|---|---|---|---|
| | | 炖煮或蒸制 | 煨炖 | 煎烤 | 烧烤 |
| 雏鸡（6~8周） | 350 | 15 | | 20 | 12 |
| 嫩鸡 | 800 | 25 | 15 | 35 | 20 |
| 成年的火鸡（幼年火鸡） | 3,500 | 80~90 | | 90~120 | |
| 成年的鸽子 | 250 | 15 | | 20 | 12 |
| 成年的鹅 | 3,500 | | | 120~150 | |
| 成年的鸭子 | 2,200 | | | 80 | |

切割家禽的时候必须先冷却已经煮好的家禽，否则会流失大量的肉汁，这会导致肉质明显变差。

使用
- **鸡肉**：重汁炖肉，鸡肉土豆棒，汤料，综合禽肉沙拉
- **鸡肉高汤**：浓汤，酱汁

**基本制作方法的变形**

重汁炖鸡肉肉丁
柏林风格
- **装饰**：蘑菇、犊牛胸腺丁、犊牛肉丸子、芦笋尖、虾尾
- **配菜**：肉饭

旧式风格
- **装饰**：上糖釉的珍珠洋葱、小蘑菇
- **配菜**：烩饭或欧芹土豆

象牙海岸风格
- **装饰**：朝鲜蓟切丁、蘑菇菌盖
- **配菜**：肉汁烩饭

## 2.2 炖煮家禽

烹调煮汤用鸡主要是为了得到鸡肉高汤。将处理好可以烹调的家禽焯水，这样可以使稍后煮好的汤有勾人食欲的清澈感。

工作流程
- 把焯过水的嫩鸡放入炊具中，加水没过鸡肉，煮沸，然后继续盖着锅盖小火炖煮。
- 撇去浮沫和油脂，往汤里加入少许盐。
- 加入一个蔬菜捆（参见第473页），新鲜蔬菜的香气容易散失，因此在完成炖煮前30min将其放入炖煮的鸡汤中。
- 将煮好的鸡从汤中取出来，快速放入冷水中激冷。为了防止变干和变色，使用铝箔纸覆盖包裹后进行冷却。
- 将鸡腿从身体上分离，胸部对半切分。去掉鸡皮，大腿、小腿的骨头以及剩下的鸡翅的部分保留在肉中。
- 用一块布过滤鸡肉高汤，肉块保留在高汤中。

## 2.3 蒸炖家禽

### 制作的基础

蒸炖时所用到的是普通的、焯过水的家禽，可以使用整只也可以使用经过切分的。为了使味道浓郁，可以将家禽和需要使用的蔬菜稍加煎制，不要煎至变色。然后倒入制作相应酱汁所需的液体量。

工作流程
- 将葱白和芹菜放在黄油中以适当的火力煎制。
- 放入经过焯水的家禽，将肉煸炒至变成白色。
- 加入白葡萄酒融合汤汁沉淀物。倒入家禽高汤或犊牛高汤。
- 煮沸，在汤汁中加入少许盐。盖上锅盖蒸炖食材。偶尔翻动家禽。
- 将蒸炖好的禽肉放在金属板上，用铝箔纸覆盖包裹并冷却。撕掉肉皮。将整只家禽切开。
- 过滤汤汁，去除油脂，使用白色油煎糊/黄油面粉勾芡。
- 根据预定好的制作类型使用奶油或蛋黄勾芡，添加缺少的调味料以及柠檬汁完成整道菜的制作。

**家禽肉制作的重汁炖肉丁**根据传统方式，使用蒸炖的基本方式进行制作。同时，蒸炖的食材上撒上少量面粉，并稍微翻炒。这可以为酱汁勾芡（第542页）。

除了传统的烹调方法外，还有一种简化的制作方法，这也符合**白汁炖肉**的制作方法。使用根茎类蔬菜和鸡一同烹调，然后分割。使用高汤和白色油煎糊制作酱汁，然后使用蛋黄和奶油勾芡。（542页）

## 微微上色的焖烤——上色焖烤

### 制作基础

上色蒸炖特别适合用于浅色家禽。在烹调过程中，家禽会获得淡淡的浅棕色。烹调过程在烤箱中进行。可以按照以下两种方式上色。

- 在适当的火力下将家禽放在其自身形成的汤汁中经过覆盖后焖；稍后打开盖子，使家禽通过烘烤着上金黄色。
- 在适当的火力下将家禽放在开放的炊具中烘烤上色；然后放在其自身形成的汤汁中盖上盖子焖。

在上色焖烤家禽时，不需要去掉肉皮。稍加煎烤和上色焖烤的过程中，皮下储藏的脂肪会溢出来，这样皮会变得细嫩可口。

这种烹调方法结合了焖和烤，介于蒸和煨之间。

### 基础制作的变形

方法1：

上色焖烤鸡腿，搭配苹果块和冬葱

| 制作10人份所需的食材 | | 0.5L | 棕色犊牛高汤 |
|---|---|---|---|
| 10个 | 鸡腿 | 500g | 法式重奶油或者奶油 |
| 6个 | 酸苹果 | 200g | 肥膘 |
| 30个 | 去皮冬葱 | 40g | 黄油 |
| 0.5L | 禽肉高汤 | | 盐、胡椒、甜辣椒粉、食用油 |

- 清洗鸡腿，拭干后调味。
- 将黄油放入锅中，放入鸡腿①，将两面煎至浅黄色，倒掉多余的油②，倒入一半高汤③焖。
- 在此期间，将肥膘切成条或丁。冬葱根据其大小对半切开或四等分。
- 清洗苹果，挖出果核，然后等分成八份。将肥膘丁和冬葱块放在少量黄油中煸炒。
- 放入切好的苹果，一起煎炒几分钟。将所有食材混合后放在鸡腿的下方。
- 加入剩下的高汤，盖上盖子后小火焖④。
- 烹调期间给鸡腿翻面一次。
- 在上桌前将法式重奶油与酱汁混合在一起，或者作为点缀装饰在鸡肉上。

配菜：
切小的蒸炖蔬菜、奶油蘑菇；
肉汁烩饭，圆粒米饭，橄榄土
豆或太子妃土豆泥。

**葡萄酒炖鸡**

将洋葱、肥膘和蘑菇放在葡萄酒
中煨炖。使用奶油使煨炖高汤更
加细腻，然后煮浓。

配菜：
城堡土豆，果仁土豆或者其他土
豆菜肴；沙拉。

**方法2：上色焖烤鸡腿**

- 在鸡肉外侧撒上少量盐和胡椒。
- 选用匹配鸡腿大小的煎制炊具，在其中涂抹黄油。
- 放入鸡腿，加入洋葱片和胡萝卜片。
- 将熔化的黄油浇到鸡的身上。
- 盖上炊具的盖子。将鸡腿放在烤箱中，以适当的火力焖。偶尔翻面，倒入经过勾芡的高汤。
- 在烹调的最后15min内，取下盖子。
- 鸡腿通过烘烤着上了淡淡的颜色，与此同时多次在鸡腿上浇上蒸炖的汤汁。
- 将鸡腿放在餐盘中保温。
- 使用犊牛高汤融合锅中的沉淀物并收汁。
- 酱汁过筛并倒入酱汁壶中。

## 2.4 煨炖家禽

### 制作基础

　　煨炖是综合的烹调方法，在煎制时是使用干式加热烹调，然后使用湿式加热直至煨炖熟。

　　制作煨炖嫩鸡这道菜时，需要选择一个匹配鸡肉大小的餐具，以便在煎鸡肉时四周有翻动的空间。当肉块两面的颜色变为棕色时，盖上锅盖，再降低温度继续煨炖。因为从现在开始食材中蒸发出来的水分增多，锅里的湿度增加，这时煨炖阶段就开始了。

制作流程

- 调好味的鸡块放在面粉里面翻转，在热油里面两面煎炒。
- 根据烹调方法相应地加入提升香味的蔬菜。
- 调低温度，盖上盖子，继续用文火煮。
- 首先拿出胸部部分，之后取出鸡腿，因为腿部需要煮的时间相对长些。
- 倒掉鸡煮时流出的油。加入棕色汤汁，煮到期望的浓度。
- 将炖好的鸡放入完成的酱汁中，摆盘前取出。

### 基础制作的变形

猎人风格煨炖嫩鸡

　　将冬葱丁和森林蘑菇加入鸡肉中、在煨炖剩余的汤汁中倒入白葡萄酒和白兰地酒混合、倒入半冰沙司、在酱汁中撒上切碎的龙蒿叶和山萝卜就完成了。

## 2.5 煎烤家禽

**在烤箱中烤/煎烤整只家禽**

整只煎烤适合所有家禽种类中的低龄个体。

**制作的基础**

浅色家禽

在煎烤的过程中溢出的肉汁，它们被称为煎烤时的沉淀物，大部分会黏附在炊具的底部，它们可以作为酱汁的基础。为了使沉淀物不烧干、烧焦，需要小心监控烤箱的温度。

制作流程

- 为处理好可以烹调的家禽调味，在烧热的煎烤用油脂中翻动，腿部朝下呈跪姿放置，在温度为220℃的烤箱中对两面进行煎烤。
- 将烤箱温度调低至180℃，经常翻面并且浇上煎烤油脂继续烹调。
- 在煮熟前大约10min，放入烘烤蔬菜并煎烤至棕色。
- 然后将家禽背部朝下放置，这样胸部可以完全变成棕色。
- 达到断生点时将家禽取出。
- 将多余的油脂从煎烤沉淀物上撇掉。
- 使用禽类高汤融合煎烤沉淀物并加热。
- 过滤酱汁，再次煮开，并使用水淀粉勾芡。

深色家禽

鹅和鸭子含有的脂肪较多，为了在烹调时使用这些脂肪，先将鸭子和鹅放入水中。为了使油脂更好地溢出，使用束口针多次穿刺大腿和翅膀上的脂肪。稍后，在水蒸发完的时候，深色家禽就在自身溢出的油脂中完成煎烤。

制作流程

- 在家禽的内外两侧涂抹盐和胡椒。
- 向煎烤炊具中加水，水能够覆盖底部，加热，然后放入家禽并加上水。
- 将炊具放入预热的烤箱中，烘烤在220℃下进行。
- 将家禽翻面，浇上溢出来的油脂，在180℃下继续进行烘烤。
- 可能需要撇去一部分溢出来的油脂。将烘烤蔬菜摆放在家禽周围一同烤至棕色。
- 将烤熟的家禽背部向下放置，将烤箱温度或者烤箱的上火温度调高，为了使外皮爽脆，需要在皮上多次涂刷盐水。
- 从炊具中取出家禽，倒出油脂。使用高汤融合煎烤沉淀物并加热，直至完全融合。
- 过滤酱汁，使用水淀粉勾芡。

为了确定是否达到断生点，需要用一个肉叉插入鸡腿，然后将其从炊具中取出，然后让肉中的肉汁流到盘中。如果溢出来的肉汁清澈①，说明肉已经成熟。还没有熟透的家禽溢出来的肉汁带有血②。

低龄鹅和低龄鸭的肉块依照浅色家禽的制作方法进行煎烤。

在烹调的最后几分钟时升高烤箱的温度并在皮上涂抹盐水会使鹅和鸭子（图1）的皮更脆。

图1：北京烤鸭

家禽和野生禽类

## 使用热空气蒸柜烹调

制作流程

- 将经过调味的家禽放在或者插在烤网上。
- 把收集槽推入柜式热空气蒸屉的最底层。蒸20min，以使脂肪熔化。
- 然后选择"热空气和蒸汽"，在80 ~ 110℃的温度下蒸制；风扇的速度调为中挡。风扇可以防止肉变干。
- 将嫩鸡从蒸柜里取出，将其推入预热至280℃ 的烤箱中使用干热烘烤，在湿度为0的情况下烤10 ~ 15min，直至外皮焦脆。

在图中可以看到烤家禽用的烧烤架，在烧烤之前将整只经过调味的家禽放在铁丝网上。热空气蒸柜中的热量可以均匀环绕食材，并使其均匀地变成棕色。

## 基础制作的变形

鹅

齐波拉塔风格

- **装饰：** 上棕色糖釉的珍珠洋葱，上糖釉的栗子，上糖釉的胡萝卜，齐波拉塔小香肠
- **配菜：** 果仁土豆，沃尔多夫沙拉

上肉汁糖釉的鹅腿（燕麦育肥鹅），搭配蔓越莓、苹果、紫甘蓝和土豆团子

配菜：
加入蔓越莓泥和整颗浆果使菜肴精致。
使用紫甘蓝填满掏空果核并焯过水的苹果。
制作团子面糊，在其中混入春葱葱花，并以煎过的面包块当馅料进行包制。

- 洗净鹅腿，将腿肉部分浸入盐水中，加入一根迷迭香枝条，盖上盖子烹煮约90min。同时，将水煮少。这样鹅肉里的一些脂肪会被去除。
- 从汤中取出鹅腿，轻拍吸干水分，加上调味料。
- 撇去油脂，在煎鹅腿时放在一边。
- 将鹅的油脂放在一个平底煎锅中加热，经常向鹅腿上浇汤，将其煎至金黄，及时加入烘烤蔬菜并一同煎烤。
- 待肉一变软，就将鹅腿取出来，放在铝箔纸中保温。
- 现在向锅里剩下的食材中加入少量糖，稍微加热使糖溶解，再加入少量棕色高汤。
- 加入一点番茄膏搅拌，浇上棕色高汤，加热并添加红葡萄酒或者波尔多葡萄酒。
- 将酱汁煮浓，直至它有光泽，完成烹调，多次在鹅腿上浇上酱汁。

鸭子

搭配橙子

- **装饰：** 去皮橙肉，煮过的橙皮条，加入橙汁煮的酱汁，加上柑曼怡完成这道菜
- **配菜：** 蒸过的菊苣，洛雷特土豆

### 在平底锅中煎制/煎烤成份肉块

只能使用嫩家禽肉才能在平底锅中煎制和嫩煎。

处理较小家禽的胸肉，火鸡肉的肉排或煎肉排或者经过切割的家禽肉（切条、切片）的方法，与制作分割肉的浅色嫩煎肉的方法一致。家禽肉块可以直接制作或挂浆裹粉后烹调。

鸭胸肉的制作是一个例外。在煎烤之前，需要在肉皮上划出菱形，这样方便皮下脂肪溢出来，并且鸭皮可以变脆。

除了在皮肤上划出菱形外还可以将鸭胸带皮的一侧朝下放到未加热的平底锅中，然后持续加热，这样多余的脂肪同样能够溢出来。

煎制鸭胸肉，下衬黄油煎梨，搭配皱叶甘蓝、蔓越莓和油煎玉米饼

为鸭胸肉调味，将皮向下放入未加热的锅中，然后持续加热。鸭皮变脆后就翻转鸭胸，并同样煎一下另外一面。然后，放入烤箱中烤熟，使用煎烤沉淀物制作酱汁。

## 2.6 油炸家禽

### 制作基础

油炸只适用于低龄家禽的肉块。油炸前需要为肉块挂浆裹粉，也可以包裹油炸糊，然后在油锅中炸制。

油温
- 炸制扁平的肉块，温度为170℃，
- 炸制较厚的肉块，温度为160℃。

当肉块漂浮在油的表面时，就达到了断生点。

从油中取出食材，控干油，并放在可以吸附油脂的纸上。

在呈上炸制的食材前，不能覆盖，否则，表面炸酥脆的脆皮会变软，这会使香味和味道整体变差。

配菜：

在黄油中煎制的梨片，油煎饼面糊混合玉米粒，然后在油里煎炸。焯水的皱叶甘蓝条和冬葱丁一起翻炒。添加覆盆子作为装饰。

温度不可以低于150℃，否则煎炸的食材会吸收油脂并且会影响品质。超过170℃时，食材可能会很快炸成深棕色，同时内部没有炸熟。必须避免形成丙烯酰胺。

经过油炸的嫩鸡肉块应放在吸油的材料上（厨房布）吸干油。装盘时，放在餐巾纸或装饰吸油纸上，使用水芹或切碎的欧芹以及柠檬角进行装饰，然后马上呈上餐桌。

配菜：
应季沙拉，土豆沙拉

配菜：
番茄膏和生菜沙拉

当为家禽翻面时转动90°后放在烧烤网上，这样可以形成格子形烧烤纹路。

### 基础制作的变形

炸嫩鸡/维也纳炸鸡

在处理好的鸡肉肉块上撒盐、辣椒和柠檬汁调味。在面粉和鸡蛋中翻转后，按压粘上白面包碎（白吐司碎）。在160℃的深炸锅中炸制。

炸嫩鸡胸部

将取下的嫩鸡胸肉斜切破半，加入柠檬汁、香草和几滴油腌制。然后撒上盐和胡椒并在面粉里面翻转，包裹**油炸糊**后放入热油中。

对炸好的鸡胸肉块做进一步处理，像烤嫩鸡一样进行摆盘。

## 2.7 烧烤家禽

### 制作基础

烤盘和炭火烤架都是炭火烧烤时使用的设备。

将整只家禽串在铁扦上进行转烤。

家禽肉在烧烤的过程中很容易烤干。为此，应在烧烤之前，使用腌渍汁短暂腌制。使用油和调味料制作腌渍汁，这样禽肉可以保持多汁。

将准备好进行烧烤的、经过腌渍的禽肉放在烧热的、涂油的烤架上。在烧烤过程中需要多次在食材表面涂抹腌渍汁并翻面。

烧烤嫩鸡胸肉搭配樱桃番茄和蘸酱

### 基础制作的变形

美式风格

- **装饰**：煎过的肥膘片，煎炒过的番茄，香草黄油
- **配菜**：炸土豆条或炸土豆片，罗马沙拉混合葡萄柚果肉

小串烧烤

在印度尼西亚的短烧烤扦上串上腌渍过的家禽肉。使用香菜、咖喱和椰子油调味，然后放在烧烤架上烧烤。

# ③ 烹调野生禽类

## 制作基础

野生禽类主要是整只烹调。根据不同野生禽类肉龄，会使用不同的烹调方式。

### 断生点

低龄野生禽类可以进行煎烤。味道最好的状态是，靠近骨头部分的肉为粉红色。通过肌肉发达的腿部判断是否断生。

- **低龄（嫩）野生禽类**：当流到盘子中的肉汁为粉红色时（第577页），就达到了断生点。
- **较老的野生禽类**：当使用工具插入大腿时，肉比较软时达到断生点。

## 3.1 煎烤野生禽类

嫩煎类菜肴主要使用野生禽类的胸肉制作。

### 嫩鹧鸪，煎烤

为处理好可以煎制的、包裹肥膘的鹧鸪调味，在黄油中将大腿煎至棕黄。加入洋葱丁和刺柏果，放在烤箱中继续烘烤，翻面，最后向鹧鸪身上浇煎烤出的油脂。取下细绳和包裹的肥膘，继续烘烤胸部，直至变成棕黄色，保温。在肉汁沉淀物中加入棕色犊牛高汤一起煮，然后煮至期望的浓稠度后过滤。

**烹调时间**：15~20min。

### 葡萄农风格嫩雉鸡

雉鸡的烹调方法和上述鹧鸪的制作方法一样。在肉汁沉淀物中添加野生禽类高汤融合并煮浓，再加入鲜奶油。过滤后在奶油酱汁中加入压碎的胡椒、柠檬汁以及几小块黄油后，制作完成。使用去籽、在黄油中加热的葡萄和煎炸酥脆的菱形肥膘块作为装饰。

**烹调时间**：25~35min。

### 煎烤野鸭，搭配菠萝

在处理好可以烹调的野鸭身上抹盐，放在热黄油中，煎制两侧，并且放在预热的烤箱中继续烘烤。在加热时间过半后，加入洋葱块和胡萝卜块（2:1），在炊具中添加一些胡椒粒，并一同烘烤。将煎成粉红色的野鸭肉放在配有托盘的滤油网上。使用波尔多葡萄酒融合烘烤沉淀物。加入犊牛高汤和少许菠萝汁，并且煮成一份需要的量。使用波尔多葡萄酒混合淀粉后勾芡，过滤酱汁，然后加入从野鸭身上留下的酱汁。

**烹制时间**：25~30min。

在处理野生禽类前也要像处理分割肉一样，将其悬挂，以进行成熟。

较老的野生禽类主要用来做汤（鹧鸪高汤，雉鸡高汤）。为了使味道浓郁，需要先将野生禽类煎至棕黄色，然后再炖煮。

配菜：
苹果紫甘蓝、葡萄酒酸泡菜，煮过的君达菜或混合香草的鸡油菌，太子妃土豆、上糖釉的蜂蜜苹果

配菜：
葡萄酒酸泡菜和土豆泥

配菜：
煎制的菠萝切片，煮过的菊苣和伯尔尼土豆

将鸭子切分成胸部和大腿，去掉骨头，将鸭肉摆盘，周围摆放黄油中煎制过的菠萝切片。再次在烤箱中加热。将野鸭酱汁单独盛在容器中呈上。

为了方便摆盘，将雏鸡的胸部和腿部切分，去掉直至大腿上的骨头。将肉块放在上菜用的砂锅中，加入一些酱汁。

配菜：
上糖釉的栗子，煎过的小蘑菇和上糖釉的珍珠洋葱； 土豆泥或者土豆棒

## 3.2 煨炖野生禽类

可以使用腌渍汁对较老的野生禽类产生积极的影响。在煨炖时可以产生不错的酱汁，但是不太好的一点是，肉汁发干、发柴。

### 煨炖雏鸡

往较老的、处理好可以烹调的雏鸡上撒盐和胡椒，在煨炖锅中将雏鸡煎至棕黄。加入烘烤蔬菜和压扁的刺柏果。当蔬菜煎至棕黄色时，浇入红葡萄酒。将液体煮浓，直至蔬菜发出光泽。倒入棕色高汤或野味高汤，水位没过雏鸡的三分之一处。煮开后放入一束调味香草束，并且盖上锅盖。在适当的火力下，偶尔为雏鸡翻面，将其炖至软烂。取出雏鸡，然后覆盖肉保温。为酱汁撇去油脂，过滤，煮浓至需要的用量，然后使用红葡萄酒混合淀粉勾芡。

## ④ 禽类作为菜单的组成部分

即使家禽和野生禽类的准备工作一样，**菜单的设计也有所不同。**

浅色肉的家禽，如： **雏鸡，嫩鸡**
- 可以和深色分割肉（牛肉、羔羊肉）组合在一起，或者也可以和野味（狍子肉、鹿肉、兔肉）组合。

深色肉的家禽，如： **鸭子，鹅**
- 不能和其他深色分割肉或野味肉组合。
- 可以和浅色分割肉（犊牛肉、羔羊肉、猪肉）组合。

野生肉的野生禽类，如： **雉鸡，鹧鸪，野鸭**
- 不能和其他野味（狍子肉、鹿肉、兔肉）或者深色分割肉（牛肉、羔羊肉）组合。
- 可以和浅色分割肉（犊牛肉、羔羊肉、猪肉）组合。

菜单设计的示例

| 菜 单 |
| :---: |
| 汤 |
| … |
| 蔬菜炖家禽肉丁 |
| 稍加烘烤 |
| … |
| 狍子腿肉 |
| … |
| 餐后甜品 |

| 菜 单 |
| :---: |
| 炖制鹅胸 |
| 和甜瓜 |
| … |
| 汤 |
| … |
| 犊牛带肋骨肉排 |
| … |
| 餐后甜品 |

| 菜 单 |
| :---: |
| 汤 |
| … |
| 雏鸡胸肉 |
| 放在油煎面包上 |
| … |
| 煎羔羊肉 |
| … |
| 餐后甜品 |

菜 单

汤

…

煎炸狍子肉

…

白汁炖嫩鸡肉丁

…

餐后甜品

菜 单

汤

…

犊牛胸腺丸子，搭配白葡萄酒

…

**鸭子搭配橙子**

…

餐后甜品

菜 单

汤

…

蘑菇烩饭

…

**葡萄农家风格雉鸡**

…

餐后甜品

## 专业概念

| | |
|---|---|
| **燎毛** | 在明火上烧净禽类身上细小的小毛和残留的羽毛 |
| **断生** | 将禽肉放入热水中汆汤或放在平底锅中翻炒，但是肉不会上色 |
| **包裹** | 用肥膘片包裹以防烤干，如：在野生禽类卜使用 |
| **腌制** | 将食物放在腌渍汁中，主要用来改善口味 |
| **塑形** | 捆绑、固定在一起，以便对禽类进行塑形 |

## 专业概念

| | |
|---|---|
| **肉糕** | 填充用的馅料 |
| **烧去** | 用火焙烧 |
| **骨架** | 家禽的骨架 |
| **勾芡** | 使用蛋黄和奶油味禽类酱汁或禽肉蔬菜炖肉勾芡 |
| **腌渍汁** | 含有可食用酸的液体 |
| **帕纳德糊** | 调制肉馅时使用的松弛材料 |
| **上色焖烤** | 焖烤成浅棕色，烹调方法蒸炖的一种变形。制作时，首先微微煎烤禽肉，然后在少量的汤汁中炖熟 |

## 作业

**1** 在处理禽类和制作禽类菜肴时，制作者会使用专业的表达方法。请解释下列概念：

　a）塑形，

　b）使用肥膘包裹，

　c）上色焖烤。

**2** 请您举出几种使用浅色肉禽类制作的菜肴，并为其搭配合适的配菜。

**3** 您需要处理冷冻家禽和填有馅料的家禽。与新鲜的、未填充馅料的禽类相比，需要注意什么？

**4** 请您描述家禽着色的烹调过程。

**5** 请您向您的同事说明，如何在葡萄酒中制作煨炖嫩鸡肉（法式葡萄酒烩鸡）？

**6** 齐波拉塔装饰由什么组成？

**7** 您需要烹调低龄的鹧鸪。请您按照正确的顺序策划准备工作的步骤。

**8** 在煎烤之前，需要在鹅和鸭子身上浇水。请您说明理由。

**9** 可以使用什么填充禽类？

# 项 目

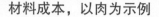

### 材料成本，以肉为示例

　　顾客期望从我们这里得到拥有最佳品质、量大份足、物美价廉的菜肴。然而，这几乎是不可能同时实现的要求。

　　在菜肴质量和每千克原材料的采购成本之间，以及菜肴份量和每份菜肴的制作成本之间，都存在着联系。

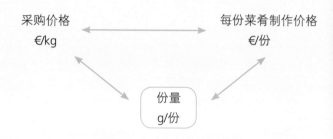

　　在以下三个任务中，分别确定了不同的规格。

**1** 猪里脊肉的成本是10.80€/kg，将其加工为每片重约180g的煎肉排，每片的生产成本是多少欧元？

**2** 在宴会中，供应犊牛肉奖章肉排。在这种情况下，其生产成本不应超过4.10€。可以直接加工成奖章肉排的犊牛肉，其供应价格为24.20€/kg。那么每份犊牛肉奖章肉排的重量应为多少克？

**3** 旅行社希望在菜单报价中出现煎肉排。企业领导要求厨房：处理好可以直接烹调的食材重量为160g，材料成本最高为0.9€。现在，可以选用不同种类的肉制作煎肉排。在保证菜肴质量的前提下，有以下肉类供选择：犊牛肉14.90€/kg；猪肉6.40€/kg；火鸡鸡胸肉4.80€/kg。那么，厨房可以选用哪种肉满足领导提出的成本要求？

**4** 用于煎烤的猪肉，成本为4.60€/kg，其煎烤损失按照32%计算。那么，一份160g重的煎烤猪肉，其制作成本是多少？

**5** 使用8000kg的嫩鸡制作白汁炖肉，烹调时的损失可达20%，也就是说只会保留80%的原材料。一份做好的白汁炖肉应该重130g，嫩鸡的采购成本为4.10€/kg。请您计算每份白汁炖肉的成本为多少。

**6** 通常情况下，冷鲜肉的报价会比生鲜肉的报价更低。比较二者的价格时，还需要考虑水分损失的情况。速冻牛外脊肉的价格是15.90€/kg，其解冻损失可以按照8%计算。那么，为了使生鲜肉的价格低于或等于冷鲜肉，1kg生鲜肉的最高价格为多少欧元？

# ① 准备工作

## 1.1 圆体鱼

今天，出于价格和时间原因，烹调加工过的鱼块和方便食品比制作整条新鲜的鱼更加普遍。此外，加工整条鱼时，食材中的营养成分常常会流失50%以上。然而，新鲜的鱼可以使用多种多样的方式烹调。以下章节就对必要的鱼类处理方法进行介绍。

### 屠宰

在活鱼头部大力猛击几下使其晕厥。通过放血杀死鱼，方法是用小刀从鱼鳃的下边缘插入（插入鳃盖），用力割断血管。

### 去鳞和去除内脏

大部分鱼需要去鳞，因为人们常常带皮烹调、食用。因此需要切掉鱼的背鳍、腹鳍和胸鳍。现在，人们使用去鱼鳞机去掉鱼身上从头部到尾部的鳞片。

活鱼死后应尽快掏出其内脏，因为处理不及时会导致肠中微生物感染周围的组织。小心翼翼地用刀从泄殖孔（身体下部后方的小孔）插入并一直剖至鳃盖下方，取出内脏。取出肾脏时应特别注意，它位于脊柱下方，呈红褐色，外面包裹着一层薄膜。

用剪刀剪断鱼头下方的食管，最后仔细洗净腹部和鳃部。往外掏取内脏时千万注意不要戳破绿色的胆囊，否则溢出的胆汁会使鱼肉变苦涩。

用来蓝煮（一种法式烹调技法）的鱼不用去鱼鳞，这是为了保留黏液层。

### 修整成份鱼

去鳞的用来煎、烧烤、烘烤的鱼，在其两侧厚实的肉上应轻微打几下花刀。打好花刀的鱼更容易入味，烹调时热量更容易进入鱼体内，使内外同时熟透，否则鱼腹部容易烤焦。剪掉鱼鳍，否则烤鱼时容易烤焦（图1）。

图1：修整鳟鱼

制作者使用勺子刮掉留在鱼骨架上的肉，用它们制作肉糕。

图1：切断鱼头

图2：割下去骨鱼片

图3：剔除腹部鱼刺

图4：从鱼背向鱼肚割下鱼肉

图5：为去骨鱼片去皮

## 分割圆体鱼的去骨鱼片

可以采用多种方法取得去骨鱼片，所选方法要视鱼的品种和烹饪方法而定。重要的是，去刺后留在鱼架上的鱼肉要少，且去刺应耗时短。

### 方法1——从头至尾

从鱼头后侧切割，切至鱼主刺（图1），将头部分离。然后，从头末端下刀，贴着主刺向鱼尾方向移动，直至上侧的半片鱼肉被切分下来（图2）。然后将鱼翻面，切下另外半侧的鱼肚，方法同上，用刀贴着主刺移动，直至另外半侧的鱼肉被片切下来。紧接着从鱼肉中部下刀，沿着鱼刺下方缓缓地片切至鱼肉边缘（图3）。

### 方法2——从背部至腹部

有些鱼（如：梭鲈或鲤鱼）主刺较硬，按照方法1切割时会导致大量鱼肉留在鱼的背部。基本上，方法2和方法1的区别体现在第2个步骤上：

从背部将鱼肉切开，轻轻提起鱼肉并且从头部至尾部（或者反过来从尾部至头部）放平刀具片切，这样可以将腹部的小刺分离，并使鱼肉保留下来（图4）。操作此步骤时务必要小心谨慎，才能使整条主刺完整保留在鱼的主刺上。在脊骨的另外一次重复这一步骤，以便分离第二片鱼肉。

为了装填馅料，可以将圆体鱼从背部切开，将头部和尾部留在躯体上。分离主刺两侧的鱼肉，并且用剪刀在靠近头部的尾部位置剪断并分离鱼肉。在填馅料之前，拔除腹部鱼刺和肌间刺（鱼肉中的小刺）。可以在鱼切开的背部空间中填馅，可以将填入馅料的鱼绑紧。也可以从背部打开腹腔切开直至背部。为此，应先将腹部小刺从肉中取出。

## 去刺和去皮

现在，使用以上两种方法处理后，还需要去掉平行于脊骨的侧面鱼刺（骨间小刺）。为了找到小刺，可以使用手指从鱼尾至鱼头仔细抚摸鱼肉并找出小刺的位置。现在使用鱼肉钳或鱼刺镊子拔除。如果在鱼肉上还留有白色的椎骨软骨，放平长刀刃，沿着鱼肉去掉软骨。最后一步需要去掉鱼腹部，因为这一部分常常十分油腻并且可能含有寄生虫。

去鱼皮时应将鱼肉片平放在案板上，此时，可在鱼皮和鱼肉上划一个小口，以便抓住鱼皮（可能需要使用一块干净的布固定）。将去骨刀平放在鱼皮上，拉动鱼皮，使刀具将鱼肉分割下来（图5）。

## 1.2 扁体鱼

### 整条成份鱼肉

以前，人们会将大多数扁体鱼身上的深色表皮剥除。现在，只有在名贵的扁体鱼品种上使用这种剥皮方法。

常见的扁体鱼，如：鲽鱼，经常会带皮烹调，食用时，食客会自己将皮剥下。煎烤或油炸扁体鱼时，大多会留下鱼身上下侧的皮肤，因为这层浅色鱼皮比上侧的鱼皮更软嫩。五月鲽鱼的上表皮很软嫩，因此去鳞后就可以带皮烹制。如果只制作鱼肉而不是整条鱼，在油炸后，可以像圆体鱼一样去掉鱼皮。

鳎鱼的外皮粗糙，一直都是去皮再烹调的。如果将鳎鱼作为成份的鱼进行供应，制作者会从尾部至头部对其进行去皮，即先用小刀在尾鳍上划一道小口，方便用手握住鱼身，然后将鱼剥皮（图1）。

为小头油鲽（檬鲽）和欧洲鲽鱼去皮时，操作顺序是从头至尾，在鱼尾末端的皮肤上用盐摩擦，去皮会变得更容易（图2）。将鱼去皮后用剪刀剪去鱼头和四周的鱼鳍，并取出鱼腹中的内脏。

### 剥离鱼肉和塑形

在处理好的鱼身上两侧沿着脊椎切割，从主刺开始去掉两侧的小刺。使用鱼鳍刀从头部至尾部将脊骨切分，否则烹调时，脊骨容易弯曲（图3）。这样产生的空腔可以用来填充馅料，也可以将鱼肉合在一起，然后继续烹调，这样在上餐时才可以更容易地去掉主刺。

如果只加工鱼肉，可以直接从鱼的骨架上直接将鱼肉切下来。和圆体鱼相比，扁体鱼有四片鱼肉片，腹部一侧的鱼肉明显比背部一侧的鱼肉小。以下是以欧洲鲽鱼为例，说明填充馅料和塑形的方法（图4）：

- 轻轻拍平并翻转①
- 将去骨鱼肉的尖端塞入鱼肉上的刀口②
- 将鱼片折叠成领带状③
- 在一半鱼肉上涂抹肉糕，覆盖菠菜后对折④
- 将鱼片包裹在芦笋上⑤
- 将鱼片包裹在涂过油脂的小模具上，在蒸炖之后，其中可以装填馅料⑥
- 将菠菜平铺在鱼肉片上，然后卷成小肉卷⑦
- 将肉馅涂抹在肉片上，然后卷成夹心肉卷⑧
- 打上几处花刀的鱼肉⑨

图1：将鳎鱼剥皮

图2：剪掉四周的鱼鳍和鱼头

图3：剔除主刺

在卷制去骨鱼肉时，将鱼皮向内侧卷，因为，结缔组织位于鱼皮下方，在烹调的时候，结缔组织收缩，所做的造型能够固定下来。

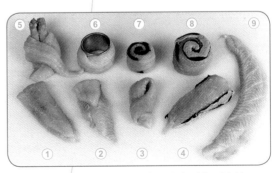

图4：去骨鱼肉的多种塑形方法

图1：多宝鱼分份示意图

像梭鱼、梭鲈、鳎鱼、多宝鱼和庸鲽鱼这些鱼剔下的鱼骨头还可以继续用来熬鱼骨高汤。

图2：为鳐鱼去皮

制作一份菜肴需要如下分量的处理完成可立即烹饪的鱼肉：

- 去刺鱼肉片　　　　　150g
- 整条圆体鱼，含头　　230g
- 整条扁体鱼，含头　　210g
- 带骨鱼肉　　　　220~240g

成份肉块的名称参见第458页。

### 大型扁体鱼

像多宝鱼、滑菱鲆或庸鲽之类的大型鳎鱼都是带皮、带骨烹调后，再被切成重量相当的鱼片，然后带皮和带骨用于清煮和烧烤的。但是像鳎鱼等鱼类需要先去骨，再去皮，然后分成等分量的小份再进行烹饪，特别是煎烤和蒸炖。大型鳎鱼的面颊肉也是一道美味佳肴。

### 鱼的分份（以多宝鱼为例）

多宝鱼合理的宰杀步骤如下（分份方式）：首先从白色的背部下刀，正沿着主刺，按照从头至尾的方向顺势滑下去，直至将尾鳍一分为二。然后掮起一半尾鳍，用利刃斜着将多宝鱼斩为两片。这时将椎骨从鱼尾至头劈开，从背部直接将头部斜切开。腹部一侧在第一根肋骨前垂直于脊骨切分。然后，切掉鱼四周的鱼鳍。现在按照插图（图1）将两侧按照固定的分份形式切分肉块。

### 1.3 软骨鱼类，以鳐鱼为例

只有鳐鱼鱼尾部和鱼脸部的鱼肉可以进行加工。头部不能使用。作为软骨鱼类，鳐鱼全身无刺。在处理鱼时，可能被又尖又硬的鱼鳍尖和牙齿弄伤。

首先切掉背鳍，然后将其全部皮肤层剥掉（图2）。现在，可以去掉腹鳍。沿着脊骨切割可以分离出一长条鱼肉，去掉多余脂肪和深色部位。

## ❷ 制作

做鱼时，制作者需要指尖灵敏：因为鱼几乎没有结缔组织，所以肉质柔嫩。但是，在烹煮的时候需要微微拭干，特别是在煎烤时。最好的结果是在核心温度达到60~62℃，这也是最佳卫生条件的前提条件！

"三步标准"规定了制作时的传统步骤：清洁——加酸——加盐。加酸使用的是柠檬汁，它常常覆盖住鱼本身的味道，现在，许多顾客不太喜欢这种添加柠檬的烹饪方式。最好在鱼做熟时或快熟时再放盐，这样才不会导致鱼肉流失过多的水分。

## 2.1 煮制和蓝煮

出于味道方面的原因，鱼肉在少量鱼高汤中煮熟。即将鱼放入80～90℃的热鱼汤中，保持在60～80℃，直至将鱼煮熟。

鱼汤

将蔬菜冲洗干净，切成小块，在锅中添加5L冷水，放入盐和其他调味品煮开，然后炖煮30min。可以在鱼汤中添加白葡萄酒，使鱼汤的味道更完善。蓝煮时，还需要再放入0.1L白葡萄酒醋。

**特别适合做炖煮的鱼种如下：**
- 多宝鱼、庸鲽、鳕鱼、黑线鳕、鲈鲉、魟
- 梭鲈、梭鱼、鲑鱼
- 鱼肉糕丸子

传统的**蓝煮**鱼种如下：
- 鳟鱼、鲑鳟鱼、鲤鱼、丁鱥、鳗鱼

用于蓝煮的鱼不用去鳞！准备鱼材时切忌洗掉鱼身上的黏液层。在炖煮时，黏液和汤中的酸发生反应，会变成蓝色（图1）。在将鱼放到汤中炖煮之前，在鱼汤中滴几滴醋或柠檬汁，会使鱼身上的颜色变化更强烈。成份的鱼可以在烹煮前绑扎，将鱼从汤中取出会因此变得简单。制作者按照鱼的长度分割，并且根据大小将鱼肉分成一份的量。

可以使用鱼高汤制作的鱼基础酱汁的变形或荷兰奶油酱搭配煮制的鱼。可以使用不同烹调方法制作的土豆、米饭或面条作为配菜，也可以搭配少量油炸菜肴，因为这些可以稍微遮盖鱼肉本身的腥味。

## 2.2 蒸鱼

蒸鱼（图2）时应使用有屉的特殊炊具和密封性良好的锅盖，如果制作的量大，可以使用组合式蒸柜。在屉上涂一层黄油，使鱼块不会黏在屉上，同时能够充分接触水蒸气。蔬菜和调料可以撒入水中，因为沸腾的水蒸气可以使香气浸入鱼块。在放盐后不久将鱼肉放入蒸锅，这样更有利于入味。也可以将蔬菜和鱼块一起放在屉上，蒸熟之后可以用来装饰鱼肉。

蒸鱼时，鱼本身的营养物质流失较少，从而最大程度地保留了营养价值和自身味道。蒸鱼时不用油，从而更符合健康饮食的理念。

鱼汤——获得5L

| | |
|---|---|
| 1～2根 | 胡萝卜 |
| 1根 | 大葱 |
| 1个 | 冬葱 |
| 1根 | 欧芹枝 |
| 2根 | 百里香枝 |
| 2片 | 月桂叶 |
| 10粒 | 白胡椒籽 |

可能需要0.1L白葡萄酒

鱼种越名贵，需要添加的调味料就越少！

图1：蓝煮鳟鱼

由于鱼本身软嫩的肉质，很适合使用真空低温烹调法：用盐、胡椒和橄榄油为去骨鱼肉调味，再进行真空包装。然后在60℃的水中煮制45min（肉块厚度为2cm。真空包装使香味物质不会损失）。

图2：蒸屉上的鲑鱼

## 2.3 炖鱼

通过添加白葡萄酒、柠檬汁或蘑菇汤，鱼汤会变得芳香扑鼻。

**制作基础**

将黄油涂在锅底，撒入切好的冬葱丁。将撒过盐的鱼放入锅中，并浇入一些鱼高汤，这样鱼肉不会黏锅。

现在鱼身只有一面浸在少量的汤汁儿中。炖鱼时需要使用铝箔纸封住锅口或者用锅盖盖住，使得锅内水蒸气循环流动，鱼身能够均匀受热且不会变干。现在，将鱼放在灶上和烤箱中，加热至接近沸点，完成炖煮。特别是整条鱼可以放在自身流出的汤汁中，加入香草或蔬菜包在铝箔纸中放在烤箱中炖煮。

炖鱼（图1）时一定要精确调整火力：火候过猛会导致鱼汤蒸发过快，鱼肉烧煳。鱼炖好之后剩下的鱼汤可用作制作美味酱汁的原料。

图1：搭配蔬菜丝和白葡萄酒酱汁的炖鳎鱼鱼卷

**炖煮时主要使用以下鱼种：**

- 体型较小的整鱼，如：鳟鱼或丁鱥
- 鱼块，由体型较大的鱼切分，如：多宝鱼或鲑鱼——有刺或去骨
- 去皮去骨的鱼块，特别是脂肪含量少的鱼类，如：黑线鳕或欧洲鲽鱼
- 填充馅料的鱼肉片（参见第587页）

**微烤炖鱼**

因为炖鱼时不会产生烘焙香气，所以人们可以稍加烘烤炖好的鱼，以获得这种烘烤香气。为了获得这种特殊的香味，人们将酱汁淋在快要炖好的鱼身上，放入烤箱或其他烘烤设备中稍加烘烤。此时，可以使用白色鱼酱汁，在烘烤前向汤汁中加入一勺打发的奶油，均匀烘烤至焦黄。

如果没有酱汁，可以在鱼身上涂抹一层混合酱料（由白面包碎屑和黄油块，也可以加入香草混合而成）并稍加烘烤。奶酪，如：意大利帕尔玛奶酪会遮盖鱼肉本身的味道，因此只能少量。

**基础制作的变形**

**迪葛利亚番茄酱**

使用少量蒜末儿为番茄丁调味，在黄油中煸炒，撒上切碎的欧芹并浇在鱼身上。浇上白葡萄酒酱汁。

**奶油蛋黄酱**

将煮浓的汤汁加入奶油蛋黄酱中，浇在鱼身上，再撒上一层奶酪碎屑并稍微烘烤。

**烹饪纸包裹**

将撒有香草的整条鱼放在涂油的烹饪纸中，密封包裹并烘烤。呈上菜肴后，再在客人的餐桌旁打开。

## 2.4 煎烤鱼

**制作基础**

通过煎烤产生的烘焙物质能够使鱼肉获得诱人的香气和吸引人的视觉效果。但是由于高温加热、并且锅中缺少水分，鱼很容易变干。因此，必须特别注意，煎烤炊具的底部面积和放入的鱼量应相匹配：

- 用太大的平底锅煎鱼时，可能在未被鱼覆盖的部分出现过热，并且煎烤食材的边缘会轻微烧焦。
- 用太小的平底锅煎鱼时，锅底温度下降至140℃以下，不会形成脆皮，并且会导致大量水分从鱼肉中蒸发。

**煎烤鱼时的提示：**

- 在煎烤前应拭干鱼，再将鱼放在面粉中翻转。
- 在鱼身上撒盐，稍等片刻后开始煎烤。最好在鱼煎好后再撒胡椒粒，这样可以防止将鱼煎煳。
- 煎鱼时可以使用黄油和油的调和物或者液体黄油。
- 为了将鱼煎至金黄色且上色均匀，煎时应使鱼在平底锅中呈圆圈式晃动：手握住锅的手柄向后由左至右画圈式晃动。
- 较大的鱼块可以在煎烤后，保持较低的温度（100~110℃）完成制作——这可以在平底锅中进行，也可以在烤箱中完成。
- 煎鱼时，不要在不必要时翻面。如果完成的鱼需要鱼皮向外摆盘，应当先将鱼皮一侧放入锅中。
- 可以选择先煎烤鱼肉的一侧。然后在表面涂上黄油，然后在烤箱中烘烤完成。

**煎烤时，适合使用：**

- 所有鱼种的去骨鱼肉
- 体型小的整条圆体鱼，如：鲱鱼、鲭鱼、欧洲牙鳕、鳟鱼、白鲑鱼、茴鱼、红点鲑、梭鱼
- 体型小的整条扁体鱼，如：欧洲鲽鱼、川鲽、小头油鲽、鳎鱼
- 庸鲽、多宝鱼、菱鲆、鲑鱼和鳕鱼的鱼肉片
- 鳗鱼和鲤鱼的鱼肉块

煎烤金枪鱼时有一个特殊点。调味后，将鱼身上各面猛火煎烤，以厚鱼片的形式呈上。煎烤透的金枪鱼会变得干硬。

厚实的鱼肉也可以使用中式炒锅煎烤。

**基础制作的变形**

芬肯韦德式欧洲鲽鱼

　　使用煸炒过的肥膘、洋葱和虾的混合物填充欧洲鲽鱼，再放进烤箱中烘烤，或者和混合物一起煎烤。

磨坊主风格

　　处理：将鱼身裹上一层面粉。

　　完成：切碎的欧芹、柠檬汁和棕色黄油浇在鱼身上，盐水煮土豆。

多利亚风格

　　处理：将鱼身裹上一层面粉。

　　完成：如磨坊主风格；使用黄油煎烤的、切成橄榄形的小黄瓜丁装饰。

用于鱼肉的油炸面糊，其配方与用于甜品的油炸面糊类似，只是不加糖（参见第616页）。

图1：科尔伯特风格鳎鱼

## 2.5 炸鱼

**制作基础**

炸鱼是一个使食材快速、全面受热的方法，这个方法特别适合小分量的鱼肉块。由于鱼肉质软嫩，所以通常包裹一些材料后油炸。在175℃的油中将小肉块炸制几分钟，体积稍大的成份鱼肉应在160℃的油中炸制，直至其完全包裹上金黄色的硬皮。由此可以确定，鱼肉内部已经断生，而外部已经炸脆。

制作完美的炸鱼，以下几点很重要：
- 油脂的温度和特性。
- 放入的油炸食材的数量。
- 在完成炸制后，将食物放在漏网上，以便去除鱼身上的油脂。烘烤的鱼可以立即呈上，保温会导致美味的有烘烤香味的脆皮变软，并影响口感。

**油炸时，适合使用：**
- 肉质紧实的白肉鱼的**去骨鱼肉**，如：青鳕、鳕鱼、鲈鲉、梭鲈以及鳎鱼、小头油鲽和欧洲鲽鱼
- **整条的小型扁体鱼和圆体鱼**，如：鳎鱼、小头油鲽、欧洲川鲽、欧洲鲽鱼、欧洲牙鳕、鲈鱼、沙丁鱼和西鲱

炸鱼常常和煎鱼类似，使用柠檬摆盘。酱汁适合使用蛋黄酱的衍生酱汁、黄油混合酱、酸辣酱或番茄膏的变形。

油炸欧芹是一道美味的配菜：将洗净且控干水分的欧芹，在高温油锅中快速炸制几秒，此时欧芹迅速脱水变得酥脆。用漏勺捞出欧芹，沥干多余油滴，撒少许盐。有结实结构的香草适合油炸，例如：鼠尾草，可以将其放入油炸面糊中，然后炸制。

科尔伯特风格鳎鱼（图1）是一道经典的菜肴。按照第587页图3的描述准备鳎鱼肉片，然后将去骨鱼肉裹上鸡蛋和面包屑，放入锅中油炸。人们可以把科尔伯特黄油填入其无骨的脊背空腔中。

**挂浆裹糊**

| 包裹面包屑并油炸 | 包裹油炸面糊 | 奥利风格 |
|---|---|---|
| 裹上面粉、鸡蛋和新鲜的白面包屑，然后油炸。 | 放入油炸面糊中，然后直接放入热油锅。 | 将鱼肉浸入油炸面糊中，然后油炸，搭配番茄膏。 |

## 2.6 烘烤鱼

烘烤鱼时适合使用整条鱼，以及填充馅料的鱼。使用这种烹调方式时，火力比使用平底锅及油炸锅烹调时的火力更加温和，鱼的外层会形成一层诱人的脆皮，鱼体内的填馅也能熟透。同时，通过烘烤整条填有馅料的鱼，可以实现有趣的味道组合。在烤箱中烘烤时，通常会使用脆皮或其他食材包裹，以防鱼肉变干。如果没有包裹的食材，在热空气蒸柜中更容易掌控烹调过程。

**杏仁外皮**

使用碎杏仁、面包碎屑、黄油和柠檬皮制作外皮，将其包裹去骨鱼肉或整条鱼，然后烘烤。

**在面衣中**

使用酵母面团包裹去刺鱼肉，中火烤制。

## 2.7 烧烤和热烟熏鱼

烧烤时，可以使鱼产生特殊的味道且制作时只使用较少的油脂。烧烤食材可以在较短的时间内变熟，而且即使不撒盐也很美味。不需要将鱼插在烧烤扦子上，而是在烤鱼前，先在鱼身上刷上一层油，然后放在烧烤鱼火中进行烤制。烧烤鱼夹的作用就是保证鱼身完整以及翻转时鱼腹腔中的馅料不会洒出来。

**扁体鱼和小块成分的鱼肉**，烧烤时间短，且只需要进行一次翻面，在烧烤后撒盐；这样烧烤食材中的水分流失较少。

**肉厚的鱼**，在烧烤前撒盐，或者腌渍。在第一次翻面后，将烧烤的食材转动90°，这样会形成烧烤的网格纹。为了减小火力，可以将烧烤的食材举高，这样，鱼的内部会断生，而外部不会变干。在烧烤前在鱼身上打花刀，这样可以均匀烤熟。此外，也可以更好地吸收烧烤时的香气。

烧烤时，适合使用：
- 整条小型鱼，如：欧洲川鲽、欧洲鲽鱼、小头油鲽、鳎鱼、鲭鱼、鲈鱼、鳟鱼和白鲑鱼。
- 庸鲽、多宝鱼（大菱鲆）的鱼肉片以及鲜鱼的带骨肉排。

个仪是米自美国的潮流：在烟中烹调——烟熏炉。由于鱼肉软嫩，成份的鱼肉可以很容易在60℃时通过热烟慢慢熏熟。闷燃、不见明火的山毛榉木屑使鱼肉产生烟熏的味道。

**香蕉叶包裹烧烤**

先用红咖喱酱和椰奶调制出腌渍汁，将其涂抹在去骨鱼肉上，并将泰国罗勒和柠檬香蜂草与鱼肉一起包裹在香蕉叶中烧烤。

**烧烤搭配炖煮浆果**

白肉鱼，如：庸鲽，需要烧烤两侧，可以为此搭配在黄油中炖煮的醋栗或蓝莓（也可以混合二者）。

**铝箔纸中包裹香草烧烤**

使用铝箔纸包裹去骨鱼肉或整条鱼以及香草和调味料，然后烧烤。

**专业概念**

| | |
|---|---|
| **蔬菜鱼汤** | 加入根茎类蔬菜、月桂叶和胡椒粒的鱼高汤，其用于低温水煮鱼 |
| **鱼肉排** | 体积较大的鱼身上的成份肉块，垂直于鱼背部竖向切割而成 |
| **去骨取肉** | 将鱼肉与鱼刺分离，获得整块去骨鱼肉 |
| **低温水煮** | 水温保持在沸点之下（大约85℃），在这样的水中煮鱼 |
| **肌间刺** | 鱼肉中和主刺平行的鱼刺，必须使用镊子或鱼刺钳夹出来 |
| **打花刀** | 烹饪之前，在鱼肉厚实的地方打上花刀，这样可以使鱼肉受热均匀，更易成熟 |

**作业**

❶ 今天的食谱上写着"去骨鳟鱼肉"。您要和您的一位新同事一同为鳟鱼去骨取肉。请您讲解一下处理鳟鱼的过程和每一个操作步骤。

❷ 您的同事说："我们在煎鱼前应当在鱼身上打几下花刀。"

怎样理解"打花刀"？

煎鱼时有哪些注意事项？

❸ 我们的餐厅提供特殊的菜肴"以保持苗条的曲线"。在鱼类菜肴中，搭配配菜的蓝煮鳟鱼被选为热门菜式。

请您讲解一下"蓝煮鳟鱼"的制作步骤。

"鳟鱼怎么变蓝的?"作为服务员，遇到客人这样问时，您该如何回答？

除了鳟鱼之外，还有哪些鱼种适合用"蓝煮"这种烹饪方法来做？

❹ 您的厨师长考虑，在未来将用于油炸的新鲜欧洲鲽鱼换成完成挂浆裹粉的冷冻欧洲鲽鱼。两种食材各有哪些优缺点？请您考虑时间支出、味道、结构松散程度以及材料成本。

❺ 您要使用生鱼肉填充欧洲鲽鱼。请您给您的同事解释，必须如何处理生的、可以烹调的欧洲鲽鱼，使其可以容纳填充的馅料。

❻ 金头鲷去骨鱼肉的市场价是12€/kg。请您计算，一份150g生金头鲷去骨鱼肉的材料成本是多少？

❼ 煎鱼或烤鱼时应注意，不要让鱼肉中的水分过多蒸发，以免肉质变得干硬。请您说一下烹饪过程中如何防止鱼肉水分大量蒸发？

❽ 请您为客人解释一下多利亚和迪葛利亚装饰之间的区别。

## 鱼类菜肴活动周

您受训的公司将要进行一次"鱼类菜肴活动周"的活动，活动期间，菜单上将会出现各种淡水鱼、海鱼做成的菜肴。您也要参与此次活动。

### 计划

❶ 请您为此次"鱼类菜肴活动周"活动筛选宣传标语，如：海神王国的馈赠，渔夫弗里茨亲手捕获等。

❷ 您可以采取哪些广告手段让此次"鱼类菜肴活动周"名声大噪？

❸ 请您和您的团队设计一个包含5道菜的"鱼类菜肴活动周套餐"，并从专业书籍或者网上找到它们的烹饪方法。

❹ 每个团队将5道菜按顺序写成菜单，制作成电子版本，在课堂上展示，听取改进意见并完善菜单。

❺ 把选出来的菜谱按照10人份去做菜。

❻ 请您和您的团队商量之后，列出一份包含所有材料的食材清单。

❼ 请您为整个团队制定一份制作这5道菜的烹饪计划。

### 制作

❶ 您现在独立烹饪"鱼类菜肴活动周套餐"中的一道菜。确定好上菜时间以后，大家根据分工开展准备和烹饪工作。

❷ 您现在选择一位学徒，他负责报菜和传菜。距上菜时间还有10min的时候，他会催菜。

❸ 每一个烹饪环节、每一道菜的摆盘都会影响到对"鱼类菜肴活动周套餐"的整体评价。

> 在优秀厨师的手中，鱼是拥有无穷变化的美食。
> *布里亚·萨瓦兰*

### 评估

❶ 请您根据下列标准评价每道菜以及整个"鱼类菜肴活动周套餐"：整体搭配、份量大小、烹饪方式、口味、摆盘方式和造型。

❷ 每推出一道新菜，厨房都应为服务人员提供相应的"服务建议"，如何介绍一道菜才能让顾客更有食欲或者如何描述一道菜才能让顾客愿意下单。那么，您做的菜肴又该如何向顾客描述呢？

# 甲壳类动物
# 和软体动物

作为"海洋水果",甲壳类动物和软体动物在传统烹调和现代菜肴中都是重要的组成部分。

部分甲壳类和软体动物是鲜活供应和生食的,如:牡蛎。最重要的烹饪方法是烹煮、烘烤和烧烤。短时间烹饪使得其肉质软嫩,美味可口。

## ① 有螯钳龙虾

人们根据处理虾的方式来做相应的菜肴,如煮熟以后再剥虾、按照专业方法杀虾、生剥有螯钳龙虾。

### 1.1 处理生的有螯钳龙虾

**宰杀和切分**

高温加热,破坏有螯钳龙虾的神经中枢,虽然龙虾已经死亡,但是颜色和肉几乎都是生的。

需要在切分前将有螯钳龙虾宰杀(图1和图2)。方法是,将有螯钳龙虾的头按到沸腾冒泡的水中,直至将其烫死。

- 分离有螯钳龙虾的虾钳和虾腿①。
- 扭下有螯钳龙虾的尾部②。
- 将有螯钳龙虾的肠从尾部抽出来。方法是:尾肢的中间部分和肠子连在一起,小心地抽离③。
- 按照关节位置把有螯钳龙虾的虾尾分成若干块④。
- 将有螯钳龙虾的头胸部沿着腹部中脊线一分为二⑤。
- 从切半的头胸部中取出已切烂的胃。将灰绿色膏状物质(主要是生殖腺和肝脏)挖出,盛到一个小碗中待用⑥。它可以为酱汁勾芡并为其上色。

图1和图2:宰杀的有螯钳龙虾及生龙虾肉

**美式龙虾**

**将已经宰杀的有螯钳龙虾**切分成肉块。将从头胸部提取的灰绿色的膏状物质和一点儿面粉、少许软化黄油搅拌均匀,放置到一旁备用。在炊具中倒油加热,将调好味的虾块下锅翻炒,待虾块炒成红色时将油倒掉。往锅中放入用黄油煸炒过的冬葱,然后用白兰地浇在锅中的龙虾身上,再往锅中放少许番茄膏和两个番茄的果肉,煸炒一会儿。然后浇入白葡萄酒。倒入鱼高汤、一小勺浓缩肉汤、放入几瓣蒜和一个调味香草束,盖上锅盖炖煮15min,直至将锅内食材煮沸。然后卸掉有螯钳龙虾的虾钳,将所有虾块进行摆盘,保温。挑出锅内的蒜瓣儿和调味香草束。将事先准备好的混合物倒入温热的锅中残留物中,搅拌均匀,使酱汁变得黏稠并变成红色,无须继续加热。撒上一些黄油碎,切碎的龙蒿叶和欧芹,将酱汁浇在龙虾肉块上。

将有螯钳龙虾纵向劈开(例如:用来放在烤架上烹调)或者分成肉块(例如:用来制作龙虾浓汁炖肉)。虾做熟之后,才将虾钳和虾腿打开。

## 1.2 处理熟的有螯钳龙虾

### 烹煮

　　向锅中添加5L水、100g海盐、1TL葛缕子和一把欧芹枝，煮开，然后将清洗干净的有螯钳龙虾完全放入水中，煮沸后继续在沸点烹煮。500～600g重的龙虾需要沸水煮制约20min，如果虾的质量超过600g，则每增加100g，煮的时间相应增加4min。

　　将煮好的有螯钳龙虾留在煮虾的汤中自然冷却，然后保存起来备用。

外壳形成了龙虾酱汁、龙虾汤和龙虾黄油的味道基础。如果不继续使用虾壳，需要冷冻保存。

### 分割煮熟的龙虾

① 扭掉虾钳，并用刀切分虾腿。

② 然后把刀插进头部凹纹中，并顺势将虾从头至尾切成两半。

③ 将两个半只虾中的绿色肝脏部分取出备用，并将胃去除。

④ 拔掉可以活动的虾钳，虾钳里的虾肉保留下来。

⑤ 将看到的虾肠沿着尾部方向抽拉出来。

⑥ 将虾肉从尾部取出来。

⑦ 将大的虾钳竖放，用刀划拉出一道缝隙。

⑧ 沿着虾钳上的缝掰开虾钳，取出虾肉。

⑨ 部分虾肉展示：（上排从左至右）虾钳肉；虾黄和虾尾肉；（下排从左至右）虾钳肉；肝脏；虾腿肉。

## 1.3 制作

煮好的、已经切分的有螯钳龙虾可以趁热食用或放凉后食用。

• 热龙虾的配菜：
浇上酱汁的热龙虾菜肴可以搭配花式酥皮点心、米饭、自制面食、荷兰奶油酱或其衍生酱汁、柠檬块、吐司和黄油。

### 热月龙虾

将**煮熟的有螯钳龙虾**劈成两半，取出虾钳和虾腿中的肉并切成丁，再取出虾尾肉并用刀斜切成片。把虾壳上奶油状的残余物冲洗干净。虾身上留下的虾腿在稍后的烘烤中会烤煳，因此需要切掉。将虾壳保温。加热冬葱黄油，加入切成丁的龙虾肉，煸炒并浇入少量白葡萄酒。另外使用一个小锅，在其中放入少量鱼肉基础酱汁、蘑菇高汤、白葡萄酒和奶油，熬制成浓稠的酱汁。另外，将一个蛋黄、一刀尖芥末粉、少许甜椒粉和一小勺儿打发的奶油搅拌均匀，将混合物浇入浓稠的酱汁中。加入盐和一小撮辣椒粉。煸炒的龙虾肉丁和酱汁组合成浓汁炖肉丁，将其倒入保温的虾壳中，留下一些酱汁。将切碎的龙虾肉丁放在浓汁炖肉丁上，使用剩下的酱汁浇在上面。

撒上擦碎的帕尔玛奶酪，淋上几滴黄油，并放入烤箱中微微烘烤。在每个切半的虾壳上放上一片松露切片。

• 冷龙虾的配菜：
新鲜或打发的黄油、蛋黄酱或其衍生酱汁全熟的水煮蛋、柠檬块、吐司或白面包。

### 纽堡龙虾

将**煮熟的有螯钳龙虾**切开，取出虾肉，并切分成大小均匀的虾肉块。在炊具中涂上一层黄油，放入虾肉，慢慢加热。往锅中倒入马得拉酒，酒应没过锅底，将其煮开。取出龙虾肉，放在摆放的炊具中，并盖上盖子保温。将马得拉酒煮至剩下一半，加入少量白葡萄酒，煮开，使用蛋黄和奶油勾芡。为酱汁调味并浇在保温的龙虾肉上。

配菜：
青酱、烧烤酱汁或香草黄油。

### 烧烤龙虾

纵向一分为二的生龙虾或煮熟的龙虾都可以用来烧烤。

在切分的龙虾上撒盐和胡椒，放在预热过且涂过油的烧烤架上，烧烤8~10min。在这段时间中，需要多次翻转龙虾，并且涂上或滴上黄油液。完成烧烤后，打开虾钳。最后，将龙虾和柠檬、水芹菜一起装盘。

### 无螯钳龙虾

无螯钳龙虾与有螯钳龙虾的处理和烹调过程类似，只是无螯钳龙虾一般用于制作冷餐。将龙虾煮熟，取出虾尾肉，用刀切成大小均匀的片，盖上薄薄的松露片。

# ② 虾

一般说到虾，就是指不同种类的河虾，以及咸水中的小型虾。

## 2.1 河虾

继续加工前，应使用刷子彻底将其清洗干净。

然后可以整只烹调，或折断后继续加工。根据菜肴的类型趁热呈上或冷凉时呈上。

**制作基础**

煮

需要去壳加工的虾，需要先煮熟。

在锅中加水煮沸，每5L水添加100g盐和1TL葛缕子调味，将活的虾放入。水重新沸腾后，将100～150g重的虾煮制5～6min。在煮制的水中冷却，然后去壳。

去壳

从头胸部分离螯钳和尾部。

在螯钳上从关节处扭断，用一把小刀切丌螯钳边缘的左侧和右侧。向上撬开外壳，取下露出的肉（图1）。

左右扭动，将尾部的第一层环形的外壳剥去，最后取下中间竖直的尾扇（图2）。

然后，按照尾部曲线的方向从剩余的虾壳中拉出虾尾肉。在去壳的虾尾肉上纵向划开一个口子，由此将肠子取出。剥出的虾肉保存在虾高汤中，使用时再取出。

当从头胸部取下运动系统时，冲掉乳脂状的部分，这样就可以获得**虾头**。

**虾头**可以用鱼肉糕填充（图3）后呈上，可以作为虾汤或重汁炖虾肉丁的汤料。还可以用于装饰相应的冷菜或热菜。

切小**虾壳**，用于制作虾汤、虾酱汁和虾黄油。

图1：折断虾钳

图2：已经折断的虾尾

图3：已经折断和填充的虾头

**基本制作的变形**

**虾搭配根茎类蔬菜**

在黄油中翻炒煮熟的虾和蔬菜丝。浇入白葡萄酒，加入少量禽肉高汤或鱼高汤，放入一个香料包（莳萝枝，欧芹枝，压碎了的胡椒粒，葛缕子），盖上盖子煮3min。然后，将虾放入深餐盘中。将汤汁煮到剩下一半，取出调料包，加入一些黄油块，将切碎的欧芹搅入高汤中，浇到虾上面。

**虾搭配莱比锡大杂烩**

将煮好、去壳的河虾搭配软嫩、新鲜的蔬菜，如：胡萝卜、豌豆荚、羊肚菌、芦笋、香葱和绿豌豆混合，搭配打至硬性发泡的奶油酱汁后呈上餐桌。

**南图阿式虾**

将虾煮熟、去壳，用压碎的虾壳制作调味汁。重新加热去壳的虾肉，并放入调味汁中晃动锅，使虾肉均匀包裹上酱汁。

## 2.2 咸水虾

咸水虾的供应多种多样。其根据虾壳的软硬程度进行区分。

通常贸易中只供应小型虾的虾尾肉。高品质产品有淡淡的甜味，口感软嫩，味道浓郁。

无论是放到酱汁中的热菜还是用于冷菜，都是使用煮熟并去掉虾肠的虾尾肉进行烹调。烧烤或煎烤时，制作者选用生的有壳或无壳的虾。制作前，需要在虾尾的背部纵向切开一个口，然后冲洗去掉虾肠。

**人们把小型虾类用作**

- 餐前小吃，
- 单独一道菜肴，
- 装饰，如：搭配鱼、鸡蛋和浅色禽肉，
- 蔬菜炖虾肉的组成部分。

**小型的虾类**

- 做成鸡尾酒小吃或者混合沙拉，
- 放入莳萝酱汁、蘑菇酱汁、白葡萄酒酱汁、虾酱汁或龙虾酱汁，
- 放到烧烤架上，
- 搭配：混合黄油或肖龙酱汁（单独盛放后呈上），
- 放在深的油炸锅里面，
- 搭配：青酱（单独盛放后呈上）。

---

**衍生做法**

在准备白葡萄酒汁，虾汁或者龙虾汁时可以添加蔬菜，蘑菇或者酸菜。去了外壳的虾仁也可以加上奶油蛋黄酱和奶酪稍加烘烤被供应。冷的虾做成沙拉和花式餐点或者配菜。

**配菜**

主要使用米饭搭配热的虾蟹类菜肴。

| 硬壳动物<br>甲壳虾 | 软壳动物<br>对虾 |
|---|---|
| **挪威海螯虾**<br>Scampi<br>（意大利语） | 小型品种<br>Shrimps（小虾） |
| 或者<br>帝王虾<br>Kaisergranat<br>（德语） | 和<br>大型品种<br>Prawns（对虾） |

---

## ③ 贻贝

### 处理

　　活的**贻贝**有一种清新的海洋鲜味，在烹煮之后，贻贝的壳才会打开。首先去除剩余贝壳上的附着物，反复清洗，然后放到滤篮里滤干。

### 制作

　　在平底炊具中煸炒洋葱丁和压碎的胡椒粒，浇上白葡萄酒。倒入贻贝，在锅上盖上匹配的锅盖。为了使里面的各种材料均匀受热，多次晃动炊具。因为热力的影响，贻贝的壳会张开，调味的汤汁会进入贻贝，然后8min后就完成了。

　　从壳中取出贝肉，保存在贻贝汤汁中，食用时取出。一开始，汤汁就要小心地倒出，这样可以使贝壳中流出的沙子保持沉淀在底部。贝壳有特别浓郁的味道，所以不需要添加盐。

　　刚刚煮好的贻贝是淡红色至橙红色的。

　　煮好的贻贝可以留在壳里搭配炖煮的汤汁，或者从壳中取出放在酱汁中。应使用炖煮贝壳的汤汁制作相应的酱汁。

　　此外，可以将贻贝包裹面包屑后油炸。也可以搭配蘑菇伞盖穿在扦子上进行烧烤。

### 放在菠菜叶上稍加烘烤贻贝

　　将煮好的贻贝除去外壳。将嫩菠菜叶放入黄油中和冬葱块一起翻炒，加入盐、胡椒和肉豆蔻调味。

　　把贝壳汤汁煮浓，加入奶酪酱汁搅拌。

　　在空的壳中垫上热的、调好味的菠菜叶，贝肉摆在上面，然后浇上奶酪酱汁，撒上一些擦碎的意大利帕尔玛奶酪，然后快速地放入烤箱中稍加烘烤就可以上桌了。

　　此外，煮好的贻贝可用于制作蔬菜炖肉，或者用于鱼类菜肴的装饰和汤中的汤料。

　　在烹煮后，腐烂的贝壳会呈现出一种不自然的红色或者黑色。这样的贻贝是有毒的！

　　煮熟的冷贻贝可以搭配醋香草酱汁（香草醋）或用于制作沙拉。

## ④ 扇贝

扇贝可食用的部分是外壳和鳃包裹的部分：果仁形状的肉和卵黄。

处理好的扇贝肉主要是冷冻供应的。 扇贝大小是一项品质特征。

扇贝的味道有令人舒适的果仁味，是其他贝类无法相比的。

新鲜的扇贝比冷冻的扇贝口味更好。

### 打开新鲜扇贝

将刀插入已经清洗干净的拱形外壳一侧，在壳间推动。沿着上面扁平的壳内壁切开括约肌，去除扁平的外壳，用一把灵活的刀取出拱形外壳中的内容物。去掉外壳和鳃，把背肉和卵黄都清洗干净。

烹饪贝壳的方法是多种多样的，不仅可以将生贝肉做成鞑靼风格菜肴，也可以将腌制好的薄片呈上餐桌。

贝壳可以通过蒸、炖或者煎烤后食用。重要的是，需要掌握好断生的点，否则肉会变老、变韧。

### 制作

#### 扇贝浸入白葡萄酒

贝肉和冬葱、黄油、白葡萄酒一起炖，加入白葡萄酒酱汁将炖煮的汤汁煮浓，和扇贝一起进行摆盘。

#### 扇贝放在菠菜叶上

炖、煎烤或烧烤贝壳，然后放在菠菜叶上，并围绕其点缀少许白葡萄酒酱汁、奶油蛋黄酱汁或博纳西酱汁。

#### 煎烤扇贝搭配香草

在黄油中快速煎炒扇贝，浇上干白葡萄酒，装盘。将切细的香料如：山萝卜、莳萝、龙蒿叶和柠檬香峰草放到油里略微煎炒，然后浇到扇贝上。

大的贝肉首先切片。可以将其装入弓形贝壳的壳里面。
- 配菜：米饭，土豆丸子，长棍白面包，吐司或者花形酥皮点心。

# ⑤ 牡蛎

**牡蛎**应放在原始包装中，在冷藏室中包装好后储存。这样可以让牡蛎不张开，海水不会从拱形的牡蛎壳中流出来。打开包装袋后，可以用盘子盖住，或者用一个重物压住。捕捞的牡蛎在一定量的海水中还可以继续生存。

## 打开牡蛎壳

在打开牡蛎前（图1），需要用一个刷子将牡蛎外壳刷洗干净，然后使用牡蛎开壳器（专用开壳器）或者牡蛎刀打开牡蛎（图2）。

握住向下拱起的部分，将刀从侧面插入，在壳之间推动，在这个过程中将壳上盖内侧的括约肌切断，然后将牡蛎打开。

用小刷子将壳的碎片刷掉，并用盐水冲洗刷子。

## 烹饪

### 牡蛎作为餐前热菜

打开壳、去掉鳃（须边）的牡蛎有不同的烹调方式。例如：浇上龙虾酱汁，用薄的肥膘片包裹后煎烤，包裹面包屑后放在黄油中煎烤炸。烹调完成的牡蛎通常会被放在加热的拱形壳中。

### 牡蛎放在菠菜叶上

在牡蛎肉上浇上白葡萄酒。将调好味的菠菜叶垫在牡蛎壳的底部，热的牡蛎放在菠菜叶上，浇上荷兰奶油酱，快速将其烤至焦黄色。

### 牡蛎作为冷餐前菜

通常将新鲜的生牡蛎打开，牡蛎肉留在壳中并放在铺有碎冰的盘子或特制的冰盘上，用切成六份的柠檬角装饰。此外可以搭配涂抹了黄油或者柴郡干酪的全麦面包片，或微微烘烤的小块奶酪面包（威尔士奶酪吐司）。

牡蛎主要是生食，因此有很高的卫生要求。

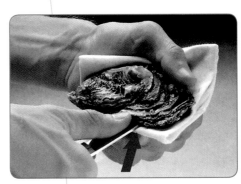

图1：手工打开牡蛎

图2：使用特制的牡蛎开壳器打开牡蛎：固定牡蛎，用操纵杆将刀对准，并把牡蛎壳分开。

注意：张开壳的牡蛎是已经死了的牡蛎。因此，其分解产物存在使人中毒的危险。

### 牡蛎作为装饰

烘烤或炖煮的牡蛎可以用作鱼的装饰。

## 6 墨鱼、鱿鱼和章鱼

图1：①大鱿鱼；②鱿鱼筒；
③墨鱼；④章鱼

头足纲动物主要用于：

- **烘烤**，浸入啤酒面糊或葡萄酒面糊中，放入炸锅中炸熟，或者
- **填充馅料**，用鱼肉或者香草面包填充，紧接着蒸或炖
- **烹煮**，进一步加工成餐前冷盘、浓汤和浓汁炖肉丁，或者
- **烧烤**，纵向切开，加入调味料调味，平放于烧烤架上或者还可以放在烤箱中烹调。

泰国罗勒调味辣墨鱼，中式炒锅制作

将洗净的墨鱼间隔5mm切成墨鱼环。加入辣椒粉、盐和柠檬汁腌制一段时间。将油倒入锅中，将腌制好的墨鱼放入烧热的油锅中快速翻炒，加入葱花和辣椒切块以及切碎的泰国罗勒进行装饰。此外还需放入泰国罗勒的枝子。

图2：章鱼沙拉

**专业概念**

| | |
|---|---|
| **脱壳** | 从壳里取出虾、蟹的肉 |
| **虾黄** | 可食用的卵，例如，甲壳类动物，特别是有螯钳龙虾和无螯钳龙虾的卵，未烹煮的虾卵是绿色的，烹饪过后是橘红色的 |
| **龙虾黄油** | 虾黄和黄油混合，用于酱汁的勾芡 |
| **外壳** | 虾类的外壳。和剩余的肉汤一起作为高汤的优质基础 |
| **虾头（虾鼻）** | 挖空的虾头胸部。可以填入鱼肉馅后低温水煮 |
| **卵** | 海洋动物未受精的卵 |

作业

1. 请您说出最简单的有螯钳龙虾的烹饪方式。
2. 特米多（Thermidor）有螯钳龙虾新出现在菜单上，餐厅的服务人员需要就此向您提供哪些信息？
3. 怎么样杀死活着的虾类？
4. 在烹饪前应该怎样处理河虾？
5. 怎么样处理新鲜的牡蛎和装盘？
6. 向您的同事描述贻贝的烹饪方法。

蛋糕和甜品组成菜单中的冷甜品或热甜品，但是也需要制作烘焙点心，例如，用于搭配下午茶（咖啡）的食品。

基本上，制作甜品需要追溯至特定的**基础制作**。然后，专业的继续加工使其成为菜单中丰富的或冷或热的甜品。

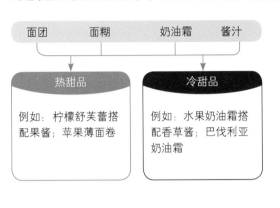

| 面团 | 面糊 | 奶油霜 | 酱汁 | 冰淇淋 |

| 热甜品 | 冷甜品 | 冰品 |
|---|---|---|
| 例如：柠檬舒芙蕾搭配果酱；苹果薄面卷 | 例如：水果奶油霜搭配香草酱；巴伐利亚奶油霜 | 冰淇淋杯；冰冻布丁；冰淇淋酥饼 |

# 1 面团和面糊

面团和面糊之间的区别是比较灵活的。

在口语中，是从不同的特点出发进行命名的。例如：脆饼面团和千层酥皮面团是依据其特性命名的，酵母面团则是根据发酵材料命名的，胡椒蜂蜜饼面团则是根据用途命名的。而专业人士将面团和面糊按照特定的特点加以区分：

- **面团**

| 基本材料 | ⟶ | 面粉 |
| 基本技法 | ⟶ | 揉捏 |
| 松弛 | ⟶ | 发酵产生的碳酸，水蒸气 |
| 黏合结构 | ⟶ | 面粉的蛋白质 |

- **面糊**

| 基本材料 | ⟶ | 鸡蛋、糖、部分需要油脂、液体 |
| 基本技法 | ⟶ | 搅拌，打发 |
| 松弛 | ⟶ | 打入的空气，水蒸气 |
| 黏合结构 | ⟶ | 鸡蛋的蛋清 |

概览展示出区别是由基本材料，即最重要的组成部分和基本技法决定的。**配料**及其特点在食品章节进行了描述。

而**基本技法**在相应的面团和面糊中进行探讨。**松弛**章节放在前面，以避免后续的重复。

## 1.1 面团松弛

松弛剂的作用是形成气孔，并影响烘焙糕饼的特质和味道。并根据种类区分：

- **生物**膨松剂，例如：酵母；
- **自然**膨松剂，例如：打入的空气在烘焙时会在热力作用下继续扩大；
- **化学**膨松剂，例如：焙粉，小苏打（碳酸氢钠）等，在热力作用下会分解产生气体，并产生松弛的作用。

## 1.2 酵母面团

酵母面团（发面）是一种高面粉含量的面团，使用酵母松弛。

图1：没有酵母松弛和进行酵母松弛的长方面包

| 轻酵母面团的配料（900g面团） | | | |
|---|---|---|---|
| 500g | 面粉 | 1个 | 蛋黄 |
| 30g | 酵母 | 5g | 盐 |
| 200g | 牛奶 | | 香草，柠檬 |
| 70g | 糖 | | |
| 70g | 油脂 | | |

- 所有配料必须保持合适的温度，这样酵母才能获得发酵所需的热量，
- 在室温牛奶中溶解酵母，
- 将面粉筛入盆中，并在中间做出一个碗状，
- 揉捏，直至面团不再黏盆或黏附餐具，
- 在温暖的位置放置约20min，再次揉捏。

酵母面团应在达到合适的发酵程度时进行烘焙，评判标准：手指轻压下陷，然后重新恢复至原始位置。

如果酵母面团发酵时间过久，烘烤出的面包会发干、吃起来发韧（干草般的口感）、烘焙后面包颜色苍白且孔洞不均匀（图1）。

使用酵母面团可以制作以下食品：

平板蛋糕（派）

让面团发酵，揉制成约0.5cm厚的面团，放在涂油的烤盘上。

**苹果蛋糕：**

将削皮去核的苹果切片，摆放在面团上，再撒上碎粒，在温暖的位置放置20～30min，中火烘烤25～30min。

**李子蛋糕：**

将李子摆在面团上方，李子应少量使用，因为其含有大量汁水。最好将李子去核，再摆放在面团上。烘焙方法同苹果蛋糕的烘焙方法。在烘焙完成后立即撒上肉桂糖，再浇一层镜面使其富有光泽。如果李子流出过多的汁水，可以在烘焙前撒上一些面包丁，吸收汁水。

**碎粒蛋糕：**

将面团表面涂上水，撒上碎粒（参见第612页），烘焙方法同苹果蛋糕烘焙方法。

配料的烘焙技术作用

牛奶可以加强谷朊的特性，它使面包内部更软，并赋予面包令人喜欢的颜色。此外，还有利于保持新鲜。

少量油脂可以使谷朊更富有弹性，并使烘焙的糕饼更"湿润"；然而，用量较大时会妨碍酵母的作用。

鸡蛋使烘焙的糕饼味道更好。蛋黄含量越高，烘焙的糕饼越湿润。根据配方，在制作酵母面团时和所有配料一同进行加工（直接使用）；首先混合制作少量预制面团，然后再和剩余面团混合在一起（间接使用）。

  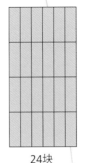  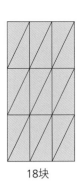

24块　20块　18块

合理分割平板蛋糕。

**预拌粉**是可以用来烘焙的面粉混合物，除了面粉，其中还包含其他粉状成分。在制作面团时，只需要添加

- 液体（牛奶/水），
- 部分需要添加酵母、鸡蛋和油脂。

成品面粉可以用于制作：

- 一般的酵母面团，
- 用于制作柏林包/油炸圈的酵母面糊。

## 辫子形酵母面包

- 在首次发酵后做成长条状，并编成辫子的形状放在涂油的烤盘上，
- 放置20min，涂上蛋黄，
- 中温烘烤约30min，上糖釉。

## 酥皮糕饼面团

- 酵母面团（500g），首次发酵后放置在冷凉的位置，
- 将150g油脂/黄油混合在一起揉捏并放置在冷凉处，
- 将面团擀成方形面饼，
- 将油脂/黄油擀成面饼一半大小，
- 将油脂/黄油放在面团上，擀制并简单折叠两次（参见千层酥皮面团），

### 牛（羊）角面包/可颂

- 将折叠的面团擀成3mm厚，
- 切成三角形，填装馅料，卷成牛角形状，
- 发酵20min，然后涂上蛋黄，
- 在约220℃下烘烤约15min，
- 可以涂上一层薄薄的杏子果酱，并且覆盖方旦糖或涂上一层糖粉釉。

### 蝴蝶形面包

- 150g杏仁泥，50g葡萄干，50g碎粒，一些牛奶用于制作馅料，
- 将面团擀成1cm厚，涂上馅料并卷起来，将面皮卷切成厚片，放在涂油的烤盘上，醒制，烘焙，涂上杏子果酱并涂上一层糖釉。

酥皮糕饼面团可以作为能够立即烘烤的成份冷冻产品进行供应。如有需要，可以缓慢解冻，然后烘烤并涂上杏子果酱或上一层糖釉。

萨伐仑松饼

萨伐仑松饼是一种使用含有大量鸡蛋的酵母面团制作的环形糕饼。使用朗姆酒润湿，覆盖方旦糖，并和打发奶油和水果一起呈上。

| 萨伐仑（萨瓦林）松饼 | |
| --- | --- |
| **配料（1300g面团）** | • 保持所有配料处于合适的温度， |
| 500g　面粉 | • 使用少量面粉和在牛奶中溶解的酵母制作一小块预制面团（面肥），并放置在温暖的位置， |
| 6枚　鸡蛋 | • 像制作蛋糕一样将黄油、鸡蛋、盐和糖搅打发泡， |
| 30g　酵母 | • 当预制面团变成其体积的两倍大小时，将预制面团和剩余的面粉混合在一起并再次搅打。 |
| 0.15L　牛奶 | • 在萨瓦林（环形）模具中涂上厚厚的一层膏状黄油，撒上面粉， |
| 250g　黄油 | • 使用裱花袋将面团挤入模具，约为模具的三分之一高， |
| 30g　糖 | • 醒制并烘焙， |
| 7g　盐 | • 在烘焙完成后倒扣（可以存放）， |
| | • 使用糖、朗姆酒和水制作混合液， |
| | • 将其均匀浇在糕饼上， |
| | • 涂上杏子果酱，搭配水果和奶油一同呈上。 |

## 1.3 千层酥皮面团

通过包裹油脂，千层酥皮面团获得酥松的口感和分层的特征性结构。

**配料的烘焙技术作用**

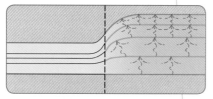

- **油脂**：最好使用起酥油（人造黄油）。与传统的油脂相比，它们的熔点较高，因此更容易加工。
- **发酵作用**：重复擀制和面团一层摞一层的折叠使其产生非常纤薄的面团油脂层。油脂可以将面团层分开。因此，烘焙时产生的水蒸气可以将各层略微推升起来。膨松、有碎屑但湿润的糕饼由此产生。

**类型**

千层酥皮面团根据制作方式和配料的差异，区分为以下3种。

**德式千层酥皮面团**

- 外侧面团–内侧油脂
- 微微干燥
- 放在较温暖的房间中加工

**法式千层酥皮面团**

- 外侧油脂–内侧面团
- 不干燥
- 在较温暖的环境中很难加工，因为外层是油脂

**荷兰式千层酥皮面团或快速起酥面团**

- 油脂切块，并在制作面团时加入
- 快速制作
- 只作为备用千层酥皮面团使用

## 制作

- 将油脂和一部分面粉混合揉捏，做成扁平砖块形状，并放在冷凉处。
- 在桌面上筛上面粉，在面粉中做出一个凹陷，将水、盐（朗姆酒或醋、蛋黄）加入其中。
- 额外加入一些面粉将处理油脂时剩余的油脂和面粉制成面团并用力揉捏。
- 覆盖面团醒制1h。

● 起酥油以片状供应。

### 擀制－折叠

**德式**——按照相应图片擀制面团，并将四个角包在油脂上（图1）。

**法式**——将面团擀成长方形，并将油脂放在中间（图2）。

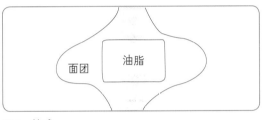

图1：德式

图2：法式

在包入之后，将面皮擀成2cm厚，然后折叠一次（三层）将面团转动90°再折叠两次（四层）。在约30min后，重复过程。这样就能产生3 x 4 x 3 x 4 = ? 油脂层。

## 工作提示

所有千层酥皮面团的配料、接触的桌子和设备必须保持冷凉。油脂最好在冰箱中预先冷却。

使用面粉和水制作面团（和面），可以制作面条面团等**面团**。

务必要用力反复按揉。**油脂**，特别是黄油，要揉入一些面粉，这样面粉可以和黄油中的水分结合在一起，更容易加工，这个过程被称为**揉干**。

在**擀制**或**折叠**时，油脂和面团务必保持同样的强度。在折叠时擀制必须非常小心。面团不能黏牢，擀面杖必须要滚动起来，并且不能推动面团。这会造成层挪动，并影响松弛。在折叠时，面团应保持均匀的1.5cm厚，在折叠前应使用桌面扫把将附着的面粉清理干净。

只能使用锋利的工具戳压或切割，否则面油层不能利落地分离，烘焙出的食品高度不均匀。

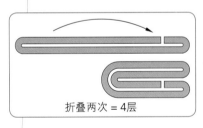

折叠一次 = 3层

折叠两次 = 4层

● 千层酥皮面团折叠完成后冷冻，以片状供应。

# 烘焙糕饼、甜品和冰淇淋

小块千层酥皮可以作为冷冻产品供应，其可以直接用于烘焙。

- 将面团擀成约4mm厚，
- 切分成块后，为面块塑形，
- 放在烤盘上，刷上蛋黄，
- 至少静置20min，
- 在220℃时烘烤约15min，
- 涂上杏子果酱并上糖釉。

在烘烤前，（使用叉子或其他工具）戳压千层饼面团，但不需要太过用力。这是为了形成的水蒸气可以部分散发，减少内部产生的推动力。经过一次折叠和两次折叠后获得千层酥皮面团，可以冷冻起来，并按照需要在化冻后完成后续的折叠。

**环形：**
- 千层酥皮面团擀成8~10mm厚，
- 首先用模具压下来直径10cm的圆片，
- 然后使用3mm的模具去掉圆片的中间部分，
- 转动制成的环形片，放在冷凉处。

**底部：**
- 将剩余的面皮平压在一起，不要揉捏，擀成2mm厚，
- 使用直径5cm的模具戳压，
- 放在一个涂有水的烤盘上，
- 使用蛋液润湿，使用叉子戳孔，
- 将环形片（见上方）摆在直径5cm的面皮上，
- 在环形片的表面涂上蛋液。

**盖子：**
- 将剩余的面皮压在一起，不要揉捏，擀成3mm厚，
- 使用直径3.5cm的模具戳压，并刷上蛋液，
- 将酥盒和盖子静置30min，
- 在200~210℃左右烘烤20~25min，
- 单独烤制盖子约15 min。

- 将经过多次折叠的剩余千层酥皮面团或起酥面团擀成3mm厚，
- 在整个表面刷上蛋液，
- 使用锯齿状模具戳出半月形，
- 静置20min后，在220℃烘烤约15min。

奶酪棒

- 将剩余的千层酥皮面团擀成1cm厚，
- 涂上蛋黄，
- 撒上磨碎的奶酪、葛缕子和大粒盐，轻轻按压，
- 翻面，按照上述方法进行同样的处理，
- 切成15mm宽的条，
- 轻轻扭转成麻花形，
- 放在烤盘上，静置20min，
- 在约200℃时烘烤约15min。

冷冻烘焙糕饼坯

供应商提供多种形状的烘焙糕饼坯。

**首先供应小块面团**

- 小块千层酥皮面团和酵母面团
- 小面包

在室温中将这些冷冻产品慢慢解冻，因为面团导热能力很差，较高的解冻温度会导致烘焙糕饼坯的品质下降。

在解冻酵母面团时，应遵守生产商的提示，因为各种产品的发酵程度不同。

## 1.4 脆饼面团

脆饼面团是一种油脂含量丰富，加工时间短的面团，它只需要短时间发酵。松脆小颗粒状的特性是由高油脂含量产生的。

| 擀制的脆饼面团 | |
| --- | --- |
| **配料（约600g面团）** | - 将面粉筛在桌子上，在中心挖出一个凹陷， |
| 300g　面粉　=3份 | - 在其中添加糖和鸡蛋，并混合， |
| 200g　油脂　=2份 | - 将油脂和鸡蛋—糖面糊混合均匀，在油脂面糊外抹上面粉，但是不要揉捏， |
| 100g　糖　　=1份 | - 当所有部分均匀黏合在一起时，按压并放在冷凉处。 |
| 1枚　　鸡蛋 | |
| 　　　　柠檬，香草，盐 | |

最好在加工前一天制作面团，这样糖晶体可以溶解，然后在冷凉状态下进行加工。

可以在呈上前短暂烘烤一下提前烤好的或外购的千层酥皮点心，这样可以在呈给客人时保持酥脆。

在室温解冻烘焙的小块糕饼，如小块酵母面团、小面包和扭结饼。如果在重新烘烤时，糕饼块上有大量水蒸气，在大约230℃在烤箱中烘烤几分钟。烘焙产品的品质会在烘烤后迅速下降，它们会变得又干又硬。

配料的烘焙技术作用

- **油脂**使单种成分彼此分离，可以作为疏松材料并使面团松脆。重要的是，其应相应冷却。
- 只能使用细颗粒的**糖**，粗粒糖可能会不溶解。在烘焙时，粗颗粒的糖晶体会焦糖化，并在烘焙食品的表面留下红色的斑点，并黏附在烤盘上。
- 少量**鸡蛋**可以改善外观和味道。使用大量鸡蛋时，则会因为其水分含量产生较为坚实的结构。
- 与使用全蛋相比，单独使用蛋黄品质更佳。

## 工作提示

在制作面团时，主要容易出现两个错误，这两个错误都出现在对面团中油脂的处理。

- **面团泄劲**：在泄劲的面团中，淀粉颗粒和谷朊分子分离，没有出现所需要的黏合。因此，在擀制时，面团会轻微扯破，完成的烘烤糕饼会碎裂。这是由于材料过热或面团的加工时间过长。
- **面团坚韧**：这个错误出现在较简单的、添加了液体的面团中。如果液体直接和面粉黏合，而没有提前和油脂混合，谷朊分子会膨胀并拉紧。添加的油脂就不能按照所需的精细度分布。

> 辅助：将面团切成小块并加入一些蛋白。

> 辅助：使用切成小块的油脂加工。

### 挤压用酥性饼干面糊（曲奇面糊）

**配料（约1000g面团）**

| | |
|---|---|
| 500g | 面粉 |
| 350g | 油脂 |
| 150g | 糖 |
| 2枚 | 鸡蛋 |
| 擦碎的柠檬 | |
| 香草，盐 | |

- 将油脂和糖、香料一起搅打至发泡，
- 逐步加入鸡蛋，并加入一些面粉，
- 搅入剩余的面粉，
- 使用裱花袋将面糊挤在涂有油脂的烤盘上或铺有烘焙用纸的烤盘上，
- 推荐使用星形裱花口，因为烘烤糕饼的表面会产生有层次颜色变化。

### 碎粒

**碎粒配料（1050g）**

| | |
|---|---|
| 300g | 油脂 |
| 300g | 糖 |
| 450g | 面粉 |
| 盐，柠檬 | |

- 将油脂、糖、盐和柠檬混合均匀，
- 加入面粉，直至面糊互相黏在一起，
- 在粗目筛上按压，这样就会产生均匀的碎粒。

## 1.5 制作面团和面糊的基本技法

### 擀制

为了继续加工，大多数时候需要将面团擀成方形。如果使用擀面棍从中心向外侧擀制，人们可以获得长椭圆形的面皮。

为了擀成方形，应从中心向角落擀制。从中心开始使用擀面棍擀制，重复向角落擀，不需要一直擀到面团边缘。当达到期望的厚度时，再擀至边缘。

成品就是厚度均匀的方形面皮。

### 打发

在打发时，将空气打入液体（蛋清、奶油），以便产生泡沫。

蛋清是一种柔韧的液体，因此可以包住气泡。如果不断加入糖，人们可以获得富有弹性的泡沫，也就是打发蛋白。大多数情况下，其用作蓬松材料。

容器中残留的油脂或者残留的蛋黄会妨碍形成泡沫。

### 拌和或拌入

当需要将打发的、含有大量空气的糊（如：打发蛋白或打发奶油）和其他材料混合在一起时，应进行拌和或拌入。

不能将不同的材料互相混合，而是将一种加入另外一种中拌和。

为此，制作者使用一种大面积的工具（橡皮刮刀），将1/3的泡沫放入其他材料中，以此平衡两种材料的硬度。然后，将剩余的材料放入。

在拌和过程中，制作者使用工具从上方插入打发蛋白，推动工具至器皿边缘并同时向上提起工具。然后，稍微旋转器皿并重复过程，直至两种材料混合完成。如果加入面粉（如：制作海绵蛋糕面糊），应首先拌入打发蛋白，然后筛入面粉。

打发蛋白的时间过短：还没有变紧实。

正确的打发蛋白：紧实而柔软。

> 将较轻质的打发蛋白放入较硬实的材料中。首先放入1/3，然后放入剩余的部分，最后加入面粉。

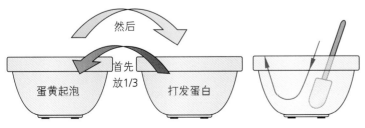

然后

首先放1/3

蛋黄起泡　　打发蛋白

打发蛋白的时间过长：结块，拌入困难。

### 1.6 海绵蛋糕面糊

可以按照两种方式制作海绵蛋糕面糊：

**冷制作：**

- 将蛋黄、蛋清分离，
- 将蛋黄和2/3用量的糖混合搅拌至发泡，
- 将蛋白打发至发泡，并将剩余的糖分次加入打发蛋白中，
- 在短时间内将打至硬性发泡的蛋清混入发泡的蛋黄中，
- 加入过筛的面粉和淀粉。

如果需要在面糊中添加焙粉，将其和面粉一同过筛，这样可以充分混合。

**热制作：**

- 将全蛋和糖放入约60℃的水浴中搅打，继续搅打直至面糊还是温热的。
- 小心地拌入面粉和淀粉。

如果在海绵蛋糕面糊中添加油脂，需要在材料达到约40℃时再加入，加入油脂前，面粉应已经完全加入。如果直接混合面粉和油脂，会形成结块。

加入液体黄油，制作者可以获得有细腻气孔的面糊。这类面糊被称为维也纳面糊。

必须立即烘烤做好的海绵蛋糕面糊。如果放置时间过长，打发的气泡会溢出，形成的气孔会不均匀。

## 使用示例

**蛋糕底：**

按照冷制作方法的基本配方制作，在涂油、撒过面粉或铺有烘焙用纸模具中倒入面糊，在适当的温度下烘烤约35min。

**海绵蛋糕卷：**

按照冷制作方法的基本配方制作，在铺有烘焙用纸的烤盘上倒入约一指厚的面糊，中等火力烘烤约15min，在烘烤后立即倒扣在一块布上，撕掉烘焙用纸，涂上搅拌均匀的果酱，利用布卷成卷，撒上糖粉或浇上杏酱，上糖釉。

**全部都放入的操作方法**

通常情况下不允许，但是在此有一个原则：所有的材料（除了油脂）一次放入容器中，并搅打。鸡蛋和面粉的打发可以通过加入乳化剂进行。乳化剂可以是粉状或糊状。

用于制作海绵蛋糕面糊的*预拌粉*包含乳化剂。

## 1.7 烫面面糊

制作烫面面糊时需要加热配料的混合物（液体、油脂、面粉），这个过程被称为烫面。这种面团也因此命名。

烫面的过程可以使面团黏附住在烘焙时产生水蒸气，并且使烘焙产品膨胀。较小的重量就可以获得较大的体积，这种烘焙产品"如风一样轻"（图1）。→风袋（泡芙的德文名称）。

烫面面糊可以烘烤圆形的泡芙、微长的奶油卷和小泡芙。此外，制作土豆菜肴（王妃面糊）时也需要使用它。

- 加热液体和油脂以及盐，
- 将面粉一次性筛入煮沸的液体中，
- 继续加热，并用力搅拌，直至面糊光滑，并在容器底部黏附一层。（如果加热不足，烘焙产品的膨胀会很小。）
- 将烫面面糊放在另外一个容器中，稍微冷却。
- 分次加入鸡蛋。（如果一次加入过多鸡蛋，面糊就会结块并且不再黏合在一起。）

烫面面糊可以以预拌粉形式进行供应。

图1：在一个泡芙中形成空洞

| 泡芙（风袋） | |
|---|---|
| **配料（1250g面糊）** | |
| 500mL | 水或牛奶 |
| 150g | 油脂 |
| 250g | 面粉 |
| 350g | 鸡蛋 |
| 10g | 盐 |

- 将制作泡芙面糊放在裱花袋中，使用星形裱花嘴，在涂有少量油脂或铺有烘焙用纸的烤盘上挤出一小堆，每一小堆之间要保持充足的距离，
- 在210℃下烘焙约35min。

如果烘焙时在烤箱中倒入一杯水，或者添加蒸汽，泡芙会膨胀得特别好。蒸汽可以使泡芙表层保持较长时间的弹性。

- 在烘焙后冷却，
- 切下上部的1/3，
- 在切下的部分上方撒上糖粉，
- 在泡芙下部挤上打发的奶油，
- 放上盖子。

### 小泡芙

- 使用平口裱花嘴在烤盘上挤上一个2~3mm大的圆点，
- 中火烘焙。

小泡芙可以作为清汤中的汤料。可以在上菜前直接加入，这样不会变软。

也可以在小泡芙中填入奶油霜或打发奶油。

### 1.8 油炸面糊

| 基本配方❶（约500g面糊） | | 基本配方❷（约500g面糊） | |
|---|---|---|---|
| 250g | 面粉 | 250g | 面粉 |
| 0.2L | 液体（啤酒、葡萄酒、牛奶或水） | 0.3L | 液体（啤酒、葡萄酒、牛奶或水） |
| 3EL | 油 | 3EL | 油 |
| 10g | 糖 | 10g | 糖 |
| 5g | 盐 | 5g | 盐 |
| 2个 | 蛋黄 | 3~4个 | 蛋白 |
| 2个 | 蛋白 | | |

- 将面粉筛入盆中，
- 加入除蛋白外的全部材料，
- 将所有材料搅拌均匀平滑，但是只需要搅拌较短的时间，这样面糊不会发韧，
- 在使用前再拌入打发蛋白。

图1：油炸接骨木

### 应用示例

油炸圈/软炸苹果圈

　　使用苹果制作：为苹果削皮、去核，切成片，浸在樱桃水中，并撒上少量糖粉，取出，控干水分，浸在油炸面糊中取出，并放在油锅中炸，在肉桂糖粉中翻转。

　　也可以使用去皮香蕉、新鲜或干菠萝切片、切半成熟杏子或黄桃制作油炸圈。

### 1.9 气泡面糊

| 基本配方❶ | | 基本配方❷ | |
|---|---|---|---|
| 8个 | 蛋白约为0.25L | 8个 | 蛋白约为0.25L |
| 500g | 糖 | 100g | 糖 |
| | | 400g | 糖粉 |

- 打发蛋白，分次加入100g糖，将剩余的糖拌入。
- 拌入的部分可以使用糖粉，然后面糊会变得更平滑。

### 使用示例

蛋白糖霜

　　在烘焙用纸上，使用4cm的大号星星裱花口，彼此紧挨着挤出面糊；将纸放在热烫的烤盘上，这样做的目的是稍后更容易取下蛋白糖霜，也可以使用烘焙用纸。在大约110℃时烘焙，在80~90℃干燥。

## 1.10 薄面卷

薄面卷是一种在薄薄的面皮上涂上不同配料，然后卷起来制作的甜品。制作者在烘焙后将其切成片，切片有螺旋状的"薄面卷形的"外观。

- 筛入面粉，做出凹洞，
- 在凹洞中加入剩余的材料，
- 揉捏富有弹性的面团，做成球状，
- 在温热的容器中静置30min，
- 将松弛的面团放在撒有面粉的布上擀制，
- 压平，即用手背压，这样，面皮会非常薄，
- 在面皮表面涂上熔化的黄油，
- 熔化黄油，加入面包碎，并烘烤至浅棕色，
- 苹果去皮、切成八块去核、切片并平摊在2/3的面皮上，
- 均匀地将其他配料放在苹果上，
- 使用下方垫的布卷成薄面卷，放在涂有油脂的烤盘上，并涂上熔化的黄油，
- 将烤箱预热至200℃，烘烤30～35min，
- 冷却薄面卷，趁热切分，撒上糖粉，
- 搭配香草酱或香草冰淇淋呈上。

可以将所有制作填馅的配料混合在一起，然后均匀地涂在面皮上。使用微波炉将预烤制的薄面卷加热至适合呈上的温度。

其他填馅：凝乳，葡萄和坚果奶油霜，粗粒小麦糊，梨，樱桃和香草奶油霜。

## 1.11 脆片面糊

脆片面糊是能够涂抹的面糊，其主要成分是生杏仁泥。

脆片烘烤产品纤薄易碎，主要用作冰淇淋甜品的补充装饰，并且可以购买到。

自己制作时，主要制作装饰垫层（图1）。

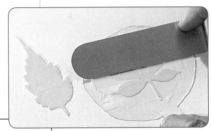

**脆片面糊的基本配方**

| | |
|---|---|
| 200g | 生杏仁泥 |
| 150g | 糖粉 |
| 30g | 面粉 |

根据需要添加液体，液体中
2/3为蛋清
1/3为牛奶

- 使用蛋清软化杏仁泥，
- 加入糖粉和面粉，
- 添加牛奶达到期望的软硬程度，
- 在烤盘上涂油并撒上面粉，
- 使用型板涂开面糊，
- 预烤制，直至边缘上色，
- 从烤箱中取出一段时间冷却，
- 再次烘焙，烤成均匀的金棕色，
- 立即从烤盘上取下，并做成期望的造型。

图1：脆片面糊制作的装饰

# ② 奶油霜菜肴

法式奶油霜中奶油霜在字面上的意思有所改动，意思为：精致的，最细腻的。在实际运用中，奶油霜的含义为特别柔滑细腻的奶油状或泡沫状的特性。

许多奶油霜的基础是奶制品，如：奶油、脱脂乳、酸奶或凝乳。由于其特性，它们不能高温加热。然而，在餐饮业中，卡路里降低的甜品越来越重要。而实现这一点可以通过略微加热，以及使用明胶实现。并且可以使用打发的奶油达到适当的膨松化。装饰时，可以使用浅色和深色的水果，或冷或热的水果酱汁等，而展示方式有非常大的发挥空间。

**许多奶制品**中含有适当的酸，这可以起到清新的作用，并使甜品"不那么甜腻厚重"。因此，非常推荐在夏季制作时使用。

## 2.1 概览

根据黏合（勾芡、凝固）方式和制作方式进行区分：

| 简单的奶油霜含或不含明胶 | 使用明胶和鸡蛋黏合的奶油霜 | 使用鸡蛋勾芡的奶油霜 | 使用淀粉勾芡的奶油霜 |
|---|---|---|---|
| | 冷凉或温热时搅拌 | 在水浴中煮 | 经烹制 |
| 高奶油成分保持奶油霜有丰富细密**泡沫**，加入明胶，使其保持稳定的状态。 | 使用蛋黄，使奶油霜保持**丝绒般**柔滑的黏稠度。明胶和奶油赋予其强度和奶油状的膨松。 | 添加的蛋黄单独影响黏稠度。它可以产生柔和滑润、细密但不疏松的口感。 | 水淀粉糊化并赋予奶油霜所需的黏合水，也可以为其他液体。 |
| 可以添加水果泥、磨碎且经过烘烤的果仁、巧克力碎或酒精等食材改变味道。 | | 坚硬的食材，如：烘烤的果仁或水果泥会沉淀。可以使用液体，如：青柠汁或焦糖以及磨碎的未经化学处理的柑橘类水果的果皮。 | 添加香草籽或香草糖可以获得有相应味道的奶油霜。其他加工可以带来其他味道改变。 |

## 2.2 简单的奶油霜

### 打发奶油

将冷却的奶油（800mL）打发至硬性发泡，然后立即使用。在打发过程中，每1L奶油需要加入80g细砂糖、糖粉或香草糖。为了使奶油产生味道变化，可以在奶油中添加水果泥或水果浓缩物。如果添加水果泥等材料，需要注意相应提高明胶的用量。

### 加入明胶加工

- 最理想的是将明胶浸泡在冷水中软化，并挤压明胶，放在约50℃的水浴中溶解。
- 将明胶加热至100℃时，会失去一部分黏合力。

如果将液体明胶直接加入至冷奶油中，一部分明胶会过快凝固，并在奶油霜中产生一些胶状小颗粒，这会对口感产生负面影响。此外，会失去一部分需要的黏合力。为避免发生这样的情况，首先在明胶中混入一小部分奶油或者是奶油霜，然后将混合物加入剩下的材料中。

### 奶油霜

可以在打发的奶油中添加固体或液体食材使其产生口味上的变化。在这种情况下，奶油霜必须性质稳定。为此，需要使用明胶或植物性产品。

**奶油**

奶油中的乳脂含量扮演着重要的角色。乳脂含量越高，

- 打发的奶油就越坚挺，
- 打发的体积越大，
- 没有增稠剂时，所打发奶油保持造型的时间越久。

奶油中的脂肪含量至少为30%。

针对各类素食主义者，可选用其他增稠剂替代明胶。例如：琼脂、葛根粉、角豆粉、西米和果胶。

---

**覆盆子奶油**

**制作10人份的基础配方**

| 800mL | 奶油30% | 3片 | 明胶 |
|---|---|---|---|
| 100g | 糖粉或/和 | 150g | 覆盆子果泥 |
| | 香草糖 | 1cl | 覆盆子酒 |

- 将明胶放在冷水中浸软，挤压并溶解。
- 将奶油和糖粉以及香草糖混合后打至硬性发泡。
- 将液体明胶和少量硬性发泡的奶油混合。
- 快速地将混合物加入剩余的打发奶油中。
- 奶油霜收缩，使用打蛋器将其他香味添加剂搅入。

**应用**

- 可以作为盛装奶油，放在装饰性玻璃器皿中，
- 可以作为烫面面糊所制作产品中的馅料，
- 作为甜品和蛋糕的装饰材料。

**使用奶油霜基础配方**

为了使奶油霜有味道上的变化，可以在奶油中加入果泥和浓缩剂。同时需要注意提高明胶的用量。

**准备有盖模具**

为了使最终的成品有美观的造型，可以在填充奶油霜前，将透明薄膜铺在模具中。当奶油霜填满后，可以各个方向拉动薄膜。这样可以使薄膜变平整，奶油霜会形成均匀平滑的表面。

---

### 脱脂乳奶油霜

**制作10人份的基础配方**

| | | | |
|---|---|---|---|
| 0.65L | 脱脂乳 | 9片 | 明胶 |
| 400g | 奶油，30% | | 半个柠檬的柠檬汁 |
| 140g | 糖 | | 柠檬皮，擦碎 |

- 在冷水中将明胶浸软。
- 将奶油打发至硬性发泡。
- 脱脂乳与柠檬皮碎、柠檬汁和糖混合在一起。
- 水浴溶解明胶，将一小部分脱脂乳与明胶混合在一起。
- 将明胶脱脂乳混合物搅拌加入全部脱脂乳中，当明胶吸收液体时（液态明显呈黏稠状时），打发的奶油要小心地慢慢加入其中。
- 将脱脂乳奶油霜倒入模具中，至少冷却2h。

---

### 酸奶凝乳奶油霜

**制作10人份的基础配方**

| | | | |
|---|---|---|---|
| 400g | 酸奶，3.5% | 150g | 糖 |
| 250g | 低脂凝乳 | 9片 | 明胶 |
| 400g | 奶油，30% | | 半个柠檬的柠檬汁 |
| | | | 一小撮盐 |

- 在冷水中将明胶浸软，将奶油打发至硬性发泡。
- 将酸奶和糖、盐和柠檬汁进行混合。
- 将明胶隔水加热至溶解，将一小部分酸奶混入明胶中。
- 将明胶酸奶混合物搅入剩下的酸奶中，再将酸奶重新倒入凝乳中，充分混合。
- 当微微发黏稠时，将奶油倒入酸奶凝乳混合物中。
- 将奶油霜倒入附盖模具中，冷却2h。

---

### 橙子奶油霜

**制作10人份的基础配方**

| | | | |
|---|---|---|---|
| 3个 | 蛋黄 | | 擦碎的橙皮 |
| 100g | 糖 | 6片 | 明胶 |
| 50g | 水 | 500g | 奶油 |
| | 2个橙子的橙汁 | | |

- 将橙汁、水、蛋黄和糖混合加热，直至形成糊（搅拌浓稠）。
- 不煮沸，否则会结块。
- 将浸软的明胶放在温热的糊中溶解。
- 冷却之后拌入打发的奶油。

## 意式奶冻

**意式奶冻**是一种奶油（煮好的奶油）制作的奶油霜，其中**不添加膨松剂**且使用明胶定形。可以在加入明胶后将其倒扣出来，也可以使用模具直接呈上餐桌。在制作过程中要注意，不要让过多空气进入奶油霜或在奶油霜中形成气泡。可以加入擦碎的柑橘类水果的果皮改变奶油布丁的味道。在分份前，需要将果皮过滤掉。使用有颜色的香料，如：桂皮或胡椒蜂蜜饼香料等，将奶油霜的颜色变为米黄至棕色。可以搭配有酸味的水果或果酱一同呈上。

提示：
如果将意式奶冻倒扣，需要多使用2片明胶。

| 制作10人份的基础配方 | |
| --- | --- |
| 1L | 奶油 |
| 150g | 糖 |
| 10片 | 明胶 |
| 香草籽 | |
| 一小撮盐 | |

- 把明胶浸没在冷水中软化。
- 将奶油、糖、香草籽和盐煮沸。
- 将明胶挤干，放在奶油中溶化。
- 将奶油倒入小模具中放置成形。
- 5h冷却凝固。

图1：奶冻

## 2.3 使用明胶凝固的奶油霜

在制作使用明胶和鸡蛋凝固的奶油霜时，有两种制作方法。

以**牛奶为基础**的巴伐利亚奶油霜，可以通过添加水果、焦糖果仁或香精做出变化。

以**水果汁为基础**的奶油霜包含柠檬奶油霜、樱桃奶油霜、黄桃奶油霜等。

明胶的**用量**根据奶油霜的**使用**和**季节**有所不同。

- **盛装奶油霜**需要较少的稳定性，与基础配方相比，用量可以略微**减少**。
- 如果在**温暖的环境中制作**，并且奶油霜需要倒扣出来，明胶用量需要**微微**增大。

奶油霜菜品的冷却
为了更好地凝固，奶油霜至少要冷却2h。最理想的凝固时间是12h。

注意！
新鲜的菠萝和猕猴桃中含有酶，它们可以分解蛋白质，并且会阻碍明胶的硬化。经过焯水的水果和罐头水果中，酶已经不起作用。

# 烘焙糕饼、甜品和冰淇淋

图1：盛装奶油

盛装奶油〔图1〕能够放在经过装饰的玻璃器皿中展示。恰到好处的装饰能够突出其整体效果。

## 加热搅拌至黏稠

在奶油霜中添加液体时，如：牛奶、酒和果汁，需要先添加鸡蛋和/或蛋黄进行黏合，这被称为搅拌黏稠。为此，需要在加热至约85℃时搅拌食材。混合糊变黏稠后，它们会覆盖住刮铲/硅胶刮刀表面，并且不再像水一样流动。如果继续加热混合糊，蛋白质就会结块，并且会失去黏合力。因此，需要提前测试黏稠度，方法是向黏附有混合糊的工具吹气。在工具上会形成波纹，也称为玫瑰纹，这就是已经搅拌黏稠至起玫瑰纹。这个过程是不卫生的。

## 巴伐利亚奶油霜

制作巴伐利亚奶油霜时，需要在淡奶油中加入大量牛奶，以减少奶油霜中的脂肪含量。

首先将牛奶和蛋黄进行混合，这会产生温热的基础奶油霜，并将明胶作为额外的黏合剂溶解在其中。打发的奶油使奶油霜膨松。

| 制作10人份的基础配方 （图2~图6） | | | |
|---|---|---|---|
| 0.5L | 牛奶 | 1根 | 香草豆荚 |
| 5个 | 蛋黄 | 0.6L | 奶油，30% |
| 120g | 糖 | 5片 | 明胶 |
| | | 一小撮盐 | |

- 将明胶在冷水中浸软，将奶油打发至硬性发泡。
- 提前准备好热水和冷水盆。
- 混合蛋黄和糖。
- 将香草豆荚切成两半，取出籽，将剩下的香草豆荚放在牛奶中煮沸。
- 将煮沸的牛奶慢慢加入至蛋黄中，并搅拌。
- 将混合糊放在水浴中，搅拌均匀，直至黏稠（约80℃）。
- 挤干泡软的明胶，放在温热的混合糊中溶解。
- 将加入黏合剂的混合糊过筛，放在冷水盆中轻轻搅拌冷却。
- 混合糊变黏稠时（约20℃），迅速将打发的奶油拌入。
- 倒在相应的模具或者玻璃器皿中。

图3：将牛奶加入蛋糊中

图2：配料的准备

图4：将糊搅拌浓稠

图5：过滤加入黏合剂的液体

图6：将奶油拌入糊中

变形

在制作基础奶油霜时一定要注意液体的比例。如果想要添加水果和调味浓缩物，那么要相应增加明胶的用量。配料要在添加奶油前与基础奶油霜混合。

以下是一些变形：

- **巧克力奶油霜**：需要在基础配方的基础上添加200g刨碎的黑巧克力块。减少明胶的用量。如果希望味道有些改变，可以加入1cl葡萄酒白兰地。
- **摩卡奶油霜**：在温热的基础奶油霜中搅入约50g速溶咖啡。
- **坚果奶油霜**：在使用前需要烘烤坚果并添加焦糖，弄碎。制作杏仁奶油霜时，可以添加意大利苦杏酒增强味道。
- **水果奶油霜**：将基础奶油霜和水果泥混合在一起，大约需要250g。明胶和糖的用量需要相应提高。
- **其他变化**，例如：使用利口酒、新鲜水果、巧克力屑。

**倒扣奶油霜**：很适合即点即做的餐厅。倒扣奶油霜〔图1〕可以使用酱汁或**腌渍的水果**进行多种多样的装饰。

**夏洛特水果奶油霜**是由倒扣的奶油霜制作的〔图2〕，海绵蛋糕围绕奶油霜摆放，直接装饰。周围可以是勺形饼干（手指饼干），或者是海绵蛋糕卷切片。因为大量使用烘焙点心，这种奶油霜可以用在自助餐。

水果奶油霜

在制作水果乳脂奶油和打发奶油时，需要加入大量果汁。

首先果汁和蛋黄在热温度下打发，黏合。在这种热的液体中，明胶中的凝结物质会溶解。打发的奶油作为蓬松剂使用。

制作时糖的用量取决于所用果汁的甜度。

在浸渍时，在处理好的水果中倒入改变味道的液体。将水果短时间浸泡在液体中。
适合的液体有：

- 烈酒：柑曼怡，马拉斯金酸樱桃甜酒。
- 果汁，或加入香精的糖水。

图1：倒扣奶油霜

图2：夏洛特水果奶油霜

水果奶油霜

**制作10人份的基本配方**

| | | | |
|---|---|---|---|
| 7个 | 蛋黄 | | 柠檬汁 |
| 80g | 糖 | 10片 | 明胶 |
| 0.5L | 果汁 | 0.8L | 奶油 |

- 提前准备好热水盆和冷水盆。
- 在冷水中将明胶浸软。
- 将奶油打发至硬性发泡。
- 将果汁、蛋黄、糖和少许柠檬汁放在盆中。
- 将盆放在热水盆中，同时用硅胶刮刀均匀搅拌，直到变成糊状。
- 挤干浸软的明胶，放在温热的混合糊中溶解。
- 将混合糊放在冷水盆中均匀搅拌冷却。
- 温度达到约20℃时，将奶油迅速拌入混合糊中。
- 分成份。

**提示：**

制作柠檬奶油霜时，由于酸的含量较高，所以只需要较少的果汁用量。为了改进味道和香味，需要使用表皮未经处理的柠檬的果皮碎。

水果慕斯是一种脂肪含量减少的泡沫甜品。浅色的水果慕斯，例如：青柠慕斯不使用蛋黄。蛋清使慕斯凝固并使其膨胀。因此，浅色慕斯强调天然的水果颜色。

慕斯

　　慕斯在法语中是泡沫的意思。慕斯是一种柔滑有泡沫的甜品。

　　最有名的是*巧克力慕斯*，分为深色、浅棕色和浅色种类。不同种类的慕斯制作方法是相同的，不同的是明胶的用量以及酒精的用量。巧克力酱的颜色越深，使用的明胶就越少。为了达到最佳的黏合度，要注意把握好冷却时间：使用明胶黏合的慕斯至少要冷却2h，没有添加明胶的慕斯（黑巧克力）至少要冷却4h。

**慕斯种类概览**

| | 水果慕斯 | 巧克力慕斯，深色糖浆 | 巧克力慕斯，浅棕色糖浆 | 巧克力慕斯，浅色糖浆 |
|---|---|---|---|---|
| 基础糊 | 蛋清，糖 | 全蛋，糖 | | |
| 凝固剂 | 明胶 | —— | 明胶 | 明胶 |
| 处理 | 热-冷打发 | | | |
| 香味物质 | 例如：典型水果和烈酒 | 例如：白兰地，朗姆酒，可可香草甜酒 | 例如：可可香草甜酒，法国白兰地酒，白朗姆酒 | 例如：阿玛尼亚克白兰地酒，白朗姆酒 |
| 膨松剂 | 奶油，可能需要使用打发的蛋白 | | | |

不同巧克力块的特性影响着慕斯〔图1〕的制作。巧克力块中的可可脂含量起着决定性作用，可可脂含量越高，明胶的比例就越小。

制作水果慕斯应当非常小心。水果中的果核要提前处理掉，果肉不要使用食品料理机制作成泥，而是将果肉压过滤网。搅打成的果泥会产生令人不适的苦味。

图1：慕斯

---

### 巧克力慕斯搭配全脂牛奶巧克力浆

**制作10人份的基础配方**

| | | | |
|---|---|---|---|
| 250g | 全脂牛奶巧克力块 | 65g | 糖水 |
| 3片 | 明胶 | 0.35L | 奶油 |
| 3枚 | 全蛋 | 2 cl | 白朗姆酒 |
| 5个 | 蛋黄 | | |

- 在冷水中将明胶浸软。
- 提前准备好热水和冷水盆。
- 将巧克力块弄碎，水浴融化。
- 将奶油打发至硬性发泡。
- 将蛋黄、全蛋和糖水一边水浴加热一边打发。①
- 挤干的明胶加入蛋黄糊中，并溶解。
- 加入溶化的巧克力，快速搅拌。②
- 加入酒，低温打发。
- 拌入打发的奶油。③
- 倒入模具中，覆盖冷藏至少2h。④

---

**制作水果泥**

最合适的是冷冻水果。因为，这些冷冻水果已经完全成熟，味道好。将这些水果慢慢煮浓，接着将其倒入筛子中，碾压过筛，这样是为了去掉果皮和果核。

图1：黑莓慕斯

---

**水果慕斯**

**制作10人份的基础配方**

| | | | |
|---|---|---|---|
| 500g | 酸味的冷冻水果 | 35g | 糖 |
| 2枚 | 全蛋 | 6片 | 明胶 |
| 5个 | 蛋黄 | 0.35L | 奶油 |
| 130g | 糖水 | | |

- 水果煮成果泥（观察边缘裂痕）。
- 将明胶放到冷水中浸软。
- 将奶油打发至硬性发泡。
- 准备一个热水盆，一个冷水盆。
- 将蛋黄、全蛋、糖、糖水放入盆中，将盆放在热水盆中搅打。
- 将挤干的明胶加入蛋糊中并溶解。
- 将果泥加入混合糊中搅拌，并且在冷凉状态下搅打。
- 小心地将奶油拌入混合糊中。
- 分成份并至少冷藏3h。

---

**覆盆子爱斯曹玛**

- 2.5片明胶放进冷水中浸软。
- 将450g覆盆子和60g糖煮沸，然后倒入筛子中碾压过滤。
- 将200mL覆盆子果泥加热到60℃并加入挤干的明胶，使其溶解。
- 搅拌剩下的糊并冷却，在装入虹吸管前搅打。
- 拧紧一个小气罐并用力摇晃。
- 在冰箱中冷藏数小时。

---

**爱斯普玛**

　　爱斯普玛来自西班牙语，和法语中的慕斯一样，它的意思也是泡沫。但在制作方面，不同于传统的慕斯。爱斯普玛是一种极易发泡的、大多使用明胶黏合的液体或者非常细腻的果泥。将食用的有味道的食材和溶解的增稠剂一起放入奶油虹吸管。使用一个气瓶把一氧化二氮打进奶油虹吸管。静置一段时间过后，泡沫能够成份放入容器中，且经过非常美观地装饰后呈上。

　　根据应用，可以直接改变增稠剂的用量从而影响爱斯普玛的浓稠度。如要不使用增稠剂，则加工的液体本身应该已经呈现出黏稠的状态。以这种方式制作的爱斯普玛应当尽快呈送给客人，因为它维持的时间很短。

## 2.4 使用鸡蛋凝固的奶油霜

　　鸡蛋能够使它自重两倍的食材凝固。蒸制的奶油霜甜品正是利用了这个特性。虽然没有使用奶油增加蓬松感，但是还是能制作出软嫩顺滑的奶油霜。通过添加其他材料对味道进行改变。

2  奶油霜菜肴

## 蒸奶油霜

**制作10人份的基础配方（小盅/150ml容量）**

| | | | |
|---|---|---|---|
| 10枚 | 鸡蛋（中号） | 1根 | 香草豆荚 |
| 200 | 糖 | | 一小撮盐 |
| 1.25L | 牛奶（3.5%） | | |

- 将牛奶、香草豆荚和糖混合加热。
- 打散鸡蛋，将热牛奶缓慢地搅入蛋液中。
- 用筛子过滤鸡蛋牛奶溶液。
- 将溶液倒入涂上黄油的模具中，并放在烤箱或热空气蒸柜（无空气循环）中80℃的热水浴中加热。根据容量，烘烤的时间为20～30min。
- 将蒸好的奶油霜冷却并倒扣。
- 使用腌渍水果和打发的奶油装饰。

提示：
当不希望有香草豆荚中的籽时，可以将刮掉籽的香草豆荚放在牛奶中。在加热时，香草的香味会进入牛奶中。

图1：焦糖奶油霜

### 变形

#### 皇室奶油霜（皇室布丁）
- 使用基础配方。
- 50g捣碎的焦糖核桃仁（琥珀桃仁）放入牛奶中。
- 将混合糊放入环形模具中，蒸制。
- 倒扣后，在中间使用打发的奶油进行装饰。
- 放上蓝莓。

#### 焦糖奶油霜（焦糖布丁）（图1）
- 将150g糖熔化成金黄色的焦糖。
- 浇上少量的水溶解，并倒入小模具中。
- 倒入基础配方制作的液体并蒸制。

#### 维也纳奶油霜（维也纳焦糖布丁）
- 将150g糖熔化成金黄色的焦糖。
- 浇上牛奶溶解，并煮开。
- 其他步骤与焦糖奶油霜相同。
- 然后在水浴中蒸制。

#### 焦糖脆皮奶油霜

焦糖脆皮奶油霜（常用名：法式布蕾，法式焦糖布丁）是一种蒸制的奶油霜，其中有较高的脂肪含量。蒸奶油霜中的牛奶被脂肪含量至少为50%的奶油替代。

待冷却后，在奶油霜上均匀撒上红糖，然后使用火焰燎烧。这样，产生的脆皮不会吸收水分，可以保持其造型，完成后应立即呈上。

为了增加味道，可以在基础配方中添加肉桂或擦碎的柑橘类水果的果皮。在蒸制前去掉相应的材料。

注意！
当煮的温度过高（水沸腾）时，奶油霜内部会产生细密的气孔。外表和口感都会变差。

**10人份基础配方（玻璃小盅/150mL容量）**

| | |
|---|---|
| 10枚 | 鸡蛋（中号） |
| 200g | 糖 |
| 0.5L | 牛奶（3.5%） |
| 0.75L | 奶油，30% |
| 1根 | 香草豆荚 |
| | 一小撮盐 |
| | 红糖 |

## 2.5 使用淀粉凝固的奶油霜

**甜品奶油霜**

　　煮过的奶油霜通过淀粉的糊化和加入的蛋黄进行凝固，加入的蛋黄使煮制的奶油霜更有弹性。使用香草进行调味。冷却的奶油霜可以用作大蛋糕、烫面面团小点心或酥皮点心的填充奶油霜。

　　甜品奶油霜也可以作为制作黄油奶油霜的基础。黄油奶油霜是制作大蛋糕的基础，例如：法兰克福花环或婚礼蛋糕。

---

**制作1.2L的基础配方**

| 1L | 牛奶（3.5%） | 70g | 奶油霜预混粉/淀粉 |
|---|---|---|---|
| 150g | 糖 | | 香草豆荚 |
| 6个 | 蛋黄 | | |

- 将大约3/4的牛奶和切成两半并刮净的香草豆荚以及糖一起煮沸。
- 将蛋黄和奶油霜预混粉放入剩下的牛奶中，搅拌。
- 一边煮牛奶，一边把刚刚混合的材料拌入。
- 继续边搅拌边煮，直到出现气泡。
- 放在冷水浴中冷却，这样不会形成一层皮。

---

**黄油奶油霜**

　　准备黄油奶油霜时，甜品奶油霜应当和黄油有一样的温度，最佳温度在20℃左右。在奶油霜制作完成前，应当使用搅拌设备将黄油打发。黄油变成浅色，打入黄油的空气使其更加细腻黏稠。

　　如果想要添加食材使奶油霜发生变化，应当在混合阶段添加配料。

# ③ 舒芙蕾

　　舒芙蕾〔图1〕和布丁的区别主要在于烹饪方法。尽管二者的烹饪材料相似，但是布丁是用水浴蒸出来的，而舒芙蕾是用烤箱烘烤出来的。

　　制作舒芙蕾的基本材料是烫面面团，它赋予这道美食令人期待的味道。而硬性打发的蛋白则赋予它蓬松的质感。空气不循环才能使舒芙蕾涨发起来。因此，在烘烤时烤箱必须全程关闭。

　　烤好的舒芙蕾要立即呈送给食客，否则涨发膨松的部分会塌陷，从而变得不美观。

| 制作10人份的用量 | |
|---|---|
| （小盅/120mL填装量） | |
| 0.35L | 牛奶 |
| 75g | 黄油 |
| 75g | 面粉 |
| 6个 | 蛋黄 |
| 6个 | 蛋白 |
| 100g | 糖 |
| | 一小撮盐，香草精 |

- 在牛奶中放入黄油和香草精，并煮至微滚后关火。
- 一次性倒入所有面粉，并使用木勺迅速搅拌。
- 重新加热的同时，搅拌锅中的材料，直至在锅底形成白色的一层。
- 将面糊放入凉容器中。
- 慢慢倒入蛋黄并不断搅拌。

如果能保证现在制作好的面糊不会出现变质，可以保存好后继续使用。

接受点餐后：
- 将模具内壁刷一层黄油，再沾满糖。
- 将蛋白加糖打至发泡，然后拌入面糊中。
- 将材料倒入小模具中，约一杯的3/4。
- 中火烘焙约25min。

图1：舒芙蕾

**舒芙蕾的变形产品**

　　每种舒芙蕾的变形产品，其配方都有所不同。因此，每种新的舒芙蕾品种都需要有精确配方用量。

**巧克力舒芙蕾**
- 制作面糊时，要多加一个蛋黄。
- 往面糊中加入100g融化的黑巧克力块。
- 也可以用75g脱脂可可粉替代巧克力。
- 多加一个蛋白，再将蛋白打至发泡后拌入面糊中。
- 烘烤。

**榛果舒芙蕾**
- 制作面糊时，要多加一个蛋黄。
- 将75g脱脂榛子粉加入面糊中。
- 多加一个蛋白，再将蛋白打至发泡后拌入面糊中。
- 烘烤。

**柠檬舒芙蕾**
- 将一个新鲜柠檬的皮擦成细蓉，并挤出柠檬汁。
- 将柠檬汁收集在一个容器中。
- 将基础配料和柠檬细蓉、柠檬汁混合，搅拌均匀。将蛋白打至发泡后拌入面糊中。
- 烘烤。

# ④ 油煎饼

皇帝松饼（奥地利名称为Kaiserschmarrn）是一道舒芙蕾式的用叉子切成小块食用的油煎饼。它在烤箱中完成，并搭配糖煮水果或果酱食用。

油煎饼有不同的名字。地区不同，这道甜品的名字也不同，如：油煎饼、煎蛋饼、果酱煎饼等。餐饮业甚至还用源于法语的"可丽饼"来称呼这种食品。

尽管名称不同，但是描述的都是同一类美食，而使用的原料不同，烹饪出的成品也各有不同。比如说，使用打至硬性发泡的蛋白煎烤出的油煎饼口感松软。原料中使用的液体不同（详见下文表格），成品的柔软度也不同，食用方法也不同。

煎蛋饼的应用多种多样。创新的馅料，如：水果馅、凝乳馅和杏仁泥馅等，有的煎蛋饼还有一层酥脆外皮或一层巧克力糖衣。

**果酱馅卷饼**是一个奥地利名称，指含有馅料的油煎饼，它是脂肪含量高的面糊制作的可丽饼。

## 油煎饼的变形

| 基础面糊配方 | 说明 |
| --- | --- |
| **面糊1**：0.45L牛奶，4枚鸡蛋，300g面粉，100g糖，一小撮盐 | 传统配方，成品松软 |
| **面糊2**：0.35L牛奶，0.1L水，4枚鸡蛋，300g面粉，100g糖，一小撮盐 | 原料中加入水可以使蛋饼煎得更薄，从而更加松脆 |
| **面糊3**：0.3L牛奶，0.25L奶油，4枚鸡蛋，300g面粉，100g糖，一小撮盐 | 原料中脂肪含量较高，因此蛋饼不能煎得太薄，不过这样烤出的成品更精致，更加筋道 |
| **面糊4**：0.4L牛奶，4枚鸡蛋，300g面粉，100g糖，50g液体黄油，一小撮盐 | 原料中加入的黄油会使蛋饼口味得到改善，含有脂肪使蛋饼易于煎烤 |

可丽饼（下一页图1）是法语名称的音译，指很薄的煎饼。香橙火焰可丽饼是指用火燎过的可丽饼。

- 平底锅加热，加入30g糖，直至糖变成金黄色。
- 往锅中加入30g黄油，煮至起泡。
- 向锅中加入1L橙汁和少许柠檬汁。
- 让锅中液体煮浓一些，往锅中加入1cl柑曼怡。
- 将煎好的可丽饼放入糖浆状的液体中，并对折两次。
- 将可丽饼像瓦片一样有层次地摆放整齐。
- 向可丽饼上浇上少许加过热的白兰地，再用火燎。

**应用可能性**

面糊1和面糊2制作的油煎饼适合搭配所有馅料，因为它们是液体，很容易加热（例如：香橙火焰可丽饼或作为汤料的油煎饼丝）。相比之下，用面糊3和面糊4制作的油煎饼，其食用方法就显得较少。这种油煎饼的软度适中，有弹性。如果搭配馅料，馅料中的液体比例最好稍微低一些。否则，油煎饼会快速吸收水分变软并容易撕破。

| 基础配方，以面糊2为例 | |
|---|---|
| 0.25L | 牛奶 |
| 0.1L | 水 |
| 300g | 面粉 |
| 4枚 | 鸡蛋 |
| 100g | 糖 |
| | 一小撮盐 |
| | 黄油用于煎制 |

- 为避免面粉结块，将鸡蛋和一半的液体加入筛过的面粉中，并搅拌。
- 然后拌入盐、糖和剩余的液体，搅拌成面糊。
- 将面糊放置至少20min。
- 将黄油放入不黏锅中加热，然后将面糊倒入锅中，薄薄一层铺满锅底，两面都要煎制。

图1：可丽饼

## ⑤ 甜味蛋饼

甜味蛋饼（图2）是一道经典但非日常制作的菜式。因为以全蛋为原材料，所以蛋饼营养丰富。关于这道用全蛋做的菜式，本书第215页有详细的说明。

使用糖粉和/或果肉果酱可以制作出甜味蛋饼的衍伸产品。还可以用油煎出造型，制作出美观的蛋饼。

### 用果肉果酱和糖粉制作蛋饼

在快要将另一半饼翻过来时，在这半边饼上涂上果酱，这是蛋饼的经典烹饪方法。然后撒上糖粉，最后煎出纹路。

### 舒芙蕾蛋饼

舒芙蕾蛋饼的造型很吸引人，但是和使用全蛋制作的传统蛋饼十分不同，舒芙蕾蛋饼是使用打发的鸡蛋制作而成的。

通过均匀地涂抹，外形上的装饰以及短暂的烘烤，舒芙蕾蛋饼拥有令人愉快的造型。

图2：甜味蛋饼

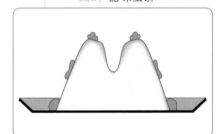

图3：舒芙蕾蛋饼的剖面图

| 2人份基础配方 | |
|---|---|
| 75g | 蛋黄 |
| 80g | 糖粉 |
| 175g | 蛋白 |
| | 2根香草豆荚的籽，柠檬皮，擦碎 |
| 5g | 土豆或小麦淀粉 |

- 将蛋黄、20g糖粉和调味配料混合成发泡的浅色面糊（接近白色）。
- 将蛋白和剩余的糖粉打发至发泡。
- 将发泡蛋白小心地拌入蛋黄糊中。
- 将淀粉撒入面糊中，并用打蛋器搅拌均匀。
- 准备一个深盘，在盘底均匀刷上一层黄油，然后倒入面糊，使用抹刀将混合糊砌高。
- 在顶部中间做出一个凹陷，这样可以均匀烤透蛋饼（图3）。
- 用星形口的裱花袋做出装饰，撒上少许糖粉。
- 在温度不高的烤箱中烘烤约7min。在这个过程中，糖粉会焦糖化，并且表面会拥有诱人的光泽。
- 完成的蛋饼务必立即呈上。

## ⑥ 布丁

布丁是一种热甜品。它是由含有淀粉的原材料（食用淀粉、米、粗粒小麦粉）搭配牛奶，煮沸后制作而成的，人们常常加入蛋黄使布丁看起来更加精致。

打至发泡的蛋白用作膨松剂；在烘烤布丁前将打发蛋白混入基础面糊中。

有的布丁可以从模具中倒扣出来，有的则不可以。原料中淀粉的含量决定了布丁能不能倒扣出来，能倒扣的布丁，其淀粉含量较高。

舒芙蕾布丁需在模具中烹饪而成，不能倒扣出来。做好后不久，它就会开始塌陷，变得不美观。因此，完成后应立即呈送给顾客食用。

**味道改变**
可以按照基础配方制作舒芙蕾布丁，并同甜酒酱或香草酱一同呈上，这就被称为萨克森布丁。

---

### 舒芙蕾布丁

**制作10人份的基础配方（小盅/120mL填充量）**

| | | | |
|---|---|---|---|
| 0.5L | 牛奶，3.5% | 10个 | 蛋清 |
| 150g | 黄油 | 150g | 糖 |
| 120g | 小麦面粉 | 1根 | 香草豆荚 |
| 10个 | 蛋黄 | | 一小撮盐 |

- 将黄油溶化，加入面粉，制作成油煎糊，然后冷却。
- 将牛奶、香草籽和盐混合煮沸。
- 将煮好的香草牛奶倒入油煎糊中，不断搅拌，直至黏稠。
- 短暂冷却后，快速分次向面糊中搅入蛋黄。
- 将打发至发泡的蛋白拌入面糊中，在模具中撒上面包屑，然后将混合物倒入模具3/4处。
- 将模具放在烤箱中水浴烘烤，温度约为150℃。

---

### 萨克森布丁

将甜酒酱搭配舒芙蕾布丁一同呈上，就被称为萨克森布丁。基础配方可以有多种变化，例如：

- 可以添加利口酒，如：柑曼怡或君度，
- 添加碾碎的杏仁或核桃仁，
- 添加巧克力或牛轧糖。

**粗粒小麦粉布丁**

**制作10人份的基础配方（小盅/120mL填充量）**

| | | | |
|---|---|---|---|
| 0.65L | 牛奶，3.5% | 9个 | 蛋清 |
| 160g | 粗粒小麦粉 | 125g | 糖 |
| 60g | 黄油 | | 柠檬皮，擦碎 |
| 9个 | 蛋黄 | | 一小撮盐 |

- 将牛奶和黄油煮沸，搅入粗粒小麦粉，长时间搅拌，直至粗粒小麦粉完全溶解。
- 冷却。
- 加入糖、蛋黄和擦碎的柠檬皮。
- 拌入打发蛋白，并将混合物放入涂有黄油的模具中。
- 在烤箱中，在100℃下水浴加热。
- 搭配水果或水果酱呈上。

**大米布丁**

与面粉不同的是，谷物产品，如：大米，需要在烹调之前浸泡。通过浸泡，菜肴会获得由独特淀粉糊化形成的内部结构。

**制作10人份的基础配方（小盅/120mL填充量）**

| | | | |
|---|---|---|---|
| 0.65L | 牛奶，3.5% | 5个 | 蛋清 |
| 160g | 圆粒米 | 125g | 糖 |
| 25g | 黄油 | | 柠檬皮，擦碎 |
| 4个 | 蛋黄 | | 一小撮盐 |

- 用水将大米煮沸，将米汤倒掉。
- 将牛奶、柠檬皮、一半的糖和盐一起煮沸，加入黄油。
- 将煮好的大米撒入，盖上盖子后，小火加热30min。
- 将蛋白和剩下的一半糖混合，打至发泡。
- 在一个盆中先将蛋黄拌入大米中，然后将打发蛋白拌入。
- 将黄油涂在模具中，再撒上面包屑，将混合物倒入模具中，至其3/4处。放入烤箱，150℃烘烤约60min。
- 在放置一段时间后，将布丁倒扣出来。
- 可以使用炖煮的杏子等进行装饰。

干果布丁

**干果布丁**是一种经典的布丁，但是根据布丁的烹饪方法划分，它根本不能直接归为布丁。它是一种填满馅料的甜品，其本身的蓬松质感并不来源于打发的蛋白，而是来源于其中添加的馅料。其中的甜味鸡蛋膏使其黏合在一起。

干果布丁的变形可以通过添加以下食材实现：
- 水果油
- 柑橘类水果的果皮
- 胡椒蜂蜜饼调味料
- 桂皮

**制作10人份的基础配方（小盅/120mL填充量）**

| 1L | 牛奶，3.5% | 100g | 葡萄干 |
|---|---|---|---|
| 10枚 | 鸡蛋 | | 勺形饼干 |
| 150g | 糖 | | 一小撮盐 |
| 150g | 糖渍柠檬/糖渍橘皮 | | |

- 将模具刷上一层黄油，再撒上一层糖。
- 将小块勺形饼干、洗净的葡萄干以及切碎的糖渍柠檬皮和橘皮放入模具中，至模具高度的3/4处。
- 将牛奶、鸡蛋、盐和糖混合搅拌。
- 慢慢地将布丁液倒入模具中，使模具中的馅料充分吸收布丁液，直至布丁液不再冒泡为止。
- 静置90min。
- 将模具放入烤箱中水浴加热，温度为100℃。
- 可以搭配香草酱或水果酱呈上。

法兰克福面包樱桃布丁

**制作10人份的基础配方（小盅/120mL填充量）**

| 100g | 黄油 | 20g | 面粉 |
|---|---|---|---|
| 75g | 糖 | 100g | 灰面包面包屑 |
| 5个 | 蛋黄 | 150g | 磨碎的果仁 |
| 75g | 糖 | 15g | 可可粉 |
| 5个 | 蛋白 | | |

每块布丁搭配1刀尖丁香粉，肉桂，柠檬，200g酸樱桃

- 将小钵模具中涂上一层液体黄油，再撒上一层糖。
- 将果仁、面粉、可可粉、面包屑以及调味品充分混合。
- 将黄油搅拌至发泡。
- 蛋白加糖，打发至发泡。
- 将蛋黄糊搅入黄油中，然后将打发蛋白拌入，小心地将剩下的调料混入糊中。
- 将面糊倒入模具中，接着放入烤箱中在140℃时水浴加热，约25min。然后倒扣取出，并趁热搭配酱汁呈上。

主教酱、甜酒酱或酸樱桃酱适合搭配这款布丁。

# 7 蛋奶冻

蛋奶冻是一种凉甜品，淀粉使其黏合。可以使用粗粒小麦粉、圆粒米或淀粉。可以将它们放在牛奶、水或葡萄酒中煮制，在这个过程中，谷物颗粒会泡胀，通过糊化，食材和相应的液体黏合。还可以通过添加蛋黄增加额外的黏合力。在还温热的糊中加入作为膨松剂的湿性打发蛋白。由于卫生原因，会放弃使用蛋白，而是使用打发的奶油。打发的奶油需要拌入已经冷却的基础糊中。也可以使用明胶，但是这取决于原材料和膨松材料。如果蛋奶冻中加入果汁含量大的水果，推荐加入明胶，使用打发奶油时，也推荐使用明胶。

### 变化和装盘方式

通过添加不同的食材，蛋奶冻可以在外观和味道上进行改变。适合的食材有：烈酒、水果干、较硬的新鲜水果、切碎和烘焙的果仁或巧克力颗粒。蛋奶冻中最好使用腌渍过的水果、水果酱或水果泥进行摆盘。

### 粗粒小麦粉蛋奶冻

使用的液体可以赋予蛋奶冻味道。使用白葡萄酒（法式做法）可以使布丁营养丰富并且味道浓郁，使用牛奶（德式做法）使其温和和细腻。

**德式粗粒小麦粉蛋奶冻**中使用牛奶作为液体，这使得这道甜品的口感更加清淡。因为添加了打成泡沫的蛋白，所以便可省去水煮这一烹饪步骤。出于卫生原因的考虑，蛋白应该先经过消毒，再使用。

### 法式粗粒小麦粉蛋奶冻

| 制作10人份的基础配方（每份100mL填充量） | | | |
|---|---|---|---|
| 0.4L | 白葡萄酒，半干 | 4个 | 蛋黄 |
| 0.4L | 水 | 3个 | 蛋白 |
| 180g | 糖 | | 盐 |
| 130g | 粗粒小麦粉 | | 柠檬皮，擦碎 |

- 将两种液体和糖、少许的盐以及擦碎的柠檬皮混合煮沸。
- 边往锅中撒粗粒小麦粉边搅拌，短暂煮沸，直至粗粒小麦粉膨胀，放至一边备用。
- 将蛋黄快速倒进仍然较热的粗粒小麦粉糊中。
- 将打成泡沫的蛋白倒进粗粒小麦粉糊中。
- 将粗粒小麦粉糊倒进模具中，接着放进烤箱，120℃水浴加热。
- 拿出烤箱后，让蛋奶冻在模具中自然冷却，待上菜时再将其从模具中倒扣出来。

### 大米蛋奶冻

煮熟或泡涨的牛奶米饭是制作大米蛋奶冻的基本食材。制作这道甜品时最好不要搅拌，否则，大米中析出的淀粉会使牛奶变浓稠。视觉上和感官上，大米都是*黏糊糊*的。大米需要在盖上的容器中浸泡。在这个过程中，它会变软但颗粒分明。

糖渍水果大米蛋奶冻是一道经典的大米蛋奶冻。制作时，通过添加明胶获得黏性。可用新鲜的水果搭配食用，同时马拉斯金酸樱桃甜酒会赋予这道甜点浓郁的香气。

图1：糖渍水果大米蛋奶冻

**糖渍水果大米蛋奶冻（图1）**

**制作10人份的基础配方**

| 1L | 牛奶，3.5% | 6片 | 明胶 |
| --- | --- | --- | --- |
| 250g | 牛奶大米 | 500g | 打发奶油 |
| 150g | 糖 | 300g | 糖渍水果 |
| 1/2根 | 香草豆荚 | 100g | 新鲜草莓 |
| | 盐 | 3 cl | 马拉斯金酸樱桃甜酒 |

- 将明胶在水中泡软，将香草籽刮出。
- 将水果切成丁，并用马拉斯金酸樱桃甜酒腌渍。
- 将大米在沸水中煮制大约3min，然后将水滗掉。再用冷水冲洗大米，然后用筛子将米晾干。
- 将牛奶、盐、香草豆荚和香草籽混合煮沸。
- 将大米倒入煮沸的液体中，盖上盖子后在烤箱中合适的火力下浸泡约30min。
- 将米糊放入一个盆中，在其中加入泡软的明胶，加糖调出甜味。
- 将碗放在冰块上或置于装有冷水的水浴中，边搅拌，边冷却。
- 将水果拌入米糊，并将奶油倒入其中。
- 将米糊倒入模具中，彻底冷却并摆盘。

**作业**

1. 请您说出区别面团和面糊的三个特征。
2. 面团膨松剂有哪几种类型？
3. 如何区别德式千层饼面团和法式千层饼面团？
4. 制作脆饼面团时，可能出现哪些主要失误？
5. 请您描述一下制作苹果油炸圈的步骤。
6. 请您说出三种能为奶油霜增稠（勾芡/凝固/黏合）的方法。
7. 巴伐利亚奶油霜是通过什么获得黏合力的？有两种方式。
8. 为什么盛装奶油霜和倒扣奶油霜的明胶添加有所不同？
9. 请您从制作成本和制作时间两方面比较自制巴伐利亚奶油霜与市场上卖的方便食品，评判标准有：香气、外观、味道和黏稠度。
10. 卡尔认为："水浴制作奶油霜的基础面糊和鸡蛋膏基础糊的食材一样。"他的想法正确吗？那二者的相同点是什么？区别又是什么？
11. 您觉得甜品店中制作的布丁和妈妈在家做的布丁有什么区别？
12. 如何制作可丽饼/小油煎饼？请您给出可丽饼的三种应用示例。
13. "油煎饼并不是蛋饼。"请您就此观点列出论据。

# ⑧ 甜酱

酱汁是甜品的补充。

---

## 香草酱

**基础配方（加淀粉）**

| | |
|---|---|
| 1L | 牛奶 |
| 100g | 糖 |
| 2个 | 蛋黄；35g淀粉 |
| 1根 | 香草豆荚 |

将材料混合搅拌，煮沸增稠

**基础配方（无淀粉）**

| | |
|---|---|
| 1L | 牛奶 |
| 100g | 糖 |
| 2个 | 蛋黄；4枚鸡蛋 |
| 1根 | 香草豆荚 |

微微加热并搅拌材料直至黏稠

---

如果将酱汁涂在盘子底部进行摆盘，则1L酱汁足够制作30人份。如果单独盛装酱汁，则1L酱汁可以分成约15人份。

---

## 巧克力酱

配方和香草酱的配方一样；另外需要在煮沸的牛奶中添加200g碾碎的巧克力块。

---

## 甜酒酱

**制作10人份所需的食材**

| | | | |
|---|---|---|---|
| 8个 | 蛋黄 | 200g | 糖 |
| 1份 | 柠檬果汁 | 0.5L | 白葡萄酒 |

将白葡萄酒、蛋黄、柠檬汁和糖放入一个小锅中，水浴加热，一边加热一边搅打材料至发泡。趁热呈上。

---

## 热巧克力酱

**基础配方**

| | | | |
|---|---|---|---|
| 350g | 巧克力块 | 1/2根 | 香草豆荚 |
| 0.5L | 奶油 | | 根据口味适量加糖 |

- 先将巧克力块隔水加热融化。
- 再将奶油和切成长条的香草豆荚混合煮沸，取出香草豆荚。
- 最后将奶油倒入溶解的巧克力浆中，搅拌均匀即可（可用来搭配海伦娜梨冰淇淋杯食用）。

---

## 橙子酱

**基础配方**

| | | | |
|---|---|---|---|
| 0.25L | 橙汁 | 20g | 奶油霜预混粉/淀粉 |
| 0.25L | 杏肉果泥 | 2片 | 明胶 |
| 100g | 糖 | 0.5L | 未打发的奶油 |
| 3个 | 蛋黄 | | 将2个橙子的橙皮擦碎 |

将橙汁、杏肉果泥、糖、蛋黄和奶油霜预混粉小心煮好，然后加入明胶。
冷却后，将奶油和擦碎的橙皮轻柔地拌入。

---

## 甜酒冰淇淋

在温热的甜酒酱中加入3片软化的明胶。将所有材料完全冷却后，继续搅拌成冰淇淋，然后分份放入预冷过的玻璃杯中。

酱汁镜面

可以以简单的方式用酱汁在盘子中创作出装饰性的艺术造型。

从盘子一侧开始的画盘方式

先把酱汁浇在盘中，再用裱花袋挤上几滴其他颜色的酱汁。然后用小棍把装饰圆点从中间抹开，最后将甜点摆放在一旁即可。

从盘子中间开始的画盘方式

先把酱汁浇在盘中，再用装有果泥的裱花袋或尖口瓶围绕中心画出两个圆圈。然后，用小棍先由中心向外间隔均匀地画八下，再由外向里画八下。

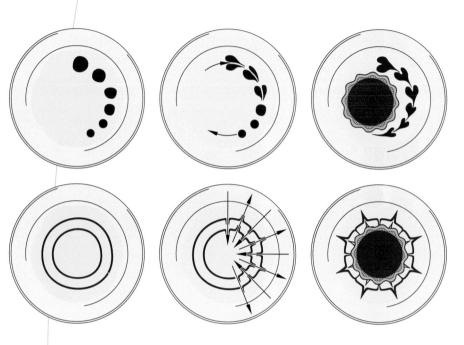

裱花袋

　　裱花袋是装饰工作的重要工具。将质地较软的接近正方形的羊皮纸沿对角线对折，然后修剪成不规则的三角形。重要的是，以三角形的最长边为底，折叠出这条底边的高线，再将其展平。用左手拿住三角形，左手拇指正好按着底边垂足的位置。此时，右手拇指和食指拿着上边的一个角向内折叠，使底边基本对齐折印，将下方的角向上折叠并包裹住刚才折好的部分。将上方突出的角向内折叠以固定裱花袋。在裱花袋中只能装填裱花袋体积一半的材料。这样，才能留出手握的位置。裱花糖浆的配方参见第541页。

# 9 果冻

**制作10人份所需的食材**

| | | | |
|---|---|---|---|
| 1L | 清澈的果汁或白葡萄酒（略带酸味），如果液体的味道强烈，可加水稀释。 | 300g<br>12片 | 糖<br>明胶，温暖的季节中应多加2~3片。<br>2个柠檬榨出的果汁 |

- 将明胶浸软。
- 将葡萄酒和糖混合，加热至60℃，再加入明胶。
- 将果冻冷却，在其未凝固时，将果冻汁盛入玻璃杯或高脚杯中。

### 葡萄酒冻中的水果

　　将事先切好的、适合一口吞食的小块水果放进玻璃杯或宽口较浅的玻璃杯中，美观地摆放。先倒入少量凉的葡萄酒冻液体，使水果的1/3浸入果冻中，这样做是为了使水果块在果冻中的位置基本固定。然后冷却果冻直至凝固。最后，再向杯中倒入果冻液体，重新冷却直至凝固（图1）。

　　可以使用成熟的、口感较软的水果，如：覆盆子、草莓、杏、桃、用沸水泡过的猕猴桃和樱桃进行制作。也可以使用果肉较硬的水果，如：苹果、香蕉和梨，不过，要将它们事先蒸炖熟。

图1：葡萄酒冻中水果的制作

**制作10人份所需的食材**

| | | | |
|---|---|---|---|
| 0.5L | 橙汁 | 50g | 柠檬汁 |
| 0.5L | 水 | 12片 | 明胶 |

根据基础配方制作果冻后，加入柑曼怡增加香味。
从果皮中剥出橙肉美观地放在玻璃器皿中。摆放方法同葡萄酒冻中方法。

## 10 水果沙拉

图1：取出柑橘类果肉

制作水果沙拉需要使用成熟的，未经烹煮的水果，为了使水果沙拉的口味协调，应当注意不同种类水果的用量。

在未炖煮的情况下，一些容易发生变化的浅色果肉水果，如：香蕉、桃、苹果和梨，其果肉中的酶会和空气发生氧化反应，导致果肉迅速变成棕色，而橙子和菠萝中的酸可以避免发生这种情况，因为这种酸可以阻碍酶接触空气中氧气。

因此，人们应首先准备橙子、菠萝这类富含果汁且含酸的水果，准备好后要马上加糖。果肉中流出的果汁富含酸，足以防止其他水果变成褐色。

取出**橙子**的果肉（图1）。首先用刀将果皮连同包裹在橙肉外侧的白膜削掉。然后，用刀将果肉切成片，切下的残余果肉可以用来榨汁。

将**葡萄**一颗颗摘下，纵向切半并去核。

将**桃子和杏**放入开水中浸一会，这样更容易剥皮。将切半、去核的果肉切成扇形。

将**苹果和梨**削皮，切成四等份，去掉果核，将果肉切成薄片。

将**菠萝**头切掉，将菠萝切成1cm厚的圆片后再去皮。用压模去除菠萝中心较硬的部分，再将剩下的圆环切成需要的大小。

将准备好的水果摆放在周围环绕着冰块的玻璃盘中。

冰镇的水果或水果沙拉除了可以搭配小点心，还可搭配覆盆子或草莓奶油（打发的奶油和加了糖的覆盆子或草莓果泥搅拌混合）、将甜酒酱或橙子果酱一同呈上。

> 水果沙拉很适合使用烈酒提升味道。但是，只能在加入酒后立即摆盘，因为香味物质很容易散失。绝对不要让酒香掩盖住水果自身的味道。因此，定量时需要注意。

和谐的冷藏水果搭配
- 橙子和菠萝（图2）
  搭配：覆盆子奶油（打发的奶油和覆盆子果泥）
- 葡萄柚和橙子
  搭配：草莓奶油（打发的奶油和草莓果泥）
- 草莓和橙子
  搭配：消食甜酒酱
- 杏和桃子
  搭配：橙子酱

图2：切分菠萝

# ⑪ 糖衣

糖衣/糖釉可以用作各式点心的外观装饰，并使口味更佳。为了让糖衣保持良好的状态且不会变干，首先得给点心裹上一层热的杏子果酱。

**基本原则**：溶解一边搅拌边冷却一重新加热时，最高达到33℃。

### 杏酱

将杏子果肉果酱搅拌至顺滑，加入少量水煮沸，过滤并趁热使用。
**使用一个刷子为小点心涂上果酱；使用抹刀为蛋糕涂抹。**

### 方旦糖

方旦糖一般都是采购成品，也可用使用煮沸的糖自己制作。
为了上糖衣，需要将所需的用量水浴加热至40℃，然后使用糖水或水稀释。可以在糖浆中加入味道物质，并轻微上色。
涂抹糖浆后将点心放置在温暖处，以便糖浆凝固。
方旦糖外观更有光泽，且口感比水糖衣更软。

### 水糖衣

将糖粉和温水搅匀，按需要的厚度涂抹在点心上。根据需要上糖衣的点心味道，可以选择在糖水中添加柠檬、朗姆酒或烧酒调味。
涂抹糖水时，点心应保持温热。这样糖水才能迅速凝固并保持光泽。

### 植物油巧克力糖衣

巧克力糖衣中除了含有可可和糖外还含有植物油，这种植物油比可可脂更便宜，且更容易加工，因为制作巧克力糖衣时不需要调节温度。

### 巧克力浆

巧克力浆由黑可可、糖和白可可脂制作而成，这些材料需要特殊的处理，不然巧克力块会变成灰色，同时一些较轻的油脂颗粒会漂浮在表面，冷却时就会在黑色的底面上产生灰色颗粒或条纹。
将所需用量的巧克力块水浴加热溶解，然后再搅拌冷却，使糖浆形成浓稠的一坨，接着再次加热。
通过这一步骤，可可脂与其他物质充分混合，这样，在正确加热材料时，油脂不会浮在表面。专业人士称这一程序为**控温**，恰当控制温度的巧克力浆能迅速包裹在点心上，且富有光泽。如果温度不合适，巧克力浆会一直处于液态，凝固后会显得没有光泽，接着表面上会出现上面所说的灰色条纹。如果巧克力浆变成了很稀的液体，那就再加入已经溶解的可可脂。如果巧克力浆是用于包裹小块食材，如：制作夹心巧克力，则这一步骤尤为重要。

### 蛋白糖霜

将15g蛋白（1/2个蛋白）和约50g的糖粉**用力**打发至起泡。当移动打蛋器时，蛋白霜保持分离，不再汇合，这种状态表示蛋白霜已经完成。装蛋白霜的容器须一直覆盖。

### 巧克力糖霜

向巧克力浆中不断少量添加糖水，在高于凝固点时搅拌至顺滑，巧克力糖霜必须保持温热。

吸引人的冰淇淋应具备：
- 松散的结构，
- 绵密细腻的口感，
- 良好的味道。

# ⑫ 冰淇淋

在许多餐饮企业中，无论是冰淇淋杯还是冰淇淋甜品，都是十分受欢迎的餐后甜品。以前，冰淇淋是受季节限制的，只有夏天才供应，但如今冰淇淋一年四季都出现在菜单的最后，在一些地方，冰淇淋甜品或冰饮是非常受欢迎的口味调剂品。

## 12.1 冰淇淋的种类

| 搅拌冷冻的冰淇淋 | | 不搅拌冷冻的冰淇淋<br>半冷冻冰淇淋 |
|---|---|---|
| 工业产品 | 使用冰淇淋机自己制作 | 煮沸封装后放在冷冻机中凝固 |
| *水果冰淇淋\** <br>• 来自牛奶的乳脂含量不低于8% <br>• 明显的水果味道 | *水果冰* <br>• 水果含量至少为20%，柑橘类水果的含量不低于10% | *奶油冰淇淋，三色冰淇淋* <br>• 制作中，至少使用含有18%乳脂的奶油 |
| *冰淇淋* <br>• 来自牛奶的乳脂含量不低于10% | *蛋奶冰淇淋* <br>• 一升牛奶中至少加入270g全蛋或90g蛋黄 | 冰冻甜品是一种奶油冰淇淋，其中额外含有蛋黄或全蛋和糖。 |

\*冰淇淋的成分已经在相关指导原则中进行了规定，其中主要规定了所需配料的最低含量。此表仅摘录了一小部分，其中的斜体字是指导原则中的术语。

自己使用冰淇淋机制作时，有两种方式：
- 流出式冰淇淋机
- 带搅拌棒或刮刀的冰淇淋机

> 在制作时，接触冰淇淋时应特别注意卫生。

> 融化的冰淇淋不能再次进行冷冻。

冰淇淋的工业制品是装在容器中的，可以直接定量分份。从上表中可以看出，这种冰淇淋的脂肪比例比自己使用冰淇淋机制作的产品要高，脂肪可以防止冰淇淋在储运过程中变成细颗粒状。因此与自制冰淇淋相比，这类冰淇淋可以储存更长时间。

**半冷冻冰淇淋**无须搅拌即可结冻。打发奶油或打发蛋白中混入的空气可以使冰淇淋拥有更膨松的结构。

由于半冷冻冰淇淋无须较大的技术支出就能制作，同时拥有极佳的品质，常常用来制作特殊的冰淇淋甜品。

## 12.2 卫生

制作冰淇淋需要使用一些容易腐败变质的原材料，如：牛奶，奶油和鸡蛋，这些食材都可以为微生物和病菌提供很好的生存环境。而病菌数量的增加，既不能看到也不能闻到。

原材料的卫生

制作冰淇淋混合糊时，尽可能使用经过巴氏消毒的配料：经过巴氏消毒的牛奶或奶油，经过巴氏消毒的鸡蛋。水果应认真彻底地洗净。

设备的卫生

　　所有用来制作冰淇淋的设备都必须非常干净，使用完毕必须马上清洗。分份容器有特殊的规定（参见第644页）。

个人卫生

　　手不能直接接触冰淇淋。尽管如此，双手必须彻底清洁并使用一次性纸巾擦干。

## 12.3 使用冰淇淋机制作冰淇淋

### 蛋奶冰淇淋

蛋奶冰淇淋的基础配方（约能制作1L冷冻冰淇淋，10人份）

| | | | |
|---|---|---|---|
| 0.5L | 牛奶 | 5个 | 经过巴氏消毒的蛋黄，约90g |
| 100g | 糖 | 1/2根 | 香草豆荚 |

- 将蛋黄和糖搅拌均匀，
- 将牛奶煮开，
- 一边搅拌一边将牛奶倒入蛋黄液中，
- 加热，直至混合物变浓稠（85℃），
- 用细目滤网过滤，
- 迅速冷却，
- 放入冰淇淋机中冷冻。

### 水果冰

　　制作水果冰时需考虑到各类水果中不同的含糖量，因为糖的比例影响着冰淇淋的硬度。含糖量太少时，冰淇淋就没有那么顺滑，而含糖量过高时，冰淇淋会过软。下图中的设备为用来测量糖度的糖度计，它能通过液体的浓度显示含糖量，单位为°Bé（波美度）。

　　糖水是一种煮开后撇去浮沫的（将净化、滤清）的糖溶液。由1L水和1kg糖煮制而成的糖水，趁热测量的浓度约为28°Bé。冷却后测量，浓度会增加2~3°Bé。糖水是水果冰和冰冻甜品的基本组成部分，将糖水稀释并加入含酒精饮料后，可以用于浸渍萨伐仑松饼。

### 水果冰的基本成分

- 橙子、柠檬、橘子的果汁
- 草莓、杏子、菠萝、樱桃和柠檬等的果泥
- 糖水
- 柠檬汁用于平衡果酸

### 由基本配方引申出的几种做法
需要添加的部分

**榛子冰淇淋**

　　焙炒70g榛子，磨净外皮，研磨成精细的粉状，浸泡在热牛奶中15min。

**摩卡冰淇淋**

　　去掉基础配方中的香草，加入1EL速溶咖啡粉。

**巧克力冰淇淋**

　　将糖的用量减少至50g，将125g巧克力块放入热牛奶中溶解。

**杏仁冰淇淋**

　　向100g杏仁泥中加入少量牛奶，使杏仁泥变软，再加入到已经冷却的基础糊中。

**焦糖冰淇淋**

　　将基本配方中的糖全部倒入锅中，熔化成淡褐色的焦糖。倒入牛奶，小火缓慢煮开，以便糖能够彻底溶解。然后一边搅拌一边将糖奶混合物加入至蛋黄液中。

**增稠**

加入打发的蛋白，可使冰淇淋口感
特别顺滑。

水果冰的黏稠度是通过工业生产的冰淇淋专用增稠剂调和
的，也可以使用蛋白或打发蛋白或酸奶。

### 草莓冰

制作10人份所需的食材

| | |
|---|---|
| 500g | 草莓果泥 |
| 40g | 柠檬汁 |
| 0.5L | 糖水（28°Bé） |
| 30g | 蛋白 |

- 将经过碾压过筛的草莓果泥、糖水和柠檬
  汁混合。
- 加水，直至混合物的糖含量显示为18°Bé。
- 将打发至硬性发泡的蛋白搅入果泥中，并
  放入冰淇淋机中冷冻。

### 柠檬冰

制作10人份所需的食材

| | |
|---|---|
| 0.6L | 糖水（28°Bé） |
| 150g | 柠檬汁 |
| | 2个未处理柠檬的黄皮 |
| 30g | 蛋白（1枚鸡蛋的蛋白） |

- 在温热的糖水中加入柠檬皮。
- 然后加入柠檬汁和水，直至所有食材达到20°Bé。
- 将混合物过密目筛，搅入打发至硬性发泡的蛋白。
- 在冰淇淋机中冷冻，直至冰淇淋变成白色且变硬。

**分装冰淇淋**

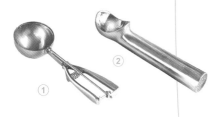

要将冰淇淋分装成小份可使用
挖球器①和长柄挖球勺②。

这类工具最好存放在挖球器清
洗槽中。

这是一种连接流动冷水的容
器。如果没有连接水管，一天中需
要多次更换容器中的水并加入一
些柠檬酸或酒石酸，这类酸能降低
pH，从而抑制细菌的繁殖。

使用挖球器前，先将上面附着
的水珠震动干净，因为残留的水珠
会导致挖取冰淇淋球时产生冰晶。

### 12.4 冰淇淋杯

大部分冰淇淋杯都是不同口味的冰淇淋搭配水果，再加上其
他配料，如有装饰作用的食材（奶油、巧克力酱等）组合而成的。

挖冰淇淋时，需要手持挖球器从一
端至另一端纵向刮过表面。这样能
挖出重量均匀的冰淇淋球。不要深
挖，也不要产生棱边。

# 12 冰淇淋

冰淇淋杯有其独特的优点，看上去非常诱人且分量十足，非常受顾客的喜爱。其中一般会用到奶油冰淇淋、果味冰淇淋或者是利口酒冰淇淋，既可单独使用也可多种混合，可创造出无数种不同的口味。

作为点缀还可搭配打发奶油、各种经过蒸炖的水果、蛋白杏仁饼干、造型蛋卷、华夫饼、杏仁、开心果、核桃仁、各种形状的杏仁糖和巧克力块、果泥、奶油酱汁、焦糖、糖丝等。

将冰淇淋装在特殊的玻璃杯或银杯中，杯子应预先冰镇，才能防止冷冻的冰淇淋迅速融化。

海伦娜梨冰淇淋杯的结构，单个步骤及成品照片：

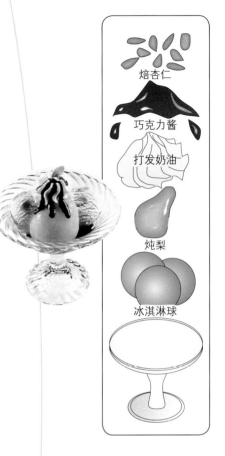

焙杏仁

巧克力酱

打发奶油

炖梨

冰淇淋球

## 皇室冰淇淋杯

在切成小块的草莓、黄桃丁中混入蛋白杏仁饼干碎，浸渍在柑香酒中。在玻璃杯中放入一个香草冰淇淋球和一个覆盆子冰淇淋球，浇上1EL混合水果后，再浇上覆盆子果泥。挤出奶油花作为雪顶，并点缀上开心果切片。

## 玛德琳冰淇淋杯

使用樱桃烧酒和马拉斯金酸樱桃甜酒浸渍小块菠萝。在杯中放入2个香草冰淇淋球，将1EL菠萝块堆放在上面，并浇上杏子酱（做法同第637页的橙子酱，橙汁可用浅色果汁替代），可以插入一片蛋卷作为装饰。

## 东方风格冰淇淋杯

香蕉去皮切片，浸渍在科涅克白兰地中，在上面撒上一点糖粉和磨细的咖啡粉。

在杯中放入2个摩卡冰淇淋球，放上香蕉片，点缀奶油花和摩卡咖啡豆。

## 黑森林冰淇淋杯

提前用水淀粉为炖制酸樱桃的汤汁增稠，加入樱桃，并添加樱桃烧酒调出香味。在杯中放入2个榛子冰淇淋球，在其上方加上2EL樱桃。用裱花袋将奶油挤成一个花环，撒一点巧克力碎作为点缀。

## 海伦娜梨冰淇淋甜品

在玻璃器皿中加入香草冰淇淋，铺上切半的糖水炖梨，再浇上浓稠的巧克力酱。

## 冰淇淋咖啡

往高玻璃杯中加入香草冰淇淋球，浇上加入少许糖的咖啡，并用奶油花作为点缀。

**水果冰淇淋杯**

蒸煮水果或糖渍水果搭配相应的冰淇淋并添加打发奶油。

**黄桃蜜尔巴**

在玻璃碗中加上一个或多个香草冰淇淋球，放上半个糖渍黄桃，滴上一些覆盆子果泥。

**丹麦冰淇淋杯**

将香草冰淇淋球放在一个高玻璃杯中，浇上热巧克力酱。

**香蕉船**

将一个去皮、纵向切半的香蕉放在一个橄榄形的玻璃碗中，放上两个或多个香草冰淇淋球，浇上（热）巧克力酱并且使用打发奶油装饰。通常还会加入一些鸡蛋利口酒。

**罗曼诺式草莓**

将香草冰淇淋放在玻璃碗中，在其上方放上用糖和马拉斯金酸樱桃甜酒中腌渍的草莓，摆成金字塔形状，撒上加了香料的草莓酱，使用打发奶油做出环形装饰。

## 12.5 半冷冻产品

### 奶油冰淇淋

奶油冰淇淋是指至少含有60%的脂肪含量为30%的奶油的冰淇淋。推荐使用经过巴氏消毒的蛋类产品。

与其他冰淇淋种类不同，这不是在机器中冷冻的，而是注入模具中，然后放入冷冻设备中冰冻。

---

**半冷冻冰淇淋/冰淇淋甜品**

| 制作10人份所需的食材 | | | |
|---|---|---|---|
| 1/8L | 糖水（28°Bé） | 50g | 糖 |
| 4个 | 蛋黄 | 0.5L | 奶油 |
| 2个 | 蛋白 | | |

**或**

| 制作10人份所需的食材 | |
|---|---|
| 0.5L | 奶油 |
| 2枚 | 鸡蛋或2个蛋黄 |
| 125g | 糖 |

- 将蛋黄和糖水放在水浴中搅打，从灶上移开并重新打至冷却。
- 将蛋白和白糖打发至硬性发泡。
- 将蛋黄糊和打发蛋白混合并且放入打发的奶油和味道物质。

**或者**

- 鸡蛋、蛋黄和糖放在水浴中搅打，并且重新打至冷却。
- 加入打发的奶油和味道物质。

由这种基础混合物可以延伸出不同的味道种类。
这种基础混合物可以用于制作冰淇淋舒芙蕾，冰淇淋炸弹和冰淇淋蛋糕。

---

### 冰淇淋舒芙蕾

冰淇淋舒芙蕾可以由一种或多种甜品基础混合物组成。制作者可以将其填充在边缘竖直的模具中。对于成份的冰淇淋舒芙蕾最好使用陶瓷舒芙蕾模具。为了伪装成舒芙蕾，需要在模具内侧放一层纸环，纸环的高度需要比模具高处3cm。

**示例：**

　　将一部分冰冻甜品基础糊分别和草莓果泥、橙子利口酒以及磨碎的榛子混合，并分层填入。最后涂上薄薄的一层打发奶油。

　　在冷冻之后小心地去掉纸边，并且撒上巧克力或可可粉，并且撒上少量糖粉（图1）。

图1：冰淇淋舒芙蕾

**冰淇淋炸弹**

　　冰淇淋炸弹由一层外皮和馅料组成。外皮可以使用奶油冰淇淋或水果冰淇淋制作。馅料可以使用半冷冻冰淇淋（参见第646页）。

- 将模具放在冰柜中预冷。
- 用勺背将外皮涂在模具中，约2cm厚，冷冻。
- 使用冰淇淋甜品/半冷冻冰淇淋在模具中填满，覆盖炸弹并冷冻。
- 为了将制作的产品取出来，需要短时间放在热水中，然后倒扣在饼干底上，并使用打发奶油装饰。

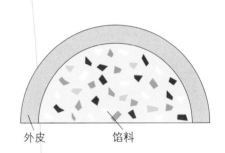

外皮　　馅料

| 冰淇淋炸弹外衣 | 炸弹填馅 |
| --- | --- |
| 牛轧糖冰淇淋 | 含有香草和糖渍樱桃的冰冻甜品糊 |
| 摩卡冰淇淋 | 含有樱桃烧酒的冰冻甜品糊 |
| 草莓冰淇淋 | 含有开心果的冰冻甜品糊 |
| 巧克力冰淇淋 | 含有杏仁糖和杏仁的冰冻甜品糊 |

**半冷冻冰淇淋搭配水果**

制作10人份所需的食材

| | |
| --- | --- |
| 50g | 蛋白 |
| 100g | 糖 |
| 100g | 糖粉 |
| 150g | 水果泥 |
| 1EL | 柠檬汁 |
| 0.35L | 打发奶油 |

- 将蛋白和糖加热打发并重新冷却。
- 加入糖粉。
- 浇入水果泥和柠檬汁以及软化并溶解的明胶。
- 小心地混合水果泥和蛋白糊。
- 拌入打发的奶油。
- 水果冷冻甜品糊装入预先确定的模具中并冷冻（-20℃）。

　　适合使用：杏子、覆盆子、草莓、醋栗、猕猴桃、黄桃和甜瓜的水果泥制作。

**三色冰淇淋（图2）**

　　将基础糊分成三份，其相应为：

- 和加糖的草莓果泥以及柠檬汁混合，
- 和切碎的蛋白杏仁饼干和马拉斯金酸樱桃甜酒混合，
- 混合液态或磨细的巧克力。

将糊分层倒入模具中，冷冻。

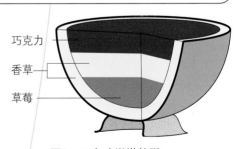

巧克力

香草

草莓

图2：三色冰淇淋炸弹

## 烘焙糕饼、甜品和冰淇淋

### 惊奇蛋饼

这道菜〔图1〕是使用冰淇淋制作，使用烘烤的外皮（热）包裹冰淇淋（冷），所以称为惊奇蛋饼。制作的关键是尽管受热，但是冰淇淋不会融化。

在盘子中放上一块薄薄的海绵蛋糕底，并把冰淇淋放在上面，然后用海绵蛋糕将冰淇淋的侧面和上方严密包裹。使用根据基础配方（参见第631页）制作的舒芙蕾糊摊放在海绵蛋糕上方，抹平，使用装有星形口的裱花袋进行装饰，撒上糖，并中火烘焙至金黄色。完成后立即呈上。

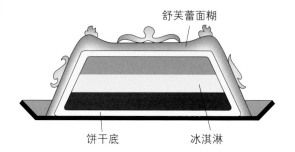

舒芙蕾面糊

饼干底　　　　　冰淇淋

图1：惊奇蛋饼

### 索贝特水果冰

索贝特水果冰是一种软绵的冷冻水果冰。较高的果汁含量或者较大的果泥比例使混合物中有较多的酸，它没有冷冻得十分坚硬。因此，索贝特水果冰非常清新，因此可以用于大型菜单，例如：在鱼类菜肴和主菜之间供应。它也是最受欢迎的冰甜品形式。在特殊情况下，在马上送上餐桌前，可以向其中倒入起泡酒或香槟酒进行混合，并将黏稠绵密的水果冰混合物放入玻璃器皿中。

#### 食用大黄索贝特水果冰

**制作10人份所需的食材**

| | |
|---|---|
| 500g | 食用大黄 |
| 1个 | 蛋白 |
| 1/8L | 白葡萄酒 |
| 1根 | 香草豆荚 |
| 125g | 糖 |

- 将食用大黄清洗干净。
- 将食用大黄连同香草豆荚、白葡萄酒和糖煮沸，然后关火。
- 将锅放在冰水中，使锅底快速冷却。
- 取出香草豆荚，并将剩余的糊充分混合。
- 将蛋白打发至硬性发泡，拌入糊中。
- 将锅中的材料放入冰淇淋机或索贝特水果冰设备中冰冻。

### 格拉尼塔水果冰沙

这种特殊的冰淇淋是使用果汁或水果泥以及少量糖浆一起制作的，必要的时候也会使用柠檬汁，将材料涂在不锈钢金属片上，再加以冷冻，即可做成这道甜品。然后，将冻好的这层水果冰凌层刮下来放入玻璃盘或玻璃杯中，最后在上面浇上起泡酒或香槟酒后食用。不过，它只能短暂保持冰冻状态。

| 专业概念 | |
|---|---|
| 分蛋 | 将鸡蛋的蛋黄和蛋清分离开 |
| 搅拌黏稠 | 水浴加热蛋液（85℃左右）的同时，搅拌蛋液使其变黏稠，但是没有结块。此过程也称为"煮至黏稠，出现玫瑰花纹路" |
| 同时混合 | 是一种烹调操作方法，指将所有的调味品同时混合在一起或搅拌混合。必要时还需要使用乳化剂 |
| 陈化 | 指发生在久放的烘烤类食品上的变化，主要是通过外皮的松脆程度和口味表现出来 |
| 面肥 | 指水、面粉和酵母的混合物。主要用于酵母的增殖 |
| 打发 | 制作糊时，通过彻底混合并混入空气 |
| 淋杏酱 | 将热的杏酱淋在烘烤点心上 |
| 勾芡 | 使液体变稠，例如：使用鸡蛋或芡汁 |
| 泄劲 | 当材料过热或加工时间过长时，脆饼面团出现瑕疵。面团内部只有较少的黏合力，并且很难擀制 |

| 专业概念 | |
|---|---|
| 布里欧修 | 用于制作的酵母面团中含有大量鸡蛋和油脂，将两个不同大小的面球紧贴放在一起制成糕点 |
| 涂抹奶油 | 指涂上奶油并抹平 |
| 装饰 | 对产品进行装饰 |
| 浇焦糖浆 | 将熔化后的糖（焦糖）浇在食材上 |
| 裹粉/撒粉 | 把面粉撒在食材上或者将食材放在面粉中翻滚从而沾上面粉 |
| 掺入面粉 | 将面粉加入糊中混合 |
| 塑形 | 为不同的原材料塑形，如：杏仁泥 |
| 千层饼 | 由酵母面团制作的烘焙点心，能够分成多层，非常酥脆，因为酵母面团中有油脂层 |
| 烤箱蒸汽 | 烤箱中的蒸汽，影响烘焙产品的发展 |
| 控温 | 在甜品制作中，指溶解、冷却和重新加热巧克力块，以避免可可脂凝固时出现一层灰霜 |
| 折叠擀制 | 使用油脂包裹千层饼面团后进行擀制，重复折叠、擀制过程，以形成酥皮的多层效果。在这个过程中形成的油脂层，会起到膨松的作用。口语中也称为"叠被子" |

| 作业 | |
|---|---|
| ❶ | 为什么制作水果沙拉时选用柑橘类水果？ |
| ❷ | 为什么加工巧克力浆时必须控温，而制作植物油巧克力糖衣时却不需要？ |
| ❸ | 请您列出制作一份奶油冰淇淋所需的各种原材料以及最少的原材料用量。 |
| ❹ | 制作三色冰淇淋时规定，需要使用至少含有18%乳脂的奶油。通常情况下，打发奶油含有30%的脂肪。那么，制作1000g冰淇淋需要用掉多少克的奶油？ |
| ❺ | 制作三色冰淇淋时，制作者会使用哪些味道？ |
| ❻ | 制作惊奇蛋饼时需要哪些原材料？这道甜点的惊奇之处是什么？ |
| ❼ | 为什么用新鲜水果制作水果冰淇淋时需要使用糖度计？ |

## 甜品餐台

今年7月要举办一次盛大晚宴，宴会要以供应65人份的甜品餐台为晚宴画上句点。主办方希望"餐台可以让我们看到许多内容"。从专业角度，我们考虑到七月是炎热的夏季，并且需要供应应季的新鲜水果。而我们的宴会部在炎热夏季使用"新鲜、膨松、绵软、果味"这几个字打出广告。这就是我们设定的背景。

### 计划

① 请您写下开头几行中提到的所有要求。

② 请您把重点放到应该使用的原料上。

③ 因为不清楚客人的喜好，在一个柜子上，很难规划每种制作菜品的数量。因此我们每种菜品摆放25份。

④ 6月是收获草莓的季节。请您制定至少3种以草莓为重要成分的甜品。（不仅仅是摆放、点缀草莓。）

⑤ 如何合理使用新鲜覆盆子？

⑥ 请您在巴伐利亚奶油霜和冰冻甜品的基础上，分别设计两道菜品。

⑦ "冷凉的食品"如：奶油霜和冰冻甜品，需要提前一段时间制作。因此，您需要在此计划的时间表上写上特定的数值（至少提前XX小时开始）。

⑧ 请您选择两种冰淇淋杯并描述它们的制作过程，根据您的描述，初学者能够完成这项任务。

⑨ 在甜品领域有许多预制产品。请您列出一份可以在高级甜品餐台上使用的产品清单。

### 执行

① 请您以巴伐利亚奶油霜为基础，制作一种盛在玻璃器皿中的甜品，以及一个倒扣形式的甜品，两种味道应不同。

② 请您制作冰淇淋甜品（味道您自己选择），其可以放在盘子上，单份呈上。

③ 请您制作香草冰淇淋（自制或采购）搭配热覆盆子。

④ 请您制作苹果薄面卷或苹果油炸圈搭配香草酱作为热甜品。

### 评估

① 请您检查，在上菜时间内，呈上的食物送到客人面前时，冰品是否能保持冰凉，而热菜保持温度。

② 能否在类似的任务中使用更多的时令产品？

冷餐前菜和热餐前菜可以作为开胃小菜出现在多道菜的菜单中，也会在招待会上供应，能够获得一致好评。

餐前小吃的种类繁多，因为几乎可以使用所有食材进行制作。

今天，无论客人是否点购，许多餐厅都会呈上开胃小菜（如：Amuse-Guerle或Amuse-Bouche，法语：餐前点心）作为餐厅的小赠品。受到欢迎的是呈上创新菜肴。

# ① 基础制作

冷餐前菜的种类十分多样，通常要先集中制作这类食品。除了制作肉糜或填馅外，还要制作胶冻类菜肴。

## 1.1 肉糕和填馅

肉糕是一种由猪肉或鱼肉（经过斩拌、乳化）制成的细腻膏状且蓬松的肉泥。制作冷餐前菜和热餐前菜时会使用肉糕，也可以由其制作单独一道菜，例如：肉丸或肉和肉糕组合、鱼和肉糕组合制作的菜肴。它们也是酥皮包肉糕、肉块包肉糕和烤肉糕的基础。

**制作**

通常制作肉糕的方法和过程一样，通过变换基础材料，但是以同样的方式和方法制作：

- 犊牛肉糕
- 禽肉肉糕
- 野味肉糕
- 鱼和贝肉糕

为了制作肉糕，可以使用绞肉机和斩拌机。各种原材料的黏合力是不同的，因此，制作者需要分次加入奶油搅拌，并在制作期间分次制作试样。

出于卫生原因（细菌增殖），肉糕制作完成后应尽快继续加工和煮熟。

通过添加碾碎的食材可以改变肉糕的味道和外形，如：蘑菇、松露、开心果、卷心菜、火腿丁、腌鳀鱼丁、蔬菜丁、番茄泥和菠菜泥，煮熟的鸡蛋、煎炒的小肉丁或者生鱼肉碎和生贝肉块。

在脂肪较少的肉类中（野味和家禽）推荐将一部分肉换成有肥有瘦的猪肉（如：颈肉）或者猪肥膘。

如果制成的肉糕需要碾过细目筛，需要再次将器皿浸在冰水中搅打至顺滑，这样可以获得特别柔软滑嫩的肉泥。

肉糕必须充分黏合，但是也应该滑嫩且多汁。肉、野味、家禽和鱼肉中的蛋白质是一种黏合材料。白面包和奶油使肉糕膨松，所有的配料必须冷藏透，否则肉糕中的成分会相互分离，黏合力会减小，肉糕会结块。如果肉糕已经结块，会渗出肉汁，产品会变干并且品尝起来会有细颗粒感。

## 填馅/肉糕

| | |
|---|---|
| 500g | 肉 |
| | （来自家禽、犊牛、野 |
| | 味或者鱼等） |
| | 盐，白胡椒 |
| 100g | 白面包皮 |
| | （庞多米面包） |
| 40g | 蛋白 |
| 100g | 奶油，液体 |
| 200g | 打发的奶油 |
| | 肉豆蔻衣 |
| | 柠檬皮 |

- 使用绞肉机加工冷凉的肉或鱼，加入盐和胡椒调味。
- 将剥下来的白面包皮切成薄片。
- 将蛋白和液态的奶油混合，浇在面包片上。
- 将经过调味的肉和浸湿的面包冷藏。
- 然后，将肉和面包一起放入绞肉机中，使其穿过最小孔眼的型板，再次冷藏。
- 再绞一次或者在斩拌机中进行混合。
- 如果想要制作出绝对细腻和滑嫩的肉糕，现在必须将其碾过细目筛。
- 用碗盛肉糕，并将容器放在冰水中冷却，并将肉糕搅打顺滑。
- 将奶油搅入肉糕。
- 为了确认是否达到期望的紧实程度，用沸水试制作几个小肉丸。

## 野味肉糕

**用于制作约500g填馅（肉糕）的材料**

| | |
|---|---|
| 250g | 鹿肩肉、颈肉 |
| 200g | 猪颈肉 |
| 1枚 | 鸡蛋 |
| 40g | 冬葱丁，烘焙盐，白胡椒 |
| 1刀尖 | 肉糕调味料 |

- 用绞肉机处理过的、经过充分冷藏的肉加工至最细腻，然后加入香料和鸡蛋混合。
- 将肉糕碾过细目筛，放在一个容器中并将容器浸在冰水中搅打至顺滑。
- 根据需要拌搅入一些奶油。

## 扇贝肉肉糕

**用于制作约1kg填馅（肉糕）的材料**

| | | |
|---|---|---|
| 500g | 扇贝肉 | 肉豆蔻或肉豆蔻衣，半 |
| 90g | 黄油小方块 | 个柠檬的柠檬汁，根据 |
| 3枚 | 鸡蛋 | 口味选用新鲜香草 |
| 400g | 奶油 | |
| | 盐，胡椒 | |

- 将冰冷的扇贝肉同小块黄油、蛋白、盐、胡椒和肉豆蔻放入绞肉机中加工细腻。
- 混入冷奶油和香草。

尽管肉糕的结构已经非常细腻，制作者还是可以再一次将其**碾过细目筛**，这样可以去掉所有较粗的颗粒。在碾过细目筛后（参见右下方图片），可以将一半奶油打发加入肉糕中，使其更膨松。但是制作过程必须在非常冷凉的容器中进行，因此，应将容器放在**冰块上**进行。

制作者可以额外使用帕纳德糊，可以使肉糕更**膨松**，也可以使其更有韧性：

- **面粉做成的帕纳德糊**=将浓高汤和面粉黄油混合并煮至形成黏稠的糊，
- **大米做成的帕纳德糊**=和上面一样，但使用制作牛奶甜饭的大米。

---

**蘑菇馅**

**用于制作约800g填馅（肉糕）的材料**

| 200g | 蘑菇馅（参见第184页） | 0.1L | 白葡萄酒 |
| 100g | 火腿，经过煮制，剁碎 | 30g | 调味肉汁 |
| 60g | 黄油 | 15g | 白面包皮， |
| 5g | 番茄膏 | | 经过研磨 |
| 1瓣 | 蒜，制成蒜泥 | | 盐，胡椒 |

- 火腿小方丁加上剁碎的蘑菇放在黄油里煎。
- 加入番茄膏和蒜瓣，浇上白葡萄酒。
- 加上蘑菇汁，白面包和调料。
- 边煮边搅拌直至变黏稠为止，使之适合做馅。

适用于：
- 填充在蔬菜中，并稍加烘烤，
- 将蘑菇馅和蘑菇馅重量1/3的肉糕混合，
- 为未上浆裹粉的里脊肉提供味道，
- 用于填充在禽肉中，以及鱼肉去骨肉片中。

---

**小面包或者面包馅**

**用于制作约800g填馅（肉糕）的材料**

| 200g | 白面包或五个小面包 | 4个 | 蛋黄/4个 蛋白 |
| | | 80g | 黄油 |
| 100g | 牛奶 | 20g | 切碎的欧芹、盐、 |
| 100g | 洋葱丁 | | 胡椒、肉豆蔻 |
| 100g | 鸡肝 | 1刀尖 | 肉糕调味料 |
| 20g | 黄油，用于煎制 | | |

- 将小面包或白面包切成小丁，浇上牛奶。
- 将洋葱丁放在黄油中煎炒，并加入鸡肝丁。
- 将黄油和蛋黄搅打起泡，将蛋白搅打至硬性发泡。
- 将小面包或者面包挤干并放入大碗中，和洋葱、鸡肝、黄油蛋黄糊和切碎的欧芹混合。
- 调味并拌入打发的蛋白。

---

**变形：**
- 添加去壳、煮软的栗子（欧洲栗）和生蔓越莓或醋栗的火鸡肉糕。
- 小面包或白面包的一半切成丁，放在油和黄油油液中焙炒或焙烤成烤面包丁。
- 加入切成四瓣的白蘑或白蘑丁，或者使用其他蘑菇，蘑菇应先和洋葱丁和火腿丁一起煸炒。

使用馅料填充犊牛胸肉（参见第533页）时，可以使用在黄油中同洋葱一起煸炒的家禽肝脏丁或牛肝丁。这种馅料也可以填充在划开口的禽类大腿中。

**肉汁冻**是指：
- 通过使用胶冻剂而形成的凝固的液体，
- 还有胶冻包裹的菜肴。

**在冷水中**，使片状明胶软化，挤干泡胀明胶片中的水分，把它放进热高汤中。
明胶颗粒或粉末按照与水1：5的比例在冷水中泡涨，并搅入经过净化、过滤的热液体中。

## 1.2 胶冻

胶冻赋予冷前餐光泽、新鲜感和一层外衣。

### 胶冻剂

胶冻剂包括：
- **动物胶**是从犊牛蹄子、犊牛头和肉皮中熬煮获得的，乳白色的液体在冷却后会通过骨胶原凝结。
- **明胶**是和动物胶一样从骨头和皮中获得的，一般是以干燥的形式供应，如明胶片或明胶粉（肉汁冻粉）。食用明胶没有味道且无色透明。

### 制作胶冻

制作胶冻/肉汁冻的基本原料是浓郁、去掉油脂的高汤。根据相应的搭配情况，可以使用肉高汤、禽肉高汤和鱼高汤。去掉油脂的高汤可以使用蛋白进行净化，如浓肉汤的净化一样（参见第482页）进行过滤，可能需要添加明胶。

| 用于制作约1L胶冻的材料 | | | |
|---|---|---|---|
| 1L | 高汤 | 24片 | 明胶，这一用量可以使胶冻好切，或使用 |
| 100g | 蛋白 | | |
| 100g | 根茎类蔬菜 | 12片 | 明胶，这一用量可以制作微微包裹胶冻的菜肴，或使用 |
| 0.2L | 白葡萄酒或 | | |
| 0.1L | 葡萄酒醋（5%浓度） | | |
| 6粒 | 胡椒籽，碾碎，月桂叶，盐 | 20g | 明胶粉 |

- 将明胶在冷水中浸软。
- 将蛋白和去掉油脂的冷汤搅拌混合。加入葡萄酒或醋，蔬菜和调味料。
- 将高汤煮至沸腾，然后小火加热。
- 将高汤过滤，将挤干水分的明胶放入高汤中并搅拌，直至胶冻剂完全溶解至汤中。

**胶冻的颜色**
- **浅色胶冻**用于为冷凉的菜肴镀上一层光泽。这样，可以保持菜肴自然的颜色，并且有美丽的光泽。同时，可以避免装盘的食材变干。
- **深色胶冻**是金棕色的，为了能够切成丁或其他形状，需要加入冷高汤。如果在高汤中一同炖煮经过煎制的禽类骨头，或者在混合好的液体胶冻中添加波尔多葡萄酒、马德拉酒和雪利酒可以在添加颜色的同时提升味道。

**用于浇出镜面的胶冻**

胶冻镜面在银盘和所放置的食品之间形成一个隔离层，这使从食物中渗出的液体不会和金属进行氧化反应。此外，放置在胶冻上的食品，其外观可以有所提升。因为胶冻镜面不是为了食用，出于经济方面的考量，不使用肉高汤制作胶冻，而是用水制作。使用焦糖色调出需要的颜色，并且大量添加胶冻剂（40g/L）使水凝结成冻。

镀层提亮（上胶冻釉）

　　将一部分溶解的胶冻放在金属盆中，并将容器放在冰上搅拌。在凝结前，使用刷子将已经黏稠的胶冻涂在菜肴上。如果胶冻已经凝固，可以在冰冷的胶冻液中加入少量较热的胶冻液，这样可以重新恢复所需的黏稠。

从模具中倒出——化学反应

　　为了在模具内侧形成一层胶冻，制作者使用精致调味的、合适的胶冻作为基础。为了制作完美的胶冻外衣包裹在完成的鲑鱼肉膏外侧，需要在透明保鲜膜上浇一层约3mm厚的胶冻，并冷藏。借助保鲜膜包裹，可以使凝固的胶冻覆盖包裹冷却透的三角形鲑鱼肉膏。

图1：小模具中的化学反应：在冷却好的成份小容器中浇入胶冻液，液位高度比模具边缘略低

图2：将盛满胶冻液的小模具放入较大的、装有冰水的容器中，短时间冷却

图3：当形成2~3mm厚的胶冻层后，就将剩余的液体再次倒出

图4：芦笋浸在山萝卜冻中，搭配虾、莴苣叶和黏稠的蛋类调味汁

图5：鹌鹑胸肉、大葱、芹菜、荷兰豆和胡萝卜外裹马德拉酒冻

## ② 冷前餐

结合多样的制作方式、食材组合和装饰方式，冷餐前菜的制作丰富多样。

与其他餐前小吃相比，花式面包的优点是，它不需要添加其他东西，非常适合较大型的接待。

几乎所有的食物都可以做成冷前餐。

根据上菜的顺序，它们是第一个上的。因为在整个菜单中，它应当是一个适当的序幕，所以必须符合一些重要的要求：

- 数量不宜过多，
- 谨慎选择味道温和的原材料，以便和后上的主菜相协调，
- 摆盘应当开胃、美观，并进行吸引人的装饰。

### 2.1 卡纳佩斯花式面包

**卡纳佩斯花式面包（Canapés）** 是一种由多种尺寸较小、适合一口吃下的食材制作，进行装饰性摆放的开胃小吃。

**鸡尾酒一口小吃（Cocktailbissen）、一口小菜（Cocktailhappen）或开胃小吃（Snacks）**，这些名称也很常用，因为在招待会上，经常会将这类食品和饮料（鸡尾酒）一起端上来。

将白面包片或其他面包片切成约5mm厚的面包片，并切成不同的形状，或者用模具压成圆形或椭圆形。通常需要烘烤白面包。为此，需要将面包放在一块金属板上，并放在烤箱中不添加油脂进行烘烤。烘烤过程中应多次翻面，以避免底部发黑。

将软化的黄油涂在面包块上，或者涂抹一些适合的混合黄油，也可以涂上一些调味蛋黄酱。然后迅速在面包块上放上食材和装饰物，随后立即按照要求整齐放在衬纸或餐巾纸上。蔬菜或蘑菇制成的装饰食材有开胃的作用。

需要大量制作一口小吃时，可以使用方形面包，并沿着一个平盘进行切割，然后摆放好食材并切成相应的小块。

也可以使用刷子将冷却的胶冻（肉汁冻）涂刷在装饰或摆放的食材上，这样每一小块就会获得诱人的光泽。同时，如果需要放置较长时间时，也可以避免变干。

#### 三明治

经过调味的开胃食材放在两片涂抹酱料或黄油的面包片之间。除了吐司面包外，还可以选用香味浓郁、营养丰富的面包种类。三明治可以作为快餐迅速补充体力，可以作为野餐中的食品，也可以作为餐间食品。经典的俱乐部三明治是比较著名的，它由三层白面包组成，其中填有煎烤过的鸡胸肉、蛋黄酱；生菜叶和煎烤焦脆的培根（肥膘）。

# 鸡尾酒一口小吃

  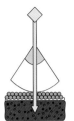 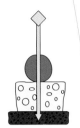  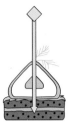

| 肝泥 | 樱桃 | 一瓣六分蛋 | 葡萄 | 橘子 | 熏鲑鱼 |
| 里脊肉 | 禽类胸肉 | 香葱 | 奶酪 | 狍肉奖章肉排 | 苹果辣根 |
| 全麦面包 | 白面包 | 黑面包 | 裸麦粗面包 | 沃尔多夫沙拉 | 苦苣 |
| | | | | 格拉汉面包 | 脆面包片 |

## 花式面包的组合

| 主要配料 | 面包 | 涂酱 | 装饰 |
|---|---|---|---|
| 鸭胸 | 黑面包 | 肝泥 | 杏、葡萄 |
| 熏鲑鱼 | 白面包 | 芥末黄油 | 鸡蛋沙拉、褐虾、松露 |
| 烤牛肉卷 | 白面包 | 芥末黄油 | 黄瓜片、玉米笋 |
| 鱼子酱 | 烤面包、白面包 | 黄油 | 蛋黄奶油霜顶、番茄肉丁 |
| 虾尾 | 烤面包 | 蛋黄酱 | 黄瓜丁、莳萝枝 |
| 熏鳟鱼 | 烤面包 | 大虾黄油 | 蛋黄奶油霜、虾尾 |
| 家禽的胸肉 | 烤面包、白面包 | 调味黄油 | 白兰地酒奶油、芒果 |
| 腌鳗鱼 | 黑面包、烤面包片 | 调味黄油 | 酸黄瓜片、珍珠洋葱 |
| 烤火腿 | 麸皮黑面包、烤面包 | 调味黄油 | 芦笋尖、橄榄切片 |
| 生火腿 | 黑面包 | 科尔伯特黄油 | 半月形甜瓜、小块姜丁 |
| 胡椒奶酪 | 白面包、烤面包 | 黄油 | 核桃仁 |
| 羊乳干酪 | 黑面包、裸麦粗面包 | 黄油 | 鳄梨球、水芹 |

## 五彩插棍一口小吃，含奶酪

将准备好的配料交替插在小棍（食品扦子）上。原则是味道协调，且引人注目。需要注意，颜色和形状交替出现。

| 古冈佐拉干酪 | 古冈佐拉干酪 | 猪肝泥 | 洛克福特 | 雷弗朗奶酪 | 酸奶酪 | 雷尔达莫奶酪 | 肝泥 | 布里奶酪 | 卡斯特罗奶酪 | 无花果 |
| 萨拉米香肠 | 西葫芦 | 豪达奶酪 | 蓝纹奶酪球 | 芒果 | 萨拉米香肠 | 去壳虾尾 | 豪达奶酪 | 芒果 | 火腿 | 鳄梨 |
| 酸黄瓜 | 番茄 | 心形奶酪 | 甜瓜 | 无花果 | 鹌鹑蛋 | 橄榄 | | 樱桃 | 鹌鹑蛋 | 戈贡佐拉干酪 |

首先，将腌渍的叶菜菜丝放在玻璃碗中。这可以使鸡尾酒小吃给人以丰富的感觉，这样也可以将高品质的主要成分放在较高的位置，在光的作用下可以产生更好的视觉效果。

## 2.2 餐前菜–鸡尾酒小吃

**餐前菜鸡尾酒小吃**包括:

- 沙拉丝
- 名称中出现的主要成分
- 装饰

它们会有相应的变化，使味道开胃并在冰凉的状态下供应。

---

### 虾鸡尾酒小吃

**制作10人份所需的食材**

| | |
|---|---|
| 500g | 虾 |
| 200g | 朝鲜蓟花芯 |
| 200g | 芹菜 |
| 10g | 柠檬汁 |
| 20g | 橙汁 |
| 50g | 芒果酸辣酱 |
| 5g | 辣根 |
| 6g | 威士忌 |
| 5g | 油 |
| 100g | 打发用奶油 |
| | 盐、莳萝、水芹 |
| 70g | 用于切成细丝的菜叶 |

- 煮熟、去壳、去肠的虾切成块，将朝鲜蓟也切成块。
- 芹菜切成细条。
- 混合所有配料，即：橙汁、柠檬汁、一小部分辣根、切碎的芒果酸辣酱、盐和油，并放入玻璃碗中。
  - 将剩下的腌渍汁和打发的奶油以及切碎的莳萝混合在一起，洒少量威士忌使其更加精致，并且分散放在玻璃碗中的叶菜丝上。
  - 虾肉块和水芹束作为装饰。

---

### 鳄梨鸡尾酒小吃

**制作10人份所需的食材**

| | |
|---|---|
| 800g | 鳄梨（4个） |
| 300g | 菊苣（2棵） |
| 30g | 核桃仁 |
| 5g | 柠檬汁 |
| 10g | 雪丽酒 |
| | 盐、胡椒、油、辣椒酱、番茄片 |

- 把鳄梨切半去核，挖出果肉，然后切成丁。
- 菊苣切成细丝，和鳄梨丁混合。
- 混合柠檬汁、雪丽酒、盐、胡椒和油。
- 将食材放入玻璃碗中。
- 将剩余的腌渍汁和辣椒酱混合，加白兰地酒调味。
- 将酱汁分散洒在鸡尾酒小吃上。
- 撒上切成粗粒的核桃仁。

---

### 甜瓜

**制作10人份所需的食材**

| | |
|---|---|
| 800g | 经过冷藏的甜瓜 |
| 150g | 法式重奶油 |
| 5g | 柠檬汁 |
| 5cl | 马德拉酒或波尔多葡萄酒 |
| | 盐、胡椒 |

- 把甜瓜切半，去籽去络。
- 把瓜肉挖成球，使用马德拉酒腌渍。
- 剩余的瓜肉用搅拌器做成果泥，调味，和法式重奶油拌和。
- 将略微浓稠的酱汁放在玻璃碗中，并将甜瓜球放在上面。

## 禽肉鸡尾酒小吃

**制作10人份所需的食材**

| | | | |
|---|---|---|---|
| 500g | 鸡胸肉，煮熟 | 200g | 蛋黄酱 |
| 250g | 葡萄柚果肉 | 100g | 打发用奶油 |
| 200g | 白蘑 | | 盐、胡椒、油、白兰地酒、 |
| 200g | 绿柿子椒丝 | | 辣椒汁、龙蒿叶、番茄切 |
| 5g | 柠檬汁 | | 块、叶菜菜丝 |

- 将鸡胸肉和葡萄柚果肉切成丁，将柿子椒切成丝，将煮熟的白蘑切成片。
- 将所有食材和柠檬汁、盐、胡椒和油混合，然后放在玻璃碗中蔬菜丝上。
- 开胃的蛋黄酱与打发奶油、辣椒汁和切好的龙蒿叶混合在一起，加上白兰地酒增添香味。
- 将这些材料洒在碗中的食材上。
- 放上小鸡胸肉切片和番茄块作为装饰。

## 芦笋鸡尾酒小吃

**制作10人份所需的食材**

| | | | |
|---|---|---|---|
| 1kg | 白芦笋和绿芦笋，煮熟 | 100g | 蛋黄酱 |
| | | 100g | 法式重奶油 |
| 100g | 橙肉 | | 盐、胡椒 |
| 5g | 柠檬汁 | | |
| 100g | 火腿条 | | |

- 把芦笋和橙子切成块，将芦笋尖切下来作为装饰品备用。
- 将芦笋和橙肉与柠檬汁、盐和胡椒混合。
- 将腌渍好的块和丁放入玻璃碗中。
- 将开胃的蛋黄酱和同等分量的法式重奶油混合，并将这些材料洒在碗中的食材上。
- 放上芦笋尖，撒上火腿条。

## 小龙虾鸡尾酒小吃

使用新鲜煮制的、去皮的小龙虾虾尾和虾钳可以为鸡尾酒小吃带来独具特色的基调。小龙虾应提前用诺利帕特威末酒、柠檬汁和黑胡椒腌渍。将其与切成丁的番茄果肉、黄瓜和一些鸡尾酒酱汁混合在一起，放在苦苣沙拉上。使用小龙虾虾尾进行装饰。

### 2.3 综合沙拉

综合沙拉由不同的、味道协调的配料组合而成。它们可以是:

- 菜单里的餐前小吃
- 搭配面包、烤面包片和黄油成为独立的一餐
- 冷餐自助餐的组成部分

---

**鲱鱼沙拉**

**制作10人份所需的食材**

| | |
|---|---|
| 750g | 鲱鱼去骨鱼片(约10块) |
| 200g | 苹果 |
| 200g | 芥末籽腌渍黄瓜 |
| 200g | 红菜头 |
| 200g | 洋葱, |
| | 醋、胡椒、油、糖 |

- 把腌鲱鱼鱼片、削皮的苹果、芥末籽腌渍黄瓜和红菜头切成大小均匀的菜丁。
- 将剩余的配料和腌渍汁混合,加入切好的食材并混合。最好在摆盘前放上红菜头,以避免红菜头将其他材料染上颜色。

作为装饰可以放上切成菱形块的鲱鱼。

---

**魔鬼沙拉**

**制作10人份所需的食材**

| | | | |
|---|---|---|---|
| 800g | 牛肉,煮熟 | 300g | 调味番茄酱 |
| 400g | 柿子椒,绿色和 | 50g | 色拉油 |
| | 红色 | 40g | 辣根、研磨盐、 |
| 150g | 醋渍黄瓜 | | 胡椒、塔巴斯科辣 |
| 150g | 冬葱圈 | | 椒酱、糖、柠檬 |
| 200g | 绿豌豆,煮熟 | | |

- 将煮熟的牛肉或牛舌、柿子椒和醋渍黄瓜切成条。
- 将以上列出的所有配料和冬葱圈混合,再用剩余的配料制成酱汁并品尝味道。

用黑橄榄、玉米笋、葱和煮熟的鸡蛋装饰。

---

**金枪鱼沙拉**

**制作10人份所需的食材**

| | | | |
|---|---|---|---|
| 750g | 金枪鱼 | 200g | 去皮番茄 |
| 200g | 四季豆,煮熟 | | 醋、橄榄油、 |
| 200g | 红柿子椒 | | 芥末、盐、胡 |
| 200g | 冬葱圈 | | 椒、番茄汁、 |
| | | | 切碎的欧芹 |

- 将金枪鱼撕成大小均匀的块。六等分切番茄,将煮熟的四季豆切成2cm长的段。将柿子椒切成条。
- 用剩余的配料做酱汁,混合准备好的沙拉和冬葱圈。

开胃的综合沙拉增进食欲。预先加工的配料必须在加工成综合沙拉前冷藏好,然后相应进行切割、混合和腌渍。在呈上沙拉前,需要冷藏沙拉。

## 2.4 餐前菜的变形

餐前菜由许多不同的小吃组成，味道丰富、促进食欲。

季节对食材的搭配也起了决定性作用。因为需要提供给客人进行选择，所以需要注意，餐前菜在味道和颜色上需要有丰富的变化。

除了水果和香草外，在完成前，餐前菜所使用的食材应使用少量盐、胡椒、柠檬汁和油进行腌渍。

餐前菜应冷藏，然后浇上一层胶冻使其有光泽。

像鱼子酱、水芹菜和香草枝需要在浇上胶冻后再放在菜肴上。鱼子酱应有水分，看起来像牛奶一样；香草柔嫩的叶片赋予菜肴天然的活力，并留下清新的印象。

选择餐前菜时，最好将其放在平坦的盘子中，并一起放在一个大盘子里。以蛋黄酱或酸味沙拉酱为基础制成搭配的调味酱汁，并单独装在容器中呈上。

---

### 填馅番茄

**食材：**
番茄，
熏鲑鱼，
胶冻，
奶油，
磨碎的辣根，
胡椒，
杜松子酒，
鱼子酱，
龙蒿叶。

挖掉番茄的蒂，用热水氽烫并去皮。将番茄横向切半、去籽、腌制。将熏鲑鱼的尾部做成肉泥，放入少量溶解的胶冻。

用辣根、新鲜磨碎的胡椒和少量杜松子酒调味。拌入打发的奶油，将熏鲑鱼咸味慕斯填入准备好的番茄中。使用两条烟熏鲑鱼条和鱼子酱进行装饰。

- 装饰： 熏鲑鱼条、鱼子酱、龙蒿叶

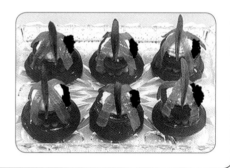

---

### 牛舌包

**食材：**
盐水腌制的牛舌切成片，
煮熟的白蘑，
调味蛋黄酱，
切碎的全熟鸡蛋，
香葱，
绿芦笋。

混合蛋黄酱、切碎的鸡蛋和香葱。将白蘑切成较大的丁，拌入鸡蛋蛋黄酱中。牛舌切片紧挨放好，在牛舌切片的半侧上放上白蘑，然后翻起来另一侧折叠盖上馅料。每块食品上各放上一片白蘑切片和两根芦笋尖进行装饰。

- 装饰： 大小均匀的蘑菇片、绿芦笋

### 填馅朝鲜蓟

**食材：**
煮熟的禽肉，
煮熟的芦笋，
煮熟的芹菜，
蛋黄酱，
小朝鲜蓟花芯
和虾。

将禽肉、芦笋和芹菜切成丁，与开胃的蛋黄酱混合。将禽肉沙拉填入朝鲜蓟的花芯中，每个食品上放上几条绿柿子椒条，并各放一个虾尾或一只虾。

• **装饰：** 绿柿子椒条、褐虾

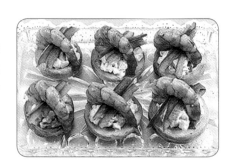

### 狍子背肉奖章肉排

**食材：**
煎烤狍子背
肉奖章肉排，
鹅肝泥，
橙子，
覆盆子。

将煮熟的鹅肝制成泥，将其与搅打发泡的黄油和打发的奶油混合制成鹅肝泥。将其挤在煎制的狍子肉奖章肉排上。使用橙肉和覆盆子装饰。

• **装饰：** 橙肉、覆盆子、鹅肝泥

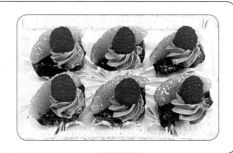

### 餐前菜餐盘

餐前菜提前和酱汁及配菜一起放在餐盘中。摆放的方式使服务变得更轻松。

### 无螯钳龙虾搭配鳄梨两吃

将面团烤制的薄壁造型碗放在餐盘上，在其中放上莳萝和拌制的苦苣，然后放上一团鳄梨慕斯。竖直放置龙虾尾，放上烧烤鳄梨切片并撒上一些酱汁进行装饰。

### 鞑靼肉排搭配布里欧修和香草沙拉

将2/3的金枪鱼制成鞑靼肉排放在布里欧修切片上，将剩余的金枪鱼制成球形，用来固定香草。将煮熟并腌渍的鹌鹑蛋上撒上香葱，和彩色的酸味沙拉酱以及布里欧修一同摆放。

### 羊肉搭配山羊奶酪和沙拉束

将极薄的、使用柠檬、胡椒腌渍的羊肉切片沿着对角线摆放，并且将羊里脊肉包裹面皮放在旁边。左上方放上一束混合蔬菜叶以及一块山羊奶酪。

火腿慕斯搭配菊苣

将圆柱形火腿慕斯竖立放置。将青红柿子椒以及冬葱切成丁并放在白葡萄酒、柠檬汁和油中搅拌。使用盐和胡椒调味并放在竖直切开的菊苣上。

鸭肝冻肉糕搭配蘑菇

将削皮土豆切成长条并油炸。用黄油煎白蘑并使用橄榄油和醋腌渍。将鸭肝冻肉糕和土豆片、芝麻菜、白蘑一起装饰。

酸奶油外衣包裹鲑鱼去骨鱼片

使用蘸湿的刀将冻肉糕切片，竖直摆放在法式重奶油香草酱汁镜面中。使用莳萝枝和鱼子酱进行装饰。

## 餐前点心

餐前点心（Amuse-Gueule）也可视为是一种小小的美食享受，可供应冷餐或热餐。一些餐厅将其作为一餐的序幕，虽然顾客没有点餐，也会供应。准确地说，餐前点心就是迷你餐前菜。

填馅西葫芦花

用黄油煎胡萝卜丁、芹菜丁和冬葱丁，调味，和意式香醋及蛋黄酱混合，然后冷却。使用这些材料填充西葫芦花，将其他蔬菜当做底座摆放，然后将花放在上面。

鹌鹑腿

将切成菱形的豌豆荚、芹菜、柿子椒、胡萝卜和春葱葱花焯水，并放在小盘中。浇上马得拉酒冻，让它结冻，将鹌鹑腿放在上方后呈上。

## 手取食品

在站立式无座位招待会上，迷你型美味食品是开胃菜。它们被称为手指食品、手取食品（Finger Food），这些小点心制作精致、小巧，能够用手优雅地拿着吃。

简单摆放的迷你香草炸肉，常温供应

虾放在装在面皮碗中的鳄梨奶油霜上

心形千层酥皮点心，填入小萝卜，迷你吐司搭配肝泥，茴香沙拉搭配提尔希特奶酪

五花肉包裹新鲜大枣，也可以搭配饮料在酒吧中供应

餐前点心（Amuse-Gueules）是直接呈上餐桌的，而手指食品是放在大盘中，由餐厅的工作人员不断呈送至站立的客人面前，供客人取食。

## 2.5 精致食品

这个名称涵盖了所有冷盘菜肴中重要的、美味的菜式，如：酥皮包肉糕、烤肉糕、肉块包肉糕以及冻肉糕。此外，还包括咸味慕斯、胶冻和肉汁冻（参见第666页），以及小型肉块包肉糕（小肉块中填入肉糕，如：小块大腿肉）。

可以使用分割肉、野味、家禽、鱼、甲壳类、软体动物以及其他高级食材制作这类冷盘菜肴。这类冷盘主要以原材料命名，如：酥皮包火腿肉糕、乳猪烤肉糕，鸡肉块包肉糕。一部分原材料制成肉糕，另外的高品质肉块用于包裹肉糕。配料还包含：腌渍牛舌丁、开心果、松露等。通过组合肉糕和切丁的食材可以制成有强烈对比度的、开胃的切片形状。

### 酥皮包肉糕

图1：酥皮包狗子肉糕

**酥皮包肉糕**（图1）是使用千层酥皮面团包裹肉糕，然后在烤箱中烤制而成的冷盘菜肴。冷却后，酥皮包肉糕内部因为蒸发会形成一个空隙，可以在其中灌入味道独特的胶冻。制作者可以通过烘烤前扎出的蒸发排气孔注入胶冻液。

### 冻肉糕

冻肉糕选用最高级的食材制作，通过水浴蒸煮形成易于切割的结构，或者，如果使用肉块包肉糕制作，可以通过在冰箱中冷却产生易于切割的结构。重要的是成品应带来最佳的美观外形和味道。冻肉糕（Parfait）这个词汇用于特别精致和充满空气的食品。

### 鹅肝冻肉糕

这道冷盘菜肴是由鹅的肥肝配上松露制成，放在烤箱中水浴煮至预计的成熟度。肝脏应提前去掉表皮和血管，然后调味，并用酒（例如：科涅克酒和波尔多葡萄酒）调出香味。然后制作者将肉糕和松露一起装入特定的模具中，模具中应提前铺上薄肥膘切片。

### 烤肉糕

烤肉糕是精致的菜肴，先将肉糕放在铺有背部肥膘切片或保鲜膜的耐高温陶瓷模具中。

将模具盖上盖，放入烤箱中水浴烘烤。如果核心温度已经达到70~75℃，菜品就烤熟了。冷却后，将食材倒扣出来，或者在餐厅中，在客人面前将其从模具中插挑出来，然后斜切成片。

肉块包肉糕

　　肉块包肉糕（图1）是一道精致菜肴，一般由肉块或去骨肉块制成。家禽、野生禽类、野猪头、猪脚或鳗鱼都可以制作这道菜。使用餐巾或特殊的薄膜包裹完全去骨并包好馅料的动物躯体，并用绳子捆绑。在准备好的高汤中将其煮熟，然后冷却。

　　首先从第一个关节处切下翅膀。把家禽胸部朝下放置，沿着脊柱中心切开肉皮，直至末端骨头。顺着切口拆解骨架。在这个过程中，从关节处将腿骨和翅膀的末端切除，并小心地将骨架从皮肉上割下。然后割下腿骨。环切腿骨末端，将包裹骨头的肉分成两半并压平，从末端砍断露出的骨头。

　　用裱花袋将肉糕填入大腿的空腔中。在已经剔除骨头的禽肉内侧调味，再填入馅料。将左右两侧的皮肉以及脖子上的皮翻过来盖在填馅上，缝合肉皮。使用一块布包裹整只动物，烹调或调味，有些情况中可能需要卷成卷后固定，并煎烤。

　　使用绳子为禽肉塑形①。现在，包裹上一层涂有少量油的保鲜膜②，这样可以防止表皮受损。如果再用纱布包裹③一层，在鸡高汤中煮制或在蒸柜中制作时，能够特别好地保持形状。

餐前菜—冷盘

肉汁冻

　　肉汁冻可以由不同的原材料制作而成。有些食材需要单独准备并煮熟，摆放成装饰性形状，并浇上经过调味的胶冻（参见第654页）。

### 布拉格火腿芦笋肉汁冻

| | |
|---|---|
| 400g | 白芦笋，煮熟 |
| 300g | 绿芦笋，煮熟 |
| 250g | 经过煮制的火腿 |
| 300mL | 芦笋汤汁，清澈 |
| 200mL | 蔬菜高汤，清澈 |
| 10片 | 明胶， |
| | 龙蒿叶，切碎 |

- 预先将蛋糕模具放入冰水中，倒入经过冷却的胶冻，重复2~3次，直至形成一层胶冻外衣。
- 然后把白芦笋、火腿和绿芦笋一层层放入模具中。
- 每一层浇上胶冻，胶冻中撒上切碎的龙蒿叶。
- 过夜冷却填满的模具。
- 从模具中倒扣出肉汁冻，切片并摆盘。

咸味慕斯

　　咸味慕斯由蔬菜/肉泥和增稠剂混合制作而成，主要使用贝夏美奶油酱或黄油面粉混合物。此外，还会加入液态的肉汁冻。打发的奶油能让菜泥蓬松。可以将混合奶油糊装入梯形或拱洞形模具中，或装入成份的小模具中。

### 芦笋或西蓝花咸味慕斯

| | |
|---|---|
| 300g | 青芦笋或西蓝花，煮熟并搅打成菜泥 |
| 200g | 芦笋汤混合黄油面粉混合物 |
| 9片 | 明胶，放在冷水中浸软 |
| 150mL | 打发的奶油 |
| | 盐、胡椒、柠檬汁 |

- 在750mL容量的梯形和三角形模具中铺上保鲜膜，倒入奶油糊，充分冷却。
- 将咸味慕斯倒扣出来，去除保鲜膜，将奶油冻切成1cm的厚片。
- 使用奶油和柠檬香蜂草的叶片进行点缀。

| 经过调味的菜泥加入酱汁，混合 | 将混合膏碾过细目筛 |
|---|---|
| 搅入溶解的明胶 | 拌入打发的奶油 |

图1：中式餐间菜肴

# 3 餐间菜肴

在菜肴顺序上，餐间菜肴是汤和下一道菜之间柔和的过渡。（参见第684页餐间菜肴和第696页饮食搭配原则）

餐间菜肴应起到开胃的作用。许多餐厅会提前准备精致的面点，如：迷你挞皮、千层酥皮面团制作的酥盒、面点船等。然后可以在其中填充馅料，这样就可以快速制作完成并上菜。

制作餐间菜肴（图1）的原材料涉及范围广泛，例如：家禽、野味、分割肉、内脏、鱼类、甲壳类、面食、鸡蛋、蔬菜、土豆还有菌类。

## 概览

### 土豆饼（图2）

可以使用切成小丁的蔬菜、土豆、菌菇、鱼肉、贝类、甲壳类、家禽、野味或鱼类制作。可以使用浓稠的棕色或白色勾芡基础酱汁为材料增稠，然后冷却食材后进行塑形，包裹面包屑后油炸。

图2：营养丰富的土豆饼

### 小份蔬菜炖肉

烹制家禽、内脏、野味、犊牛肉、鱼类、甲壳类、蔬菜或菌菇，大多数情况下是煮熟，切成小丁，加入相应的酱汁并进行开胃的调味。

这道小份蔬菜炖肉装在小钵、小碟和千层酥皮点心或罗马式酥皮点心或贝壳中供应，经常会稍加烘烤。

### 小酥盒

使用各种白汁或棕色汤汁的小份蔬菜炖肉填充。酥盒是由千层酥皮面团制成（参见第610页）。

### 小肉串（图3）

约6cm长，将小块龙虾肉、蟹肉或煮熟的贝肉、小块禽肉、犊牛肉、舌头、火腿、肝脏、朝鲜蓟花芯、辣椒、菌类和肥膘等食材串成串。

用黄油煎烤，或者浸在啤酒面糊中或包裹面包屑进行油炸。

### 酥皮包

鳗鱼或烟熏鲑鱼条、调味鱼块、菌菇块或奶酪块包裹在千层酥皮面团中，可以制成菱形、方形、月牙形或棍形，并放在烤箱中烘烤。

图3：小串禽肉烤肉

还有很多<u>面食类</u>的餐间菜肴，例如：面条、意式馄饨、意大利面、意式水饺、意式肉卷、意大利宽面和斯瓦比亚水饺、荞麦蛋糕（俄罗斯煎饼）和酱汁夹心油煎薄饼等。除了所有已经列出的生食食品，还可以使用鸡蛋制作热餐前菜。

图1：意式团子

可以使用香草奶油酱汁、番茄膏或黄油混合奶酪碎丰富味道

### 炸蔬菜

将煮熟的蔬菜块（菜花、朝鲜蓟、芹菜、芦笋、欧芹根、鸡葱）或者茄子片和西葫芦片调味，包裹薄千层酥皮面团或烘焙面团，然后油炸。

### 小份咸味舒芙蕾

制成野味、家禽、鱼或甲壳类动物的肉糕，调味，加入蛋黄、打发用奶油和打发蛋白，放在涂有黄油的小模具中，然后放在烤箱中水浴烹调。

### 炸肉

将调味贝类、牡蛎、鳎鱼去骨鱼片切成条，包裹一层鸡蛋液和白面包皮碎或者浸在油炸面糊中，然后油炸。

### 迷你挞

使用千层酥皮面团或制成挞皮，可以在其中填入馅料，例如：奶酪、火腿、蔬菜、菌类、鱼类、野味等，然后在烤箱中烘烤。

### 团子

使用粗粒小麦粉或烫面面团制作的餐间菜肴，经常和煮熟的土豆一起制成意式团子（图1）。

---

### 蘑菇土豆糕

| 制作10人份所需的食材 | | 制作鸡蛋糊所需的食材 | |
|---|---|---|---|
| 400g | 千层酥皮面团 | 250g | 法式重奶油 |
| 400g | 土豆，煮熟 | 250g | 牛奶 |
| 400g | 蘑菇丁 | 5枚 | 鸡蛋 |
| 40g | 黄油 | | 盐、肉豆蔻 |
| 40g | 冬葱 | | |
| 100g | 火腿片或肥膘丁 | | |
| | 香葱、欧芹、 | | |
| | 盐、胡椒 | | |

在蛋糕烤盘、陶瓷烘焙模具或2个环形蛋糕模具（直径为14cm）中铺上一层面皮，用叉子戳几下。在黄油中煸炒火腿丁和冬葱丁，放入蘑菇丁一起翻炒，一起炖制、调味，然后整体冷却，和切成丁的土豆及切碎的香草混合，均匀放入模具的面皮上。将制作鸡蛋糊的材料混合均匀，然后均匀地浇在配料中。在约170℃时烘烤约40min，烤至金黄色。烘烤完成后稍微冷却，然后切成块。

---

### 蔬菜炖野味酥盒

| 制作10人份所需的食材 | | | |
|---|---|---|---|
| 850g | 狍子肉，煮熟 | 40g | 冬葱 |
| 250g | 小鸡油菌 | 0.4L | 野味基础酱汁 |
| 200g | 红葡萄酒 | 60g | 酸奶油 |
| 40g | 黄油 | | 盐、胡椒、龙蒿叶 |

在黄油中煸炒切好的冬葱，加入鸡油菌，再倒入红葡萄酒融合锅底沉淀物并炖制。加入切成丁的狍子肉，加入野味基础酱汁，稍加炖煮。然后，将酸奶油和部分酱汁混合在一起，加入蔬菜炖肉中并撒上切碎的龙蒿叶。将准备好的酥盒放在烤箱中烘烤，填入蔬菜炖肉并呈上。

# ④ 冷盘的摆放

冷盘的准备工序要求厨师具备一定技艺，能使菜式呈现出一种精美优雅的感觉。根据接下来的几点阐明冷盘的制作工序（参见第671页）。

- **大餐盘**

常见的有镀银、铬钢、玻璃和陶瓷大餐盘。大餐盘必须无破损并且干净，因为大餐盘是所摆放菜品的框架。

- **胶冻镜面**

在大餐盘和所放置菜肴之间形成一层卫生的、保护产品的隔离层（参见第654页）。

- **餐巾纸**

吸油和水分。只放在直接食用的食材下方。

## 4.1 准备工作

切割

准备工作是指切割和分解确定的食材。切片形状对稍后的摆放有特别的意义。只有具备以下条件，才能实现干净、平齐的切片：

- 食材应经过良好的冷藏，
- 切割设备的刀片足够锋利，
- 使用合适的、锋利的刀具。

- **软质香肠种类**，如：茶肠、瘦肉香肠、肝肠切成薄片，切片的厚度不应低于5mm，肠衣保留在香肠切片上。如果香肠在切割前被刺破，切割时就能获得未变形的切片，并且可以精确地摆放。

- **硬质香肠种类和冷肉块**，如：炖煮香肠、萨拉米香肠、舌肠、烤牛肉等可以使用切割设备切割。切片的厚度为1 ~ 2mm，萨拉米香肠则应小于1mm。
肠衣应在切割前撕掉。

- **小直径香肠**

将香肠斜切，以便获得较大的面积。

- **大直径香肠肉块**

将香肠垂直切割，避免扩大香肠的截面面积。

图1：萨拉米香肠卷成号角形

图2：做成手提包形状、卷形的、有填馅和没有填馅的肉片

图3：做成卷形和号角形状的熟火腿

餐前菜—冷盘

图1：将火腿卷成波浪状

| 平均用量 | |
| --- | --- |
| 肉类包含香肠 | 120~150g |
| 鱼类 | 70~100g |
| 蔬菜沙拉 | 70~120g |
| 配菜 | 50~80g |
| 面包 | 80~100g |
| 黄油 | 20~40g |
| 奶酪 | 80~100g |
| 甜点 | 100~120g |

● **熟火腿**

使用切片设备将火腿切片，其厚度是不同的。应事先去掉火腿外层的皮，切掉边缘的大部分脂肪，保留一层薄薄的均匀的脂肪层。摆放火腿时，脂肪边始终处于上侧。

● **生火腿**

使用切片设备将火腿切片。切片厚度应该保持在1mm以内。首先切掉外皮和脂肪，切割后，应留下一层薄薄的脂肪边。如果是带骨火腿，应使用工具分离骨头和肉。摆放火腿时，脂肪边同样需要始终处于上侧。

● **煎烤家禽类**

依据禽肉的大小将大腿肉垂直切分成块。胸肉应斜片成厚肉片。可以切成较薄的肉片，也可以切成较厚的肉块用于填入馅料。

摆放的数量应符合大餐盘的尺寸，摆放过多会影响美观。如果大餐盘用于已经确定的人数，那么切片和配菜必须相符。

颜色搭配

在摆盘时，应当注意颜色对比度。摆放浅色的和深色的肉类、火腿还有香肠时应使颜色交替出现。选择丰富且恰当的装饰、配菜等，摆放时应使颜色生动。

特殊的切片造型也可以起到装饰效果。

> 甜瓜花冠：使用三角刀在甜瓜中间位置按均匀的距离切入。

> 心形茎蓝：茎蓝削皮，切成7mm厚的切片，然后用心型的模具切出造型。

切割西葫芦

折断切好的花

蔬菜制成的叶片

小萝卜雕花

胡萝卜花：在四条边上，从上至下向中心切，完成四条边的切割后，折断中心的连接，即形成一朵花。

苤蓝雕成热带鱼：7mm厚切片，然后用热带鱼模具按压制作鱼鳍、鱼尾、鱼头。

## 4.2 大餐盘中的造型

一场冷自助餐中，除了食品带给顾客快乐外，还应当在视觉上给人以美感。当然，这些艺术品最终会被人吃掉，所以最重要的当然是人们食用的部分。

在一场冷自助餐中，分为展示餐盘和简单、朴素的大餐盘。这些大餐盘是餐桌上的"填充"，不仅要考虑到它是自助餐中的补充，它还要方便客人的操作。客人希望看到布置美观的餐盘，也希望尽可能取到同样的产品。

与展示餐盘相比，在简朴的大餐盘中，可以将食材摆放得更紧密。这条原则同样也适用于配菜和沙拉。因为需要添加菜品，所以需要使用补充餐盘，即"替换餐盘"更换餐台上的空盘。在补充餐盘中，肉或鱼及配菜之间的组合和匀称程度不再那么重要。

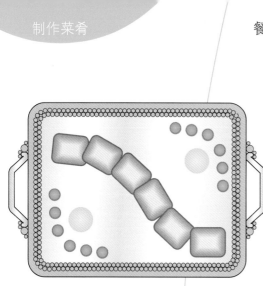

餐盘摆盘建议
只有切片、没有主体部分，
如：肉块包肉糕、鲑鱼或煎
烤/烘烤肉块的切片和配菜

餐盘摆盘建议
主体部分和切片分开摆放，如：
所有家禽类、舌头、肉块包肉
糕、酥皮包肉糕和配菜

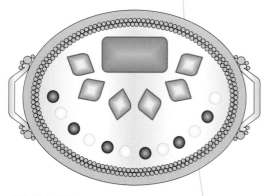

餐盘摆盘建议
主体部分和切片分开摆放，如：甲
壳类食材、酥皮包肉糕、肉块包肉
糕、煎烤/烘烤肉块和配菜

## 4.3 展示餐盘的造型

冷自助餐的焦点是提前准备好的精心设计摆放的餐盘，也就是所谓的展示餐盘。包括：

- **主体食材或核心食材**，这部分进行突出展示，
- **主体食材的切片**，
- **以及相匹配的配菜及装饰**。

切片越小，客人的选择搭配就越多。装饰和配菜应当匹配主体食材的味道，如果可以，数量也应当与主体食材的数量相匹配。

留下一部分完整的主体食材，其高度超过其他食材，因此特别引人注目。

切片可以倾斜地叠放，摆放成扇形并形成合适的高度。（参见第671页和第673页及后续数页）

### 摆盘

只能摆放可口的、味道互相匹配的食材。所摆放菜肴的单个分组应当有间隔地摆放，这样，可以对整体造型产生积极的影响。基本上，应当避免在边缘上摆放食材。因为在呈上无把手的盘子时，可能会触碰到盘子边缘。

### 展示餐盘中的摆放

- **胶冻镜面**可以起到保护餐盘的作用，它会减少食物与银盘接触。由于胶冻镜面可以保持湿度，食材能够长时间保鲜。（参见第654页）
- **主体食材**是其他组成部分的基准点，因此这部分的摆放应经过考虑。
- **切片和配菜**必须精准地分成份，并且在设计的线上均匀摆放。
- **餐盘中不能过量摆放**，应在食材之间留白，才能做出独特的造型。
- **食物不能放在餐盘边上**。
- **摆放方式**可以分为不同的基本造型，下文中结合实例进行说明。

以下几页展示出符合现代摆放方式的实例。这种摆放并非强制性的，因为摆放展示总是在变化。颜色、图样、基准线的组合可以体现出整体原则和操作方法。

圣马丁节鹅肉汁冻

**肉糕鹅胸肉·水果冻·南瓜钵装黑莓酱**

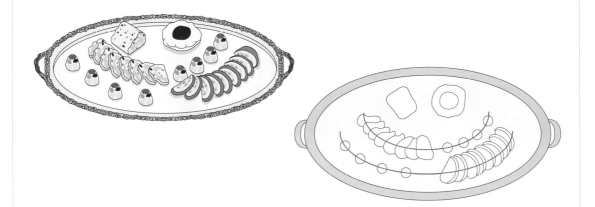

- 这种大盘以两种方式展示鹅肉。
- 其中一种鹅胸肉中填入鹅腿肉制成的肉糕，并做成圣诞果脯蛋糕的造型，然后焯水。
  另外一块鹅胸肉中填入馅料，煎制并将切片放在盘子的右侧。
- 水果冻和黑莓酱作为配菜，是一种美味的补充产品。
- 椭圆造型的餐盘具有艺术感。交替放置的鹅肉切片和美味的水果冻为盘中的整体造型
  带来了张弛感。
- 剩下的鹅肉肉汁冻以及用作酱汁容器的南瓜是餐盘中的亮点。

## 填馅乳猪大腿搭配野猪蹄髈

**甜瓜球放在脆片面糊制作的葡萄叶中**
**梨搭配芥末籽–坎伯兰郡酱汁**

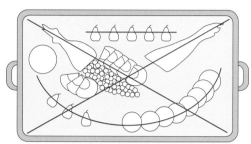

- 两条填馅猪脚成为餐盘中的亮点。

- 将乳猪大腿去骨并做出空腔，然后填入馅料。

- 使用野猪肘子肉皮作为外层包裹材料，并在其中填入相应的馅料。

- 两种猪腿，每种各切下八块，剩下的部分还能看出原始食材的造型。

- 从美食角度，还需要使用坎伯兰酱汁和腌渍甜瓜球以及切半的、填有芥末籽的梨放在盘中作为补充。

- 整体造型以两条对角线为基准进行展示，主要的焦点集中在乳猪腿上。因此，在前侧放上配菜并且将切片排列成弧形。

## 龙虾混合肉冻

### 芦笋尖搭配鲑鱼片围边–香草奶油霜放在南瓜切片上

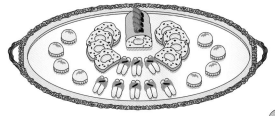
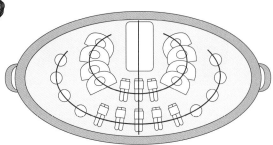

- 由高品质食材制作的龙虾肉汁冻，是整盘食品中的中心。
- 芦笋尖作为补充，在味道上与龙虾肉十分协调。使用烟熏鲑鱼鱼片包裹芦笋可以增添色彩。
- 南瓜片和放置在南瓜片上的香草奶油霜能够完善味道。
- 这盘菜以中轴线为装饰的核心，在盘子的后方区域放置主要食材。这条中轴线的左右两侧放置相同数量的混合肉冻切片，将配菜按照环形进行摆放。这样给人以平静的感觉，因此需要以颜色为重点。

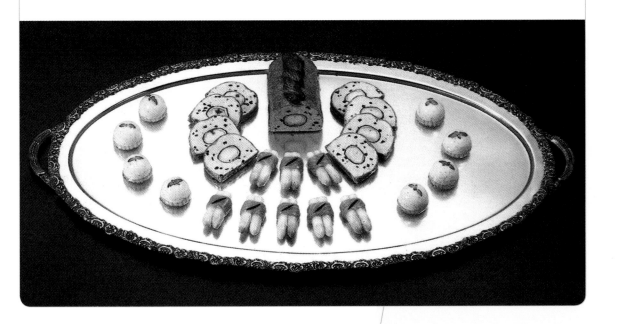

## 红肉虹鳟鱼花环

**鲑鱼去骨鱼肉块·苹果辣根放在西葫芦切片上·黄茄子搭配绿芦笋尖**

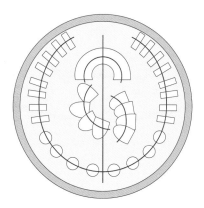

- 这盘菜的主体部分是摆成环形的红肉虹鳟鱼混合肉冻。使用鲑鱼去骨鱼肉块围绕环形摆放，可以在肉冻中看出鱼肉块。

- 鳟鱼放在烟熏鲑鱼厚切片旁边。

- 作为配菜，选择经过腌渍的绿芦笋的笋尖，使用黄茄子做成小船的造型。将苹果辣根酱做成球形放在西葫芦切片上。

- 整个创作是以盘子中的环形为主。鲑鱼块和配菜共同形成一个大圆环，将这个圆环微微向后推动并且留下开口。相应的将环形肉块包肉糕切成半圆形，并将切下的切片摆出造型。通过不对称的摆放肉块包肉糕切片可以为整盘造型带来许多动感。

| 专业术语 | |
|---|---|
| 肉汁冻 | 经过调味的胶冻 |
| 卡纳佩斯花式面包 | 体积小巧、放有不同食材的、适合一口吃下的、有适量装饰的小面包 |
| 菜丝 | 细蔬菜丝 |
| 肉糕 | 用作填入的馅料 |
| 手指食品 | 适合用手拿起来的一小块或冷或热的小食品，可以一口吃下 |
| 肉块包肉糕 | 去骨家禽肉块包裹肉糕，用布卷成卷后煮熟 |
| 胶冻 | 透明的，使用胶冻剂成形的液体 |
| 胶冻镜面 | 能够起到保护作用，减少食物与银盘之间的接触 |
| 上釉 | 在食材上裹上一层肉汁或糖汁增添光泽 |

| 专业术语 | |
|---|---|
| 餐前菜 | 餐前提供的菜肴 |
| 帕纳德糊 | 使肉糕蓬松的食材 |
| 冻肉糕 | "完美"的精致菜式，经过冷冻的肉糕，例如：鹅肝冻肉糕 |
| 酥皮包肉糕 | 酥皮包裹不同种类的肉糕制作而成 |
| 基士咸派（Quiche） | 使用肉、海鲜等材料制作的菜式 |
| 拉维斯碟装餐前菜 | 小玻璃碟或陶瓷碟盛装的冷餐前菜 |
| 一口小吃 | 小体积的或冷或热的小吃 |
| 烤肉糕 | 类似于酥皮包肉糕，但是没有酥皮，而是将肉糕放在陶瓷炊具中制作 |
| 切片 | 煎烤/烘烤肉块或酥皮包肉糕的切片 |
| 填馅猪脚 | 填入馅料的猪脚 |

**作业**

1. 我们预订了一间不错的餐厅。在我们入座之后不久，我们没有点菜就给我们端上了一些小食品。"这是一份来自厨师的美食问候"，一位餐厅专业人士说。

   a）这些"小食品"是什么？请您尽可能说出其专业术语名称。

   b）为什么会免费提供这份"来自厨师的美食问候"？

2. 您需要制作梭鱼肉糕。请您列出需要的食材，并按照正确的顺序设计工作步骤。

3. 以下内容的法文命名是什么？

   a）冷餐前菜　　b）热餐前菜

4. "语言也开胃"–语言指的是服务中的建议和推荐。您如何推荐一份小份蔬菜炖肉？（参见第668页）

5. 哪些要求是冷餐前菜必须达到的？

6. 当您要求您年轻的新同事从冷藏室中取出卡纳佩斯花式面包时，他感到迷惑。请您向他进行说明。

7. 请您描述8种不同的卡纳佩斯花式面包，并根据制作风格、面包种类、涂抹食材和装饰进行区分。

8. 请您编写一份关于餐前鸡尾酒的建议，列出所需配料和制作方法。

9. 请您写出以下菜品的制作特点：

   a）酥皮包肉糕　　b）烤肉糕　　c）肉块包肉糕　　d）冻肉糕

10. 请您解释概念"综合沙拉"。

11. 对于冷自助餐而言，菜肴的摆盘需要注意些什么？

# 自助餐供应

对许多顾客而言，和过去一样，冷自助餐是多种多样烹饪方式和多彩菜品的一个总汇。在代表大会、集体会议、公司周年纪念日、剪彩仪式、舞会派对以及私人宴会如生日派对和婚礼宴会等不同场合中，都需要提供自助餐。无论场合如何变化，目标都是相同的：同时、快速为大量客人提供饮食。

## ① 计划

自助餐可以为客人提供多种产品。自助餐中可以有固定的菜肴和饮料方案，也可以根据特殊的预订和期望设计和安排独特的饮食。

通过销售自助餐，工作人员可以获得一定的计划性，这对工作人员也能直接产生积极的影响。工作人员明确知道，谁在什么时候应当做什么。然而，销售是以有发展潜力的销售计划为先决条件的，企业应当已经通过举办活动获得了一定的名声。对此，也有相应的文件，例如：自助餐建议、饮品供应、活动协调和检查清单，还有技巧，对每次订餐顾客进行详细研究，这样可以促成在协商结束后达成交易。

**基本种类**

今天，经典的冷自助餐为人熟知且实用，然而还有多种不同的自助餐类型：

- 早餐和午餐的自助餐（冷热兼有），
- 沙拉、奶酪、甜品、糕点自助餐，
- 不含热菜的自助餐，
- 冷热混合的自助餐，
- 各国特色菜自助餐，
- 地方特色菜自助餐，
- 无座位招待会的手指食品自助餐，
- 在无座位招待会中，工作人员持续在客人之间走动，以供应冷热小吃。

### 1.1 服务中的计划

很少有例外，自助餐服务的中心是自助餐餐桌，餐桌有各种不同的形状。餐台的形状和尺寸由以下条件确定：

- 房间的尺寸和格局，
- 客人的数量。

自助餐的整体安排、菜肴的组成、自助餐结构和装饰的选择在自助餐中发挥着至关重要的作用。富有创新精神的厨师可以和服务人员共同拓展组织和布置的可能性。

自助餐为餐饮企业提供很大的可能性，通过相应的产品设计可以使企业受人关注。当承办酒席时，可以有更大的灵活性。这意味着，可以在餐厅以外供应自助餐，作为一种活动体验，并且能够提高销售额。

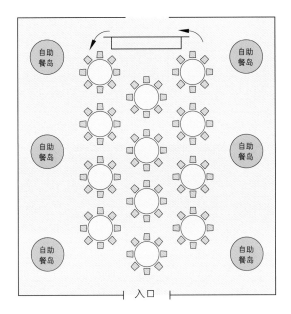

可以根据客人人数改变餐台的形状，并且依据单独的需要进行调整。自助餐服务的理念是由客人自己取餐。因为一般会有大量用餐人员，所以必须保证在饮食过程中不受干扰。因此需要首先考虑到餐桌的深度以及有充足的自助餐台区域。

自助餐的餐台不能过**深**或过**宽**，一方面，顾客能够舒适地取到摆放的菜肴，另一方面可以保证厨师能够轻而易举地放上菜肴。

自助餐餐台的尺寸必须匹配用餐人数，这样不会妨碍到取餐。因此在特定情况中，应当仔细思考如何适当拓展餐台面积。

## 1.2 厨房的计划

计划应考虑到从空餐具至完成布局的各项内容。餐饮特殊活动的成功始于深思熟虑的详细计划，在确定日期、地点、时机、标语、自助餐类型和自助餐组成、人员数量、菜谱和材料要求后，需要编制出一份检查清单形式的时间流程计划（参见第54页，菜单参见第717页）。

自助餐的整体组织需要及时编写服务计划、工作流程计划和使用计划。供应自助餐需要大量的准备工作。必须说明的是所用的陈设餐具和在不同餐盘上的陈设方式，如：玻璃、银质、木质、陶瓷或大理石。确定使用搁架、碗盆和酱汁壶等也属于计划的一部分。必须依据事先确定的要求选择菜谱，它们不仅是对厨师的指导，订购材料时也可以以订购清单形式进行辅助。现在可以开始制作菜肴了。

分散供应自助餐的餐台被称为"自助餐岛"（上图）。由于这种分散，一方面客人可以更快取到菜肴；另一方面自助餐吸引人的特点以及自助服务的氛围也会减少。

## ② 执行

按照已经计划的内容，厨房工作人员和服务人员开始进行工作。

### 2.1 准备自助餐

**自助餐餐台的布置**

在餐台上铺上相应尺寸的莫列顿双面起绒呢桌布，长度差不多刚好垂到地面。如果餐台沿墙壁摆放，只在人站立的一侧使桌布几乎垂到地面。为了使转角处的过渡以及桌布的叠放看上去整齐，工作人员需要使用不同的辅助方法：

- 熟练的折叠方法，
- 此外还要使用尼龙搭扣等特殊的辅助工具。

**自助餐餐台上菜肴的摆放**

从专业技术角度而言，一次西式的冷盘自助餐包含三个不同的要素：

- **造型餐盘**，是餐台上的亮点，需要较高的材料支出，需要完成较多的工作，
- **普通餐盘**或展示餐盘，例如放置鲑鱼切片或奶酪切片，
- **碗盆中的沙拉**，用于补充和完善。

这些菜肴可以放在餐台的平面上，或者结合多层造型搁架放置。通过分散摆放，自助餐可以给人较为深刻的视觉印象。

- 通常，自助餐中**菜肴的摆放**应符合餐饮业规则，即菜肴顺序。也就是鸡尾酒小吃、烤肉糕、酥皮包肉糕和肉块包肉糕放在行走方向的起始位置，鱼肉和煎烤肉类在中心，而奶酪和甜品，如水果等放在最后。

侧面使用尼龙粘扣裙边（图1）是一种非常特别，同时非常具有装饰性的布置。

图1：使用尼龙粘扣的自助餐台

- **装饰大餐盘**中放有龙虾、家禽、犊牛背肉和狍子背肉等吸引人的菜式，结合餐台上的摆设使其成为桌上的亮点。如果情况允许，服务人员可以在餐盘下垫上小木块或餐盘。餐盘倾斜摆放可以改进俯视外观。展示餐盘应放在前排，如果是多层搁架结构，展示餐盘应放在靠前、靠下的位置。附属餐盘、碗盆和酱汁壶放在靠后的位置上。
- **酱汁**应放在酱汁壶中，并放在垫盘中，且放在相应大餐盘或菜肴旁边。
- **配菜和沙拉**装在大碗里，并摆放在匹配的主餐盘旁边。
- **面包及派对小面包**应放在自助餐餐台的最后，或者放在客人的餐桌上以供食用。

**取餐餐具**必须放在大餐盘和碗盆旁等客人容易取到的位置上。

## 餐台的装饰

首先必须考虑展示餐盘的装饰作用，以及其他餐盘和碗盆中多彩的颜色。此外，还可以使用其他装饰材料：

- 插花，或将花放在高级花瓶中，
- 果篮或以水果皮制成的装饰，
- 使用舒适的烛光使环境更明亮，
- 使用油脂、冰或糖进行雕塑。

务必注意装饰材料，它是餐台上的生动的补充，但是不能掩盖菜品的视觉效果。

客人的行走方向

## 准备餐盘

**餐盘**，大部分都是直径为26cm，可以放在单独的桌子上，或者放在自助餐餐台的起始处。此外，直接放在甜品和奶酪区域也很常见。如果供应汤或热菜，可以在菜肴旁边放置足够数量的、经过预热的餐盘和汤碗。

通过摆放餐盘控制客人的行走方向。

### 执行自助餐服务

在自助餐服务中，服务人员和厨房工作人员应具备高度认真及谨慎的工作态度。

#### 菜肴服务

首先是由客人进行自主操作。但是为客人提供选择菜肴的建议，辅助将菜肴放在盘子中对服务人员是非常重要的。

使用过的餐具必须不断收走，以免出现不雅观的现象。顾客绝不能受到这些餐具的影响，或者感到受到束缚。

#### 饮料服务

如果不能在自助餐餐台上取到饮品，服务人员的任务是提供预先设计的饮品，或者接受点餐并呈上饮料。

#### 由厨师管控自助餐

将菜肴放在冷自助餐餐台上，对厨师而言是越来越重要的任务。

厨师可以简短地为顾客推荐供应的菜肴，可以对客人的选择起到辅助作用，并且将菜肴放在客户的盘中。

冷热混合自助餐中，厨房的工作人员可以进行切分工作，或者在餐台后制作特定的菜肴。

随着顾客取食菜肴，餐台上的容器会渐渐变空，整体造型会持续改变。餐台的管控者必须考虑到，避免餐台上出现"抢夺一空"或"不修边幅"的印象。可以通过以下措施避免出现：

- 重新组合或摆放新餐盘，
- 及时通过全新装满食材的盘子替换原先的盘子，
- 在食材越来越少的餐台上，可以重新放置餐盘、碗盆和酱汁壶，并使用一些技巧始终保持全新、平衡的造型。

**作业**

❶ 您知道在哪些场合适合供应冷自助餐？

❷ 请您列举出5种不同种类的冷自助餐。

❸ 请您书面提出针对10人的、以鱼为基础的冷自助餐。

❹ 请您思考，哪些菜肴对狩猎自助餐是比较有特色的？

❺ 如何理解"自助餐的管控"？

❻ 您可以用什么规定冷自助餐中客人的行走方向？

# 项 目

## 小份菜肴

一间公司在我们餐厅预订了一个用于培训的房间。为了更好地利用时间，公司希望能够提供小份菜肴替代午餐。一共登记有45人。

结合这个项目，我们需要进行特别企划。检查清单可以帮助我们规划并提供保证，人们可以在完成制作时"打钩做记号"。

---

### 我们收集想法

**1** 原材料带来变化。我们使用……用于制作……

请您按照以下模板开展工作。

| 原材料 | 用于…（请您为产品取一个名称） |
| --- | --- |
| 新鲜奶酪 | |
| 火腿，已煮熟 | |
| 烟熏鲑鱼 | |

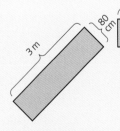

**2** 现在我们根据这些建议完成制作清单。

| 原材料 | 名称（单个列出） | 装饰 |
| --- | --- | --- |
| | | |
| | | |

**3** 自助餐餐台主要由大餐桌组成，具体尺寸如图所示。

请您确定好，什么要摆放在哪里。例如：① 代表餐具，① 应标记在桌上相应的位置上。

**4** 为了所有人都能了解谁在哪里放置什么，请您相应记录负责人员的名字。

**5** 请您为每个工作人员制作一张小纸条，纸条上列出相应人员的工作任务。

**6** 请您确定所有和布置自助餐台有关的，但是和厨房无关的事项，例如：刀叉餐具……（所有都必须标注数量，因为在外送服务或餐厅外服务中，不能实现"快速取来"）。

# 餐间菜肴

早餐、午餐和晚餐是主餐。那些在各个主餐之间被端上来的不太丰盛的凉菜和热菜，人们称之为**餐间菜肴**。（参见第667及后续几页）。餐间菜肴可以增加人的能量并且不会像主餐那样给人负担。减少一餐主餐并且吃点零食来代替，这种做法也是合理的。（参见第93页图表）因地域不同、配料和烹饪方式不同，餐间菜肴的叫法也不同。学校课间休息时吃的食品和会议休息时吃的小点心也被称为餐间菜肴。

这些小份菜肴经常在相应的小份菜品菜单上出现，例如早餐和午餐间的点心，零食和小吃。根据地区的不同也被称作餐间餐或者下午茶。三明治和夹心面包片，或者类似于奶酪茶点的小蛋糕和大蛋糕切块。

餐间菜肴示例

- 使用各种面包片制作的营养丰富、味道浓郁的一口小食品
- 卡纳佩斯花式面包——精美的一口小吃（参见第656页）
- 三明治
- 吐司，如烤面包片夹奶酪火腿或法式吐司
- 开胃的填有馅料的牛角面包和法棍切片
- 混合开胃小吃（参见第658页）
- 德式什锦混合麦片（参见第270页）
- 奶制品，如：酸奶和奶昔（参见第286页）
- 各式沙拉（参见第187页）
- 整个水果或切成能一口吃下的水果（参见第640页）
- 新鲜水果沙拉
- 烧烤蔬菜，腌菜（意式餐前开胃小吃）
- 填馅蔬菜（参见第173及后续几页）
- 意式小比萨饼
- 小份面食和烩饭（参见第208页和第211页）
- 比托克（绞肉制作的小肉排）
- 卷饼/玉米饼（墨西哥包裹馅料的面饼）
- 小馅饼和油炸丸子（参见第667页）
- 奶油小蛋糕（参见第668页）
- 串上蔬菜、肉、鱼、蟹肉和软体动物的烤串
- 小份浓汤（参见第480页及后续几页）
- 开胃点心，如：蘑菇土豆点心或者洋葱点心
- 寿司和生鱼片（日式料理）
- 西班牙餐前小吃
- 地中海开胃菜
- 手指食品，小点心（参见第663页）
- 肉汁冻（参见第655页）
- 甜味水果果冻（参见第639页）
- 使用鸡蛋制作的菜肴（参见第213页）
- 菌类菜肴（参见第184页）

图1：精致小点心

图2：茄子小卷

图3：鲭鱼寿司，北极贝寿司，鲑鱼籽寿司和南美白虾寿司

# 德国各地特色菜肴

德国各地特色菜肴大多数是来自某个地域或者地区的农家菜，在这些菜肴中使用那些在当地容易保存的材料和产品。现如今这些菜又被重新发掘。由于搭配组合的特殊性，现代餐厅对菜肴进行改进，并顺应现代的口味。它们的起源与传统、气候、农业条件和畜禽、野味、鱼类的出现以及地域性自然条件相关。在德国，人们可以找到特别不同的地域特色菜。

## 巴登–符腾堡州
面疙瘩汤：

将面粉、鸡蛋、蛋黄以及少许肉豆蔻和盐混合制作成面团，用手揉搓成小面团。将其放在浓郁的肉骨高汤中烹煮，并留在汤中作为汤料。

德式汤饺（图1）：

包馅面皮（德式汤饺），主要使用绞肉和菠菜为馅料。

牛肉蔬菜一锅烩（盖伊斯堡军队炖肉）：

牛肉蔬菜一锅烩，将土豆、鸡蛋面疙瘩和烘烤洋葱放在一起煨炖。

图1：放在蔬菜汁上的德式水饺

## 巴伐利亚州
肝泥丸子汤：（参见第488页）
黄煎犊牛肘（图2）：

前期准备方式中最典型的是，首先将犊牛肘在汤汁中腌好，然后在烤炉中烘烤。将烹调过的犊牛小腿（制作的第一部分）按照酸煮犊牛肘或蓝煮犊牛肘的方法进行进一步加工，并且配以切细的蔬菜条呈上餐桌。

奶酪面疙瘩（参见第210页）

图2：煎烤成棕色的犊牛肘

## 柏林州
豌豆汤：

将预先泡软的黄豌豆煮熟，然后加入洋葱、肥膘和根茎类蔬菜，加入墨角兰、百里香和盐调味，最后用切碎的欧芹装饰。

柏林风味犊牛肝（图3）：

将在面粉中翻滚后的肝脏切片放在熔化的热黄油中煎制，加入盐和胡椒粉。将苹果切片放在黄油中煎黄。肝脏上淋上苹果酱，并放上苹果圈和红洋葱摆盘。

煎肉饼：

由牛排和猪排制成的碎肉特色菜（参见第150页）

图3：柏林风味的犊牛肝脏

## 勃兰登堡州

**勃兰登堡锅：**

一道由牛里脊尖、焯水的泰尔托萝卜、冬葱、牛肝菌和酸奶油制成的即点即做的高级菜肴。

**脱脂乳土豆煎饼：**

制作煎饼面糊（参见第217页）配上脱脂乳。蘑菇烘烤后配以白糖、苹果酱、果酱、果粒果酱、坚果酱或者也可以抹上浓郁的奶酪，放上火腿，包入蔬菜。

**三色冰淇淋（普科勒侯爵冷冻甜品）**

草莓、香草和巧克力冰淇淋的三色冰淇淋组合（参见第647页）

图1：苹果果盘蛋煎饼

## 不来梅州

**海员杂烩（图2）：**

经典的海员餐。将腌制的熟牛胸肉、鲱鱼去骨鱼片一起切成丁或绞成粗粒肉馅。然后，将其与压成泥的盐水煮土豆、擦成丝的红菜头混合在一起，可能还需要加入胡椒醋渍黄瓜丁和炖制的洋葱，再次加热并装盘。可以在黄油中煎制成份的海员杂烩，并搭配单面煎蛋、酸黄瓜和红菜头一起摆盘。

**舍尔甘蓝：**

这种甘蓝叶子有轻微的坚果味。将叶子和茎切成段配上一些肥膘、洋葱和煮菠菜。按照传统，这种甘蓝会配上煮香肠和盐水煮土豆食用。

图2：不来梅海员杂烩

## 汉堡州

**汉堡鳗鲡汤：**

将清理好的鳗鲡切成均匀大小的小段，并加入香料、醋、洋葱在火腿汤中煮制。将切片蔬菜、豌豆和前一天浸泡好的果干加入汤中。冷水拌匀淀粉为汤汁勾芡。和小团子一起食用。

**汉堡民族特色菜：**

生猪颈部或者五花肉放在牛肉高汤中煮制约30min。

在猪油中煸炒洋葱丁，放入芜菁和土豆块，倒入肉汤后煮沸，接着放在耐高温的砂锅中。放入煮好的肉并盖上盖子放在烤箱中以180℃烘烤。最后将肉块切成肉片后装盘呈上。

## 黑森州

**煮牛肉搭配法兰克福青酱（图3）（参见第524页）**
**手捏奶酪：**

将成熟酸奶酪泡在洋葱、醋、油、葛缕子、盐、胡椒调制的腌渍汁中一段时间。这道菜最好搭配苹果酒一起呈上，如果想要有点变化，也可以在手捏奶酪中加入苹果片。

图3：煮牛肉搭配法兰克福青酱

## 梅克伦堡–前波莫瑞州

豆子汤：

将豆子放在脱脂的鹅肉汤或者其他家禽汤中浸泡一晚，然后在汤中将豆子煮软。将鹅肚和鹅心煮软并切小。将洋葱、胡萝卜、蒜头和芹菜切成丁，放在鹅油中微炖。再放入墨角兰和香薄荷一起炖。将一半煮熟的豆子和煮豆子的汤汁一起加到蔬菜里，将另一半煮熟的豆子压成泥给汤勾芡。

鳗鲡片（图1）：

将鳗鲡的肚子去掉，然后切成手指一般长短的小段。将洋葱、葱、胡萝卜、香菜根、土豆切成片，放在热黄油中小炒，撒上面粉，浇上白葡萄酒和鱼末，稍煮。加入鳗鲡段、月桂皮和盐炖。起锅后浇上酱汁与香菜末一起装盘食用。

图1：鳗鲡片

畜脑香肠是指一种生的或者微微熏制过的易涂抹瘦肉香肠，它由猪瘦肉和猪五花肉制成。早期这种香肠是用脑做成的，而现在根据相关规定不再允许用脑做这种香肠。通常人们会为羽衣甘蓝搭配麦糁肉肠，麦糁肉肠是一种掺有麦糁的经过熏制的肉肠。

## 下萨克森州

畜脑香肠配羽衣甘蓝（图2）：

将羽衣甘蓝的卷叶从梗上撸下来，洗净，切碎放入盐水中煮沸。然后放在冰水中冷却，粗切。将肥膘丁放在猪油中煸炒，加入洋葱丁炒成金黄色。

加入羽衣甘蓝，倒入牛肉汤盖上锅盖炖煮，加入盐和胡椒粉调味。在炖煮汁中加入燕麦片一起稍稍炖煮，使其变得黏稠。将煮熟的畜脑香肠浸在牛奶中，在锅中煎好，配上羽衣甘蓝或者直接将香肠放在羽衣甘蓝中加热食用。

羊肉搭配扁豆：

将羊肉丁短暂焯水。将洋葱放入黄油中煸炒至透明，加入羊肉并在羊肉肉汁中炖煮15min，倒入剩余的羊肉汤。在此过程中，加入绿色的带豆荚的扁豆，土豆切丁，炖煮，加入肉并完成煮制。使用盐、胡椒和香薄荷调味。

图2：畜脑香肠配羽衣甘蓝

## 北莱茵–威斯特法伦州

胡椒一锅煮：

将牛肋排和洋葱、蔬菜，以及香料包一起煮。将肉脱骨。然后再将它们一起放进煮肉的汤中，拌入磨碎的面包屑，煮沸。加入新鲜的磨碎的胡椒粉调味，撒上香菜。

莱茵醋焖牛肉（图3）：

炖好的牛肉块放进醋渍汁中腌渍，经过数天的腌制肉质会变软。将腌渍汁中的肉块取出，拭干表面，将各面煎熟。浇上腌渍汁和棕色高汤，盖上锅盖后在烤炉上焖煮。使用擦碎的糕饼，例如亚琛辣味饼，或者黄油面粉，或者淀粉勾芡，通常与葡萄干一起摆盘，目的是为了调出理想中的酸甜味。

图3：葡萄干醋焖牛肉

图1：雷司令鸡

图2：迪伯拉贝葱焗肉干
（Dibbelabbes）

图3：凝乳点心

## 莱茵兰—普法尔茨州

### 雷司令鸡（图1）：

将仔鸡后腿肉脱骨，用大蒜盐调味，热油煸炒后浇上雷司令葡萄酒焖煮。将洋葱和白蘑切片放入平底锅中翻炒，加入仔鸡肉炖煮。用蛋黄和奶油将这道菜勾芡之后停止煮沸。放上切碎的香菜和龙蒿就完成了。可以搭配饭或者土豆。

### 莱茵葡萄酒炖贝肉：

将洗干净的贝类和洋葱丁一起放入黄油中翻炒，倒入白葡萄酒，加入现磨的胡椒粉和调味香草束，盖上锅盖焖煮8min。所有的贝壳都开口后，将其倒入滤锅并保留滤出的汤汁。将切碎的香草加入滤出的汤汁中。用黄油面粉为汤汁勾芡，然后加上冬葱，煮2min，用蛋黄和奶油勾芡并调味。将贝肉从贝壳中取出，在热酱汁中搅拌，用花形酥皮点心点缀摆盘。

## 萨尔州

### 迪伯拉贝葱焗肉干（图2）：

将肉干切成丁，略微煸炒一下。在煸炒出的油脂中将洋葱丁和大葱葱花煎炒至透明。将土豆擦丝并稍微挤压。然后将肉干丁和洋葱、大葱一起放入锅具，充分调味和搅拌。盖上盖子，将混合物放在烤箱中，在200℃的温度下烘烤40min。25min后揭开盖子，这样在完成时，表面就会变得焦脆。

### 酸味猪肩颈肉

将猪肩颈肉用盐调味，撒上胡椒粉，涂上葛缕子，和烘烤蔬菜一起在热油中煎至棕黄。浇入醋，稍后加水。盖上盖子放在炉里炖60~90min。在肉炖熟前的一小会儿浇上酸奶油，为的是让它形成有光泽的表皮。将番茄片放到炖汁中彻底炖烂。将酱汁过滤脱脂。将剩下的酸奶油和土豆淀粉充分混合，加入酱汁煮至黏稠状后加上胡椒、盐和柠檬汁调味即可。

## 萨克森州

### 暖啤汤：

将淀粉和两杯牛奶及蛋黄充分搅拌。将多余的牛奶煮开，向其中加入淀粉糊勾芡，然后加入啤酒。将汤倒入筛子过滤，调味，撒入糖渍姜粒作为汤料。

### 莱比锡什锦锅：

蔬菜一锅煮，内含菌类、芦笋尖和甲壳类食材。

### 萨克森凝乳点心（图3）：

将煮过的土豆削皮，磨碎或者挤压。蛋黄加上白糖打发后加入土豆泥中，然后加入凝乳搅拌。面粉和小苏打一起过筛，然后加入盐、无核黑葡萄干、柠檬香精搅拌均匀。将生面糊倒入锅中做成1cm厚，直径5cm左右的圆形小饼。在动物油中煎至两面金黄，然后放在厨房用纸上吸油，趁热呈上。

## 萨克森－安哈尔特州

马格德堡低原一锅煮：

　　将小羊羔肉和猪肉切成块，削皮后的土豆切片，洋葱和卷心菜切成条。在切好的肉丁中倒入热的汤汁并滤掉其中的浮渣。在锅中加入黄油，分层地加入洋葱、土豆、肉块。最后铺上卷心菜。各层都撒上盐、胡椒粉、百里香、葛缕子和大蒜盐调味。然后加入少量的汤汁，最后盖上盖放在烤炉中炖煮。

克藤舒斯特一锅煮：

　　与梨和土豆一起稍微烘烤的猪排。

黏土稻草猪肘：

　　肘子（腌渍猪肘）配上豌豆泥和酸泡菜。

## 石勒苏益格－荷尔斯泰因州

基尔熏鲱鱼卷油煎饼（图1）：

　　将熏鲱鱼去皮，切出鱼片，然后切成小丁，撒上胡椒粉和香葱。制作煎饼面糊，静置10 min，倒入平底锅，然后将鲱鱼丁均匀撒在还未凝固的面糊上。在油煎饼上色后，将它放在炉子里，在200℃ 的温度下烤熟。

黄油黑线鳕鱼：

　　将黑线鳕鱼切成小块。鱼汤中放入调料煮沸，加入黑线鳕鱼块，煮一会儿然后保持煮沸大约5 min。将洋葱切成片，在黄油中煎炒至金黄。少量黄油加热成淡棕色，加入芥末和少量的鳕鱼汤搅拌，在鳕鱼中加入欧芹叶，最后将烘烤上色的洋葱片撒在上面。

## 图林根州

图林根红煎：

　　在前一天将猪颈肉和切成片的洋葱一起放进啤酒中。在烤制肉排之前静置滤干水分，放入盐和胡椒调味，然后放在食油或者动物油中煎，频繁浇上啤酒腌渍汁，和芥末以及黑面包一同呈上。

酸泡菜汤（图2）：

　　在酸泡菜上略切几刀。将酸泡菜放进牛肉清汤中煮约20 min。将浅色油煎糊放入酸泡菜汤中勾芡，加入葛缕子然后煮一小会儿。加入盐、胡椒和糖调味，加入法式奶油搅拌均匀。将火腿丝和洋葱圈和烘焙卷心菜块放入汤中摆盘食用。

牛肉卷搭配团子：（参见第557页）

鲱鱼卷是一种热熏的鲱鱼，从它的背部切下鱼肉，分别折叠起来，这是熏鲱鱼的一种特殊形式。

图1：基尔鲱鱼卷油煎饼

图2：图林根酸泡菜汤

# 各国特色菜肴

各国特色菜肴是某个国家（民族）的富有特色的菜品。各国菜肴因各国传统、国情、气候、产物、自然条件不同而独具特色。

示例

## 阿根廷

烤肉或烧烤（图1）：

阿根廷烧烤主要是碳烤经过预先处理的牛肉，但也使用其他肉类。

洛可洛烩菜：

洛可洛烩菜（安第斯山区烩菜）是大杂烩，其中使用黄豆、玉米、番茄、胡萝卜、南瓜、洋葱、辣椒、西蓝花、牛肉、土豆、牛腩、卷心菜。

## 巴西

费约达黑豆烩菜（巴西炖肉）：

这（图2）是黑豆同各种肉类的杂烩。

维塔帕烩菜：

这是一种使用面包、虾、椰奶、坚果制作的浓汁烩菜。

炸鸡块：

将块状的煮熟鸡肉、番茄、洋葱包裹在烫面面糊中。用大蒜，新鲜的香菜调味，塑成梨形，沾满面包屑并油炸。

## 中国

春卷（图3）：

正方形的薄春卷皮，在其中放入不同的馅，折拢卷起来，可以油炸或在平底锅里煎熟。

点心：

点心是包有不同馅料的小食品，包馅的皮可以使用米粉面团、凉水面团或发面制作。这些"小袋子"可以油炸或者在竹制蒸笼中蒸制而成。

北京烤鸭：

制作北京烤鸭需要一定的手艺。使用香草和蜂蜜的混合物腌制鸭子，挂起来风干。然后把它竖挂在炉子里烤脆，将脆皮片下，搭配薄面饼，多汁的鸭肉片好后呈上。

图1：烤肉或烧烤

图2：巴西炖肉

图3：点心和小春卷

## 丹麦

黄油黑麦面包:

在薄的抹好黄油的面包片上放上不同的配料,再加上一些装饰。

调味肝泥三明治(图1):

将犊牛肝或者猪肝制成肝泥,加入肥膘、黄油、面粉、牛奶(贝夏美酱汁)、鸡蛋、调味品。在烤炉里用170℃的温度烤制。

维也纳面包:

这是一种丹麦的酥皮糕点(也叫作哥本哈根包),有不同的馅料和品味,如:肉桂棒形面包。

图1:丹麦三明治

## 英国

牛尾清汤:

煎炒牛尾骨与蔬菜,浇上水或者高汤以及红酒,然后熬煮一段时间,然后过滤、冷却,按照浓肉汤的澄清方法澄清。

约克郡布丁(图2):

类似油煎饼面糊,由面粉、牛奶、鸡蛋、油(传统使用牛肉肾脏脂肪)、盐、胡椒、肉豆蔻,可能还有些欧芹一并混合制成。将生面糊倒入涂有油脂的成份模具中,在200℃的烤炉中烤至金棕色。

培根牡蛎卷:

把新鲜的牡蛎去壳,使用培根包裹,放入平底锅略微煎烤。

威尔士干酪吐司:

磨碎柴郡干酪与啤酒混合,涂在白面包上,放在烤炉上烤制。

图2:约克郡布丁

## 法国

酒焖鸡:

白葡萄酒炖鸡(参见第576页)

浓味海鲜杂烩(图3):

这是法国南部的鱼类,甲壳类和软体类动物以及洋葱、大葱、番茄和藏红花的杂烩菜。在德国大多作为汤供应。

蔬菜炖羊肉:

棕色蔬菜炖羊肉搭配切成装饰形状的根茎类蔬菜和上糖釉的冬葱。

巴黎式黑椒牛排:

煎牛排,根据个人喜好撒上研磨胡椒。浇上白兰地这样的高度酒,然后点火燎一下,再浇上奶油。

蔬菜杂烩:

法国南部的炖蔬菜(参见第180页)

法式洋葱汤:

洋葱汤搭配奶酪白面包。

图3:浓味海鲜杂烩

## 印度

咖喱肉汤：

　　禽肉咖喱奶油汤

鸡蛋葱豆饭：

　　小扁豆、长粒米、洋葱、咖喱、姜、鱼和煮熟的鸡蛋制作的一锅炖。

鸡肉咖喱：

　　使用煮熟的鸡肉，搭配菠萝块和大米制作的咖喱肉块浓汤。

## 意大利

蔬菜通心粉汤：

　　由不同的蔬菜制作，如：芹菜、土豆、大葱、豌豆、番茄、五花肉、洋葱，可能还使用白豆子或鹰嘴豆和大蒜。根据地区不同搭配米饭或面条。

炖犊牛肘：（参见第556页）

意式面食：（参见第208页）

烩饭：（参见第211页）

## 墨西哥

墨西哥辣肉酱：

　　墨西哥辣肉酱由猪肉末、牛肉、辣椒、豆子和番茄制成，搭配玉米薄饼。

玉米卷饼：

　　薄薄的由玉米粉制作的鸡蛋饼，装填有火腿、洋葱、番茄、欧芹和大蒜。

酸汁腌鱼（图1）：

　　搭配生鱼的沙拉、红葱头、青柠汁、香菜和洛科特辣酱（rocotto-Chili）。

鳄梨酱：（参见第523页）

图1：酸汁腌鱼

## 奥地利

奶酪小点心汤：（参见第487页）

维也纳炸鸡：（参见第580页）

煮牛胸肉配辣根（图2）：（参见第541页）

皇帝松饼：（参见第630页）

## 俄罗斯

罗宋汤：

　　浓汤或者汤式的一锅炖，包含红菜头、根茎类蔬菜、圆白菜、五花肉、牛肉和酸奶油。

图2：奥地利炖牛胸肉搭配苹果辣根

煎牛肉丸（图1）：

　　煎制的牛绞肉肉丸，通常搭配蘑菇奶油酱一起呈上。

波扎尔斯鸡肉排：

　　将去皮鸡胸肉切小，或绞成大颗粒绞肉，和鸡蛋以及在奶油中浸软的白面包一起混合均匀，调味，然后做成肉排的形状；包裹面包屑，然后煎炸。

小薄饼：

　　使用荞麦粉制作的小煎饼，其大多搭配鱼子酱和酸奶油一同呈上。

俄罗斯式饺：

　　使用不含糖的黄油面团、酵母面团或千层饼面团制作；填馅可以使用凝乳、绞肉或酸泡菜。包成馄饨形状并烤制。

图1：煎牛肉丸

## 瑞典

腌三文鱼：（参见第460页）

瑞典肉丸：

　　绞肉（牛肉或野味的肉）制作的肉丸，搭配盐水煮土豆和蔓越莓。

瑞典式包子：

　　有绞肉馅料的土豆团子。

## 瑞士

大麦汤：

　　将去壳大麦粒和牛肉一同烹煮，加入根茎类蔬菜、切成薄片的土豆、切成细条的肥膘或格劳宾登腌干肉，可能需要使用奶油和蛋黄勾芡。

苏黎世犊牛肉块：（参见第550页）

煎土豆饼：

　　擦碎生土豆或煮熟的土豆，和煎过的五花肉混合，调味并放在锅中煎制。

瑞士火锅：

　　最著名的是奶酪火锅。这道菜由客人将白面包丁浸入熔化的奶酪中，然后放在盘子上。

　　其他类型有：柏根德式火锅（热油）和漏勺火锅（热高汤），食用时使用叉子叉住肉丁，由客人自己在热烫的液体中烹煮。

拉克莱特热熔干酪配土豆或面包（图2）：

　　熔化的奶酪搭配胡椒、混合泡菜、带皮煮土豆和白面包。

图2：拉克莱特热熔干酪
配土豆或面包

各国特色菜肴

### 西班牙

西班牙冷汤：

　　加了番茄和辣椒的安达卢西亚冷蔬菜汤。

西班牙海鲜饭：

　　使用平底锅，里面装有西班牙短粒米、番红花、鱼肉、海鲜、肉类和蔬菜。

大杂烩：

　　由许多种肉类搭配着蔬菜和鹰嘴豆制作而成的杂烩汤。

### 捷克

捷克火腿：

　　传统的捷克火腿是热吃的，一般是包在黑麦面包里或者烤着食用。

李子酱团子：

　　由土豆、鸡蛋、面粉和盐做成的团子。在团子中填充李子酱，然后在盐水中煮制。

### 匈牙利

牛肉汤：

　　这是一种由同比例的牛肉和洋葱拌有辣椒、番茄、土豆制成的肉汤，里面加入大蒜、墨角兰、欧芹籽和辣椒。

浓汁炖肉：

　　大部分德国人称之为匈牙利式炖肉（参见第558页）。

埃斯特哈奇炖肉：

　　煎炒牛脊肉薄片，配上用黄油翻炒的根茎类蔬菜的菜丝。

薄面卷：

　　用薄面皮裹着不同的甜馅料（参见第617页），也可以放入像肉末、烫熟的蔬菜、鱼肉肉糕或蘑菇之类的馅。

### 美国

蛤蜊浓汤：

　　用牡蛎肉、土豆、玉米、芹菜和奶油煮成的汤。

波士顿焗豆：

　　用洋葱、红糖、蜂蜜或糖浆、盐和胡椒与白豆一同煮制。

海鲜牛排套餐：

　　把牛里脊肉切成牛排，与虾尾一起放在平底锅里煎或者烧烤。

菜单中至少包含3道菜（菜肴分类），按照固定的顺序享用。

# 1 菜单结构

制定一份菜单时需要注意的事项包括：

- 符合上菜顺序的内容，
- 美食搭配的原则，
- 正确的饮食营养搭配的基本原则，
- 搭配的可能性。

## 1.1 菜单内容

过去，上13道菜可能花费数小时，如今，上菜顺序遵循以下规则：减少必要食品的数量，缩短顾客等待的时长。以下是上菜顺序的步骤的区别：

- **基本菜单：** 共有3道菜，这是最基本的形式。
- **扩展的菜单：** 4~5道菜为宜。
- **盛宴菜单：** 6道及6道以上的菜系作为庆祝，以达到隆重的高潮。

菜单的组成是以主菜开始的，这些主菜是食物的核心，其他菜则作为辅助。

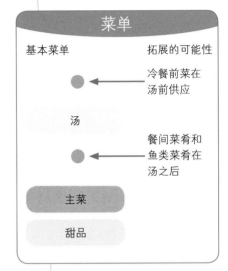

菜单结构的规则也被称为菜单架构。

根据不同场合可以组合单品菜肴。

组合可能性的示例

| | 冷餐前菜 | 汤 | 餐间菜肴或鱼类菜肴 | 主菜 | 甜品 | 餐后点心 |
|---|---|---|---|---|---|---|
| 3道菜 | | | | | | |
| | | | | | | |
| 4道菜 | | | | | | |
| | | | | | | |
| 5道菜 | | | | | | |
| | | | | | | |

## 1.2 饮食搭配原则

在针对菜单的销售对话中，应首先确定**主菜**。然后，再开始选择其他菜式。同时应考虑到以下注意事项：

- **季节**，因为鱼类、野味、禽类、一些分割肉如：羊羔，许多蔬菜品种和水果都是在特定的季节才最为美味可口，同时也是最物美价廉的。虽然通过现代防腐保存方法可以使大量食品保持全年供应，但是新鲜食品更受青睐，因此，必须在菜单上有所体现。

- **交替变化**，由于食物和配制品的类型多种多样，以至于每种口味都可以通过不同的原材料和各种配制品而得到满足。以下大部分都适用于编排好的菜单里：

● **不能有重复的基本材料**

下面的示例**不应出现**：

*菜花奶油浓汤，并以菜花作为配菜；*

*或者：*

*浓肉汤搭配油煎饼丝，并以法式火焰可丽饼作为餐后甜品；*

*或者：*

*当搭配蔬菜呈上黄油时，例如：芦笋搭配融化的黄油，在鱼类菜肴中就不能有所重复。*

● **制作方式不能重复**

*制作方式，如稍微烘烤、在油中煎烤、烧烤等不能在菜单顺序中多次出现；*

*或者：*

*当餐后甜品是奶酪泡芙时，就不能使用稍微烘烤的奶酪小面包（威尔士干酪）搭配牡蛎，因为这两种都有类似的填馅。*

**不正确的是**，例如：当将粉红三文鱼菜肴作为肉类菜肴时，呈上英式烤牛肉；

或者：

**不正确的是**，蔬菜炖肉后面是一道炖鸡肉。

- **注意颜色变换**，因为"眼睛也参与享用美食"，视觉、嗅觉和味觉使人的大脑形成对一道菜的总体印象。因此当人们一看到吸引人的美味菜肴就会在口中分泌唾液，仅仅是视觉影响就足以唤醒人的嗅觉和味觉。因此在选择食物和相应搭配时要注意多种可能性。

**对菜单的评估**

请您检查下面的菜单里是否有不足之处。

| ① | ② | ③ |
|---|---|---|
| 菜花奶油汤 | 浓肉汤搭配挂面 | 龙虾开胃小吃搭配葡萄柚 |
| ★★☆ | ★★☆ | ★★☆ |
| 白葡萄酒鳎鱼 | 烹煮梭鲈–棕色黄油 | 牛尾清汤 |
| ★★☆ | ★★☆ | |
| 犊牛排骨搭配蘑菇 | 鸡油菌–鸡蛋面疙瘩 | 嫩鸭肉搭配橙子切片 |
| 菜花土豆泥 | ★★☆ | 四季豆–奶油土豆 |
| ★★★ | 海伦娜梨冰淇淋杯 | ★★★ |
| 杏仁奶油霜 | | 柠檬奶油霜 |

④

菜丁浓肉汤

\* \* \*

钵仔鸡蛋搭配奶油

\* \* \*

埃斯特哈奇烤肉
欧芹土豆–土豆沙拉

核桃冰冻甜品–热巧克力酱

⑤

野味馅料酥皮点心搭配沃尔多夫沙拉

\* \* \*

芹菜奶油汤

\* \* \*

犊牛肉排搭配蛋黄酱
皇太子土豆–混合蔬菜

杏子搭配葡萄酒泡沫酱汁

这些菜单评估练习的答案在第698页可以找到。

- 在特别场合选择菜单时，**饮食时机**起着决定性的作用。下面的示例显示出如何考虑味道风格、原材料和时机。

**狩猎聚餐**

在狩猎聚餐时，菜肴顺序可能与常见的规则有所不同。

可以呈上捕鱼和打猎时得到的食物，具体如下：

- 淡水鱼和海鱼
- 螃蟹
- 各种野味
- 野生禽类

以及

- 农作物和野果，如橄榄、蘑菇、坚果和浆果

**圣诞大餐上菜顺序**

圣诞大餐上菜顺序是冬季上菜顺序，此时时令食物极比较重要。

节日特点决定了需要强调特别的美食：

- 龙虾
- 牡蛎
- 鱼子酱
- 鹅肝酱

在圣诞节使用的鱼，通常选用鲤鱼，圣诞节烤肉，鹅肉和火鸡更受偏爱。

通常使用苹果、橙子和坚果充实和丰富圣诞菜单。

雉鸡砂锅
苹果沙拉搭配坚果

戴安娜浓肉汤

白葡萄酒梭鱼肉

煎炒鹅背肉
胡椒酱–醋栗果冻
新鲜牛肝菌–土豆

杏仁糖冰淇淋蛋糕

龙虾砂锅搭配野莴苣沙拉

⋆⋆

牛尾清汤

⋆⋆

煎烤鹅肉

⋆⋆

上糖釉苹果甜品
紫甘蓝–土豆油炸圈

⋆⋆

榛子半冷冻冰淇淋

大白鲟鱼子酱

布里尼斯薄饼——酸奶油

雉鸡浓肉汤

龙虾和牡蛎，浸在香槟中

半月起酥

圆形新鲜鹅肝

搭配黑松露

土耳其薄荷果汁

小羊腱子肉搭配香草稍微烘烤

炖煮胡萝卜

上糖釉的冬葱

草莓奶油搭配菠萝

精致点心

**新年上菜顺序**

庆祝新年的到来是一个特别的时机，新年菜单必须与这天欢乐隆重的气氛相融洽。多元化的菜单要求所有的菜能够相得益彰并且保证这些菜的质量优良。由于菜单的扩展，每道菜的份量要适中。过多的配菜只能在主菜少量时呈上。这份菜单能够给予人美好、幸福美满的展望。

## 1.3 正确营养供给的原则

一份编排合理的菜单应当使营养物质和调节物质所占的成分比例相当且协调。因此必须注意，在现代的生活方式中，低能量又极易消化的食物变得越来越重要。

现代的菜单限制使用过多的调味汁以及过量的配料，它考虑的是通过味道互相融合的蔬菜和沙拉满足人的维生素需求。通常人只能吸收到极少的部分。

## 1.4 可能的组合

某些菜肴如果保温时间过长就会失去它们原本的价值。因此，在制定当日菜单和制作特殊食物时需要注意以下这点：在给定的条件下，这些菜肴在准备就绪之后是否可以完全直接呈上。

示例：一份针对70人的菜单里包含了这两道菜，奥利风格鳎鱼（鱼类菜肴）和萨尔茨堡团子（饭后甜食）。烤鱼需要较长的时间，烤鱼必须及早开始，因为所有的菜要同时呈上。如果油炸锅不够大，要将首先备好的鱼的外皮一直煎炸柔软且具有黏性。尽管萨尔茨堡团子确实可以存放在冷藏室里随时取用，但应保证人手充足，直至工作完全结束了。

### 评估第696、697页菜单的答案

| 菜单❶： | 菜单❷： | 菜单❸： | 菜单❹： | 菜单❺： |
|---|---|---|---|---|
| 菜肴的组合没有颜色。三次出现奶油：汤、鱼、甜品。两次出现菜花：汤、配菜 | 两次出现面食：汤、配菜。两次出现梨子：鱼肉的装饰、甜品 | 三次出现柑橘类水果：餐前菜、鱼肉菜肴和甜品。不搭配的土豆配菜 | 两次出现蔬菜丝：汤、肉。菜单脂肪含量过高：鸡蛋、粉红烤肉酱、冷冻甜品、巧克力酱汁中都有奶油 | 两次出现芹菜，三次勾芡，土豆在蔬菜前出现 |

# 2 菜单的设计

## 2.1 菜单的作用

| | | |
|---|---|---|
| **A** | 注意力<br>（Attention） | 用一份设计精美的菜单引起顾客的注意，菜单内容清楚明了，信息充足 |
| **I** | 好处<br>（Interest） | 用诱人的餐饮优惠、名菜，以及地方特色菜激发顾客的兴趣 |
| **D** | 欲望<br>（Desire） | 生动形象地描述餐饮优惠使顾客听得馋涎欲滴，唤醒他的憧憬 |
| **A** | 行动<br>（Action） | 合理的价格优惠以及周到的服务使顾客采取行动 |

菜单越清楚明了越容易使顾客做出选择。

因此，菜单在**客观上**分成餐前小吃、汤、鱼、主菜之类的，同时根据**实际**还划分为标准菜单和当日菜单。这也促使标准菜单和当日菜单之间存在差异。

标准菜单里的食物可以长期提供，而当日菜单则要根据市场的需求和可实施操作性而不断更换。

同时为小孩、老人、具有健康意识的人以及没有健康饮食规律的人提供合适的菜肴，因为只有那些对菜单里的菜肴很满意的顾客才会继续光顾。

地方特色菜或者时令小吃（芦笋、草莓）尤其能够使餐厅脱颖而出，使菜单吸引眼球。

对于那些准备时间长的菜肴必须在菜单里明确标出。

- 水果汁和蔬菜汁、酸奶
- 冷餐前菜
- 汤
- 主菜
- 蛋制品菜肴
- 鱼肉菜肴
- 烧烤和煎炒
- 禽肉菜肴
- 野味特色菜
- 蔬菜-配菜
- 沙拉
- 奶酪
- 甜点-罐头
- 水果
- 冷盘

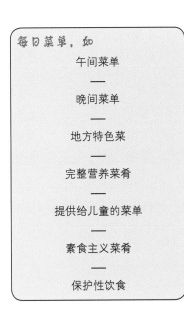

每日菜单，如

午间菜单
—
晚间菜单
—
地方特色菜
—
完整营养菜肴
—
提供给儿童的菜单
—
素食主义菜肴
—
保护性饮食

## 2.2 菜单文本的编排

本文的编排和当日菜单上以及菜单上的菜肴命名是有区别的。

在当日菜单中，大部分菜肴是单独存在的。因此，要遵循下列规则秩序。

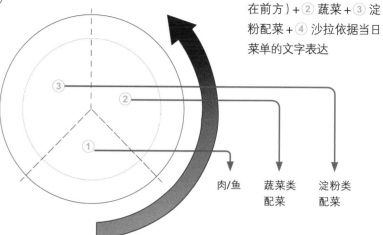

**思维方式：** ① 主要部分（接近顾客，在前方）+ ② 蔬菜 + ③ 淀粉配菜 + ④ 沙拉依据当日菜单的文字表达

对于所有符合菜单的菜名来说，这些规则秩序被视为基础概念。

适合于扩充菜单的食品如下：

- 配菜和调味汁作为主要原料
  ➡ 戴安娜狍子背肉
  ➡ 煮牛肉搭配法兰克福酱汁以及……
- 紧接着是蔬菜/蘑菇和配菜
  ➡ 奶油蘑菇
  ➡ 香米
- 最后是沙拉和凉拌配菜
  ➡ XX和沙拉类型
  ➡ XX和野莴苣以及糖煮南瓜

全面描述

| 准备 ➡ | 主要原料 ➡ | 配菜 ➡ | 调味汁 ➡ | 蔬菜 |
|---|---|---|---|---|
| 带肥膘的肉 | 狍子背肉 | 猎人所捕猎的猎物 | 刺柏果酱汁 | 甘蓝 |
| 蘑菇 ➡ | 配菜 ➡ | 沙拉 ➡ | | 凉拌配菜 |
| 鸡蓉菌 | 鸡蛋面疙瘩 | 野莴苣 | | 糖煮南瓜 |

在简单的菜肴里，这些原料也适用于以上规则。

**列举**由较少组成部分构成的菜肴，具体如下：

| 维也纳煎肉排搭配烤土豆和五彩沙拉拼盘 |
|---|
| 煮牛肉配上法兰克福绿酱和盐水煮土豆 |
| 莱茵醋焖牛肉搭配紫甘蓝，土豆煎饼以及苹果慕斯 |

## 2.3 菜单的正确书写

菜单里德语菜名的书写应依据《杜登字典》中列出的一般正字法规则。德语菜单的书写由德国饮食业协会推荐，除正确拼写规则外，《杜登词典》中还对语言形式做出要求。

而在中文中，应注意以下几点：

一道菜的组成部分应写在一起。

可以书写为"XX式"和"XX风格（风味）"。以下写法也值得推荐：伯爵夫人风格（风味），以园丁方式制作等。

如果一个制作方式是由地点或国家名称派生而来的，这个词可以写在前方。

- 俄式XXX，
- 挪威风格XXX，
- 普罗旺斯风味XXX。

如果附加说明用词（如：制作方式等）附在后方，需要使用逗号分隔。

- 鳎鱼，水煮，
- 鲤鱼，烘烤。

如果菜名还包含其他内容，需要继续书写，则附加说明（如：制作方式等）应置于逗号之间，例如：

- 鳎鱼，水煮，搭配XX

推荐按照以下方式书写菜单：

- 水煮鳎鱼鱼柳搭配XX
- 烤鲤鱼搭配XX

由单独一种或一类蔬菜制作配菜时应写明品种，如：

- 搭配当年新收获土豆，
- 搭配蘑菇，
- 搭配白蘑，
- 搭配什锦蔬菜。

应避免简写：

| 应这样书写： | 应避免这样书写： |
| --- | --- |
| · 蔬菜炖鸡肉搭配米饭<br>· 鳎鱼搭配炖煮蔬菜和混合沙拉 | · 蔬菜鸡饭<br>· 鳎鱼配菜和沙拉 |

不应混合使用语言

| 应这样书写： | 应避免这样书写： |
| --- | --- |
| · 磨坊主风格鳟鱼<br>· 烤犊牛头搭配调味蛋黄酱<br>· 尼尔森式羊排骨 | · 鳟鱼à la meunière<br>· 烤犊牛头搭配Remoulade酱汁<br>· 羊排骨à la Nelson |

不能使用引号标出说明用词，例如：

| 应这样书写： | 应避免这样书写： |
| --- | --- |
| · 海伦娜梨子<br>· 巴黎式肉排<br>· 蓝煮鳟鱼 | · "海伦娜"梨子<br>· "巴黎式"肉排<br>· "蓝煮"鳟鱼 |

外来词应选用常见译法，如无常见译法，可音译或意译：

| 应这样书写： | 应避免这样书写： |
| --- | --- |
| · 菲力牛排<br>· 匈牙利式炖肉<br>· 蓝煮鳟鱼 | · Filet<br>· Goulash<br>· Forelle blau |

与集合名词相比，使用通用的具体词汇更有利于向顾客进行介绍。

相较于专业术语，使用公认的、众所周知的名称以及那些不能准确翻译的词汇可以更好地做出解释。

有多种语言版本的菜单会为服务提供便利。

当很多外国顾客进入一家餐厅中时，如果菜单中使用了常见的外语，可以提供极大的便利。厨房百科全书和翻译书籍为翻译提供帮助。①

## 必须避免使用"美食语言"

当菜单特别用于广告宣传时，有时需要扩展创造性。
例如：

- 圣马丁节鹅肉果脯蛋糕
- 鲜虾萨伐仑松饼
- 土豆薄饼

使用上述词汇时，只要注意其形式（如：果脯蛋糕，萨伐仑松饼），而不是其原料和方法。

### 介词

主要事物是由次要事物而来的。

| 应这样书写： | 应避免这样书写： |
| --- | --- |
| · 肉搭配酱汁和配菜<br>· 犊牛排骨搭配卡尔瓦多斯酱汁<br>· 肉排搭配猎人酱汁 | · 酱汁淋在肉上，配菜摆放在旁边<br>· 犊牛排骨放在卡尔瓦多斯酱汁上<br>· 肉排放在猎人酱汁上 |

## 减量化/缩小化

有些菜单存在这样的情况：

- 小份汤
- 小份酱汁
- 短面条

### 由其他与食物有关的领域演变而来的概念

由其他领域发展而来的概念并且这些概念与食物相关，经常予以使用。例如：

- 沙拉对话

这些概念应该在合适的场合使用。

菜肴是以数字形式储存在电子数据系统里，只有对个人已预订好的菜单才能推荐。

---

| 应这样书写： | 应避免这样书写： |
| --- | --- |
| · 土豆团子<br>· 小面包团子<br>· 煎犊牛背肉<br>· 上糖釉牛腱子肉 | · 团子<br><br>· 煎犊牛肉 |

① 当日菜单里的示例

- 小鱼丸搭配香草酱汁
  英语：Pike dumplings with herb sauce
  法语：Quenelles de brochet, sauce aux fines herbes

- 煎烤菲力牛排搭配白蘑酱汁，烘烤的猪尾巴，安娜土豆
  英语：Roast fillet of beef with mushroom sauce, deep fried black salsify, Anna potatoes
  法语：Filet de boeuf ròti, sauce aux champignons, salsifis frits, pommes Anna

- 烹煮的羊腿搭配刺山柑酱汁，微烤紫甘蓝，方旦糖土豆
  英语表达：Boiled leg of lamb, sauce with capers, gratinated Brussels sprouts, fondant potatoes
  法语表达：Gigot d`agneau bouilli, sauce aux càpres, choux de Bruxelles au gratin, pommes fondantes

**辞典解析：**
对话：两人及以上间的对话
二重奏：两个声部的组合
交响乐：多种声音的音乐表现

## 2.4 法律规定

　　菜单和饮料单是目录表，表里记载店里现存的或者是短时间内做好的食物或者饮料。从法律上讲，菜单和饮料单要遵循非强制购买或者不具有约束性的规定。所谓的顾客点餐是一项提议，它需要由老板或者其代表决定，这个预订是该接受还是拒绝，例如当这道菜已经销售完了。

　　在制定菜单和饮料单时必须遵守法规，这些法规是为了防止顾客受欺骗以及保护他们的身体健康安全。

### 标价

店主和餐饮业经营者须遵守的规定：

- 店主和餐饮业经营者共同讨论制定足够数量的饮食价目表。
- 向顾客征求预订或者希望结账的价目意见。
- 在入口旁贴上从外部可读的价目表，这样主要的菜肴和饮料的价格便一目了然。
- 所有的价目必须是销售时的价格。
- 例如烹饪鳟鱼时提供多大的鳟鱼时需要一个参考值。

如：

- 100g多少欧元，
- 区间性的标价是不允许的。

因此，行人和顾客应该在进店之前可以判断，这家店提供的食物品种和物价水平是否与他的想法符合一致。

### 食品添加剂

　　如果食品里含有添加剂，必须标注出来，以便顾客（如过敏者）能相应采取行动。食品添加剂可以在每道菜旁直接说明也可以用脚注来说明。

　　工厂加工的食品是否含有食品添加剂可以在包装上查阅，例如：

- 含防腐剂（名称或编号），
- 或者使用……进行防腐保存。

　　比如，腌制黄瓜、腌制德国鱼子酱或者腌制鱼罐头如鲱鱼、俾斯麦鱼就是这种情况。当购买散装香肠和焙制食品时，人们必须向香肠制作者或者面包师询问其食品所含的成分。

　　标识可以写为：

三文鱼面包点缀葱和鸡蛋　　　　　　×.×××€
（三文鱼含有着色剂和防腐剂）

汤面条　　　　　　　　　　　　　　×.×××€
（含有增味剂）

示例:
三文鱼面包点缀葱和鸡蛋（1，2）
　　　　　　X.XX€
面汤（4）　　　X.XX€

食品添加剂应该在菜单和饮料单
上这样说明（摘要）:
1着色剂
2防腐剂
3防氧化剂
4增味剂
………
9含咖啡因
10含奎宁
11增甜剂

图中文字: 受保护地
理标识

图中文字: 经认证传
统特色菜

在菜单和饮料单上用脚注写明陈述是允许的，当食物和饮料里的参数和其他标识要明确用脚注标明指出时。

## 商标保护

某些产品或特色菜由知名地区供应，如果需要使用"公认的名称"，必须满足前提条件，否则可能违反法律规定。

因此，欧洲共同体保护某些食品防止造假。

**地理标志产品保护，例如:**

- 科隆啤酒
- 纽伦堡烤香肠
- 图林根红香肠
- 黑森林火腿

**原产地商标保护，如:**

- 埃蒙塔尔奶酪
- 吕内堡火腿

**传统特色保护，如:**

- 白干酪
- 塞拉诺火腿

商标保护不能根据类型来使用，因此以下几点人们不能这样做:

- 纽伦堡特色红腊肠
- 黑森林特色火腿
- 莫泽瑞拉特色奶酪

通用名称不受保护，因为这些普遍符合大众的想法，例如:

- 黑森林樱桃蛋糕
- 法兰克福小香肠
- 瑞士香肠色拉
- 维也纳特色猪肉排

## 正确的名称

不假思索地使用传统商标可能会导致错误的看法。

今天，*育肥阉牛牛胸肉*或者*牛尾汤*已很少通过*育肥阉牛*获得，因为阉牛几乎难以育肥。

*羔羊羊排*或者*羊肉*大多数是宰杀生长1年的羊羔获取的，因为它们的肉比成年羊肉质感更佳。

*新鲜*，只用于真正新鲜购入的食品。*新鲜水果沙拉*不能是从罐头里获取的也不能是冷冻的。真正使用新鲜食品的人要这样做:

- 沙拉由新鲜果蔬制作，
- 或者，奶油由新鲜的羊肚菌制作而成，
- 或者，蘑菇炖肉用本地新鲜蘑菇制作而成。

## 2.5 特殊宴会菜单

对于特殊宴会，企业大多数会提供一份特别的菜单，通常是折叠式菜单。顾客也可以参与这种活动。

菜单正面上大多会标明宴会的地点、时间和举办聚会的原因。插图应显得轻松活泼，但是应与宴会的时机相符。

**示例**

周年纪念日，结婚纪念日的年数，摇篮以及其他插图，如野味或者鱼。

绘图软件方便进行设计并且提供多种设计。

印刷厂提供专业服务。

对于特殊宴会，折叠式菜单按照以下规则设计：

- 菜单封面①说明举办的理由，
- 菜单里面右边③印上所有的菜肴，
- 菜单里面左边②是与菜肴相对应的饮料。
- 在芦笋盛行期间，芦笋这道时令菜肴作为特色菜而奉上。
- 第706页和第707页将展示每道菜肴需要的餐具。菜单知识需结合服务的基本原则。

| ② ③ | 菜单 |
|---|---|
| 自选餐前酒 | 螃蟹浓汤 |
| 维尔汀·库伯甜型精选级葡萄酒 | 鹌鹑搭配羊肚菌 |
| | 芦笋泡沫酱汁 |
| 私人珍藏 | 威灵顿风格菲力牛排 |
| | 新鲜田园蔬菜 |
| 科涅克–利口酒 | 薯格 |
| | 莴苣菜心 |
| | 开心果甜品搭配草莓 |
| | 甜品 |

左对齐　　　　　　　　　　　　文字居中

下一页将展示每道菜肴需要的餐具。菜单知识需结合服务的基本原则。

## 2.6 菜单示例及相应餐具摆放

① 摆放的餐具（不含有甜品餐具）

### 菜单

② 生牛里脊肉搭配煎制的鸭肝

\*\*\*

③ 调味水煮填充海味的海鲈鱼，搭配博若莱酱汁

\*\*\*

④ 煎至粉红色的鸭胸肉搭配卡巴度斯酱汁，以及脆口蔬菜（小胡萝卜、泰尔托小萝卜、红菜头、西蓝花）和城堡土豆

\*\*\*

⑤ 香草和覆盆子冰淇淋搭配糖渍树莓

① 摆放的餐具

## 菜单

② 奶油蛋皮卷鹅肝，搭配苹果沙拉和雪莉酒酒冻丁

♡

③ 烹制龙虾搭配蔬菜汁

♡

④ 菲力牛排搭配松露奶油酱汁、细胡萝卜、甜豌豆夹欧芹根慕斯和煎炒土豆薄片

♡

⑤ 新鲜的无花果搭配柑香酒酱汁和橙肉

备注：上方横向放置的酱汁勺/美食餐匙用于主菜。
甜点餐具随后呈上。

# ③ 计算菜肴价格

菜肴和饮料的销售价是包含所有内容的总价格，因为其中包含所有的成本。菜单上标明的价格不允许进一步涨价。包含所有内容的价格可以通过不同的方式进行计算得出。

在年终审计时，按以下流程进行提问。

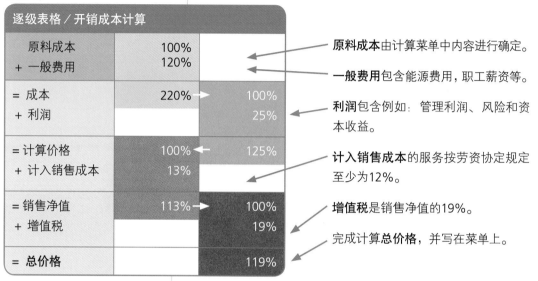

| 逐级表格／开销成本计算 | | |
| --- | --- | --- |
| 原料成本<br>+ 一般费用 | 100%<br>120% | |
| = 成本<br>+ 利润 | 220% | 100%<br>25% |
| = 计算价格<br>+ 计入销售成本 | 100%<br>13% | 125% |
| = 销售净值<br>+ 增值税 | 113% | 100%<br>19% |
| = 总价格 | | 119% |

**原料成本**由计算菜单中内容进行确定。

**一般费用**包含能源费用，职工薪资等。

**利润**包含例如：管理利润、风险和资本收益。

**计入销售成本**的服务按劳资协定规定至少为12%。

**增值税**是销售净值的19%。

完成计算**总价格**，并写在菜单上。

## 总价格

1. 一份菜单上的原料成本为6.8€，企业将一般费用计算为130%。请计算成本，单位为欧元。

2. 目前一道菜的销售价为9.2€，增值税为19%，请计算总价格。

3. 每道菜的成本为7.45€，企业以24%的利润和15%的计入销售成本计算。销售净值为多少欧元？

4. 一家企业按照以下价格进行计算：一般费用为135%，利润为22%，计入销售成本为12%以及增值税为19%。固定菜单的原料成本为11.6€，总价格应该为多少？

5. 计算出第4项中这家餐馆的总利润加价的百分比和计算参数。

6. 如果计算出的总利润加价为240%。计算参数为多少？

如果需要计算出总价格，必须首先计算出必要的利润。为了检测这方面的知识，可以对这一领域进行一次测试。

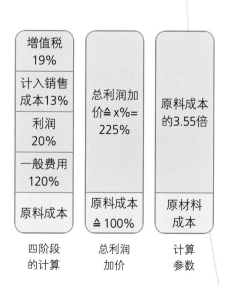

| 增值税<br>19% | | |
| --- | --- | --- |
| 计入销售<br>成本13% | 总利润加<br>价≙ x%=<br>225% | 原料成本<br>的3.55倍 |
| 利润<br>20% | | |
| 一般费用<br>120% | | |
| 原料成本 | 原料成本<br>≙ 100% | 原材料<br>成本 |
| 四阶段<br>的计算 | 总利润<br>加价 | 计算<br>参数 |

## 总利润加价和计算参数

四阶段式计算可以进行省略缩减。如果一次计算得出的数值就是总价格和原料成本的差值，这一数值就是利润加价的总数值，简而言之就是：**总利润加价**。这一数值以原料成本为基准，以百分比的形式表示。

**计算参数**是总价格比原料成本的比值。

## 回溯计算

对于特殊优惠，如：特殊饮食或与旅游公司合作时，经常会协调确定出固定的价格。这时，餐厅必须回溯计算出原料成本（产品使用成本）等，以制定报价。

计算方法是完全相反的：从总价格开始回溯计算。

在这个过程中，需要四次从较高的数值往较低的数值推算。

| 逐级表格／开销成本计算 | | |
|---|---|---|
| 原料成本<br>+ 一般费用 | 100%<br>120% | |
| = 成本<br>+ 利润 | 220% → | 100%<br>25% |
| = 计算价格<br>+ 计入销售成本 | 100% ←<br>13% | 125% |
| = 销售净值<br>+ 增值税 | 113% → | 100%<br>19% |
| = **总价格** | | 119% |

从总价格至原料成本

1. 一家公司将在我公司进行为期数天的培训活动，并且要求提供报价为18€的菜单。企业按照125%一般费用，22%利润，12%计入销售成本以及19%增值税来计算。如何得出产品使用成本？

2. 领导将一次自助餐的成本定为485.00€。一般费用为135%。那么原料成本是多少欧元？

3. 餐馆账单总额为1,2335.00€，增值税按照19%计算，请计算包含多少欧元增值税。

4. 和临时服务人员协调，其计入销售成本为13%，增值税为19%。如果销售额为743.00€，那么计入销售成本为多少欧元？

5. 在活动周中，一道菜为19.00€。企业将此次活动的总利润加价确定为230%。请计算原料成本。

6. 企业算出计算参数为3.2，当服务费为35.00€时，请估算原料成本。

7. 如果企业算出总利润加价为240%，总价格为22.00€，请计算原料成本。

**不出现数字的计算测试问题**

计算以专业知识为基础。如果不理解，就不能计算出来。以下是相应的题目。

1. 下面哪个计算方式是正确的？
   a）原料成本＋成本＋利润＋计入销售成本＋增值税＝总价格
   b）原料成本＋总利润加价＋利润＋计入销售成本＋增值税＝总价格
   c）原料成本＋一般费用＋利润＋计入销售成本＋增值税＝总价格
   d）原料成本＋总利润加价＋增值税＋计入销售成本＝总价格
   e）成本＋计算价格＋销售净值＝总价格

2. 下面哪种情况可能产生成本改变？
   a）原料消耗　b）车库租赁　c）火灾保险费
   d）土地税　　e）柜台设备维修服务费

3. 以下哪条是对总利润加价的正确解释？
   a）是一般管理费、利润和计入销售成本的百分比数的总和。
   b）是全部成本的百分数，其在利润之上进行加价。
   c）是包含原料成本在内的所有成本的百分比。
   d）是一般管理费用、利润、计入销售成本和增值税百分比的和。
   e）是利润和计入销售成本百分比的总和。

# 特殊活动

今天，特殊活动是餐饮体验中不可或缺的组成部分。其中供应特别具有吸引力的、令人印象深刻的产品，通常是在一场晚宴中进行。

## ① 顾客处于中心地位

顾客参与是特殊活动成功的最低标准。

之前，人们等待顾客走入餐厅，阅读菜单并点餐。而如今，顾客身边充斥着富有吸引力的产品。他们的好奇心被充分唤醒。通过老顾客多次在餐厅就餐，可以了解他们的喜好和习惯。更多关于顾客及其愿望的信息可以通过有目标的调查问卷获取。在活动结束后进行评估，并且在策划活动日/活动周中考虑到调查结果。

## ② 活动

除了顾客定位和经济性原则，还有其他几个主要方面对活动很重要：

- 老顾客提出的一些特别想法，
- 开辟新的顾客圈，
- 在公共场合提高企业知名度，
- 在空闲的工作时间有工作负荷。

特殊活动的作用在于，在顾客用餐后获得有关其需求的反馈，主动促进销售，并实现销售额的提升。

### 2.1 活动示例

活动中应有一个有趣且明确的标语才能产生一定广告作用。过去，主要是在节庆日举行特殊活动，并以此制定标语，而今天有大量的举办特殊活动的时机：

- **产品相关的供应：** 可行的主题：土豆、蘑菇、大米、面条、海鲜、菜肴配啤酒、菜肴配葡萄酒、芦笋、番茄、蔬菜、野味、鱼类、羊肉、奶酪、热带水果等。
- **季节性食品：** 可行的主题：芦笋、野味、腌小鲱鱼、五月欧洲鲽鱼、生蚝、贝类、甲壳类动物、羽衣甘蓝、浆果、蘑菇、冰淇淋。

有很多结合美妙节目的时机和场合，不仅要提供顶级美食，还应伴有符合主题特色的装饰。

- **各国特色食品：** 各国特色食品可以给顾客带来一种度假后的愉悦感或是为度假做准备的兴奋感：美式美食周、西班牙万岁美食周、仲夏夜主题活动等。
- **其他相关活动：** 历史背景（皇室婚礼，城市建成）、有机食物、狂欢节舞会、除夕派对、爵士酒吧或是其他结合音乐的活动。
- **周年纪念日：** 地方周年纪念日、建城日等。
- **地区特色菜：** 例如：明斯特兰盛宴、法兰克葡萄酒节、巴伐利亚天空、水岸印象。

# ③ 计划和实施

对员工和对顾客而言，变化是同样重要的。因此在计划和执行活动当中，应尽可能地包含所有员工，这意味着：

- 通过挑战产生动力，管理新人，
- 与日常的固有工作流程相比有所改变，
- 激发团队意识，
- 在特殊情况中展现证明专业技能，
- 保持竞争力，
- 获得与活动相关的培训和进修。

## 3.1 年度计划

首先允许所有的工作人员以及受训人员提出可行、有趣的活动。从大量建议中选取最佳或是最有意义的活动，并编制年度活动计划。然后根据计划为相应部门分配不同的任务。

## 3.2 详细计划

在**服务/宴会**部门中，工作人员应对装饰布置甚至是刀叉餐具或瓷器等提出建议。他们需要思考一些与活动相关的亮点，例如：地区传统服装，中世纪服装或其他道具等。

此外还需要思考服务的方式，以及酒水服务的意见。饮料的种类和数量必须确定。工作人员需要寻找鸡尾酒或其他混合饮料的名称、配方及制作方法。

**接待部**和**采购部**中，工作人员应及时向选取的顾客和特别的人士发送邮件。这一部门还需要管理新闻媒体方面的工作，例如：让媒体及时报道此次活动并有目标地通知媒体。

在**女管家部门**，工作人员应当考虑准备合适的用在桌上的花朵装饰和/或自助餐餐台，以及放在接待区域或餐厅区域的落地花瓶等。此外，还要准备特殊的桌布、特殊的餐巾和装饰巾等。

**厨房部门**的工作人员应确定菜式方面的内容。他们应当寻找合适的菜式、了解菜肴的制作、编写菜谱和材料要求。如果厨房的工作人员还不够了解某一道菜，需要烹制并试菜。要确定味道风格和摆盘方式。

必须为特殊场合制定特殊菜单。

各个层面的一切工作和想法都必须用文字一一记录。采用检查清单，以及特殊部件，尽可能地以图片的形式制定。

## 3.3 烹调计划示例

位于基辛海姆的莫扎特酒店的厨师负责城堡中的所有餐饮活动。因此酒店可以和本地管理机构在音乐宴会厅举行和与饮食相结合的活动。酒店的工作人员提出建议，在秋季举行超过5天的音乐会盛宴。尽管会产生额外的支出，但还是决定举办这次令人期待的活动。这项活动的名称为：

**秋日的音乐饕餮盛宴**

当厨房部门和服务部确定好服务流程（菜单服务、自助餐或两者组合）后，开始进行其他计划工作。

以下示例特别为**受训厨师/实习厨师**准备。

整个活动将持续超过5晚。开幕之夜将会在莫扎特酒店为100位来宾提供**宴会菜单**。

在菜单服务中，菜式的数量和方式需要说清，开胃小菜服务也同样需要说清。

此外，还需要说明餐盘的种类和尺寸，以便菜品装盘。还需要思考，是否需要部分提供大餐盘服务。

主菜的鱼块可以由厨师在客人面前切分。服务人员和厨房人员排成队列展示并呈上甜品。

在编写秋季菜单时就需要考虑到烹调方面的原则（参见第695页）。在此过程中，务必考虑到技术和组织上的可能性，这样才能使活动圆满成功。

当宴会菜单安排好后，必须编写菜谱或材料要求，并进行数量和成本计算。（由于全国物价不同，时间不同价格也有所不同，在此实例中没有提供价格计算。）

对于厨房中工作人员来说重要的是，清晰、通俗地说明工作流程。所有厨房岗位的工作顺序和制作方式都应当同样清楚和易于理解。

---

### 基辛海姆城堡美食音乐之秋
#### 首演盛宴菜单

**秋季时蔬沙拉搭配腌鳟鱼卷**

番茄浓汤搭配罗勒小丸子

煎烤犊牛肾切片搭配芥末酱和混合菰米饭

精致珍珠鸡切片
搭配上糖釉胡萝卜、豆类蔬菜、
炸蘑菇和城堡土豆

礼服造型年轮蛋糕及覆盆子奶油霜
搭配猕猴桃片和苹果片

---

由于宴会菜单会以冷餐前菜开始，就不再提供开胃小菜（Amuse-Gueules）。

## 菜谱和材料要求

在讨论之前必须确定具体的菜谱和材料要求，特别是为了计算成本，必须有书面的记录。

为了获得更好的概览，在此处提供的示例中，提供了每道菜的菜谱、材料要求（消耗量）以及工作步骤的说明。

## 冷餐前菜

### 秋季时蔬沙拉搭配腌鳟鱼卷

**制作100人份所需的材料**

**制作鳟鱼卷的食材：**

| | |
|---|---|
| 9kg | 鳟鱼（约35块） |
| 1.5L | 奶油 |
| 6个 | 蛋白 |
| | 盐、胡椒粉、柠檬汁 |
| 25片 | 海苔 |

**制作沙拉的食材：**

| | |
|---|---|
| 4颗 | 橡树叶莴苣 |
| 4颗 | 苦苣 |
| 8颗 | 红菊苣 |
| 2kg | 菊苣（约10颗） |

**制作沙拉酱的食材：**

| | |
|---|---|
| 2kg | 冬葱 |
| 600g | 葡萄籽油 |
| | 柠檬、盐、胡椒粉、醋、糖 |

**制作青酱的食材：**

| | |
|---|---|
| 500g | 新鲜的厨房香草 |
| 2.5L | 法式重奶油 |

**用于装饰的食材：**

| | |
|---|---|
| 1.5kg | 珍珠萝卜 |

**配菜：**

| | |
|---|---|
| 200个 | 派对小面包 |
| 2kg | 黄油 |
| 150g | 龙蒿叶 |

- 制作温和的龙蒿叶黄油，并且放在100个小瓷碟中。
- 为35条鳟鱼去骨取鱼片，将50片鱼片轻微打平，并冷藏。
- 使用剩余的20块去骨鱼肉和蛋白及奶油制成肉糕（参见第652页）。将鳟鱼片轻微锤平，外皮向上，互相紧贴放在保鲜膜上，放上海苔，涂上一层肉糕，卷成卷，在70℃焯水，然后放在冰水中短时间冷却，并冷藏。
- 稍后，将鱼肉卷切成200块均匀厚度的切片。
- 将蔬菜洗净，控干水分，摘下菜叶。
- 使用切成小丁的冬葱、柠檬、醋、葡萄籽油、盐、糖和胡椒制成沙拉酱汁。
- 将新鲜的厨房香草和法式重奶油细腻地混合在一起，使用胡椒、盐、柠檬制成青酱。
- 将洗净的珍珠萝卜切成丝，作为沙拉的装饰。

**装饰摆盘**

用撕下的菜叶组成蔬菜束，放在直径28cm的盘子中的一侧，使用酱汁腌渍，在空白区域浇出一小块酱汁镜面，将鳟鱼卷放在酱汁上，撒上珍珠萝卜条进行装饰。

# 汤

## 番茄浓汤搭配罗勒小丸子

**制作100人份所需的材料**
**制作约7L番茄汤所需的食材：**

| | |
|---|---|
| 4kg | 新鲜番茄 |
| 1L | 番茄汁 |
| 4kg | 蔬菜捆 |
| 1kg | 大葱 |
| 5L | 牛肉高汤 |

**制作浓汤所需的食材：**

| | |
|---|---|
| 6g | 蛋白 |
| 7L | 番茄高汤 |
| 5kg | 净汤肉（吸附血沫杂质、澄清汤汁的碎肉） |
| 250g | 番茄果泥 |
| 50g | 蛋白（约1.5L汤料和甜品） |
| 15L | 牛肉高汤 含有刺柏果、月桂叶、大蒜、胡椒粒的香料包 |

**制作罗勒小丸子所需的食材：**

| | |
|---|---|
| 2kg | 凝乳 |
| 750g | 吐司面包 |
| 350g | 面粉 |
| 300g | 剁碎的罗勒叶 盐、白胡椒 |

**用于装饰的食材：**

| | |
|---|---|
| 2kg | 芹菜 |
| | 番茄肉丁 |
| | 罗勒叶 |

- 将1/3的番茄制成番茄肉丁（参见第179页），将剩下的番茄切成小块。
- 将切小的根茎类蔬菜、洋葱、番茄汁、番茄丁和籽放入锅中。
- 倒入5L牛肉高汤和香料包，煮开后再煮制约30min。
- 然后用布过滤煮好的汤。
- 将较粗的牛绞肉和少量水混合（详情参见第482页）。
- 加入鸡蛋白和过滤的番茄果肉泥，然后彻底混合。
- 倒入剩下的牛肉高汤（15L），一边搅拌一边煮沸20min。
- 将蛋白碎舀出，然后用布过滤浓高汤并品尝。
- 制作汤料凝乳罗勒小丸子（参见第487页），制作中需要试制作几个小丸子，然后用勺子将丸子氽入盐水中。
- 将芹菜切成薄片，并进行必要的焯水。

**装饰摆盘**

在叶片形汤碗或小汤盘中放入西红柿肉丁、芹菜切片和小团子；倒入滚烫、清澈的番茄浓汤；然后放上罗勒叶。将折叠的睡莲形状餐巾放在垫盘中，并将汤盘放在餐巾上。餐巾折法参见第719页。

## 餐间菜肴

### 煎烤犊牛肾切片搭配芥末酱和混合菰米饭

**制作100人份所需的材料**

| | |
|---|---|
| 12kg | 犊牛肾（无肥油） |
| 750g | 面粉（用于裹面粉） |
| 1kg | 长粒香米 |
| 1.3kg | 菰米 |
| 1kg | 红柿子椒 |
| 1kg | 火腿 |
| 8L | 犊牛高汤 |
| 600g | 甜芥末 |
| 600g | 黄油 |
| 500g | 冬葱 |
| 1L | 奶油 |
| 500g | 欧芹 |
| | 盐、胡椒粉 |
| | 用于煎制的食用油、黄油 |

- 将菰米泡软，然后煮熟（煮制方法参见第212页）。
- 煮制长粒米，与菰米混合在一起煮。
- 将红柿子椒切成小丁，并和米饭一起在黄油中短时间煸炒。
- 在黄油中，将冬葱丁煎制透明，加入面粉搅拌成油煎糊，加入芥末，并倒入浓犊牛高汤，边搅拌边煮沸然后煮至黏稠。
- 在酱汁中撒上切碎的欧芹、盐和胡椒粉用于调味，再加入打发的奶油和黄油碎进行完善。
- 在犊牛肾切片上包裹面粉，放在食用油中短时间煎烤，使用盐和胡椒调味。

**装饰摆盘**

在边长为26cm的方盘子中央浇入芥末酱，依次摆放三片犊牛肾，在犊牛肾周围洒上炒好的米饭，放上火腿条作为点缀。

## 主菜

### 精致珍珠鸡切片搭配上糖釉胡萝卜、豆类蔬菜、炸蘑菇和城堡土豆

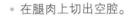

**制作100人份所需的材料**

| | |
|---|---|
| 25块/大约20kg | 珍珠鸡（新鲜食材） |
| 2kg | 吐司面包 |
| 2.5kg | 大葱 |
| 32枚 | 鸡蛋 |
| 5kg | 烘烤蔬菜 |
| 750g | 大葱 |
| 1kg | 黄油 |
| 4kg | 扁豆 |
| 5kg | 白蘑（6~12个） |
| 10个 | 柠檬 |
| 10kg | 胡萝卜 |
| 5L | 禽肉高汤 |
| | 盐、胡椒、糖、蜂蜜、煎炸用油 |

- 将珍珠鸡的胸肉和腿肉切分下来。
- 在腿肉上切出空腔。
- 将骨架用于制作酱汁并使用禽类高汤煮制。
- 制作大葱吐司馅料（参见第653页），用馅料填在空腔中，并使用微微涂油的锡箔纸包裹鸡腿肉，放在烤箱中烤制，然后放在平底锅中将各面煎至焦脆。
- 将鸡胸肉煮至金黄色，然后用肉汁溶解锅底的沉淀物。在这个过程中制作出少量禽肉肉汁。
- 将土豆切好，焯水，沥干水分并放在黄油中煎炒。
- 煮制扁豆，沥干并放入冰水中浸冷，使用高汤制成黄油面糊。
- 将蘑菇裹上面包屑，油炸，并放在厨房用纸上控油，并放在有黄油的平底锅中翻炒。用蜂蜜为焯水的胡萝卜上糖釉。

**装饰摆盘**

将珍珠鸡肉块和城堡土豆放在盘子上，将蔬菜交替摆放，酱汁放在酱汁壶中。在呈上菜肴后，菜肴如上图所示。

## 甜品

### 礼服造型年轮蛋糕及覆盆子奶油霜，搭配猕猴桃片和苹果片

**制作100人份所需的材料**
**制作年轮蛋糕所需的食材：**

| | |
|---|---|
| 750g | 黄油 |
| 250g | 糖粉 |
| 10g | 盐、零陵香豆、香草 |
| 350g | 淀粉 |
| 450g | 生杏仁泥 |
| 35个 | 蛋黄 |
| 35个 | 蛋白 |
| 500g | 糖 |
| 400g | 面粉 |
| | 铝制长方形烤<br>模或餐饮标准<br>18cm×8cm×5cm |

**夹心巧克力所需的食材：**

| | |
|---|---|
| 500g | 巧克力糖浆块 |
| 250g | 奶油 |
| 150g | 糖 |

**奶油霜所需的食材：**

| | |
|---|---|
| 5kg | 覆盆子，可能需要使<br>用冷冻产品（400颗完<br>整浆果，剩余的制成<br>2L果泥） |
| 3.5L | 牛奶 |
| 35片 | 明胶 |
| 600g | 糖 |
| 25个 | 蛋黄 |
| 2L | 覆盆子果泥 |
| 4个 | 柠檬 |
| 4根 | 香草豆荚 |
| 3.5L | 奶油 |

**制作水果酱所需的食材：**

| | |
|---|---|
| 3kg | 苹果 |
| 50个 | 猕猴桃 |
| 400g | 糖 |
| | 卡尔瓦多斯酒、朗姆酒 |

**制作造型蛋卷所需的食材：**

| | |
|---|---|
| 10枚 | 鸡蛋 |
| 500g | 糖粉 |
| 500g | 面粉 |
| | 烤盘硅胶垫 |

**装饰用食材：**

| | |
|---|---|
| 500g | 巧克力糖浆块 |

- 制作脆饼面糊，将其涂抹在枫叶造型的模具中并烘烤（参见第617页）。
- 使用巧克力糖浆块在纸上挤出110个蝴蝶结形状。
- 趁热将造型蛋卷制成碗状。
- 为制作年轮蛋糕，将软化黄油和调味料、盐、淀粉和糖粉搅打至发泡。
- 将蛋黄和杏仁泥混合至没有结块，同时搅打发泡。混合两种糊。
- 将蛋白和糖打至发泡，然后先将1/3的发泡蛋白加入混合物中，然后放入剩余的打发蛋白，接着放入面粉。
- 现在，将混合糊一层一层地倒入涂油的模具中，涂薄，同时将每一层放在烤箱中烤至金黄色。
- 制作夹心巧克力的夹心（甘纳许）需要煮沸加糖的奶油，然后搅入切碎的巧克力糖浆块。冷却混合糊，并且密封。
- 为制作奶油霜，将明胶片放入冷水中浸软。
- 将牛奶和香草豆荚一同煮开，将蛋黄和糖打发至发泡，加入热牛奶中，并搅拌混合至黏稠。
- 从水中取出明胶，挤干水分，在温热的奶油霜中溶解，并且碾过细目筛。
- 偶尔搅拌奶油霜，并冷却。
- 在纸板上画出一个直径为20cm的圆形，然后切割出一条17cm的底边。
- 使用斩拌机将年轮蛋糕切成薄片，使用型板制作放入模具中的蛋糕块。
- 在105个每个0.1L的小模具中铺上纸条，在每个小模具中的一侧放上一片年轮蛋糕。
- 将一半覆盆子制成果泥，留下剩余的一半。
- 打发奶油，混合覆盆子果泥等材料制作巴伐利亚奶油霜，装入准备好的小模具中，然后立即冷藏。
- 将苹果削皮去核，切成200块，放在糖水和卡尔瓦多斯酒的混合液体中焯水，然后从汤汁中取出，并放在网格上控水。
- 将30个猕猴桃削皮，每一个切成10小块，并且同时将200块放在苹果糖水中。放在网格上控水，将剩余的猕猴桃和部分焯水用的水混合制成果酱。

**摆盘方式**

在直径为28cm盘子中，用卡纳凯奶油浇出一个小提琴高音符号，旁边伴有猕猴桃果酱。奶油在小模具图案中，盘中撒有果酱做点缀，还有苹果片和猕猴桃片。盘中摆有整颗覆盆子，旁边还有奶油切片。

## 物流检查清单

餐饮特殊活动的成功起始于周全的详细计划。 在确定好时间、格言标语、宴会菜单、人员数量、菜谱和物品要求后，就要开始编制一份详细的时间流程计划。

清单用于厨房区域中，包含以下信息：

- 谁 ➡️ 负责人员，
- 什么➡️必须完成的工作任务，
- 何时➡️每项工作的操作时间和限定完成时间，
- 何地➡️厨房范围内，（厨房岗位的）工作位置划分，
- 如何➡️必须遵循的工作流程和工作安排。

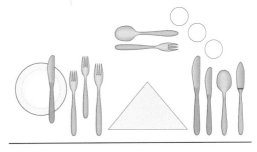

图1： 计划菜单中餐具的摆放

## 厨房区域内的检查清单

| 物品 | |
| --- | --- |
| 物品订购 | 厨师长2周前确定 |
| 物品监控 | 代理厨师长 |
| 物品分配 | 代理厨师长 |
| 物品存放 | 分项厨师主管 |
| 特殊事宜 | 提前预订犊牛肾 |
| | 新鲜的珍珠鸡 |
| | 新鲜的鳟鱼 |
| | 新鲜的覆盆子 |
| 供应时间 | 厨师长确定 |

| 一般事宜 | |
| --- | --- |
| 活动 | 秋日的音乐饕餮盛宴 |
| 日期 | |
| 人数 | 100 |
| 开胃酒 | 提供混合饮料 |
| 菜单 | 宴会菜单，5道菜 |
| 自助餐 | |
| 站立招待会 | |
| 咖啡桌 | |
| 会议 | |

| 厨房岗位 | |
| --- | --- |
| **酱汁厨师** | |
| **提前2天** | |
| 基础高汤 | √ |
| 肉汁 | √ |
| 禽肉高汤 | |
| 拆解珍珠鸡 | |
| 珍珠鸡鸡腿去骨做出空腔 | |
| 准备好珍珠鸡高汤 | |
| 1天前 | |
| 制作番茄浓肉汤 | |
| 准备芥末酱 | |
| 活动日 | |
| 制作罗勒小丸子 | |
| 加热浓肉汤并试尝 | |
| 加热酱汁并试尝 | |
| 填充珍珠鸡，煎烤完成 | |
| 珍珠鸡蒸炖至浅棕色 | |
| 切分犊牛肾 | |
| 煎烤犊牛肾 | |

| 厨房岗位 | |
|---|---|
| **蔬菜厨师** | |
| **1天前** | |
| 将土豆切成装饰性形状 | |
| 将土豆焯水 | |
| 将胡萝卜切成装饰性形状 | |
| 烹煮大米 | |
| 为蘑菇上浆包裹面包屑 | |
| 番茄切丁 | |
| 芹菜切好 | |
| 切好豆子 | |
| 煮熟豆子 | |
| 切好柿子椒 | |
| **活动日** | |
| 蔬菜预备好 | |
| 酱汁预备好 | |
| 辣椒炒米饭 | |
| 香煎土豆 | |

| 厨房岗位 | |
|---|---|
| **冷餐厨师** | |
| **1天前** | |
| 鳟鱼去骨切片 | |
| 制作鱼肉肉糕 | |
| 为鳟鱼卷填入 | |
| 馅料并煮制 | |
| 制作沙拉酱汁 | |
| 制作青酱 | |
| 制作香草黄油 | |
| 放在小容器中 | |
| **活动日** | |
| 洗净择选蔬菜 | |
| 切分鳟鱼卷 | |
| 切割珍珠 | |
| 萝卜条 | |
| 在冷餐盘中 | |
| 摆盘 | |

| 厨房岗位 | |
|---|---|
| **甜品师** | |
| **3天前** | |
| 制作年轮蛋糕 | |
| 烘烤造型蛋卷并塑形 | |
| **2天前** | |
| 挤出巧克力糖浆蝴蝶结 | |
| 制作糖水渍苹果片 | |
| 制作覆盆子果泥 | |
| 将猕猴桃片焯水 | |
| **1天前** | |
| 制作猕猴桃酱 | |
| 腌渍猕猴桃切块 | |
| 切分年轮蛋糕 | |
| 使用小模具（圆台型） | |
| 准备塑形年轮蛋糕 | |
| 制作巴伐利亚奶油霜 | |
| 将巴伐利亚奶油霜填入小模具中 | |
| **活动日** | |
| 倒扣小模具 | |
| 挤出 | |
| 高音符号造型 | |
| 放入猕猴桃酱 | |
| 摆放苹果 | |
| 和猕猴桃切块 | |
| 摆放倒扣出的食材 | |
| 摆放巧克力 | |
| 蝴蝶结 | |
| 摆放造型蛋卷 | |

| 其他 | |
|---|---|
| **餐巾** | 垫在汤盘下的餐巾折叠成睡莲造型（参见第719页） |
| **餐具** | 检查和预备 |
| **大餐盘** | 检查，可能需要清洁，10只用于100人，预热 |
| **酱汁壶** | 15只，预热 |
| **蔬菜盆** | 15只，预热 |
| **陶瓷小碟** | 准备用于呈上黄油 |
| **平盘** | |
| φ 28cm | 110只，餐前菜，预冷 |
| φ 26cm | 110只，餐间菜肴，预热 |
| φ 26cm | 110只，主菜，预热 |
| φ 28cm | 110只，甜品，预冷 |
| **深盘** | |
| 0.2L | 110只汤杯，预热，准备相应的垫盘 |

**睡莲造型餐巾折法**

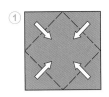    

① 摊平方巾，将方巾的四个角对齐中心折叠。
② 重复上一过程。
③ 将折好的方巾翻面。
④ 再次将4个角对齐中心折叠。

## 3.4 经验交流实现成功管控

在这样一次活动周后，应当对整体流程进行经验交流以实现成功管控。

由于这项活动有明确的销售额，所以容易计算出业绩。但是，表象可能具有迷惑性。例如：如果顾客是由于活动中富有吸引力的菜单，以及酒店的良好名声预订此次活动的，而活动和执行没有达到顾客的预期。在这种情况下，必须立即进行反应并采取措施限制损失的扩大。

因此，特别重要的是认识到问题所在。只有通过对活动进行反思，并进行经验交流才能做到。

针对成功和失败，需要回答如下的问题：

- 所有的客人都对食物满意吗？
- 有人投诉吗？
- 每个部门的工作是否井然有序？
- 活动是否促进了团队精神？
- 对企业的认同感是否增强？
- 尽管很忙碌并且有较大的压力，同事之间谈话的语气是否依然平等？
- 是否需要进行解释和道歉？
- 提前进行的培训和进修是否有意义？
- 哪些环节工作人员尚存不足？
- 准备的量是否充足？
- 总计划是否合理？
- 所有的工作流程是否还可以进一步完善？
- 所提供食材的质量是否有保证？
- 是否遵守了供货时限？
- 哪些菜品出现了问题？
- 媒体有哪些评论？
- 还有哪些这里没有涉及的问题？
- 还有哪些改进意见？

下一次活动中应避免发生这次出现的问题等负面内容，并在日常工作中继续按照积极的方面进行。

## 3.5 其他活动

晚上剩下的时间安排在城堡的骑士厅，在这间大厅中摆放着250个座位。莫扎特酒店承接了全部餐饮活动。由于人数较多，将宴会安排在户外，交替供应冷热自助餐作为饮食的高潮是很明智的。由此估算，只有一小部分顾客会多次参与自助餐。活动有相应不同的主题和装饰，用来向演奏音乐的艺术家致敬。

接下来的盛大的冷热自助餐为了向来自汉堡的小提琴艺术家致敬。

音乐节的另外几天计划了另外三场冷热自助餐，以三个相应的标语向艺术家致敬：

- 意大利贝拉自助餐
- 奥地利精品美食
- 来欧洲做客

---

### 水岸印象

烟熏基尔西鲱鱼，烟熏鳗鱼，熏鲨鱼干，
庸鲽，胡椒鲭鱼

不来梅海员杂烩
汉堡地方特色菜

梭鲈蟹冻
庸鲽奖章肉排打牌鹌鹑蛋
自制鲑鱼搭配莳萝芥末酱汁
精选烤鱼肉糕搭配酸模酱汁

梭鱼小丸子搭配山萝卜泡
煎炸鲛鳁鱼奖章肉排
搭配香草和番茄、
菠菜、白蘑米饭、
欧芹土豆

填馅黄瓜搭配烟熏鲑鱼沙拉
五彩蟹沙拉搭配蘑菇
金枪鱼填番茄
填馅鸡蛋搭配鳀鱼
腌鲱鱼沙拉搭配苹果和洋葱
多种腌渍汁腌渍鲱鱼卷

红黄杂粮碴搭配乳脂
水果葡萄酒冻
朗姆酒奶油霜搭配葡萄干
水果萨瓦林

汉堡鳗鲕汤
藏红花青口贝汤

多种面包种类和黄油

---

**作业**

1　请您按照冷热自助餐"水岸印象"的模板为以上列出的三场自助餐制作出菜单。

2　请您为其中一场自助餐拟定食谱、产品要求清单和工作流程。

3　请您按照之前提供的示例为三场自助餐拟定检查清单。

4　请您为每场自助餐拟定菜品装饰摆盘建议。

5　请您为饮料命名，这些饮料会用于三场不同的自助餐。

## 盛大聚会

人们庆祝特殊时机和家庭节日，如：母亲节、坚信礼/圣餐或生日。家人会面，人们外出娱乐。我们的餐厅要利用这个特殊时机提供特殊产品，并以此扩大知名度并提升形象。"这样的大型聚会，我们去XX吧。" 如果XX就是我们的餐厅，那么我们首先要实现一个重要的目标：人们选择了我们的餐厅。

第二步是销售对话，菜单中应确定相应匹配的饮料和整个流程。在这个过程中，宴请的主人可以表达出对节日餐饮的具体想法，或者详细咨询餐厅，此外，也可以信任餐厅的建议。主人让您为"盛大聚会"提出几个方案。在策划中，您需要结合以下销售部的记录，以及厨房对情况的说明。

询问后得到主人的答复："对，应当有一份清汤，其中应有几种小而精致的汤料，主菜应当美观地放在盘中呈上，与此同时，应当根据节日进行相应设计。还有：需要有5道菜。我们很少会面，所以我们希望24个人在那天好好庆祝一番，请给我们留下时间。我们希望19:00开始。您在这时应当已经开始进行制作了。"

现在，厨房的信息是："既要满足客人的想法，也要满足企业的要求。我们要怎么做？我们在这一天已经……"

---

### 计划

**❶** 设计菜单时，主人赋予大量自由，因此可以得出多种菜单计划。时间上，设计一份6月使用的菜单，一份10月使用的菜单，使用相应季节的应季产品。必须考虑到厨房的工作负荷。

   1.1 好计划令人工作得更轻松。请您从对话中提取主人的要求。

   1.2 请您编写两份菜单，应满足预先提出的要求以及季节。（一共提供4个建议，两个针对6月，两个针对10月。）

   1.3 哪些饮品匹配菜肴顺序？

**❷** 我们的目标是，在一间小副室中进行这次活动。

   2.1 根据描述的情况，需要使用什么形状的餐台，尺寸如何？

   2.2 请您针对每个时机提出装饰餐桌的建议。

   2.3 请您列出一份清单，其中含有所有布置餐桌时需要使用的刀叉餐具等。

❶ 此项目中的工作涉及内容广泛，必须选出在哪些位置制作哪些菜肴。

　1.1 请您为您的小组针对指派完成的任务编写材料要求。

　1.2 请您完成一份您所在领域的工作流程计划。

❷ 请您执行任务。

评价

从各个工作组中选出"顾客"。这些顾客可以随意坐在布置好的餐桌位子上，每个人都会有一个提前准备好写评语的小册子。

❶ 请您评价每一道菜。（至少两句话）

❷ 全部菜单是否相互协调匹配？如果再重复一次，您会做出哪些改变？总结，工作流程，工作负荷。

# 广告和促销

## ① 广告

广告的意思是：努力吸引别人关注。国际酒店餐饮业也将广告视为营销。

### 1.1 定位

如果一个人不知道自己要去向何方，就算到达其他地方也不会感到惊奇。因此，有这样一种说法：

"如果你想要有所收获，就必须先确定自己为什么而努力。"

根据第一条分析，餐饮业中多种多样的企业类型可以从两个方面进行区分：

- 商品供应：提供什么？

主要是一个产品分组，例如：在一家肉排餐厅中，或者在传统餐厅中的一系列菜品。

- 服务方式：是自助还是传统的人工服务？

企业类型中最重要的特征

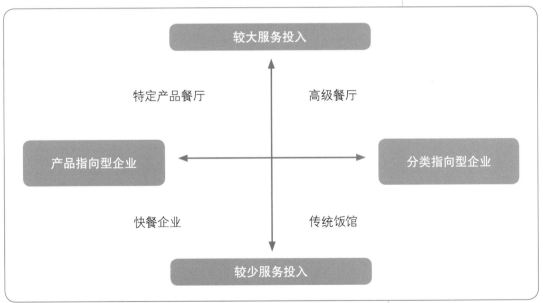

在开始采用广告措施前必须确定几个问题：

- 我们所供应货品应当是怎样的？大众化，地中海风格，较高档，适合快节奏的顾客还是供应有机食品？
- 我们希望以哪种水平进行工作？我们需要为品质、原材料采购、餐具、装潢和室内陈设投入多少？
- 我们希望哪种类型的顾客？我们要吸引谁？

白色字母：
未来
视野
理念
成功
黄色字母组成：
目标

在绝大多数情况下，广告的目标是尽可能提高销售额，以实现足够的盈利。这个目标也可以为：我们要保持同地区餐厅中的第一名。
或者：我们想要脱颖而出。

应该改善运营负荷，可以通过以下情况实现：

- 星期天早餐自助餐（早午餐），
- 音乐剧、歌剧、电影院后的夜场菜单，
- 可以快速上菜的午间"小菜"，
- 应季食品，如：芦笋活动周或沙拉作为主菜，
- 强调地方特色，
- 或者在客人较少的下午时段开展咖啡馆业务。

## 1.2 广告的目标

如果人们确定了市场分类，就可以确定广告的目标。

- **销售业绩增长或扩张性广告**（Expansionswerbung）

可以通过不同的手段争取实现这个目标，例如：在运营空间内达到较为合理的运营负荷，或者提升每位顾客的销售额。

- **巩固销售额或稳定性广告**（Stabilisierungswerbung）

这时，企业已经对自己达到的销售额感到满意，但是希望能让人们时常想起自己的企业。因此，企业通常会参与一些活动，例如：新年时投放一系列广告，或在旅游局的宣传手册中占据一小块面积打广告等。

**具体的目标可以定为：**

- 应提高午餐/晚餐/周末的运营负荷，
- 应提高**每个座位的销售额**，
- 应赢得**新顾客**，
- 应为老顾客提供**有变化的菜品**。

"这家餐厅必须在下个月中提高销售额。"这不是很好的计划目标，几乎不能实现。人们不能从今天推想到明天，而是必须在1~2年的时间中进行中长期处理。此外，目标的描述越具体、精确，才越容易实现。

## 1.3 广告措施

当目标确定时，就必须考虑怎样实现以及需要采取哪种措施。决定的三个阶段：

| **目标**（最终状态） | |
|---|---|
| 我们希望实现什么？ | "我们希望……" |
| **基本原则**（操作方法） | |
| 我们希望怎样实现？ | "通过……我们……" |
| **措施**（工作范围） | |
| 我们采取哪些措施？ | "所以采用……" |

现在，人们采取**明确的措施**，以达到预先设定的目标。

在特殊的企业中可以实现哪些可能性，必须相应进行检查。并且回答一些问题：我们应当吸引哪些顾客群体？谁对我们的产品有需求？或者反过来：我可以/必须提供给顾客什么？

只有当供求协调一致时，新的目标群体才会感兴趣。

## 1.4 广告的形式

当人们从专业的角度划分的话，广告可以简单地分为多种形式。

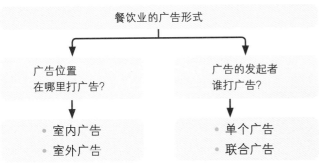

图1：一家酒店电梯中的菜单

### 广告位置

室内广告（图1）或内部广告是针对已经在餐厅中的顾客，这类广告支持和促进销售。在广告的专业术语中，这被称为**销售推广**或**促销**。

### 内部广告的可行性

- 亲切、专业、利落的**服务人员**出现在餐厅中，这是排在首位的。一家名为 "Bei Toni（托尼服务）" 的企业就显示出工作人员有多重要。这使工作人员意识到自己本身就是一个 "广告招牌"。
- 由工作人员**推荐**。例如："我特别向您推荐……"，"我们有非常新鲜的……"
- 制作**菜单**（图2），既能为顾客提供信息，又能使顾客产生好奇，刺激食欲。
- **餐桌上的菜单支座**，其中有具有广告作用的配图和信息性的文本，例如：芦笋特供菜单，朝鲜蓟，特殊的葡萄酒等。
- 客房中摆放的**信息手册/菜单**，电梯中的海报。
- 入口区域的匹配当日菜单的**"示范性餐具摆设"**。

图2：菜单，菜单内页

市场调查确定，餐饮行业应覆盖以下区域：

- 在半径为3km范围内有餐馆、大众化餐厅；
- 在半径为20km范围内有高档餐厅
- 在更大范围内有一流餐厅、"受欢迎的餐馆"。

芦笋
盛宴

享受美食的节日

图1：芦笋周海报

## 外部广告方式

**外部广告**的作用是，将可能的（潜在）顾客吸引到餐厅中。如果最好的餐厅不为顾客熟知，那么餐厅会使用什么方法？外部广告的方式有：

用于餐厅和/或副室的**房间宣传折页**中，可以展示出雅致布局的房间中有布置完善的餐桌以及亲切的人员形象，这些很明显地让人感到舒适。捕捉到期望的氛围，是一位专业摄影师的责任。

**信件广告**是一种直接的广告手段，可以借助地址信息批量发送信件进行宣传。在打印文本中添加一些手写的个人问候，可以赋予其特色。

在改建后、企业假期之后、举办芦笋活动周或野味活动周等活动时，这些是投放信件广告的时机。

**报纸广告**，在地方或地区性报纸上提供广告页，因为报纸的传播范围很大程度上覆盖餐厅的主要销售区域。同时，可以吸引一大批读者的注意。

**网站**可以一直展示餐厅并进行实时更新。为了起到宣传效果，必须从大量产品中选出吸引人的产品作为引人注目的内容，可以是结合活动周或特供产品。"餐厅一览" 不太适合这种宣传。罗列菜肴时，可读性比完整性更重要。

明确的销售广告包含对商品的清晰说明，例如：特色菜或用于家庭庆祝的菜单。

**海报**主要用于特殊的活动，如："享受法式大餐"、"本地狩猎美味" 或庆祝活动，如：除夕夜舞会。

## 广告的发起者

**单个广告**就是一个独立的公司发行的广告（图1）。

**示例：** 野味活动周海报、周末早午餐广告。

这些活动的优点是单个企业可以从中获利，并且广告效果只对这家企业有效。但是缺点是，企业需要单独承担所有费用。广告需要花钱，所以需要考虑做广告的成本。

**联合广告**是许多公司一起联合起来打广告。如：以 "黄金十月" 为标语，延长秋季供应季。

## 目标明确的广告

广告应当受人欢迎，它应该有针对性地引起某个特定人群的兴趣。所供应的产品越特殊，目标群体的界限越明显。

广泛宣传是指有计划地分发广告材料。目标人群选择得越具体，宣传损失就越少。书面广告材料必须避免成为"看完随手扔掉的垃圾"，因为大多数的纸质信息不受重视，会被随手丢进废纸篓。

**成功的广告必须：**

- 保持较小分散范围，限定在特定的目标群体中，
- 文字尽可能短，为了可以快速获取信息，
- 提供有趣的文章，
- 吸引眼球，通过具有吸引力的形状。

广告的任务通过AIDA缩略语进行总结：

| A | ttention<br>（注意） | 引起注意 |
|---|---|---|
| I | nterest<br>（兴趣） | 引起顾客的兴趣（这里有什么？我们看看吧。） |
| D | esire<br>（渴望） | 唤起人们愿望（我想要这个！或者：为什么不试试呢？） |
| A | ction<br>（行动） | 通过交涉完成购买 |

**作业**

❶ 通过广告可以实现怎样的目标？

❷ 人们怎么理解扩张性广告？

❸ 只有追求具体的目标，广告才能成功。请您列举出三个与菜肴销售相关的广告。

❹ 广告分为内部措施和外部措施。请您各列举两个示例。

❺ 一份专业报纸中的标题里为："您的服务员是重要的广告媒介！"请您结合两个示例进行解释。

❻ 您当地有一家特色菜餐厅想要刊登广告。请您提供一些可行方案的建议。在哪些报纸上刊登广告成功的概率较小？

❼ 请您说出两种顾客类型，并说出您与这些顾客交流时存在的困难。

❽ 一位顾客投诉，他点的杯装葡萄酒斟倒得过少。您会怎样处理？

❾ 您的公司打算在销售低迷的时期采取措施使业绩复苏，在哪个季节比较有意义？请说出相应的理由。

❿ 您觉得可以怎样为一家餐馆赢得老主顾？

## ② 我们的顾客

和人打交道的人需要有良好的观察力，一方面，每位顾客都是不同的个体；但另一方面，在顾客身上能发觉到一些反复出现的特征。有相同特征的顾客们就是一个顾客群体/顾客类型。

### 2.1 顾客类型

每个人都有独特的个性，并不能仓促、单一地将顾客划分在一个特定的顾客类型或一个状态中。

服务人员必须先对顾客产生第一印象，按照顾客明显的表象特征进行区分是比较恰当的。因为这样可以较为正确地评价顾客，并且依据其个性进行令顾客满意的服务。

**顾客表现出怎样的态度？**

腼腆的顾客

他们不善于交际，看上去像是在寻找，其实他们并不知道自己想要什么。

**服务态度**

亲切友好地提供有引导性的帮助，提出建议时尽量减少选项。

这个一览表展现了一些常见的顾客类型和服务人员可能相应作出的表现。

自信的顾客

他们举止间透露自信，有时也会有些傲慢，有具体、确定的想法，能够提出清晰、明确的回答。

**服务态度**

倾听，认同顾客的想法，不要提出较长的建议，边称赞边记录点餐。

**顾客期待什么？**

节俭的顾客

主要看价格，并考虑其优势。可能是因为预算较少或在实际情况中不想支出太多。

**服务态度**

不要提出高价格的食物，提出价格合理的食物，尊重这种节俭的态度。

### 高要求的顾客

价格不重要。当提供顶尖产品时，价格不太重要。

**服务态度**

提供高品质的菜肴，主要集中在特色菜；提供无可挑剔的服务。

### 顾客怎样选择？

### 犹豫不决的顾客

他在看菜单时就很烦恼，并不知道自己想吃什么，总是在思考自己要吃什么。

**服务态度**

提供二选一的建议。你 想 要 …… 还 是 …… 呢？给顾客时间选择。

### 果断的顾客

清楚地了解自己想吃什么，也能清楚地表达出自己的想法。

**服务态度**

几乎不需要提供建议；如果需要建议，则清晰地陈述理由。及时进行服务。

### 顾客采取何种态度？

### 着急的顾客

表现得较为不耐烦，不停地做动作，翘脚从一只脚换到另一只脚，说话语速快。

**服务态度**

指出可能需要的烹饪时间，迅速地接待和结账。

### 悠闲的顾客

表现平静，有充裕的时间选择菜品和用餐。喜欢提前预订座位。

**服务态度**

顾客咨询时，应指出菜名特点，给其时间决定。可以提供额外的搭配销售建议，例如：相应的开胃酒、餐前菜、餐后酒等。

## 2.2 销售对话

无论顾客踏进高档餐厅还是其他本地菜馆，顾客和服务人员之间都会发生销售对话，因为我们必须问候顾客并了解和接受他们点餐的想法。

以下是销售对话的一般分类：

### 问候，引入性语言

如果可能，应说出顾客的名字和头衔，顾客就会感受到亲切的问候。如果顾客已经进行预约，就直接带他（们）去相应的餐桌入座。引导的过程中应走在顾客的前面。

### 确定顾客期望

在确定顾客的想法时，您可以提出一些问题。大多数情况下，可以问一些**开放性问题**①。

在询问的过程中，服务人员不应列举食材组合和烹调工序，而是向顾客介绍完成的菜肴。

请参阅第159页菜肴的描述。列举出许多制作方法的销售辅助措施也会对此有所帮助。

服务人员必须能够按照实际情况正确且积极地描述**菜单中的菜品**。

**示例：**

- 惠灵顿牛肉的制作是将经过嫩煎牛里脊肉、切碎的蘑菇及洋葱包在千层酥皮面团中烘烤。
- 我们的……是当天新鲜制作的，这保证其有特殊的味道。
- 非常抱歉，现在不是芦笋的供应季节。但是，我们供应高品质的冷冻产品。

**特殊愿望/不能满足的顾客愿望**

- 如果顾客说出他的**特殊愿望**，服务人员应"永远不说不"。服务人员应尽力去柜台、通向厨房的窗口进行询问："请稍等，我去问一下，是否可以这样做。"
- 对于不能满足的顾客愿望，我们可以试图提出另一种选择。"我向您推荐这种狍子肉奖章肉排替代鹿背肉，这种奖章肉排的肉汁软嫩，而且配菜是类似的。"

**接受订餐**时，就完成了购买。

服务方法取决于餐厅的风格。请您比较服务中的基础。

在许多餐厅中，通常会在呈上菜肴后的某个特定时间询问顾客对菜肴的意见。"您对……满意吗？"，"这符合您的口味吗？"

这样的询问可以在短时间内辅助进行改善，如：嫩煎肉的生熟度或不足的部分（例如：沙拉，面包）等方面。

① 示例：
- 您在考虑哪方面？
- 您想吃哪些食材制作的菜肴？
- 我可以为您拿杯水吗？
- 我能帮您些什么？

**顾客可以就此**
- 给出明确的答复。
- 提出问题，以便弄清实际情况。
- 难以决定。

然后，顾客可能进一步提出问题。
示例：
- 肉排有没有上浆裹粉？
- 是蓝煮鳟鱼还是磨坊主风格？

AkA[1]为工商业联合会的考核编制考核任务。以下配菜和制作方式摘录自AkA材料附录，其中内容具有约束力的说明。

| 风味（风格、方式）名称 | 使用材料 | 重要的调味料 | 参考页页码 |
|---|---|---|---|
| 面包师风味 | 羔羊肉、猪肉 | 和生土豆切片、洋葱、肉汁一同炖 | 545 |
| 巴登巴登风味 | 野味 | 野味奶油酱汁、装填有蔓越莓果冻（醋栗果冻）的切半的梨 | 566 |
| 柏林风味 | 犊牛肝脏 | 苹果环、烘烤洋葱、土豆泥 | 685 |
| 波尔多风味 | 牛肉、嫩煎肉 | 含有果肉的波尔多酱汁 | 548 |
| 多利亚风味 | 鱼肉 | 椭圆形、在黄油中煎烤的新鲜黄瓜、柠檬和欧芹 | 591 |
| 佛兰德风味 | 牛肉 | 小甘蓝菜、肥膘、胡萝卜、小白萝卜（芹菜）、大葱、欧芹 | 541 |
| 佛罗伦萨风味 | 鱼、家禽、鸡蛋、肉 | 菠菜叶、蛋黄酱 | 549 |
| 加特讷风味 | 肉 | 四周搭配有葡萄酒香味的蔬菜 | 554 |
| 米兰风味 | 肉/犊牛肉 | 盐水煮舌头、火腿、白蘑菇、松露、奶酪、番茄膏制作的肉汁菜丝汤 | 549 |
| 磨坊主风味 | 鱼 | 黄油、欧芹、柠檬片 | 591 |
| 法国奥利风味 | 鱼、蔬菜 | 啤酒面糊、调味番茄酱 | 592 |
| 罗西尼风味 | 牛肉/菲力牛排 | 切片鹅肝、切片松露、烘烤面包丁、马德拉酱汁 | 548 |
| 提洛尔风味 | 嫩煎肉 | 油炸包裹啤酒面糊的洋葱圈、在黄油中翻炒过的番茄丁 | 548 |

1 AkA-商业结业考试和中期考核考务处